Georg Schlüchtermann | Stefan Pilz

Modellierung derivater Finanzinstrumente

Theorie und Implementierung

STUDIUM

Bibliografische Information der Deutschen Nationalbibliothek
Die Deutsche Nationalbibliothek verzeichnet diese Publikation in der
Deutschen Nationalbibliografie; detaillierte bibliografische Daten sind im Internet über
<http://dnb.d-nb.de> abrufbar.

Prof. Dr. Georg Schlüchtermann
Hochschule München
Fakultät für Maschinenbau, Fahrzeugtechnik und Flugzeugtechnik
Dachauer Str. 98b
80335 München
GSchluec@hm.edu
und
Ludwig-Maximilians-Universität München
Fakultät für Mathematik, Informatik und Statistik
Theresienstraße 39
80333 München
georg.schluechtermann@mathematik.uni-muenchen.de

Dr. Stefan Pilz
stefan.pilz@googlemail.com

1. Auflage 2010

Lektorat: Ulrike Schmickler-Hirzebruch

Vieweg+Teubner Verlag ist eine Marke von Springer Fachmedien.
Springer Fachmedien ist Teil der Fachverlagsgruppe Springer Science+Business Media.
www.viewegteubner.de

Umschlaggestaltung: KünkelLopka Medienentwicklung, Heidelberg
Druck und buchbinderische Verarbeitung: MercedesDruck, Berlin
Gedruckt auf säurefreiem und chlorfrei gebleichtem Papier.
Printed in Germany

ISBN 978-3-8348-0680-2

Georg Schlüchtermann | Stefan Pilz

Modellierung derivater Finanzinstrumente

Inhaltsverzeichnis

Einleitung		**XI**
1	**Grundlegende Begriffe**	**1**
	1.1 Historischer Exkurs	3
	1.2 Märkte, Handelsobjekte, Akteure und Motive	4
	1.3 Terminkontrakte, Futures, Optionen und risikoneutrale Maße	5
	1.4 Der faire Preis von Forward- und Future-Kontrakten	9
2	**Diskrete Modelle**	**17**
	2.1 Das Arrow-Debreu-Modell	18
	2.2 Der Zustandspreisvektor	27
	2.3 Das binomiale Modell	34
	2.4 Hedgen im log-binomialen Modell	48
	2.5 Einführung in die Theorie der Zinskurvenmodelle	77
3	**Einführung in die zeitstetigen Modelle**	**100**
	3.1 Die Methode von Cox, Ross und Rubinstein	100
	3.2 Die Faktoren	119
	3.3 Numerische Methoden	145
4	**Das Black-Scholes-Modell**	**162**
	4.1 Stochastische Analysis	162
	4.2 Die Black-Scholes-Gleichung	185
	4.3 Lösung der Black-Scholes-Gleichung	194
	4.4 Diskussion der Black-Scholes-Formel	203
	4.5 Black-Scholes-Formel für dividendenzahlende Vermögenswerte	206
5	**Martingalmethoden in der Derivatbewertung**	**211**
	5.1 Bewertung und Martingale	211
	5.2 Martingale und stochastische Differenzialgleichung	219
	5.3 Eindeutigkeit des Martingalmaßes und vollständige Märkte*	227
6	**Amerikanische Optionen**	**240**
	6.1 Stoppzeiten	240

6.2   Die Bewertung von amerikanischen Optionen 250
6.3   Amerikanische und Europäische Optionen, ein Vergleich 261
6.4   Amerikanische Optionen bei zeitstetigem Handeln* 265

7 Pfadabhängige Optionen   285
7.1   Einführung in die pfadabhängigen Optionen 285
7.2   Die Verteilung stetiger Prozesse 293
7.3   Barrier- oder Schwellenoptionen 302
7.4   Optionen asiatischen Stils 312

8 Zeitstetige Zinsstrukturmodelle   319
8.1   Grundlagen des Bondmarktes 319
8.2   Zinskurvenmodelle 326
8.3   Der Heath-Jarrow-Morton-Ansatz 342
8.4   Derivatbewertung 356
8.5   Corporate Bonds 368

Anhang   383

A Mathematische Symbole   384

B Hinweise zur Software: Matlab und R   386
B.1   Das Softwarepaket Matlab 386
B.2   Das Softwarepaket R 387
B.3   Liste wichtiger Befehle in Matlab und R 389

Literaturverzeichnis   393

Sachverzeichnis   404

Abbildungsverzeichnis

2.1 Graphische Darstellung von Satz 2.1.7 für $\mathbb{R}^2$ 23

2.2 Unvollständiger Markt 38

2.3 Unvollständiger Markt in $\mathbb{R}^3$ 38

2.4 Baumdiagramm eines Aktienkurses im Binomialmodell 39

2.5 Baumdiagramm eines Optionspreises im Binomialmodell 41

2.6 Baumdiagramm eines Aktienkurses im Binomialmodell 49

2.7 Auszahlungsprofil einer Gap-Option (Call) 57

2.8 Darstellung des Bondwertes $V(t,T)$, sowohl abhängig von $t \in [0,T]$ und Enddatum T 78

2.9 Baumdiagramm der Zinsrate im Binomialmodell 86

3.1 Wert einer Call bzw. Put Option als Funktion von S/K und der Restlaufzeit . . . 114

3.2 Optionswert als Funktion von Restlaufzeit und Aktienkurs 114

3.3 Das Delta einer europäischen Call-Option 124

3.4 Delta-Sensitivität eines Calls 125

3.5 Delta-Sensitivität eines Puts 125

3.6 Delta-Hedging-Fehler einer europäischen Call-Option 127

3.7 Options-Gamma für verschiedene Volatilitäten 129

3.8 Options-Gamma 129

3.9 Das Gamma einer europäischen Call-Option 130

3.10 Das Vega einer europäischen Call-Option 132

3.11 Call: Vega (links) und Rho (rechts) in Abhängigkeit von $x = S/K$ 133

3.12 Das Rho einer europäischen Call-Option 133

3.13 Das Theta einer europäischen Call-Option 136

3.14 Volatility-Smile 138

3.15 Baumdiagramm einer Call-Option im Binomialmodell für $U_n = 1/D_n$ 146

3.16 Baumdiagramm einer Call-Option im Binomialmodell für $Q_{Un} = Q_{Dn} = 0.5$ . . . 146

3.17 Trinomialbaum einer Call-Option 147

3.18 T-S-Gitter für finite Differenzen mit Berechnungsschema in V 148

3.19 Zusammenhang von Trinomialbaum und expliziten Differenzen 154

4.1 Pfad eines Brownschen Prozesses 167

4.2 Pfad eines geometrischen Brownschen Prozesses 168

Tabellenverzeichnis

2.1 Berechnung des Erwartungswertes anhand des Binomialmodells am Beispiel einer Call-Option 53
2.2 Entwicklung des Zinssatzes im Zweiperioden-Modell 84
2.3 Entwicklung des Zinssatzes im Dreiperioden-Modell 85

3.1 Ausübungspreis K und Optionspreis V 145

Verzeichnis Matlab-Programme

2.1   Das Programm `bin_op` 43
2.2   Das Programm `bin_op_233` 44
2.3   Das Programm `op_tend` 47
2.4   Das Programm `anz_per` 59
2.5   Das Programm `bin_eu_op_233_t1` 59
2.6   Das Programm `d_hedge` 61
2.7   Das Programm `bin_op_eu_gap` 62
2.8   Das Programm `bin_eu_op_chooser` 66
2.9   Das Programm `bdt` 89
2.10 Das Programm `z_fp` 89
3.1   Das Programm `op_eu_bst` 115
3.2   Das Programm `plot_op_eu_bst` 115
3.3   Das Programm `delta_eu_bs` 139
3.4   Das Programm `plot_delta_eu_bs` 140
3.5   Das Programm `gamma_eu_bs` 141
3.6   Das Programm `plot_gamma_eu_bs` 141
3.7   Das Programm `plot_vega_eu_bs` 142
3.8   Das Programm `rho_eu_bs` 142
3.9   Das Programm `theta_eu_bs` 142
3.10 Das Programm `impl_vola` 143
3.11 Das Programm `impl_eu_bs` 143
3.12 Das Programm `fin_diff_impl` 155
3.13 Das Programm `tri_mat_solv` 158
3.14 Das Programm `fin_diff_expl` 159
4.1   Das Programm `hedge_eu_bs` 191
4.2   Das Programm `bin_eu_bs_div` 208
6.1   Das Programm `op_am` 280
6.2   Das Programm `bound_am` 280
6.3   Das Programm `bound_t23` 281
6.4   Das Programm `bound_t12` 282
6.5   Das Programm `bound_t12` 283
8.1   Das Programm `vasicek` 339
8.2   Das Programm `Hull-White` 366

Einleitung

*Wir leben in einem Zeitalter der Überarbeitung und der
Unterbildung, in einem Zeitalter, in dem die Menschen so
fleißig sind, dass sie verdummen.*

(Oscar Wilde, 19 Jh.)

Heutzutage ein Buch über Finanzmathematik zu schreiben, scheint in der momentanen Finanzkrise nicht mehr passend zu sein. Die Derivate haben ihre „Unschuld" verloren und es lässt sich
diskutieren, ob sie die gesamte Weltwirtschaft in ihre größte Krise seit 80 Jahren gestürzt haben. Also, so werden viele sagen, müssen die Methoden zur Bewertung und Risikoeinschätzung
versagt haben. Da die Finanzmathematik einen wesentlichen Anteil an der Entwicklung der Modelle hat, haben viele Akteure die Finanzmathematik dafür verantwortlich gemacht und sie somit
für tot erklärt. Viele sahen als wesentlichen Auslöser der Finanzkrise das angebliche Versagen
der bekannten Copula-Formel von Li an ([Li00]). Um das Anlagerisiko besser zu beherrschen,
wurde die Formel als Zauberstab von vielen Händlern gepriesen. Doch gerade das unkritische
Anwenden dieser oder anderer Formeln zeigt, wie nötig es ist, sich tiefer mit den Zusammenhängen und Mechanismen zu beschäftigen, die dahinter stecken, insbesondere mit der Mathematik.
Keineswegs versagen Formeln, denn immer müssen die Voraussetzungen beachtet werden, deren
Einhaltung für die Anwendung unerlässlich ist. Es ist nur zu verständlich, dass vereinfachte Aussagen und leicht zu implementierende Formeln allzu unwiderstehlich wirken. Doch liegt genau
hier ein Fehler: Die Struktur der Produkte und die Mechanismen der Märkte sind durchaus nicht
so einfach gestrickt, dass man dies auf eine Zeile reduzieren könnte. Deshalb ist es unser Ziel,
den Blick dafür zu schärfen, dass vereinfachte Methoden beim Anwenden zu Fehleinschätzungen
und dem daraus resultierenden Versagen der Formeln führen können.

In den fünfziger Jahren wurden die ersten Grundlagen gelegt – K. Arrow und R. Debreu betrachteten den möglichen Cashflow von Vermögenswerten unter der Bedingung, dass bestimmte
Ereignisse zufällig eintreten. Sie führten zuerst den Begriff „Arbitrage" ein, der besagt, dass es
unmöglich ist, risikolos Kapital anzulegen und zusätzlich eine Chance auf Gewinne zu haben.
Genau solche Möglichkeiten wurden in der jüngsten Vergangenheit unerfahrenen Anlegern immer wieder versprochen. Solche Gelegenheiten existieren nur kurzzeitig. Deshalb ist das Fehlen
von Arbitrage die fundamentale Voraussetzung der Bewertung. Parallel wurde in den fünfziger
Jahren das Konzept eines stochastischen Integrals eingeführt – das sogenannte Itô-Integral. Es
wurde eigentlich für die Quantenphysik entwickelt, und die Finanzmathematik entdeckte es spät
in den siebziger Jahren. Es waren F. Black und M. Scholes, die genau dieses Konzept zusammen
mit den so genannten stochastischen Differenzialgleichungen für die Bewertung von

Vermögenswerten und speziell Optionen benutzten – eine deterministische Verzinsung des Vermögenswertes, proportional gestört durch eine Brownsche Bewegung. Zwar hatte bereits Bachelier Anfang des zwanzigsten Jahrhunderts diese Brownsche Bewegung zur Modellierung von Wertentwicklungen verwendet, aber er benutzte sie nicht, wie Black und Scholes, im Kontext der sogenannten geometrischen Brownschen Bewegung. Zudem enthielt seine Herleitung einen Fehler, sodass sie bedauerlicherweise in Vergessenheit geriet. Aktienpreisentwicklungen standen Pate für die Modellbildung nach Black und Scholes, und wir werden im vierten Kapitel intensiv darauf eingehen. Bereits in den sechziger Jahren hatte Samuelson für einen Spezialfall die entsprechende stochastische Differenzialgleichung aufgestellt und Mandelbrot sah in der Kurve der Aktienpreise die Selbstähnlichkeit, die auch der Brownschen Bewegung eigen ist. Mit dem Ansatz von Black und Scholes, letzterer erhielt 1993 dafür den Nobelpreis, war der Damm gebrochen und zahlreiche Modelle wurden entwickelt.

Wir wollen in dem Buch herausarbeiten, dass solche Begriffe wie Arbitrage, Unabhängigkeit, Vollständigkeit, risikoneutrales Maß und Filtration, die alle bei der Bewertung vorkommen, wesentlich sind. Es ist deshalb nicht beabsichtigt, eine reine und vollständige Toolbox für die Bewertung der Produkte anzubieten. Das wäre wegen der Vielzahl und Vielfalt der Derivate auch undenkbar. Vielmehr ist es unser Ziel, einerseits die Grundprinzipien zu erläutern, hin und wieder komplizierte Methoden darzustellen, die aufzeigen, dass die Bewertung nicht einer einfachen Struktur der Grundrechenarten entspricht und schließlich dem Leser an gewissen Stellen auch die Möglichkeit eröffnen, die Methoden mittels Programmen zu erproben.

Damit wollen wir eine Mischung aus einfachen Modellen, die die Grundprinzipien erklären, und den recht tiefliegenden mathematischen Ergebnissen erstellen. Das Buch soll weder lediglich die Oberfläche ankratzen noch soll es den Leser mit technischen Details und Raffinessen überfordern. Dort wo die Modelle tiefliegende Konzepte verlangen, werden wir den Leser auf die entsprechende Literatur verweisen. Wir versuchen die Monographie so einheitlich und autark wie möglich dem Leser zu präsentieren. Deshalb sind Abschnitte, die über das Standardwissen hinausgehen, mit einem * versehen. Dennoch ist natürlich jeder Leser aufgefordert, sich mit den Methoden, vertraut zu machen.

Mit diesem Buch wollen wir eine Brücke schlagen. Auf der einen Seite wenden wir uns an den Personenkreis, die sich mit den Grundlagen vertraut machen wollen. Dazu gehören Studenten, aber auch Dozenten, für die das Gebiet Neuland darstellt. Andererseits wollen wir auch die Anwender mit in das Boot holen. Deshalb haben wir an ausgewählten Stellen Softwareimplementierungen beigefügt. Natürlich gibt es bereits Bücher auf dem Gebiet der Finanzmathematik, die beide Seiten verknüpfen (wie z. B. [Gru04, GJ03]). Doch sind dies Monographien, die ein spezielles oder weiterführendes Gebiet innerhalb der Finanzmathematik abdecken.

Wir wollen auch nicht den Leserkreis vergessen, der nicht originär zu den Mathematikern zählt. Deshalb haben wir auch grundlegendes Wissen, das für das Verständnis notwendig ist, aber nicht unbedingt zur Finanzmathematik gehört, in einen Anhang (Anhang C–E) ausgegliedert und auf

die Homepage des Verlages unter dem Link `www.viewegteubner.de/Privatkunden`
`/OnlinePLUS` gestellt. Dort sind auch die Dateien mit den Programmen zu finden.

Das Buch beginnt mit einem einleitenden Kapitel, in dem kurz die grundlegenden Begriffe des
finanzwirtschaftlichen Handels, wie Forward, Future und Optionen, eingeführt werden. Es soll
vor allem denjenigen Lesern dienen, die nicht mit dem notwendigen wirtschaftswissenschaftli-
chen Hintergrund ausgestattet sind. Der eigentliche Inhalt beginnt mit dem zweiten Kapitel. Dort
werden die für das Verständnis wesentlichen Begriffe und Mechanismen, auf denen die gesamte
Bewertung der Finanzprodukte beruht, eingeführt und erläutert. Allerdings wollen wir aus didaktischen Gründen und aus dem Blickwinkel der historischen Entwicklung den Zugang über
endlich viele vorher festgelegte Handelszeitpunkte wählen. Im folgenden werden die Begriffe
„Arbitrage", „risikoneutrales Maß", „vollständiger Markt", „Hedgen" und „Filtration" behandelt. Ein erster Einblick in die Zinsmodelle beendet dieses Kapitel. Das dritte Kapitel befasst
sich mit dem Übergang zum zeitstetigen Handeln und verwendet den Zugang von Cox, Ross
und Rubinstein. Als Hauptergebnis erhalten wir die allseits bekannte Black-Scholes-Formel. Sie
ist das zeitstetige Analogon zum diskreten log-binomialen Modell und zeigt, welche Größen
bei der Preisgestaltung Einfluss haben: der zugrundeliegende Aktien- oder Vermögenspreis, die
Volatilität, die Zinsrate, der Ausübungspreis und das Ausübungsdatum. Änderungen in diesen
Größen haben direkte Auswirkungen auf die momentane Optionsbewertung und sind für das
zeitnahe Handeln bzw. Absichern (Hedgen) entscheidend. Im zweiten Abschnitt dieses Kapitels
betrachten wir diese Faktoren. Passend reiht sich hier die numerische Berechnung von zeitstetigen Derivaten an, die das dritte Kapitel abschließt.

Das nächste Kapitel führt uns zur zentralen Methode in der Finanzmathematik – der stochastischen Analysis. Der Zugang von Black und Scholes zur stochastischen Analysis über eine stochastische Differenzialgleichung war auch historisch der Erste gewesen. Wir werden die dazu be-
nötigte Itô-Formel heuristisch ableiten und verweisen den Leser auf die oben genannte Webseite
für eine saubere Herleitung. Die stochastische Differenzialgleichung werden wir in eine parabolische partielle Differenzialgleichung umformen, eine Methode, die uns immer wieder im Buch
begegnen wird und ein zentrales Hilfsmittel in der stochastischen Analysis darstellt, stochastische Differenzialgleichungen zu lösen. Im Spezialfall der konstanten Koeffizienten reduzieren
wir dies schließlich auf das Lösen einer einfachen Wärmeleitungsgleichung. Das nächste Kapitel wird uns in das Herz der Bewertungstheorie führen. Wir leiten aus der Arbitragefreiheit und
der zusätzlichen Free-Lunch-Bedingung die Existenz eines äquivalenten Martingalmaßes für die
diskontierten Preise der im Markt gehandelten Vermögenswerte her. Es waren Harrison, Kreps
und Pliska, die diesen Zusammenhang in den achtziger Jahren entdeckten und deren Entwicklung
schließlich Delbaen und Schachermayer mit ihrem Fundamental Theorem of Asset Pricing zum
Abschluss brachten. Dieses Prinzip der Bewertung mittels Martingalmaßen werden wir mit den
stochastischen Differenzialgleichungen in Verbindung setzen. Betrachtungen über die Eindeutigkeit des Maßes und die Verbindung zur Vollständigkeit des Marktes beenden das Kapitel. Einige
Derivate und Finanzprodukte können vor dem Laufzeitende ausübt werden; dies bedeutet, dass

man den Preisbildungsprozess vorzeitig stoppen kann. Diese komplizierten Finanzprodukte führen uns zu den amerikanischen Optionen, deren Wert und optimaler Ausübungszeitpunkt im Fall einer dividendenlosen Aktie mit dem Wert eines europäischen Call zusammenfallen. Die Situation eines Puts ist gänzlich anders und führt uns geradewegs in die Betrachtung freier Randwertaufgaben von partiellen Differenzialgleichungen. Letztere werden wir dem ambitionierten Leser überlassen. Wie die meisten Monographien werden auch wir nur die Originalliteratur zitieren. Weitere komplex konstruierte Finanzprodukte, deren Bewertung uns in den Bereich unendlichdimensionaler Verteilungen führt, lassen wir im siebten Kapitel folgen. Diese Derivate werden unter der Bezeichnung „exotische Optionen" geführt. Ihrem Design sind keine Grenzen gesetzt, und ihr Wert hängt von dem Verlauf des Aktienkurses über die Laufzeit des Derivats ab.

Schließlich werfen wir noch einen Blick auf Produkte, die nur von der Zinsrate abhängen, also auf Bonds und deren Derivate. Diese Produkte sind aufgrund der begrenzten Laufzeit nicht leicht zu handhaben. Insbesondere im letzten Abschnitt über Corporate Bonds – erneut etwas für den fortgeschrittenen Leser – werden wir die Einschätzung von Unternehmen durch Ratingagenturen berücksichtigen und dementsprechend zur Preisgestaltung Methoden aus der Verkehrstheorie entlehnen. Hier begegnen wir wieder der Problematik, die auch ein Grund für das Auslösen der Finanzkrise war – nicht die Modelle, sondern die beabsichtigte oder unabsichtlich falsche Einstufung von Unternehmen und deren Produkten durch das allmächtige Urteil bestimmter Rating-Gesellschaften. Es sollte allerdings nicht unterschlagen werden, dass der unkritische Umgang mit Ratings von Seiten einiger Marktteilnehmer die Situation verschlimmert hat.

Basel und München im Juli 2010

Stefan Pilz, Georg Schlüchtermann

1 Grundlegende Begriffe

Ein ganzes Leben schrecklichen Raubes, nicht mehr mit
bewaffneter Hand, wie die adeligen Abenteurer dazumal,
sondern als gesetzmäßige Banditen im hellen Schein der
Börse, in der Tasche der armen ahnungslosen Welt,
zwischen Zusammenbruch und Tod.

Emile Zola, 19 Jh.

Anhand von drei Beispielen wollen wir einerseits illustrieren, welche Grundideen die Finanzmathematik aufweist und gleichzeitig fundamentale Begriffe nennen, die im Buch eine zentrale Rolle spielen.

Beispiel 1.1

Der (trügerische) Glaube an risikolosen Gewinn. Das gab es in den letzten Jahren zur Genüge: In den Zeitungen, Anzeigen und bei einigen Bankberatern wurden hohe Renditen (d. h. Zuwachs pro eingesetzter Kapitaleinheit) bei gleichzeitiger Sicherheit versprochen. Da viele dieser Verlockung nicht widerstehen konnten, haben viele auch Geld verloren. Aber wieso konnte das eigentlich nicht klappen, oder nur unter speziellen Situationen?

Grundlegend hierfür ist ein Prinzip in der Finanzmathematik. Man kann nicht mit Schulden oder ohne Geld in den Markt einsteigen und eine Strategie verfolgen, die, egal welche Ereignisse auch eintreten mögen, einen sicheren Gewinn verspricht.

Dies nennt man das Prinzip der *fehlenden Arbitrage.* Zwar kann es kurzfristig zu einer sogenannten *Arbitragemöglichkeit* kommen, aber diese wird den meisten Marktteilnehmern nicht verborgen bleiben. Über kurz oder lang werden die Akteure dies ausnutzen und die Arbitragemöglichkeiten ausgleichen. Im Kapitel 2 wird dieser Mechanismus eingehend behandelt. Dann wird man auch verstehen, dass hohe Renditen nicht ohne Risiken zu erreichen sind. Falls der garantierte Zins, wie bei gewissen nordischen Banken, wesentlich höher als der risikolose Marktzins ist, ergibt sich eine Arbitragemöglichkeit und jeder Marktteilnehmer kann sich sofort ausdenken, dass dies von anderen Banken ausgenützt wird. Also werden solche Anlagen immer problematisch bleiben.

Eine andere ebenso ärgerliche Tatsache ist, dass es Broker oder Spekulanten gibt, die mehr wissen als der Durchschnittsanleger. Dies wird sich nicht vermeiden lassen, da die Beschaffung von Informationen teuer ist, und allein deshalb haben die Großanleger mehr Möglichkeiten, zukünftige Risiken besser zu beurteilen. Zudem kann es Personenkreise geben, die von bestimmten positiven wie negativen Einflüssen auf eine Unternehmung früher Bescheid wissen als andere.

Beispiel 1.2

Das Insiderwissen. Auch hier bieten die letzten Jahre eine gute Gelegenheit, das Problem der *Marktinformation* zu untersuchen. Dazu betrachten wir ein fiktives Unternehmen – Ähnlichkeiten mit real existierenden sind nicht unbedingt rein zufällig. Dieses Unternehmen versucht, ein teures Produkt auf den Markt zu bringen, das hohe Investitionskosten verursacht hat. Dies kann z. B. ein Computerchip, ein pharmazeutisches Produkt oder gar ein Flugzeug sein. Verzögert sich nun die Marktreife oder ist unter Umständen das Produkt ein Fehlschlag, so wird dies einen Gewinneinbruch und Aktienkursverluste nach sich ziehen. Die frühzeitige Kenntnis derartiger Informationen ist für den Aktienhandel wichtig. Hat ein Akteur einen Wissensvorsprung, so kann er entweder einen Verlust verhindern oder sogar einen Gewinn realisieren. Genau dies hat der Gesetzgeber für die Personengruppe ausgeschlossen, die gerade die besten Informationen darüber haben, sprich das Management der Unternehmung. Wird trotz des Wissens gehandelt – ein Manager verkauft in unserer Situation vor dem Bekanntwerden der schlechten Unternehmensnachricht seine Aktien – so ist dies ein strafbarer *Insiderhandel*.

In den Modellen der Finanzmathematik geht das jeweilige Wissen in Form der sogenannten *Filtration* ein: Man fasst alle möglichen Ereignisse, die bis zu einem gewissen Zeitpunkt t eingetreten sein können, zu einem Mengensystem $\mathcal{F}_t$ zusammen. Es ist logisch, dass $\mathcal{F}_s \subset \mathcal{F}_t$ für zwei Zeitpunkte $s < t$ gilt. Das aufsteigende System nennt man eine *Filtration*. Genau dieses Mengensystem wird für die faire Preisbildung von Finanzprodukten wichtig sein und uns in den gesamten Kapiteln begleiten. Damit die Preisbildung fair ablaufen kann, muss der Informationsstand für alle gleich sein.

Es gibt Untersuchungen, die den Insiderhandel einbeziehen, doch ist dies recht kompliziert und sprengt den Rahmen dieses Buches.

Beispiel 1.3

Das richtige Maß. Für dieses Beispiel begeben wir uns nach Großbritannien. Dazu betrachten wir eine Wette auf Windhundrennen. Der Buchmacher kennt die Hunde und weiß, dass Hund A zwar müde aussieht, aber eine Siegchance von 50% besitzt. Dementsprechend sind die Chancen für Hund B 30% und Hund C, der wie ein Sieger aussieht, aber primadonnenhaft ist, nur 20%. Die einzelnen Spieler geben aber ihre Wetten in anderer Form ab. Sie wetten auf A mit nur 20%, B mit 30% und C mit 50% Häufigkeit. Mit welcher Quote wird der Buchmacher das Rennen bewerten? Natürlich mit der Quote der Spieler und nicht mit seiner eigenen Erfahrung. Die Einschätzung der „Marktteilnehmer" (hier der Spieler) ist entscheidend. Diese Quote wird unserem Spielmacher eine „risikolose" Bewertung ermöglichen. Hier sehen wir den Unterschied zwischen einer statistisch beobachteten Siegchance und der Bewertung der Siegchance durch die Spieler, die zu dem so genannten *risikoneutralen Wahrscheinlichkeitsmaß* führt.

1.1 Historischer Exkurs

Finanzmärkte und Märkte allgemein waren schon immer von hohem Interesse und sind so alt wie der Handel mit Gütern. Zuerst waren es Güter wie Edelmetalle, landwirtschaftliche Produkte oder gar Luxusprodukte, die bereits im Altertum gehandelt wurden. Ab dem 12. Jahrhundert entwickelte sich in den Städten Venedig, Florenz und Genua ein reger Handel mit Geldsorten und Wechselbriefen. Mit dem Aufblühen der Wirtschaft im Mittelalter gewannen diese Handelsplätze – und im zunehmenden Maße die Warenbörsen der flandrischen Städte (wie Brügge) – an Bedeutung. Aus Brügge stammt auch der Name *de burse* oder *de beurse*, abgeleitet von der Patrizierfamilie *Van De Beurse*. Die Entdeckung des Seeweges nach Ostindien schuf die Voraussetzungen für die ersten internationalen Börsen von Antwerpen, Amsterdam und schließlich London im 16. Jahrhundert. Der Kapitalbedarf des Ostindienhandels bzw. des Überseehandels führte zur Gründung der ersten Aktiengesellschaften ab Mitte des 16. Jahrhunderts. Im 19. Jahrhundert erlebten die Börsen einen weiteren Aufschwung im Zuge der industriellen Revolution, der insbesondere durch die Gründung der Eisenbahngesellschaften forciert wurde. Die Emission von Aktien diente der Kapitalbeschaffung, die anderweitig nicht zu bewältigen war. Daneben wurden zum ersten Mal Industrieanleihen ausgegeben. Zudem vollzog sich immer mehr die Trennung von Waren- und Effektenbörse. Letztere wurde schließlich zum Inbegriff der Börse, die den Handel mit Wertpapieren betreibt.

Die wirtschaftlichen Ungleichgewichte in den siebziger Jahren des 20. Jahrhunderts bzw. der resultierende Zusammenbruch des Systems von Bretton-Woods sowie die Ölkrise(n) führten zu stärkeren Zins- bzw. Devisenkursschwankungen und zu einer höheren Inflationsrate. Als Folge wurden neue Finanzinstrumente entwickelt, wobei die USA eine Vorreiterrolle inne hatte. Diese (Markt-) Preisrisiken führten zu einem Bedarf an Absicherungsmöglichkeiten gegen derartige Risiken und ein Großteil des Buches ist der Bewertung von Finanzinstrumenten gewidmet, die dies ermöglichen.

Die Entwicklung innovativer Finanzinstrumente wurde zum Teil verstärkt durch das damals stark regulierte (seit 1999 abgeschaffte) US-amerikanische Trennbankensystem. Insbesondere die Investmentbanken, die kein Einlagen- bzw. Kreditgeschäft tätigen durften, erweiterten ihr Geschäftsfeld durch die oben erwähnten Finanzinstrumente und durch das Verbriefen von Geldanlagen als Alternative zu Termineinlagen oder Krediten. Der Trend zur Verbriefung ist bis heute ungebrochen, denn die Verbriefung hat für die Banken den positiven Effekt, dass sie zwar nur einen einmaligen Provisionsertrag erhalten, dafür aber keine Risikovorsorge betreiben müssen. Das Bonitätsrisiko wird von anderen Markteilnehmern (ohne genaue Kenntnisse) getragen. Die Frage, inwiefern die Märkte besser geeignet sind mit Kreditrisiken umzugehen als Banken dürfte durch die derzeit herrschende Finanzkrise ihre Antwort gefunden haben.

1.2 Märkte, Handelsobjekte, Akteure und Motive

Welche Märkte gibt es? Das hängt natürlich von den gehandelten Produkten ab. Im Allgemeinen haben sich Börsenplätze auf den Handel von gewissen Produkten spezialisiert. Folgende grobe Einteilung lässt sich vornehmen:

- Aktienmarkt: Hier erfolgt der Handel mit Anteilscheinen bestimmter Unternehmen, insbesondere Aktien;

- Rentenmarkt: Dort werden festverzinsliche Papiere (Kuponanleihen, Zero-Bonds) oder variabel verzinste Anleihen (Floating Rate Notes) mit unterschiedlichen Laufzeiten von verschiedenen Emittenten gehandelt (Staaten, Unternehmen etc.);

- Devisenmarkt: Abhängig von volkswirtschaftlichen Daten der einzelnen Staaten sowie politischen Ereignissen und Entscheidungen werden Devisen der einzelnen Staaten gekauft und verkauft;

- Warenbörse: Hier werden Güter, wie landwirtschaftlichen Produkte und Rohstoffe (Edelmetalle, Rohöl) gehandelt;

- Terminbörse: Mit diesem Markt beschäftigt sich ein großer Teil des Buches; hier sind Futures und Optionen Gegenstand des Handels. Wir gehen auf diese unten ein.

Im Zeichen der modernen Kommunikation treten die klassischen Plätze in den Hintergrund, gehandelt und geordert wird fast ausschließlich am Bildschirm. Der klassische Händler auf dem Parkett verschwindet immer mehr in den Hintergrund zugunsten des elektronischen Handels und tritt nur dann hervor, wenn es besonders publikumsträchtige Ereignisse gibt (Börsengänge staatlicher Unternehmen, oder das Erreichen von historischen Höchst- bzw. Tiefstständen).

Welche Produkte werden an den Börsen gehandelt? Im Prinzip sind es alle Produkte, denen man ein Maß zuordnen kann. Dieser Wert muss allgemein anerkannt sein. Es muss einen Markt geben, d. h. einen realen oder fiktiven Ort (z. B. Internet) auf dem eine große Anzahl von Teilnehmern zu genau festgelegten Konditionen (Börsenusancen) kaufen und verkaufen kann. Um einen Wert günstig handeln zu können, sollte das Produkt beliebig teilbar sein, auch wenn diese Annahme nicht immer gewährleistet ist. So kann man nicht einen beliebigen Teil einer Aktie erwerben. Doch für die Theorie ist diese Annahme nützlich.

Ein *Vermögenswert* ist der Gegenwert (in Geldeinheit) eines Gutes (Produktes) oder das Gut selbst. Als Beispiele, die insbesondere von Interesse sind, lassen sich folgende Vermögenswerte nennen:

- Aktien;

- Rentenpapiere;

- Waren;

- Devisen;

- Futures (Terminkontrakte) und Optionen.

Hierbei unterscheidet man Kassa- und Termingeschäfte. Kassageschäfte müssen unmittelbar nach Geschäftsabschluss erfüllt werden, wohingegen bei einem Termingeschäft die fest vereinbarten vertraglichen Leistungen zu einem Zeitpunkt in der Zukunft erfolgen und die Leistungen von zukünftigen Entwicklungen abhängen. Die Geschäfte müssen nicht zwingend über die Börse getätigt werden, so werden z. B. viele Devisengeschäfte außerbörslich zwischen Banken abgeschlossen.

Die wichtigste Gruppe der Marktteilnehmer sind die Finanzintermediäre (Banken, Versicherungen, Investmentgesellschaften, Pensionsfonds), Stiftungen und Privatpersonen. Die wichtigsten Geschäftsmotive sind:

- Spekulation: Eingehen von Marktpositionen / Risiken zum Erreichen der Renditeziele;

- Arbitrage: Ausnützen von Preisunterschieden zwischen vergleichbaren Marktpositionen;

- Absicherung (Hedgen): Ausschluss von (Markt-) Preisrisiken.

Wir werden darauf im Folgenden weiter eingehen.

1.3 Terminkontrakte, Futures, Optionen und risikoneutrale Maße

Als *Wertpapier* (oder *Effekte*) wird im strengen Sinn die Urkunde über Vermögensrechte bezeichnet. Es drückt das unsichtbare Recht des Besitzers über den Vermögenswert aus. Im Sinne des heutigen Depotgesetzes gehören Aktien, Genuss- und Anteilscheine, Rentenpapiere (wie Bonds, Schuldverschreibungen), Futures und Optionen aller Art dazu. Die meisten Wertpapiere sind dem Leser bekannt und benötigen keine nähere Erläuterung (wie Aktien und Schuldverschreibungen). Aber Futures und Optionen, die in den letzten 10 – 20 Jahren rasant an Bedeutung gewonnen haben und nicht zum Allgemeingut gehören, müssen wir näher erklären.

Jedem ist bewusst, dass der Preis eines Wertpapieres, das an der Börse gehandelt wird, zufallsbedingten Schwankungen unterworfen ist. Bekannt sind die dramatischen Ereignisse der Kursverluste (1929, 1987, 2001, 2008), die viele Anleger in den Ruin trieben (vor allem 1929) und sich in dem Bewusstsein der meisten Kleinanleger verankert haben. Doch im Verhältnis zu anderen Anlagemöglichkeiten haben die Effekten weit mehr an Bedeutung gewonnen als das Sparbuch. In Deutschland wurde dies erst in letzter Zeit massiv wahrgenommen, nicht zuletzt deshalb, da Aktien als Instrument der Altersvorsorge eine größere Rolle spielen. Um zukünftige Preisrisiken auszuschließen, kann sich ein Anleger absichern, indem er einen festen Preis für einen in der Zukunft liegenden Zeitpunkt vereinbart. Dazu muss ein Verkäufer vorhanden sein, der dieses

Wertpapier zum vereinbarten Zeitpunkt bereithält. Wie bei einer Versicherung ist ein solcher Vertrag nicht kostenlos und hat seinen Preis. Wir sind hier bereits bei dem Begriff der Option oder allgemein eines Terminkontraktes, dessen Wert von zukünftigen Preisentwicklungen abhängt. Zudem haben wir bereits zwei verschiedene Handelsmotive der Marktteilnehmer kennengelernt, nämlich das Motiv der Absicherung (das Hedgen) und das der Spekulation.

Um das Preisrisiko eines Vermögenswertes abzusichern – zu hedgen – schließen Anleger sogenannte *Terminkontrakte* oder *Forward-Kontrakte* ab. Sie sichern dem Verkäufer einen festen Preis zu einem zukünftigen Zeitpunkt T. Die Konditionen werden zur Zeit $t = 0$ festgelegt. Dieses Geschäft kann auch über eine dritte Person laufen, die dem Verkäufer zwar die Ware nicht abnimmt, aber z. B. ein eventuelles Währungsrisiko übernimmt und dem Verkäufer einen festen Betrag in der heimischen Währung garantiert. Termin- oder Forwardkontrakte erfreuen sich einer großen Beliebtheit. Ein wesentliches Merkmal liegt in der individuellen Vereinbarung, die von den Akteuren festgelegt wird. Man spricht auch von Over The Counter (OTC-) Geschäften. Ein spezieller Forward ist der *risikoloser (Zero-)Bond*. Es ist ein Forward, der über die Periode $[0, T]$ abgesclossen wird und eine Zahlung von 1 Euro zur Zeit T garantiert. Die damit verbundene Verzinsung der Zahlung zur Zeit $t = 0$ wird mit einem Zinssatz von R bezeichnet. Wir werden im Abschnitt 2.5 näher darauf eingehen.

Die *Future-Kontrakte* haben dieselbe Struktur wie Forwardkontrakte, doch sind sie standardisiert und daher marktfähig. Sie werden an speziellen Börsen gehandelt, meistens sind dies Plätze in New York, Chicago oder London. Die hohe Anzahl von Marktteilnehmern garantiert, dass die Märkte hinreichend liquide sind.

Eine *Option* ist eine Vereinbarung zwischen einem *Käufer* und dem *Stillhalter* oder *Verkäufer*, die dem Käufer für ein vereinbartes Zeitintervall garantiert, einen Vermögenswert (Gut) oder ein Wertpapier (Aktie, Bond) zu erwerben (Call) oder zu verkaufen (Put). Der Preis einer Option wird als *Optionspreis* bezeichnet. Der Vermögenswert, auf den die Option bezogen ist, wird *Basis oder Basiswert* genannt. Der Zeitpunkt, an dem die Option *ausgeübt* werden kann, heißt *Ausübungszeitpunkt*. Dies kann ein bestimmter Tag sein (wie bei Optionen europäischen Stils) oder auch eine ganze Zeitspanne (wie bei Optionen amerikanischen Stils). Ebenso wie Futures sind Optionen auf die Zukunft gerichtet, doch anders als bei Futures, hat der Käufer oder Erwerber einer Option das Wahlrecht, die Option auszuüben (oder nicht). Da der Verkäufer kein Wahlrecht hat, erhält er als Prämie den *Optionspreis*, den Wert der Option zum Zeitpunkt des Abschlusses ($t = 0$). Hierin unterscheiden sich Optionen von Futures, die kostenlos sind und bei denen keine Vertragspartei ein Wahlrecht hat. Als Basiswerte kommen infrage

- Aktien oder Anteilsscheine;

- Rentenpapiere;

- Waren, wie landwirtschaftliche Produkte oder Rohstoffe;

- Devisen;

- Terminkontrakte (insbesondere Optionen – „Optionen auf Optionen");

- Indizes (z. B. Dow Jones oder DAX).

Der größte Teil des Buches widmet sich den Methoden der Preisberechnung von Optionen. Wir wollen hier kurz ein Grundprinzip der Bewertung anhand des Optionspreises erläutern, dessen rigorose Darstellung ab dem Abschnitt 2.1 vorgenommen wird, dem *Prinzip von der fehlenden Arbitrage*. Wir betrachten eine europäische Call-Option. Der Käufer dieser Option erwirbt das Recht, zur Zeit $T > 0$ einen Vermögenswert S_T zum *Ausübungspreis* oder *Strikepreis* K zu erwerben. Der Wert $F_C(S_T)$ dieser Option für den Käufer lautet

$$F_C(S_T) = \max(S_T - K, 0).$$

Denn wenn der Vermögenswert S_T zur Zeit T kleiner als K ist, wird der Käufer die Option verfallen lassen. Bei einer Put-Option hat der Käufer das Recht erworben, den Vermögenswert zur Zeit T zum Preis K zu verkaufen. Der Wert dieser Put-Option $F_P(S_T)$ beträgt dementsprechend

$$F_P(S_T) = \max(K - S_T, 0).$$

Wir betrachten folgende Situation: Wir verkaufen eine Call-Option mit Ausübungspreis K und einen Zero-Bond, der zum Zeitpunkt T den Betrag K zahlt. Gleichzeitig kaufen wir eine Aktie zum Preis S_0 und eine Put-Option (mit demselben Ausübungspreis K). Der Diskontfaktor über der Periode $[0, T]$ bei fester Zinsrate betrage e^{-rT}. Da der Zero-Bond bis zum Zeitpunkt T keinen Zahlungsstrom generiert, beträgt sein Barwert Ke^{-rT}. Der Wert des Portfolios zur Zeit $t = 0$ beträgt:

$$C(0, S_0, K) - P(0, S_0, K) + Ke^{-rT} - S_0.$$

Wir können nun zwei Fälle zur Zeit T unterscheiden:

$S_T > K$: Der Käufer übt die Call-Option aus, die Put-Option ist wertlos. Der Wert des Zero-Bonds bzw. der Aktie ist K bzw. S_T. Der Wert unseres Portfolios lautet in diesem Fall

$$(S_T - K) - 0 + K - S_T = 0.$$

$S_T \leq K$: Der Käufer der Call-Option lässt die Option verfallen, unsere Put-Option üben wir aus. Der Wert zur Zeit T beträgt:

$$0 - (K - S_T) + K - S_T = 0.$$

Nun bedeutet das Prinzip von der fehlenden Arbitrage, dass es keine Anlagestrategie gibt, die einen sicheren Gewinn garantiert, egal was sich zum Zeitpunkt T ergibt. Daher muss der Endwert des Portfolios gleich dem Anfangswert sein. Also gilt

$$C(0,S_0,K) - P(0,S_0,K) + Ke^{-rT} - S_0 = 0 \text{ oder } C(0,S_0,K) = P(0,S_0,K) - Ke^{-rT} + S_0. \quad (1.1)$$

Die Gleichung (1.1) wird als *Call-Put-Parität* bezeichnet. Wir begegnen hier einem dritten Handelsmotiv, nämlich dem Ausnützen von (relativen) Preisunterschieden. Der Arbitrageur wird versuchen, Anlagestrategien zu entwickeln, die einen sicheren Gewinn garantieren, z. B. wenn die Call-Put-Parität nicht erfüllt ist.

Allgemein kann man Futures oder Optionen als *Derivate* bezeichnen, also als Finanzprodukte auf bestimmte Basiswerte (Vermögenswerte oder speziell Wertpapiere).

Wie werden diese Produkte gekauft? Der Käufer von Wertpapieren oder allgemein Vermögenswerten wird sein Portfolio (die Gesamtheit seiner Vermögenswerte) so strukturieren, dass das Portfolio einen optimalen Wert erbringt. Dabei wird man sich natürlich fragen, was unter „optimal" zu verstehen ist. Man kann die persönliche Bewertung der verschiedenen Vermögenswerte mithilfe von Nutzenfunktionen einbeziehen. Diese Nutzenfunktionen berücksichtigen die einzelnen Risikoeinschätzungen. Um einen von der persönlichen Bewertung unabhängigen Maßstab zu erhalten, entwickelte Markowitz seine Portfoliotheorie von „Risk" und „Return", die auf der Volatilität (Standardabweichung) des gesamten Portfolios als Maß des Risikos und auf dessen Erwartungswert als Maß des Ertrags basiert. Dabei werden diese Größen als (statistische) Schätzwerte ermittelt. Im *passiven Portfoliomanagement* versucht der Anleger hingegen sein Portfolio so zu gestalten, dass es das Marktportfolio abbildet.

Allgemein von größerer Bedeutung ist das *aktive Portfoliomanagement*. Der Anleger versucht sein Portfolio so zu strukturieren, das der erwartete Ertrag den des Marktportfolios übertrifft.

Literaturhinweise und Geschichtliches

1. Die Preisfestsetzung ist von den Handelsbedingungen der jeweiligen Börse abhängig, ein Thema, das hier nicht behandelt werden kann, vgl. aber O'Hara [O'H98].

2. Details zu historischen Wirtschaftskrisen finden sich z. B. in Kindleberger [Kin05].

3. Aktives Portfoliomanagement wird in Grinold und Kahn [GK99] behandelt.

4. Stark verkürzt betrachten viele - wenn nicht alle - gängigen volkswirtschaftlichen Theorien Geld als „optimales" Tauschmittel. Alternative Interpretationen des Kapitalismus, die (unter anderem) die Rolle des Kredites und die damit verbundene Schuldenproblematik betonen, findet man z. B. in Martin [Mar90] oder Heinsohn und Steiger [HS84], ein *kritisches* Lesen wird allerdings empfohlen.

Aufgaben

1. Diskutieren Sie die folgende Aussage: „Das Prinzip der Arbitragefreiheit basiert auf einem Modell relativer Preise, d. h. dem Preisgefüge zwischen den Vermögenswerten. Der innere Wert eines Vermögenswertes basierend etwa auf einer Fundamentalanalyse (z. B. Bilanzanalyse eines Unternehmens) spielt hierbei keine Rolle".

2. Warum werden Immobilien nicht an der Börse gehandelt?

3. Forwards und Futures werden manchmal als unbedingte Termingeschäfte bezeichnet, wohingegen Optionen als bedingte Termingeschäfte bezeichnet werden. Wodurch ist diese Einteilung begründet?

4. Informieren Sie sich, was man unter (Börsen-) Termingeschäftsfähigkeit kraft Information versteht.

5. In wissenschaftlichen Experimenten wird implizit immer die sogenannte SUTVA (stable unit treatment value assumption) Annahme (z. B. Gelman, Carlin, Stern und Rubin, [GCSB95]) getroffen, d. h. die Daten werden durch ihre Messung nicht beeinflusst. Eine derartige experimentelle Situation ist zwar im Bereich der Finanzwelt nicht gegeben, aber falls man den datengenerierenden Mechanismus der Finanzdaten als sequentielles Experiment betrachtet – unter welchen Annahmen gilt die SUTVA-Annahme? Diskutieren Sie in diesem Zusammenhang Rückkoppelungseffekte von (eigenen) Handelsaktivitäten auf die Daten / Preise. Welche Konsequenzen ergeben sich für die statistische Modellierung? Welche Bedeutung hat hierbei die Anzahl der Marktteilnehmer? Rückkoppelungseffekte scheinen der Versicherungsbranche (angewendet auf Versicherungstarife) vertrauter zu sein als anderen Finanzintermediären (vgl. Daykin, Pentikäinen und Pesonen [DPP94]).

1.4 Der faire Preis von Forward- und Future-Kontrakten

Wir untersuchen in diesem Kapitel die Bewertung von Forward- und Future-Kontrakten auf Basis des Prinzips von der fehlenden Arbitrage. Zuerst erfolgt die Herleitung des fairen Terminpreises von Forwards nebst dem Wert des Forward-Kontraktes vor seiner Fälligkeit. Es folgt eine Beschreibung des Future-Kontraktes. Danach beschäftigen wir uns mit dem fairen Preis von Future-Kontrakten.

Bewertung von Forward-Kontrakten
Es gelten die folgenden Annahmen:

1. Die Markteilnehmer tätigen Arbitragegeschäfte, falls sich daraus ein sicherer Gewinn ergibt;

2. Die Marktteilnehmer können zu einer festen und bekannten (Jahres-) Zinsrate r Geld leihen oder anlegen.

Es bezeichne

1. $t = 0$ den Zeitpunkt des Vertragsabschlusses;

2. $t = T$ das Fälligkeitsdatum;

3. S_t den Basiswert zur Zeit t;

4. F_t den Forward-Preis (oder Kurs) zur Zeit t (Synonym: Terminpreis);

5. e^{rT} den Zinsfaktor für die Periode $[0, T]$ bei fester Zinsrate r.

Falls die dem Forward zugrundeliegende Basis keine Zahlungsströme im Intervall $[0, T]$ generiert, beträgt der faire Terminpreis F_0 aufgrund des Prinzips der Arbitragefreiheit zum Zeitpunkt des Vertragsabschlusses ($t = 0$):

$$F_0 = S_0 \cdot e^{rT}. \tag{1.2}$$

Dies sieht man wie folgt ein. Es gelte $F_0 > S_0 \cdot e^{rT}$. Dann verkauft man einen Forward zu F_0 und leiht sich Geld in Höhe von S_0, das in den Kauf der Basis investiert wird. Das Portfolio hat zur Zeit $t = 0$ den Wert null. Für das Portfolio gilt zur Zeit $t = T$:

- S_T (Wert der Aktien),

- $-S_T$ (Wert der Lieferverpflichtung aus dem Forward),

- F_0 (Einnahmen aus dem Forward),

- $-S_0 \cdot e^{rT}$ (Betrag der Schulden).

Der gesamte Wert des Portfolios beträgt $F_0 - S_0 \cdot e^{rT} > 0$.
Gilt hingegen $F_0 < S_0 \cdot e^{rT}$, so kauft man einen Forward zu F_0. Man legt Geld in Höhe von S_0 an und verkauft den Basiswert S_0. Dann hat das Portfolio zur Zeit $t = 0$ den Wert null. Zur Zeit $t = T$ gilt für die einzelnen Positionen:

- $-S_T$ (Wert der Aktien),

- S_T (Wert der erhaltenen Aktien aus dem Forward),

- $-F_0$ (Ausgaben des Forwards),

- $S_0 \cdot e^{rT}$ (Betrag des Guthabens).

Der gesamte Wert des Portfolios beträgt $-F_0 + S_0 \cdot e^{rT} > 0$.
In beiden Fällen kann der Anleger eine Strategie auswählen, die ihm einen Gewinn garantiert. Dies widerspricht dem Prinzip der fehlenden Arbitrage. Demnach muss der faire Terminpreis $F_0 = S_0 \cdot e^{rT}$ betragen, da alle anderen Preise einen sicheren Gewinn garantieren.

Interessant ist, dass der faire Preis nicht von zukünftigen Preisentwicklungen abhängt. Zwar kann man einwenden, dass nicht alle Marktteilnehmer in der Lage sind, jede der Transaktionen durchzuführen (z. B. Leerverkäufe), allerdings genügt es, dass zumindest eine Gruppe von Teilnehmern dazu berechtigt ist.

Bisher hatten wir angenommen, dass der Basiswert keinen Zahlungsstrom bis zur Fälligkeit generiert. Erweitert man die Überlegungen auf den Fall, dass der Basiswert einen (deterministischen) positiven Zahlungsstrom erzeugt, dessen Barwert (zur Zeit $t = 0$) K betrage, so gilt für den Terminpreis folgende Formel:

$$F_0 = (S_0 - K) \cdot e^{rT}. \tag{1.3}$$

Das heißt, der Terminpreis sinkt entsprechend den um K geringeren Finanzierungskosten. Mit einer leichten Modifikation liefert diese Formel auch einen fairen Terminpreis für einen Forward, dessen Basis ein Rohstoff oder Agrarprodukt ist. Wir bezeichnen mit $-K$ den Barwert der verursachten Lagerhaltungskosten und erhalten folgende Formel

$$F_0 = (S_0 + K) \cdot e^{rT}. \tag{1.4}$$

Der Terminpreis steigt, da die Bereitstellungskosten bis zum Zeitpunkt $t = T$ den Forward aufwerten. Gelegentlich wird ein Modell angenommen, das eine stetige Verzinsung (bezogen auf ein Jahr) des Basiswertes in Höhe von q annimmt. In diesem Fall lässt sich zeigen, dass für den fairen Terminpreis gilt:

$$F_0 = S_0 \cdot e^{(r-q)T}. \tag{1.5}$$

Diese Formel lässt sich auf Forwards anwenden, deren Basis eine Fremdwährung ist. Unter der Annahme, dass der feste Zinssatz in der Fremdwährung r_f betrage, gilt mit $(r_f = q)$

$$F_0 = S_0 \cdot e^{(r-r_f)T}. \tag{1.6}$$

Es ist bemerkenswert, dass der Terminpreis nur vom Kassakurs und der Zinsdifferenz abhängt, nicht aber von anderen wirtschaftlichen Faktoren. Allerdings darf man annehmen, dass sich die wirtschaftlichen Faktoren in der Zinsrate widerspiegeln.

Bisher wurde nur der faire Terminpreis zum Zeitpunkt des Vertragsabschlusses berechnet. Die Formel impliziert, dass der Wert des Forward-Kontraktes zum Zeitpunkt des Vertragsabschlusses wegen $F_0 = S_0$ null ist. Man wird allerdings an der Wertentwicklung f_t des Forward-Kontraktes bis zur Fälligkeit interessiert sein. Zur Zeit T^* $(0 < T^* < T)$ werde ein neuer Forward-Kontrakt mit gleicher Fälligkeit T abgeschlossen. Der Basispreis betrage S_{T^*}. Unter der Annahme, dass die Basis bis zur Fälligkeit $t = T$ keine Zahlungsströme generiert, ergibt sich als Terminpreis $F_{T^*} = S_{T^*} \cdot e^{r \cdot (T-T^*)}$. Die Differenz der beiden Forward-Kontrakte zur Zeit T ist demnach $F_0 - F_{T^*}$. Zur Zeit T^* beträgt der Barwert der Differenz der beiden Forward-Positionen $(F_0 - F_{T^*}) \cdot e^{-r \cdot (T-T^*)}$. Da ein zur Zeit T^* abgeschlossener Forward-Kontrakt (zu $t = T^*$) den Wert null hat, beträgt der (absolute) Barwert der Differenzposition $F_0 \cdot e^{-r \cdot (T-T^*)} - S_{T^*}$ und dies muss demnach auch der Wert (zum Zeitpunkt $t = T^*$) des zur Zeit $t = 0$ abgeschlossenen Forward-Kontraktes sein.

Also gilt

$$f_{T^*} = F_0 \cdot e^{-r \cdot (T-T^*)} - S_{T^*} = S_0 \cdot e^{r \cdot T^*} - S_{T^*}. \tag{1.7}$$

Hat sich zwischen $t = 0$ und $t = T^*$ die Zinsrate geändert, so ist die Formel entsprechend zu modifizieren.

Charakteristika von Future-Kontrakten

Ein Future ist ein börsengehandelter Terminkontrakt mit exakt standardisierten Konditionen hinsichtlich

1. eines genau bestimmten Vertragsgegenstandes (Basiswert);

2. einer bestimmten Menge (Kontraktvolumen) und Qualität;

3. eines fixen Zeitpunktes T in der Zukunft, der Fälligkeit des Kontraktes;

4. der Modalitäten der Lieferung zum Zeitpunkt T (Barausgleich oder physische Lieferung mit Vereinbarung des Ortes der Lieferung).

Der Zweck dieser Konditionen ist es, einen liquiden Handel zu gewährleisten. Meist wird der Vertragspartner nicht unmittelbar die Börse sein, sondern ein spezieller Händler (z. B. eine Bank). Im Gegensatz zu einem Forward, bei dem nur zum Fälligkeitszeitpunkt ein Zahlungsausgleich erfolgt, wird beim Future ein täglicher Gewinn- und Verlustausgleich – je nach Kursentwicklung – über spezielle Konten vorgenommen. Zudem müssen Käufer wie Verkäufer eines Futures auf diesen speziellen Konten Sicherheitsleistungen hinterlegen, die Margins genannt werden. Die Höhe der Sicherheitsleistungen hängt vom Future-Kontrakt ab (z. B. 5 % des Kontraktvolumens), sie kann aber auch von der Volatilität der Märkte und der eigenen Bonität abhängen. Der Inhaber des Kontraktes kann über die täglich anfallenden Gewinne frei verfügen, er muss allerdings auch im Fall von Verlusten, die mit der Höhe der Margins verrechnet werden, bei dem Unterschreiten gewisser vorher festgelegter Schranken Sicherheiten / Liquidität nachschießen (sogenannte Margin Calls). In Zeiten volatiler Märkte darf die Nachschusspflicht und die damit verbundene Belastung für die eigene Liquidität nicht unterschätzt werden. Versäumt der Inhaber eines Future-Kontraktes seine Nachschusspflicht zu erfüllen, darf der Händler die Position glattstellen, d. h. er geht eine gegenläufige Position ein, um weitere Verluste auszuschließen. Die relativ geringen Sicherheitsleistungen erlauben eine große Hebelwirkung. Typische Basiswerte sind:

1. Rohstoffe (Rohöl, Gold oder sonstige Metalle);

2. Agrarprodukte (Reis, Weizen, Soja, Baumwolle);

3. abstrakte Rechte (Strom);

4. Börsenindices und einzelne Aktien;

5. Währungen (soweit ein freier Devisenverkehr gewährleistet ist);

6. Staatsanleihen.

Alle genannten Basiswerte können selbstverständlich auch als Basis eines Forward-Kontraktes verwendet werden. Im folgenden Beispiel wollen wir den DAX-Future diskutieren.

Beispiel 1.4.1

Als Basiswert fungiert der DAX-Index. Die Laufzeit des Kontraktes beträgt bei Auflage immer neun Monate und der Verfallstermin ist jeweils der dritte Freitag der Monate März, Juni, September oder Dezember. Der Kontraktwert beträgt 25 Euro je DAX-Indexpunkt, d. h. beträgt der DAX-Index 4500 Punkte, so beläuft sich der Kontraktwert (oder das Kontraktvolumen) auf 112500. Dies ist nicht zu verwechseln mit dem Kontraktpreis (Future-Kurs). Nehmen wir weiter an, man habe 10 DAX-Futures mit Fälligkeit $T =$ Juni 2009 zu 4400 im Januar 2009 ($t = 0$) gekauft. Zum Zeitpunkt der Fälligkeit des Futures betrage der Wert des DAX 5000 Punkte. Aufgrund des Prinzips der Arbitragefreiheit wird zur Fälligkeit T der Future-Kurs identisch mit dem Wert des DAX-Index sein. Dann realisiert der Käufer (Long-Position) einen Gewinn von

$$\text{Gewinn} = \text{Anzahl der Kontrakte} \cdot \text{Kontraktmultiplikator} \cdot (\text{Kurs}(t = T) - \text{Kurs}(t = 0))$$
$$= 10 \cdot 25 \cdot (5000 - 4400) = 150000.$$

Man sieht, dass Gewinne (und Verluste) nahezu unbegrenzt sind. Bei der Berechnung des Gewinns wurde vereinfachend angenommen, dass die Auszahlung zum Ende der Laufzeit vorgenommen wurde. Dies entspricht nicht der Realität, denn wie oben geschildert, wird der Gewinn- und Verlustausgleich täglich vorgenommen.

Bewertung von Future-Kontrakten

Im obigen Beispiel des DAX-Futures haben wir stillschweigend angenommen, dass vor Fälligkeit keine Dividendenausschüttungen vorgenommen werden, d. h. mögliche Dividenden werden in den Index reinvestiert (Performance-Index). Wir gehen zunächst von dieser die Berechnung vereinfachenden Annahme aus. Zudem nehmen wir an, dass der Gewinn- und Verlustausgleich erst zum Zeitpunkt der Fälligkeit des Futures erfolgt. Ergänzend zu den Annahmen für Forward-Kontrakte nehmen wir an, dass

1. der Handel ohne Transaktionskosten erfolgt;

2. M den Kontrakt-Multiplikator bezeichnet ($M = 25$ im obigen Beispiel);

3. F_t den Wert des Future-Kontraktes zur Zeit t darstellt.

Falls die dem Future zugrundeliegende Basis keine Zahlungsströme im Intervall $[0, T]$ generiert, so beträgt der faire Preis eines Futures F_0 aufgrund des Prinzips der Arbitragefreiheit

$$F_0 = S_0 \cdot e^{rT}. \tag{1.8}$$

Dies sieht man wie folgt ein. Es gelte $F_0 > S_0 \cdot e^{rT}$. Dann verkauft man einen Future zu F_0, leiht sich Geld in Höhe von $M \cdot S_0$ und kauft den Basiswert M-mal. Dann hat das Portfolio zur Zeit $t = 0$ den Wert null. Wegen $F_T = S_T$ betragen die einzelnen Positionen des Portfolios (zur Zeit T):

- $M \cdot S_T$ (Wert der Aktien),

- $M \cdot (F_0 - S_T)$ (Wert des Futures),

- $-M \cdot S_0 \cdot e^{rT}$ (Wert der Schulden).

Der gesamte Wert des Portfolios beträgt $M \cdot (F_0 - S_0 \cdot e^{rT}) > 0$.

Gilt hingegen $F_0 < S_0 \cdot e^{rT}$, dann kauft man einen Future zu F_0, legt Geld in Höhe von $M \cdot S_0$ an und verkauft den Basiswert M-mal. Dann hat das Portfolio zur Zeit $t = 0$ den Wert null. Wegen $F_T = S_T$ betragen die einzelnen Positionen des Portfolios (zur Zeit T):

- $-M \cdot S_T$ (Wert der Aktien),

- $-M \cdot (F_0 - S_T)$ (Wert des Futures),

- $M \cdot S_0 \cdot e^{rT}$ (Wert des Guthaben).

Der gesamte Wert des Portfolios beträgt $-M \cdot F_0 + M \cdot S_0 \cdot e^{rT} = M \cdot (S_0 \cdot e^{rT} - F_0) > 0$.

Die Ermittlung des fairen Preises für Futures erfolgt also analog zu der von Forwards. Die Differenz zwischen dem Kassapreis S_0 des Basiswertes und dem Future-Preis F_0 wird als Basis bezeichnet. Zusammenfassend lässt sich Folgendes festhalten:

- Bewertung von Futures, deren Basis einen Zahlungsstrom mit Barwert K generiert:

$$F_0 = (S_0 - K) \cdot e^{rT}. \tag{1.9}$$

- Bewertung von Futures, deren Basis einen Zahlungsstrom mit stetiger Verzinsung (bezogen auf ein Jahr) q generiert:

$$F_0 = S_0 \cdot e^{(r-q)T}. \tag{1.10}$$

Der interessierte Leser wird sich eventuell fragen, wie sich der faire Preis eines Futures bei täglichem Gewinn- und Verlustausgleich berechnen lässt. Der Vorteil der bisherigen Berechnung liegt darin, dass man einfach die Differenz $(S_T - F_0) = (F_T - F_0)$ verwendet hat. Bei täglichem Gewinn- und Verlustausgleich erhält man für den Tag i als Differenz $F_i - F_{i-1}$, für den folgenden Tag $i+1$ als Differenz $F_{i+1} - F_i$. Auf den ersten Blick würde man annehmen, dass die Summe $...F_i - F_{i-1} + F_{i+1} - F_i... = ... - F_{i-1} + F_{i+1}...$ dieser einzelnen Zahlungsströme $(F_T - F_0)$ ergibt. Dem ist aber nicht so, denn die Zahlungsströme fallen nicht am gleichen Tag an und um sie vergleichen zu können, müsste man sie bis zur Fälligkeit T aufzinsen. Zwar kommt jeder Wert F_i zweimal vor, aber ihr Endwert unterscheidet sich, da die Aufzinsperiode für beide Terme um einen Tag abweicht. Dies ist auch aus praktischer Sicht misslich, denn man kennt die zukünftigen Future-Kurse F_i nicht.

Literaturhinweise

In der Monographie von Hull [Hul96] findet der Leser eine sehr ausführliche Darstellung der Grundlagen von Forwards, Futures und Optionen. Dabei werden auch die praktischen Mechanismen an den Märkten beschrieben. Allerdings bleibt der mathematische Anspruch etwas zurück. Die Monographie von Tietze [Tie03] bietet eigentlich eine reine Darstellung der Zins- und Tilgungsrechnung. Allerdings wird in einem Exkurs kurz am Schluss auf die Risikobehandlung mittels Forwards, Futures und Optionen eingegangen. Eine reine Sicht auf die Forwards, Futures und Optionen von Bonds findet der Leser in dem Buch von Reitz, Schwartz und Martin [RSM04].

Aufgaben

1. a) Ein mittelständisches Unternehmen hat am 1. November 2007 eine Forderung in Höhe von 25 Millionen GB Pfund mit Fälligkeit zum 1. April 2009 erworben. Der Euro GB Pfund Kurs zum 31.12.2007 betrug 1,35 (1 GBP = 1,35 Euro). Das Unternehmen erwartet einen weiter fallenden Wechselkurs und entschloss sich im Januar 2008 einen Forward-Kontrakt mit Fälligkeit zum 1. April 2009 über 25 Millionen GB Pfund abzuschließen, der einen Wechselkurs von 1,35 garantiert (1 GBP = 1,35 Euro). Am 31.12.2008 betrug der Wechselkurs nur noch 1,03 (1 GBP = 1,03 Euro). Bewerten Sie den Future nach den folgenden Bilanzierungsrichtlinien.

    i. Einzelbewertungsprinzip, d. h. Vermögenswerte werden einzeln bewertet;

    ii. Marktbewertungsprinzip, d. h. Vermögenswerte müssen zu Marktpreisen bewertet werden;

    iii. Prinzip kaufmännischer Vorsicht, d. h. zukünftige Gewinne dürfen nicht berücksichtigt werden.

    b) Das Marktbewertungsprinzip verlangt zwingend zum Jahresende 2008 Abschreibungen in Höhe von 8 Mio= 25 Mio·$(1,35 - 1,03)$ Euro auf die Forderung. Sie erhalten einen Anruf vom Vorstand, der wissen will, ob bei der Absicherung etwas schiefgegangen ist. Wie erklären Sie den Sachverhalt?

    c) Unter Hedge Accounting versteht man (grob skizziert) die aggregierte Behandlung von Vermögenswerten zu dem Zweck einer gemeinsamen (Risiko-) Bewertung. Dies ist zulässig, wenn sich die Risiken der zu aggregierenden Positionen kompensieren. Diskutieren Sie, ob das Unternehmen entsprechend den Regeln des Hedge Accounting die Forderung in Fremdwährung und den Forward zu einer Position zusammenfassen darf. Wie würden Sie den Sachverhalt beurteilen, falls der Forward am 1. März fällig wird?

2. Führen Sie eine Ceteris-Paribus-Analyse für den Wert eines Futures im Hinblick auf die Parameter $T, r, ..., S_0$ durch.

3. Beweisen Sie die Formel (1.4) .

2 Diskrete Modelle

Die grundlegenden Prinzipien für die Bewertung von Derivaten und den zugrundeliegenden Vermögenswerten lassen sich anhand von diskreten Zeitmodellen, ja sogar schon im Zweiperiodenmodell, erläutern. Dennoch ist für die Modellbildung der kontinuierliche Fall, dem wir im Kapitel 3 bzw. 4 begegnen werden, wichtig, da er besonders für die Zinsderivate eine klare Darstellung ermöglicht. Zudem bereitet im diskreten Fall auch die Berechnung mit einem Computer bei einer großen Anzahl von Handelsperioden Probleme. Doch aus didaktischen Gesichtspunkten wollen wir die diskreten Modelle voranstellen. Bevor wir die einzelnen Prinzipien aufzeigen, soll ein kurzer Überblick gegeben werden.

Wie ein roter Faden zieht sich das Prinzip von der fehlenden Arbitrage durch die Optionsbewertung. Im Abschnitt 1.4 sind wir diesem Prinzip bereits begegnet, doch wollen wir es jetzt mathematisch formulieren, um darauf die Theorie der Optionspreisbewertung aufzubauen. Um das Arbitrageprinzip beschreiben zu können, wählen wir das *Einperiodenmodell*. In diesem Modell wird die Preisentwicklung eines *Portfolios*, also einer Anzahl von Vermögenswerten, die ein Anleger hält, zu zwei Zeitpunkten verglichen.

Die betrachteten Vermögenswerte sind zufälligen Schwankungen unterworfen. Jedem Zustand ist eine Eintrittswahrscheinlichkeit zugeordnet. Die Kenntnis dieser Wahrscheinlichkeiten ist allerdings bei der Bewertung nicht notwendig. Der Cashflow der einzelnen Vermögenswerte geht in die sogenannten *risikoneutralen Wahrscheinlichkeiten* ein (vgl. Abschnitt 2.2).

Für die Preisbildung des Vermögenswertes werden wir das einfachste Modell mit zwei Zeitpunkten wählen: Das sogenannte Auf-und-Ab-Modell erlaubt für die Veränderung der Wertpapierpreise nur zwei Möglichkeiten. Um vom einfachen Zweiperiodenmodell zum realistischeren Modell mehrerer Zeitpunkte zu gelangen, erweitern wir den Ansatz des Auf-und-Ab-Modells zum Binomialmodell (vgl. Abschnitt 2.3).

Wie sieht jetzt die Preisgestaltung von Derivaten dieser Vermögenswerte aus? Der Emittent einer Option muss seinen Verpflichtungen zum Einlösedatum nachkommen und sich deshalb durch ein äquivalentes Portfolio absichern, d. h. *hedgen*, also ein Portfolio mit gleichem Wert generieren. Die Kosten hierfür müssen aus Arbitragegründen gleich dem Wert der Option sein. Mit diesem Ansatz werden wir im vierten Abschnitt Derivate bewerten und eine Anlagestrategie definieren.

Wir sind nun nicht mehr weit von der berühmten Black-Scholes-Formel entfernt, die wir im nächsten Kapitel behandeln.

2.1 Das Arrow-Debreu-Modell

Die Neuformulierung der Gleichgewichtstheorie wurde im wesentlichen von K. Arrow und G. Debreu in den fünfziger Jahren des letzten Jahrhunderts entwickelt. Für die Bewertung von Vermögenswerten in der Gleichgewichtstheorie geht man von zwei Zeitpunkten aus – dem jetzigen T_0 und einem zukünftigen T_1. Zur Bewertung benötigen wir Derivate, Wertpapiere oder allgemeiner Vermögenswerte $S_1, \ldots, S_N$, von denen wir, um keine Schwierigkeit in der Darstellung zu haben, annehmen, dass sie beliebig teilbar sind. Sie können zu den Zeiten T_0 und T_1 gekauft oder verkauft werden.

Wie kann sich nun ein typischer Marktteilnehmer verhalten?

Zur Zeit T_0 nimmt ein Anleger eine Position am Markt ein, die sich durch den Vektor $\theta = (\theta_1, \ldots, \theta_N) \in \mathbb{R}^N$ beschreiben lässt. Dabei entspricht θ_i der Menge der jeweiligen Vermögenswerte S_i. Der Vektor θ beschreibt sein *Portfolio* zur Zeit T_0.

Welchen Wert hat sein Portfolio? Dazu sei zur Zeit T_0 der Preis von S_i durch $q_i > 0$ gegeben. Wir fassen alle einzelnen Preise pro Einheit zu einem Vektor $q = (q_1, \ldots, q_N) \in \mathbb{R}^N$, dem *Preisvektor* zusammen. Der Wert des Portfolios lässt sich demnach gemäß

$$\langle \theta, q \rangle = \theta_1 q_1 + \theta_2 q_2 + \ldots + \theta_N q_N = \sum_{i=1}^{N} \theta_i q_i$$

darstellen; dabei ist $\langle \cdot, \cdot \rangle$ das Skalarprodukt auf $\mathbb{R}^n$. Wie für alle Menschen birgt die Zukunft auch für unseren Marktteilnehmer Unsicherheit in sich. Diese wollen wir dadurch ausdrücken, dass in unserem Modell endlich viele *Zustände* für unsere Vermögenswerte eintreten können. Die Anzahl der Zustände sei M.

Unser Teilnehmer ist natürlich an den möglichen Entwicklungen der Vermögenswerte interessiert. Dazu gibt man für den i-ten Vermögenswert S_i, $i = 1, 2, \ldots, N$, und einen Zustand j, $j = 1, 2, \ldots, M$, mit D_{ij} den auftretenden Cashflow für eine Einheit des Vermögenswerts i an, falls der j-te Zustand eintritt. Dabei bedeutet „auftretender Cashflow für eine Einheit des Vermögenswertes S_i" seinen Wert plus eventueller Dividendenzahlung zur Zeit T_1.

Wir wollen dies in einer *Cashflow-Matrix* darstellen:

$$\mathscr{D} = \begin{pmatrix} D_{11} & D_{12} & \dots & D_{1M} \\ D_{21} & D_{22} & \dots & D_{2M} \\ \vdots & \vdots & & \vdots \\ D_{N1} & D_{N2} & \dots & D_{NM} \end{pmatrix} \quad (N \times M\text{-Matrix}).$$

Für die zukünftige Bewertung eines Portfolios sind also der Preis und die Matrix wichtig. Wir bezeichnen das Paar $(q, \mathscr{D})$ als *Preisdividendenpaar*.

Bemerkung 2.1.1

Es lassen sich bereits einige Folgerungen aus dem Preisdividendenpaar ablesen.

1) Fixiert man einen Vermögenswert S_i, $i = 1, 2, \dots, N$, so stellt

$$D_{i\bullet} = i\text{-te Zeile von } \mathscr{D} = (D_{i1}, D_{i2}, \dots, D_{iM}) \in \mathbb{R}^{1,M}$$

den Vektor aller möglichen Ergebnisse von S_i dar.

2) Wählt man andererseits ein festes Ereignis $j = 1, \dots, M$, so ist

$$D_{\bullet j} = j\text{-te Spalte von } \mathscr{D} = \begin{pmatrix} D_{1j} \\ D_{2j} \\ \vdots \\ D_{Nj} \end{pmatrix} \in \mathbb{R}^{N,1}$$

der Vektor des Cashflows für alle Vermögenswerte, vorausgesetzt der Zustand j tritt ein.

3) Für weitere Betrachtungen müssen wir noch die *transponierte Matrix von* $\mathscr{D}$ einführen

$$\mathscr{D}^T = \begin{pmatrix} D_{11} & D_{21} & \dots & D_{N1} \\ D_{12} & D_{22} & \dots & D_{N2} \\ \vdots & \vdots & & \vdots \\ D_{1M} & D_{2M} & \dots & D_{NM} \end{pmatrix} \in \mathbb{R}^{M,N}.$$

Für den Portfoliovektor $\theta \in \mathbb{R}^N$ unseres Teilnehmers betrachten wir

$$\mathscr{D}^T \circ \theta = \begin{pmatrix} D_{11} & D_{21} & \dots & D_{N1} \\ D_{12} & D_{22} & \dots & D_{N2} \\ \vdots & \vdots & & \vdots \\ D_{1M} & D_{2M} & \dots & D_{NM} \end{pmatrix} \circ \begin{pmatrix} \theta_1 \\ \theta_2 \\ \vdots \\ \theta_N \end{pmatrix} = \begin{pmatrix} \langle D_{1\bullet}^T, \theta \rangle \\ \langle D_{2\bullet}^T, \theta \rangle \\ \vdots \\ \langle D_{M\bullet}^T, \theta \rangle \end{pmatrix}.$$

Worin liegt die Bedeutung von $\mathscr{D}^T \circ \theta$? Die j-te Koordinate des Vektors $\mathscr{D}^T \circ \theta$ lautet

$$\langle D^T_{j\bullet}, \theta \rangle = \sum_{i=1}^{N} D_{ij}\theta_i$$

und stellt den gesamten Cashflow für das Portfolio θ dar, vorausgesetzt, der j-te Zustand ist eingetreten. Mit der Betrachtung des Cashflows können wir nun definieren, was *Arbitrage* bedeutet.

Definition 2.1.2

Ein Portfolio $\theta \in \mathbb{R}^N$ stellt eine *Arbitrage* dar, falls eine der folgenden Bedingungen erfüllt ist:

Entweder gilt: $\langle \theta, q \rangle < 0$ und $\langle D^T_{j\bullet}, \theta \rangle \geq 0$ für alle $j = 1, 2, \ldots, M$.
Oder es gilt: $\langle \theta, q \rangle = 0$ und

$$\left\{ \begin{array}{l} \langle \theta, D^T_{j\bullet} \rangle \geq 0 \text{ für alle } j = 1, \ldots, M \text{ und} \\ \langle \theta, D^T_{j_0\bullet} \rangle > 0 \text{ für mindestens ein } j_0 \in 1, \ldots, M \end{array} \right\}.$$

In Worten ausgedrückt ist Arbitrage ein Portfolio, das entweder einen negativen Wert zur Zeit T_0 hat (der Anleger erhält Geld zur Zeit T_0), ohne dass es eine Verbindlichkeit zum Zeitpunkt T_1 darstellt, oder er hält ein Portfolio, das zur Zeit T_0 den Wert null hat, keine Verpflichtung in der Zukunft birgt und gleichzeitig die Möglichkeit eröffnet, in zumindest einem Zustand einen positiven Cashflow zu erzielen.

Beispiel 2.1.3

Wir wollen dieses Prinzip an einem einfachen Beispiel erläutern. Wir nehmen an, es gäbe in unserem Markt zwei verschiedene risikolose Bonds mit unterschiedlichen Zinssätzen, $R_1 := 0{,}1$ und $R_2 := 0{,}03$. Als Cashflow-Matrix ergibt sich:

$$\mathscr{D} = \begin{pmatrix} 1 + R_1 \\ 1 + R_2 \end{pmatrix} = \begin{pmatrix} 1{,}1 \\ 1{,}03 \end{pmatrix}.$$

Als Preisvektor hat man $q = (1, 1)$, da beide Vermögenswerte Bonds sind. Das Portfolio bietet nun eine Arbitragemöglichkeit, da man ein $\theta \in \mathbb{R}^2$, mit $\theta = (x_1, -x_1)$, $x_1 > 0$ findet, für das $\theta \cdot q = 0$ aber $\theta \circ \mathscr{D} = 1{,}1x_1 - 1{,}03x_1 = 0{,}07x_1 > 0$ gilt.

Bevor wir eine weitere wichtige Beobachtung angeben, führen wir noch folgende Notationen ein:
Wir bezeichnen mit $\mathbb{R}^M_+$ den *positiven Kegel in* $\mathbb{R}^M$, d. h.

$$\mathbb{R}^M_+ = \{x = (x_1, x_2, \ldots x_M) \in \mathbb{R}^M; x_i \geq 0 \text{ für } i = 1, 2, \ldots M\}.$$

Für den *offenen positiven Kegel* in $\mathbb{R}^M_+$ schreiben wir $\mathbb{R}^M_{++}$, d. h.

$$\mathbb{R}^M_{++} = \{x = (x_1, x_2, \ldots x_M) \in \mathbb{R}^M; x_i > 0 \text{ für } i = 1, 2, \ldots M\}.$$

Satz 2.1.4

Ein Portfolio $\theta \in \mathbb{R}^N$ stellt genau dann eine Arbitragemöglichkeit dar, wenn

$$\begin{pmatrix} -q_1 & -q_2 & \ldots & -q_N \\ D_{11} & D_{21} & \ldots & D_{N1} \\ D_{12} & D_{22} & \ldots & D_{N2} \\ \vdots & \vdots & & \vdots \\ D_{1M} & D_{2M} & \ldots & D_{NM} \end{pmatrix} \circ \theta = \begin{pmatrix} \langle -q, \theta \rangle \\ \mathscr{D}^T \circ \theta^T \end{pmatrix} \in \mathbb{R}_+^{M+1} \setminus \{0\}.$$

Das Prinzip von der „fehlenden Arbitrage"

Wichtiger als die Existenz von Arbitrage zu betrachten, ist es für den Aufbau eines Bewertungsmodells, das Fehlen von Arbitrage zu untersuchen.

Wir sagen, dass ein Preisdividendenpaar $(q, \mathscr{D})$ keine Arbitragemöglichkeit erlaubt, oder *arbitragefrei* ist, falls kein Portfolio $\theta \in \mathbb{R}^N$ eine Arbitrage darstellt. Arbitragefreiheit bedeutet also, dass für alle $\theta \in \mathbb{R}^N$, mit $\langle \theta, q \rangle \leq 0$, das folgende gilt:

Ist $\langle \theta, q \rangle < 0$, dann folgt $\langle \theta, D_{\bullet j_0} \rangle < 0$ für mindestens ein $j_0 \in \{1, 2, \ldots, M\}$, oder

Ist $\langle \theta, q \rangle = 0$, so folgt $\langle \theta, D_{\bullet j} \rangle = 0$ für alle $j = 1, \ldots, M$ oder $\langle \theta, D_{\bullet j_0} \rangle < 0$ für mindestens ein $j_0 \in \{1, 2, \ldots, M\}$.

Man erhält als nützliche Folgerung den folgenden Satz. Er besagt, dass Portfolios den gleichen Preis haben müssen, falls sie zur Zeit T_1 den gleichen Cashflow erzeugen, egal welcher Zustand eingetreten ist.

Satz 2.1.5

Ist das Paar $(q, \mathscr{D})$ arbitragefrei und stellen $\theta^{(1)}$ und $\theta^{(2)}$ zwei Portfolios mit

$$\langle \theta^{(1)}, D_{\bullet j} \rangle = \langle \theta^{(2)}, D_{\bullet j} \rangle \text{ für alle } j \in \{1, 2, \ldots, M\}$$

dar, so gilt

$$\langle \theta^{(1)}, q \rangle = \langle \theta^{(2)}, q \rangle.$$

Beweis

Nehmen wir z. B. an, dass $\langle \theta^{(1)}, q \rangle < \langle \theta^{(2)}, q \rangle$ gilt. Dann sieht man leicht ein, dass $\theta^{(1)} - \theta^{(2)}$ eine Arbitrage-Möglichkeit ist. $\qquad\square$

Wir wollen nun das erste wichtige Ergebnis im Arrow-Debreu-Modell formulieren.

Satz 2.1.6

Ein Preisdividendenpaar $(q, \mathscr{D})$ erlaubt genau dann keine Arbitrage, wenn es einen Vektor $\psi \in \mathbb{R}_{++}^M$ mit $q = \mathscr{D} \circ \psi$ gibt.

Bevor wir zum Beweis kommen, benötigen wir noch das folgende Ergebnis aus der Theorie der linearen Programmierung, das oft als der *Satz von der Alternative* bezeichnet wird. Er lässt sich aus dem Satz von *Farkas* ableiten. Beide Sätze werden wir im Anhang C beweisen. Dort findet der Leser auch einige grundlegende Bezeichnungen und Resultate aus der linearen Algebra.

Satz 2.1.7

Für eine $m \times n$ Matrix A trifft genau eine der folgenden Aussagen zu:

1) Es gibt ein $y \in \mathbb{R}^n$ mit $A \circ y \in \mathbb{R}^m_+ \setminus \{0\}$.

2) Es gibt ein $x \in \mathbb{R}^m_{++}$ mit $A^T \circ x = 0$.

Bemerkung 2.1.8

Obwohl wir im Anhang C.2 eine ausführlichere Diskussion geben, wollen wir hier kurz eine geometrische Interpretation vornehmen.

Sei $L \subset \mathbb{R}^m$ ein Teilraum und sei $L^\perp = \{x \in \mathbb{R}^m; x \cdot y = 0 \text{ für alle } y \in L\}$ sein orthogonaler Komplementärraum. Man kann L als Bild $\mathscr{R}(A)$ einer $m \times n$ Matrix A ansehen. In diesem Fall ist $L^\perp = \mathscr{N}(A^T)$ der Kern von A^T (vgl. Anhang C.1). Satz 2.1.7 besagt nun:

> Entweder enthält L einen von null verschiedenen Vektor, dessen Koordinaten alle nicht-negativ sind (Alternative 1 in Satz 2.1.7), oder sein Komplementärraum $L^\perp$ besitzt einen Vektor, dessen Koordinaten alle strikt positiv sind (Alternative 2 in Satz 2.1.7).

In der Ebene können wir diesen Zusammenhang einfach durch das folgende Bild veranschaulichen. Man erkennt, dass die Gerade mit negativer Steigung keinen Punkt mit dem positiven Kegel gemeinsam hat. Die dazu senkrechte Gerade besitzt einen Vektor mit strikt positiven Koordinaten.

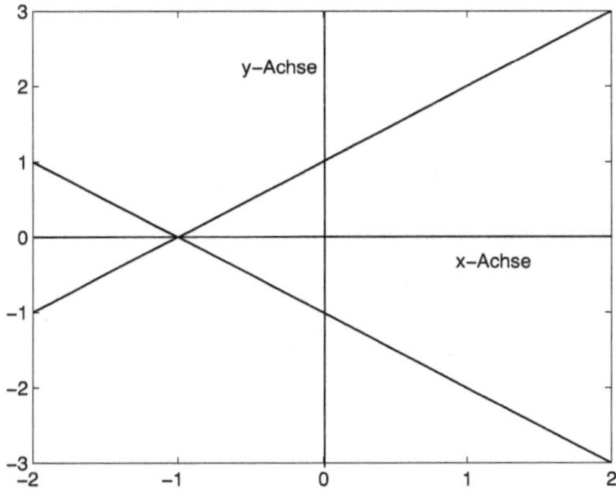

Abbildung 2.1: Graphische Darstellung von Satz 2.1.7 für $\mathbb{R}^?$

Beweis von Satz 2.1.6

Sei zunächst $\psi \in \mathbb{R}^M_{++}$ so gewählt, dass $q = \mathscr{D} \circ \psi$ gilt. Wir müssen zeigen, dass ein beliebiges $\theta \in \mathbb{R}^N$ keine Arbitragemöglichkeit bietet. Wir bemerken zuerst, dass

$$\langle \theta, q \rangle = \langle \theta, (\mathscr{D} \circ \psi) \rangle = \langle (\mathscr{D}^T \circ \theta), \psi \rangle \tag{2.1}$$

gilt, wobei man die letzte Gleichung wie folgt einsieht:

$$\langle \theta, (\mathscr{D} \circ \psi) \rangle = \sum_{i=1}^{N} \theta_i \cdot \left(\sum_{j=1}^{M} D_{ij} \psi_j \right) = \sum_{j=1}^{M} \psi_j \left(\sum_{i=1}^{N} D_{ij} \theta_i \right)$$
$$= \sum_{j=1}^{M} \psi_j (\mathscr{D}^T \circ \theta)_j = \langle (\mathscr{D}^T \circ \theta), \psi \rangle.$$

Es bleibt zu zeigen:

1.) Falls $\langle q, \theta \rangle < 0$, so gilt $\langle D_{\bullet j_0}, \theta \rangle < 0$ für mindestens ein j_0.

2.) Gilt $\langle q, \theta \rangle = 0$, so folgt entweder $\langle D_{\bullet j}, \theta \rangle = 0$ für alle $j = 1, \ldots, M$ oder $\langle D_{\bullet j_0}, \theta \rangle < 0$ für mindestens ein $j_0 \in \{1, \ldots, M\}$.

Dazu beachten wir, dass nach (2.1)

$$\langle \theta, q \rangle = \langle (\mathcal{D}^T \circ \theta), \psi \rangle = \sum_{j=1}^{M} \psi_j \cdot (\mathcal{D}^T \circ \theta)_j = \sum_{j=1}^{M} \psi_j \langle \mathcal{D}_{\bullet j}, \theta \rangle$$

gilt. Ist $\langle \theta, q \rangle < 0$, so muss mindestens einer der obigen Summanden negativ sein. Da alle Koordinaten von ψ strikt positiv sind, folgt $\langle D_{\bullet j_0}, \theta \rangle \leq 0$ für mindestens ein $j_0 \in \{1, 2, \ldots M\}$.

Gilt $\langle q, \theta \rangle = 0$, so sind entweder alle Summanden in der obigen Summe gleich null, oder es gibt einige strikt negative und andere strikt positive Summanden. Dann folgt die Aussage wie im ersten Fall.

Wir gehen nun davon aus, dass das Portfolio keine Arbitrage zulässt und definieren die Matrix

$$A = \begin{pmatrix} -q_1 & -q_2 & \cdots & -q_N \\ D_{11} & D_{21} & \cdots & D_{N1} \\ D_{12} & D_{22} & \cdots & D_{N2} \\ \vdots & \vdots & & \vdots \\ D_{1M} & D_{2M} & \cdots & D_{NM} \end{pmatrix} = \begin{pmatrix} -q \\ D_{1\bullet}^T \\ D_{2\bullet}^T \\ \vdots \\ D_{M\bullet}^T \end{pmatrix} = \begin{pmatrix} -q \\ \mathcal{D}^T \end{pmatrix}.$$

Die Bedingung, dass $(q, \mathcal{D})$ arbitragefrei ist, bedeutet wegen Satz 2.1.4, dass A nicht die zweite Alternative in Satz 2.1.7 (mit $m = M+1$ und $n = N$) erfüllt. Somit gibt es einen Vektor $x \in \mathbb{R}_{++}^{M+1}$, mit

$$A^T \circ x = \begin{pmatrix} -q_1 & D_{11} & \cdots & D_{1M} \\ -q_2 & D_{21} & \cdots & D_{2M} \\ \vdots & \vdots & & \vdots \\ -q_N & D_{N1} & \cdots & D_{NM} \end{pmatrix} \circ x = -x_1 \begin{pmatrix} q_1 \\ q_2 \\ \vdots \\ q_N \end{pmatrix} + \mathcal{D} \circ \begin{pmatrix} x_2 \\ x_3 \\ \vdots \\ x_{M+1} \end{pmatrix} = 0.$$

Setzt man

$$\psi = \left(\frac{x_2}{x_1}, \ldots, \frac{x_{M+1}}{x_1} \right),$$

so hat ψ strikt positive Koordinaten und

$$\mathcal{D} \circ \psi = \frac{1}{x_1} \mathcal{D} \circ \begin{pmatrix} x_2 \\ x_3 \\ \vdots \\ x_{M+1} \end{pmatrix} = q.$$

$\square$

Für unseren Marktteilnehmer sind also Vektoren ψ von Bedeutung, die Satz 2.1.6 erfüllen, da sie ihm zeigen, wie der einzelne Cashflow zu bewerten ist. Existenz und Eindeutigkeit dieser

Vektoren werden wir im nächsten Abschnitt diskutieren. Zuerst werden wir solche Vektoren definieren.

Definition 2.1.9
Ist ein Preisdividendenpaar $(q, \mathscr{D})$ arbitragefrei, d. h. es gibt ein $\psi \in \mathbb{R}^M_{++}$ mit $q = \mathscr{D} \circ \psi$, so nennen wir den Vektor ψ einen *Zustandspreisvektor*.

Beispiel 2.1.10
Gegeben seien die Cashflow-Matrix

$$\mathscr{D} = \begin{pmatrix} 1 & 1 & 1 \\ 3 & 4 & 8 \\ 6 & 7 & 11 \end{pmatrix} \quad \text{und der Preisvektor } q = \begin{pmatrix} 2 \\ 3 \\ 9 \end{pmatrix}.$$

Liegt eine Arbitragemöglichkeit vor? Dazu müssen wir feststellen, ob das Gleichungssystem $q = \mathscr{D} \circ \psi$ für $\psi \in \mathbb{R}^3_{++}$ eine Lösung hat. Aus einfachen Zeilenumformungen (Gaußsches Eliminationsverfahren) erhält man das äquivalente Gleichungssystem $q' = \mathscr{D}' \circ \psi$ mit

$$\mathscr{D}' = \begin{pmatrix} 1 & 1 & 1 \\ 0 & 1 & 5 \\ 0 & 0 & 0 \end{pmatrix} \quad \text{und } q' = \begin{pmatrix} 2 \\ -3 \\ 0 \end{pmatrix}.$$

Es gibt also keine Lösung im $\mathbb{R}^{++}$. Somit besteht Arbitragemöglichkeit gemäß 2.1.6.

Man kann diese Tatsache in einer Handelsstrategie ausdrücken. Dazu verkaufe man zwei Einheiten von S_1 und kaufe eine Einheit von S_2. Den Vermögenswert S_3 verändere man nicht. Man folgert also

$$\theta = \begin{pmatrix} -2 \\ 1 \\ 0 \end{pmatrix}.$$

Es ergibt sich

$$q \cdot \theta = -1,$$

d. h. man erhält am Anfang eine Einheit. Als Auszahlung zum Zeitpunkt T_1 für die möglichen Zuständen notieren wir

$$\mathscr{D}^T \circ \theta = \begin{pmatrix} 1 \\ 2 \\ 6 \end{pmatrix}.$$

Man hat also immer einen positiven Cashflow.

Literaturhinweise und Geschichtliches

In ihrer Arbeit *Existence of an equilibrium for a competitive economy* legten Kenneth Arrow und Gerald Debreu den Grundstein für ihre Gleichgewichtstheorie [AD54]. Im gesamten Abschnitt 2 erscheint die Stochastik insofern, da man mehrere mögliche Zustände in der Zukunft zulässt. Die Kenntnis der Eintrittswahrscheinlichkeit dieser Zustände war für die Ableitungen irrelevant. Es gibt eine Reihe von verschiedenen Ansätzen, die die Gleichgewichtstheorie heute fortsetzen. Dazu zählen sicherlich die zahlreichen Arbeiten von Aliprantis, Border und Burkinshaw [ABB96]. Grundsätzlich ist zu sagen, das die Autoren die Betrachtung aus dem Blickwickel der Funktionalanalysis und dort in der Theorie der sogenannten *Riesz-* oder *Funktionenräume* vornehmen.

Spremann [Spr96] widmet der Arbitragetheorie einen ganzen Abschnitt, allerdings mehr aus dem Blickwinkel des Wirtschaftswissenschaftlers. In den meisten Monographien, die auch die ökonomischen Aspekte betonen, findet man eine mathematische Formulierung des Prinzips von der fehlenden Arbitrage sowie der Gleichgewichtstheorie auf elementarer Basis (vgl. [Irl98, WHD95]). Für die Leser, die über mehr Grundkenntnissen verfügen, insbesondere auf dem Gebiet der stochastischen Analysis und der Martingaltheorie, seien die Darstellungen in [Kar97, KS98, WHD95] empfohlen.

Aufgaben

1. Eine Regierung habe erklärt, Fluktuationen des Wechselkurses zwischen der eigenen Währung X und dem US-Dollar ein Jahr lang nur in der Bandbreite

$$0{,}95\ US-Dollar \ \leq\ X\ \leq\ 1{,}05\ US-Dollar$$

   zuzulassen. Die Regierung habe einen auf X lautenden und mit 30% verzinsten Schuldschein ausgegeben. Man zeige: Beträgt der entsprechende Zinsfuß für US-Anleihen 6%, so ist der Markt nicht arbitragefrei im gewöhnlichen Sinn.
   Man beschreibe die Situation ebenfalls im Arrow-Debreu Modell.

2. Man gebe in einem arbitragefreien Markt ein (nichttriviales) Portfolio an, das eine Call-Option (Marktpreis C, Strike Preis K) auf einen Basiswert S (Marktpreis P) erzeugt.

3. Nehmen wir an, es gebe auf dem Kapitalmarkt zwei Möglichkeiten: Einerseits einen Kontrakt mit Festgeld mit 10% und einen Sparbrief mit 8% auf zwei Jahre. Existiert eine Arbitragemöglichkeit?

4. Man betrachte einen risikolosen Bond mit einer festen Verzinsung von $R\%$ und eine Aktie mit Spotpreis S. Abhängig von den Zuständen $k = 1, 2, 3$ kann der Aktienkurs die Werte SD, SM und SU mit $D < M < U$ zur Zeit $T > 0$ annehmen. Erlaubt diese Situation eine Arbitragemöglichkeit? Weiter sei eine Call-Option auf die Aktie zum Ausübungspreis K gegeben. Entscheiden Sie, unter welchen Bedingungen das Portfolio arbitragefrei ist, und ob der Zustandspreisvektor eindeutig ist.

5. Entscheiden Sie, ob das folgende Preisdividendenpaar arbitragefrei ist und ob der Zustandspreisvektor eindeutig ist:

$$\mathcal{D} = \begin{pmatrix} 1 & 1 & 1 \\ 2 & 4 & 8 \\ 3 & 9 & 27 \end{pmatrix}, \qquad q = \begin{pmatrix} 9 \\ 24 \\ 57 \end{pmatrix}.$$

6. Sind die folgenden Preisdividendenpaare arbitragefrei und gibt es einen eindeutigen Zustandspreisvektor?

a)

$$\mathcal{D} = \begin{pmatrix} 1 & 2 & 3 \\ 2 & 4 & 6 \\ 3 & 6 & 10 \end{pmatrix}, \qquad q = \begin{pmatrix} 4 \\ 2 \\ 1 \end{pmatrix}.$$

b)

$$\mathcal{D} = \begin{pmatrix} 1 & 3 & 2 \\ -2 & 9 & -4 \\ 3 & -6 & 6 \end{pmatrix}, \qquad q = \begin{pmatrix} 5.5 \\ 4 \\ 1.5 \end{pmatrix}.$$

2.2 Der Zustandspreisvektor

Aus dem vorangegangenen Abschnitt haben wir das Prinzip der Arbitragefreiheit kennengelernt und am Schluss den Zustandspreisvektor definiert. Wir werden nun mithilfe des Zustandspreisvektors risikoneutrale Wahrscheinlichkeiten einführen. Danach werden wir zeigen, dass der Zustandspreisvektor dem arbitragefreien Preis einer „Wette auf den Zustand j" entspricht.

Risikoneutrale Wahrscheinlichkeiten

Bemerkung 2.2.1

Wir nehmen an, wir hätten jedem Zustand j eine Wahrscheinlichkeit p_j zugeordnet, d. h. $p_j > 0$ für $j = 1, 2, \ldots, M$ mit $\sum_{j=1}^{M} p_j = 1$. Man kann für $i = 1, \ldots, N$ den Vektor $D_{i\bullet}$ als Zufallsvariable auf der Menge aller Zustände ansehen

$$D_{i\bullet}: \ \{1, \ldots, M\} \ni j \mapsto D_{ij}.$$

Der Erwartungswert (oder das Mittel) von $D_{i\bullet}$ bezüglich der Wahrscheinlichkeitsverteilung $\mathbb{P} = (p_1,\ldots,p_M)$ berechnet sich gemäß

$$\mathbb{E}_{\mathbb{P}}(D_{i\bullet}) = \sum_{j=1}^{M} p_j D_{ij}.$$

Wir setzen nun voraus, dass das betrachtete Preisdividendenpaar $(q,\mathscr{D})$ arbitragefrei ist. Nach Satz 2.1.6 existiert ein Zustandspreisvektor $\psi \in \mathbb{R}_{++}^{M}$, d. h.

$$q = \mathscr{D} \circ \psi. \tag{2.2}$$

Für $j = 1,\ldots,M$ legen wir die j-te Komponente gemäß $\widehat{\psi}_j = \psi_j / \sum_{\ell=1}^{M} \psi_\ell > 0$ fest. Da $\sum_{j=1}^{M} \widehat{\psi}_j = 1$, kann man $\widehat{\psi} = (\widehat{\psi}_1,\ldots,\widehat{\psi}_M)$ als Wahrscheinlichkeitsverteilung auf der Menge aller Zustände ansehen. Nach (2.2) folgt

$$\frac{q}{\sum_{\ell=1}^{M} \psi_\ell} = \mathscr{D} \circ \widehat{\psi}. \tag{2.3}$$

Unser Ziel ist es, den Wert einer europäischen Option auf einen Vermögenswert zu berechnen. Um eine feste Bezugsgröße zu haben, setzen wir voraus, dass das Portfolio – bestehend aus einem risikolosen Bond (z. B. S_1) – in jedem möglichen Zustand 1 Euro auszahlt. Anders ausgedrückt: $D_{1j} = 1$ für $j = 1,2,\ldots,M$.

Nun ist auf der einen Seite der Wert eines Bonds durch

$$q_1 = \text{erste Koordinate von } (\mathscr{D} \circ \psi) = \langle D_{1\bullet}, \psi \rangle = \sum_{i=1}^{M} \psi_i.$$

gegeben. Bezeichnen wir mit R den Zinssatz für die Periode $[T_0, T_1]$, der für diesen Bond gezahlt wird, so gilt andererseits für den Wert des Bonds zur Zeit T_0

$$q_1(1+R) = 1, \text{ also } q_1 = \frac{1}{1+R}.$$

Daraus schließen wir

$$\frac{1}{1+R} = q_1 = \sum_{\ell=1}^{M} \psi_\ell. \tag{2.4}$$

Mit (2.2) drücken wir q_i $(i \geq 2)$ wie folgt aus

$$q_i = i\text{-te Koordinate von } (\mathscr{D} \circ \psi) = \sum_{j=1}^{M} D_{ij} \psi_j \qquad (2.5)$$

$$= \Big(\sum_{j=1}^{M} D_{ij} \widehat{\psi}_j \Big) \cdot \sum_{l=1}^{M} \psi_l = \frac{1}{1+R} \sum_{j=1}^{M} D_{ij} \widehat{\psi}_j$$

$$= \frac{1}{1+R} \mathbb{E}_{\widehat{\psi}}(D_{i\bullet}).$$

Insgesamt haben wir $\mathbb{E}_{\widehat{\psi}}(D_{i\bullet}) = (1+R)q_i$.

Wir gehen nun umgekehrt davon aus, dass $\mathbb{P} = (p_1, p_2, \ldots p_m) \in \mathbb{R}_{++}^{M}$ eine Wahrscheinlichkeitsverteilung auf der Menge der Zustände, mit der Eigenschaft

$$\mathbb{E}_{\mathbb{P}}(\mathscr{D}_{i\bullet}) = (1+R)q_i, \text{ für alle } i = 1, 2, \ldots, N.$$

ist. Setzen wir $\psi = \frac{1}{1+R}\mathbb{P}$, so folgt wie in (2.4), dass $\mathscr{D} \circ \psi = q$ gilt. Damit ist ψ ein Zustandspreisvektor. Somit haben wir folgenden Satz bewiesen.

Satz 2.2.2
Sind $(q, \mathscr{D})$ ein Preisdividendenpaar und der Vermögenswert S_1 ein risikoloser Bond, mit Verzinsung R über der Periode $[T_0, T_1]$, so ist $\psi \in \mathbb{R}_{++}^{M}$ genau dann ein Zustandspreisvektor, d. h. ψ besitzt genau dann strikt positive Komponenten und genügt der Gleichung $q = \mathscr{D} \circ \psi$, wenn $\widehat{\psi} = \psi / \sum_{\ell=1}^{M} \psi_\ell$ eine Wahrscheinlichkeitsverteilung auf der Menge der Zustände darstellt, die

$$q_i = \frac{1}{1+R} \mathbb{E}_{\widehat{\psi}}(D_{i\bullet}) \text{ für alle } i = 1, 2, \ldots N.$$

erfüllt.

Man beachte, dass 2.2.2 nichts anderes bedeutet, als dass die erwartete Zuwachsrate jedes Vermögenswertes bezüglich $\widehat{\psi}$ gleich ist, nämlich $1+R$. Daher nennen wir eine solche Wahrscheinlichkeit auch *risikoneutrale Wahrscheinlichkeit*.

Bemerkung 2.2.3
Falls $\mathscr{D}$ invertierbar ist, muss die Gleichung

$$q = \mathscr{D} \circ \psi.$$

eine eindeutige Lösung ψ haben. Die Zustandspreise sind gewöhnlich nicht durch die obige Gleichung eindeutig bestimmt, d. h. es können mehrere „faire Preise" für die zustandsabhängigen Vermögenswerte existieren. Dies liegt z.B. vor, wenn die Matrix $\mathscr{D}$ nicht quadratisch ist, wie aus der linearen Algebra bekannt. Daher kann man folgende Definition nur im Fall $N = M$ einführen.

Definition 2.2.4

Wir nennen ein Preisdividendenpaar $(q, \mathscr{D})$ *vollständig*, falls $N = M$ gilt, und $\mathscr{D}$ invertierbar ist. Der Markt, der durch die zugrundeliegenden Vermögenswerte gebildet wird, heißt in diesem Fall ein *vollständiger Markt*.

Wenn $(q, \mathscr{D})$ vollständig ist, ist das Paar $(q, \mathscr{D})$ genau dann arbitragefrei, wenn

$$\mathscr{D}^{-1} \circ q \in \mathbb{R}_{++}^{M}.$$

In diesem Fall ist $\psi = \mathscr{D}^{-1} \circ q$ Zustandspreisvektor. Im nächsten Abschnitt werden wir ein einfaches Beispiel eines *nicht* vollständigen Marktes kennenlernen. Dennoch betrachten wir meistens einen vollständigen Markt.

Wir wollen das Hauptergebnis von diesem und dem vorhergehenden Abschnitt zusammenfassen. Die folgende Schlussfolgerung wird in der Literatur auch als der „Fundamentalsatz der Vermögensbewertung" bezeichnet:

Satz 2.2.5

Für ein Preisdividendenpaar $(q, \mathscr{D})$ sind die folgenden Aussagen äquivalent

1) $(q, \mathscr{D})$ ist arbitragefrei .

2) Es gibt einen Zustandspreisvektor für $(q, \mathscr{D})$, d. h. einen Vektor mit streng positiven Komponenten, der $q = \mathscr{D} \circ \psi$ erfüllt. ψ kann in den folgenden zwei Weisen interpretiert werden:

   2.1) Falls man $\widehat{\psi} = \psi / \sum_{j=1}^{M} \psi_j$ schreibt, so ist $\widehat{\psi}$ eine risikoneutrale Wahrscheinlichkeitsverteilung auf der Menge der Zustände, d. h. eine Wahrscheinlichkeit bei der alle Vermögenswerte denselben Erwartungswert haben.

   2.2) Man kann ψ als einen fairen Preis für zustandsabhängigen Vermögenswerte ansehen, d. h. ein Preis, der das erweiterte Preisdividendenpaar $((q, \psi), \widetilde{\mathscr{D}})$ arbitragefrei macht. Dabei ist $\widetilde{\mathscr{D}}$ die $(N + M) \times M$ Matrix, die man erhält, falls man an $\mathscr{D}$ die Einheitsmatrix unterhalb anfügt (siehe Abschnitt 2.2.1).

Wir können in unserem Modell nun einen allgemeinen Vermögenswert als einen Vektor $f = (f_1, \ldots, f_M)$ ansehen, wobei wir f_j als den Betrag interpretieren, den ein Anleger erhält, sobald j eintritt. Falls wir z. B. den Fall eines Calls auf ein Wertpapier S_i, $i = 1, \ldots, N$ mit Einlösepreis K betrachten, erhalten wir

$$f_j = (D_{ij} - K)^+ = \max(D_{ij} - K, 0).$$

(vorausgesetzt es wurde in der Zeitspanne keine Dividende gezahlt).

Da man f als ein Portfolio ansehen kann, das für jedes $j = 1,\ldots,M$ aus f_j Einheiten des j-ten zustandsabhängigen Vermögenswertes S_{N+j} besteht, bestimmt sich der Preis für unseren Vermögenswert f gemäß

$$\text{Wert}(f) = \langle f, \psi \rangle. \tag{2.6}$$

Dabei ist ψ ein Zustandspreisvektor. Nach Satz 2.2.2 können wir (2.6) auch als

$$\text{Wert}(f) = \frac{1}{1+R} \mathbb{E}_{\widehat{\psi}}(f) \tag{2.7}$$

schreiben, wobei $\widehat{\psi}$ eine risikoneutrale Wahrscheinlichkeitsverteilung auf der Menge der Zustände ist, und wir f als Zufallsvariable $f : \{1,\ldots,M\} \to \mathbb{R}$ auf den Zuständen ansehen.

Mit diesen Bezeichnungen erhält man für jeden Vermögenswert $f = (f_1, \ldots f_M)$ die Preisidentität

$$\text{Wert}(f) = \langle f, \psi \rangle = \frac{1}{1+R} \mathbb{E}_{\widehat{\psi}}(f). \tag{2.8}$$

Dies bedeutet, dass der Vermögenswert der diskontierte Erwartungswert von f ist. Dabei wird der Erwartungswert bezüglich der risikoneutralen Wahrscheinlichkeit $\widehat{\psi}$ gebildet.

Literaturhinweise und Geschichtliches

Ansätze das Marktgleichgewicht mithilfe des Preisdividendenpaares zu beschreiben, findet man bei Spremann [Spr96]. Die Behandlung des vollständigen Marktes wird in den meisten mathematisch anspruchsvollen Monographien im Kontext der stochastischen Prozesse vorgenommen (vgl. [Kar97, KS98, KK99, MR97]. Bei [Irl98] findet man eine kurze Betrachtung dazu, ohne ausdrückliche Definition von Preisdividendenpaar und Preiszustandsvektor.

2.2.1 Projekt: Zustandspreise als Vermögenswerte

In diesem Abschnitt wollen wir eine alternative Sichtweise für den Preiszustandsvektor herleiten.

Unser Marktteilnehmer will sein Portfolio bewerten. Dazu muss er Portfolios vergleichen können. Wir werden im Folgenden versuchen, ein Kriterium anzugeben, wann Portfolios denselben Wert haben. Hierzu führen wir zusätzlich zu den schon gegebenen Derivaten (bzw. allgemein Vermögenswerten) $S_1,\ldots,S_N$ für jeden Zustand $j = 1,2,\ldots,M$ den folgenden Vermögenswert S_{N+j} ein:

$$S_{N+j} \text{ zahlt } \begin{cases} 1\,\text{Euro}, & \text{falls } j \text{ eintritt}, \\ 0\,\text{Euro}, & \text{sonst}. \end{cases}$$

S_{N+j} lässt sich als eine „Wette auf den Zustand j" ansehen. Wir nennen diesen Bezugswert *„zustandsabhängiger Vermögenswert"*. Die neue Cashflow Matrix sieht dann folgendermaßen aus:

$$
\widetilde{\mathscr{D}} = \begin{pmatrix}
D_{11} & D_{12} & \ldots & D_{1M} \\
D_{21} & D_{22} & \ldots & D_{2M} \\
\vdots & \vdots & & \vdots \\
D_{N1} & D_{N2} & \ldots & D_{NM} \\
1 & 0 & \ldots & 0 \\
0 & 1 & \ldots & 0 \\
\vdots & \vdots & & \vdots \\
0 & & \ldots & 1
\end{pmatrix}. \tag{2.9}
$$

Es drängen sich folgende Fragen auf: Wie lautet der faire Preis für S_{N+j}, $j = 1, 2 \ldots M$? Wie erhält man einen arbitragefreien Preis für S_{N+j}, $j = 1, 2 \ldots, M$?

Satz 2.2.6

Wir nehmen an, dass $(q, \mathscr{D})$ ein arbitragefreies Preisdividendenpaar ist. Weiter wählen wir ein festes $i \in \{1, \ldots, N\}$ und betrachten zwei Portfolios $\theta^{(1)}, \theta^{(2)}$ in $\mathbb{R}^{N+M}$, die durch

$$
\theta^{(1)} = (0, \ldots, \underset{\substack{\uparrow \\ i\text{-te Koordinate}}}{1} \ldots, 0, 0, \ldots, 0),
$$

$$
\theta^{(2)} = (\underbrace{0, 0, \ldots \ldots, 0}_{N}, D_{i1}, D_{i2}, \ldots, D_{iM}).
$$

gegeben sind. Also besteht $\theta^{(1)}$ aus einer Einheit Vermögenswert S_i und $\theta^{(2)}$ besteht aus D_{i1} Einheiten S_{N+1}, D_{i2} Einheiten S_{N+2} usw. Dann haben $\theta^{(1)}$ und $\theta^{(2)}$ denselben arbitragefreien Wert zur Zeit T_0.

Beweis

Wegen

$$
\widetilde{\mathscr{D}}^T \circ \theta^{(1)} = \begin{pmatrix} D_{i1} \\ D_{i2} \\ \vdots \\ D_{iM} \end{pmatrix} \quad \text{und} \quad \widetilde{\mathscr{D}}^T \circ \theta^{(2)} = \begin{pmatrix} D_{i1} \\ D_{i2} \\ \vdots \\ D_{iM} \end{pmatrix}.
$$

folgt die Behauptung aus Satz 2.1.5, da wir Arbitragefreiheit vorausgesetzt hatten.   □

Wir wollen nun annehmen, $q_{N+1}, q_{N+2}, \ldots, q_{N+M}$ seien Preise für zustandsabhängige Vermögenswerte $S_{N+1}, \ldots, S_{N+M}$ derart, dass das erweiterte Preisdividendenpaar $(\tilde{q}, \widetilde{\mathscr{D}})$ arbitragefrei ist, wobei $\tilde{q} = (q_1, \ldots q_N, q_{N+1}, \ldots, q_{N+M})$ und $\widetilde{\mathscr{D}}$ gemäß (2.9) definiert sind.

Hierbei beobachten wir zuerst, dass q_{N+j} für $j = 1, \ldots, M$ strikt positiv sein muss (S_{N+j} verursacht keine Verpflichtung zur Zeit T_1 und könnte einen positiven Cashflow erzeugen). Falls $\theta^{(1)}$

und $\theta^{(2)}$ wie in Satz 2.2.6 definiert sind, so folgern wir zum zweiten, dass

$$q_i = \text{Wert von } (\theta^{(1)}) = \text{Wert von } (\theta^{(2)}) = \sum_{j=1}^{M} D_{ij} q_{N+j}$$

$$= i\text{-te Zeile von } \mathscr{D} \circ \begin{pmatrix} q_{N+1} \\ \vdots \\ q_{N+M} \end{pmatrix}.$$

Somit muss $\psi = (q_{N+1}, q_{N+2}, \ldots, q_{N+M})$ ein Zustandspreisvektor von $(q, \mathscr{D})$ sein. Ist nun umgekehrt $\psi = (q_{N+1}, q_{N+2}, \ldots, q_{N+M})$ ein Zustandspreisvektor von $(q, \mathscr{D})$, so folgt

$$\widetilde{\mathscr{D}} \circ \begin{pmatrix} q_{N+1} \\ \vdots \\ q_{N+M} \end{pmatrix} = \begin{pmatrix} q_1 \\ \ldots \\ q_N \\ q_{N+1} \\ \vdots \\ q_{N+M} \end{pmatrix}.$$

$(q_{N+1}, q_{N+2}, \ldots, q_{N+M})$ stellt also einen Zustandspreisvektor für $(\tilde{q}, \widetilde{\mathscr{D}})$ dar. Somit haben wir folgendes Ergebnis bewiesen.

Satz 2.2.7

Falls $(q, \mathscr{D})$ ein arbitragefreies Preisdividendenpaar ist, so stellt ein Vektor
$\psi = (q_{N+1}, q_{N+2}, \ldots, q_{N+M})$ genau dann ein Zustandspreisvektor für $(q, \mathscr{D})$ dar, wenn das neue
Preisdividendenpaar $(\tilde{q}, \widetilde{\mathscr{D}})$ mit $\tilde{q} = (q_1, q_2, \ldots, q_N, q_{N+1}, \ldots, q_{N+M})$ und

$$\widetilde{\mathscr{D}} = \begin{pmatrix} D_{11} & D_{12} & \ldots & D_{1M} \\ D_{21} & D_{22} & \ldots & D_{2M} \\ \vdots & \vdots & & \vdots \\ D_{N1} & D_{N2} & \ldots & D_{NM} \\ 1 & 0 & \ldots & 0 \\ 0 & 1 & \ldots & 0 \\ \vdots & \vdots & & \vdots \\ 0 & & \ldots & 1 \end{pmatrix}$$

arbitragefrei ist.

Anders ausgedrückt, Zustandspreisvektoren ψ sind faire Preise für zustandsabhängige Vermögenswerte.

Aufgaben

1. Man zeige, dass die Menge aller Wahrscheinlichkeitsmaße auf einem endlichen Zustandsraum von m Elementen als eine konvexe Menge $P \subset \mathbb{R}^m$ dargestellt werden kann. Es sei
   ein Vermögenswert S durch seinen Preis und seinen Cashflow gegeben. Man zeige: Die
   Menge der risikoneutralen Wahrscheinlichkeiten von S entspricht dem Schnitt von P mit
   einer Hyperebene des $\mathbb{R}^m$. Man beweise analog, dass die Menge der zulässigen risikoneutralen Wahrscheinlichkeitsmaße für einen Markt mit N Vermögenswerten dem Schnitt von
   P mit N Hyperebenen entspricht.

2. Sei $(q, \mathscr{D})$ ein Preisdividendenpaar, das durch

$$\mathscr{D} = \begin{pmatrix} 4 & -1 \\ -3 & 1 \end{pmatrix} \qquad q = \begin{pmatrix} 3 \\ 4 \end{pmatrix}.$$

   gegeben ist. Man entscheide, ob es arbitragefrei ist. Ist der Vektor $(q_3, q_4) = (6, 25)$ ein
   Zustandspreisvektor für $(q, \mathscr{D})$?

3. Sei $(q, \mathscr{D})$ ein Preisdividendenpaar, gegeben durch

$$\mathscr{D} = \begin{pmatrix} 1 & 1 & 1 & 1 \\ 2 & -4 & -8 & 16 \end{pmatrix}, \qquad q = \begin{pmatrix} 4 \\ 3 \end{pmatrix}.$$

   Ist $(q, \mathscr{D})$ arbitragefrei? Sei $q_3 = 0{,}5$. Gibt es q_4, q_5 und q_6, derart, dass (q_3, q_4, q_5, q_6) ein
   Zustandspreisvektor für $(q, \mathscr{D})$ ist?

4. Man betrachte ein Portfolio, das aus einem risikolosen Bond mit Zinsrate R und einer Aktie mit Spotpreis S_0 zur Zeit $t = 0$ besteht. Man gehe davon aus, dass zur Zeit $t = T$ die
   Aktie die Werte US_0, MS_0, DS_0 mit $D < M < U$ annehmen kann. Geben Sie Kriterien
   dafür an, wann das Portfolio keine Arbitrage erlaubt. Ist der Markt vollständig? Charakterisieren Sie unter der Bedingung der fehlenden Arbitrage die Menge der risikoneutralen
   Wahrscheinlichkeiten.

5. Lösen Sie die Aufgabe 2) mithilfe von `Matlab`.

2.3 Das binomiale Modell

Nach den bisherigen Abschnitten kann der Marktteilnehmer unter der Annahme des Arrow-
Debreu-Modells die Vermögenswerte und damit sein Portfolio bewerten. Er kann unter Arbitragefreiheit die risikoneutrale Wahrscheinlichkeit berechnen und den Erwartungswert der Auszahlungsfunktion eines Vermögenswertes ermitteln. Der Anleger wird versuchen die bestehende

Unsicherheit abzusichern, zu hedgen. Dazu wollen wir die Bewertung mit einer speziellen Bezugsgröße (risikolose Geldanlage) genauer untersuchen und in diesem Abschnitt das einfachste Modell für die Preisentwicklung einer Aktie behandeln. Hierzu betrachten wir nur zwei Vermögenswerte: Einen risikolosen Bond mit einer Zinsrate R (dabei gehen wir von einer festen Handelsperiode aus) und einen Vermögenswert, dessen zukünftiger Wert zufälligen Schwankungen unterworfen ist. Einfachheitshalber nennen wir diesen Vermögenswert Aktie.

Um zu einem vollständigen Markt zu gelangen, nehmen wir an, dass die Aktie nur zwei mögliche Werte in der Zukunft annehmen kann. Obwohl dieses Modell einfach ist und ziemlich unrealistisch erscheint, führt es uns schließlich, wie wir im Abschnitt 3.1 sehen werden, zu der berühmten Black-Scholes Formel der Optionsbewertung. Das binomiale Modell dient der numerischen Approximation der Black-Scholes-Formel.

Wir geben uns einen risikolosen Zero-Bond vor. Er zahlt am Ende der Periode 1 Euro aus. Wenn wir mit R die Zinsrate in dieser Zeitspanne bezeichnen, so erhalten wir für den Wert dieses Bondes am Anfang der Periode

$$q_1 = \frac{1}{1+R}. \tag{2.10}$$

Als Nächstes betrachten wir eine Aktie, die einen Wert $q_2 = S_0 > 0$ hat. Am Ende der Periode kann der Wert der Aktie (möglicherweise zuzüglich einer Dividendenzahlung) entweder DS_0 oder US_0 betragen, wobei wir $0 \leq D < U$ annehmen (D steht für „Down"oder „Ab" und U für „Up" oder „Auf").

$$\text{Bond:} \quad q_1 \quad \rightarrow \quad 1,$$

$$\text{Aktie:} \quad S_0 \quad \begin{array}{c} \nearrow \quad US_0, \\ \searrow \quad DS_0. \end{array}$$

Unser Preisvektor ist also $q = \left(\frac{1}{1+R}, S_0\right)$. Für unsere Cashflow Matrix erhalten wir:

$$\mathscr{D} = \begin{pmatrix} 1 & 1 \\ S_0 D & S_0 U \end{pmatrix}.$$

Da $D \neq U$ (sonst würde unsere Aktie ein risikoloser Bond sein), ist $\mathscr{D}$ invertierbar, und wir erhalten einen eindeutigen Zustandspreisvektor $\psi = (\psi_D, \psi_U)$. Wenn man das lineare Gleichungssystem

$$\begin{pmatrix} 1 & 1 \\ S_0 D & S_0 U \end{pmatrix} \circ \begin{pmatrix} \psi_D \\ \psi_U \end{pmatrix} = \begin{pmatrix} \frac{1}{1+R} \\ S_0 \end{pmatrix}$$

löst, berechnet man als Lösungen

$$\psi_D = \frac{1}{1+R}\frac{U-(1+R)}{U-D},$$

$$\psi_U = \frac{1}{1+R}\frac{(1+R)-D}{U-D}.$$

(2.11)

Bemerkung 2.3.1

Damit ψ strikt positive Koordinaten hat, müssen wir $D < 1+R < U$ fordern. Innerhalb unseres Modells sind die Ungleichungen dazu äquivalent, dass das Dividendenpaar $(q, \mathscr{D})$ arbitragefrei ist.

Gemäß (2.11) können wir die risikoneutrale Wahrscheinlichkeitsverteilung $\mathbb{Q} = (Q_D, Q_U)$ berechnen und erhalten dafür

$$Q_D = \frac{U-(1+R)}{U-D},$$

$$Q_U = \frac{(1+R)-D}{U-D}.$$

(2.12)

Betrachtet man ein Derivat, das $f(S_0D)$ zahlt, falls der Fall „D" eintritt und $f(S_0U)$ im Falle von „U", so beträgt der faire Preis:

$$\text{Wert}(f) = \psi_D f(S_0D) + \psi_U f(S_0U) = \frac{Q_D f(S_0D) + Q_U f(S_0U)}{1+R} = \frac{1}{1+R}\mathbb{E}_{\mathbb{Q}}(f).$$

(2.13)

Beispiel 2.3.2

Die bekannteste Möglichkeit die Unsicherheit des Aktienkurses abzusichern (zu hedgen) ist die europäische Option auf die Aktie. Wir betrachten als Beispiel eine Call-Option mit Einlösepreis K. Es ergibt sich

$$f(S) = (S-K)^+ = \begin{cases} (DS_0 - K)^+ & \text{falls } S = DS_0, \\ (US_0 - K)^+ & \text{falls } S = US_0. \end{cases}$$

(S ist dabei der Preis der Aktie am Ende der Periode) zur Zeit T. Als fairen Preis zur Zeit $t = 0$ erhält man

$$C(K,T,S_0) = \frac{1}{1+R}[Q_D(DS_0 - K)^+ + Q_U(US_0 - K)^+].$$

Bis jetzt haben wir vollständige Märkte betrachtet. Es gab immer eine eindeutige Lösung für den Zustandspreisvektor ψ. Das einfachste Modell eines unvollständigen Marktes beobachten wir anhand des sogenannten *trinomialen Modells*. Wir wählen dazu ein Portfolio bestehend aus einer Aktie und einem risikolosen Bond mit Zinsrate R. Wir setzen voraus, es gäbe *drei* mögliche Cashflows, $S_0D < S_0M < S_0U$, wobei S_0 der Preis der Aktie zum Zeitpunkt T_0 ist. Wir schreiben dies in eine Cashflow-Matrix

$$A = \begin{pmatrix} 1 & 1 & 1 \\ D & M & U \end{pmatrix}. \tag{2.14}$$

Wir haben eine 2×3 Matrix, deren Lösungsraum für die homogene Gleichung $Ax = 0$ wegen $\text{rang}(A) = 2$ eindimensional ist.

Um die risikoneutralen Wahrscheinlichkeiten zu bestimmen, müssen wir die Gleichungen

$$\tfrac{1}{1+R} = \psi_1 + \psi_2 + \psi_3 \text{ und}$$

$$S_0 = S_0 D \psi_1 + S_0 M \psi_2 + S_0 U \psi_3 \; \Leftrightarrow \; 1 = D\psi_1 + M\psi_2 + U\psi_3$$

lösen. Damit der Vektor ψ positive Einträge hat, muss $D < 1+R < U$ gelten.

Wir können die Strecke charakterisieren, auf der die zulässigen ψ liegen: Die Endpunkte im $\mathbb{R}^3$ sind durch

$$\psi_1 = \frac{U - (1+R)}{(1+R)(U-D)}, \; \psi_2 = 0, \; \psi_3 = \frac{(1+R)-D}{(1+R)(U-D)}, \tag{2.15}$$

bzw.

$$\psi_1 = \frac{M - (1+R)}{(1+R)(M-D)}, \; \psi_2 = \frac{(1+R)-D}{(1+R)(M-D)}, \; \psi_3 = 0, \text{ falls } M \geq (1+R), \tag{2.16}$$

$$\psi_1 = 0, \; \psi_2 = \frac{U - (1+R)}{(1+R)(U-M)}, \; \psi_3 = \frac{(1+R)-M}{(1+R)(U-M)}, \text{ falls } M < (1+R)$$

gegeben.

Die folgenden Abbildungen sollen die Situation veranschaulichen.

- Abbildung 2.2 (links) zeigt den Fall $M \geq 1+R$: Zu jedem festen $t \in [0,1]$ gibt es auf jeder Geraden eine Realisierung für ψ: mittlere ψ_1, untere ψ_2 und oberste Gerade ψ_3 (bei $t = 0$ betrachtet); Daten $R = 0,1, D = 0,8, U = 1,3, M = 1,2$

- Abbildung 2.2 (rechts) zeigt den Fall $M < 1+R$: Zu jedem festen $t \in [0,1]$ gibt es auf jeder Geraden eine Realisierung für ψ: mittlere Gerade ψ_1, untere Gerade ψ_2 und oberste Gerade ψ_3 (bei $t = 0$ betrachtet); Daten $R = 0,1, D = 0,8, U = 1,3, M = 1,0$

- In Abbildung 2.3 werden beide Fälle im $\mathbb{R}^3$ betrachtet. Dabei gibt die hintere Gerade den ersten Fall und die vordere den zweiten Fall wieder.

Wir sehen, dass es nicht mehr zu eindeutigen Zustandspreisen bzw. risikoneutralen Wahrscheinlichkeiten kommt. Dennoch liefert das Modell Information über faire Preise, da wir immer noch das Prinzip von der fehlenden Arbitrage vorausgesetzt haben. Aber durch eine geeignete Wahl

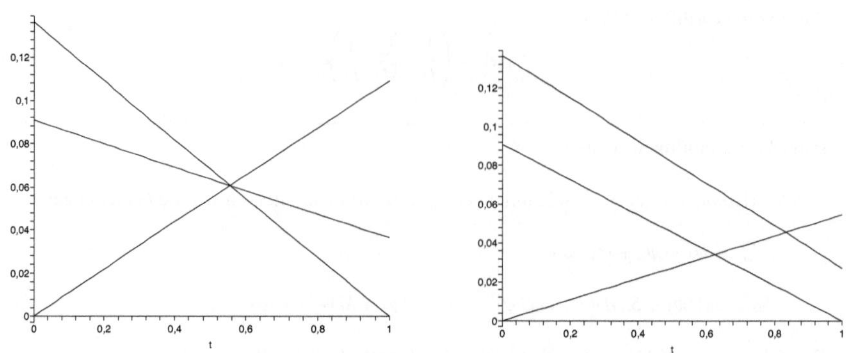

Abbildung 2.2: Unvollständiger Markt: $M \geq 1+R$ (links), $M < 1+R$ (rechts)

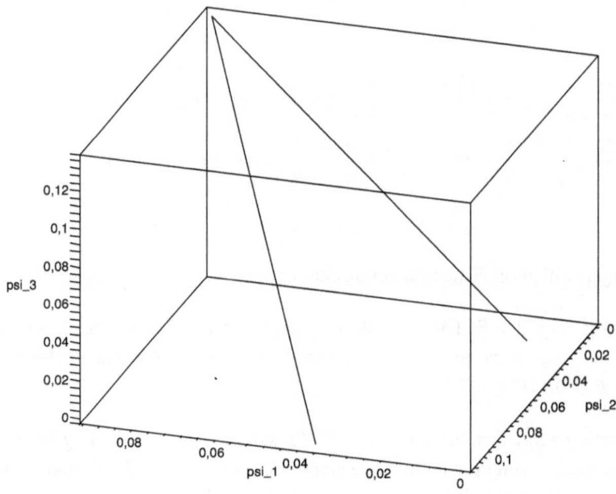

Abbildung 2.3: Unvollständiger Markt in $\mathbb{R}^3$

eines weiteren Wertpapiers mit den Zuständen $D' < M' < U'$, sodass die Matrix

$$\begin{pmatrix} 1 & 1 & 1 \\ D & M & U \\ D' & M' & U' \end{pmatrix}$$

vollen Rang hat (d. h. den Rang= 3), ergibt sich ein eindeutiger Zustandspreisvektor. Der Markt ist dann erneut vollständig.

Durch Wiederholungen des Einperiodenmodells gelangen wir zum Mehrperiodenmodell, das wir auch das *binomiale Modell* nennen. Dazu unterteilen wir den Zeitraum $[0,T]$ in n Intervalle der Länge $t = T/n$. Ferner nehmen wir an, dass man eine Aktie nur zu den Zeitpunkten

$$t_0 = 0, \quad t_1 = \frac{T}{n}, \quad t_2 = 2\frac{T}{n}, \ldots, t_n = T$$

handeln kann. Zu jedem Handelszeitpunkt t_j kann sich der Aktienpreis entweder um den Faktor U oder D verändern. Angenommen bei $t = 0$ war der Aktienpreis S_0, dann ist er bei t_1 entweder DS_0 oder US_0, zur Zeit t_2 ist er D^2S_0, DUS_0 oder U^2S_0. Allgemein ergibt sich für den Aktienpreis zur Zeit t_j

$$S_j^{(i)} = U^i D^{j-i} S_0.$$

Dabei bezeichnet $i \in \{0, 1, \ldots, j\}$ die Anzahl der „Auf"-Bewegungen bis zum Zeitpunkt t_j.

Die Gesamtheit aller möglichen Pfade lässt sich am besten mithilfe eines „Baumdiagrammes" darstellen (vgl. Abbildung 2.4).

Weiter nehmen wir an, dass R der Zinssatz für die Anlage eines risikolosen Bonds in Höhe von 1 Euro über die Periode der Länge $\frac{T}{n}$ ist. Nun betrachten wir ein Derivat, das $f(S_n^{(i)})$ zur Zeit $t_n - T$ zahlt, falls der Aktienpreis $S_n^{(i)} - S_0 U^i D^{n-i}$ beträgt. Wir wollen für $j - 0, 1, 2, \ldots, n$ und $i - 0, 1, \ldots, j$ den fairen Wert des Derivats zur Zeit t_j ermitteln, vorausgesetzt der Aktienpreis ist $S_j^{(i)}$ und bezeichnen mit $f_j^{(i)}$ diesen Wert.

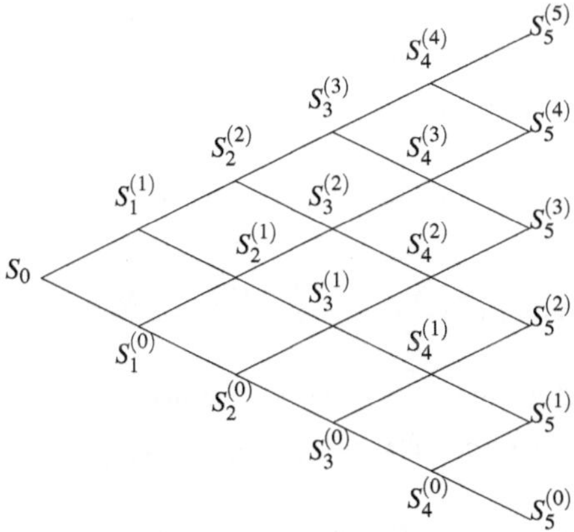

Abbildung 2.4: Baumdiagramm eines Aktienkurses im Binomialmodell

Da ein Anleger am Beginn der Handelsperiode an einer Entscheidungshilfe interessiert ist, muss es unser Ziel sein, f_0^0 zu berechnen, also den Wert des Wertpapiers zur Zeit $t = 0$. Natürlich wird der Wert des Wertpapiers am Ende der Handelsperiode, also bei $t = T$ durch die Auszahlungsfunktion gegeben:

$$f_n^{(i)} = f(S_n^{(i)}) \qquad i = 0, 1, \ldots, n. \tag{2.17}$$

Wie können wir $f_{n-1}^{(i)}$ für $i = 0, 1, \ldots, n-1$ ermitteln?

Falls der Zustand $S_{n-1}^{(i)}$ zur Zeit t_{n-1} war, so ergeben sich zur Zeit t_n zwei Möglichkeiten, nämlich $S_n^{(i)} = S_{n-1}^{(i)} D$ oder $S_n^{(i+1)} = S_{n-1}^{(i)} U$. Somit befinden wir uns im Zeitpunkt t_{n-1} genau im „Auf-und-Ab-Modell", das wir am Anfang dieses Abschnittes betrachtet haben (dabei ist $S_0 = S_{n-1}^{(i)}$). Wir folgern

$$\begin{aligned} f_{n-1}^{(i)} &= \frac{1}{1+R}[Q_D f(S_{n-1}^{(i)} D) + Q_U f(S_{n-1}^{(i)} U)] \\ &= \frac{1}{1+R}[Q_D f(S_n^{(i)}) + Q_U f(S_n^{(i+1)})] \\ &= \frac{1}{1+R}[Q_D f_n^{(i)} + Q_U f_n^{(i+1)}]. \end{aligned}$$

Nehmen wir allgemein für $1 \le j \le n$ an, dass der Wert $f_j^{(i)}$ ($i = 0, 1, \ldots, j$) bekannt ist, so können wir hieraus den Wert für $f_{j-1}^{(i)}$ ableiten, indem wir das „Auf-und-Ab-Modell" anwenden

$$f_{j-1}^{(i)} = \frac{1}{1+R}[Q_D f_j^{(i)} + Q_U f_j^{(i+1)}], \ 0 \le i \le j-1 \tag{2.18}$$

Man erhält f_0^0, indem man zuerst alle $f_{n-1}^{(i)}$ berechnet ($i \le n-1$), dann alle $f_{n-2}^{(i)}$ ($i \le n-2$) usw., d. h. indem man den Baum von hinten aufrollt („Rolling Back The Tree").

Programm 2.1 bin_op berechnet den Wert einer amerikan. bzw. europ. Option

Mit Hilfe von (2.18) und der umgekehrten Induktion erhalten wir eine Formel für $f_j^{(i)}$.

Satz 2.3.3

Ist ein Derivat gegeben, das zur Zeit t_n den Betrag $f(S_n^{(i)})$ zahlt, falls $S_n^{(i)}$ eintritt, so ist

$$f_j^{(i)} = \frac{1}{(1+R)^{n-j}} \sum_{k=0}^{n-j} \binom{n-j}{k} Q_U^k Q_D^{n-j-k} f(S_n^{(i+k)})$$

sein arbitragefreier Wert zur Zeit t_j ($0 \le j \le n$) unter der Annahme, dass der Aktienpreis $S_j^{(i)}$ zur Zeit t_j ist. Insbesondere erhalten wir im Falle $j = 0$ $\left(\text{mit } \binom{\ell}{m} = \frac{\ell!}{m!(\ell-m)!}\right)$

$$f_0^0 = \frac{1}{(1+R)^n} \sum_{k=0}^{n} \binom{n}{k} Q_U^k Q_D^{n-k} f(S_n^{(k)}).$$

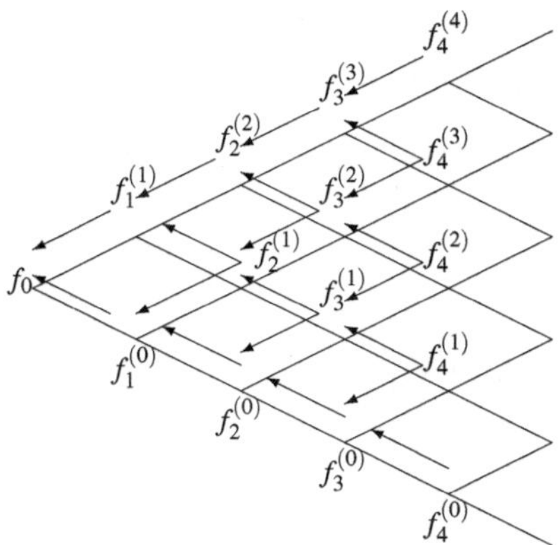

Abbildung 2.5: Baumdiagramm eines Optionspreises im Binomialmodell

Beweis

Für $j = n$ erhalten wir $f_n^{(i)} = f(S_n^{(i)})$. Den Rest beweisen wir durch „umgekehrte Induktion" über j. Hierzu nehmen wir an, dass die Formel für ein $0 < j \le n$ richtig ist. Wir zeigen ihre Richtigkeit für $j - 1$. Dazu sei $0 \le i \le j - 1$. Aus (2.18) berechnen wir

Programm 2.2
`bin_op_233`
berechnet den Wert
einer europ. Option

$$
\begin{aligned}
f_{j-1}^{(i)} &= \frac{1}{1+R}[Q_D f_j^{(i)} + Q_U f_j^{(i+1)}] \\
&= \frac{1}{(1+R)^{n-j+1}} \left[Q_D \sum_{k=0}^{n-j} \binom{n-j}{k} Q_U^k Q_D^{n-j-k} f(S_n^{(i+k)}) \right. \\
&\qquad\qquad \left. + Q_U \sum_{k=0}^{n-j} \binom{n-j}{k} Q_U^k Q_D^{n-j-k} f(S_n^{(i+1+k)}) \right]
\end{aligned}
$$

[Induktionsvoraussetzung]

$$
\begin{aligned}
= \frac{1}{(1+R)^{n-(j-1)}} & \left[\sum_{k=0}^{n-(j-1)} \binom{n-(j-1)-1}{k} Q_U^k Q_D^{n-(j-1)-k} f(S_n^{(i+k)}) \right. \\
& \left. + \sum_{k=1}^{n-(j-1)} \binom{n-(j-1)-1}{k-1} Q_U^k Q_D^{n-(j-1)-k} f(S_n^{(i+k)}) \right]
\end{aligned}
$$

$$\left(\begin{array}{l} \text{In der ersten Summe setze man } \binom{n-(j-1)-1}{n-(j-1)} = 0 \\[1mm] \text{in der zweiten Summe wurde } k \text{ durch } k+1 \text{ ersetzt} \end{array} \right)$$

$$= \frac{1}{(1+R)^{n-(j-1)}} \sum_{k=0}^{n-(j-1)} \left[\binom{n-(j-1)-1}{k} + \binom{n-(j-1)-1}{k-1} \right] Q_U^k Q_D^{n-(j-1)-k} f(S_n^{(i+k)})$$

$\left[\text{setze } \binom{m}{-1} := 0 \right]$

$$\overset{(*)}{=} \frac{1}{(1+R)^{n-(j-1)}} \sum_{k=0}^{n-(j-1)} \binom{n-(j-1)}{k} Q_U^k Q_D^{n-(j-1)-k} f(S_n^{(i+k)}).$$

Wir müssen uns nur noch von $(*)$ überzeugen:

$$\frac{(n-(j-1)-1)!}{k!(n-(j-1)-1-k)!} + \frac{(n-(j-1)-1)!}{(k-1)![n-(j-1)-1-(k-1)]!}$$

$$= \frac{(n-(j-1)-1)![(n-(j-1)-k)+k]}{k!(n-(j-1)-k)!}$$

$$= \frac{[n-(j-1)]!}{k![n-(j-1)-k]!} = \binom{n-(j-1)}{k}$$

$\square$

Literaturhinweise und Geschichtliches

Das binomiale Modell ist grundlegend für die Herleitung der Black-Scholes-Formel ohne Kenntnis der stochastischen Analysis. Wir kommen deshalb in den nächsten Abschnitten darauf zurück. Wenn man den Verlauf des Kurses eines Wertpapiers auswerten will, muss man zwangsläufig wieder diskretisieren. Im Abschnitt 3.3 haben wir es also erneut mit dem binomialen Modell zu tun. Die Herleitung der Black-Scholes-Formel mithilfe des binomialen Modells beruht auf Cox, Ross und Rubinstein [CRR79]. Eine ausführliche Darstellung dieses Modell findet man z.B. in dem Buch von Hull [Hul96] bzw. von Willmott, Howison und Dewynne [WHD95], wobei in Letzterem sehr viel Wert auf die numerische Anwendung gelegt wird. In der Monographie von Korn und Korn [KK99] wird das binomiale Modell ähnlich wie bei [WHD95] zur Approximation benutzt. Allerdings fügen sie auch einen Abschnitt über trinomiale Modelle zur numerischen Berechnung hinzu. Als ein weiteres Buch sei [Jar88] genannt. Im Buch von Irle [Irl98] wird der diskrete Teil nur als Motivation und nicht zum Zweck des Übergangs zur Black-Scholes-Formel betrachtet. Eine ausführliche Behandlung der diskreten Finanzmathematik und damit insbesondere auch dem Binomialmodell findet der interessierte Leser in dem Buch von Kremer [Kre07]. Dort wird über den hier behandelten Rahmen hinausgegangen. MATLAB-Programme zu dem Binomialmodell findet man in den Monographien von Grundmann [Gru04] sowie von Günther und Jüngel [GJ03],

Matlab Code

Die folgende Matlab Funktion `bin_op` berechnet den Wert eines amerikanischen bzw. europäischen Calls bzw. Puts. Die Funktionen verwenden die Paramater U, D, R bezogen auf ein Jahr sowie die Anzahl der Handelszeitpunkte pro Jahr. Im nächsten Schritt werden U, D, R pro Periode sowie die Anzahl der Handelszeitpunkte bis zum Verfall der Option T ausgewertet. Danach wird der Aktienpreis zu T bestimmt. Dann wird der Wert der Option rückwärts von T bis $t = 0$ („Rolling Back The Tree ") berechnet.

Listing 2.1: Das Programm <code>bin_op</code>

```matlab
 1  %
 2  function v= bin_op(s , k ,t , u, d , r, ma)
 3  % berechnet optionswert fuer europ. /amerikan. Call / Put fuer t=0
 4  % s Kurs underlying / Basiswert t=0
 5  % k strike
 6  % t Restlaufzeit in Jahren
 7  % r Zinsfaktor per anno
 8  % u up           per anno
 9  % d down         per anno
10  % ma anzahl der Zeitspannen/Perioden per anno
11  % Aufruf:  v = bin_op(10 , 10 , 1 , 1.2, 0.8 , 1.06, 5)
12  % Berechnung der Konstanten
13  % Anzahl der Perioden fuer Restlaufzeit — nicht per anno !!
14  % idealerweise ist t*ma eine ganze Zahl=Anzahl der Perioden fuer Restlaufzeit
15  % t = 1 —> ma = m
16  m   = floor(t*ma); %floor zur Sicherheit
17  % r_dt Zins pro Zeitspanne / Periodenzins
18  r_dt =  r^(1/ma);      %Zinsfaktor per Periode
19  u_dt = u^(1/ma);       % up per Periode
20  d_dt = d^(1/ma);       % down per Periode
21  %Wahrscheinlichkeiten fuer up: p_u  and down: q_d
22  p_u = (u_dt-r_dt) / (u_dt-d_dt);
23  q_d = (r_dt-d_dt) / (u_dt-d_dt);
24  mn = m + 1;
25  ba = zeros(mn,1);
26  % Underlying zu t=T ( je hoeher der index, desto hoeher der Basiswert )
27
28  for n = 1:mn
29      ba(n) = s*(d_dt^(mn-n))*(u_dt^(n-1));
30  end
31  %Bsp:
32  % m=5;  Laenge(ba) = 6;
33  % ba = ( d^5*u^0, d^4*u^1, d^3*u^2, d^2*u^3,d^1*u^4, d^0*u^5,)
34  % fuer einen Put
35  for n = 1:mn
36   put(n) = max(k-ba(n),0);
37  end
38  %fuer einen Call
39  for n = 1:mn
```

```
40    ca(n) = max(ba(n)-k,0);
41  end
42  % Rolling back the tree
43  % amerikan Put-Option
44  pu =  zeros(mn,mn);
45  pu(:,mn) = put; %letzte Spalte ist Auszahlungsprofil
46  % europaeische Put-Option
47  pv =  zeros(mn,mn);
48  pv(:,mn) = put;
49  % amerikan Call-Option
50  call =  zeros(mn,mn);
51  call(:,mn) = ca; %letzte Spalte ist Auszahlungsprofil
52  % europaeische Call-Option
53  cal  =  zeros(mn,mn);
54  cal (:,mn) = ca;
55  % es wird eine Matrix benoetigt fuer die Zwischenschritte- wg.
56  % fruehzeitiger Ausuebung der Option;
57  for i = m:-1:1      % ueber Zeitschritte
58      for n = 1:i     % ueber Werte pro Zeitschritt
59          pu(n,i)=     max( max( k - s*(d_dt^(i-n))*(u_dt^(n-1))  ,0 ) ,
60                          (p_u*pu(n+1,i+1) + q_d*pu(n,i+1)) / r_dt     );
61          % am. Put
62          pv(n,i)=     (p_u*pv(n+1,i+1) + q_d*pv(n,i+1)) / r_dt ;   % eu. Put
63          call(n,i)=   max( max( s*(d_dt^(i-n))*(u_dt^(n-1)) - k  ,0 ) ,
64                          (p_u*call(n+1,i+1) + q_d*call(n,i+1)) / r_dt );
65          % am. Call
66          cal(n,i) =   (p_u*cal(n+1,i+1) + q_d*cal(n,i+1)) / r_dt ;   % eu. Call
67      end
68  end
69  v =[pu(1), pv(1),call(1),cal(1)];
```

Satz 2.3.3 gestattet die elegante Berechnung einer europäischen Option zu (unter anderem) $t = 0$ wie die folgende Matlab-Funktion zeigt. Man benötigt nur eine `for` Schleife – anstelle geschachtelter `for` Schleifen. Allerdings kann die Berechnung der Fakultäten bei einer großen Anzahl von Perioden zu numerischen Problemen führen. Daher wurde in diesem Programm eine Approximation ähnlich der Stirlingschen Formel vorgenommen.

Listing 2.2: Das Programm `bin_op_233`

```
1   function v = bin_eu_op_233(s , k ,t , u, d , r, ma);
2   % berechnet optionswert fuer europaeischen Call / Put fuer t=0
3   % s Kurs underlying / Basiswert t=0
4   % k strike
5   % t Restlaufzeit in Jahren
6   % r Zinsfaktor per anno
7   % u up        per anno;
8   % d down      per anno;
9   % ma anzahl der Zeitspannen/Perioden per anno
10  % Aufruf:  v =  bin_eu_op_233(10 , 10 , 1 , 1.2, 0.8 , 1.06, 5)
```

```matlab
11   % Berechnung der Konstanten
12   % Anzahl der Perioden fuer Restlaufzeit - nicht per anno !!
13   % idealerweise ist t*ma eine ganze Zahl=Anzahl der Perioden fuer Restlaufzeit
14   % t = 1 -> ma = m
15   m  = floor(t*ma); %floor zur Sicherheit
16   % r_dt   Zins pro Zeitspanne / Periodenzins
17   r_dt =  r^(1/ma);      %Zinsfaktor per Periode
18   u_dt  = u^(1/ma);       % up per Periode
19   d_dt  = d^(1/ma);       % down per Periode
20   %Wahrscheinlichkeiten fuer up: p_u   and down: q_d
21   p_u = (u_dt-r_dt) / (u_dt-d_dt);
22   q_d = (r_dt-d_dt) / (u_dt-d_dt);
23   mn = m + 1;
24   %
25   ba = zeros(mn,1);
26   % Underlying zu t=T ( je hoeher der index, desto hoeher der Basiswert )
27   for n = 1:mn
28       ba(n) = s*(d_dt^(mn-n))*(u_dt^(n-1));
29   end
30   %Bsp:
31   % m=5;   Laenge(ba) - 6;
32   % ba = ( d^5*u^0, d^4*u^1, d^3*u^2, d^2*u^3,d^1*u^4, d^0*u^5,)
33   put = zeros(mn,1);
34   % fuer einen Put
35   for n = 1:mn
36    put(n) = max(k-ba(n),0);
37   end
38   call = zeros(mn,1);
39   %fuer einen Call
40   for n = 1:mn
41    call(n) = max(ba(n)-k,0);
42   end
43   % vgl Satz 2.3.3
44   %  n!/( (n-k)! k!) p_u^k q_d^(n-k)   berechnen nach log Transformation
45   %  ln n! - ln (n-k)! -  ln k! + k*ln p_u + (n-k)*ln q_d =
46   %  analog Stirlings Formel - Approx fuer Fakultaeten liefert
47   %  ln ! = n ln n -n + 0.5* ln (2*pi*n)+ 1/(12*n) - 1/(360*n^3) +
48   %                                       + 1/(1260*n^5) + .......
49   %  Rueck trafo via exp ( .... )
50   %  Matlab Funktion fuer Binomialkoeffizienten    nchoosek(N,k)
51   pu = zeros(mn,1);
52   ca = zeros(mn,1);
53   % Formel im mathemat. Sinn laeuft von 0,...,m ueber Vektor der Laenge m+1
54   % Formal in Matlab wg Vektorindizierung von 1,..., m+1
55   % -> Korrektur m vs mn   i-1 vs i
56   % Konstante vor Schleife berechnen
57   facm =  m*log(m) - m  + 0.5 *log(2*pi*m) + 1/(12*m)
58                 - 1/(360*m^3)+  1/(1260*m^5);
59   for i = 2:(mn-1) % Fall i=1; i=mn siehe unten
60       ii = i-1;
61       fac1 =  ii*log(ii)      - ii     + 0.5 *log(2*pi*ii)
```

```
62 |                    + 1/(12*ii)      - 1/(360*ii^3)     + 1/(1260*ii^5);
63 |       fac2 = (mn-i)*log(mn-i) - (mn-i)  + 0.5 *log(2*pi*(mn-i))
64 |                    + 1/(12*(mn-i)) - 1/(360*(mn-i)^3)+ 1/(1260*(mn-i)^5);
65 |       pu(i)  = exp( facm - fac1 - fac2  + ii*log(p_u) + (mn-i)*log(q_d)  )
66 |                   * put(i);
67 |       ca(i)  = exp( facm - fac1 - fac2 +  ii*log(p_u) + (mn-i)*log(q_d)  )
68 |                   * call(i);
69 | end  %end for
70 | pu(1) = q_d^m * put(1);     % i=1; binomial koeffizient = 1; p_u^0 = 1;
71 | ca(1) = q_d^m * call(1);
72 | pu(mn) = p_u^m * put(mn);   % i=mn; binomial koeffizient = 1; q_d^0 = 1;
73 | ca(mn) = p_u^m * call(mn);
74 | % Summieren und diskontieren
75 | put_0  = r_dt^(-m) *sum(pu);          % put
76 | call_0 = r_dt^(-m) *sum(ca);          % call
77 | v =[put_0,call_0];
```

Aufgaben

1. Man wende Aufgabe 2 aus 2.1 auf das trinomiale Modell an, wobei $P = \$100$, $U = 1{,}10$, $M = 1{,}00$, $D = 0{,}80$, $R = 0{,}05$ gilt und eine Call Option mit Strike Preis \$105 zum Marktpreis $C = \$3{,}80$ gehandelt wird.

2. Ein *Amerikanischer Call* ist ein Call, der an jedem Handelstag vor dem Fälligkeitsdatum ausgeübt werden kann. Man zeige im binomialen Modell der Länge 2, dass der Wert eines amerikanischen Calls dem Wert eines europäischen Calls entspricht.

3. Man nehme an, heute sei der 9. Januar 2008 und der Preis der Aktie X stehe bei \$10. Am 2. November 2008 ist Präsidentenwahl. Ein Anleger glaubt, dass der Kurs von X in Abhängigkeit des Ausgangs der Wahl um ungefähr 10% steigen oder fallen wird. Man konstruiere ein günstiges Portfolio von Optionen für den Fall, dass der Anleger Recht hat. Calls und Puts mit Ausübungsdatum März, Juni, September, Dezember und Strike \$10 plus oder minus $50c$ sind verfügbar. Man bestimme die Endfunktion des Portfolios.

4. Man zeichne die Endfunktion (*Payoff-Funktion*) zum Ausübungsdatum der folgenden Portfolios:

    (a) 1 Aktie short, 2 Calls mit Strike K long

    (b) 1 Call und 1 Put mit identischem Strike K long

    (c) 1 Call mit Strike K_1 und 1 Put mit Strike K_2 long. Man vergleiche die drei Fälle $K_1 > K_2$, $K_1 = K_2$ und $K_1 < K_2$.

    (d) Wie in (c), aber zusätzlich 1 Call und 1 Put short jeweils mit Strike K, $K_1 < K < K_2$

    ((a) und (b) sind zwei verschiedene Darstellungen eines *Straddle*. c) heißt *Strangle* und (d) auch *Butterfly Spread*.) Man zeichne den Wert des Portfolio (zur Zeit $t = 0$) anhand von

Beispielen. Welchen Markterwartungen entsprechen die Portfolio?

5. Mit folgendem Matlab-Code 2.3 lässt sich die Endfunktion (*Payoff-Funktion*) zum Ausübungsdatum eines europäischen bzw. amerikanischen Calls bzw. Puts zeichnen. Verändern Sie diesen Code für die Endfunktionen der vorherigen Aufgabe.

Listing 2.3: Das Programm op_tend

```matlab
 1  %
 2  function gv = op_tend(kmin, kmax, op, strike, pos, ot);
 3  % Funktionsaufruf:
 4  % "Bsp" = op_tend(50,190,8,100,'long','put');
 5  % Optionspreis   zu t=T / payoff Profil
 6  %%%%%%%%%%%%%%%%%%%%%%%%%%%%%%%%%%%%%%%%%% input
 7  % kmin mininaler Kurs
 8  % kmax maximaler Kurs
 9  % op   Optionspreis
10  % pos   Position  Kauf / long
11  %                 Verkauf / short
12  % ot    Optionstyp  call  / put
13  %%%%%%%%%%%%%%%%%%%%%%%%%%%%%%%%%%%%%%%%%% output
14  % gv  gewinn verlust zur faelligkeit
15  %%%%%%%%%%%%%%%%%%%%%%%%%%%%%%%%%%%%%%%%%
16  % n= number of gridpoints;
17  % alternativ als Parameter uebergeben;
18  n = 100;
19  ca = strcmp(ot,'call');
20  pu = strcmp(ot,'put');
21  lo = strcmp(pos,'long');
22  sh = strcmp(pos,'short');
23  x = linspace(kmin,kmax,n);
24  y1 = max(x-strike,0);
25  y2 = max(strike-x,0);
26  if  ( ca == 1  & sh == 1 )
27     gv = op - y1;  % call short
28  elseif ( ca == 1 & lo == 1 )
29     gv = y1 - op;  % call long
30  elseif ( pu == 1 & sh == 1)
31     gv = op - y2;  % put short
32  elseif ( pu == 1 &  lo == 1)
33     gv = y2 - op;   % put short
34  else
35   disp('fehlerhafte eingabe fuer optionsposition
36                       oder optionstyp');
37  end;   %end if
38  xmin =  strike - 4*op;
39  xmax =  strike + 4*op;
40  ymin =  -4*op;
41  ymax =  4*op;
42  ti = strcat('Auszahlungsfunktion', ' Option=', ot ,
```

```
43 |                                          ', Position= ', pos);
44 | plot(x,gv);
45 | hold on
46 | axis([xmin xmax ymin ymax]);
47 | title(ti);
48 | xlabel('Kurs des Underlyings, t=T');
49 | ylabel('Wert der Option');
50 | y = 0 * gv;
51 | plot(x,y,'K');
52 | hold off;
53 | gv = [x; gv];
```

2.4 Pfadabhängige Optionen und Hedgen im binomialen Modell

Anhand der Ergebnisse des vorherigen Abschnittes kann unser Marktteilnehmer den Wert seines Portfolios auf der einen Seite und den Wert eines zugeordneten Derivats (z. B. eine europäische Option) auf der anderen Seite berechnen. Dabei haben wir vorausgesetzt, dass die Aktie einem einfachen Pfad folgt, d. h. der Wert der Aktie ändert sich von einem Handelszeitpunkt zum nächsten entweder um den Faktor U nach oben oder um D nach unten. Nun wollen wir das Modell etwas näher betrachten, insbesondere wollen wir die in Satz 2.3.3 aufgestellte Formel aus der wahrscheinlichkeitstheoretischen Sicht untersuchen und sie auf andere Optionsformen verallgemeinern. Des weiteren werden wir auf das „Hedge-Problem" eingehen: Wie kann man für eine gegebene Option eine *Handelsstrategie* finden, die die Option repliziert?

Für diese Untersuchungen brauchen wir Begriffe aus der Wahrscheinlichkeitstheorie, wie σ-Algebra, Zufallsvariable, Messbarkeit einer Zufallsvariablen, Erwartungswert und bedingte Erwartung. Diese Begriffe werden in diesem Abschnitt nur für endliche Wahrscheinlichkeitsräume benötigt. Um die Darstellung so geschlossen wie möglich zu gestalten, haben wir dieses Konzept in den Anhang D.1 verlegt. Dort werden wir detailliert das binomiale und log-binomiale Modell diskutieren und die dafür notwendigen Begriffe aus der Wahrscheinlichkeitstheorie einführen.

Wir gehen von einem risikolosen Bond aus (also einer risikolosen Geldanlage), der am Ende des Handelszeitraumes den Wert von 1 Euro besitzt. Falls R den Zins dieses Bonds für zwei aufeinander folgende Zeitpunkte bezeichnet, so hat der Bond zur Zeit t_i, $i = 0, 1, \ldots, n$ den Wert

$$\frac{1}{(1+R)^{n-i}}.$$

Die Menge der Zustände sind Tupel der Länge n mit U oder D als Komponenten.

$$\Omega = \{U,D\}^n = \{(\omega_1, \omega_2, \ldots \omega_n); \omega_i = U \text{ oder } \omega_i = D, \text{ für } i = 1, 2 \ldots n\}.$$

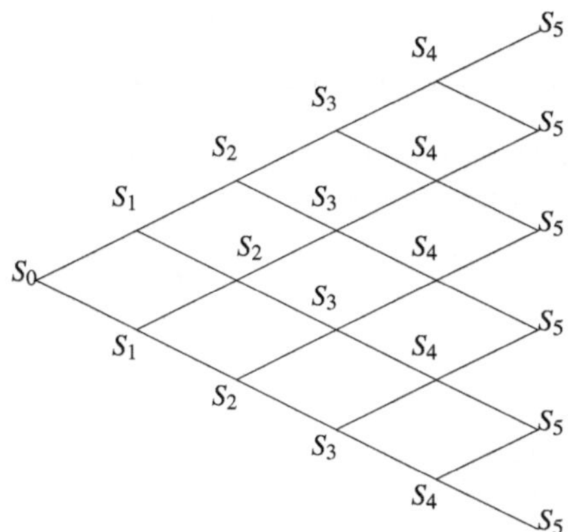

Abbildung 2.6: Baumdiagramm eines Aktienkurses im Binomialmodell

Die i-te *Veränderung des Aktienpreises*, $i = 1, 2 \ldots n$, ist eine Zufallsvariable

$$X_i : \Omega \to \mathbb{R}, \quad \omega \mapsto \omega_i$$

und

$$H_i : \Omega \to \mathbb{R}, \quad \omega \mapsto \#\{j \leq i; \omega_j = U\} \text{ bzw.}$$
$$T_i : \Omega \to \mathbb{R}, \quad \omega \mapsto \#\{j \leq i; \omega_j = D\}$$

stellt die Anzahl der „Auf" bzw. „Ab"-Bewegungen bis zur Zeit $i = t_i$ dar (# bezeichnet die Anzahl der Elemente der Menge).

Der Aktienpreis zur Zeit i wird dann durch die Zufallsvariable

$$S_i = S_0 \prod_{j=1}^{i} X_j = S_0 U^{H_i} D^{T_i}$$

dargestellt. Für $i = 0, 1, \ldots, n$ wollen wir mit $\mathscr{F}_i$ das Mengensystem aller Ereignisse bezeichnen, die bis zur Zeit i eingetreten sind. Genauer gesagt ist es die σ-Algebra, die aus der Vereinigung aller Ereignisse $A(v) = \{(\omega_1, \ldots \omega_n); \omega_1 = v_1 \ldots \omega_i = v_i\}$, mit $v = (v_1, \ldots, v_i) \in \{H, T\}^i$ besteht (vgl. D.1). Wie in D.1 bewiesen wird, ist eine Zufallsvariable X auf Ω genau dann $\mathscr{F}_i$-messbar, wenn der Wert $X(\omega)$ für jedes $\omega \in \Omega$ nur von den ersten i Ereignissen $\omega_1, \ldots, \omega_i$ abhängt. In diesem Fall schreiben wir $X(\omega_1, \omega_2, \ldots \omega_i)$, um die Abhängigkeit herauszustellen. Wir machen eine sehr schwache Annahme bezüglich des Wahrscheinlichkeitsmaßes $\mathbb{P}$ auf Ω, das die Eintrittswahrscheinlichkeit der verschiedenen Ereignisse misst.

Dazu nehmen wir $\mathbb{P}(\{\omega\}) > 0$ für jedes $\omega \in \Omega$ an, d. h. alle Ereignisse in Ω sind möglich.

Wie wir in Abschnitt 2.3 festgestellt haben, hat die „wirkliche" Wahrscheinlichkeit $\mathbb{P}$ auf die Bewertung von Optionen keinerlei Einfluss. Wichtiger ist die *risikoneutrale Wahrscheinlichkeit* $\mathbb{Q}$. Gemäß (2.12) in Abschnitt 2.3 definieren wir $\mathbb{Q}$ als Wahrscheinlichkeitsverteilung auf Ω, bezüglich der die $X_1, X_2, \ldots$ unabhängig sind, d. h.

$$\mathbb{Q}(X_i = D) = Q_D = \frac{U - (1+R)}{U - D} \quad \mathbb{Q}(X_i = U) = Q_U = \frac{(1+R) - D}{U - D}. \tag{2.19}$$

Dies legt $\mathbb{Q}$ eindeutig fest, da $\mathbb{Q}(\{\omega\}) = \mathbb{Q}(\bigcap_{i=1}^{n}\{X_i = \omega_i\}) = \prod_{i=1}^{n}\mathbb{Q}(\{X_i = \omega_i\})$ für jedes $\omega \in \Omega$ gilt.

Wir erinnern daran, dass die bedingte Erwartung einer Zufallsvariablen X bezüglich einer σ-Algebra $\mathscr{F}_i$ die $\mathbb{Q}$-f.s eindeutig bestimmte $\mathscr{F}_i$-messbare Zufallsvariable $Y = \mathbb{E}_{\mathbb{Q}}(X|\mathscr{F}_i)$ ist, sodass $\mathbb{E}_{\mathbb{Q}}(\mathbb{1}_A Y) = \mathbb{E}_{\mathbb{Q}}(\mathbb{1}_A X)$ für alle $A \in \mathscr{F}_i$ gilt. In unserem Fall können wir $\mathbb{E}_{\mathbb{Q}}(X|\mathscr{F}_i)$ (vgl D.1) durch

$$\mathbb{E}_{\mathbb{Q}}(X|\mathscr{F}_i) = \sum_{(\omega_1,\ldots\omega_i)\in\{U,D\}^i} \mathbb{1}_{A_{(\omega_1,\ldots\omega_i)}} \frac{\mathbb{E}_{\mathbb{Q}}(\mathbb{1}_{A_{(\omega_1,\ldots\omega_i)}}X)}{\mathbb{Q}(A_{(\omega_1,\ldots\omega_i)})} \tag{2.20}$$

darstellen. Dies bedeutet somit

$$\mathbb{E}_{\mathbb{Q}}(X|\mathscr{F}_i)(\omega) = \mathbb{E}_{\mathbb{Q}}(X|\mathscr{F}_i)(\omega_1,\ldots,\omega_i) = \frac{\mathbb{E}_{\mathbb{Q}}(\mathbb{1}_{A_{(\omega_1,\ldots,\omega_i)}}X)}{\mathbb{Q}(A_{(\omega_1,\ldots,\omega_i)})}$$

für alle $\omega \in \Omega$. Der nächste Satz wird uns erklären, warum man $\mathbb{Q}$ als risikoneutral bezeichnet.

Satz 2.4.1

Der *diskontierte Aktienprozess*

$$\left(\frac{1}{(1+R)^i}S_i : i = 0, 1, \ldots, n\right)$$

ist bezüglich der Filtration $(\mathscr{F}_i)_{i=0,\ldots,n}$ ein Martingal , d. h.

$$\mathbb{E}_{\mathbb{Q}}\left(\frac{1}{(1+R)^j}S_j|\mathscr{F}_i\right) = \frac{1}{(1+R)^i}S_i \text{ für } i < j.$$

Der Satz 2.4.1 sagt aus, dass der Wert der Aktie gemessen in der Wahrscheinlichkeit $\mathbb{Q}$ im Mittel genauso schwankt wie der risikolose Bond.

Beweis

Für $0 \leq i < j \leq n$ sind $S_j = S_i \prod_{k=i+1}^{j} X_k$ und S_i $\mathscr{F}_i$-messbar. Dabei ist $\prod_{k=i+1}^{j} X_k$ zu $\mathscr{F}_i$ unabhängig. Deshalb ergibt sich

$$E_{\mathbb{Q}}(S_j|\mathscr{F}_i) = S_i E_{\mathbb{Q}}\Big(\prod_{k=i+1}^{j} X_k \Big| \mathscr{F}_i\Big) \quad \text{(nach D.1.11 (2))}$$

$$= S_i E_{\mathbb{Q}}\Big(\prod_{k=i+1}^{j} X_k \Big) \quad \text{(nach D.1.13 (4))}$$

$$= S_i \prod_{k=i+1}^{j} E_{\mathbb{Q}}(X_k) = S_i[U Q_U + D Q_D]^{j-i}$$

$$= S_i(1+R)^{j-i} \quad \text{(gemäß (2.19))}$$

$\square$

Einen allgemeinen Vermögenswert (oder Wertpapier bzw. Derivat) werden wir im Folgenden als eine Abbildung $F : \Omega \to \mathbb{R}$ ansehen. Dabei interpretieren wir $F(\omega_1, \ldots \omega_n)$ als die Auszahlung (oder Verbindlichkeit) zur Zeit n, unter der Annahme, dass $(\omega_1, \ldots \omega_n)$ eingetreten ist. Hierzu vermerken wir, dass Derivate oder Wertpapiere europäischen Stils von der Form $f(S_n(\cdot))$ sind. Da der Wert $S_n(\omega)$ nur davon abhängt wieviele U's und D's in ω erscheinen, aber nicht von der Reihenfolge, in der sie auftreten, hat auch $f(S_n(\cdot))$ dieselbe Eigenschaft. Für eine allgemeine Option F trifft das im Allgemeinen nicht zu. Daher werden derartige Optionen oft auch als *pfadabhängig* bezeichnet. Trotzdem kann man das Problem, den arbitragefreien Wert dieser Derivate zu bestimmen, genauso lösen wie für Derivate europäischen Stils.

Wir wollen nun für einen Zeitpunkt $i \in \{0, 1, \ldots n\}$ den Wert eines Derivats berechnen. Diesen Wert werden wir mit F_i bezeichnen. F_i soll (nur) von der Gegenwart und der Vergangenheit abhängen, also $F_i = F_i(\omega_1, \ldots \omega_i)$.

Zur Zeit n gilt natürlich $F_n(\omega_1, \ldots, \omega_n) = F(\omega_1, \ldots, \omega_n)$. Das Problem, den Wert des Derivats zur Zeit $n-1$ zu bestimmen, führt uns wieder zu dem einfachen Auf-und-Ab-Modell. Angenommen, $\omega_1, \ldots \omega_{n-1}$ sei bis zum Zeitpunkt $n-1$ eingetreten, dann sind die zwei möglichen zukünftigen Werte des Derivats durch $F(\omega_1, \ldots \omega_{n-1}, U)$ und $F(\omega_1, \ldots \omega_{n-1}, D)$ gegeben. Wenn wir nun Formel (2.13) aus Abschnitt 2.3 benutzen, indem wir $\tilde{S}_0 = S_{n-1}(\omega_1 \ldots \omega_{n-1})$, $\tilde{f}(U\tilde{S}_0) = F(\omega_1, \ldots \omega_{n-1}, U)$ und $\tilde{f}(D\tilde{S}_0) = F(\omega_1, \ldots \omega_{n-1}, D)$ setzen, erhalten wir

$$F_{n-1}(\omega_1, \ldots, \ldots \omega_{n-1}) = \frac{1}{1+R}[Q_D F(\omega_1, \ldots \omega_{n-1}, D) + Q_U F(\omega_1, \ldots \omega_{n-1}, U)]$$

$$= \frac{1}{1+R}\mathbb{E}_{\mathbb{Q}}(F|\mathscr{F}_{n-1})(\omega_1, \ldots \omega_{n-1}).$$

Dabei folgt die letzte Gleichung mit (2.20) durch die Umformung

$$\mathbb{E}_{\mathbb{Q}}(F|\mathscr{F}_{n-1})(\omega_1,\ldots\omega_{n-1}) = \frac{\mathbb{E}_{\mathbb{Q}}(F\mathbb{1}_{A(\omega_1,\ldots\omega_{n-1})})}{\mathbb{Q}(A(\omega_1,\ldots\omega_{n-1}))}$$

$$= \frac{\mathbb{Q}(A(\omega_1,\ldots\omega_{n-1},D))F(\omega_1,\ldots\omega_{n-1},D) + \mathbb{Q}(A(\omega_1,\ldots\omega_{n-1},U))F(\omega_1,\ldots\omega_{n-1},U)}{\mathbb{Q}(A(\omega_1,\ldots\omega_{n-1}))}$$

$$= Q_D F(\omega_1,\ldots\omega_{n-1},D) + Q_U F(\omega_1,\ldots\omega_{n-1},U),$$

wobei die letzte Gleichung aus der Unabhängigkeit der hintereinander ausgeführten Auf- und Ab-Bewegungen folgt.

Allgemein leiten wir mit denselben Argumenten die folgende rekursive Formel für F_i, $i = 1,\ldots n$, her:

$$F_{i-1}(\omega_1,\ldots,\ldots\omega_{i-1}) = \frac{1}{1+R}[Q_D F_i(\omega_1,\ldots\omega_{i-1},D) + Q_U F_i(\omega_1,\ldots\omega_{i-1},U) \qquad (2.21)$$

$$= \frac{1}{1+R}\mathbb{E}_{\mathbb{Q}}(F_i|\mathscr{F}_{i-1})(\omega_1,\ldots\omega_{i-1}).$$

Aus (2.21) können wir mittels umgekehrter Induktion die folgende Bewertungsformel ableiten (vgl. Übungsaufgabe 1).

Satz 2.4.2
Im log-binomialen Modell ist der arbitragefreie Wert eines allgemeinen Vermögenswertes $F : \Omega \to \mathbb{R}$ zu einem Zeitpunkt $i \in \{0,1,\ldots,n\}$ durch

$$F_i = \frac{1}{(1+R)^{n-i}}\mathbb{E}_{\mathbb{Q}}(F|\mathscr{F}_i)$$

gegeben. Insbesondere gilt

$$F_0 = \frac{1}{(1+R)^n}\mathbb{E}_{\mathbb{Q}}(F).$$

Bemerkung 2.4.3
Im Falle einer Option europäischen Stils ohne Dividendenzahlung kann man die Darstellung für $f(S_n)$ in Satz 2.3.3 leicht aus Satz 2.4.2 herleiten. Denn aus

$$\mathbb{P}(H_n = j) = \binom{n}{j}Q_U^j Q_D^{n-j} \quad \text{(Binomische Formel)}$$

für $j \in \{0,\ldots,n\}$, erhalten wir

$$\mathbb{E}_{\mathbb{Q}}(f(S)) = \sum_{j=0}^{n} f(S_0 U^j D^{n-j})\mathbb{P}(H_n = j) = \sum_{j=0}^{n}\binom{n}{j}f(S_0 U^j D^{n-j})Q_U^j Q_D^{n-j}.$$

Dies ist der Ausdruck für den Wert von $f(S_n)$ zur Zeit $t = 0$. Mit einer ähnlichen Argumentation kann man für die Zeiten $i = 1, 2, \ldots n - 1$ die Bestimmung der Werte von $f(S_i)$ durchführen.

Beispiel 2.4.4

Wir wollen den Wert einer Option europäischen Stils auf eine Aktie ohne Dividendenzahlung für eine Laufzeit von 6 Monaten mit $n = 4$ Perioden betrachten. Dazu wählen wir eine Aktie zum (Start-) Preis $S_0 = 130$ Euro. Wir nehmen für die Faktoren D und U pro Periode (1,5 Monate) die Werte $D = 0,95$ und $U = 1,05$ an sowie den per anno Zinssatz $r = 3,0225\%$, d. h. eine halbjährige Zinsrate von $\sqrt{1+r} - 1 = 1,5\%$. Damit gilt für die Zinsrate (pro Perioden gerechnet) $R = (1+r)^{(0,125)} - 1 = 0,373\%$. Dann ergibt sich für die risikoneutralen Wahrscheinlichkeiten:

$$Q_D = \frac{U - (1+R)}{U - D} = 0,46, \quad Q_U = \frac{(1+R) - D}{U - D} = 0,54.$$

Wir gehen von einem Ausübungspreis von $K = 135$ Euro aus. Als Ausübungsfunktion für eine Option erhalten wir $f(S) = \max(S - K, 0)$. Dies ergibt die Tabelle 2.1.
Somit berechnet sich der Erwartungswert unserer Option:

	U^j	D^{n-j}	$S_0 U^j D^{n-j}$	$f(S_0 U^j D^{n-j})$	Q_U^j	Q_D^{n-j}	$\binom{4}{j}$
$j = 0$	1	0,81	105,30	0	1	0,04	1
$j = 1$	1,05	0,86	117,39	0	0,54	0,10	4
$j = 2$	1,1	0,9	128,70	0	0,29	0,21	6
$j - 3$	1,16	0,95	143,26	8,26	0,16	0,46	4
$j = 4$	1,22	1	158,60	23,6	0,09	1	1

Tabelle 2.1: Berechnung des Erwartungswertes anhand des Binomialmodells am Beispiel einer Call-Option

$$\mathbb{E}_{\mathbb{Q}}(f(S)) = 4 \cdot 8,26 \cdot 0,46 \cdot 0,16 + 23,6 \cdot 0,09 = 2,43 + 2,12 = 4,55.$$

Als diskontierten Wert unserer Option notieren wir:

$$F_0 = \frac{1}{(1+R)^4} \mathbb{E}_{\mathbb{Q}}(f(S)) = 0,96 \cdot 4,55 = 4,48.$$

Wir wenden uns nun der Frage zu, ob und wie ein Zeichner im log-binomialen Modell ein angebotenes Derivat F mithilfe von Bonds und Aktien erzeugen kann. Aber zuerst müssen wir festlegen, was wir unter einer zulässigen Anlagestrategie verstehen.

Definition 2.4.5

Eine *Anlagestrategie* ist eine endliche Folge $(\theta^{(0)}, \theta^{(1)}, \ldots, \theta^{(n)})$ mit $\theta^{(i)} = (\theta_B^{(i)}, \theta_S^{(i)})$, wobei $\theta_B^{(i)}$ und $\theta_S^{(i)}$ für alle $i = 0, 1, 2, \ldots n$ $\mathscr{F}_i$-messbare Abbildungen von Ω nach $\mathbb{R}$ darstellen (also Zufallsvariable).

Arbitragefreies Preisdividendenpaar

Zu jedem Handelszeitpunkt i kann der Anleger sein Portfolio bestehend aus $\theta_B^{(i)}$ Anteilen eines Bonds und $\theta_S^{(i)}$ Aktienanteilen gestalten. Die Wahl hängt nur von bisherigen und gegenwärtigen Ereignissen ab, da der Anleger nicht „in die Zukunft blicken kann". Dies bedeutet mathematisch ausgedrückt, dass $\theta_B^{(i)}$ und $\theta_S^{(i)}$ $\mathscr{F}_i$-messbar sein müssen, d. h. sie hängen nur von $\omega_1,\dots,\omega_i$ ab.

$$
\begin{array}{cccc}
\text{Erste Aktien-} & \text{Zweite Aktien-} & & \text{n-te Aktien-} \\
\text{Preisbewegung} & \text{Preisbewegung} & & \text{Preisbewegung} \\
\end{array}
$$

Man beachte, dass der Wert einer Strategie $(\theta^{(0)}, \theta^{(1)}, \dots, \theta^{(n)})$ zur Zeit i gegeben ist durch

$$
V_i(\theta^{(i)}) = S_i \theta_S^{(i)} + \frac{\theta_B^{(i)}}{(1+R)^{n-i}}. \tag{2.22}
$$

Wir nennen eine solche Strategie $(\theta^{(0)}, \theta^{(1)}, \dots, \theta^{(n)})$ *selbstfinanzierend*, falls das Portfolio $\theta^{(i-1)}$ nach der i-ten Anpassung denselben Wert wie $\theta^{(i)}$ hat $(i = 1, \dots, n)$, d. h.

$$
\theta_S^{(i)} S_i + \frac{\theta_B^{(i)}}{(1+R)^{n-i}} = \theta_S^{(i-1)} S_i + \frac{\theta_B^{(i-1)}}{(1+R)^{n-i}}. \tag{2.23}
$$

Dies bedeutet, dass der Anleger Teile seines Portfolios weder konsumiert noch Kapital hinzufügt.

Satz 2.4.6

Das log-binomiale Modell ist *vollständig*. Anders gesagt, gibt es für jedes Derivat F genau eine selbstfinanzierende Strategie $(\theta^{(i)})_{i=0}^n$ derart, dass

$$
V_i(\theta^{(i)}) = F_i = \frac{1}{(1+R)^{n-i}} \mathbb{E}_{\mathbb{Q}}(F | \mathscr{F}_i), \quad \text{für } i = 1, 2, \dots, n.
$$

Dabei genügen die Zufallsvariablen $\theta_B^{(i)}$ und $\theta_S^{(i)}$ für $\omega_1, \dots \omega_i \in \{U, D\}$ $(i = 0, 1 \dots, n-1)$ den Gleichungen:

$$
\theta_B^{(i)}(\omega_1, \dots \omega_i) = (1+R)^{n-i-1} \frac{U F_{i+1}(\omega_1, \dots \omega_i, D) - D F_{i+1}(\omega_1, \dots \omega_i, U)}{U - D} \tag{2.24}
$$

$$
\theta_S^{(i)}(\omega_1, \dots \omega_i) = \frac{F_{i+1}(\omega_1, \dots \omega_i, U) - F_{i+1}(\omega_1, \dots \omega_i, D)}{S_i(\omega_1, \dots \omega_i)(U - D)}. \tag{2.25}
$$

Programm 2.6 d_hedge berechnet θ_B, θ_s einer europ. Call-Option

Bemerkung 2.4.7

Bevor wir Satz 2.4.6 beweisen, wollen wir erklären, wie man einsieht, dass (2.24) und (2.25) die einzige mögliche Auswahl darstellt. Tatsächlich müssen wir für vorher eingetretene Ereignisse $(\omega_1, \dots, \omega_i)$ $(i = 0, 1 \dots n)$ das Paar $\theta^{(i)} = (\theta_B^{(i)}, \theta_S^{(i)})$ so wählen, dass das Portfolio den Wert

$V_i(\theta^{(i)})$ haben wird, unabhängig davon, ob die Aktienbewegung D oder U ist. Dies führt zu den folgenden Gleichungen:

$$V_{i+1}(\theta^{(i)})(\omega_1,\dots,\omega_i,D) = \theta_S^{(i)}S_iD + \frac{\theta_B^{(i)}}{(1+R)^{n-(i+1)}} = F_{i+1}(\omega_1,\dots,\omega_i,D)$$

und

$$V_{i+1}(\theta^{(i)})(\omega_1,\dots,\omega_i,U) = \theta_S^{(i)}S_iU + \frac{\theta_B^{(i)}}{(1+R)^{n-(i+1)}} = F_{i+1}(\omega_1,\dots,\omega_i,U).$$

Löst man diese Gleichungen, so erhält man (2.24) und (2.25).

Beweis des Satzes 2.4.6

Zuerst stellen wir fest, dass der Wert $\theta^{(i)}$ in (2.24) und (2.25) genau der von F_i ist. Dazu sei $(\omega_1,\dots,\omega_i) \in \{U,D\}^i$ (falls $i=0$, so setze man $(\omega_1,\dots,\omega_i) = \emptyset$). In der folgenden Umformung werden wir die Abhängigkeit von $(\omega_1,\dots,\omega_i)$ vernachlässigen und z. B. einfach $F_{i+1}(U)$ statt $F_{i+1}(\omega_1,\dots,\omega_i,U)$ schreiben.

$$\begin{aligned}
V_i(\theta^{(i)}) &= \theta_S^{(i)}S_i + \frac{\theta_B^{(i)}}{(1+R)^{n-i}} \\
&= \frac{F_{i+1}(U)-F_{i+1}(D)}{U-D} + \frac{1}{1+R}\frac{UF_{i+1}(D)-DF_{i+1}(U)}{U-D} \\
&= \frac{1}{1+R}\left[F_{i+1}(U)\frac{1+R-D}{U-D} + F_{i+1}(D)\frac{U-(1+R)}{U-D}\right] \\
&= \frac{1}{1+R}[F_{i+1}(U)Q_U + F_{i+1}(D)Q_D] \qquad \text{(gemäß (2.19))} \\
&= F_i \qquad \text{(nach (2.21))},
\end{aligned}$$

womit die erste Behauptung bewiesen ist.

Ferner müssen wir zeigen, dass $(\theta^{(i)})_{i=0}^{n-1}$ selbstfinanzierend ist. Hierzu muss für $i=0,1\dots,n-1$ nachgewiesen werden, dass der Wert von $\theta^{(i)}$ nach der $i+1$-ten Veränderung der Aktie gleich F_{i+1} ist, unabhängig davon, ob dies D oder U war. Nehmen wir zunächst D an, so ergibt sich

$$\begin{aligned}
V_{i+1}(\theta^{(i)})(D) &= \theta_S^{(i)}S_iD + \frac{\theta_B^{(i)}}{(1+R)^{n-(i+1)}} \\
&= D\frac{F_{i+1}(U)-F_{i+1}(D)}{U-D} + \frac{UF_{i+1}(D)-DF_{i+1}(U)}{U-D} \\
&= F_{i+1}(D).
\end{aligned}$$

Eine analoge Berechnung ergibt sich, falls man für die $i+1$-te Veränderung U annimmt. $\qquad\square$

Beispiel 2.4.8

Wir wollen den Wert einiger exotischer Optionen berechnen.

a) *Binäre Optionen*. Ist eine Schranke K gegeben, so zahlt diese Option zur Zeit $t = T$ eine Einheit aus, falls der Basiswert S den Wert K echt überschreitet. Somit erhalten wir als Ausübungsfunktion:

$$f_{call}^{bin}(S) = \mathbb{1}_{]K,\infty[}(S) \tag{2.26}$$
$$f_{put}^{bin}(S) = \mathbb{1}_{]-\infty,K[}(S).$$

Als Wert der Option zur Zeit t_i, $i = 1,\ldots,n$ ergibt sich gemäß Satz 2.4.2

$$V(t_i, S_{t_i}) = F_{i,call}^{bin} = \frac{1}{(1+R)^{n-i}} \sum_{j=j_0}^{n-i} \binom{n-i}{j} Q_U^j Q_D^{n-i-j},$$

wobei $j_0 = \inf\{k \in \mathbb{N}_0; S_{t_i} U^k D^{n-i-k} > K\}$. Für den Put berechnet man

$$V(t_i, S_{t_i}) = F_{i,put}^{bin} = \frac{1}{(1+R)^{n-i}} \sum_{j=0}^{j_0} \binom{j_0}{j} Q_U^j Q_D^{n-i-j},$$

wobei $j_0 = \sup\{k \in \mathbb{N}_0; S_{t_i} U^k D^{n-i-k} < K\}$.

b) Eine andere Klasse von nicht pfadabhängigen Optionen bilden die sogenannten *Gap-Optionen* . Man gibt sich zwei Werte $G, K \in \mathbb{R}_+$, $K \neq G$ vor. Falls der Wert des Wertpapiers größer als K (Call) oder kleiner als K (Put) ist, wird ein Wert von $S - G$ (Call) oder $G - S$ (Put) gezahlt. Für $G = K$ ergibt sich der klassische europäische Call (Put). Als Ausübungsfunktionen notieren wir

$$f_{call}^{gap}(S) = (S - G)\mathbb{1}_{]K,\infty[}(S) \tag{2.27}$$
$$f_{put}^{gap}(S) = (G - S)\mathbb{1}_{]-\infty,K[}(S),$$

die sich in den Formen

$$f_{call}^{gap}(S) = (S - K)^+ - (G - K)f_{call}^{bin} \tag{2.28}$$
$$f_{put}^{gap}(S) = (K - S)^+ - (K - G)f_{put}^{bin}$$

schreiben lassen. Dies kann man für die Fälle $K > G$ (rechts) und $K < G$ (links) in de folgenden Abbildung (2.7) darstellen. Dabei sieht man, dass man durchaus zum Ausübungsdatum, im Gegensatz zu den gewöhnlichen Optionen, einen Betrag zahlen muss – die Auszahlungsfunktion kann negativ sein.

Programm 2.1
`bin_op_eu_gap`
berechnet den Wert
einer europ.
Gap-Option

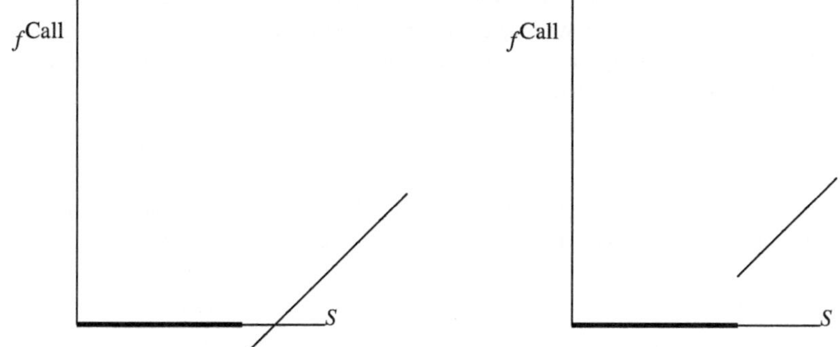

Abbildung 2.7: Auszahlungsprofil einer Gap-Option (Call)

Als Wert berechnen wir zur Zeit t_i, $i = 1, \dots, n$

$$F_{i,call}^{gap} = F_{i,call}^{eur}(K,T,S_{t_i}) - (G-K)F_{i,call}^{hin} \tag{2.29}$$

$$= \frac{S_{t_i}}{(1+R)^{n-i}} \sum_{j=j_0}^{n-i} \binom{n-i}{j} U^j D^{n-i-j} Q_U^j Q_D^{n-i-j}$$

$$- \frac{K}{(1+R)^{n-i}} \sum_{j=j_0}^{n-i} \binom{n-i}{j} Q_U^j Q_D^{n-i-j} - \frac{G-K}{(1+R)^{n-i}} \sum_{j=j_0}^{n-i} \binom{n-i}{j} Q_U^j Q_D^{n-i-j}$$

$$= \frac{S_{t_i}}{(1+R)^{n-i}} \sum_{j=j_0}^{n-i} \binom{n-i}{j} \tilde{Q}_U^{\,j} \tilde{Q}_D^{\,n-i-j} - \frac{G}{(1+R)^{n-i}} \sum_{j=j_0}^{n-i} \binom{n-i}{j} Q_U^j Q_D^{n-i-j},$$

wobei $j_0 = \inf\{k \in \mathbb{N}_0; S_{t_i} U^k D^{n-i-k} > K\}$ und $\tilde{Q}_U = UQ_U$, $\tilde{Q}_D = DQ_D$ gesetzt sind. Für den Put ergibt sich

$$F_{i,put}^{gap} = -\frac{S_{t_i}}{(1+R)^{n-i}} \sum_{j=0}^{j_0} \binom{j_0}{j} \tilde{Q}_U^{\,j} \tilde{Q}_D^{\,n-i-j} + \frac{G}{(1+R)^{n-i}} \sum_{j=0}^{j_0} \binom{j_0}{j} Q_U^j Q_D^{n-i-j}, \tag{2.30}$$

wobei $j_0 = \sup\{k \in \mathbb{N}_0; S_{t_i} U^k D^{n-i-k} < K\}$.

c) Kehren wir noch einmal zum Beispiel eines unvollständigen Marktes aus Abschnitt 2.3 zurück. Wir wollen unser Wertpapier mit den drei Zuständen durch eine Call-Option absichern. Der Ausübungspreis sei K. Wir nehmen $MS < K$ an. Dann schreibt sich der Cashflow-Vektor für unseren Call.

$$\begin{pmatrix} 0 & 0 & SU - K \end{pmatrix}.$$

Der Wert beträgt $C = \frac{1}{1+R} Q_U (SU - K) = \psi_3 (SU - K)$. Setzen wir nun die möglichen extremalen Werte von Q_U ein, wie wir sie in 2.3 berechnet haben, so ergibt sich

$$C^+ = \frac{(1+R)-D}{(1+R)(U-D)} (SU - K) \qquad \text{obere Schranke,}$$

$$C^- = 0 \qquad \text{falls } M \geq (1+R) \quad \text{untere Schranke,}$$

$$C^- = \frac{(1+R)-M}{(1+R)(U-M)} (SU - K) \quad \text{falls } M < (1+R) \quad \text{untere Schranke.}$$

Wir sehen, dass wir bei $M = D$ erneut das binomiale Modell erhalten. Ein Marktteilnehmer der kein Risiko eingehen will, wird versuchen die Call-Option bei C^- zu kaufen, um sie bei C^+ wieder anzubieten. Da aber keine Eindeutigkeit im fairen Preis vorhanden ist, bleibt ein Restrisiko.

Bemerkung 2.4.9

a) Wir sehen, dass in einem unvollständigen Markt keine eindeutigen fairen Preise existieren, d. h. es gibt keine eindeutigen risikoneutralen Wahrscheinlichkeiten. Im obigen Beispiel haben wir ein Intervall für den fairen Preis angegeben. Ähnlich dem Zeichner einer Option wird auch der Anbieter einer Call-Option ein Preisintervall haben, allerdings wird er die Option bei C^+ anbieten. Auf dem Markt ergibt sich also ein Intervall $[C^-, C^+]$, dessen Preise alle mit Arbitragefreiheit konsistent sind (vgl. Übungsaufgabe 6).

b) Das Hedgen hängt, wie wir aus (2.25) erkennen, sehr von den Bewegungen der Optionswerte relativ zu den Wertpapierpreisänderung ab. Um diese untersuchen zu können und das Portfolio anzupassen, führt man sogenannte *Faktoren* ein, mit deren Hilfe man die Portfolioselektion dem Markt entsprechend vornehmen kann. Im Abschnitt 3.2 werden wir schwerpunktmäßig darauf eingehen.

Literaturhinweise und Geschichtliches

Das Hedgen ist eine der grundlegenden Begriffe in der Theorie der Optionen. Die optimale Ausstattung des Portfolios zur Absicherung einer Option, führt zu den Bereichen der *Portfolioselektion*, *Portfoliooptimierung* und der Theorie des *Value at Risk*. Wir gehen darauf nicht gesondert ein und werden in 3.2 Literaturhinweise dazu geben. Praktische Formeln für spezielles Hedgen findet man in den mehr wirtschaftswissenschaftlich orientierten Werken (z. B. [BK97]). In [Spr96] wird aus dem Blickwinkel des Wirtschaftswissenschaftlers auf verschiedenen Formen des Hedgens eingegangen.

In den Monographien [Irl98, KK99, WHD95] wird das Hedgen nicht ausdrücklich angesprochen. Die Berücksichtigung des Hedgens in der diskreten Theorie findet man z. B. in [Sch98b]. In

[DT05] wird das dynamische Hedging aus praktischer Sicht kritisch beleuchtet. Auf die Theorie der unvollständigen Märkte wird insbesondere in [Kar97, KS98] eingegangen, ein wenig auch in [MR97, LL96] behandelt. Doch in allen diesen Werken findet man dies nur im Kontext der stochastischen Prozesse. Wir werden dies später kurz im Abschnitt 5.3.3 behandeln.

Eine ausführliche Darstellung findet sich in der Monographie von Kremer [Kre07].

Matlab-Code

Erläuterungen zum diskreten Hedging (vgl. mit den Anmerkungen zum Matlab-Code in 2.3)

- Das Hilfsprogramm `anz_per` berechnet die Gesamtzahl der Handelszeitpunkte bis zum Verfall der Option.

- Für $\theta_B^{(i)}(\omega_1,\ldots\omega_i)$ bzw. $\theta_S^{(i)}(\omega_1,\ldots\omega_i)$ zur Zeit i muss man den Optionswert zum Zeitpunkt $i+1$ für die beiden Aktienpreisbewegungen von i zu $i+1$ berechnen. Dies geschieht in dem Programm `bin_eu_op_233_t1`.

- Die oben genannten Funktionen werden in `d_hedge` aufgerufen, die man als die Hauptfunktion ansehen kann.

Listing 2.4: Das Programm `anz_per`

```
 1  function v =  anz_per(t , ma)
 2  %  t Restlaufzeit in Jahren
 3  %  ma anzahl der Zeitspannen/Perioden per anno
 4  %  Aufruf.  v = anz_per( 1.5 , 5)
 5
 6  % Return Anzahl der Perioden fuer Restlaufzeit - nicht per anno !!
 7  % idealerweise ist t*ma eine ganze Zahl=Anzahl der Perioden fuer Restlaufzeit
 8  % t = 1 -> ma = m
 9  m  = floor(t*ma); %floor zur Sicherheit
10  v = m;
```

Listing 2.5: Das Programm `bin_eu_op_233_t1`

```
 1  function v = bin_eu_op_233_t1 (s , k ,t , u, d , r, ma, t1, s_t1_ind);
 2  %
 3  % berechnet optionswert fuer europaeischen Call zu fuer
 4  %    S(t1+1, s_t1_ind)  und S(t1+1, s_t1_ind + 1)
 5  % d.h. zum naechsten Handelszeitpunkt zu ab und auf Bewegung
 6  % s Kurs underlying / Basiswert t=0
 7  % k strike
 8  % t Restlaufzeit in Jahren
 9  % r Zinsfaktor per anno
10  % u up          per anno;
11  % d down        per anno;
12  % ma anzahl der Zeitspannen/Perioden per anno
```

```matlab
13   %  t1 < t
14   %  s_t1_ind   Index von S zu t1
15   %  Aufruf:  v = bin_eu_op_233_t1(10 , 10 , 1 , 1.2, 0.8 , 1.06, 5, 3, 2)
16   %
17   % Berechnung der Konstanten
18   % Anzahl der Perioden fuer Restlaufzeit - nicht per anno !!
19   % idealerweise ist t*ma eine ganze Zahl=Anzahl der Perioden fuer Restlaufzeit
20   % t = 1 -> ma = m
21
22
23   m  = floor(t*ma); %floor zur Sicherheit
24   % r_dt  Zins pro Zeitspanne / Periodenzins
25   r_dt = r^(1/ma);      %Zinsfaktor per Periode
26   u_dt = u^(1/ma);      % up per Periode
27   d_dt = d^(1/ma);      % down per Periode
28   %Wahrscheinlichkeiten fuer up: p_u  and down: q_d
29   p_u = (u_dt-r_dt) / (u_dt-d_dt);
30   q_d = (r_dt-d_dt) / (u_dt-d_dt);
31 .
32   mn = m + 1;
33   t1n = t1+1;
34   mc  = m - t1n;
35
36   ba = zeros(mn,1);
37   % Underlying zu t=T ( je hoeher der index, desto hoeher der Basiswert )
38   for n = 1:mn
39       ba(n) = s*(d_dt^(mn-n))*(u_dt^(n-1));
40   end
41
42   call = zeros(mn,1);
43
44   %fuer einen Call
45   for n = 1:mn
46    call(n) = max(ba(n)-k,0);
47   end
48
49
50   cau = zeros(mn,1);
51   % Option zu t1 + 1 - nach Auf Bewegung von Basiswert(Index) s_t1_ind
52   cad = zeros(mn,1);
53   % Option zu t1 + 1 - nach Ab Bewegung  von Basiswert(Index) s_t1_ind
54   mnt1 = mn - t1;
55
56   facm =  mc*log(mc) - mc  + 0.5 *log(2*pi*mc) + 1/(12*mc) - 1/(360*mc^3)
57             + 1/(1260*mc^5);
58
59    for i = 2:(mn-1- t1) % Fall i=1; i=mn siehe unten
60       ii = i-1;
61       fac1  = ii*log(ii) - ii + 0.5 *log(2*pi*ii) + 1/(12*ii)
62              - 1/(360*ii^3)  + 1/(1260*ii^5);
63       fac2  = (mnt1-i)*log(mnt1-i) - (mnt1-i)  + 0.5 *log(2*pi*(mnt1-i))
```

```
64              + 1/(12*(mnt1-i)) - 1/(360*(mnt1-i)^3)+  1/(1260*(mnt1-i)^5);
65       cad(i)  = exp(  facm - fac1 - fac2 +  ii*log(p_u) + (mn-i)*log(q_d)  )
66              *  call(i + s_t1_ind);
67       cau(i)  = exp(  facm - fac1 - fac2 +  ii*log(p_u) + (mn-i)*log(q_d)  )
68            *  call(i + s_t1_ind + 1);
69   end   %end for
70
71 cad(1)  = q_d^mnt1 * call(1);
72 cad(mn) = p_u^mnt1 * call(mn);
73
74 cau(1)  = q_d^mnt1 * call(1);
75 cau(mn) = p_u^mnt1 * call(mn);
76
77 % Summieren und diskontieren
78 call_d = r_dt^(-mc) *sum(cad);
79 call_u = r_dt^(-mc) *sum(cau);
80
81 v =[call_d, call_u];
```

Listing 2.6: Das Programm `d_hedge`

```
1 function v =  d_hedge(s , k ,t , u, d , r, ma, t1, s_t1_ind)
2 % berechnet dyn hedge fuer europ.  Call Option
3 % s Kurs underlying / Basiswert t=0
4 % k strike
5 % t Restlaufzeit in Jahren
6 % r Zinsfaktor per anno
7 % u up          per anno;
8 % d down        per anno;
9 % ma anzahl der Zeitspannen/Perioden/Handelszeitpunkte per anno
10 % t1 < t; Zeitpunkt des dyn. hedges
11 % s_t1_ind Index des Aktienkurses zu t1, zu dem gehegdt wird
12 % s_t1_ind <  t1 + 1
13
14 if s_t1_ind > t1 + 1
15     disp('Index fuer Basiswert nicht moeglich');
16     return;
17 end
18
19 % finaler Aufruf
20 % th = d_hedge(10 , 10 , 1 , 1.2, 0.8 , 1.03, 6 , 3 ,2 )
21
22 % r_dt  Zins pro Zeitspanne / Periodenzins
23 r_dt = r^(1/ma);      %Zinsfaktor per Periode
24 u_dt = u^(1/ma);      % up per Periode
25 d_dt = d^(1/ma);      % down per Periode
26
27
28
```

```
29  % anz_per liefert Anzahl der Handelszeitpunkte bis t
30  ap = anz_per( t , t1) ;
31
32  % bs_val_t liefert alle Aktienkurse des Baumes zu t1 (t1 < t)
33  ba = bs_val_t(s ,t , u, d , r, ma, t1);
34
35  % bin_eu_op_233_t1 liefert 2 Werte (Vektor) der Call Option zu t1 + 1 fuer
36  %       (t1+1, s_t1_ind)  und    (t1+1, s_t1_ind + 1)
37
38  f = bin_eu_op_233_t1(s , k , t , u , d , r, ma , t1 , s_t1_ind);
39
40
41  % hedge Koeffizient theta_b  z.Zeit t1  falls Aktienkurs-Index s_t1_ind
42
43  th_b = (r_dt)^( 1/(ap-t1-1) )* ( (u_dt*f(1)-d_dt*f(2)) / (u_dt-d_dt) );
44
45  % hedge Koeffizient theta_s  z. Zeit t1  falls Aktienkurs-Index s_t1_ind
46
47  th_s =   (f(2)-f(1) ) /( (u_dt-d_dt) * ba(s_t1_ind) );
48
49  v = [th_b, th_s];
```

Erläuterungen zum Programm der Gap-Option (vgl. mit den Anmerkungen zum Matlab-Code in 2.3)

- Im Gegensatz zu der normalen europäischen Option gehen die Aktienkurse zur Zeit T nicht direkt in die Berechnung ein (Zeile 119–131) sondern werden nur für den Schleifenindex benötigt.

- In den Zeilen 55–96 wird der Schleifenindex berechnet.

Listing 2.7: Das Programm `bin_op_eu_gap`

```
1   %
2   function v= bin_eu_op_gap (s , g, k ,t , u, d , r, ma);
3
4   % berechnet optionswert fuer europaeische Gap Call / Put Option fuer t=0,
5   % Optionstyp: Gap - Option
6   % s Kurs underlying / Basiswert t=0
7   % r Zinsfaktor per anno
8   % k strike
9   % g Konstante fuer Gap Option
10  % falls g==k Gap ist plain vanilla
11  % t Restlaufzeit in Jahren
12  % r Zinsfaktor per anno
13  % u up        per anno;
14  % d down      per anno;
15  % ma anzahl der Zeitspannen/Perioden per anno
16  % Aufruf:  v = bin_eu_op_gap(10 , 8, 10 , 1 , 1.2, 0.8 , 1.06, 5)
```

```matlab
17
18   % man muesste noch ein paar Kontrollen einbauen u > 1, d< u, ...
19   % Programm koennte effizienter formuliert werden (Vektorisieren,...)
20
21   % Berechnung der Konstanten
22   % Anzahl der Perioden fuer Restlaufzeit - nicht per anno !
23   % idealerweise ist t*ma eine ganze Zahl=Anzahl der Perioden fuer Restlaufzeit
24   % t = 1 -> ma = m
25   m  = floor(t*ma); %floor zur Sicherheit
26
27   % r_dt  Zins pro Zeitspanne / Periodenzins
28
29   r_dt = r^(1/ma);     %Zinsfaktor per Periode
30   u_dt = u^(1/ma);     % up per Periode
31   d_dt = d^(1/ma);     % down per Periode
32
33   %Wahrscheinlichkeiten fuer up: p_u  and down: q_d
34
35   p_u = (u_dt-r_dt) / (u_dt-d_dt);
36   q_d = (r_dt-d_dt) / (u_dt-d_dt);
37
38   mn = m + 1;
39   %
40   ba = zeros(mn,1);
41
42   % Underlying zu t=T ( je hoeher der index, desto hoeher der Basiswert )
43
44   for n = 1:mn
45       ba(n) = s*(d_dt^(mn-n))*(u_dt^(n-1));
46   end
47
48   %disp(floor(ba-k));
49   %disp( ba-k);
50   %Bsp:
51   % m=5;  Laenge(ba) = 6;
52   % ba = ( d^5*u^0, d^4*u^1, d^3*u^2, d^2*u^3,d^1*u^4, d^0*u^5,)
53
54
55   % Call Berechne  inf( l: su^kd^(m-l)> k), d.h. kleinste Index zu dem
56   % Basiswert groesser als k ist
57   % disp('ba'); disp(ba);
58    tc = -1;
59    t = floor(ba(1)-k);
60   if t > 0
61       cp_c = 1;
62       tc = 1;
63   else
64    ind  = 0;
65    for n = 1:mn
66     t = floor(ba(n)-k);
67     if t == 0 && ind == 0
```

```
68        cp_c = n;   % cut-point call
69        tc = 1;
70        ind = 1;
71    end %end if
72   end  % end for
73 end % first if
74
75 if tc == -1
76     cp_c = mn + 1;
77     disp('call nicht berechenbar');
78 end;
79
80 % Put Berechne  sup( 1: su^kd^(m-1)< k), d.h. groesste Index zu dem
81 % Basiswert kleiner als k ist
82 % Buch gibt hier inf an; aber dass waere dann immer 0
83
84 tp = -1;
85 for n = 1:mn
86  t = floor(ba(n)-k);   %disp(t);
87  if t < 0
88      cp_p = n; % cut-point put
89      tp = 1;
90  end
91 end % end for
92
93 if tp == -1
94     cp_p = 1;
95     disp('put nicht berechenbar');
96 end;
97
98
99 %%%%%%%%%%%%%%%%%%%% call Beginn %%%%%%%%%%%%%%%%%%%%%%
100
101 sum1 = 0;
102 sum2 = 0;
103
104 % Konstant vor Schleife berechnen
105 facm =  m*log(m) - m  + 0.5 *log(2*pi*m) + 1/(12*m) - 1/(360*m^3)
106                  + 1/(1260*m^5);
107
108  if cp_c == 1
109      cp_cc = 2;
110      sum1 =  sum1 + (q_d*d_dt)^m ;
111        % i=1=cp_c; binomial koeffizient = 1; p_u^0 = 1;
112      sum2 =  sum2 + (q_d)^m      ;
113         % i=1=cp_c; binomial koeffizient = 1; p_u^0 = 1;
114      % log(0) n. def
115  else
116      cp_cc = cp_c;
117  end
118
```

```matlab
119  for i = cp_cc:(mn-1) % Fall cp_c=1;siehe oben   /// i=mn siehe unten
120     ii = i-1;
121     fac1  =  ii*log(ii) - ii  + 0.5 *log(2*pi*ii) + 1/(12*ii)
122             - 1/(360*ii^3)+  1/(1260*ii^5);
123     fac2  = (mn-i)*log(mn-i) - (mn-i)  + 0.5 *log(2*pi*(mn-i))
124             + 1/(12*(mn-i)) - 1/(360*(mn-i)^3)+  1/(1260*(mn-i)^5);
125     t1    = ii*log(p_u*u_dt) + (mn-i)*log(q_d*d_dt);
126     t2    = ii*log(p_u)      + (mn-i)*log(q_d);
127     s1    = exp( facm - fac1 - fac2 + t1   );
128     s2    = exp( facm - fac1 - fac2 + t2   );
129     sum1 = sum1 + s1;
130     sum2 = sum2 + s2;
131  end %end for
132
133  if tc == 1
134   sum1 = sum1 + (p_u*u_dt)^m ; %i=mn; binomial koeffizient = 1; q_d^0 = 1;
135   sum2 = sum2 + (p_u)^m  ; %i=mn; binomial koeffizient = 1; q_d^0 = 1
136   gcall = (r_dt)^(-m)*( s*sum1 - g*sum2);     % gap call at t=0
137  else
138      gcall = -0.0;
139  end;
140  %%%% call Ende %%%
141
142  %%%%% put Beginn %%%
143  sum1 = 0;
144  sum2 = 0;
145
146   % Konstant vor Schleife berechnen
147   facm =  m*log(m) - m  + 0.5 *log(2*pi*m) + 1/(12*m) - 1/(360*m^3)
148                   + 1/(1260*m^5);
149
150   if cp_p == mn
151       sum1 = sum1 + (p_u*u_dt)^m ; %i=mn; binomial koeffizient = 1; q_d^0 = 1
152       sum2 = sum2 + (p_u)^m      ; %i=mn; binomial koeffizient = 1; q_d^0 = 1
153       cp_pc = mn-1;
154   else
155       cp_pc = cp_p;
156   end
157
158  % Fall cp_p=1 oben; i=mn siehe unten
159  for i = 2 : cp_pc     %
160     ii = i-1;
161     fac1  =  ii*log(ii) - ii  + 0.5 *log(2*pi*ii) + 1/(12*ii) - 1/(360*ii^3)
162                   + 1/(1260*ii^5);
163     fac2  = (mn-i)*log(mn-i) - (mn-i)  + 0.5 *log(2*pi*(mn-i)) + 1/(12*(mn-i))
164             - 1/(360*(mn-i)^3)+  1/(1260*(mn-i)^5);
165     t1    = ii*log(p_u*u_dt) + (mn-i)*log(q_d*d_dt); %disp('t1');disp(t1);
166     t2    = ii*log(p_u)      + (mn-i)*log(q_d);      %disp('t2');disp(t2);
167     s1    = exp( facm - fac1 - fac2 + t1   );
168     s2    = exp( facm - fac1 - fac2 + t2   );
169     sum1 = sum1 + s1;
```

```
170        sum2 = sum2 + s2;
171    end % end for
172
173    if cp_p == 1
174        sum1 =  sum1 + (q_d*d_dt)^m ;   % i=1=cp_p; bin. koeffizient = 1; p_u^0 = 1
175        sum2 =  sum2 + (q_d)^m      ;   % i=1=cp_p; bin. koeffizient = 1; p_u^0 = 1
176    end
177
178 if tp == 1
179   gput = (r_dt)^(-m)*( g*sum2 -  s*sum1);    % gap put at t=0
180 else
181   gput = -0.0;
182 end
183 %%%%%%%%%%%%%%%%%%%%%%%%%%%%%%% put Ende %%%%%
184
185 v =[gput,gcall];
```

Erläuterungen zum Programm der Chooser-Option (vgl. mit den Anmerkungen zum Matlab-Code in 2.3)

- Die Funktion setzt voraus, dass die beiden Verfallstermine T_1 und T_2 so gewählt sind, dass sie in ein gemeinsames Gitter passen.

- Man bekommt als Return-Wert die Optionspreise der Call- und Put-Option (alternativ kann man beide Optionspreise separat berechnen).

Listing 2.8: Das Programm `bin_eu_op_chooser`

```
 1 %
 2 function v = bin_eu_op_chooser (s , kc, kp ,tc, tp , u, d , r, ma);
 3
 4 % berechnet optionswert fuer europaeische Chooser Option Call / Put fuer t=tm
 5 % s Kurs underlying / Basiswert t=0
 6 % k strike
 7 % tc Restlaufzeit in Jahren fuer Call
 8 % tp Restlaufzeit in Jahren fuer Put
 9 % r Zinsfaktor per anno
10 % u up        per anno;
11 % d down      per anno;
12 % ma anzahl der Zeitspannen/Perioden per anno
13 % Aufruf: v = bin_eu_op_chooser(10 , 10 ,10, 1 , 1.2, 1.2, 0.8 , 1.06, 10)
14 %
15 % Berechnung der Konstanten
16 % Anzahl der Perioden fuer Options-laufzeiten - nicht per anno !!
17 % laufzeit der optionen ist nicht identisch; sie sollen aber auf dem
18 %  gleichen Gitter berechnet  werden; daher muss das Gitter "passen" zu
19 %  beiden Endzeiten
20
21 mac = tc*ma;
```

```matlab
22  macc = mac - floor(mac);
23  map  = tp*ma;
24  mapp = map - floor(map);
25
26  if macc == 0 && mapp == 0
27  else disp('Optionslaufzeiten nicht mit einem Gitter darstellbar') ;
28      return;
29  end;
30
31  % r_dt   Zins pro Zeitspanne / Periodenzins basierend auf
32  % per anno Angaben
33  r_dt =  r^(1/ma);     %Zinsfaktor per Periode
34  u_dt  = u^(1/ma);     % up per Periode
35  d_dt  = d^(1/ma);     % down per Periode
36
37  %Wahrscheinlichkeiten fuer up: p_u  and down: q_d
38  p_u = (u_dt-r_dt) / (u_dt-d_dt);
39  q_d = (r_dt-d_dt) / (u_dt-d_dt);
40
41   mc = mac + 1;
42   mp = map + 1 ;
43
44   % init
45   bc = zeros(mc,1);
46   bp = zeros(mp,1);
47
48   call = zeros(mc,1);
49   ca   = zeros(mc,1);
50
51   pu   = zeros(mp,1);
52   put  = zeros(mp,1);
53
54  for n = 1:mp
55    bp(n) = s*(d_dt^(mp-n))*(u_dt^(n-1)); %Aktien Kurs zu t=T
56    put(n) = max(kp-bp(n),0);             %O.-preis zu t=T
57  end
58
59  for n = 1:mc
60    bc(n) = s*(d_dt^(mc-n))*(u_dt^(n-1)); %Aktien Kurs zu t=T
61    call(n) = max(bc(n)-kc,0);            %O.-preis zu t=T
62  end
63
64  %%%%%%%%%%%%%%%% Call
65
66   % Konstant vor Schleife berechnen
67   mn = mc ;
68   facm =  mac*log(mac) - mac  + 0.5 *log(2*pi*mac) + 1/(12*mac) - 1/(360*mac^3)
69                      +  1/(1260*mac^5);
70
71   for i = 2:(mn-1) % Fall i=1; i=mn siehe unten
72      ii = i-1;
```

```
73      fac1   =   ii*log(ii) − ii  + 0.5 *log(2*pi*ii) + 1/(12*ii) − 1/(360*ii^3)
74                          + 1/(1260*ii^5);
75      fac2   = (mn−i)*log(mn−i) − (mn−i)  + 0.5 *log(2*pi*(mn−i)) + 1/(12*(mn−i))
76                          − 1/(360*(mn−i)^3)+ 1/(1260*(mn−i)^5);
77      ca(i)  = exp(  facm − fac1 − fac2 +  ii*log(p_u) + (mn−i)*log(q_d)   )
78                       *  call(i);
79  end
80
81  % i=1; binomial koeffizient = 1; p_u^0 = 1;
82  ca(1) = q_d^mac * call(1);
83  % i=mn; binomial koeffizient = 1; q_d^0 = 1;
84  ca(mn) = p_u^mac * put(mn);
85  % Summieren und diskontieren
86  call_0 =r_dt^(−mac) *sum(ca);               % cal
87
88  %%%%%%%%%%%%%%%%% Put
89
90   % Konstant vor Schleife berechnen
91  facm =  map*log(map) − map  + 0.5 *log(2*pi*map) + 1/(12*map) − 1/(360*map^3)
92                          + 1/(1260*map^5);
93  mn = mp ;
94
95  for i = 2:(mn−1) % Fall i=1; i=mn siehe unten
96      ii = i−1;
97      fac1   =   ii*log(ii) − ii  + 0.5 *log(2*pi*ii) + 1/(12*ii) − 1/(360*ii^3)
98                          + 1/(1260*ii^5);
99      fac2   = (mn−i)*log(mn−i) − (mn−i)  + 0.5 *log(2*pi*(mn−i)) + 1/(12*(mn−i))
100                         − 1/(360*(mn−i)^3)+ 1/(1260*(mn−i)^5);
101     pu(i)  = exp(  facm − fac1 − fac2  + ii*log(p_u) + (mn−i)*log(q_d)   )
102                     *  put(i);
103 end
104
105 pu(1) = q_d^map * put(1);     % i=1; binomial koeffizient = 1; p_u^0 = 1;
106 pu(mn) = p_u^map * put(mn);   % i=mn; binomial koeffizient = 1; q_d^0 = 1;
107 % Summieren und diskontieren
108 put_0  = r_dt^(−map) *sum(pu);              % put
109 v =[put_0,call_0];
```

Aufgaben

1. Man beweise Satz 2.4.2.

2. Eine Ölfördergesellschaft legt Schuldverschreibungen mit Kupons auf, die vom Rohöl-preis abhängen. Der Schuldschein, welcher eine Laufzeit von zwei Jahren besitzt, zahlt halbjährlich die Kupons und abschließend, nach zwei Jahren, einen Betrag von 100000 Euro (es gibt also drei Kupons). Man nehme an, dass der gegenwärtige Preis für ein Barrel Öl 18 Euro beträgt. Sei P_t der Preis eines Barrels Öl zur Zeit t in Euro.

Der Wert eines Kupons berechnet sich dann gemäß

$$
\text{Kuponzahlung} \quad = \quad
\begin{cases}
4000 \text{ Euro} & \text{, falls } P_t \leq 18 \\
2000(2 + \frac{c-18}{5})\text{Euro} & \text{, falls } 18 < P_t < 23 \\
6000 \text{ Euro} & \text{, falls } P_t \geq 23
\end{cases}
$$

   a) Man zeige, dass die Schuldverschreibung auch von (mehreren) Bonds mit festen Kupons und Optionen auf den Rohölpreis erzeugt wird.

   b) Man nehme an, dass über diese Periode die jährliche Volatilität von Öl 5% und die jährliche Zinsrate 8% betragen.

   c) Man berechne den fairen Preis auch für eine Volatilität von 1%.

3. *Paylater-Option.* Man betrachte eine klassische Option zum Enddatum T und einem Ausübungspreis K. Die Paylater-Call-Option soll zum Zeitpunkt T einen Betrag auszahlen, wenn der Basiswert größer als K ist, sodass sie zur Zeit $t = 0$ kostenlos ist.

Man gebe die Ausübungsfunktion an und berechne den Wert der Option $V(t,S) = F_i$ zur Zeit $t = t_i$. Kann der Wert negativ werden, und wie verträgt sich eine zu Beginn kostenlose Option mit Arbitragefreiheit?

Hinweis: Man bestimme ein weiteres K', sodass die Option zur Zeit $t = 0$ den Wert null hat, mit vorher gegebenen Schranke K. Sodann verwende man eine Zerlegung gemäß der Gap-Optionen.

4. *Zusammengesetzte Optionen.* Man gebe die Ausübungsfunktion eines Calls an, mit dem man das Recht erwirbt, zur Zeit T eine andere Call/Put-Option mit Einlösedatum $T_1 \geq T$ zu kaufen bzw. verkaufen. Man berechne den Wert einer solchen Call-Option auf einen weiteren Call.

5. *Chooser-Option.* Man betrachte eine Option, mit der man zur Zeit T das Recht kauft, einen europäischen Call zur Zeit $T_1 \geq T$ und Strikepreis K_1 oder einen Put zur Zeit $T_2 \geq T$ mit Strikepreis K_2 zu erwerben. Man gebe Ausübungsfunktion und Wert der Option an.

6. Man betrachte das Modell eines unvollständigen Marktes in Beispiel 2.4.7c). Man zeige, dass jeder Wert $x \notin [C^-, C^+]$ zu einer Arbitragemöglichkeit führt, während jedes $x \in [C^-, C^+]$ mit Arbitragefreiheit konsistent ist.

2.4.1 Projekt: Arbitragefreiheit und Martingale

In diesem Projekt wollen wir die Grundlage der Bewertung von Finanzprodukten durch die Martingaltheorie legen. Dazu wollen wir schrittweise mittels der uns bekannten Arbitragetheorie aus Abschnitt 2.1 für eine allgemeine Bewertung von Vermögenswerten eine äquivalente Bedingung herleiten, die es uns dann in Kapitel 5 erlauben wird, dies in einem allgemeinen Rahmen darzustellen.

Wir gehen von einer endlichen Anzahl Prozesse $(S_t^{(1)})_{0 \leq t \leq T}$, $(S_t^{(2)})_{0 \leq t \leq T}$, $\ldots$ $(S_t^{(n)})_{0 \leq t \leq T}$ aus, die zu einem filtrierten Wahrscheinlichkeitsraum $(\Omega, \mathscr{F}, \mathbb{P}, (\mathscr{F}_t)_{0 \leq t \leq T})$ adaptiert sind. Es sei $\mathscr{F} = \mathscr{F}_T$. Bei diesen Prozessen denken wir an die Preise von n zugrundeliegenden Vermögenswerten. Wie immer stellt $\mathscr{F}_t$ die σ-Algebra aller Ereignisse dar, deren Eintreten bis zum Zeitpunkt t bekannt ist. Da $\mathscr{F}_0$ die Gegenwart repräsentiert, nehmen wir an, dass entweder $\mathbb{P}(A) = 0$ (A ist nicht eingetreten) oder $\mathbb{P}(A) = 1$ (A ist eingetreten) für alle $A \in \mathscr{F}_0$ gilt.

Um unsere Rechnungen einfacher zu gestalten, werden wir einen sogenannten „Währungswechsel" vornehmen. Mit $r > 0$ bezeichnen wir die stetige Zinsrate eines risikolosen Bonds über die Zeitspanne $[0, T]$. Unsere neue Währung ist ein „risikoloser Bond, der einen Euro am Ende des Zeitintervalls zahlt". Die Preise der Optionen und Vermögenswerte werden nun durch die Anzahl derartiger *Zero-Bonds* angegeben. Nur am Schluss unserer Ausführungen werden wir den Wert erneut in die gewöhnliche Währung zurückberechnen. Die „neuen Preise" unserer zugrundeliegenden Vermögenswerte berechnen sich also gemäß

$$\widehat{S}_t^{(i)} = e^{r(T-t)} S_t^{(i)}. \tag{2.31}$$

Ein *allgemeines Derivat oder Option* ist eine Abbildung $f \colon \Omega \to \mathbb{R}$, welche als $\mathscr{F}_T$-messbar und beschränkt angenommen wird. Später gehen wir zu unbeschränkten Derivaten über. Man beachte, dass z. B. die Auszahlung eines Calls innerhalb des Black-Scholes-Modells unbeschränkt ist, da log-normal verteilte Zufallsvariablen unbeschränkt sind. Man stelle sich $f(\omega)$, $\omega \in \Omega$, als eine Auszahlung (oder Verpflichtung) zur Zeit T vor, falls ω eintritt.

Bemerkung 2.4.10
Ist f für ein $t < T$ $\mathscr{F}_t$-messbar, dann ist der Gewinn/Verlust, der durch f verursacht wurde, bereits zur Zeit t festgelegt, und wir könnten zwischen „der Option, die $f(\omega)$ zur Zeit t zahlt" und „der Option, die $f(\omega)$ zu einer anderen Zeit $\tilde{t} > t$ zahlt" unterscheiden. Aber in unserer neuen Bond-Währung ist dieser Unterschied nicht notwendig, da die Zinsrate (bezogen auf den Bond) gleich null ist.

Definition 2.4.11
Für $t \in [0, T]$ bezeichnen wir den Vektorraum aller beschränkten $\mathscr{F}_t$-messbaren Funktionen $f :$ $\Omega \to \mathbb{R}$ mit

$$\mathrm{L}_\infty(\Omega, \mathscr{F}_t).$$

Eine Bewertung zur Zeit 0 wird als eine Abbildung

$$V_0 : \mathrm{L}_\infty(\Omega, \mathscr{F}_T) \to \mathbb{R}$$

definiert.

Man sieht $V_0(f)$ als den Wert des Vermögenswertes f zur Zeit 0 an.

Unser Ziel ist es nun, einige vernünftige oder natürliche Bedingungen aufzulisten, die eine solche Bewertung haben sollte. Wie wir später sehen, werden diese Eigenschaften durch das Prinzip der fehlenden Arbitrage festgelegt. Daher gehen wir davon aus, dass der Markt arbitragefrei ist.

(B1) Linearität

Sind $f_1, f_2 \in L_\infty(\Omega, \mathscr{F}_T)$, $\alpha_1, \alpha_2 \in \mathbb{R}$, und $0 \leq t \leq T$, so gilt

$$V_0(\alpha_1 f_1 + \alpha_2 f_2) = \alpha_1 V_0(f_1) + \alpha_2 V_0(f_2).$$

(B2) Positivität

Ist $f \in L_\infty(\Omega, \mathscr{F}_T)$, so folgt

(a) $f \geq 0$ f.s. $\Rightarrow V_0(f) \geq 0$,

(b) $f \geq 0$ f.s. und $\mathbb{P}(\{f > 0\}) > 0 \Rightarrow V_0(f) > 0$.

Eine Nullmenge, also ein Element $A \in \mathscr{F}_T$ mit $\mathbb{P}(A) = 0$, hat die Eigenschaft, dass $\mathbb{1}_A \geq 0$ f.s. und $\mathbb{1}_A \leq 0$ f.s. gelten. Also impliziert (B1)

$$V_0(\mathbb{1}_A) = 0 \iff \mathbb{P}(A) = 0. \tag{2.32}$$

Bemerkung 2.4.12

Wir leiten exemplarisch (B1) mit Arbitrageargumenten ab: Für α_1, α_2 $f_1, f_2 \in L_\infty(\Omega, \mathscr{F}_T)$ gelte

$$V_0(\alpha_1 f_1 + \alpha_2 f_2) \neq \alpha_1 V_0(f_1) + \alpha_2 V_0(f_2).$$

Dann kann ein Anleger folgende Strategie verfolgen.

- Fall 1: $V_0(\alpha_1 f_1 + \alpha_2 f_2) < \alpha_1 V_0(f_1) + \alpha_2 V_0(f_2)$ Man verkaufe α_1 mal die Option f_1 und α_2 mal die Option f_2 (Short-Positionen) und kaufe eine Einheit $(\alpha_1 f_1 + \alpha_2 f_2)$

- Fall 2: $V_0(\alpha_1 f_1 + \alpha_2 f_2) > \alpha_1 V_0(f_1) + \alpha_2 V_0(f_2)$ Verkaufe eine Einheit $(\alpha_1 f_1 + \alpha_2 f_2)$ (Short-Position) und kaufe α_1 mal die Option f_1 und α_2 mal die Option f_2.

In beiden Fällen ergibt sich ein risikoloser Gewinn von
$|V_0(\alpha_1 f_1 + \alpha_2 f_2) - \alpha_1 V_0(f_1) - \alpha_2 V_0(f_2)|$.

Die nächste Bedingung besagt, dass Zero-Bonds immer ein Zero-Bond wert sind.

(B3) Normierung $\quad V_0(1) = 1$.

Schließlich müssen wir noch eine Bedingung stellen, die sich nicht vollständig mit Arbitrageargumenten begründen lässt.

(B4) Monotone Stetigkeit

Wir gehen von einer Folge $f_1, f_2, \ldots$ in $L_\infty(\Omega, \mathscr{F}_T)$ und $f_1 \leq f_2 \leq f_3 \leq \cdots$ aus. Weiter nehmen wir an, dass $f = \lim_{n \to \infty} f_n = \sup_{n \in \mathbb{N}} f_n$ beschränkt ist. Dann gilt

$$\sup_{n \in \mathbb{N}} V_0(f_n) = V_0(f).$$

Bemerkung 2.4.13

Seien $f_1, f_2, \ldots$ in $L_\infty(\Omega, \mathscr{F}_T)$ und $f_1 \leq f_2 \leq f_3 \leq \cdots$. Weiter existiere $f = \lim_{n \to \infty} f_n$ f.s., und f sei ein Element in $L_\infty(\Omega, \mathscr{F}_t)$.

Schon (B2) zeigt, dass $\sup_{n \in \mathbb{N}} V_0(f_n) \leq V_0(f)$. Denn, da $f \geq f_n$ für alle n gilt, ergibt sich $V_0(f_n) \leq V_0(f)$. Daher $\sup_{n \in \mathbb{N}} V_0(f_n) \leq V_0(f)$.

Was würde passieren, wenn diese Ungleichung strikt wäre, also: $\Delta = V_0(f) - \sup_{n \in \mathbb{N}} V_0(f_n) > 0$?

In diesem Fall könnte ein Anleger ein beliebig kleines $\varepsilon > 0$ (viel kleiner als Δ) und ein genügend großes $N \in \mathbb{N}$ wählen, sodass $\mathbb{E}_\mathbb{P}(f - f_N) < \varepsilon$. Wenn er nun die Strategie verfolgt und zur Zeit $t = 0$ eine Einheit von f verkauft und eine Einheit von f_N kauft, hätte er einen festen Gewinn von wenigstens Δ zur Zeit $t = 0$ und eine Verpflichtung $f - f_N$ zur Zeit T, dessen Erwartungswert kleiner als ε ist.

Anders ausgedrückt macht der Anleger zur Zeit 0 einen festen Gewinn, nämlich mindestens $V(f) - \sup_{n \in \mathbb{N}} V(f_n)$ wobei sein Verlustrisiko zur Zeit T einen Erwartungswert hat, dessen Größe der Anleger beliebig klein halten kann. Nach Kreps [Kre81] wird diese Bedingung (B4) als „No Free Lunch" bezeichnet.

Wir zeigen nun, dass die Bewertung zur Zeit 0 durch ein äquivalentes Wahrscheinlichkeitsmaß $\mathbb{Q}$ gegeben ist.

Definition 2.4.14

Ein Wahrscheinlichkeitsmaß $\mathbb{Q}$ auf $(\Omega, \mathscr{F}_T)$ heißt *äquivalent zu* $\mathbb{P}$, falls

$$\mathbb{P}(A) = 0 \iff \mathbb{Q}(A) = 0$$

für jedes Element $A \in \mathscr{F}_T$ gilt.

Man sagt $\mathbb{P}$ und $\mathbb{Q}$ sind *äquivalent,* wenn $\mathbb{P}$ absolut stetig zu $\mathbb{Q}$ ist und umgekehrt. In diesem Fall können wir den Satz von Radon-Nikodým (Theorem D.3.2 aus dem Anhang D.3) anwenden und folgern, dass es eine $\mathbb{P}$ integrierbare Funktion $g : \Omega \to \mathbb{R}$ gibt, sodass

$$\mathbb{Q}(A) = \mathbb{E}_\mathbb{P}(g \mathbb{1}_A) \quad \text{für alle } A \in \mathscr{F}_T.$$

Satz 2.4.15

Es gibt eine 1-1 Beziehung von allen Bewertungen zur Zeit 0, die (B1)-(B4) erfüllen und allen Wahrscheinlichkeitsmaßen $\mathbb{Q}$ auf $\mathscr{F}_T$, die zu $\mathbb{P}$ äquivalent sind. Diese Beziehung wird beschrieben durch

$$\mathbb{Q}(A) = V_0(\mathbb{1}_A), \quad A \in \mathscr{F}_T,$$

falls V_0 eine Bewertung zur Zeit 0 ist, die (B1)-(B4) erfüllt und die durch

$$V_0(f) = \mathbb{E}_{\mathbb{Q}}(f), \quad f \in L_\infty(\Omega, \mathscr{F}_T)$$

definiert wird, wenn $\mathbb{Q}$ ein zu $\mathbb{P}$ äquivalentes Wahrscheinlichkeitsmaß darstellt.

Beweis

Zu $A \in \mathscr{F}_T$ setzen wir $\mathbb{Q}(A) = V_0(A)$. Als Erstes müssen wir zeigen, dass $\mathbb{Q}$ auf $\mathscr{F}_T$ ein zu $\mathbb{P}$ äquivalentes Wahrscheinlichkeitsmaß ist.

Nach (B2) und der nachfolgenden Bemerkung haben wir $\mathbb{Q}(\emptyset) = V_0(\mathbb{1}_\emptyset) = 0$. (B3) zeigt uns, dass $\mathbb{Q}(\Omega) = V_0(1) = 1$, und (B2) impliziert erneut $0 \leq \mathbb{Q}(A) \leq 1$ für alle $A \in \mathscr{F}_T$. Sind $A_1, A_2, A_3, \ldots \in \mathscr{F}_T$ paarweise disjunkt, so ergibt sich

$$\mathbb{Q}\left(\bigcup_{n \in \mathbb{N}} A_n\right) = V_0(\mathbb{1}_{\cup_{n \in \mathbb{N}} A_n}) = \sup_{N \in \mathbb{N}} V_0(\mathbb{1}_{\cup_n^N A_n}) \quad \text{[nach (B4)]}$$

$$= \sup_{N \in \mathbb{N}} \sum_{n=1}^{N} V_0(\mathbb{1}_{A_n}) \quad \text{[nach (B2)]}$$

$$= \sup_{N \in \mathbb{N}} \sum_{n=1}^{N} \mathbb{Q}(A_n) = \sum_{n=1}^{\infty} \mathbb{Q}(A_n).$$

Die Tatsache, dass $\mathbb{Q}$ zu $\mathbb{P}$ äquivalent ist, zeigt man wieder mit (B1) und der Beobachtung (2.32).

Für die andere Richtung nehmen wir an, dass $\mathbb{Q}$ ein zu $\mathbb{P}$ äquivalentes Wahrscheinlichkeitsmaß ist und setzen $V_0(f) = \mathbb{E}_{\mathbb{Q}}(f)$ für $f \in L_\infty(\Omega, \mathscr{F}_T)$. Wir folgern (B1) aus der Linearität des Erwartungswertes. (B2) ergibt sich aus der Monotonie des Erwartungswertes und der Voraussetzung, dass $\mathbb{Q}$ zu $\mathbb{P}$ äquivalent ist. (B3) erhält man, da $\mathbb{Q}(\Omega) = 1$ gilt, und (B4) ist schließlich eine Folgerung des Satzes von der monotonen Konvergenz (Satz D.2.23 im Anhang D.2). $\square$

Bis jetzt haben wir noch nicht den (diskontierten) Aktienpreis $(\widehat{S}_t^{(i)})_{0 \leq t \leq T}$ berücksichtigt. Wir müssen noch eine Bedingung formulieren, die uns sagt, dass die Bewertung zur Zeit 0 konsistent mit den Aktienpreisen ist. Deshalb betrachten wir für $t \in [0, T]$ die Zufallsvariable $\widehat{S}_t^{(i)}$ als eine Option, nämlich das Derivat, das $\widehat{S}_t^{(i)}$ zahlt. Da $\widehat{S}_t^{(i)}$ nicht beschränkt zu seien braucht (wie z. B. im log-normal Fall), werden wir zuerst V_0 auf eine größere Klasse von Funktionen fortsetzen.

Ist $f : \Omega \to \mathbb{R}$ messbar und *von unten fast sicher beschränkt*, d. h. es gibt ein $c \in \mathbb{R}$ so, dass $f \geq c$ fast sicher gilt und ist V_0 eine Bewertung zur Zeit 0, die (B1)-(B4) erfüllt, so setzen wir

$$\widetilde{V}_0(f) = \sup_{g \in L_\infty(\Omega, \mathscr{F}_T), g \leq f} V_0(g).$$

Bemerkung 2.4.16

Das Supremum kann den Wert $+\infty$ annehmen. Zusätzlich beachte man, dass
$\widetilde{V}_0(f) = \lim_{n\to\infty} V_0(\max(f,n))$ (Übung 1). Schließlich vermerken wir, dass aus der Bedingung
(B4) $\widetilde{V}_0 = V_0$ auf dem Raum $L_\infty(\Omega, \mathscr{F}_T)$ gilt (Übung 2), d. h. $\widetilde{V}_0$ ist eine Fortsetzung von V_0
auf die Menge aller messbaren Funktionen, die fast sicher von unten beschränkt sind. Deshalb
werden wir in Zukunft $\widetilde{V}_0$ erneut mit V_0 bezeichnen. Da V_0 durch ein äquivalentes Wahrscheinlichkeitsmaß $\mathbb{Q}$ bestimmt ist, folgt

$$V_0(f) = \sup_{g\in L_\infty(\Omega,\mathscr{F}_T),\, g\le f} \mathbb{E}_\mathbb{Q}(g) = \lim_{n\to\infty} \mathbb{E}_\mathbb{Q}(\min(f,n)) = \mathbb{E}_\mathbb{Q}(f).$$

Wir nehmen ab jetzt an, dass unsere diskontierten Aktienpreisprozesse $(\widehat{S}_t^{(i)})$ von unten beschränkt sind (meistens durch 0) und stellen folgende Bedingung an V_0.

(B5) Für $0 \le u \le t \le T$, $i = 1,2\ldots n$ und $A \in \mathscr{F}_u$ gilt $V_0(\mathbb{1}_A \widehat{S}_t^{(i)}) = V_0(\mathbb{1}_A \widehat{S}_u^{(i)})$.

Bemerkung 2.4.17

Nehmen wir z. B. an, es gelte $V_0(\mathbb{1}_A \widehat{S}_u^{(i)}) < V_0(\mathbb{1}_A \widehat{S}_t^{(i)})$. Ein Anleger kauft eine Einheit von $\mathbb{1}_A \widehat{S}_u^{(i)}$
und verkauft eine Einheit von $\mathbb{1}_A \widehat{S}_t^{(i)}$ zur Zeit 0. Dann hat er einen Gewinn von $V_0(\mathbb{1}_A \widehat{S}_t^{(i)}) -$
$V_0(\mathbb{1}_A \widehat{S}_u^{(i)})$ gemacht. Einen Verlust in der Zukunft kann er dadurch vermeiden, dass er folgende
Strategie verfolgt. Falls A zur Zeit t nicht eintritt, so ist seine Option wertlos, aber auch seine Verpflichtung gegenüber dem Käufer entfällt. Tritt A ein, so erhält er zur Zeit u den Betrag $\widehat{S}_u^{(i)}$, den
er dazu gebrauchen kann, eine Einheit der i-ten Aktie zu kaufen und damit seine Verpflichtung
zur Zeit t zu decken.

Satz 2.4.18

Es existiert eine 1-1 Beziehung zwischen allen Bewertungen zur Zeit 0, welche die Bedingungen (B1)-(B5) erfüllen und allen äquivalenten Wahrscheinlichkeitsmaßen $\mathbb{Q}$, bezüglich derer der
diskontierte Aktienpreisprozess ein Martingal ist. Die Beziehung wird genauso beschrieben wie
in Satz 2.4.15.

Ein Wahrscheinlichkeitsmaß $\mathbb{Q}$, das zu $\mathbb{P}$ äquivalent ist und den diskontierten Aktienpreisprozess
zu einem Martingal macht, nennt man *äquivalentes Martingalmaß für den Prozess* $(\widehat{S}_t^{(i)})$, $i =$
$1,2,\ldots n$.

Bemerkung 2.4.19

Man beachte, dass wir nicht angenommen haben, dass der Aktienpreisprozess $(\widehat{S}_t^{(i)})$ bezüglich $\mathbb{P}$
integrierbar ist. Dies ist nicht nötig. Allerdings zeigt sich, dass die Aktienpreisprozesse bezüglich
des äquivalenten Martingalmaßes integrierbar sind.

Beweis

V_0 erfülle (B1)-(B5). Sei $\mathbb{Q}$ die gemäß Satz 2.4.15 zugeordnete Wahrscheinlichkeit. Zuerst müssen wir zeigen, dass $(\widehat{S}_t^{(i)})$ bezüglich $\mathbb{Q}$ integrierbar ist. Sei dazu $-c$, $c > 0$ die untere Schranke

von $(\widehat{S}_t^{(i)})$. Beachte

$$\mathbb{E}_{\mathbb{Q}}(|\widehat{S}_t^{(i)}|) \leq 2c + \mathbb{E}_{\mathbb{Q}}(\widehat{S}_t^{(i)})$$
$$= 2c + \lim_{n \to \infty} \mathbb{E}_{\mathbb{Q}}(\min(\widehat{S}_t^{(i)}, n)) \ \text{[Monotone Konvergenz]}$$
$$= 2c + \lim_{n \to \infty} V_0(\min(\widehat{S}_t^{(i)}, n))$$
$$= 2c + V_0(\widehat{S}_t^{(i)})$$
$$= 2c + S_0^{(i)} < \infty \ \text{[wende (B5) auf } u = 0 \text{ und } A = \Omega \text{ an]}.$$

Sind $u < t$ und $A \in \mathscr{F}_u$, so ergibt sich aus (B5), dass

$$\mathbb{E}_{\mathbb{Q}}(\mathbb{1}_A \widehat{S}_t^{(i)}) = V_0(\mathbb{1}_A \widehat{S}_t^{(i)}) = V_0(\mathbb{1}_A \widehat{S}_u^{(i)}) = \mathbb{E}_{\mathbb{Q}}(\mathbb{1}_A \widehat{S}_u^{(i)}).$$

Da $\widehat{S}_u^{(i)}$ $\mathscr{F}_u$-messbar ist, folgt aus der Definition der bedingten Erwartung, dass $\mathbb{E}_{\mathbb{Q}}(\widehat{S}_t^{(i)}|\mathscr{F}_u) = \widehat{S}_u^{(i)}$ fast sicher gilt. $\square$ Wir wollen nun die Bewertung für andere Zeitpunkte t beschreiben und definieren einen *Bewertungsprozess* als eine Abbildung

$$V : [0,T] \times \mathrm{L}_\infty(\Omega, \mathscr{F}_t) \to \mathrm{L}_\infty(\Omega, \mathscr{F}_T), \quad (t,f) \mapsto V_t(f),$$

sodass für $t \in [0,T]$ die Funktion $V_t(f)$ $\mathscr{F}_t$-messbar ist. $V_t(f)$ sollte man als den Wert des Derivats f ansehen, falls alle Informationen bis zum Zeitpunkt t bekannt sind. Für $t = 0$ muss $V_0(f)$ fast sicher konstant sein, und wir werden deshalb $V_0(f)$ als eine Konstante betrachten.

Die folgende Bedingung lässt sich schnell mithilfe von Arbitrageargumenten herleiten (vgl. Übung 3)

(B6) Für $t \in [0,T]$, $f \in \mathrm{L}_\infty(\Omega, \mathscr{F}_T)$ und $A \in \mathscr{F}_t$ gilt $V_0(\mathbb{1}_A V_t(f)) = V_0(\mathbb{1}_A f)$.

(B6) bedeutet, dass ein Derivat zur Zeit 0, das f zahlt, falls $A \in \mathscr{F}_t$ eingetreten ist, denselben Wert hat wie ein Derivat, das $V_t(f)$ zahlt, falls A eingetreten ist. Wie in Satz 2.4.18 können wir folgende Aussage beweisen.

Satz 2.4.20
Sei $V : [0,T] \times \mathrm{L}_\infty(\Omega, \mathscr{F}_T) \to \mathrm{L}_\infty(\Omega, \mathscr{F}_T)$ ein Bewertungsprozess, der (B6) genügt und für den V_0 (B1)-(B5) erfüllt. Sei $\mathbb{Q}$ das zugeordnete äquivalente Martingalmaß. Dann gilt für alle $f \in \mathrm{L}_\infty(\Omega, \mathscr{F}_T)$ und $t \in [0,T]$:

$$V_t(f) = \mathbb{E}_{\mathbb{Q}}(f|\mathscr{F}_t).$$

Wir wollen nun unsere Formel für die Optionsbewertung von der Bond- in Eurowährung zurückberechnen. Dazu betrachten wir eine Option, die zur Zeit $t \leq T$ den Betrag $g(\omega)$ in Euros zahlt, wobei g $\mathscr{F}_t$-messbar ist. Da wir in Euros abrechnen, gewinnt der Zeitpunkt der Auszahlung an Bedeutung. In der Bondwährung beträgt die Zahlung $f(\omega) = e^{r(T-t)}g(\omega)$ Bonds. Falls $W(t,s,g)$

der Wert dieser Option zur Zeit $s \leq t$ in Euros ist, so ist ihr Wert in Bonds $V(s,f) = V(t,s,f)$. Dazu gehen wir von dem V zugeordneten Wahrscheinlichkeitsmaß $\mathbb{Q}$ aus, das zu $\mathbb{P}$-äquivalent ist, sodass $\widehat{S}_t^{(i)} = e^{r(T-t)} S_t^{(i)}$ ein Martingal wird.

Dann gilt

$$W(t,s,g) = e^{-r(T-s)} V(s,f) \tag{2.33}$$
$$= e^{-r(T-s)} \mathbb{E}_{\mathbb{Q}}(f|\mathscr{F}_s)$$
$$= e^{-r(T-s)} \mathbb{E}_{\mathbb{Q}}(e^{r(T-t)} g|\mathscr{F}_s) = e^{-r(t-s)} \mathbb{E}_{\mathbb{Q}}(g|\mathscr{F}_s).$$

Für die Bewertung von amerikanischen Optionen müssen wir insbesondere Derivate der Gestalt

$$g = \mathbb{1}_A G(S_t)$$

untersuchen, mit $A \in \mathscr{F}_t$, die eine Auszahlung zur Zeit t zu lassen. Dann gilt

$$W(t,s,f) = e^{-r(t-s)} \mathbb{E}_{\mathbb{Q}}(\mathbb{1}_A G(S_t)|\mathscr{F}_s) = e^{-r(t-s)} \mathbb{E}_{\mathbb{Q}}(\mathbb{1}_A G(e^{-r(T-t)} \widehat{S}_t)|\mathscr{F}_s). \tag{2.34}$$

Aufgaben

1. Man beweise, dass $\widetilde{V}_0(f) = \lim_{n \to \infty} V_0(\min(f,n))$ in Bemerkung 5.1.7 gilt.

2. Man zeige, dass die Bewertungen $\widetilde{V}_0$ und V_0 auf $L_\infty(\Omega, \mathscr{F}_T)$ zusammenfallen.

3. Mit Arbitrageargumenten rechtfertige man die Bedingung (B6).

4. Man betrachte das binomiale Modell. Sei $\mathscr{F}_n = \sigma(S_0, S_1, \ldots, S_n)$ $(n = 0,1,\ldots,N)$ die $\sigma-$Algebra, die von den ersten $n-$Elementen des Preisprozesses auf der Menge aller Pfade $\Omega = \{\omega = (a_1,\ldots,a_N); a_j \in \{0,1\}\}$ erzeugt wird. Sei $\widehat{S}_n := \frac{S_n}{(1+R)^n}$ der diskontierte Aktienpreisprozess und sei $\mathscr{P}$ die Menge aller Wahrscheinlichkeitsmaße auf Ω der Form

$$\mathbb{P}(\omega) = p^A (1-p)^{N-A}, \; A := \sum_{i=1}^{N} a_i \quad (0 < p < 1).$$

   Man zeige:

   Es existiert genau dann ein Martingalmaß $\mathbb{Q} \in \mathscr{P}$ (d.h. $\mathbb{E}_{\mathbb{Q}}(\widehat{S}_{n+1}|\mathscr{F}_n) = \widehat{S}_n$), wenn $D < 1+R < U$ gilt. In diesem Fall ist $\mathbb{Q}$ das eindeutig bestimmte Element in $\mathscr{P}$, das durch $p = \hat{p} = \dfrac{(1+R-D)}{U-D}$ gegeben ist.

5. Sei $(\xi_n)_{n \in \mathbb{N}_0}$ eine Folge von unabhängigen Zufallsvariablen so, dass $E(\xi_n|\mathscr{F}_{n-1}) = 0$ $(n \in \mathbb{N})$, wobei $\mathscr{F}_n$ die σ-Algebra ist, die durch die $\xi_0, \cdots, \xi_n$ erzeugt wird.

Sei

$$X_0 := \xi_0, \quad X_{n+1} := \sum_{i=0}^{n} \xi_{i+1} f_i(\xi_0, \cdots, \xi_i),$$

wobei f_i vorgeben und bezüglich $\mathscr{F}_i$ messbar sind. Man zeige, dass $(X_n)_{n \in \mathbb{N}}$ ein Martingal ist.

2.5 Einführung in die Theorie der Zinskurvenmodelle

Bis jetzt haben wir Finanzprodukte behandelt, bei denen die Basiszinsrate als feste Größe vorausgesetzt wurde. Dies ist nicht realitätsnah. Im Gegenteil, gerade die Zinsrate ist zufälligen Schwankungen unterworfen. Zudem werden auf dem Rentenmarkt besonders viele Produkte gehandelt, deren entscheidende Einflussgröße ausschließlich der Zinssatz ist. Somit wird verständlich, dass der Zinssatz zufälligen Einflüssen obliegt. In der Praxis werden die Modelle häufig zeitstetig dargestellt. Da zu einer fundierten Beschreibung dieser Vorgänge Kenntnisse der stochastischen Analysis notwendig sind, werden wir dies auf einen späteren Zeitpunkt verschieben (vgl. Kapitel 8).

Zeit ist Geld – ein bekannter Spruch. Geld oder Vermögen jetzt zu besitzen und darüber zu verfügen, wird höher bewertet, als Konsumverzicht zu üben und erst in der Zukunft Vermögen zu konsumieren. Wer dennoch verzichtet, wird belohnt, und der hierfür bezahlte Preis ist die Zinsrate.

In diesem einleitenden Kapitel werden wir grundlegende Begriffe und Konzepte vorstellen, wobei wir zunächst den Fall einer deterministischen Zinsrate betrachten, um die Darstellung einfach zu halten. Nachdem wir die Prinzipien dargelegt haben, gehen wir dann im zweiten Teil zur Einbeziehung stochastischer Größen über. Neben der Bewertung der Bonds wird uns auch die Preisbildung der zugrundeliegenden Derivate beschäftigen. Wir beginnen mit der Definition eines Zero-Bonds (Nullkuponbond).

Definition 2.5.1
Ein Nullkuponbond mit Einlösedatum T, auch T-Bond genannt, ist ein Forward, der dem Besitzer die Zahlung von einem Euro zur Zeit T garantiert. Den Wert zur Zeit $t \in [0, T]$ bezeichnen wir mit $V(t, T)$.

Für die weitere Betrachtung nehmen wir an, dass man einen T-Bond zu beliebigen Teilen kaufen und verkaufen kann.

Anders als der Wert einer Aktie hängt ein Bond von *zwei* Zeitpunkten ab – dem Fälligkeitsdatum T und dem Betrachtungszeitpunkt $t \in [0, T]$. Wie die nachfolgende Abbildung (2.8) zeigt, ergibt sich für die Darstellung eine Fläche im 3-dimensionalen Raum. Ist der Zinssatz r für die

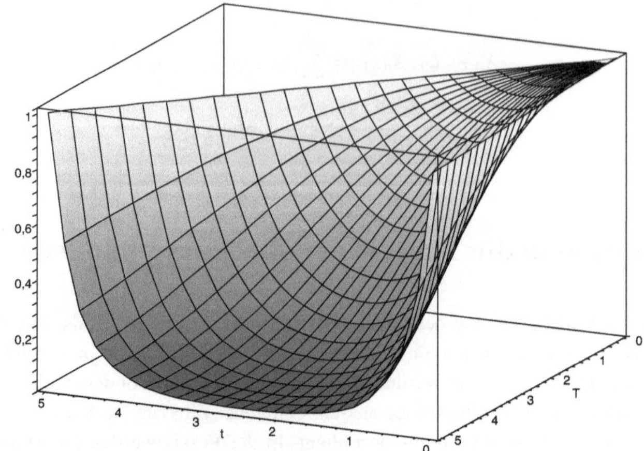

Abbildung 2.8: Darstellung des Bondwertes $V(t,T)$, sowohl abhängig von $t \in [0,T]$ und Enddatum T

Zeitperiode $[0,T]$ fest, so ist der Wert eines T-Bonds zur Zeit t durch

$$V(t,T) = \exp(-r(T-t)). \tag{2.35}$$

gegeben. Wir haben hier eine stetige Verzinsung vorausgesetzt. Bei der intensiveren Untersuchung der Grundlagen werden wir auch den zeitdiskreten Fall mit entsprechender Verzinsung betrachten. Aus (2.35) erhalten wir

$$r = -\frac{\ln V(t,T)}{T-t}. \tag{2.36}$$

Allerdings ist die Prämisse einer festen Zinsrate nicht sehr realistisch. Deshalb ist es sinnvoll, (2.36) als Ausgangspunkt die folgende Definition der *Erlöskurve* (*Yield curve*) zu nehmen.

Definition 2.5.2

Falls $V(t,T)$ der Wert eines T-Bonds zur Zeit t ist, so wird die Erlösrate (Erlöskurve) gemäß

$$R(t,T) = -\frac{\ln V(t,T)}{T-t} \tag{2.37}$$

definiert.

Die Erlöskurve lässt sich aus dem Bondwert ermitteln, und umgekehrt kann man aus der Erlösrate den Bondpreis bestimmen. Allerdings hat die Betrachtung der Erlöskurve Vorteile: Der Bondpreis nimmt für festes t mit dem Einlösedatum T ab, während die Erlöskurve mit steigendem T fallen oder steigen kann (abhängig von t). Das spiegelt die sogenannte *Zeitstruktur* des Marktes wider.

Nun will man nicht nur eine Strukturgröße betrachten, die sich auf einen in der Zukunft liegenden Zeitpunkt T bezieht. Wie sieht der Zinssatz *im Moment* aus? Wir betrachten einen Zeitpunkt t und einen wenig späteren Zeitpunkt $t + \Delta t$. Dann ist die Erlösrate im Zeitpaar $(t, t + \Delta t)$

$$R(t, t + \Delta t) = -\frac{\ln V(t, t + \Delta t)}{\Delta t}. \tag{2.38}$$

Wenn wir nun Differenzierbarkeit von V in der T-Variablen voraussetzen, so lässt sich die *Zinsrate* (oder *Short Rate*) definieren.

Definition 2.5.3
Ist $V(t, T)$ der Wert eines T-Bonds zur Zeit t, dann lässt sich die Zinsrate r_t zur Zeit t gemäß

$$r(t) = \lim_{\Delta t \to 0} R(t, t + \Delta t) = -\frac{\partial}{\partial T} \ln V(t, T) \tag{2.39}$$

definieren.

Die Zinsrate kann, falls man sie stochastisch betrachtet, einen ähnlichen Verlauf wie eine Aktie nehmen.

Man sieht, dass bei der Betrachtung der Zinsratenkurve Information verloren geht: Die Zinsrate ist nur von einer Zeitvariablen abhängig, während die Preiskurve $V(t, T)$ von *zwei* Variablen beeinflusst wird. Der Zinsratenverlauf genügt nicht für die Berechnung des Bondpreises. Dazu werden wir einen Forward-Vertrag untersuchen und eine exemplarische arbitragefreie Handelsstrategie betrachten. Wir wählen Zeitpunkte $t, S \in [0, T]$, $t < S < T$ und schließen zur Zeit t einen Vertrag ab, zur Zeit S einen Euro anzulegen, der auf $[S, T]$ ein deterministisches Einkommen garantiert. Im Einzelnen sieht das folgendermaßen aus:

a) Zur Zeit t verkaufe man einen S-Bond. Man erhält $V(t, S)$.

b) Man kaufe sogleich $\frac{V(t,S)}{V(t,T)}$ T-Bonds. Die Nettoposition zu $t = 0$ ist also 0.

c) Zur Zeit S wird der S-Bond fällig. Man muss 1 Euro auszahlen.

d) Zur Zeit T wird nun der T-Bond fällig. Also erhält man $\frac{V(t,S)}{V(t,T)}$ ausgezahlt.

e) Der Netto Gewinn/Verlust wird bei t bestimmt. Eine Investition zur Zeit S ergibt einen Erlös von $\frac{V(t,S)}{V(t,T)}$. Somit kann man die Verzinsung R (die sogenannte *Erlösrate* über $[S, T]$)

festlegen, die Arbitragefreiheit garantiert:

$$e^{R(T-S)} = \frac{V(t,S)}{V(t,T)}.$$ (2.40)

Dieses Ergebnis motiviert die Definition der erweiterten Erlösrate.

Definition 2.5.4

Wir gehen von der oben beschriebene Anlagestrategie aus. Die *erweiterte Erlösrate* für das Intervall $[S,T]$ bei $t < S$ wird durch

$$R(t;S,T) = -\frac{\ln V(t,T)) - \ln(V(t,S))}{T-S}.$$ (2.41)

definiert.

Wenn wir nun ähnlich wie bei der Zinsrate von zwei nahe zusammenliegenden Zeitpunkten S,T ausgehen, also $R(t,S,S+\Delta t)$ betrachten, lässt sich erneut unter Differenzierbarkeitsbedingungen an $V(\cdot,\cdot)$ die *Vorwärtsrate* festlegen.

Definition 2.5.5

Ausgehend von der oben beschriebenen Anlagestrategie definieren wir die *Vorwärtsrate* zur Zeit t mit Enddatum T gemäß

$$f(t,T) = \lim_{\Delta t \to 0} R(t,T,T+\Delta t) = -\frac{\partial}{\partial T}\ln V(t,T).$$ (2.42)

Die Vorwärtsrate gibt insbesondere an, wie man zur Zeit t eine zukünftige Zinsrate zur Zeit T bewertet. Dies ist für die Preisbildung, also der Zeitstruktur, von Bonds wichtig.

Setzt man in der Definition $T = t$, so ergibt sich

$$f(t,t) = \lim_{\Delta t \to 0} R(t,t,t+\Delta t) = \lim_{\Delta t \to 0} R(t,t+\Delta t) = r(t).$$ (2.43)

Aber anders als mit r_t kann man den Bondpreis mit der Kenntnis der Vorwärtsrate bestimmen. Man erhält nämlich mittels (2.36) und (2.42) folgende Gleichungen.

Satz 2.5.6

Für einen T-Bond lässt sich der Wert $V(t,T)$ zu einer Zeit $t < T$ aus der Kenntnis der Vorwärts- bzw. Erlösrate gemäß

$$V(t,T) = \exp\left(-\int_t^T f(t,u)du\right)$$ (2.44)

$$V(t,T) = \exp(-(T-t)R(t,T))$$ (2.45)

bestimmen.

Die Zins-, Vorwärts- und Erlösrate

Wir wollen im Folgenden die Preisbildung von Zero-Bonds für diskrete Zeitschritte $0 = t_0, \ldots,$ $t_n = T$ untersuchen und exemplarisch Zinskurvenmodelle entwickeln. Im zeitdiskreten Fall kann man $R(t,S)$, $0 \leq t < S$, als den Zinssatz für die risikolose Anlage von einem Euro bezeichnen, der zur Zeit S einen Betrag von $\left(1 + R(t,S)\right)^{S-t}$ ergibt. Mit $r(t) = R(t, t+1)$ bezeichnen wir (wie oben) die *Zinsrate* oder *Spot Rate*. Dabei haben wir zur Vereinfachung der Notation $|t_{i+1} - t_i| = 1$, $i = 0, \ldots, n-1$ gesetzt. Wir gehen nun umgekehrt vor und nehmen an, dass wir einen Zero-Bond haben, der zur Zeit T einen Euro zahlt. Wie sieht sein Wert zur Zeit $t < T$ aus? Zur Zeit $t \in [0,T]$ erhält man

$$V(t,T) = [1 + R(t,T)]^{-(T-t)}. \tag{2.46}$$

Aus (2.46) ergibt sich durch Auflösen

$$R(t,T) = \left[\frac{1}{V(t,T)}\right]^{\frac{1}{T-t}} - 1, \tag{2.47}$$

was nichts anderes als eine diskrete Version der obigen Definition 2.5.2 darstellt. Wenn wir uns allgemein an die obige Handelsstrategie in (2.40) erinnern, ergibt sich im diskreten Fall zwischen der Erlösrate und dem Bondwert folgende Gleichung

$$V(t,T)^{-1} = V(t,S)^{-1}[1 + R(t,S,T)]^{T-S}.$$

Damit erhält man die nützliche Beziehung zwischen der Erlöskurve und der erweiterten Erlöskurve

$$[1 + R(t,T)]^{T-t} = [1 + R(t,S)]^{S-t}[1 + R(t,S,T)]^{T-S}, \ 0 \leq t < S < T. \tag{2.48}$$

Wegen (2.48) gilt, dass sich mit der Kenntnis der Erlöskurve alle Erlöskurven über Intervalle $[S,T]$ berechnen lassen, und die Umkehrung der Aussage ist auch richtig. Ein Spezialfall der Erlöskurve im diskreten Fall, ergibt sich für $T - S = 1$.

Zusammenhang zwischen Erlösrate und Wertkurve

Ähnlich wie oben legen wir für diskrete Zeitschritte die Vorwärtsrate fest.

Definition 2.5.7

$f(t,S) := R(t,S,S+1), S = 0, 1, \ldots$ wird als *Vorwärtskurzrate* oder *Forward Short Rate* bezeichnet.

Satz 2.5.8

Es gilt für alle $0 \leq t \leq S \leq T^*$

$$V(t,S) = [1 + f(t,t)]^{-1}[1 + f(t,t+1)]^{-1} \cdots [1 + f(t,S-1)]^{-1} \tag{2.49}$$

Beweis

Aus der Erlöskurve folgt im Fall $T = S + 1$ mit (2.48)

$$[1 + R(t, S+1)]^{S-t+1} = [1 + R(t, S)]^{S-t}[1 + R(t, S, S+1)]. \tag{2.50}$$

Für $S = t$ ergibt sich

$$1 + R(t, t+1) = 1 + f(t, t).$$

Somit stimmt die Forwards Short Rate mit der Zinsrate $r(t)$ überein.

Ist $S = t + 1$, so erhält man

$$[1 + R(t, S)]^2 = [1 + R(t, S)][1 + f(t, t)] = [1 + f(t, t)][1 + f(t, t)].$$

Durch Induktion folgern wir

$$[1 + R(t, S)]^{S-t} = [1 + f(t, t)][1 + f(t, t+1)] \cdots [1 + f(t, S-1)]. \tag{2.51}$$

Wir ersetzen in (2.51) R durch V und erhalten die Behauptung

$$V(t, S) = [1 + f(t, t)]^{-1}[1 + f(t, t+1)]^{-1} \cdots [1 + f(t, S-1)]^{-1}. \tag{2.52}$$

□

Als Resumé sieht man, dass alle drei Kurven, Vorwärtsrate, Erlöskurve und Wertkurve des Bonds äquivalent sind, und sich die eine aus der anderen berechnen lässt. Somit werden zufallsbedingte Schwankungen einer Kurve auch stochastische Einflüsse auf die beiden anderen auslösen.

Arbitragefreier Wert eines Bonds

Es bestehen vornehmlich zwei Gründe, Zinskurvenmodelle zu untersuchen. Zum einen ist man an der Entwicklung von Wertpapieren (Bond oder Verbindlichkeiten) interessiert, zum anderen will man Derivate, die auf Zinsprodukte bezogen sind, bewerten. Der Ausübungswert solcher Derivate hängt von der Kurve der Short Rate ab. Also muss man diese Zinskurve in die Bewertung miteinbeziehen. Genügt dies? Reicht es, für die Bewertung ausschließlich die Short Rate $r(t)$ heranzuziehen? Die Antwort ist ein klares und nachdrückliches *nein*. Wir brauchen, wie bei der Bewertung von Derivaten auf Aktien, mindestens ein zugrundeliegendes Wertpapier. Außerdem brauchen wir eine Anlagestrategie, die Derivate mit einem Portfolio, bestehend aus dem Wertpapier und einem risikolosen Bond (risikolose Geldanlage), erzeugen bzw. absichern. Als zugrundeliegendes Wertpapier wählen wir einen Nullkuponbond mit Enddatum T, also einen T-Bond mit Endzahlung von einem Euro. Im Folgenden betrachten wir einen diskreten Wahrscheinlichkeitsraum $(\Omega, \mathscr{F}, \mathbb{P})$ – analog zur Beschreibung des Aktienpreisprozesses. Wir definieren die Zufallsvariable

$$S_t := V(t, T).$$

In der Tat ist (S_t) ein diskreter Prozess, der zur Filtration $(\mathscr{F}_t)$ adaptiert ist. Wir gehen von einem zeitdiskreten, adaptierten Zinsratenprozess in endlicher Zeit

$$(r_t) = \{r(t); t = 0, \ldots, T-1\} = \{r(i); i = 0, \ldots, n-1\}$$

aus.

Für einen sogenannten *Guthabenprozess* (G_t) (mit einem Euro Anlage zur Zeit $t = 0$), also mit einem risikolosen Bond als *Numeraire* (hier z. B. ein risikoloses Bankguthaben) notieren wir für $t = 0, \ldots, n$

$$G_t = (1 + r(0))(1 + r(1)) \cdots (1 + r(t-1)).$$

Dabei haben wir benutzt, dass die Vorwärtsrate mit dem Zinssatz übereinstimmt. Da der Zinsratenprozess adaptiert ist, ist auch (G_t) ein adaptierter diskreter Prozess. Unter der Annahme der Arbitragefreiheit des Marktes folgt aus Satz 2.4.1:

Es existiert ein zu $\mathbb{P}$ äquivalentes risikoneutrales Maß $\mathbb{Q}$ so, dass der diskontierte Preisprozess $\frac{S_t}{G_t}$ ein Martingal wird, d. h. die Gleichung in Satz 2.4.1 mit $F_i = \frac{S_{t_i}}{G_{t_i}}$ erfüllt ist.

Also gilt

$$\frac{S_t}{G_t} = \mathbb{E}_{\mathbb{Q}}\left(\frac{S_\tau}{G_\tau} \Big| \mathscr{F}_t\right), \quad 0 \leq t \leq \tau \leq T. \tag{2.53}$$

Man beachte, dass bei der Betrachtung des binomialen Modells für Aktien G_t deterministisch war, im Gegensatz zur Gleichung (2.53). Die Existenz eines derartigen äquivalenten Martingal maßes können wir für die nachfolgenden Zinskurvenmodelle nach Satz 2.4.1 annehmen. Setzen wir in (2.53) $\tau = T$, so erhalten wir (da $S_T = V(T,T) = 1$)

$$S_t = V(t,T) = \mathbb{E}_{\mathbb{Q}}\left(\frac{G_t}{G_T} \Big| \mathscr{F}_t\right) = \mathbb{E}_{\mathbb{Q}}((1 + r(t))^{-1}(1 + r(t+1))^{-1} \cdots (1 + r(T-1))^{-1} | \mathscr{F}_t). \tag{2.54}$$

Was können wir für $\tau < T$ aussagen? Wie im Fall für die Aktienpreisbewegung soll unser Modell vollständig sein (vgl. Satz 2.4.6). Also gibt es für alle Zeiten $\tau \leq T$ und alle Bonds mit Enddatum τ und Endwert einem Euro eine Handelsstrategie, die ein Portfolio bestehend aus einem Bankguthaben und unserem Zerobond erzeugt. Damit muss die obige Gleichung (2.54) auch für Zeiten $\tau < T$ gültig sein.

$$V(t,\tau) = \mathbb{E}_{\mathbb{Q}}\left(\frac{G_t}{G_\tau} \Big| \mathscr{F}_t\right) \tag{2.55}$$
$$= \mathbb{E}_{\mathbb{Q}}((1 + r(t))^{-1}(1 + r(t+1))^{-1} \cdots (1 + r(\tau-1))^{-1} | \mathscr{F}_t), \quad 0 \leq t < \tau \leq T.$$

Falls das Modell nicht vollständig ist, kann es sein, dass das Wertpapier nicht replizierbar ist. Der Wertprozess ist nicht automatisch im Modell enthalten, und wir müssen in unseren Modellen unter dem Postulat der Arbitragefreiheit dies berücksichtigen. Um dies nachzuprüfen, werden wir (2.55) benutzen.

Beispiel 2.5.9

Wir betrachten ein einfaches Modell und nehmen $T = 2$, $\Omega = \{\omega_1,\ldots,\omega_4\}$, $\mathbb{P}(\omega) > 0$, $\omega \in \Omega$ an. Unsere Filtration lautet

$$\mathscr{F}_0 = \{\emptyset,\Omega\}, \ \mathscr{F}_1 = \{\emptyset,\{\omega_1,\omega_2\},\{\omega_3,\omega_4\},\Omega\}, \ \mathscr{F}_2 = \text{ Potenzmenge von } \Omega.$$

Als Startwert für den Zinssatz wählen wir $r_0 = 6\%$. Wir geben als Realisierungen für r_1 in folgender Tabelle an

ω	$r_1(\omega)$	$G_2(\omega)$	$S_1 = V(1,2)$
ω_1	5%	1,1130	0,9524
ω_2	5%	1,1130	0,9524
ω_3	7%	1,1342	0,9346
ω_4	7%	1,1342	0,9346

Tabelle 2.2: Entwicklung des Zinssatzes im Zweiperioden-Modell

Es gilt $S_2 = V(2,2) = 1$, $G_0 = 1$ und $G_1 = 1{,}06$. Die Werte für G_2 entnimmt man der obigen Tabelle, die sich aus r_0 und r_1 berechnen. Die Werte von $S_1 = V(1,2)$ lassen sich auch mittels r_1 ermitteln. Wir müssen nur noch $S_0 = V(0,2)$ angeben. Nehmen wir $S_0 = 0{,}92$ an. Aus (2.53) ergibt sich

$$\frac{S_0}{G_0} = 0{,}92 = \mathbb{E}_\mathbb{Q}\Big(\frac{S_1}{G_1}\,|\mathscr{F}_0\Big) = \mathbb{E}_\mathbb{Q}\Big(\frac{S_1}{1{,}06}\,|\mathscr{F}_0\Big)$$

($\mathbb{Q}$ ein äquivalentes Martingalmaß). Setzen wir $q = \mathbb{Q}(\omega_1) + \mathbb{Q}(\omega_2)$, so folgt

$$0{,}92 = q\frac{0{,}9524}{1{,}06} + (1-q)\frac{0{,}9346}{1{,}06} = 0{,}8817 + 0{,}0168q.$$

Also ergibt sich $q = 2{,}2798$, was keine Wahrscheinlichkeitsverteilung darstellt. Da es kein risikoneutrales Wahrscheinlichkeitsmaß gibt, muss es eine Arbitragemöglichkeit geben:

I) Zur Zeit $t = 0$ verkaufe man ein Nullkuponbond. Man erhält 0,92 Euro. Man investiere 0,92 Euros in ein Bankguthaben zu 6%.

II) Zur Zeit $t = 1$ hat man $1{,}06 \cdot 0{,}92 = 0{,}9752$ (Euro) auf der Bank. Dies reicht um $S_1 = 0{,}9524$ oder $S_1 = 0{,}9346$ abzudecken.

Wenn wir andererseits $S_0 = V(0,2) = 0{,}89$ annehmen, dann ergibt sich für $t = 0$ und $\tau = 1$ aus (2.53)

$$0{,}89 = 0{,}8817 + 0{,}0168q.$$

Somit errechnet man als eindeutige Lösung $q = 0{,}4940$. Damit haben wir eine mögliche Wahrscheinlichkeitsverteilung für alle $0 \leq t \leq \tau \leq 2$ gefunden. Also jedes Wahrscheinlichkeitsmaß mit $0{,}4940 = \mathbb{Q}(\omega_1) + \mathbb{Q}(\omega_2)$ und $\mathbb{Q}(\omega_i) > 0$ ist zulässig.

Beispiel 2.5.10

Man betrachte $n = 3$ und Ω mit 12 Zuständen. Die Preise zur Zeit $T = 3$ werden durch die folgende Tabelle angegeben.

ω	r_0	r_1	r_2	$V(0,3)$	$V(1,3)$	$V(2,3)$
ω_1, ω_2	5%	6%	6,5%	0,864	0,8900	0,9390
ω_3, ω_4	5%	6%	5,5%	0,864	0,8900	0,9479
ω_5, ω_6	5%	5%	5,5%	0,864	0,9070	0,9479
ω_7, ω_8	5%	5%	4,5%	0,864	0,9070	0,9569
ω_9, ω_{10}	5%	4%	4,5%	0,864	0,9246	0,9569
ω_{11}, ω_{12}	5%	4%	3,5%	0,864	0,9246	0,9662

Tabelle 2.3: Entwicklung des Zinssatzes im Dreiperioden-Modell

Unsere Filtration lautet hier

$$\mathscr{F}_0 = \{\emptyset, \Omega\}, \quad \mathscr{F}_1 = \{\emptyset, \{\omega_1, \omega_2, \omega_3, \omega_4\}, \{\omega_5, \omega_6, \omega_7, \omega_8\}, \{\omega_9, \omega_{10}, \omega_{11}, \omega_{12}\}, \Omega\}$$

$$\mathscr{F}_2 = \{\emptyset, \{\omega_1, \omega_2\}, \{\omega_3, \omega_4\}, \{\omega_5, \omega_6\}, \{\omega_7, \omega_8\}, \{\omega_9, \omega_{10}\}, \{\omega_{11}, \omega_{12}\}, \{\omega_1, \omega_2, \omega_3, \omega_4\}$$

$$\{\omega_5, \omega_6, \omega_7, \omega_8\}, \{\omega_9, \omega_{10}, \omega_{11}, \omega_{12}\}, \Omega\}.$$

Durch Nachrechnen erkennt man mit (2.53), dass das Wahrscheinlichkeitsmaß $\mathbb{Q}(\omega) = \frac{1}{12}$ risikoneutral ist: Der diskontierte Preisprozess ist ein Martingal. In der Tat gibt es mehrere! Das Modell ist also nicht vollständig. Man kann insbesondere den Nullkuponbond zur Zeit $T = 2$ nicht erzeugen. Aus $V(1,2) = (1 + r_1)^{-1}$ folgt $V(1,2) = 0{,}9434$, falls $r_1 = 6\%$, $V(1,2) = 0{,}9524$, falls $r_1 = 5\%$ und $V(1,2) = 0{,}9615$, falls $r_1 = 4\%$. Dabei ist der Wert von $V(0,2)$ nicht klar. Wir betrachten folgende Handelsstrategie. Zur Zeit $t = 0$ legen wir a_1 Euros zum Zinssatz 5% an und kaufen a_2 Einheiten eines Nullkuponbondes fällig zur Zeit $T = 3$. Zur Zeit $t = 1$ ist der Wert des Portfolios $1{,}05a_1 + V(1,3)a_2$. Also muss für einen Bond, der zur Zeit $T = 2$ fällig ist, $1{,}05a_1 + V(1,3)a_2 = V(1,2)$ gelten, egal welcher Zustand eintritt. Damit haben wir drei Gleichungen und zwei Unbekannte (die darstellende Matrix hat nicht vollen Rang). Das Gleichungssystem hat *keine* Lösung. Der Wert $V(0,2)$ lässt sich aus (2.55) berechnen. Mit dem angegeben Wahrscheinlichkeitsmaß errechnet sich $V(0,2) = 0{,}9071$.

Fazit: Das vorhergehende Modell ist nicht vollständig. Da das Wahrscheinlichkeitsmaß nicht eindeutig war, lies sich auch der Wert $V(0,2)$ nicht eindeutig bestimmen.

Zinskurvenmodelle
Binomiale Zinsmodelle

Das binomiale Modell, von dem wir ausgehen, entspricht dem binomialen Modell für die Aktienpreisbewegung (vgl. Abschnitt 2.3). Anstatt der Aktienpreise im binomialen Baum entwickeln wir die Zinsrate für die folgenden Perioden. Zu jedem Handelszeitpunkt $t = 1,\dots,T-1$ betrachten wir zwei Möglichkeiten der Zinsbewegung

$$r(t) = \begin{cases} r(t,m) & \text{falls } m \text{ eintritt,} \\ r(t,m+1) & \text{sonst.} \end{cases}$$

Aufgrund des Aufbaus eines binomialen Baumes folgt $m = 0,\dots,t-1$. Wir stellen dies in der folgenden Abbildung (2.9) für $T = 5$ dar.

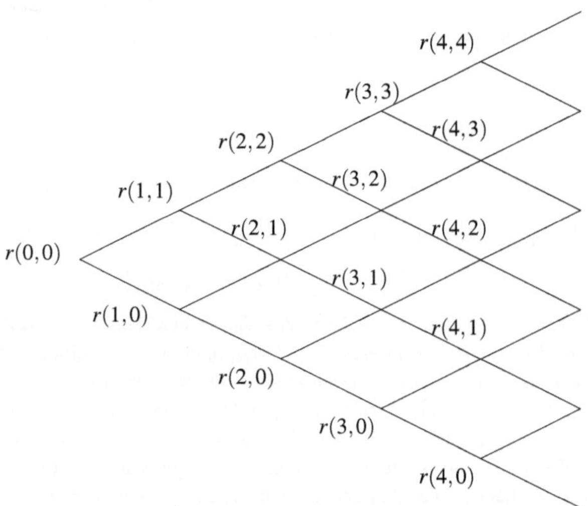

Abbildung 2.9: Baumdiagramm der Zinsrate im Binomialmodell

Jede Realisierung des Short Rate Prozesses ist durch einen Pfad des binomialen Baumes gegeben. Somit existieren 2^T Pfade. Der nächste Schritt besteht darin, das risikoneutrale Wahrscheinlichkeitsmaß festzulegen. Dabei benutzen wir den gleichen Ansatz wie für den Aktienpreisprozess, nämlich, dass der Short Rate Prozess eine *Markovkette* darstellt, d. h. nur der vorhergehende Zeitpunkt findet Einfluss. Also sind $r(t)$ und $r(\tau) - r(t)$, $t < \tau \leq T-1$ voneinander unabhängig.

Somit können wir die Pfade mit bedingten Wahrscheinlichkeiten modellieren. Wir setzen

$$q(t,m) = \mathbb{Q}\Big(r(t+1) = r(t+1,m+1)|r(t) = r(t,m)\Big),\ 0 \leq m \leq t < T$$

für die Aufwärts-Bewegung. Also folgt für die Abwärts-Bewegung

$$1 - q(t,m) = \mathbb{Q}\Big(r(t+1) = r(t+1,m)|r(t) = r(t,m)\Big),\ 0 \leq m \leq t < T.$$

Das Short-Rate-Modell ist mit der Angabe der Parameter $r(t,m)$ und $q(t,m)$, $0 \leq m \leq t$, $0 \leq t < T$ charakterisiert. Wie werden diese Parameter kalibriert? Zuerst werden zur Zeit $t = 0$ die Bondpreise $V(0,1),\ldots,V(0,T)$ aus den $T(T+1)$ Parameter berechnet. Aus der auf den Markt beobachteten Erlösrate werden T-*beobachtete Werte* $\hat{V}(0,1),\ldots,\hat{V}(0,T)$ ermittelt. Somit hat man T Gleichungen aber $T(T+1)$ unbekannte Parameter. Zur Rettung setzen hier die speziellen Annahmen der Zinskurvenmodelle an. Dabei betrachten wir zwei bereits klassische Modelle: das von Ho-Lee und das nach Black-Derman-Toy.

Das Ho-Lee- und das einfache Black-Derman-Toy-Modell
Ho-Lee-Modell

$$\text{Es gibt } k,q,\ 0 < q < 1,\ \text{so dass} \qquad\qquad (2.56)$$
$$1 + r(t,m+1) = k(1 + r(t,m)) \text{ und } q(t,m) = q \text{ für alle } m,t.$$

Einfaches Black-Derman-Toy-Modell

$$\text{Es existiert eine Abbildung } \sigma : \{1,\ldots,T-1\} \longrightarrow \mathbb{R},\ \text{so dass} \qquad (2.57)$$
$$r(t,m+1) = \sigma(t)r(t,m),\ q(t,m) = \frac{1}{2} \text{ für alle } m,t.$$

Die Größen k,q für das Ho-Lee-Modell und die Funktion σ im Back-Derman-Toy-Modell kann man als Maß für die Volatilität der Short Rate ansehen. Hier lässt sich eine Analogie zum Aktienpreismodell erkennen. Beim Übergang vom binomialen Modell zum zeitstetigen Fall für den Aktienpreisprozess (siehe nächstes Kapitel) wird nach Cox-Ross-und Rubinstein-Modell [CRR79] ein Ansatz

$$\frac{SU'}{SD'} = e^{2\sigma\sqrt{\delta}}$$

gewählt. Damit lässt sich $\frac{r(t,m+1)}{r(t,m)} = \sigma(t)$ als ähnlicher Zugang interpretiert. Mit der Kenntnis aller $r(t,m)$ für $0 \leq m \leq t$ und festem t lassen sich aus dem Modell alle $r(t,m)$ berechnen. Somit haben sich die unbekannten $T(T+1)$ Parameter auf T unbekannte Parameter reduziert (also pro Periode einen). Diese lassen sich, wie oben bereits angedeutet, aus der Erlöskurve $R(\cdot,\cdot)$ ermitteln, worauf wir jetzt detaillierter eingehen. Wir nehmen $k,\sigma(t) > 1$ an, d. h. $r(t,0) < r(t,m)$, $0 < m \leq t$. Wenn wir $r(t,0)$, $0 \leq t \leq T-1$, durch die Erlösrate ermittelt haben, sind wir fertig. Dies geschieht durch Induktion nach t:

$t = 0$: Aus (2.46) folgt

$$r(0,0) = \frac{1}{\hat{V}(0,1)} - 1,$$

und $r(0,0)$ ist bestimmt. Nach (2.46) beeinflussen die Größen $r(1,0),\ldots,r(T-1,0)$ den Wert $\hat{V}(0,1)$ nicht.

$t-1 \to t$: Wir nehmen an, dass $r(0,0),\ldots,r(t-1,0)$ bereits berechnet wurden, so dass $V(0,s) = \hat{V}(0,s)$, $0 \le s \le t$ gilt. Für $r(t,0)$ benutzen wir (2.55)

$$\begin{aligned}
V(0,t+1) &= \mathbb{E}_{\mathbb{Q}}((1+r(0,0))^{-1}(1+r(1,0))^{-1}\cdots(1+r(t,0))^{-1}|\mathscr{F}_0) \qquad (2.58)\\
&= \mathbb{E}_{\mathbb{Q}}((1+r(0,0))^{-1}(1+r(1,0))^{-1}\cdots(1+r(t,0))^{-1}).
\end{aligned}$$

Wir können die rechte Seite als Funktion von $r(t,0)$ ansehen. Aufgrund der Eigenschaft des Erwartungswertes steigt $r(t,m)$ mit wachsendem t für alle m gemäß (2.56) und (2.57). Da die Wahrscheinlichkeitsverteilung $\mathbb{Q}$ davon nicht betroffen ist, ist die rechte Seite fallend (negativer Exponent) in t. Wegen $0 < \hat{V}(0,t+1) < \hat{V}(0,t)$, kann man $r(t,0)$ so bestimmen, dass die rechte Seite von (2.58) mit $\hat{V}(0,t+1)$ übereinstimmt. Praktisch lässt sich das bereits mit elementaren Iterationsverfahren (z. B. Regula-falsi oder Newton-Verfahren) verwirklichen.

Wir wollen dies erneut an einem Beispiel illustrieren.

Beispiel 2.5.11

Es sei $n = 1$ und im Black-Derman-Toy-Modell $\sigma(1) = \frac{11}{10}$, $\hat{V}(0,1) = 0{,}95$ und $\hat{V}(0,2) = 0{,}90$. Für die Zinsrate errechnet man

$$r(0,0) = \frac{1}{\hat{V}(0,1)} - 1 = \frac{20}{19} - 1 = \frac{1}{19} = 0{,}05263.$$

Für die Zinsrate zur Zeit $t = 1$ setzen wir $r(1,0) = i$ an und erhalten $r(1,1) = 1{,}1 \cdot i$. Die bedingte Erwartung liefert für die Knoten zur Zeit $t = 1$ die Werte $(1+i)^{-1}$ und $(1+1{,}1 \cdot i)^{-1}$. Aus dem angegebenen Algorithmus lässt sich der Erwartungswert im nullten Knoten berechnen

$$\begin{aligned}
\mathbb{E}_{\mathbb{Q}}\big((1+r(0,0))^{-1}(1+r(1,0))^{-1}\big) &= (1+r(0,0))^{-1}\mathbb{E}_{\mathbb{Q}}\big((1+r(1,0))^{-1}\big)\\
&= \frac{19}{20}\big(0{,}5(1+i)^{-1}+0{,}5(1+1{,}1 \cdot i)^{-1}\big) = \hat{V}(0,2) = 0{,}9.
\end{aligned}$$

Durch Umformung in eine quadratische Gleichung errechnet man $i = r(1,0) = 0{,}05292$. Für mehrere Perioden lässt sich dieser Algorithmus nicht so einfach anwenden. Man startet mit einer Schätzung $i = r(1,0) = 0{,}05$. Dann ermittelt man $V(0,2) = 0{,}9026$. Ist der Wert größer als $\hat{V}(0,2)$, war der Schätzwert zu niedrig. Also gehen wir nun von $i = 0{,}06$; dann erhält man $V(0,2) = 0{,}8937$. Somit ist der tatsächliche Wert zwischen $0{,}05$ und $0{,}06$. Für $i = 0{,}052$ ergibt sich $V(0,2) = 0{,}9008$, für $i = 0{,}053$ der Wert $V(0,2) = 0{,}8967$.

Die folgende Matlab Funktion `bdt(sig,V,n)` berechnet für eine Anzahl von n Perioden die Zinsrate $r(t,0)$. Dazu wird ein Vektor für σ und $\hat{V}$ benötigt. Die Berechnung erfolgt rekursiv und in jedem Schritt wird $r(t,0)$ als Lösung einer nichtlineare Gleichung berechnet. Dazu muss in jedem Schritt die Funktion `z_fp` (das Zinsfaktorprodukt) neu berechnet werden.

Programm 2.9 `bdt`
Berechnung des
Derman-Toy-Modells

Listing 2.9: Das Programm `bdt`

```
1   function r = bdt(sig, V, n);
2   % Black Derman Toy
3   % sig = zeros(3,1);
4   % sig(2) = 11/10; sig(3) = 11/10;
5   % sig(1) wird nicht benoetigt
6   % V = zeros(3,1)
7   % V(1) = 0.95; V(2)= 0.9; V(3)= 0.85;
8   % Funktionsaufruf:    w = bdt(sig, V, 3);
9   % input
10  % sig  Sigma
11  % V    Vektor V(0,1), V(0,2)
12  % n    Anzahl der Perioden
13  % Zinsfaktorprodukt wird als Funktion z_rp aufgerufen
14  % z_rp: Unbekannte x, Parameter r, V, m
15  % Zu beachten: Matlab Index beginnt bei 1; Mathe Index bei 0
16  % output
17  % Shortrate r(0,0), r(1,0), r(2,0),...
18  r= zeros(n,1);
19  r(1) = 1 / V(1) - 1;   %dies ist r(0,0)
20  % Ber. von  r(1,0),..., r(n-1,0 )
21  % [0,1] Bereich fuer Zinsrate
22  for m = 1: (n-1)
23    r(m+1) = fzero( @(x) z_rp(x,r,V,sig,m), [0,1]);
24  end;
25  % Details zur Nullstellenbestimmung siehe help fzero
26  %  @(x) Nullstelle von fzero als Funktion in x gesucht
27  % r,V,sig,m sind Parameter
```

Listing 2.10: Das Programm `z_fp`

```
1   function w = z_fp(x,r,V,sig,m);
2   % Black Derman Toy - Zinsfaktor Produkt
3   % wird aufgerufen in bdt
4   % m Anzahl der Perioden
5   % output
6   % Shortrate  Zinsfaktor Produkt
7   w1 = 0.5/( 1 + r(1) );
8   % Berechnung des Diskont.-faktors bis zur m-ten Periode
9   for mm = 2:m
10    w1 = w1 * 1 /( 1 + r(mm) );
11  end;
```

```
12   w = w1* ( 1/(1+x) + 1/(1+sig(m+1)*x) )- V(m+1);
```

Weiterer Ansatz: Das trinomiale Modell

Statt die Zinskurvenmodelle mittels eines binomialen Baums zu beschreiben, lässt sich analog zu Black-Scholes auch eine stochastische Differenzengleichung ansetzen.

$$r_{t+1} - r_t = \Delta r_{t+1} = \mu(t, r_t) + \sigma(t, r_t) N_t, \tag{2.59}$$

wobei $\mu, \sigma : \{0, \dots, T\} \times \mathbb{R}^+ \longrightarrow \mathbb{R}$ und N_t ($t \in \{0, \dots, T\}$) eine Folge von identisch und unabhängig verteilten Zufallsvariablen mit $\mathbb{Q}(N_t = 1) = \mathbb{Q}(N_t = -1) = \frac{1}{2}$ sind. Auch hier wählt man spezielle Ansätze für die Funktionen μ und σ. Verbreitet ist das verallgemeinerte Vasicek Modell, indem man

$$\mu(t, r_t) = \phi(t) - a r_t, \ a \in]0,1[\text{ und } \sigma(t, r_t) = \sigma(t) \text{ stetig}$$

und unabhängig von der Zinsrate setzt. Die Rolle der zu bestimmenden Funktion $\phi(t)$ sieht man folgendermaßen: Der Zinssatz steigt, solange $r_t \leq \phi(t)/a$, sonst fällt er. Da man für die Volatilitätsfunktion σ nur noch eine Variable zur Verfügung hat, muss man an sie eine Bedingung stellen, damit die sich ergebene Zinsratenkurve ins binomiale Modell passt. Denn aus der Struktur des binomialen Baumes erkennt man, dass sich für die Bewegungen zuerst Auf dann Ab ($N_t = 1$, $N_{t+1} = -1$) derselbe Wert, wie zuerst Ab dann Auf ergeben muss. Also

$$\begin{aligned} r_{t+2} &= \phi(t+1) + (1-a)\phi(t) + (1-a)^2 r_t + (1-a)\sigma(t) - \sigma(t+1) \\ &= \phi(t+1) + (1-a)\phi(t) + (1-a)^2 r_t - (1-a)\sigma(t) + \sigma(t+1). \end{aligned} \tag{2.60}$$

Somit folgt als Bedingung an die Funktion σ

$$\sigma(t+1) = (1-a)\sigma(t) = (1-a)^{t+1}\sigma(0). \tag{2.61}$$

Durch (2.60) sind die Möglichkeiten der Kalibrierung begrenzt. Man kann diese entscheidende Einschränkung durch die Betrachtung von *trinomialen Bäumen* umgehen. Man lässt für N_t folgende Verteilung zu

$$\mathbb{Q}(N_t = 1) = q(t) = \mathbb{Q}(N_t = -1), \ \mathbb{Q}(N_t = 0) = 1 - 2q(t), \ q(t) \in]0,1[.$$

Dabei steht „0" für eine dritte Möglichkeit der Zinsbewegung zwischen Auf und Ab, also Mitte. Es ergeben sich folgende Kombinationen für zwei aufeinanderfolgende Bewegungen: Auf + Ab = Mitte + Mitte = Ab + Auf, Auf + Mitte = Mitte + Auf und Mitte + Ab = Ab + Mitte. Auch hier gilt, dass (2.60) mit dem trinomialen Modell vereinbar ist, falls (2.61) gilt. Doch die Parameterfunktion $q(t)$ gibt zusätzliche Möglichkeit der Modellierung. So ist z. B. (2.61) erfüllt, falls man $q(t) = \frac{1}{2}(1-a)^{2-2t} \in]0,1[$ wählt. In dem Buch von Hull [Hul96] wird diese Kalibrierung anhand des Hull-White-Modells vorgeführt. Dort wird allerdings eine stochastische Differenzialgleichung als Ausgangspunkt gewählt.

Struktur der Erlöskurve

Bis jetzt haben wir die Struktur der Zinsrate in den Vordergrund unserer Betrachtung gestellt. Wir erhalten eine Reihe von arbitragefreien Zinsstrukturmodellen. Die Zeitstruktur der Einlösedaten für einen Bond lässt sich nicht allein durch die Zinsratenkurve modellieren. Als Vorteile der Short Rate Modelle lassen sich allerdings anführen:

1) Einfache Darstellung der Zinskurven durch einen binomialen Baum.

2) In vielen Fällen ist eine explizite Darstellung der Werte für Bonds und deren Derivate möglich.

Doch stehen diesen einige Nachteile gegenüber.

1) Eine realistische Volatilitätsstruktur der Vorwärtsrate lässt sich nur durch komplizierte Zinskurvenmodelle erstellen.

2) Um eine wirklichkeitsnahe Zinsstrukturkurve zu erstellen, muss man eine Menge Informationen von der beobachteten Wert- bzw. Erlöskurve ermitteln, wie das Beispiel des einfachen Black-Derman-Toy-Modell zeigte.

3) Das vielleicht wichtigste Argument liefert die ökonomische Theorie. Warum sollte es möglich sein, die Struktur des Bondmarktes mit einer Variablen zu erklären (die Short Rate hängt nur von t ab!)? Es ist schwer, das Verhalten von Vorwärts- und Erloskurve für verschiedene Enddaten T nur anhand der Short Rate zu bestimmen. Die Volatilitätskurve ändert sich mit verschiedenen Enddaten. Die Zinskurve lässt keine Differenzierung zwischen Kurz- und Langzeitraten zu.

Als Alternative bietet sich die Erlöskurve an, die, wie bereits beschrieben, einen Bond erzeugt und eindeutig wiedergibt. Allerdings hat alles seinen Preis und der Nachteil soll nicht verschwiegen werden: Die Implementierung kann sehr viel aufwendiger werden.

Wir gehen erneut von einem risikoneutralen Wahrscheinlichkeitsmaß $\mathbb{Q}$ aus. Aus (2.55) und der Tatsache, dass $V(s,s+1) = \frac{1}{1+r_s}$ gilt, folgt

$$V(t,\tau) = V(t,t+1)\mathbb{E}_{\mathbb{Q}}(V(t+1,\tau)|\mathscr{F}_t), \ 0 \leq t \leq \tau \leq T. \tag{2.62}$$

Wie lässt sich aus gegebenen Bondpreisen die Zeitstruktur der Erlöskurve modellieren? Wir wollen dies anhand des binomialen Modells verdeutlichen und nehmen für die risikoneutrale Wahrscheinlichkeit $\mathbb{Q}$ an, dass die „Auf"-Bewegung mit einer Wahrscheinlichkeit $q \in \,]0,1[$ stattfindet. Zur Zeit $t \in [0,T]$ seien uns $T-t$ Bondpreise für die verschiedenen Enddaten bekannt, nämlich $\{V(t,t+1),\ldots,V(t,T)\}$, wobei natürlicherweise $1 > V(t,t+1) > V(t,t+2) > \ldots > V(t,T) > 0$ gelten soll. Wir wollen eine Bedingung für die Kalibrierungen $\{V(t+1,t+2)(u),\ldots,V(t+1,T(u)\}$, und $\{V(t+1,t+2)(d),\ldots,V(t+1,T)(d)\}$ („u" steht für „Auf" und „d" für „Ab") zur Zeit $t+1$ bestimmen. Geben wir uns zunächst Zahlen $V(t+1,t+2)(u),\ldots,V(t+1,T)(u)$ mit der Bedingung

$$1 > V(t+1,t+2)(u) > V(t+1,t+3)(u) > \ldots > V(t+1,T)(u) > 0 \qquad (2.63)$$

vor. Danach bestimme man für $\tau = t+2,\ldots,T$ die Werte $V(t+1,\tau)(d)$ gemäß

$$V(t+1,\tau)(d) = \frac{\frac{V(t,\tau)}{V(t,t+1)} - qV(t+1,\tau)(u)}{1-q}. \qquad (2.64)$$

Die Wahl der $(V(t+1,\tau)(u))_{\tau=t+2,\ldots,T}$ war beliebig bis auf (2.63). Dennoch muss natürlich die Bedingung

$$1 > V(t+1,t+2)(d) > V(t+1,t+3)(d) > \ldots > V(t+1,T)(d) > 0 \qquad (2.65)$$

erfüllt sein. Dies gibt rückwirkend wegen (2.64) eine neue Bedingung an die Größen $V(t+1,\tau)(u)$, $\tau = t+2,\ldots,T$. Aus (2.64) folgt

$$V(t+1,T)(d) > 0 \;\Leftrightarrow\; V(t+1,T)(u) < \frac{V(t,T)}{qV(t,t+1)}, \qquad (2.66)$$

was erreichbar ist, da die rechte Seite positiv ist. Erneut ergibt sich aus (2.64)

$$V(t+1,t+2)(d) < 1 \;\Leftrightarrow\; V(t+1,t+2)(u) > \frac{V(t,t+2)}{qV(t,t+1)} - \frac{1-q}{q}, \qquad (2.67)$$

was auch leicht zu erreichen ist, da die rechte Seite kleiner als Eins ist. Für $\tau = s+2,\ldots,T-1$ ergibt sich mit (2.64)

$$V(t+1,\tau)(d) > V(t+1,\tau+1)(d) \;\Leftrightarrow\; V(t+1,\tau)(u) - V(t+1,\tau+1) \qquad (2.68)$$
$$< \frac{V(t,\tau) - V(t,\tau+1)}{qV(t,t+1)}.$$

Wegen der Voraussetzung an die $V(t,\tau)$ ist die rechte Seite positiv, und mit (2.68) und (2.67) ist die rekursive Bestimmung der Größen $V(t+1,\tau)(u)$, $\tau = t+2,\ldots,T-1$ möglich.

Zusammenfassend kann man sagen:

> Sind die Größen $V(t,\tau)$, $\tau = t+1,\ldots,T$ mit $1 > V(t,t+1) > V(t,t+2) > \ldots > V(t,T) > 0$ und $q \in\,]0,1[$ gegeben, dann lassen sich $V(t+1,t+2)(u),\ldots,V(t+1,T)(u)$ so bestimmen, dass (2.68) und dann auch (2.64), (2.66) und (2.67) erfüllt sind.

> Gibt man sich andererseits die beobachteten Größen $V(t,\tau)$, $\tau = t+1,\ldots,T$ mit $1 > V(t,t+1) > V(t,t+2) > \ldots > V(t,T) > 0$ vor und wählt $V(t+1,t+2)(u),\ldots,V(t+1,T)(u)$ so, dass (2.63) erfüllt ist, dann lässt sich für kleines $q \in\,]0,1[$ auch (2.68)

erreichen. Da wir (2.62) benutzt haben, ist unser Modell arbitragefrei.

Dennoch ist diese Methode mühsam, da man sich um die Erfüllung von (2.64) kümmern muss. Ein anderer Zugang ist der über die Vorwärtsrate $f(t,\tau)$, bei dessen Kalibrierung nur die Positivität gefordert wird. Wir zeigen diese Möglichkeit auch hier am binomialen Modell. Ähnlich wie oben geben wir uns nun die Zeitstruktur $\{f(t,t),\ldots,f(t,T-1)\}$ nichtnegativer Vorwärtsraten vor. Erneut geht man von einer risikoneutralen Wahrscheinlichkeit aus, dessen „Auf"-Bewegung für die Vorwärtsrate mit q angegeben wird. Es seien nun $\{f_u(t+1,t+1),\ldots,f_u(s+1,T)\}$ nichtnegativ gewählt. Wir wollen im arbitragefreien Modell die Größen $\{f_d(t+1,t+1),\ldots,f_d(s+1,T)\}$ der „Ab"-Bewegung kalibrieren. Aus (2.49) in (2.62) eingesetzt ergibt die Gleichung

$$\prod_{s+t+2}^{\tau}\left(1+f(t,s-1)\right)^{-1}=\mathbb{E}_{\mathbb{Q}}\Big(\prod_{s+t+2}^{\tau}\left(1+f(t+1,s-1)\right)^{-1}\big|\mathscr{F}_t\Big) \tag{2.69}$$

für $\tau=t+2,\ldots,T$. Wir können diese $T-t-1$ Gleichungen dazu benutzen, die $T-t-1$ unbekannten $\{f_d(t+1,t+1),\ldots,f_d(s+1,T)\}$ zu bestimmen. Dazu setzen wir für t und $s=t+1,\ldots,\tau-1$

$$h(t,s)=(1+f(t,s))^{-1},\ h_u(t+1,s)=(1+f_u(t,s))^{-1},\ h_d(t+1,s)=(1+f_d(t+1,s))^{-1}.$$

Dann lässt sich (2.69) in die Form

$$\prod_{s-t+2}^{\tau}h(t,s-1)-q\prod_{s=t+2}^{\tau}h_u(t+1,s-1)+(1-q)\prod_{s=t+2}^{\tau}h_d(t+1,s-1)$$

umschreiben. Auflösen nach $\tau=t+2,\ldots,T$ ergibt

$$h_d(t+1,\tau-1)=\frac{\prod_{s=t+2}^{\tau}h(t,s-1)-q\prod_{s=t+2}^{\tau}h_u(t+1,s-1)}{(1-q)\prod_{s=t+2}^{\tau-1}h_d(t+1,s-1)}. \tag{2.70}$$

Rekursiv mit $\tau=t+2$ beginnend lassen sich die h_d's und damit die f_d's bestimmen. Dennoch muss man bei vorgegebenen $(f(t,\tau))_{\tau=t,\ldots,T-1}$ die q und $(f_u(t+1,\tau))_{\tau=t+1,\ldots,T}$ so kalibrieren, dass die $(f_d(t+1,\tau))_{\tau=t+1,\ldots,T}$ gemäß der Gleichungen (2.70) nichtnegative Werte annehmen.

Zinsderivate
Bondoptionen und Kuponbonds

Wir betrachten eine europäische Call-Option auf einen Zerobond $V(\cdot,T)$ zum Ausübungszeitpunkt $\tau<T$. Dann lautet die Ausübungsfunktion

$$f(V(\tau,T))=\max(V(\tau,T)-K,0)=(V(\tau,T)-K)^{+},$$

wobei K der Ausübungspreis ist. Wir wollen den Wert P dieser Option berechnen. Wie in (2.55) bzw. (2.62) erhalten wir für den Wert zur Zeit $t \le \tau$.

$$P(t) = G_t \mathbb{E}_{\mathbb{Q}} \left(\frac{(V(\tau,T) - K)^+}{G_\tau} | \mathscr{F}_t \right). \tag{2.71}$$

Ein Kuponbond ist eine Linearkombination von verschiedenen Zerobonds. Denn zahlt der Bond für $t \in [0,T]$ zu n verschiedenen Zeitpunkten $t, t_1 < \ldots < t_n \le T$ den Betrag von K_j Euros ($j = 1, \ldots, n$), dann ist der Wert zur Zeit t nach (2.71) genau $K_j V(t, t_j)$. Also gilt für den Wert des Kuponbondes

$$P_K(t) = \sum_{j=1}^{n} K_j V(t, t_j).$$

Swaps und Swaptions

Unter einem *Swap* versteht man eine Vereinbarung zwischen zwei Marktteilnehmern, bei dem der Erste (nennen wir ihn A) dem Zweiten (sagen wir B) einen variablen Zinssatz zahlt, während umgekehrt B einen festen an A zahlt, alles auf denselben Basiswert bezogen.

Der *Payer-Swap* wird der Teil der Vereinbarung genannt, der die feste Rate zahlt und den variablen Zinssatz erhält (er stellt im Grunde einen Call dar). Mit dem *Receiver-Swap* ist es genau umgekehrt. Die Werte sind betragsmäßig gleich, nur mit umgekehrten Vorzeichen. Wir betrachten einen Payer-Swap auf dem Basiswert 1, dessen Zinsrate r durch die jeweilige abgelaufene Periode festgelegt wird (rückwirkend!) und bezeichnen seinen Wert zur Zeit t mit $P_S(t)$. Wir schreiben für die festvereinbarte Zinsrate K und r_τ für den variable Zinssatz auf das rückwirkende Intervall $]\tau - 1, \tau]$, $\tau \in]t, T[$. Unser Marktteilnehmer erhält zur Zeit τ den Betrag von r_τ Euros und zahlt K.

Satz 2.5.12

Der Wert eines Payer-Swaps zur Zeit $t \in [0,T]$ ist durch die Gleichung

$$P_S(t) = V(t, \tau - 1) - \sum_{s=\tau}^{T} K_s V(t,s), \tag{2.72}$$

gegeben. Dabei sind $\tau \in]t, T[$ der erste Zeitpunkt der Vereinbarung, $K_s = K$ (für $s = \tau, \ldots, T-1$) und $K_T = 1 + K$ gesetzt. Im Falle eines gewöhnlichen Swaps, wenn $\tau = t + 1$ ist, erhält man also

$$P_S(t) = 1 - \sum_{s=t+1}^{T} K_s V(t,s) \tag{2.73}$$

Beweis

Der Wert von $P_S(t)$ ist nach Satz 2.4.1 durch

$$P_S(t) = \mathbb{E}_{\mathbb{Q}} \left(\sum_{s=\tau}^{T} \frac{G_t}{G_s} (r_s - K) | \mathscr{F}_t \right), \; t \le \tau \le T \tag{2.74}$$

gegeben. Wir wollen für $P_S(t)$ eine nützliche Formel entwickeln. Dabei gehen wir von der Gleichung (2.49) aus und erhalten mit (2.74)

$$P_S(t) = \mathbb{E}_{\mathbb{Q}}\Big(\sum_{s=\tau}^{T} \frac{G_t}{G_s}\big(\frac{1}{V(s-1,s)} - (1+K)\big)|\mathscr{F}_t\Big)$$

$$= \mathbb{E}_{\mathbb{Q}}\Big(\sum_{s=\tau}^{T} \frac{G_t}{G_s V(s-1,s)}|\mathscr{F}_t\Big) - (1+K)\mathbb{E}_{\mathbb{Q}}\Big(\sum_{s=\tau}^{T} \frac{G_t}{G_s}|\mathscr{F}_t\Big)$$

$$= \sum_{s=\tau}^{T} \mathbb{E}_{\mathbb{Q}}\Big(\frac{G_t}{G_s V(s-1,s)}|\mathscr{F}_t\Big) - (1+K)\sum_{s=\tau}^{T} V(t,s).$$

Da $V(s-1,s) = \frac{1}{1+r_s} = \frac{G_{s-1}}{G_s}$ gilt, folgt

$$P_S(t) = \sum_{s=\tau}^{T} \mathbb{E}_{\mathbb{Q}}\Big(\frac{G_t}{G_{s-1}}|\mathscr{F}_t\Big) - (1+K)\sum_{s=\tau}^{T} V(t,s)$$

$$= \sum_{s=\tau}^{T} V(t,s-1) - (1+K)\sum_{s=\tau}^{T} V(t,s)$$

$$= V(t,\tau-1) - K\sum_{s=\tau}^{T-1} V(t,s) - (1+K)V(t,T)$$

$$= V(t,\tau-1) - \sum_{s=\tau}^{T} K_s V(t,s)$$

$$\square$$

Fazit: Der Wert ist somit eins minus des Wertes eines Kuponbonds, dessen Kuponzahlungen K_s auf den Basiswert eins berechnet sind.

Swaption

Eine *Payer-Swaption* ist ein europäischer Call auf den Wert eines Payer-Swaps, wobei das Ausübungsdatum $\tau - 1$ und der Exercise-Preis null sind. Ähnlich ist eine *Receiver-Swaption* definiert. Somit folgt für den Wert dieser Derivate zur Zeit $t < \tau$

$$P_{Swp}(t) = \mathbb{E}_{\mathbb{Q}}\Big(\frac{G_t}{G_{\tau-1}}\Big(\mathbb{E}_{\mathbb{Q}}\Big(\sum_{s=\tau}^{T} \frac{G_{\tau-1}}{G_s}(r_s - K)|\mathscr{F}_{\tau-1}\Big)\Big)^{+}|\mathscr{F}_t\Big)$$

$$P_{Swr}(t) = \mathbb{E}_{\mathbb{Q}}\Big(\frac{G_t}{G_{\tau-1}}\Big(\mathbb{E}_{\mathbb{Q}}\Big(\sum_{s=\tau}^{T} \frac{G_{\tau-1}}{G_s}(K - r_s)|\mathscr{F}_{\tau-1}\Big)\Big)^{+}\Big|\mathscr{F}_t\Big).$$

Es ergibt sich folgender Satz.

Satz 2.5.13

Für $t \in [0,T]$ gilt folgender Zusammenhang zwischen dem Wert einer Payer- und Receiver-Swaption

$$P_{Swp}(t) - P_{Swr}(t) = \mathbb{E}_{\mathbb{Q}}\Big(\sum_{s=\tau}^{T} \frac{G_t}{G_s}(r_s - K)|\mathscr{F}_t\Big). \qquad (2.75)$$

Beweis

$$P_{Swp}(t) - P_{Swr}(t) = \mathbb{E}_{\mathbb{Q}}\Big(\frac{G_t}{G_{\tau-1}}\Big(\mathbb{E}_{\mathbb{Q}}\Big(\sum_{s=\tau}^{T} \frac{G_{\tau-1}}{G_s}(r_s - K)|\mathscr{F}_{\tau-1}\Big)\Big)|\mathscr{F}_t\Big)$$

$$= \mathbb{E}_{\mathbb{Q}}\Big(\frac{G_t}{G_{\tau-1}}\sum_{s=\tau}^{T} \frac{G_{\tau-1}}{G_s}(r_s - K)|\mathscr{F}_t\Big)$$

$$= \mathbb{E}_{\mathbb{Q}}\Big(\sum_{s=\tau}^{T} \frac{G_t}{G_s}(r_s - K)|\mathscr{F}_t\Big).$$

$\square$

Fazit: *Wert einer Payer-Swaption - Wert einer Receiver-Swaption = Wert eines Forward-Swaps.*

Aus (2.73) erhält man als Wert für einen Payer-Swap zur Zeit $\tau - 1$

$$P_S(\tau - 1) = 1 - \sum_{s=\tau}^{T} K_s V(\tau - 1, s).$$

Also lässt sich ein weiterer Ausdruck mit Satz 2.5.13 für den Wert einer Payer-Swaption finden.

Korollar 2.5.14

$$P_{Swp}(t) = \mathbb{E}_{\mathbb{Q}}\Big(\frac{G_t}{G_{\tau-1}}\Big(1 - \sum_{s=\tau}^{T} K_s V(\tau - 1, s)\Big)^{+}|\mathscr{F}_t\Big).$$

Fazit:

> Der Wert einer Payer-Swaption ist gleich einer Put-Option auf einen Kuponbond, wobei das Ausübungsdatum gleich $\tau - 1$ und der Ausübungspreis gleich eins ist. Der Basiswert des Kupons ist eins und die Kuponzahlung K.

Caps und Floors

Ein *Caplet* ist eine europäische Call-Option auf den Zinssatz zu einer festen Zeit. Wie bei Swaps kann man Caplets sowohl rückwirkend als auch im voraus festlegen. Bei dem rückwirkenden Fall ergibt sich als Ausübungsfunktion zum Enddatum τ

$$f(r_\tau) = (r_\tau - K)^{+} = \max(r_\tau - K, 0),$$

wobei K der Ausübungspreis ist. Als Wert erhalten wir

$$P_{cl}(t) = G_t \mathbb{E}_{\mathbb{Q}}\left(\frac{(r_\tau - K)^+}{G_\tau} \mid \mathscr{F}_t\right).$$

Ein *Cap* ist nun eine Kombination von Caplets zu einem *gemeinsamen* Ausübungspreis, aber *verschiedenen* Enddaten im Intervall $[t, T]$. Wie bei den Swaps gibt es gewöhnliche und Forward-Caps, je nachdem ob der erste Caplet zur augenblicklichen Spotzinsrate genommen wird. Für einen Forward-Cap haben wir als Wert

$$P_{cf}(t) = G_t \sum_{s=\tau}^{T} \mathbb{E}_{\mathbb{Q}}\left(\frac{(r_s - K)^+}{G_s} \mid \mathscr{F}_t\right). \tag{2.76}$$

Für den gewöhnlichen Cap folgt

$$P_{cg}(t) = G_t \sum_{s=\tau+1}^{T} \mathbb{E}_{\mathbb{Q}}\left(\frac{(r_s - K)^+}{G_s} \mid \mathscr{F}_t\right). \tag{2.77}$$

Floorets und *Floors* werden genauso definiert wie die Caplets und Caps, nur dass es sich hier um europäische Puts handelt. Somit haben wir für einen *Forward-Floor* den Wert

$$P_{ff}(t) = G_t \sum_{s=\tau}^{T} \mathbb{E}_{\mathbb{Q}}\left(\frac{(K - r_s)^+}{G_s} \mid \mathscr{F}_t\right), \tag{2.78}$$

und für den gewöhnlichen Floor

$$P_{ff}(t) = G_t \sum_{s=\tau+1}^{T} \mathbb{E}_{\mathbb{Q}}\left(\frac{(K - r_s)^+}{G_s} \mid \mathscr{F}_t\right). \tag{2.79}$$

Aus (2.76) und (2.78) ergibt sich folgender Satz.

Satz 2.5.15

$$P_{cf}(t) - P_{ff}(t) = G_t \sum_{s=\tau}^{T} \mathbb{E}_{\mathbb{Q}}\left(\frac{(r_s - K)}{G_s} \mid \mathscr{F}_t\right) = P_S(t).$$

Fazit:

> *Der Wert eines Caps minus der Wert eines Floors ist gleich der Wert eines Swaps.*

Ein *Caption* ist ein Call/Put auf einen Cap, während ein *Floortion* ein Call/Put auf einen Floor ist. Dies sind Beispiele sogenannter *zusammengesetzter Optionen*, wie wir sie bereits aus Übungsaufgabe 4 in Abschnitt 2.4 kennen.

Literatur

Wir haben in diesem Abschnitt die Darstellung der Zinskurvenmodelle in diskreter Version dargestellt, wie sie sich z. B. in den Monographien von Pliska [Pla96] und Panjer [Pan97] findet. Sehr ausführlich kommt der an diskreten Modellen interessierte Leser in dem Buch von Kremer [Kre07] auf seine Kosten. Auch Reitz, Schwartz und Martin [RSM04] behandeln als Einleitung kurz die diskreten Zinsmodelle. Es lässt sich darüber streiten, ob der offensichtliche Vorteil, dass nur wenig an Vorwissen benötigt wird, durch die teilweise umständliche Darstellung bzw. die nicht vollständige Präsentation wieder wettgemacht wird. Dies muss der Leser im Einzelfall selbst entscheiden. Wir werden im Kapitel 8, wenn die Hilfsmittel der stochastischen Analysis bereitgestellt sind, ausführlicher auf weitere Literatur eingehen. Es sollte noch erwähnt werden, dass es in den diskreten Modellen neben den binomialen bzw. trinomialen Bäumen noch Verfeinerungen gibt. So ist z. B. die Erweiterung des Black-Derman-Toy-Modells zum sogenannten Fabozzi-Kalotay-Williams-Modell zu nennen. Anwendungen finden sich reichhaltig, wobei wir hier z. B. die Zinssimulation zur Bewertung der sogenannten „impliziten Optionen" anführen wollen, das sind Kontrakte in der Lebensversicherung (wie z. B. das Kapitalwahlrecht), die ähnlich wie Put-Optionen auf einen Zinssatz bewertet werden (vgl. Herr und Kreer [HK99]). Weitere Details zu den diskreten Zinsmodellen findet man in [Sch02].

Wer mehr über die Zinsderivate auch im zeitdiskreten Fall wissen möchte, dem sei noch die Monographie von Martin, Reitz und Wehn [MRW06] empfohlen. Dort wird auf eine Vielzahl verschiedener Derivate eingegangen, die zur Behandlung des Kreditrisikos geeignet sind.

Aufgaben

1. Man zeige, dass es eine Arbitragemöglichkeit gibt, falls die diskrete Bondpreiskurve $V(t, t + T)$ in T nicht nicht-steigend ist.

2. Man betrachte ein einfaches Modell für einen Zero-Bond $V(t, T)$ und nehme $T = 2$, $\Omega = \{\omega_1, \ldots, \omega_4\}$, $\mathbb{P}(\omega) > 0$, $\omega \in \Omega$ an. Mit G_t werde der Guthabenprozess bezeichnet. Die Filtration lautet

$$\mathscr{F}_0 = \{\emptyset, \Omega\}, \quad \mathscr{F}_1 = \{\emptyset, \{\omega_1, \omega_2\}, \{\omega_3, \omega_4\}, \Omega\}, \quad \mathscr{F}_2 = \text{ Potenzmenge von } \Omega.$$

Es sei für den Zinssatz $r_0 = 7\%$ der Startwert und die Realisierungen für r_1 gelten gemäß der folgenden Tabelle

ω	$r(\omega)$	$G_2(\omega)$	$S_1 = V(1,2)$
ω_1	6%	1,1342	0,9434
ω_2	6%	1,1342	0,9434
ω_3	8%	1,1556	0,9259
ω_4	8%	1,1556	0,9259

Es sei $G_0 = 1$. Man bestimme zuerst $V(2,2)$ und G_1. Die Werte für G_2, die sich aus r_0 und r_1 berechnen, entnehme man der obigen Tabelle. Es gelte nun $V(0,2) = 0,89$.

> I) Gibt es ein risikoneutrales Maß $\mathbb{Q}$? Wenn nicht, wie sieht die Arbitragemöglichkeit aus?

> II) Setzt man nun $V(0,2) = 0,87$. Existiert nun ein risikoneutales Maß $\mathbb{Q}$? Wenn ja, ist es eindeutig?

Begründen Sie Ihre Aussage?

3. Man bilde einen Zinsbaum mit Startwert von 9% pro Jahr, mit Volatilitätsstruktur

$$\sigma(t) = 20 - \frac{t}{2}$$

im Black-Derman-Toy-Modell für eine Laufzeit von 30 Jahren. Man erstelle ein Programm, das ferner aus den beobachteten Daten die Werte auf 1% genau bestimmt (z.B. Regula-falsi).

4. Wie in Aufgabe 2, aber für das Ho-Lee Modell mit

$$q = \frac{1}{2}, \, k = 0,9.$$

5. Man betrachte Beispiel 2.5.10. und berechne den Wert eines Forward-Swaps zu einer festen Zinsrate von 3,5% und den Zeiten $\tau = 2$ und $T = 3$ auf einen Basiswert von 1.000.000 Euro.

6. Man betrachte eine Payer-Swaption auf den Swap in Aufgabe 4 zum Ausübungsdatum $\tau - 1 = 1$. Wie hoch ist der Wert der Receiver-Swaption?

7. Nun bestimme man den Wert eines Caps für die Daten aus Beispiel 2.5.10. Die Cap-Rate betrage 3,5%, der Basiswert sei 1.000.000 Euro. Die erste Zahlung finde zur Zeit $\tau = 2$, die Letzte zur Zeit $T = 3$ statt.

8. Leiten Sie die Identität (2.54) her.

9. Es sei $V_K(0,T)$ der Wert eines Kuponbonds zur Zeit $t = 0$. Zu den Zeitpunkten $t = 1, ..., T$ werde der Kuponzins in Höhe von $K(t)$ gezahlt. Für $V_K(0,T)$ gilt:

$$V_K(0,T) = \sum_{t=1}^{T-1}[1 + R(0,t)]^{-t}K(t) + [1 + R(0,T)]^{-T}(K(T) + Z(T)), \qquad (2.80)$$

wobei $Z(T)$ die Endauszahlung des Bonds und $K(t)$ Kuponzahlungen zur Zeit t sind. Wird sich der Wert $V_K(0,T)$ eines Kuponbonds im Fall von Zinsänderungen stärker oder schwächer als der Wert eines Zerobonds $V(0,T)$ mit gleicher Laufzeit ändern?

3 Übergang zu zeitstetigen Modellen – Einführung in numerische Methoden

Mathematik ist die einzige perfekte Methode,
sich selber an der Nase herumzuführen.

Albert Einstein, 20 Jh.

Schlägt man eine Börsenzeitschrift auf, so wird man bei der Analyse von Optionen oder Aktien auf Begriffe wie „Volatilität", „Black-Scholes-Preis", etc. stoßen. Was bedeuten sie? Und warum sind sie von Interesse? Wir versuchen, in diesem Kapitel Antworten auf diese Fragen zu geben (vgl. 3.2, 3.3). Doch um diese Begriffe elegant einführen zu können, werden wir einen Übergang vom bisher betrachteten diskreten Modell zum zeitstetigen Modell vornehmen und der berühmten Black-Scholes-Formel für die Bewertung europäischer Optionen begegnen. Dabei benutzen wir den Zugang nach Cox, Ross und Rubinstein [CRR79]. Anschließend stellen wir Methoden vor, Optionspreise und Anlagestrategien praktisch zu berechnen. Wir schließen das Kapitel mit einer Betrachtung numerischer Methoden.

3.1 Die Methode von Cox, Ross und Rubinstein für das Log-normal-Modell

Bisher haben wir in unserem Modell nur diskrete Zeitpunkte $t_0, \ldots, t_n = T$ betrachtet. Zu diesen fest vorgegebenen Zeitpunkten konnte gehandelt werden, was eine wenig realistische Annahme darstellt. Vielmehr wird man ein Wertpapier, solange die Börse geöffnet ist, zu jedem Zeitpunkt kaufen und verkaufen können. Also wird man anstelle des *diskreten* Modells nach einem *zeitstetigen* Modell Ausschau halten. Zwar spiegelt dies nicht ganz die Realität wider – auch die Börse macht Pause – aber während der Öffnungszeit ist ein ständiges Handeln möglich. Historisch wurde diese Modellbildung durch Samuelson [Sam65] bzw. später durch Black und Scholes [BS73] mittels einer sogenannten *stochastischen Differenzialgleichung* vorgenommen. Da man nicht immer Kenntnisse in stochastischer Analysis voraussetzen kann, haben Cox, Ross und Rubinstein [CRR79] die Lösung durch einen diskreten Prozess „approximiert". Wir wollen diesen Zugang darstellen, wobei wir aber nicht den stochastischen Prozess approximieren, sondern untersuchen, in welcher Form sich der Aktienpreis S_T zur Zeit T unter stetigem Handeln berechnen lässt, d. h. falls wir die Zeitdifferenz zwischen den Handelszeitpunkten gegen null streben lassen. Wir werden dabei untersuchen, wie sich der Wert eines Derivats berechnet, falls bei festem aber beliebig gewähltem Endzeitpunkt T die *Feinheit*

$$\delta_n = \max\{|t_i - t_{i-1}|; i = 1, \ldots, n\}$$

der Periodenlänge gegen null strebt, d. h. $\delta_n \to 0$, für $n \to \infty$. Als Ergebnis erhalten wir die berühmte *Black-Scholes*-Formel.

Zugrunde gelegt hatten wir bis jetzt das binomiale Modell (2.3), und dafür hatten wir den Wert und die Hedgestrategie eines Derivats berechnet (vgl. 2.4). Aus ihm ging ein Modell für die Wertpapierentwicklung über die Periode $[0, T]$ hervor (vgl. 2.4)

$$S_{n,i} = S_0 \prod_{j=1}^{i} X_{n,j} = S_0 U^{H_i} D^{T_i} \ \text{ für } i = 1, \ldots, n. \tag{3.1}$$

Wir haben bereits sowohl $S_{n,i}$ als auch die i.i.d. Zufallsvariablen $X_{n,i}$ mit dem zusätzlichen Index „n" versehen, um die Abhängigkeit von der Unterteilung des Intervalls $[0, T]$ deutlich zu machen.

Das Intervall $[0, T]$ teilen wir in n Teilintervalle gleicher Länge $\delta_n = \frac{T}{n}$ und bezeichnen mit r die Zinsrate über das Intervall $[0, T]$. R_n sei die Verzinsung für die Kurzzeitanlage in den Intervallen $[t_i, t_{i+1}]$, die für alle Intervalle gleich sein soll. Somit erhalten wir für kleines δ_n

$$R_n = e^{r\delta_n} - 1 \sim r\delta_n.$$

Für ein Portfolio, das nur aus einem risikolosen Bond besteht, ergibt sich

$$U_n = D_n = 1 + R_n = e^{r\delta_n}.$$

Wir können nun eine „abstrakte" Verzinsung des zugrundeliegenden Wertpapiers, bei festem n definieren ($S_n = S_{n,n}$ gesetzt):

$$Y_n = \frac{1}{T} \ln\left(\frac{S_{n,n}}{S_0}\right), \ \text{d. h. } S_n = S_0 e^{TY_n}. \tag{3.2}$$

Dabei ist ln der natürliche Logarithmus.

Die Größe Y_n gibt also einen Trend an, wie sich der Wert der Aktie entwickelt. Weil S_n eine Zufallsvariable ist, trifft dies auch für Y_n zu. Ist das Wertpapier ein risikoloser Bond, so ergibt sich $Y_n = r$.

Unser Ziel ist es, die Konvergenz der Zufallsvariablen Y_n und S_n zu ermitteln, falls man die Feinheit δ_n gegen null gehen lässt, d. h. $n \to \infty$. Um den Wert des Derivats zu bestimmen, benötigen wir einen Konvergenzbegriff, der relativ schwach und andererseits stetig unter Erwartungswertbildung ist. Daher wählt man die Verteilungskonvergenz. Hierzu bietet sich der zentrale

Grenzwertsatz an. Da wir dazu aber eine Summe von zentrierten Zufallsvariablen betrachten müssen (vgl. z. B. Anhang D.2.32), werden wir das Konvergenzverhalten erst für den logarithmierten Wert von S_n also $Y_n = \frac{1}{T} \ln \frac{S_n}{S_0} = \frac{1}{T} \sum_{i=1}^{n} \ln\left(\frac{S_{k,n}}{S_{k-1,n}}\right) = \frac{1}{T} \sum_{k=1}^{n} \ln X_{k,n}$ untersuchen. Entscheidend bei der Entwicklung des binomialen Modells waren die Größen U und D, die wir, da sie von der Feinheit der Unterteilung des Intervalls abhängen, von nun ab mit U_n und D_n bezeichnen. Wichtig ist die Kalibrierung in unserem Modell, d. h. das Verhältnis von U_n und D_n, sowie die Annahmen an die Wahrscheinlichkeitsverteilung $\mathbb{P}$. In einem Beispiel am Schluss des Abschnitts 5.1, wenn wir den Begriff eines äquivalenten Martingalmaßes kennen, wird die Bedeutung der Kalibrierung erläutert. Aus Abschnitt 2.3, Bemerkung 2.3.1 wissen wir, dass für das arbitragefreie Modell

$$D_n < e^{r\frac{T}{n}} < U_n$$

gilt. Wir legen für die Wahrscheinlichkeitsverteilung die Notation

$$p_n = \mathbb{P}(X_{i,n} = U_n), \text{ also } q_n = 1 - p_n = \mathbb{P}(X_{i,n} = D_n) \tag{3.3}$$

fest. Bevor wir uns um die Konvergenz im Einzelnen kümmern, führen wir folgenden Begriff ein. Für eine Folge (a_n) reeller Zahlen und $r > 0$ sagen wir, dass (a_n) *von der Ordnung* $\frac{1}{n^r}$ (in Bezeichnung: $a_n = \mathcal{O}(\frac{1}{n^r})$) ist, wenn

$$0 < \liminf_{n \to \infty} \frac{|a_n|}{n^r} < \limsup_{n \to \infty} \frac{|a_n|}{n^r} < \infty$$

und (a_n) ist *von der Ordnung* $\frac{1}{n^r}$ *oder kleiner* (in Bezeichnung: $a_n \leq \mathcal{O}(\frac{1}{n^r})$), wenn

$$\limsup_{n \to \infty} \frac{|a_n|}{n^r} < \infty$$

gelten. Falls (b_n) eine weitere Folge ist, so schreiben wir $a_n = b_n + \mathcal{O}(\frac{1}{n^r})$, wenn $(a_n - b_n) \leq \mathcal{O}(\frac{1}{n^r})$.

$\mathcal{O}$ wird auch als *Landausymbol* bezeichnet. Für die Konvergenz benötigen wir einige Annahmen:

$$\text{Es gibt } (\mu_n) \subset \mathbb{R}_+, \mu \in \mathbb{R}_+ \text{ mit } \mathbb{E}_{\mathbb{P}}(X_{(n,i)}) = e^{\mu_n \frac{T}{n}} \text{ und} \tag{3.4}$$

$$\mu_n = \mu + \mathcal{O}\left(\frac{1}{n}\right) \text{ für alle } i = 1, \ldots, n.$$

Zur Interpretation der Größe μ, die als *Drift* bezeichnet wird, kann man folgende Beziehung anmerken. Geht man von dem Spezialfall $\mu_n = \mu$ für alle $n \in \mathbb{N}$ aus, so gilt,

$$\mathbb{E}_{\mathbb{P}}\left(\frac{S_{(n,i)}}{S_0}\right) = e^{\mu T}.$$

Man kann somit μ als eine zu erwartende „abstrakte" Verzinsung des Wertpapiers ansehen.

Wir können auf (3.1) nicht direkt den zentralen Grenzwertsatz anwenden. Deshalb betrachten wir die i.i.d Zufallsvariablen $\ln(X_{(n,i)})$. Aus (3.4) und der Jensenschen Ungleichung folgt

$$\frac{\mu T}{n} + \mathcal{O}\left(\frac{1}{n}\right) = \ln \mathbb{E}_{\mathbb{P}}(X_{(n,i)}) \geq \mathbb{E}_{\mathbb{P}}(\ln(X_{(n,i)})) \tag{3.5}$$

(μ ist zumindest im Spezialfall $\mu_n = \mu$, größer oder gleich dem Erwartungswert der Y_n).

Zusätzlich nehmen wir an, es gäbe ein $\sigma \in \mathbb{R}_+$ mit

$$\mathbb{V}\mathrm{ar}_{\mathbb{P}}(\ln(X_{(n,i)})) = \frac{\sigma^2 T}{n} + \mathcal{O}\left(\frac{1}{n^2}\right) \text{ für alle } i = 1, \ldots, n. \tag{3.6}$$

Definition 3.1.1
Die Größe σ nennt man *Volatilität* des Aktienpreisprozesses.

Schließlich wollen wir voraussetzen, dass (p_n) und (q_n) asymptotisch die Werte null und eins *nicht* annehmen können. Diese Annahme lässt sich dahingehend interpretieren, dass z.B. ein Aktienkurs zu jedem Zeitpunkt eine Auf- oder Ab-Bewegung vornehmen kann, was man wohl als realistisch betrachten wird.

$$\text{Es gibt ein } \varepsilon_0 > 0: \ p_n, q_n \in [\varepsilon_0, 1 - \varepsilon_0] \text{ für } n \in \mathbb{N}. \tag{3.7}$$

Wir bezeichnen das Modell, welches die Bedingungen (3.4)-(3.7) erfüllt, als das *verallgemeinerte Cox-Ross-Rubinstein*-Modell.

Lemma 3.1.2
Wir gehen von dem verallgemeinerten Cox-Ross-Rubinstein-Modell aus, d. h. wir nehmen (3.4), (3.6) und (3.7) an. Dann gilt:

$$(\ln U_n) = \mathcal{O}\left(\frac{1}{\sqrt{n}}\right) \tag{3.8}$$

$$(\ln D_n) = \mathcal{O}\left(\frac{1}{\sqrt{n}}\right) \tag{3.9}$$

$$(\ln U_n - \ln D_n) = \mathcal{O}\left(\frac{1}{\sqrt{n}}\right) \tag{3.10}$$

$$(p_n \ln U_n + q_n \ln D_n) \leq \mathcal{O}\left(\frac{1}{n}\right). \tag{3.11}$$

Beweis
Wie wir schon bei der Erläuterung zur Annahme (3.4) festgestellt haben, gilt

$$\mathbb{E}_{\mathbb{P}}(\ln(X_{(n,i)})) \leq \mathcal{O}\left(\frac{1}{n}\right). \tag{3.12}$$

Aus der Gleichungskette

$$\mathrm{Var}_{\mathbb{P}}(\ln(X_{(n,i)})) = \mathbb{E}_{\mathbb{P}}\left([(\ln(X_{(n,i)}) - \mathbb{E}_{\mathbb{P}}(\ln(X_{(n,i)})))]^2\right) = \mathbb{E}_{\mathbb{P}}(\ln(X_{(n,i)})^2) - [\mathbb{E}_{\mathbb{P}}(\ln(X_{(n,i)}))]^2$$

folgt wegen (3.5) und (3.6)

$$p_n(\ln U_n)^2 + q_n(\ln D_n)^2 = \mathrm{Var}_{\mathbb{P}}(\ln(X_{(n,i)})) + (\mathbb{E}_{\mathbb{P}}(\ln(X_{(n,i)})))^2 = \frac{\sigma^2 T}{n} + \mathcal{O}\left(\frac{1}{n^2}\right) = \mathcal{O}\left(\frac{1}{n}\right).$$

Da $\varepsilon_0 \le p_n, q_n$ ergibt sich

$$\ln(U_n) = \mathcal{O}\left(\frac{1}{\sqrt{n}}\right), \ \ln(D_n) = \mathcal{O}\left(\frac{1}{\sqrt{n}}\right).$$

Aus

$$p_n(\ln U_n) + q_n(\ln D_n) = \mathbb{E}_{\mathbb{P}}(\ln(X_{(n,i)})) \le \mathcal{O}\left(\frac{1}{n}\right)$$

folgt die letzte Ungleichung. Weiter berechnet man mit ihr

$$\ln U_n - \ln D_n = (1 + \frac{p_n}{q_n})\ln U_n - \frac{1}{q_n}(p_n(\ln U_n) + q_n(\ln D_n))$$
$$= \mathcal{O}\left(\frac{1}{\sqrt{n}}\right).$$

Dabei beachte man, dass aufgrund der Voraussetzung (3.7) $\inf_n q_n > 0$ gilt. $\qquad\square$

Lemma 3.1.3
Unter den Voraussetzungen des verallgemeinerten Cox-Ross-Rubinstein-Modells gilt für alle $n \in \mathbb{N}$ und $i = 1, \ldots, n$

$$\mathbb{E}_{\mathbb{P}}(\ln(X_{n,i})) = \frac{\mu T}{n} - \frac{1}{2}\frac{\sigma^2 T}{n} + \mathcal{O}\left(\frac{1}{n^{\frac{3}{2}}}\right).$$

Beweis
Wir entwickeln die Funktion $x \longmapsto e^x$ bis zum dritten Glied.

$$X_{n,i} = e^{\ln X_{n,i}} = 1 + \ln X_{n,i} + \frac{1}{2}(\ln X_{n,i})^2 + r_n.$$

Dabei gilt für das Restglied r_n ($\ln(X_{n,i})$ steht in der dritten Potenz)

$$r_n = \mathcal{O}((\ln X_{n,i})^3) = \mathcal{O}\left(\frac{1}{n^{\frac{3}{2}}}\right) \text{ gemäß Lemma 3.1.2.}$$

Also

$$X_{n,i} = e^{\ln X_{n,i}} = 1 + \ln X_{n,i} + \frac{1}{2}(\ln X_{n,i})^2 + \mathcal{O}\left(\frac{1}{n^{\frac{3}{2}}}\right).$$

Somit folgt (nach $\ln X_{n,i}$ auflösen und anwenden des Erwartungswertoperators)

$$
\begin{aligned}
\mathbb{E}_{\mathbb{P}}(\ln X_{n,i}) &= \mathbb{E}_{\mathbb{P}}(X_{n,i}) - 1 - \frac{1}{2}\mathbb{E}_{\mathbb{P}}((\ln X_{n,i})^2) + \mathcal{O}\left(\frac{1}{n^{\frac{3}{2}}}\right) \\
&= \mathbb{E}_{\mathbb{P}}(X_{n,i}) - 1 - \frac{1}{2}\mathrm{Var}_{\mathbb{P}}(\ln(X_{n,i})) - [\mathbb{E}_{\mathbb{P}}(\ln(X_{n,i}))]^2 + \mathcal{O}\left(\frac{1}{n^{\frac{3}{2}}}\right) \\
&= e^{\frac{\mu_n T}{n}} - 1 - \frac{1}{2}\frac{\sigma^2 T}{n} + \mathcal{O}\left(\frac{1}{n^{\frac{3}{2}}}\right) \ (\text{ mit } (3.4),(3.6),(3.12)) \\
&= \frac{\mu T}{n} - \frac{1}{2}\frac{\sigma^2 T}{n} + \mathcal{O}\left(\frac{1}{n^{\frac{3}{2}}}\right),
\end{aligned}
$$

wobei wir im letzten Schritt die Identität $e^{\frac{\mu_n T}{n}} = 1 + \frac{\mu_n T}{n} + \mathcal{O}(\frac{1}{n^2})$ verwendet haben. $\qquad\square$

Satz 3.1.4

Setzt man $\xi_{n,i} = \ln X_{n,i}$ für $n \in \mathbb{N}$ und $i = 1,\ldots,n$, so gilt die Verteilungskonvergenz (vgl. D.2.33)

$$
\sum_{i-1}^{n} \xi_{n,i} \rightharpoonup N(\mu T - \frac{1}{2}\sigma^2 T, \sigma^2 T).
$$

Insbesondere hat man

$$
S_n \rightharpoonup S_0 e^{\mu T - \frac{1}{2}\sigma^2 T + \sigma\sqrt{T}Z},
$$

wobei Z eine $(0,1)$-normalverteilte Zufallsvariable ist.

Beweis

Zum Beweis wollen wir Satz D.2.38 aus dem Anhang benutzen. Wir setzen für $i = 1,\ldots,n$, $n \in \mathbb{N}$

$$
\eta_{n,i} = \frac{1}{\sqrt{n\mathbb{V}\mathrm{ar}(\xi_{n,i})}}[\xi_{n,i} - \mathbb{E}_{\mathbb{P}}(\xi_{n,i})].
$$

Dann gilt für $\mathscr{S}_n = \sum_{i=1}^{n}\eta_{n,i}$

$$
\mathbb{E}_{\mathbb{P}}(\mathscr{S}_n) = 0 \text{ und } \mathbb{V}\mathrm{ar}(\mathscr{S}_n) = 1.
$$

Die Zufallsvariablen $(\eta_{n,i})$ bilden ein Dreiecksschema, da die $(\eta_{n,i})_{1\le i\le n}$ unabhängig sind. Klar ist, dass $\mathbb{E}_{\mathbb{P}}(|\eta_{n,i}|^3) < \infty$ gilt. Wir prüfen die Berry-Esseen-Bedingung in D.2.38 nach. Man beachte, dass die $\eta_{n,i}$ für $1 \le i \le n$ identisch verteilt sind.

Wegen Lemma 3.1.3 gilt:

$$
\mathbb{E}(|\xi_{n,1}|) \le \left(\frac{1}{\sqrt{n}}\right) \tag{3.13}
$$

und damit

$$
\mathbb{E}(|\xi_{n,1}|^2) \le \left(\frac{1}{n}\right) \text{ und } \mathbb{E}(|\xi_{n,1}|)^3 \le \left(\frac{1}{n^{\frac{3}{2}}}\right). \tag{3.14}
$$

Wir berechnen

$$\sum_{i=1}^{n} \mathbb{E}_{\mathbb{P}}(|\eta_{n,i}|^3) = n\mathbb{E}_{\mathbb{P}}(|\eta_{n,1}|^3) = \frac{1}{\sqrt{n}(\mathrm{Var}(\xi_{n,1}))^{\frac{3}{2}}} \mathbb{E}_{\mathbb{P}}(|\xi_{n,1} - \mathbb{E}_{\mathbb{P}}(\xi_{n,1})|^3)$$

$$\leq \frac{1}{\sqrt{n}(\mathrm{Var}(\xi_{n,1}))^3} \Big(\mathbb{E}_{\mathbb{P}}(|\xi_{n,1}|^3) + 3\mathbb{E}_{\mathbb{P}}(\xi_{n,1}^2)|\mathbb{E}_{\mathbb{P}}(\xi_{n,1})|$$

$$+ 3\mathbb{E}_{\mathbb{P}}(|\xi_{n,1}|\mathbb{E}_{\mathbb{P}}(\xi_{n,1}))^2 + |\mathbb{E}_{\mathbb{P}}(\xi_{n,1})|^3 \Big)$$

$$= \frac{1}{\sqrt{\frac{\sigma T}{n} + \mathscr{O}\left(\frac{1}{n^2}\right)}\sqrt{\sigma T + \mathscr{O}\left(\frac{1}{n}\right)}}$$

$$\cdot \left(\mathscr{O}\left(\frac{1}{\sqrt{n}}\right)^3 \right) + 3\mathscr{O}\left(\frac{1}{n}\right)\mathscr{O}\left(\frac{1}{\sqrt{n}}\right) + 3\mathscr{O}\left(\frac{1}{\sqrt{n}}\mathscr{O}\left(\frac{1}{n}\right) + \mathscr{O}\left(\frac{1}{\sqrt{n}}\right)^3 \right)$$

(gemäß (3.13) und (3.14))

$$\leq \frac{1}{\sqrt{\frac{\sigma T}{n} + \mathscr{O}\left(\frac{1}{n^2}\right)}\sqrt{\sigma T + \mathscr{O}\left(\frac{1}{n}\right)}} \mathscr{O}\left(\frac{1}{n^{\frac{3}{2}}}\right)$$

$$\leq \frac{1}{\sqrt{\sigma T + \mathscr{O}\left(\frac{1}{n}\right)}} \mathscr{O}\left(\frac{1}{\sqrt{n}}\right).$$

Also sind die Voraussetzungen von D.2.38 erfüllt, und es gibt eine $(0,1)$-normalverteilte Zufallsvariable Z mit

$$\sum_{i=1}^{n} \eta_{n,i} \rightharpoonup Z.$$

Da $\mathbb{V}\mathrm{ar}(\xi_{n,i}) = \frac{\sigma^2 T}{n} + \mathscr{O}(\frac{1}{n^2})$ und nach Lemma 3.1.3

$$\sum_{i=1}^{n} \mathbb{E}_{\mathbb{P}}(\xi_{n,i}) = \mu T - \frac{1}{2}\sigma^2 T + \mathscr{O}\left(\frac{1}{n^{\frac{1}{2}}}\right)$$

gilt, ergibt sich mit D.2.35c) der erste Teil der Behauptung. Die nächste Aussage folgt aus der Verteilungskonvergenz und Satz D.2.36b), angewendet auf die stetige Funktion $x \longmapsto e^x$. $\qquad\square$

Wir kommen nun zur Betrachtung des asymptotischen Verhaltens unter der risikolosen Wahrscheinlichkeitsverteilung $\mathbb{Q}$. Gemäß Abschnitt 2.3 können wir unter der Annahme (3.4)-(3.7) schreiben $\mathbb{Q}(X_{n,i} = U_n) = Q_{U_n} = p_n + \Delta_n$, $\Delta_n \in \mathbb{R}$. Also $\mathbb{Q}(X_{n,i} = D_n) = Q_{D_n} = q_n - \Delta_n$.

Lemma 3.1.5

Unter den Voraussetzungen des verallgemeinerten Cox-Ross-Rubinstein-Modells gilt:

$$(\Delta_n) \le \mathcal{O}\Big(\frac{1}{\sqrt{n}}\Big)$$

$$\mathbb{E}_{\mathbb{Q}}(\ln X_{n,i}) = \frac{rT}{n} - \frac{1}{2}\frac{\sigma^2 T}{n} + \mathcal{O}\Big(\frac{1}{n^{\frac{3}{2}}}\Big)$$

$$\mathbb{V}\mathrm{ar}_{\mathbb{Q}}((\ln X_{n,i})^2)) = \frac{\sigma^2 T}{n} + \mathcal{O}\Big(\frac{1}{n^{\frac{3}{2}}}\Big).$$

Beweis

Da $\mathbb{Q}$ risikoneutral ist, ergibt sich aus Abschnitt 2.3

$$e^{\frac{rT}{n}} = \mathbb{E}_{\mathbb{Q}}(X_{n,i}) = \mathbb{E}_{\mathbb{Q}}(e^{\ln X_{n,i}})$$

$$= 1 + \mathbb{E}_{\mathbb{Q}}(\ln X_{n,i}) + \frac{1}{2}\mathbb{E}_{\mathbb{Q}}((\ln X_{n,i})^2) + \mathcal{O}\Big(\frac{1}{n^{\frac{3}{2}}}\Big), \tag{3.15}$$

wobei wir bei der letzten Gleichung das Argument aus Lemma 3.1.3 verwenden. Die Reihenentwicklung für die Exponentialfunktion lautet

$$e^{\frac{rT}{n}} = 1 + \frac{rT}{n} + \mathcal{O}\Big(\frac{1}{n^2}\Big).$$

Damit folgt aus (3.15)

$$\mathbb{E}_{\mathbb{Q}}(\ln X_{n,i}) = \frac{rT}{n} - \frac{1}{2}\mathbb{E}_{\mathbb{Q}}((\ln X_{n,i})^2) + \mathcal{O}\Big(\frac{1}{n^{\frac{3}{2}}}\Big). \tag{3.16}$$

Da $(\ln X_{n,i})^2 \le \mathcal{O}(\frac{1}{n})$ gemäß Lemma 3.1.2, bedeutet dies

$$\mathbb{E}_{\mathbb{Q}}\big((\ln X_{n,i})^2\big) \le \mathcal{O}\Big(\frac{1}{n}\Big). \tag{3.17}$$

Andererseits berechnet man nach Lemma 3.1.3

$$\mathbb{E}_{\mathbb{Q}}(\ln X_{n,i}) = (p_n + \Delta_n)\ln U_n + (q_n - \Delta_n)\ln D_n$$

$$= \mathbb{E}_{\mathbb{P}}(\ln X_{n,i}) + \Delta_n(\ln U_n - \ln D_n)$$

$$= \frac{1}{n}\big(\mu T + \frac{1}{2}\sigma^2 T\big) + \Delta_n(\ln U_n - \ln D_n) + \mathcal{O}\Big(\frac{1}{n^{\frac{3}{2}}}\Big). \tag{3.18}$$

Setzt man (3.16) und (3.18) gleich, ergibt sich mit (3.17)

$$\Delta_n(\ln U_n - \ln D_n) \leq \mathcal{O}(\tfrac{1}{n}). \tag{3.19}$$

Nach Lemma 3.1.2 gilt nun $\ln U_n - \ln D_n = \mathcal{O}(\frac{1}{\sqrt{n}})$. Somit folgt nach (3.19)

$$\Delta_n \leq \mathcal{O}\left(\frac{1}{\sqrt{n}}\right). \tag{3.20}$$

Die Beziehung zwischen $\mathbb{P}$ und $\mathbb{Q}$ ergibt (vgl. dazu (3.18))

$$\begin{aligned}
\mathbb{E}_{\mathbb{Q}}((\ln X_{n,i})^2) &= \mathbb{E}_{\mathbb{P}}((\ln X_{n,i})^2) + \Delta_n((\ln U_n)^2 - (\ln D_n)^2) \\
&= \mathbb{Var}_{\mathbb{P}}(\ln(X_{(n,i)})) - \mathbb{E}_{\mathbb{P}}(\ln(X_{(n,i)})^2) + \Delta_n((\ln U_n)^2 - (\ln D_n)^2) \\
&= \frac{\sigma^2 T}{n} + \mathcal{O}\left(\frac{1}{n^{\frac{3}{2}}}\right).
\end{aligned} \tag{3.21}$$

Für die letzte Gleichung verwende man Annahme (3.6), die Ungleichung (3.20) und Lemma 3.1.2. Mit (3.21) erhalten wir schließlich aus (3.16)

$$\begin{aligned}
\mathbb{E}_{\mathbb{Q}}(\ln X_{n,i}) &= \frac{rT}{n} - \frac{1}{2}\mathbb{E}_{\mathbb{Q}}((\ln X_{n,i})^2) + \mathcal{O}\left(\frac{1}{n^{\frac{3}{2}}}\right) \\
&= \frac{rT}{n} - \frac{\sigma^2 T}{2n} + \mathcal{O}\left(\frac{1}{n^{\frac{3}{2}}}\right)
\end{aligned}$$

und die letzten beiden Beziehungen folgen. $\qquad\qquad\square$

Hieraus lässt sich sofort das erste Hauptergebnis folgern.

Satz 3.1.6
Unter den Voraussetzungen des verallgemeinerten Cox-Ross-Rubinstein-Modells gilt im Wahrscheinlichkeitsraum $(\Omega, \mathscr{F}, \mathbb{Q})$ die Verteilungskonvergenz

$$\sum_{i=1}^{n} \ln(X_{n,i}) \rightharpoonup rT - \frac{1}{2}\sigma^2 T + \sigma T Z,$$

wobei Z eine $(0,1)$-normalverteilte Zufallsvariable ist. Für den Aktienpreis folgt die Verteilungskonvergenz

$$S_n = S_T \rightharpoonup S_0 e^{rT - \frac{1}{2}\sigma^2 T + \sigma\sqrt{T}Z}.$$

Der Beweis wird parallel zu dem von Satz 3.1.4 geführt, indem man die entsprechenden Aussagen für die risikoneutrale Wahrscheinlichkeit $\mathbb{Q}$ anstatt von $\mathbb{P}$ verwendet. Die wesentlichen Beziehungen (3.13) und (3.14) finden sich im Lemma 3.1.5 wieder.

Bemerkung 3.1.7

a) *Klassisches Cox-Ross-Rubinstein-Modell.* In der Originalpublikation betrachteten Cox, Ross und Rubinstein folgendes Modell: Zu vorgegebenen $\mu, \sigma > 0$ wähle man die Wahrscheinlichkeitsverteilung $\mathbb{P}$ mit

$$p_n = \frac{1}{2}\left(1 + \frac{\mu}{\sqrt{n}\sigma}\right).$$

Die Größen U_n und D_n sind gemäß

$$U_n = e^{\frac{2\sigma}{\sqrt{n}}}, D_n = \frac{1}{U_n}$$

kalibriert. Die Übungsaufgabe 13 motiviert die Wahl von p_n, U_n, D_n. In Übungsaufgabe 8 kann man sich davon überzeugen, dass das Modell (3.4)-(3.7) eine Verallgemeinerung des ursprünglichen Modells von Cox, Ross und Rubinstein ist.

b) Wählt man $p_n = \frac{1}{2}$ für alle $n \in \mathbb{N}$ und kalibriert U_n, D_n mittels

$$\frac{U_n}{D_n} = e^{\frac{2\sigma}{\sqrt{n}}},$$

bei vorgegebenem σ (vgl. Übungsaufgabe 13), so erfüllt dieses Modell auch die Voraussetzungen von (3.4)-(3.7) (vgl. Übungsaufgabe 8).

c) Wir haben eine gleichmäßige Unterteilung des Intervalls gewählt. Die Aussage lässt sich allgemein für eine Folge (δ_n), mit $\delta_n \to 0$ zeigen, wobei man $\frac{1}{n}$ durch δ_n ersetzt (Übungsaufgabe 9).

d) Wenn man statt T einen beliebigen Zeitpunkt $t \in [0,T]$ wählt, so erhält man mit derselben Methode (nun betrachte man $[0,t]$ statt $[0,T]$) als Verteilungskonvergenz:

$$S_n = S_t \rightharpoonup S_0 e^{rt - \frac{1}{2}\sigma^2 t + \sigma\sqrt{t}Z}.$$

Wir gehen nun zur Bewertung eines dieser Aktie zugeordneten Derivats europäischen Stils mit einer Ausübungsfunktion $f : \mathbb{R} \longrightarrow \mathbb{R}$ über, die Modellannahmen (3.4)-(3.7) seien erfüllt. Aus Satz 2.4.2 wissen wir, dass

$$V_0^{(n)}(T,S) = F_0 = \frac{1}{(1+R_n)^n}\mathbb{E}_{\mathbb{Q}}(f(S_n))$$

gilt, wobei $V_0^{(n)}(T,S)$ der arbitragefreie Wert des Derivats im binomialen Modell bei n Intervallen zur Zeit T mit Anfangswert S des zugrundeliegenden Wertpapiers ist. Uns interessiert der Grenzwert $\lim_{n\to\infty} V_0^{(n)}(T,S)$. Wir setzen eine auf $\mathbb{R}$ fast überall stetige Ausübungsfunktion $f : \mathbb{R} \longrightarrow \mathbb{R}$

mit

$$\int_{-\infty}^{\infty} |f(e^z)| e^{-\frac{z^2}{2}}\, dz < \infty \tag{3.22}$$

voraus. In den meisten Fällen ist dies ausreichend. Wie man aus der Gleichung (3.23) erkennt, ist (3.22) eine notwendige Bedingung. Erneut benutzen wir, dass die Verteilungskonvergenz unter fast überall stetigen Abbildungen erhalten bleibt (vgl. Satz D.2.36b)). Somit folgt, wenn man $V_0(T,S) = \lim_{n\to\infty} V_0^{(n)}(T,S)$ setzt,

$$V_0(T,S) = \lim_{n\to\infty} V_0^{(n)}(S,T) = \lim_{n\to\infty} \frac{1}{(1+R_n)^n} \mathbb{E}_{\mathbb{Q}}(f(S_n)) \tag{3.23}$$

$$= e^{-rT} \mathbb{E}_{\mathbb{Q}}(f(\lim_{n\to\infty} S_n)) = e^{-rT} \frac{1}{\sqrt{2\pi}} \int_{-\infty}^{\infty} f\Big(S_0 e^{(r-\frac{\sigma^2}{2})T + z\sigma\sqrt{T}}\Big) e^{-\frac{z^2}{2}}\, dz.$$

Der aufmerksame Leser wird einwenden, dass die betrachtete Funktion f nach Satz (D.2.36c) für die Konvergenz der Erwartungswerte beschränkt sein müsste. Doch (3.23) ist auch hinreichend. Wir geben eine kurze Begründung, wobei die Details der Leser in Übungsaufgabe 10 nachprüfen kann.

I) Statt der Funktion f benutze man $|f|$ und wende Satz D.2.36b) an.

II) Man betrachte nun für ein $M > 0$ die Funktion $|f| \wedge M$ und verwende Satz D.2.36c).

III) Man verwende die Verteilungskonvergenz $S_n \rightharpoonup S_T$ und die Bedingung (3.22), um zu vorgegebenem $\varepsilon > 0$ die folgende Abschätzung herzuleiten.

Es gibt ein $\delta > 0$, sodass für alle $A \in \mathscr{F}$, mit $\mathbb{Q}(A) < \delta : \sup_{n\in\mathbb{N}} \sup_{M>0} \mathbb{E}_{\mathbb{Q}}(|f| \wedge M(S_n 1_A)) < \varepsilon$

IV) Aus III) und IV) folgere man (3.23).

Will man den Wert des Derivats zu einer anderen Zeit $t \in [0,T]$ bestimmen, so substituiert man S_0 durch S_t und T durch die noch verbleibende Zeit $T - t$. Wenn man die Formel ähnlich wie oben aus Satz 2.4.2 ableiten will, so sei t bei jeder Unterteilung enthalten, d. h. für eine Unterteilung $\{t_0, t_1, \ldots, t_n\}$ existiere ein $i_n = 1, \ldots, n$ mit $t_{i_n} = t$. Der Wert eines Derivats bezeichnen wir dann gemäß 2.4.2 mit F_{i_n}. Dann ergibt sich mit (3.23)

$$V_t(T,S_t) = \lim_{n\to\infty} F_{i_n} = \lim_{n\to\infty} \frac{1}{(1+R_n)^{n-i_n}} \mathbb{E}_{\mathbb{Q}}(F|\mathscr{F}_{i_n}) \tag{3.24}$$

$$= e^{-r(T-t)} \frac{1}{\sqrt{2\pi}} \int_{-\infty}^{\infty} f\Big(S_t e^{(r-\frac{\sigma^2}{2})(T-t) + z\sigma\sqrt{T-t}}\Big) e^{-\frac{z^2}{2}}\, dz.$$

Dabei wird das Integral punktweise für jedes ω ausgewertet. Da alle Funktionen (zumindest fast überall) stetig sind und die Integralbildung eine stetige Operation ist, ist in diesem Fall V_t eine Zufallsvariable, denn S_t ist eine (vgl. dazu den diskreten Fall 2.4.2). Wir geben hier eine kurze Begründung für Gleichung (3.24). Eine detaillierte Ausarbeitung sei dem Leser in Übungsaufgabe 11 überlassen.

Dazu wählen wir $\omega \in \Omega$ beliebig. Weiter sei $S_t = S_t(\omega)$ der Wertpapierpreis zur Zeit t falls ω eintritt. Dann ist $F_{i_n}(\omega) = \frac{1}{(1+R)^{n-i}} \mathbb{E}_{\mathbb{Q}}(F)$, wobei man statt S_0 den Wert $S_t = S_{i_n}$ einsetzt. Danach benutze man die oben angegebene Methode auf dem Intervall $[t, T]$ statt $[0, T]$.

Nach dieser Reihe von Schlussfolgerungen wollen wir kurz innehalten und die Darstellung (3.24) betrachten. Die Formel enthält einige Parameter, deren Kenntnis benötigt wird, um den Wert des Derivats zu ermitteln. Dazu benötigt man den augenblicklichen Preis des Wertpapiers, den Zinssatz für die risikolose Anlage (was beides kein Problem bereiten dürfte) und die Volatilität σ. Sie ist entscheidend, und mit ihrer Berechnung werden wir uns im nächsten Abschnitt noch näher auseinandersetzen müssen. Doch für die folgenden Ergebnisse nehmen wir an, dass sie uns bekannt sei. Wir können damit den zentralen Satz formulieren, der, wie wir noch sehen werden, die Black-Scholes-Formel liefert.

Satz 3.1.8
Es sei ein Wertpapier ohne Dividendenzahlung und ein zugeordnetes Derivat europäischen Stils mit Enddatum $T > 0$ und einer fast überall stetigen Ausübungsfunktion $f : \mathbb{R} \longrightarrow \mathbb{R}$, die (3.22) erfüllt, gegeben. Dann ist im Cox-Ross-Rubinstein-Modell

$$V_t(T,S) = e^{-r(T-t)} \frac{1}{\sqrt{2\pi}} \int_{-\infty}^{\infty} f\left(S_t e^{(r-\frac{\sigma^2}{2})(T-t)+z\sigma\sqrt{T-t}}\right) e^{-\frac{z^2}{2}} \, dz$$

der Wert des Derivats zur Zeit $t \in [0, T]$, wobei S_t der Preis des Wertpapiers zur Zeit $t \in [0, T]$ ist.

Wir betrachten nun eine klassische Option europäischen Stils. Aus Satz 3.1.8 können wir folgenden Hauptsatz für die Bewertung eines europäischen Calls ableiten. Wir erinnern, dass die Ausübungsfunktion die Gestalt $f(S) = \max(S - K, 0)$ besitzt, wobei K der Strikepreis ist.

Satz 3.1.9
Gegeben sei eine europäische Option ohne Dividendenzahlung zum Ausübungspreis K und Enddatum $T > 0$ auf ein Wertpapier mit Spotpreis $S = S_0$. Ferner seien eine Zinsrate von r auf $[0, T]$ und eine Volatilität des Wertpapiers von σ vorausgesetzt. Für den Wert der Call-Option $C(K, T, S)$ zur Zeit $t = 0$ gilt:

$$\begin{aligned}
C(K,T,S) &= \lim_{n \to \infty} \frac{1}{(1+R_n)^n} \sum_{j=0}^{n} \binom{n}{j} f(S_0 U^j D^{n-j}) Q_U^j Q_D^{n-j} \\
&= e^{-rT} \frac{1}{\sqrt{2\pi}} \int_{-\infty}^{\infty} \max\left(S_0 e^{(r-\frac{\sigma^2}{2})T+z\sigma\sqrt{T}} - K, 0\right) e^{-\frac{z^2}{2}} \, dz \\
&= \frac{1}{\sqrt{2\pi}} \int_{-\infty}^{d_1} S_0 e^{-\frac{z^2}{2}} \, dz - K e^{-rT} \frac{1}{\sqrt{2\pi}} \int_{-\infty}^{d_2} e^{-\frac{z^2}{2}} \, dz,
\end{aligned}$$

wobei wir

$$d_1 = \frac{1}{\sigma\sqrt{T}} \ln\left(\frac{S_0 e^{rT}}{K}\right) + \frac{1}{2}\sigma\sqrt{T}$$

$$d_2 = \frac{1}{\sigma\sqrt{T}} \ln\left(\frac{S_0 e^{rT}}{K}\right) - \frac{1}{2}\sigma\sqrt{T}$$

setzen.

Beweis

Die erste Gleichung folgt gemäß der Bemerkung nach Satz 2.4.2. Wir setzen die spezielle Ausübungsfunktion $f(S_T) = \max(S_T - K, 0)$ in Satz 3.1.8 ein und definieren zur Vereinfachung $N(x) = \frac{1}{\sqrt{2\pi}} \int_{-\infty}^{x} e^{-\frac{u^2}{2}}\, du$. Es gilt aufgrund der Monotonie der Logarithmusfunktion:

$$S_0 e^{(r-\frac{\sigma^2}{2})T + z\sigma\sqrt{T}} \geq K \Leftrightarrow \ln\left(S_0 e^{(r-\frac{\sigma^2}{2})T + z\sigma\sqrt{T}}\right) = z\sigma\sqrt{T} + (r - \frac{\sigma^2}{2})T + \ln(S_0) \geq \ln(K)$$

$$\Leftrightarrow \frac{1}{\sigma\sqrt{T}} \ln\left(\frac{K}{S_0 e^{rT}}\right) + \frac{1}{2}\sigma\sqrt{T} \leq z.$$

Sei $\tilde{d}_1 := \frac{1}{\sigma\sqrt{T}} \ln(\frac{K}{S_0 e^{rT}}) + \frac{1}{2}\sigma\sqrt{T}$. Dann folgt:

$$C(K,T,S) = e^{-rT} \frac{1}{\sqrt{2\pi}} \int_{\tilde{d}_1}^{\infty} (S_0 e^{(r-\frac{\sigma^2}{2})T + z\sigma\sqrt{T}} - K)e^{-\frac{z^2}{2}}\, dz$$

$$= \frac{1}{\sqrt{2\pi}} \int_{\tilde{d}_1}^{\infty} S_0 e^{z\sigma\sqrt{T} - \frac{\sigma^2}{2}T} e^{-\frac{z^2}{2}}\, dz - e^{-rT} K \frac{1}{\sqrt{2\pi}} \int_{\tilde{d}_1}^{\infty} e^{-\frac{z^2}{2}}\, dz.$$

Setzt man $u := -z + \sigma\sqrt{T}$ im ersten Integranden und $w = -z$ im zweiten, so folgt $dz = -du$, $dz = -dw$ und

$$\frac{1}{\sigma\sqrt{T}} \ln\left(\frac{K}{S_0 e^{rT}}\right) + \frac{1}{2}\sigma\sqrt{T} \leq z \Leftrightarrow \frac{1}{\sigma\sqrt{T}} \ln\left(\frac{S_0 e^{rT}}{K}\right) + \frac{1}{2}\sigma\sqrt{T} \geq u$$

sowie

$$\frac{1}{\sigma\sqrt{T}} \ln\left(\frac{K}{S_0 e^{rT}}\right) + \frac{1}{2}\sigma\sqrt{T} \leq z \Leftrightarrow \frac{1}{\sigma\sqrt{T}} \ln\left(\frac{S_0 e^{rT}}{K}\right) - \frac{1}{2}\sigma\sqrt{T} \geq w.$$

Also

$$C(K,T,S) = \frac{1}{\sqrt{2\pi}} \int_{-\infty}^{d_1} (S_0 e^{-u\sigma\sqrt{T} + \sigma^2 T - \frac{\sigma^2}{2}T} \cdot e^{\frac{-u^2 + 2u\sigma\sqrt{T} - \sigma^2 T}{2}})\, du - e^{-rT} K \frac{1}{\sqrt{2\pi}} \int_{-\infty}^{d_2} e^{\frac{-w^2}{2}}\, dw$$

$$= \frac{1}{\sqrt{2\pi}} \int_{-\infty}^{d_1} S_0 e^{-\frac{u^2}{2}}\, du - K e^{-rT} \frac{1}{\sqrt{2\pi}} \int_{-\infty}^{d_2} e^{-\frac{w^2}{2}}\, dw$$

und die Behauptung folgt.   □

Programm 3.1
op_eu_bs
berechnet den Wert
einer europ. Option

Bemerkung 3.1.10

a) Mithilfe von Satz 3.1.9 kann man die *Black-Scholes-Formel* ableiten:

$$C(K,T,S) = S_0 N(d_1) - e^{-rT} K N(d_2), \tag{3.25}$$

wobei $N(x) = \frac{1}{\sqrt{2\pi}} \int_{-\infty}^{x} e^{-\frac{u^2}{2}} \, du$ wie im Beweis gesetzt wurde. Für den Wert eines Puts $P(K,T,S)$ ergibt sich aufgrund der Call-Put-Parität $P(K,T,S) = C(K,T,S) - S_0 + Ke^{-rT}$ und der Symmetrie der Dichte der Normalverteilung $N(0,1)$

$$P(K,T,S) = S_0(N(d_1)-1) - e^{-rT}K(N(d_2)-1) = e^{-rT}KN(-d_2) - S_0 N(-d_1).$$

b) Aus (3.1.8) kann man den Wert einer Call-Option zu einer Zeit $t \in [0,T]$ angeben:

$$C(K,T,S,t) = S_0 N(d_1(t)) - e^{-r(T-t)} K N(d_2(t)), \quad \text{mit}$$

$$d_1(t) = \frac{1}{\sigma\sqrt{T-t}} \ln\left(\frac{S_0 e^{r(T-t)}}{K}\right) + \frac{1}{2}\sigma\sqrt{T-t},$$

$$d_2(t) = \frac{1}{\sigma\sqrt{T-t}} \ln\left(\frac{S_0 e^{r(T-t)}}{K}\right) - \frac{1}{2}\sigma\sqrt{T-t}.$$

gesetzt sind.

Wir wollen einige Optionen berechnen.

Beispiel 3.1.11

Um die Abhängigkeit des Werts eines Calls (3.1, linkes Bild) bzw. eines Puts (3.1, rechtes Bild) vom Verhältnis S/K zu verdeutlichen, haben wir eine Aktie mit Strikepreis $K = 214$ Euro, Zinssatz 2.5% und Volatilität 42,5% gewählt. Die drei Kurven sind für $T = 3(-), T = 6(--)$ und $T = 9(-.)$ Monate gezeichnet.

Anhand des Beispiels für den Call (3.1, linkes Bild) kann man erkennen, dass für $S \ll K$ der Wert $C(K,T,S)$ fast null wird. In der Formel drückt sich dies durch ein sehr kleines d_1 bzw. d_2 aus. Man sagt der Call ist *out of the money* oder *aus dem Geld*. Umgekehrt zeigen die Bilder, dass für $K \ll S$ der Wert des Calls fast linear gegen $S - Ke^{-rT}$ wächst, was erneut in der Formel durch die Tatsache unterstützt wird, dass d_1, d_2 gegen ∞ streben. Der Call ist *deep in the money*.

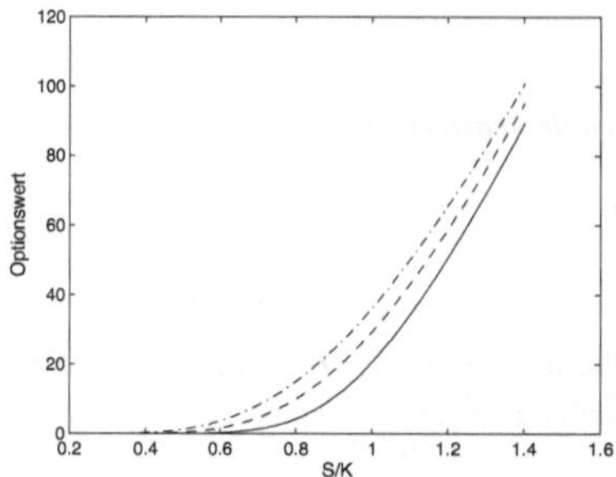
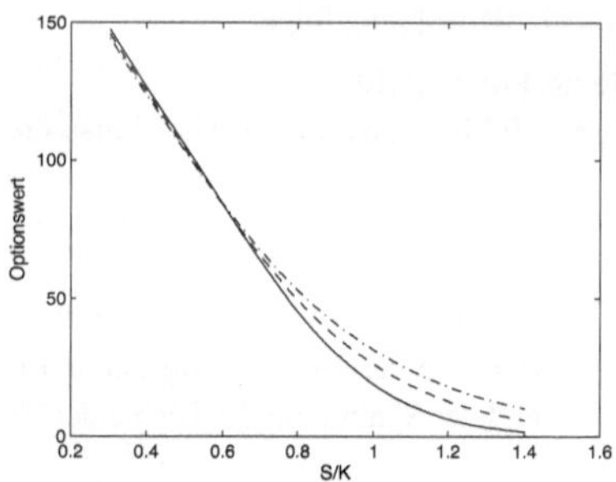

Abbildung 3.1: Wert einer Call (links) bzw. Put(rechts) Option als Funktion von S/K und der Restlaufzeit

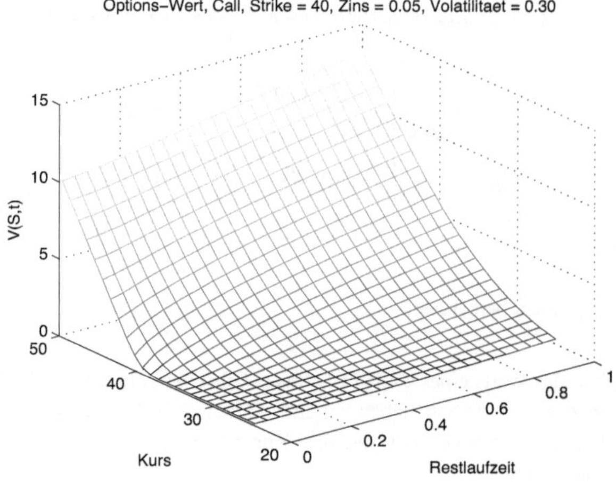

Abbildung 3.2: Optionswert als Funktion von Restlaufzeit und Aktienkurs

Literaturhinweise und Geschichtliches

Es gibt eine Reihe von Büchern, die den Übergang nach Cox, Ross und Rubinstein darstellen, so z. B. [MR97] und [Sch98b]. Meist wird allerdings die Konvergenz direkt für die europäische Option gezeigt, ohne die allgemeine Formel zur Bewertung von Derivaten (3.1.8). In [KK99] wird der Ansatz aus Bemerkung 3.1.7 b) gewählt, um die numerische Approximation des zeitstetigen Modells durch diskrete Prozesse zu begründen. Andere verzichten ganz auf

eine Herleitung der Black-Scholes-Formel mittels Konvergenz des n-Perioden-Modells, wie z. B.
[Irl98, Kar97, KS98, WHD95]. Für das weitere und vertiefte Studium des Übergangs vom dis-
kreten zum kontinuierlichen Modell verweisen wir auf die Arbeiten von Cutland, Kopp und Wil-
linger [CKW93], He [He90, He91] und Willinger und Taqqu [WT88, WT91]. Im Buch von
Kremer [Kre07] werden meist diskrete Modelle diskutiert, dennoch ist auch das Modell von
Black-Scholes am Schluss ein Thema. Die Bücher von Grundmann [Gru04] sowie Günther und
Jüngel [GJ03] behandeln auch das Black-Scholes-Modell numerisch mittels MATLAB-Codes.
Während in [GJ03] die numerische Behandlung der Normalverteilung mittels Splines betrachtet
wird, kann man in [Gru04] nur die reinen Formeln und deren Implementierungen in Programmen
finden.

Matlab Code

Die Matlab Funktion `op_eu_bs` berechnet den fairen Optionspreis einer europäischen Option.
Die kumulative Normalverteilung wird mittels der Funktion `normcdf` berechnet.

Listing 3.1: Das Programm `op_eu_bst`

```
 1  function w = op_eu_bs(ot,s,k,t,r,v);
 2  % Black Scholes Formel fue europ call / put Option
 3  %
 4  % Funktionsaufruf:    w = op_eu_bs('call',90,80,0.5,0.05,0.3)
 5  % input
 6  % ot   Optionstyp put / call
 7  % s    Kurs des Underlying / Basispreis zu t=0
 8  % k    strike Preis
 9  % t    (Rest-)Laufzeit der Option in Jahren
10  % r    risikoloser Zinssatz per anno
11  % v    Volatilitaet per anno
12  % output Optionswert
13  ca = strcmp(ot,'call');
14  pu = strcmp(ot,'put');
15  d1=(log(s/k)+(r+v^2/2)*t)/(v*sqrt(t));
16  d2=d1-v*sqrt(t);
17  if ca == 1
18    w = s*normcdf(d1) - k*exp(-r*t)*normcdf(d2);
19  end
20  if pu == 1
21    w = k*exp(-r*t)*normcdf(-d2) - s*normcdf(-d1);
22  end
```

Die Matlab Funktion `plot_op_eu_bs` zeichnet eine Grafik des Optionspreises in Abhängigkeit
von S und t.

Listing 3.2: Das Programm `plot_op_eu_bst`

```
1  function w = plot_op_eu_bs(ot,smin,smax,sn,k,tmin,tmax,tn,r,v);
```

```matlab
 2  % Black Scholes Formel fue europ call / put Option
 3  %
 4  % Funktionsaufruf: w = plot_op_eu_bs('call',25,50,25,40,0.01,1.0,25,0.05,0.3);
 5  % input
 6  % ot   Optionstyp put / call
 7  % s    Kurs des Underlying / Basispreis zu t=0
 8  % k    strike Preis
 9  % t    (Rest-)Laufzeit der Option in Jahren
10  % r    risikoloser Zinssatz per anno
11  % v    Volatilitaet per anno
12
13  % output Optionswert
14  ca = strcmp(ot,'call');
15  pu = strcmp(ot,'put');
16  sv = linspace(smin,smax,sn);
17  tv = linspace(tmin,tmax,tn);
18  t1 = zeros(sn,tn);
19  t2 = zeros(sn,tn);
20  w = zeros(sn,tn);
21  for j = 1:sn
22    for jj =1:tn
23      d1      = (log(sv(j)/k) + ( r+v^2/2)*tv(jj) )/( v*sqrt(tv(jj)) )   ;
24      d2      = d1-v*sqrt( tv(jj) );
25      t1(jj,j) =  sv(j)*normcdf(d1) - k*exp(-r*tv(jj))*normcdf(d2);
26      t2(jj,j) =  k*exp(-r*tv(jj))*normcdf(- d2)     - sv(j)*normcdf(-d1 );
27    end;
28  end;
29  if ca == 1
30   w = t1;
31  end
32  if pu == 1
33   w = t2;
34  end
35  ti = strcat('Options-Wert ',', ', ot , ', Strike= ', sprintf('%4.0f', k) ,
36              ' Zins= ', sprintf('%5.2f', r),' Volatilitaet= ',
37                       sprintf('%5.2f', v) );
38  [sm,tm] = meshgrid(sv,tv);
39  mesh(tm,sm,w);
40  xlabel('Kurs'), ylabel('Restlaufzeit'), zlabel('V(S,t)');
41  title(ti);
```

Aufgaben

1. (Fortsetzung von Aufgabe 1 aus 2.4) Eine Ölfördergesellschaft legt zweijährige Schuldverschreibungen mit Kupons auf, die vom Rohölpreis abhängen. Der Schuldschein bezahlt halbjährlich die Kupons und abschließend, nach zwei Jahren, einen Betrag von 100000 Euro (es gibt also drei Kupons). Man nehme an, dass der gegenwärtige Preis für ein Barrel Öl 18 Euro beträgt. Sei P_t der Preis eines Barrels Öl zur Zeit t. Der Wert eines Kupons

berechnet sich dann gemäß

$$\text{Kuponzahlung} \quad = \quad \begin{cases} 4000 \text{ Euro}, & \text{falls } P_t \leq 18, \\ 2000(2 + \frac{c-18}{5}) \text{ Euro}, & \text{falls } 18 < P_t < 23, \\ 6000 \text{ Euro}, & \text{falls } P_t \geq 23 \end{cases}$$

   a) Man nehme an, dass die jährliche Volatilität von Öl 5% über diese Periode beträgt und die jährliche Zinsrate 8%. Man berechne den *fairen* Preis der Schuldverschreibung gemäß der Black-Scholes Formel.

   b) Man berechne den fairen Preis auch für eine Volatilität von 1%.

2. Man benutze Arbitrage-Argumente, um die folgenden Schranken einer europäischen Call-Option auf einen Vermögenswert, die keine Dividende zahlt, zu zeigen:

   (a) $C(K,T,S) < S$.

   (b) Unterscheiden sich zwei Call-Optionen nur durch ihren Strike-Preis K_1, K_2 ($K_1 < K_2$), so gilt

$$0 \leq C(K_1,T,S) - C(K_2,T,S) \leq K_2 - K_1.$$

   (c) Unterscheiden sich zwei Call-Optionen nur durch ihr Fälligkeitsdatum T_1, T_2 ($T_1 < T_2$), so gilt

$$C(K,T_1,S) \leq C(K,T_2,S).$$

3. Ein *Call-Spread* bezeichnet eine Position, die aus einem gekauften Call und einem verkauften Call verschiedener Strikes besteht.

   a) Man berechne und zeichne den Wert eines Call-Spreads mit Strikes 90 Euro (Long-Call) und 110 Euro (Short-Call) und Ausübungsdatum nach 6 Monaten. Man nehme an, dass $r = 0.05$, $T = \frac{1}{2}$ gilt, aber dass die Volatilität die Werte 10%, 20%, 30% und 40% annimmt (man zeichne vier Graphen).

   b) Wie verändert sich der Wert des Spreads in Abhängigkeit von der Volatilität, wenn der Basiswert 100 Euro beträgt? Was geschieht, wenn der Wert auf 80 Euro fällt?

4. Am 8.2.1999 notierten wir folgende Daten für die Münchener Rückversicherungs-Gesellschaft: $S_0 = 214$ Euro, Volatilität $\sigma = 42,5\%$, Jahreszinssatz $r = 2,5\%$. Man berechne den Wert der Option, falls der Ausübungskurs $K = 180$ Euro in 9 Monaten beträgt.

5. Man beweise Bemerkung 2.1.10 b).

6. Man berechne für die

   a) binären Optionen (2.26),

b) die Gap-Optionen (2.27),

c) die Paylater-Optionen (Aufgabe 5 in 2.4)

d) die Chooser-Optionen (Aufgabe 6 in 2.4)

die Optionspreise im zeitstetigen Fall.

Man modifiziere die Programme aus Abschnitt (2.3) und verwende die Parameter r, σ anstelle von p_n, U_n, D_n.

7. Wenn man die Kalibrierung von Cox, Ross und Rubinstein benutzt, d. h.

$$\frac{U_n}{D_n} = e^{2\sigma\sqrt{\frac{1}{n}}}, D_n = e^{-rT}e^{-\sigma\sqrt{\frac{1}{n}}},$$

so beweise man für die risikoneutrale Wahrscheinlichkeitsverteilung $\mathbb{Q}$ die zweite und dritte Aussage im Lemma 3.1.5. Daraus leite man Satz 3.1.8 ab. Mit einem Ansatz wie in (3.7) beweise man die restlichen Aussagen im verallgemeinerten Cox, Ross und Rubinstein-Modell.

8. Man beweise die Aussage in Bemerkung 3.1.7 b).

9. Man beweise die Aussage in Bemerkung 3.1.7 c).

10. Man führe die Begründung zu (3.22) aus.

11. Man führe die Begründung zu (3.24) aus.

12. Die Zufallsgrösse Z sei normalverteilt mit Erwartungswert r und Varianz σ^2. Man definiere die log-normalverteilte Zufallsgröße $S = e^Z$ (d. h. der Logarithmus von S ist normalverteilt). Man beweise folgende Aussagen:

    a) $\mathbb{E}(S) = e^{r+\frac{\sigma^2}{2}}, \quad \mathbb{E}(S^2) = e^{2r+2\sigma^2},$

    b) $\mathbb{V}(S) = e^{2r+\sigma^2}(e^{\sigma^2} - 1).$

13. Zur Motivation der Wahl von p_n, U_n, D_n im Modell von Cox-Ross-Rubinstein.

    • In Anlehnung an Satz 3.1.6 und Bemerkung 3.1.7 gelte, dass $\ln(X_n)$ normalverteilt sei mit Erwartungswert $\mathbb{E}(\ln(X_n)) = (r - \frac{\sigma^2}{2})\delta_n$ und Varianz $\mathbb{V}\mathrm{ar}(\ln(X_n)) = \sigma^2\delta_n$.

    • Man zeige, dass für den Erwartungswert und die Varianz von $\ln(X_t)$ im binomialen Modell mit einem Auf- und Ab Schritt gilt:

        a) $\mathbb{E}_d(\ln(X_n)) = p_n(\ln(U_n)) + (1 - p_n)(\ln(D_n))$

        b) $\mathbb{V}\mathrm{ar}_d(\ln(X_n)) = p_n(\ln(U_n) - \mathbb{E}_d(\ln(X_n)))^2 + (1 - p_n)(\ln(D_n) - \mathbb{E}_d(\ln(X_n)))^2$

    • Unter der Annahme, dass $\mathbb{E}_d(\ln(X_n)) = \mathbb{E}(\ln(X_n))$ bzw. $\mathbb{V}\mathrm{ar}_d(\ln(X_n)) = \mathbb{V}\mathrm{ar}(\ln(X_n))$ gilt, beweise man folgende Aussagen:

a) $\mathbb{E}_d(\ln(X_n)) = p_n \ln(\frac{U_n}{D_n}) + \ln(D_n) = (r - \frac{\sigma^2}{2})\delta_n$

a) $\mathbb{V}\mathrm{ar}_d(\ln(X_n)) = (p_n - p_n^2)(\ln(\frac{U_n}{D_n}))^2 = \sigma^2 \delta_n,$

c) Wie lässt sich die Forderung nach der Gleichheit der Momente inhaltlich interpretieren?

- Für eine eindeutige Lösung von p_n, U_n, D_n benötigt man eine zusätzliche Bedingung. Wählt man als Restriktion $U_n D_n = 1$, was eine Symmetrie der Auf- und Abwärtsbewegung ausdrückt, so lässt sich folgende Lösung finden:

a) $U_n = e^{\sigma\sqrt{\delta_n}}, \qquad D_n = e^{-\sigma\sqrt{\delta_n}}, \qquad p_n = \frac{1}{2}(1 + (r - \frac{\sigma^2}{2})\frac{\sqrt{\delta_n}}{\sigma}),$

b) Man verifiziere die Lösung.

b) Wann ist die Wahrscheinlichkeit p_n positiv?

- Man zeige unter der Bedingung $p_n = 0.5$ folgende Aussagen:

a) $U_n = e^{(r - \frac{\sigma^2}{2})\delta_n + \sigma\sqrt{\delta_n}},$

b) $D_n = e^{(r - \frac{\sigma^2}{2})\delta_n - \sigma\sqrt{\delta_n}},$

14. Bei Binomialbäumen hat man die Parameter p_n, U_n, D_n mit einer Restriktion zu wählen, z. B. $U_n D_n = 1$. Als Alternative kann man für einen Baum mit einer geraden Anzahl M von Schritten die Restriktion so wählen, dass der Baum um den Strikepreis K zentriert ist: $U_n D_n = (K/S_0)^{2/M}$. Dieses Vorgehen ist sinnvoll, wenn der aktuelle Kurs S_0 weit vom Strikepreis K entfernt ist, da in diesem Fall bei einem binomialen Baum mit $U_n D_n = 1$ viele Gitterpunkte den Wert 0 annehmen. Man berechne p_n, U_n, D_n hierfür (siehe [Sey03]).

15. Der experimentierfreudige Leser hat sicherlich schon herausgefunden, dass der Optionswert im log-binomialen Modell nicht monoton in n, d. h. der Anzahl der Handelszeitpunkte, konvergiert. Daher möge er sich von besseren Methoden inspirieren lassen ([BD96a], Stichwort: BBSR - Binomial-Black-Scholes-Formel mit der Richardson-Extrapolation). Siehe auch [LR96] bzw. [Jos09b].

3.2 Die Faktoren

Das Delta-Hedging

Stellen wir uns eine Bank oder eine Brokerfirma vor, die eine europäische Call-Option auf eine Aktie herausgeben will. Es ist klar, dass sich die Firma die Frage stellt, wie sie das Risiko absichern kann, das am Enddatum entsteht. Die Bank muss zur Zeit T den Vermögenswert, z. B. eine Aktie, zum vereinbarten Strikepreis K liefern, obwohl der aktuelle Wert S_T größer als K sein kann. Der Zeichner der Option benötigen eine Anlagestrategie, die dieses Risiko minimiert.

In 2.4 haben wir im n-Periodenmodell bereits Anlagestrategien angesprochen. Wir führen diese Untersuchung im zeitstetigen Fall fort.

Nachdem wir den Übergang zum zeitstetigen Modell in Abschnitt 3.1 vorgenommen haben, also den Wert einer Option theoretisch zu jeder Zeit $t \in [0, T]$ berechnen können, stellt sich nun die Frage nach der Anlagestrategie. In Abschnitt 2.4 hatten wir für das zugrundeliegende Wertpapier

$$\Delta_{S,n}^{(i)} = \theta(i)_S(\omega_1, \ldots \omega_i) = \frac{F_{i+1}(\omega_1, \ldots \omega_i, U) - F_{i+1}(\omega_1, \ldots \omega_i, D)}{S_i(\omega_1, \ldots \omega_i)(U - D)}$$

als anzulegende Menge zur Zeit t_i ermittelt. Wie wir sahen, war das binomiale Modell vollständig, d. h. man kann eine Option durch ein Portfolio absichern (Satz 2.4.6). Grundsätzlich spricht man bei Derivaten von zwei Hedgestrategien. Die erste ergibt sich aus der Call-Put-Parität und ist deterministisch. Die andere kann als dynamisch angesehen werden und erfolgt mittels einer Anpassungsstrategie gemäß des Hedgekoeffizienten $\Delta_{S,n}^{(i)}$. Wir wollen nun, ähnlich wie im vorhergegangenen Abschnitt, den Grenzwert des Koeffizienten im n-Perioden-Modell für $n \to \infty$ bestimmen.

Wir gehen von der Situation aus, ein Derivat auf ein Wertpapier (z. B. eine Aktie) durch ein Portfolio, bestehend aus einem risikolosen Bond und dem Wertpapier (Aktie), abzusichern, also zu hedgen. Aus Gleichung (2.25) kennen wir den sogenannten Hedgequotienten $\Delta_{S,n}^{(j)}$, $j = 0, \ldots, n$, $n \in \mathbb{N}$, im binomialen n-Periodenmodell

$$\begin{aligned}
\Delta_{S,n}^{(i)}(\omega_1, \ldots, \omega_i) = \Delta_{S,n}^{(i)} &= \frac{F_{i+1}(\omega_1, \ldots \omega_i, U_n) - F_{i+1}(\omega_1, \ldots \omega_i, D_n)}{S_i(\omega_1, \ldots \omega_i)(U_n - D_n)} \\
&= \frac{V_n^{i+1}(U_n) - V_n^i(D_n)}{S_{i,n}(U_n - D_n)}.
\end{aligned} \qquad (3.26)$$

Die Gleichung (3.26) lässt sich als „diskrete Ableitung" verstehen: Die Wertfunktion V wird nach dem Preis des Wertpapiers (z. B. Aktie) S differenziert.

Wir erinnern an die Bezeichnungen und die Modellannahmen des vorhergehenden Kapitels.

Satz 3.2.1
Wir gehen von einem Derivat europäischen Stils mit einer fast überall stetig differenzierbaren Einlösefunktion $f : \mathbb{R} \longrightarrow \mathbb{R}$ mit beschränkter Ableitung aus. Es seien $T > 0$ das Einlösedatum und $S = S_0$ der Spotpreis zur Zeit $t = 0$. Unter den Annahmen des verallgemeinerten Cox-Ross-Rubinstein-Modells aus Abschnitt 3.1 gilt:

$$(T, S) \longmapsto V_0(T, S) \text{ ist partiell differenzierbar bzgl. } S \text{ und es gilt}$$

$$\Theta_S^{(0)} = \Delta(T, S) = \lim_{n \to \infty} \Delta_{S,n}^{(0)} = \frac{\partial V_0}{\partial S}(T, S). \qquad (3.27)$$

Dabei stellt $V(T,S)$ den Wert des Derivats mit Spotpreis S und Einlösedatum $T > 0$ zur Zeit $t = 0$ dar.

Beweis

Wir betrachten ein festes $n \in \mathbb{N}$ und setzen $S_{i,n} := S_i$, $i = 1, \ldots, n$. Es sei $\mathbb{E}_\mathbb{Q}$ der Erwartungswert bezüglich der risikoneutralen Wahrscheinlichkeit. Aus (3.26) und Satz 2.4.2 folgern wir

$$\Delta_n^0 = \left(\frac{1}{1+R_n}\right)^{n-1} \frac{1}{S(U_n - D_n)} \left(\mathbb{E}_\mathbb{Q}(f(S_n)|S_1 = SU_n)(U_n) - \mathbb{E}_\mathbb{Q}(f(S_n)|S_1 = SD_n)(D_n)\right) \quad (3.28)$$

$$= \left(\frac{1}{1+R_n}\right)^{n-1} \frac{1}{S(U_n - D_n)} \left(\mathbb{E}_\mathbb{Q}(f(S_{n-1}U_n)|S_0 = S) - \mathbb{E}_\mathbb{Q}(f(S_{n-1}D_n)|S_0 = S)\right)$$

$$= \left(\frac{1}{1+R_n}\right)^{n-1} \frac{1}{S(U_n - D_n)} \left(\mathbb{E}_\mathbb{Q}(f(S_{n-1}U_n)) - (\mathbb{E}_\mathbb{Q}(f(S_{n-1}D_n)))\right)$$

$$\overset{!}{=} \left(\frac{1}{1+R_n}\right)^{n-1} \mathbb{E}_\mathbb{Q}\left(f'(S_{n-1}) \cdot \frac{S_{n-1}}{S}\right) + \mathcal{O}(\sqrt{n^{-1}}) \text{ (dabei bezeichnet } \mathcal{O} \text{ das Landausymbol).}$$

Wir werden (!) am Schluss beweisen.

f' ist nach Voraussetzung fast überall stetig. $S_{n-1} \rightharpoonup S_T$ gilt gemäß Satz 3.1.6. Also folgt mit Satz D.2.36b), dass $f'(S_{n-1}) \cdot \frac{S_{n-1}}{S} \rightharpoonup f'(S_T) \cdot \frac{S_T}{S}$, (man benütze als fast überall stetige Abbildung $x \longmapsto f'(x) \cdot \frac{x}{S}$). Somit gilt wie bei der Begründung zu (3.23) aus Abschnitt 3.1

$$\mathbb{E}_\mathbb{Q}\left(f'(S_{n-1}) \cdot \frac{S_{n-1}}{S}\right) \overset{n \to \infty}{\longrightarrow} \mathbb{E}_\mathbb{Q}\left(f'(S_T) \cdot \frac{S_T}{S}\right).$$

Damit ergibt sich mit (3.28)

$$\Delta(S,T) = \lim_{n \to \infty} \Delta_{S,n}^0 = e^{-rT} \mathbb{E}_\mathbb{Q}\left(f'(S_T) \cdot \frac{S_T}{S}\right).$$

Weiter folgt nach Satz 3.1.6

$$S_T = S_0 e^{\sigma Z \sqrt{T} + (r - \frac{\sigma^2}{2})T}. \quad (3.29)$$

Somit ist S_T u. a. eine Funktion des Spotpreises $S = S_0$. Die partielle Ableitung von (3.29) nach S ergibt:

$$\frac{\partial S_T}{\partial S} = e^{\sigma Z \sqrt{T} + (r - \frac{\sigma^2}{2})T} = \frac{S_T}{S}.$$

Hiermit folgt

$$\Delta(T,S) = e^{-rT} \mathbb{E}_\mathbb{Q}\left(\underbrace{f'(S_T) \cdot \frac{\partial S_T}{\partial S}}_{= \frac{\partial f}{\partial S}(S_T)}\right) = e^{-rT} \mathbb{E}_\mathbb{Q}\left(\frac{\partial f}{\partial S}(S_T)\right) \quad (3.30)$$

$$= e^{-rT} \frac{\partial}{\partial S} \mathbb{E}_\mathbb{Q}(f(S_T)) \overset{\text{Satz 3.1.8}}{=} \frac{\partial}{\partial S} V_0(S,T).$$

Man beachte bei der ersten Gleichung die Kettenregel und bei der dritten die Vertauschbarkeit von Integration und Differentiation, da f fast überall stetig differenzierbar mit beschränkter Ableitung ist. Es bleibt noch (!) nachzuweisen.

$$\left(\frac{1}{1+R_n}\right)^{n-1}\frac{1}{S(U_n-D_n)}\left(\mathbb{E}_\mathbb{Q}(f(S_{n-1}U_n))-\mathbb{E}_\mathbb{Q}(f(S_{n-1}D_n))\right)=$$

$$\left(\frac{1}{1+R_n}\right)^{n-1}\mathbb{E}_\mathbb{Q}\left(\frac{S_{n-1}}{S}\frac{f(S_{n-1}U_n)-f(S_{n-1}D_n)}{S_{n-1}(U_n-D_n)}\right)\overset{\text{Mittelwertsatz}}{=}$$

$$\left(\frac{1}{1+R_n}\right)^{n-1}\left(\mathbb{E}_\mathbb{Q}\left(f'(S_{n-1})\cdot\frac{S_{n-1}}{S}\right)+o(S_{n-1}(U_n-D_n))\right),$$

(wobei $\mathscr{O}(S_{n-1}(U_n-D_n))$ als Symbol für einen Term steht, der schneller gegen null konvergiert, als $S_{n-1}(U_n-D_n)$). Dabei folgt die erste Gleichung aus einer einfachen Umformung und der Linearität des Erwartungswertoperators. Die zweite ist eine Konsequenz des Mittelwertsatzes. Da $(S_{n-1}(U_n-D_n))=\mathscr{O}(\frac{1}{\sqrt{n}})$ nach (3.1.2) gilt, folgt die Behauptung. $\qquad\square$

Bemerkung 3.2.2

a) Die Aussage bleibt richtig, falls man von f die Integrabilitätsbedingung

$$\int_{-\infty}^{\infty}|f'(e^z)|e^{-\frac{z^2}{2}}dz<\infty$$

verlangt. Die Begründung folgt der zu (3.23) aus Abschnitt 3.1.

b) Allgemein kann man für eine Zeit $t\in[0,T]$ den Hedgekoeffizienten $\Delta(t,T,S)$ in der Form

$$\Delta(t,T,S)=\frac{\partial V_t(S,T)}{\partial S}\qquad\text{(vgl. Übungsaufgabe 1)}\qquad(3.31)$$

angeben. Der Koeffizient $\Delta(t,S,T)$ wird wie im Satz 3.2.1 durch den Grenzübergang aus dem diskreten Modell in (2.4.2) bestimmt.

c) Fassen wir die Optionsbewertung kurz zusammen. Sind Zinssatz und Volatilität bekannt, lässt sich der Wert der Option als diskontierter Erwartungswert bezüglich der risikoneutralen Wahrscheinlichkeit angeben. Der Grenzübergang zum zeitstetigen Modell zeigte, dass man für die Aktienpreisverteilung die log-normal-Verteilung erhält. Die Darstellung des Hedgekoeffizienten in der geschlossenen Form von Satz 3.2.1 bzw. 3.31 ist für die Gestaltung der Portfoliostruktur ein wichtiges Ergebnis. Das Delta oder der *Hedgequotient* gibt die Sensitivität des Wertes unseres Derivats in Bezug auf die Preisänderung des zugrundeliegenden Wertpapiers wieder. Der Quotient gibt an, wie viel Einheiten des zugrundeliegenden Vermögenswerts (oder Wertpapiers) man halten muss, um eine Short-Position in einem Call abzusichern.

Also:

> Der Besitz von Δ Einheiten des zugrundeliegenden Vermögenswertes und gleichzeitig einer Einheit short in der Call Option ist mit fehlender Arbitrage konsistent.

Oder was dazu äquivalent ist:

> Der Besitz von einer Call-Option und Δ Einheiten short des Basiswertes ist zur Arbitragefreiheit äquivalent.

Wir kommen nun zu dem wichtigen Beispiel der *Delta-Option*. Dazu benützen wir den obigen Satz, um den Delta-Hedgekoeffizienten eines Calls europäischen Stils zu ermitteln. Wir differenzieren in Satz 3.1.9 $C(K,T,S)$ partiell nach S gemäß Satz 3.2.1

$$\Delta_{\text{call}}(K,T,S) = \frac{\partial}{\partial S}C(K,T,S) \tag{3.32}$$

$$= N(d_1) + SN'(d_1)\frac{\partial d_1}{\partial S} - Ke^{-rT}N'(d_2)\frac{\partial d_2}{\partial S}.$$

Wir berechnen

$$N'(d_1) = \frac{1}{\sqrt{2\pi}}e^{-\frac{d_1^2}{2}} \text{ und } N'(d_2) = \frac{1}{\sqrt{2\pi}}e^{-\frac{d_2^2}{2}}$$

$$\frac{\partial d_1}{\partial S} = \frac{1}{\sigma\sqrt{T}}\frac{1}{S} = \frac{\partial d_2}{\partial S} \text{ und}$$

$$d_2 = d_1 - \sigma\sqrt{T}, \text{ also } d_2^2 = d_1^2 - 2\ln(\frac{Se^{rT}}{K}).$$

Dies wiederum impliziert

$$e^{-\frac{d_2^2}{2}} = e^{-\frac{d_1^2}{2}+\ln(\frac{Se^{rT}}{K})} = e^{-\frac{d_1^2}{2}}\frac{S}{K}e^{rT}$$

Also folgt

$$Ke^{-rT}N'(d_2) = SN'(d_1). \tag{3.33}$$

Somit gilt mit (3.32)

$$\Delta_{\text{Call}}(K,T,S) = N(d_1) + SN(d_1)'\frac{\partial d_1}{\partial S} - Ke^{-rT}\frac{SN(d_1)'}{Ke^{-rT}}\frac{\partial d_2}{\partial S} = N(d_1).$$

Diese Formel lässt sich aus Abschnitt 2.4 mit denselben Modellannahmen von Abschnitt 3.1 direkt durch den Grenzübergang $\delta t \to 0$ erhalten.

Aus der Call-Put-Parität $P(K,T,S) = C(K,T,S) - S + Ke^{-rT}$ folgert man

$$\Delta_{\text{put}} = \Delta_{\text{Call}} - 1,$$

Programm 3.3
`delta_eu_bs`
berechnet das Delta
einer europ. Option

und somit

$$\Delta \text{put} = N(d_1) - 1 = -N(-d_1). \tag{3.34}$$

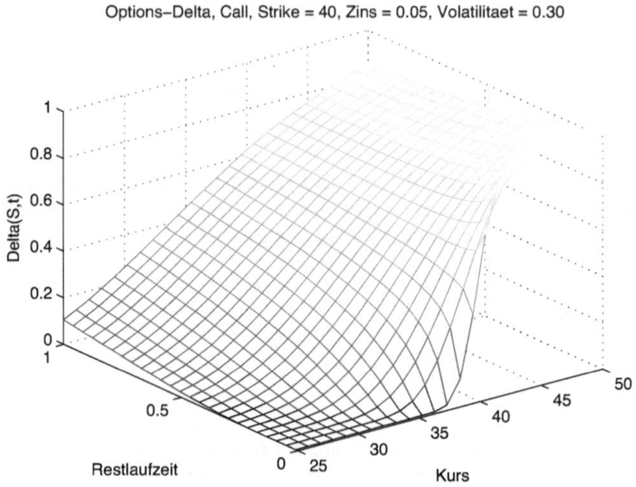

Abbildung 3.3: Das Delta einer europäischen Call-Option

Die beiden nachfolgenden Grafiken (3.4, 3.5) geben die Delta-Sensitivität von drei verschiedenen Calls/Puts wieder ($T = 3, 6$ und 9 Monate, $r = 2,5\%$, $\sigma = 42,5\%$, $\S = 40$, $x = \frac{S}{K}$). Das erste Bild (3.4) für die europäischen Call-Optionen zeigt, dass mit wachsendem Wert S die Sensitivität zunimmt, d. h. wenn der Strikepreis klein bezüglich des Aktienpreises ist, wirkt sich bereits eine kleine Änderung des Aktienpreises stark aus. Der Call ist *tief im Geld*, aber auch sensibel. Anders verhält sich es, wenn der Call out of the money ist, also wenn das Verhältnis S/K klein ist. Dann ist der Call gegenüber Aktienpreisschwankungen unsensibel.

Es ist logisch, dass sich das Bild bei einem Put umkehrt. Aus der Formel und natürlich aus dem Verlauf der Kurve ergibt sich ein negatives Delta.

Praktisches Delta-Hedging

In der Realität wird man nicht nur eine Call/Put Option handeln, sondern sein Portfolio mit mehreren Optionen ausstatten. Deshalb betrachten wir ein strukturiertes Portfolio mit einem zugrundeliegenden Vermögenswert (oder Wertpapier), Einlösedaten $T_1, \ldots, T_m$ und m-verschiedenen Optionen (Puts und Calls mit verschiedenen Strikepreisen). Wir gehen von n_j, $(n_j \in \mathbb{N})$ Op-

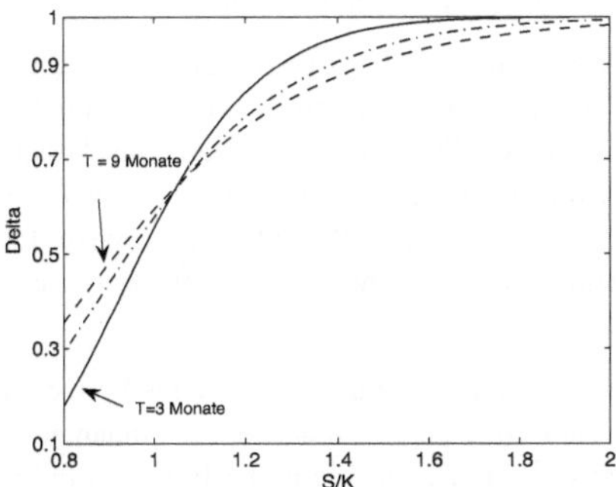

Abbildung 3.4: Delta-Sensitivität eines Calls

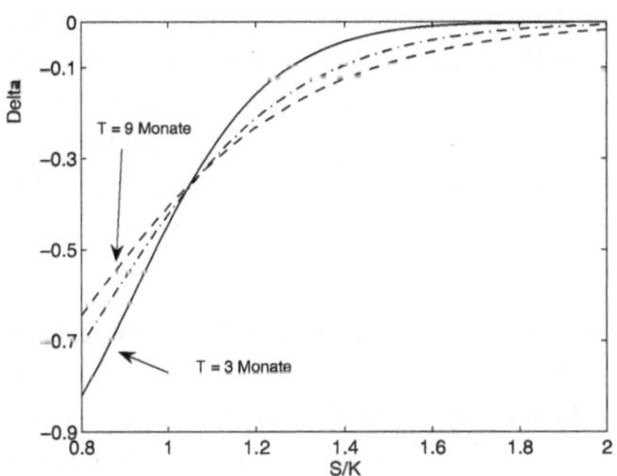

Abbildung 3.5: Delta-Sensitivität eines Puts

tionen vom Typ j, $j = 1,\ldots,m$ aus. Wenn wir mit $K_1,\ldots,K_m$ die jeweiligen Strikepreise bezeichnen, dann ergibt sich zur Zeit $t \in [0,\max(T_1,\ldots,T_m)]$ für das zusammengesetzte Portfolio als Hedgekoeffizient Δ_t aus der Arbitragefreiheit:

$$\Delta_t + \sum_{j=1,t\leq T_j}^{m} n_j\Delta(K_j,T_j-t,S_t) = 0,$$

also

$$\Delta_t = -\sum_{j=1,t\leq T_j}^{m} n_j\Delta(K_j,T_j-t,S_t).$$

Beim Hedgen ergeben sich grundsätzliche Probleme, die wir kurz ansprechen wollen.

I) Bei dem betrachteten Portfolio haben wir Derivate betrachtet, die ausschließlich auf *einen* Basiswert (z. B. ein Wertpapier) bezogen sind. Natürlich entspricht dies wenig der Realität, da man i. a. eine kompliziertere Portfoliostruktur hält. Das Absichern (Hedgen) führt uns in die Theorie der Portfolioselektion und der Theorie des Value at Risk. Diese Theorien haben vor allem in letzter Zeit stark an Bedeutung gewonnen. Eine detaillierte Betrachtung geht über den Rahmen dieses Buches hinaus (vgl. dazu z. B. [EG96, EKM98, Jor97, Spr96, Kre07, MRW06]).

II) Die Modellannahmen, die schließlich zur Black-Scholes-Formel in 2.5 führten, beeinflussen die Strategie des Hedgen. Hier ist einerseits die Annahme der Unabhängigkeit der Zufallsvariablen $X_{i,n}$ aus 2.4 zu nennen, die in der Realität wohl kaum so anzutreffen ist. Zum anderen gilt die Black-Scholes-Formel, wie wir später in Kapitel 4 sehen werden, in einem vollständigen Markt. Doch auch dies entspricht meistens nicht der Realität. Vielmehr liegen in der Praxis meistens unvollständige Märkte vor.

Schließlich sind wir in der Modellannahme von einem vorgegebenen und konstanten σ ausgegangen. Die falsche Bewertung der Volatilität σ birgt das größte Hedgerisiko. Dies kann teilweise durch einen Faktor genannt „Vega" (in Zeichen v) behandelt werden. Wir gehen weiter unten kurz darauf ein. Will man die durch den Markt bewertete Volatilität berechnen, so stößt man auf den Begriff der *impliziten* Volatilität. Mit diesem Begriff lassen sich insbesondere kurzfristige Handelsstrategien entwickelen. Am Ende dieses Abschnittes werden wir dies kurz erläutern.

III) Ein weiteres Hedgeproblem stellt sich im sogenannten „Slippage-Risiko" dar. Die Hedgestrategie geht aufgrund der Approximation nach Cox, Ross und Rubinstein von der Modellannahme aus, man könnte zu jedem Zeitpunkt in $[0, T]$ anpassen. Falls der Händler nicht genügend oft absichert, kann die gesamte Strategie fehlschlagen. In der Praxis ist dies natürlich der Fall: Ein Akteur auf dem Markt kann sich nicht in „mikroskopischen" kleinen Zeiteinheiten absichern, sondern muss in „makroskopischen" Zeiteinheiten handeln, was eine anschließende Anpassung erforderlich macht. Dies lässt sich mit dem folgenden Faktor behandeln.

Der Konvexitätsfaktor Gamma

Um diesen Faktor noch weiter zu motivieren, wollen wir davon ausgehen, dass ein Händler sein Portfolio gemäß dem Optionspreis ausrichtet. Man kann sagen, falls der Wert der Aktie von S_0 nach S_{neu} wechselt, so sollte sich gemäß dem Delta-Hedging der Wert der abgesicherten Option von C_0 nach $C_{neu,delta-hedge}$ ändern. Nimmt aber diese tatsächlich $C_{neu,\,wahr} > C_{neu,delta-hedge}$ an, so bildet das Portfolio nicht mehr genau die Option ab. Damit hat der Händler ein Problem. Er muss somit die Optionspreiskurve, d. h. deren Krümmung stärker berücksichtigen.

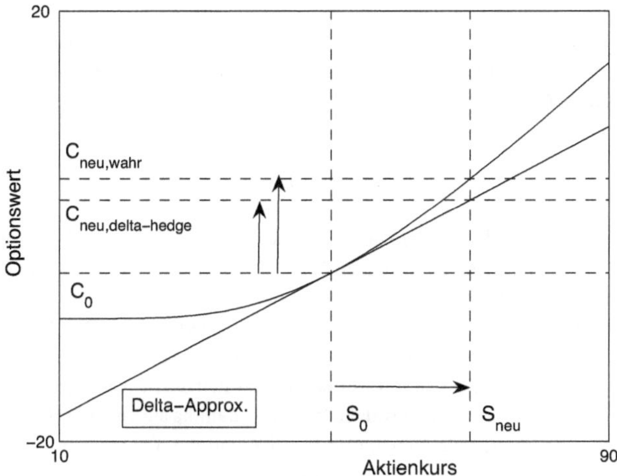

Abbildung 3.6: Delta-Hedging-Fehler einer europäischen Call-Option

Da wir den Wert der Option $V(t,S)$ von der Zeit und dem Wert der Aktie abhängig angesetzt haben, kann man mittels Taylorentwicklung (bei hinreichender Differenzierbarkeit von $V(t,S)$) formulieren:

$$\Delta V(t,S) \; = \; \frac{\partial V(t,S)}{\partial S}\Delta S + \frac{\partial V(t,S)}{\partial t}\Delta t + \frac{1}{2}\frac{\partial^2 V(t,S)}{\partial S^2}(\Delta S)^2$$
$$+ \frac{1}{2}\frac{\partial^2 V(t,S)}{\partial t^2}(\Delta t)^2 + \frac{1}{2}\frac{\partial V(t,S)}{\partial S \partial t}\Delta S \Delta t + \ldots ,$$

wobei $\Delta V(t,S)$ und ΔS von einem kleinen Zeitintervall Δt abhängig sind. Wenn man die Terme mit höheren Ordnung von Δt vernachlässigt, kann man als sehr gute Approximation

$$\Delta V(t,S) = \frac{\partial V(t,S)}{\partial S}\Delta S + \frac{\partial V(t,S)}{\partial t}\Delta t + \frac{1}{2}\frac{\partial^2 V(t,S)}{\partial S^2}(\Delta S)^2 \tag{3.35}$$

erhalten.

Damit sieht man, dass man außer dem Delta, der Zeitableitung $\frac{\partial V(t,S)}{\partial t}$ (diese wird Theta genannt) auch die zweite partielle Ableitung braucht, um den Optionspreis gut zu approximieren, und für den Händler bietet sich damit die Möglichkeit, das Delta besser zu beurteilen.

Definition 3.2.3

Falls die Wertfunktion $V_0 : \mathbb{R}^2 \longrightarrow \mathbb{R}$, $(T,S) \longmapsto V_0(T,S)$ eines Derivats europäischen Stils, zweimal differenzierbar in S-Richtung ist, so stellt der *Konvexitätsfaktor* die partielle Ableitung des Hedgekoeffizienten $\Delta(T,S)$ nach S dar, d. h.

$$\Gamma(T,S) = \frac{\partial^2 V_0(T,S)}{\partial S^2}. \tag{3.36}$$

Wir wollen das Konzept des Konvexitätsfaktors weiter erläutern. Wie aus den Abbildungen in 3.7 erkennbar ist, nimmt das Gamma seinen größten Wert dort an, wo sich der Hedgekoeffizient am schnellsten ändert. Die Definition von Gamma besagt auch nichts anderes als die relative Änderung des Deltas in Bezug auf die Preisänderung des Wertpapiers. Der Anleger muss auf starke Aktienpreisänderungen auch stärker reagieren. Um dies näher zu beleuchten, betrachten wir einen Marktteilnehmer, der eine Short Position in Derivaten durch Wertpapiere zum Spotpreis S absichern will. Wir gehen von einem positiven Wert von Gamma aus (positive Gammaposition), d. h. die Wertkurve ist konvex. Sein Gewinn/Verlust liegt auf der Tangente an die Wertfunktion in diesem Punkt. Allerdings ändert sich der Wert des Derivats auf der Kurve. Er muss so hedgen, dass (nach einer kleinen Zeiteinheit δt) der durchschnittliche Wert des Derivats ausgeglichen wird (also auf einer Geraden liegt). Daher wird unser Anleger, wenn die Wertfunktion seines Portfolios *unterhalb* der Kurve liegt, versuchen, sein Portfolio so anzupassen, dass er wieder „zurück" zur Kurve gelangt und erneut sein Portfolio für eine kleine Zeiteinheit δt entlang einer Geraden anpassen. Im Mittel soll der Wert dem auf Kurve entsprechen. Nur wenn $\frac{\partial^2 V}{\partial S^2} = 0$, d. h. wenn die Wertfunktion eine Gerade ist (also das Derivat einen risikoloser Bond darstellt), wird es somit Zeitpunkte geben, an denen

$$V(T - (t + \delta t), S_{t+\delta t}) > S_{t+\delta t}\Delta V(T - (t + \delta t), S_{t+\delta t}) + B_t e^{r\delta t}, \tag{3.37}$$

(B_t ist der Bondpreis) oder

$$V(T - (t + \delta t), S_{t+\delta t}) < S_{t+\delta t}\Delta V(T - (t + \delta t), S_{t+\delta t}) + B_t e^{r\delta t} \tag{3.38}$$

gilt.

Klar ist, dass Gleichung (3.37) bei starken Wertänderungen (also sensiblen Wertfunktionen) und Gleichung (3.38) bei kleinen Änderungen gelten, immer vorausgesetzt, dass $\Gamma > 0$ gilt, also die Wertkurve konvex ist.

Das *Options-Gamma* liefert erneut ein gutes Beispiel für einen positiven Konvexitätsfaktor, die so genannte lange Optionsposition.

Nach (3.32) und (3.34) gilt :

$$\Gamma_{\text{Call}}(K,T,S) = \frac{1}{S\sqrt{2\pi\sigma^2 T}} e^{-\frac{d_1^2}{2}} = \Gamma_{\text{put}}(K,T,S).$$

In den drei nachfolgenden Kurven (3.7, 3.8) stellen wir das Options-Gamma für einen Call/Put $(T = 3, 6$ und 9 Monate, $r = 2,5\%, \S = 40$, $x = \frac{S}{K})$. dar. Dabei sind alle Daten von dort übernommen, wobei das erste Bild für $\sigma = 42,5\%$, Bild 2 mit $\sigma = 62,5\%$ und das letzte mit einer Volatilität von $\sigma = 22,5\%$ gezeichnet wurde.

Programm 3.5
`gamma_eu_bs`
berechnet dass Gamma
einer europ. Option

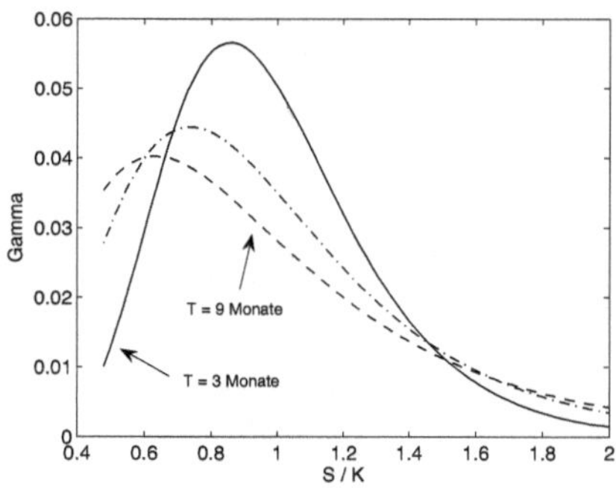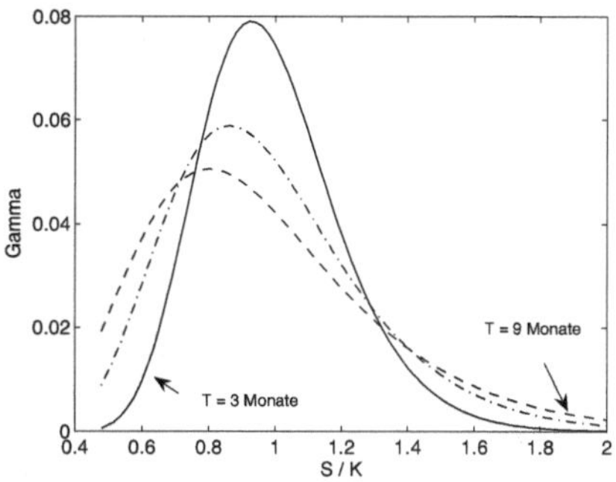

Abbildung 3.7: Options-Gamma für verschiedene Volatilitäten ($\sigma = 42,5\%, \sigma = 62,5\%$)

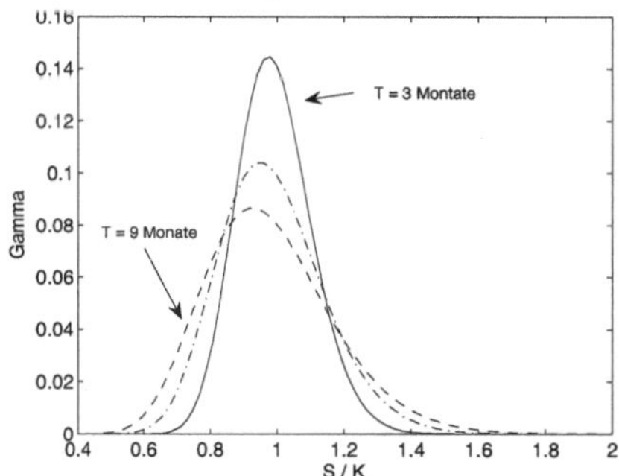

Abbildung 3.8: Options-Gamma mit $\sigma = 22,5\%$

Es zeigt sich also, wie die Volatilität Einfluss auf die Hedgestrategie nimmt. Je kleiner die Volatilität um so stärker ist die Veränderung des Kursverhaltens. Insbesondere zeigt sich, dass das Options-Gamma für eine kleine Volatilität relativ schnell fast null wird, also die Wertfunktion fast eine Gerade darstellt. Dort ist das Hedgerisiko also bereits bei relativ großem (oder sehr kleinem) Verhältnis $\frac{S}{K}$ ähnlich einem risikolosen Bond. Am stärksten verändert sich der Hedgekoeffizient, wenn Aktien- und Strikepreis nahezu gleich sind.

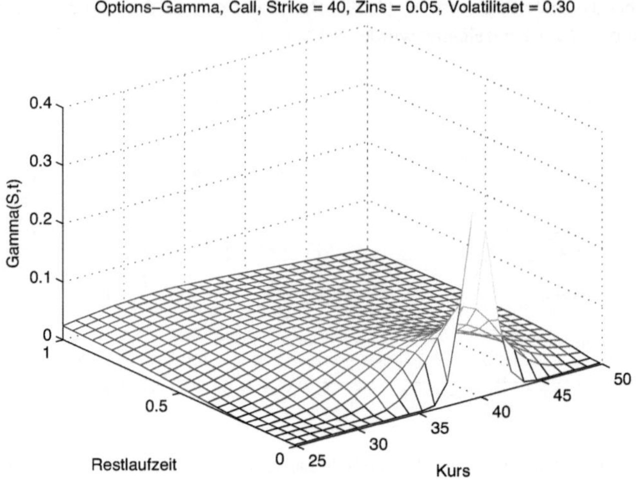

Abbildung 3.9: Das Gamma einer europäischen Call-Option

Der Volatilitätsfaktor Vega

Betrachtet man die Formel für die Bewertung eines Calls europäischen Stils (z. B. 3.1.9), so erkennt man, dass insbesondere neben S und T die Volatilität eingeht. Wie schlägt sich deren Änderung auf den Optionspreis nieder?

Definition 3.2.4

Für die Wertfunktion $V_0 : \mathbb{R}^2 \longrightarrow \mathbb{R}$, $(T,S) \longmapsto V_0(T,S)$ eines Derivats europäischen Stils, die einmal differenzierbar in der Variablen σ ist, definiert man das *Vega* als die partielle Ableitung der Wertfunktion $V_0(S,T)$ nach σ, d. h.

$$v(T,S) = \frac{\partial V_0(T,S)}{\partial \sigma}. \tag{3.39}$$

Wir wollen dies an Hand der Call/Put Option mit Ausübungsfunktion $f(S) = \max(S - K, 0)$ betrachten.

$$v_{\text{call}}(T,S) = \frac{\partial C(K,T,S)}{\partial \sigma} = SN'(d_1)\frac{\partial d_1}{\partial \sigma} - e^{-rT}KN'(d_2)\frac{\partial d_2}{\partial \sigma} \overset{(3.33)}{=} SN'(d_1)\sqrt{T} \tag{3.40}$$

Aus der Call-Put-Parität ergibt sich

$$v_{\text{put}}(T,S) = \frac{\partial P(K,T,S)}{\partial \sigma} = SN'(d_1)\sqrt{T} = v_{\text{call}}(T,S). \tag{3.41}$$

Der Zinsfaktor Rho

Ähnlich wie beim Vega können wir auch die Sensitivität der Optionspreisformel bezüglich der Basiszinsänderung r berechnen.

Programm 2.2 berechnet das Vega einer europ. Option

Definition 3.2.5

Ist $V_0 : \mathbb{R}^2 \longrightarrow \mathbb{R}$, $(T,S) \longmapsto V_0(T,S)$ die Wertfunktion eines Derivats europäischen Stils, die differenzierbar in der r-Variablen ist, so stellt das *Rho* die partielle Ableitung der Wertfunktion $V_0(T,S)$ nach r dar, d. h.

$$\rho(T,S) = \frac{\partial V_0(T,S)}{\partial r}. \tag{3.42}$$

Erneut geben wir das Beispiel eines Rhos für Optionen europäischen Stils mit der üblichen Ausübungsfunktion. Dann folgt

$$\rho_{\text{call}}(T,S) = \frac{\partial C(K,T,S)}{\partial r} = SN'(d_1)\frac{\partial d_1}{\partial r} + Te^{-rT}KN(d_2) - e^{-rT}KN'(d_2)\frac{\partial d_2}{\partial r} \tag{3.43}$$

$$\overset{3.33}{=} SN'(d_1)(\underbrace{\frac{\partial d_1}{\partial r} - \frac{\partial d_2}{\partial r}}_{=0}) + Te^{-rT}KN(d_2) = Te^{-rT}KN(d_2).$$

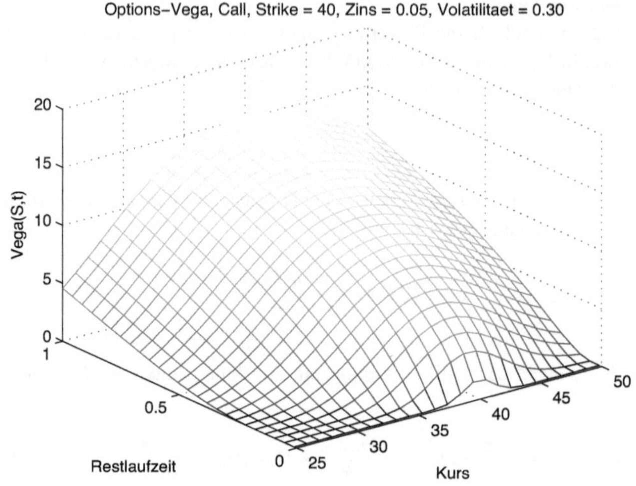

Abbildung 3.10: Das Vega einer europäischen Call-Option

Aus der Call-Put-Parität ergibt sich

$$\rho_{\mathrm{put}}(T,S) = \frac{\partial P(K,T,S)}{\partial r} = Te^{-rT}K(N(d_2)-1) = -Te^{-rT}KN(-d_2). \tag{3.44}$$

Programm 3.8
rho_eu_bs
berechnet das Rho
einer europ. Option

Das linke Bild (3.11) zeigt das Vega in Abhängigkeit von $x = S/K$ für Calls ($T = 3, 6$ und 9 Monate, $r = 2{,}5\%$, $\sigma = 42{,}5\%$, $\S = 40$, $x = \frac{S}{K}$).. Man sieht, dass sich Änderungen in der Volatilität bei $\sigma = 42{,}5\%$ für $x \sim 1$ besonders auswirken. Die Bewertung der Option ist andererseits bei kleinem oder großen x unsensibel gegenüber Volatilitätschwankungen.

Anders verhält es sich beim Rho (3.11, rechtes Bild). Eine Veränderung (derzeitigen Zinssatzes: $r = 2{,}5\%$) wirkt sich besonders bei Calls aus, die out of the money sind. Ein hoher Strikepreis (im Verhältnis zum Aktienpreis) macht die Option anfällig gegenüber Zinsschwankungen.

Gewöhnlich sind die Zinsrate r und die Volatilität σ nur bis auf die Fehler Δr und $\Delta \sigma$ bekannt. Die Zinsrate kann sich z. B. vor dem Ausübungszeitpunkt ändern. Außerdem kann die Volatilität nur aus der Vergangenheit geschätzt werden. Deshalb kann man ρ_V und v_V dazu benutzen, um V bis auf folgenden Fehler zu berechnen

$$V(t,S,r+\Delta r, v+\Delta\sigma) - V(t,S,r,\sigma) \approx \rho_V \Delta r + v_V \Delta\sigma.$$

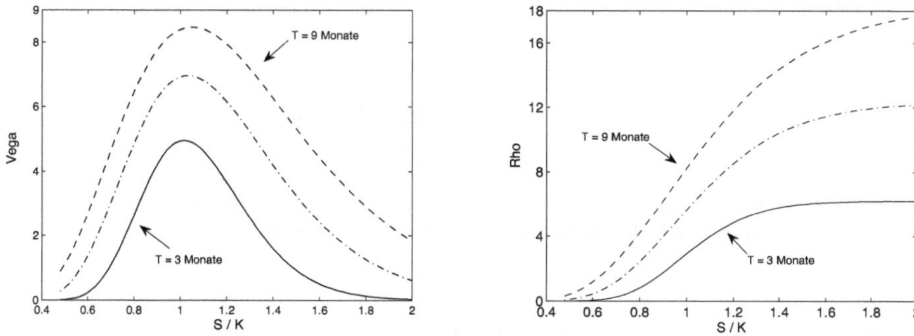

Abbildung 3.11: Call: Vega (links) und Rho (rechts) in Abhängigkeit von $x = S/K$

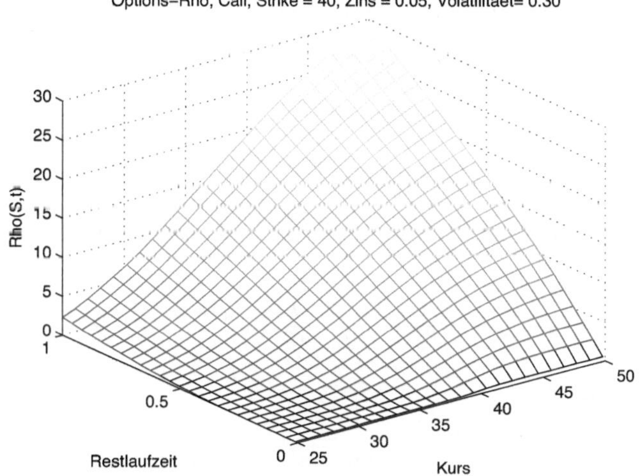

Abbildung 3.12: Das Rho einer europäischen Call-Option

Der Zeitzerfallsfaktor Theta

Als bekannt im Optionsgeschäft gilt der Slogan „Option verschwendet die Geldmenge". Wir wollen auf die Bedeutung dieses Slogans näher eingehen und deshalb untersuchen, wie sich der Wert des Derivats mit der Zeit ändert, also die Abhängigkeit vom Enddatum T darstellen.

Definition 3.2.6

Wir gehen von einem Derivat europäischen Stils aus, dessen Wertfunktion $V : \mathbb{R}^2 \longrightarrow \mathbb{R}$ nach T-differenzierbar ist. Dann definieren wir den *Zeitzerfallsfaktor*

$$\Theta(T,S) := -\frac{\partial V_0(T,S)}{\partial T}.$$

Wir bemerken, dass man „$-$" setzt, denn der Wert wird vom Einlösedatum T aus „zurückbetrachtet", während man in die andere Richtung differenziert. Θ stellt die Veränderung des Wertes pro Zeiteinheit dar.

Satz 3.2.7

Wenn wir von den Voraussetzungen von (3.2.1) ausgehen, und $f : \mathbb{R} \longrightarrow \mathbb{R}$ als eine fast überall zweimal stetig differenzierbare Einlösefunktion voraussetzen, so gilt: $(T,S) \longmapsto V_0(T,S)$ ist zweimal differenzierbar in S-Richtung und einmal differenzierbar in T-Richtung und es gilt

$$\Theta(T,S) = -\frac{1}{2}\sigma^2 S^2 \Gamma(T,S) - rS\Delta(T,S) + rV_0(T,S).$$

Beweis

Nach (3.23) haben wir

$$V_0(T,S) = e^{-rT}\frac{1}{\sqrt{2\pi}}\int_{-\infty}^{\infty} f\left(Se^{z\sigma\sqrt{T}+(r-\frac{\sigma^2}{2})T}\right)e^{-\frac{z^2}{2}}\,dz$$

Wir können partiell nach T differenzieren, da wir f als fast überall stetig differenzierbar vorausgesetzt haben. Wir erhalten

$$\frac{\partial V_0(T,S)}{\partial T} = -rV_0(T,S) + \frac{1}{\sqrt{2\pi}}e^{-rT}\int_{-\infty}^{\infty}\frac{\partial}{\partial T}f\left(Se^{z\sigma\sqrt{T}+(r-\frac{\sigma^2}{2})T}\right)e^{-\frac{z^2}{2}}\,dz. \qquad (3.45)$$

Wir müssen $\frac{\partial}{\partial T}f$ berechnen.

$$\begin{aligned}
\frac{\partial}{\partial T}f\left(Se^{z\sigma\sqrt{T}+(r-\frac{\sigma^2}{2})T}\right) &= f'\left(Se^{z\sigma\sqrt{T}+(r-\frac{\sigma^2}{2})T}\right)Se^{z\sigma\sqrt{T}+(r-\frac{\sigma^2}{2})T}\left(\frac{z\sigma}{2\sqrt{T}}+r-\frac{\sigma^2}{2}\right)\\
&= rS\frac{\partial f}{\partial S}\left(Se^{z\sigma\sqrt{T}+(r-\frac{\sigma^2}{2})T}\right) + S\frac{\partial f}{\partial S}\left(Se^{z\sigma\sqrt{T}+(r-\frac{\sigma^2}{2})T}\right)\left(\frac{z\sigma}{2\sqrt{T}}-\frac{\sigma^2}{2}\right).
\end{aligned}$$

Wenn wir dies in Gleichung (3.45) einsetzen ergibt sich:

$$\begin{aligned}
\frac{\partial V_0(T,S)}{\partial T} &= -rV_0(T,S) + rS\Delta(T,S) \qquad\qquad\qquad (3.46)\\
&\quad + e^{-rT}S\frac{1}{\sqrt{2\pi}}\int_{-\infty}^{\infty}\frac{\partial}{\partial S}f\left(Se^{z\sigma\sqrt{T}+(r-\frac{\sigma^2}{2})T}\right)\left(\frac{z\sigma}{2\sqrt{T}}-\frac{\sigma^2}{2}\right)e^{-\frac{z^2}{2}}\,dz.
\end{aligned}$$

Dabei verwendet man

$$Se^{-rT}\frac{1}{\sqrt{2\pi}}\int_{-\infty}^{\infty}\frac{\partial}{\partial S}f\left(Se^{z\sigma\sqrt{T}+(r-\frac{\sigma^2}{2})T}\right)e^{-\frac{z^2}{2}}dz=$$

$$Se^{-rT}\frac{1}{\sqrt{2\pi}}\frac{\partial}{\partial S}\int_{-\infty}^{\infty}f\left(Se^{z\sigma\sqrt{T}+(r-\frac{\sigma^2}{2})T}\right)e^{-\frac{z^2}{2}}dz=S\frac{\partial}{\partial S}V_0(T,S).$$

Wir integrieren nun mit partieller Integration in z-Richtung, beachten, dass $\frac{d}{dz}e^{-\frac{z^2}{2}}=ze^{-\frac{z^2}{2}}$ und verwenden, dass $\lim_{z\to\pm\infty}ze^{-\frac{z^2}{2}}=0$. Somit liefert die Berechnung des letzten Summanden in (3.46):

$$e^{-rT}\frac{1}{\sqrt{2\pi}}\int_{-\infty}^{\infty}\frac{\partial}{\partial S}\left[f\left(Se^{z\sigma\sqrt{T}+(r-\frac{\sigma^2}{2})T}\right)\right]\frac{z\sigma}{2\sqrt{T}}e^{-\frac{z^2}{2}}dz\overset{\text{part. Int.}}{=} \tag{3.47}$$

$$e^{-rT}\frac{1}{\sqrt{2\pi}}\int_{-\infty}^{\infty}\frac{\partial}{\partial z}\frac{\partial}{\partial S}\left[f\left(Se^{z\sigma\sqrt{T}+(r-\frac{\sigma^2}{2})T}\right)\right]\frac{\sigma}{2\sqrt{T}}e^{-\frac{z^2}{2}}dz=$$

$$e^{-rT}\frac{1}{\sqrt{2\pi}}\int_{-\infty}^{\infty}\frac{\partial}{\partial S}\frac{\partial}{\partial z}\left[f\left(Se^{z\sigma\sqrt{T}+(r-\frac{\sigma^2}{2})T}\right)\right]\frac{\sigma}{2\sqrt{T}}e^{-\frac{z^2}{2}}dz=$$

$$e^{-rT}\frac{1}{\sqrt{2\pi}}\int_{-\infty}^{\infty}\frac{\partial}{\partial S}S\left(\frac{\partial}{\partial S}\left[f\left(Se^{z\sigma\sqrt{T}+(r-\frac{\sigma^2}{2})T}\right)\right]\right)\frac{\sigma^2}{2})e^{-\frac{z^2}{2}}dz.$$

Dabei beachte man bei der letzten Umformung:

$$\frac{\partial}{\partial z}f\left(Se^{z\sigma\sqrt{T}+(r-\frac{\sigma^2}{2})T}\right)\frac{\sigma}{2\sqrt{T}}=$$

$$f'\left(Se^{z\sigma\sqrt{T}+(r-\frac{\sigma^2}{2})T}\right)Se^{z\sigma\sqrt{T}+(r-\frac{\sigma^2}{2})T}\sigma\sqrt{T}\frac{\sigma}{2\sqrt{T}}=S\frac{\partial}{\partial S}\left[f\left(Se^{z\sigma\sqrt{T}+(r-\frac{\sigma^2}{2})T}\right)\right]\frac{\sigma^2}{2}.$$

Mit der Kettenregel errechnet man aus (3.47):

$$e^{-rT}S\frac{1}{\sqrt{2\pi}}\int_{-\infty}^{\infty}\frac{\partial}{\partial S}f\left(Se^{z\sigma\sqrt{T}+(r-\frac{\sigma}{2})T}\right)\left(\frac{z\sigma^2}{2\sqrt{T}}-\frac{\sigma^2}{2}\right)e^{-\frac{z^2}{2}}dz=$$

$$e^{-rT}\frac{1}{\sqrt{2\pi}}\int_{-\infty}^{\infty}S\left(\frac{\partial}{\partial S}f\left(Se^{z\sigma\sqrt{T}+(r-\frac{\sigma^2}{2})T}\right)+S\frac{\partial^2}{\partial S^2}f\left(Se^{z\sigma\sqrt{T}+(r-\frac{\sigma^2}{2})T}\right)\frac{\sigma^2}{2}\right)e^{-\frac{z^2}{2}}dz-$$

$$e^{-rT}\frac{1}{\sqrt{2\pi}}\int_{-\infty}^{\infty}S\frac{\partial}{\partial S}f\left(Se^{z\sigma\sqrt{T}+(r-\frac{\sigma^2}{2})T}\right)\frac{\sigma^2}{2}e^{-\frac{z^2}{2}}dz=$$

$$e^{-rT}\frac{1}{\sqrt{2\pi}}\int_{-\infty}^{\infty}S^2\frac{\partial^2}{\partial S^2}f\left(Se^{z\sigma\sqrt{T}+(r-\frac{\sigma^2}{2})T}\right)\frac{\sigma^2}{2}e^{-\frac{z^2}{2}}dz=$$

$$\frac{\sigma^2}{2}S^2\Gamma(T,S)$$

(man beachte, dass hier die Voraussetzung der zweimaligen Differenzierbarkeit benötigt wird).

Setzt man dies mit (3.46) zusammen, erhalten wir die Aussage.   □

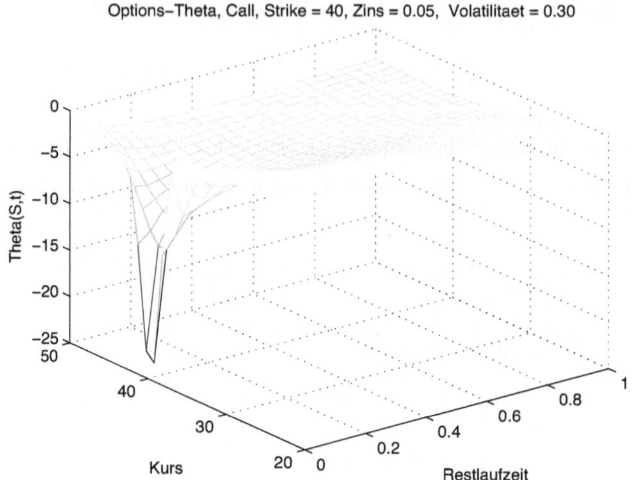

Abbildung 3.13: Das Theta einer europäischen Call-Option

Bemerkung 3.2.8

Nach Satz 3.1.8 ergibt sich für den Wert der Option zur Zeit $t \in [0,T]$ mit Enddatum T

$$V(t,T,S) = V_t(T,S_t) = V_0(T-t,S_t).$$

Somit

$$\frac{\partial V(t,T,S_t)}{\partial t} = \Theta(T-t,S_t). \tag{3.48}$$

(vgl. Übungsaufgabe 7). Mit Satz 3.2.7 und der obigen Bemerkung 3.2.8 können wir das folgende zentrale Ergebnis ableiten.

Satz 3.2.9 (Black-Scholes-Partielle-Differenzialgleichung)

Ist ein Derivat europäischen Stils auf einen Basiswert ohne Dividendenzahlung mit fast überall zweimal stetig differenzierbarer Ausübungsfunktion $f : \mathbb{R} \longrightarrow \mathbb{R}$ gegeben, so genügt die Wertfunktion $V(t,S,T)$ des Derivats der folgenden *Black-Scholes-Partiellen-Differenzialgleichung*

$$\frac{1}{2}\sigma^2 S^2 \frac{\partial^2}{\partial S^2}V(t,T,S) + rS\frac{\partial}{\partial S}V(t,T,S) + \frac{\partial}{\partial t}V(t,T,S) - rV(t,T,S) = 0$$

mit Endwert $V(T,T,S_T) = f(S_T)$.

Bemerkung 3.2.10

Wir werden die Black-Scholes partielle Differenzialgleichung in Kapitel 4 nochmals ableiten, dort allerdings mit dem Ansatz einer stochastischen Differenzialgleichung.

Wir erkennen aus Satz 3.2.9, dass ein Derivat europäischen Stils mit einer Wertfunktion

$$V \in C([0,T] \times [0,\infty[) \cap C^{1,2}([0,T[\cap[0,\infty[) \tag{3.49}$$

die obige Black-Scholes partielle Differenzialgleichung erfüllt. Wie wir später mit Arbitrage-überlegungen feststellen, ist jede Lösung V der partiellen Differenzialgleichung, die die Gleichung (3.49) erfüllt, eine Wertfunktion eines Derivats europäischen Stils zu einem Basiswert mit Volatilität σ, Preisprozess $S = (S_t)$ und einer Zinsrate von r.

Volatilität

Wer bis jetzt aufmerksam die Entwicklung der Modelle beobachtet hat, dem fällt die zentrale Rolle der Volatilität auf. Prinzipiell unterscheidet man zwei Arten von Volatilität: *die historische Volatilität* und *die implizite Volatilität*.

Bei der historischen Volatilität werden aus der Beobachtung des Vermögenswerts (z.B. des Aktienpreisprozesses) in der Vergangenheit mit statischen Methoden und unter Zugrundelegen des verallgemeinerten Cox-Ross-Rubinstein Modells (3.4)-(3.7) die Volatilität geschätzt (vgl. Übungsaufgabe 8). Dies hat den Nachteil, dass die gegenwärtige Beurteilung des Vermögenswertes durch die Marktteilnehmer nicht einfließt. Daher wird häufiger die sogenannte *implizite* Volatilität verwendet. Man ermittelt sie zu gegebenem Enddatum, Optionspreis, Strike, Zinssatz und momentanem Aktienpreis S_0 gemäß der Black-Scholes-Formel (vgl. (3.1.9)). Insbesondere ist (bei festem Enddatum und Zinssatz) die Volatilität eine Funktion des Verhältnisses $\frac{S}{K}$. Die folgende Abbildung (3.14) zeigt wie sich dies niederschlägt. Die Werte für den aktuellen Aktienkurs S_0, den festen Zinssatz, der Restlaufzeit sowie die verschiedenen Strike-Werte nebst korrespondierenden Optionspreisen sind in Übungsaufgabe 9 angegeben.

Die folgenden „Regeln" sind zu beachten:

- sehr kleines $\frac{S}{K}$ *(deep out of the money)*: große Volatilität,

- kleines $\frac{S}{K}$ *(out of the money)*: mittlere Volatilität;

- $\frac{S}{K} \approx 1$ *(at the money)*: kleine Volatilität;

- großes $\frac{S}{K}$ *(in the money)*: mittlere Volatilität;

- sehr großes $\frac{S}{K}$ *(deep in the money)*: sehr große Volatilität.

Man nennt den durch die Abbildung dargestellten Effekt den *Smile-Effekt*. Eine verfeinerte Methode versucht für verschiedene Einlösezeitpunkte T eine zeitliche Entwicklung der Volatilität zu bestimmen, die man als die *Zeitstruktur der Volatilität* bezeichnet.

Programm 3.10 `impl_vola` berechnet implizite Volatilität einer europ. Option

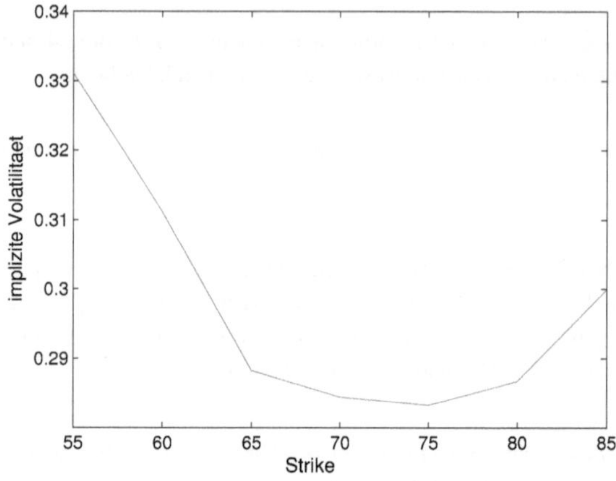

Abbildung 3.14: Volatility-Smile

Literatur

Die detaillierte Behandlung der Faktoren findet man besonders in Monographien, die weniger mathematische Modelle entwickeln und vorstellen, sondern sich mehr mit der praktischen Anwendung und der Bereitstellung von Formeln beschäftigen. Biermann [Bie99] geht bei der Betrachtung der Finanzinstrumente auf die oben behandelten Faktoren ein und passt die Formeln den verschiedenen Zinsderivaten an. [WHD95] widmet sich nur kurz diesem Thema, ohne sich um eine Herleitung zu kümmern. Bei [Irl98] findet man nur den Hedgekoeffizienten und die Hedgestrategie. In der Monographie von Korn/Korn [KK99] werden die Faktoren nur kurz definiert, dafür wird aber intensiv in einem eigenen Kapitel auf die Portfoliooptimierung eingegangen.

Die Theorie der Portfolioselektion wurde wesentlich von Markowitz [Mar52, Mar58] beeinflusst, der dafür 1977 den Nobelpreis erhielt. Er fand insbesondere heraus, dass sich die Risiken nicht additiv verhalten, sondern durch die Kovarianz der Basiswerte beeinflusst werden. Spremann [Spr96] gibt in seinem Buch eine wirtschaftswissenschaftliche Darstellung der Portfoliotheorie. Eine mathematisch anspruchsvolle Behandlung unter ausschließlicher Benutzung der stochastischen Prozesse findet man in [Kar97, KS98]. Eng mit der Portfolioselektion ist die Theorie des Value at Risk verbunden, die sich neben anderen Methoden auch der hier behandelten Faktoren bedient. Neben Originalarbeiten (z. B. [FL99, FS, ADEH99]) seien auch die Monographien von Jorion [Jor97] und Embrechts, Klüppelberg und Mikosch [EKM98] erwähnt.

Gewöhnlich wird die Black-Scholes partielle Differenzialgleichung aus der stochastischen Differenzialgleichung abgeleitet. Diesen Weg beschreitet z. B. das Buch [WHD95] und [KK99]. Die Betrachtung der Optionsbewertung mittels partieller Differenzialgleichungen ist ein alternativer Weg, der insbesondere für numerische Verfahren von Bedeutung ist und auf den wir weiter unten eingehen.

Die Schätzung der historischen Volatilität ist nicht trivial und reicht von (un-)gewichteten uni –
bzw. multivariaten Zeitreihenschätzungen (siehe Brockwell und Davis [BD96b]) bis zu außer-
ordentlich komplexen Modellansätzen, z. B. der Familie der Garch (generalized autoregressive
conditional heteroscedastity) Modelle (vgl [Shi99]. Wie der Name anklingen lässt, wird die Vo-
latilität σ_t^2 zur Zeit t aus der Historie $\mathscr{F}_{t-1}$ geschätzt. Ein alternativer Ansatz wird bei Stochastic-
Volatility-Modellen gemacht, indem man annimmt, dass die Volatilität durch einen unbeobach-
teten Prozess „angetrieben" ist (siehe etwa [JPR94]). Die gemeinsame Idee dieser Ansätze ist
es, realistischere Schätzungen für die Volatilität zu bekommen und insbesondere – im Vergleich
zu linearen Zeitreihenmodellen, die auf der Normalverteilungsannahme beruhen – die empirisch
beobachtbare höhere Volatilität besser zu modellieren. Der interessierte Leser sei auch auf das
Buch von Tong [Ton90] über nichtlineare Zeitreihenanalyse verwiesen.

Wer sich vor allem für die tabellarische Aufstellung von MATLAB-Programmen zur Berechnung
von Faktoren bzw. Volatilität interessiert, dem sei das Buch von Grundmann [Gru04] als Referenz
genannt.

Matlab-Code

Der folgende Matlab-Code berechnet das Options-Delta einer europäischen Option:

Listing 3.3: Das Programm <code>delta_eu_bs</code>

```
1   function w = delta_eu_bs(ot,s,k,t,r,v);
2   % Black Scholes Formel fuer Delta einer europ call / put Option
3   % Funktionsaufruf:   w = delta_eu_bs('call',25,40,1,0.05,0.3)
4   % input
5   % ot   Optionstyp put / call
6   % s    Kurs des Underlying / Basispreis zu t=0
7   % k    strike Preis
8   % t    (Rest-)Laufzeit der Option in Jahren
9   % r    risikoloser Zinssatz per anno
10  % v    Volatilitaet per anno
11  % output Delta
12  ca = strcmp(ot,'call');
13  pu = strcmp(ot,'put');
14  d1=(log(s/k)+(r+v^2/2)*t)/(v*sqrt(t));
15  % normcdf liefert Wert der kumulierten Standard
16  %                     - Normalverteilung
17  if ca == 1
18    w = normcdf(d1);
19  end
20  if pu == 1
21    w = normcdf(d1) -1;
22  end
```

Die Zeilen 2-11, 15-16 enthalten Kommentare zu den Parametern der Funktion (mit einem ex-
emplarischem Funktionsaufruf in Zeile 3), wohingegen die Zeilen 12-13 auswerten, ob das Delta

für eine Call- bzw. Put-Option bestimmt werden soll. Die Berechnung findet in den Zeilen 14 sowie 18 (Call Option) bzw. 19 statt (Put-Option).

Der folgende Matlab-Code zeichnet eine Grafik des Options-Delta einer europäischen Option als Funktion von Restlaufzeit und Aktienkurs:

Listing 3.4: Das Programm `plot_delta_eu_bs`

```matlab
function w = plot_delta_eu_bs(ot,smin,smax,sn,k,tmin,tmax,
                                       tn,r,v);
% Black Scholes Formel fuer Delta einer europ call / put Option
% Funktionsaufruf:
% w = plot_delta_eu_bs('call',25,50,25,40,0.01,1.0,25,0.05,0.3);
% input
% ot   Optionstyp put / call
% smin   Min Kurs des Underlying
% smax   Max Kurs des Underlyings
% sn     Anz. der Gitterstellen
% k        strike Preis
% tmin   Min(Rest-)Laufzeit der Option in Jahren
% tmax   Max
% tn     Anz der Gitterstellen (tn = sn sonst Fehler)
% r       risikoloser Zinssatz per anno
% v       Volatilitaet per anno
% output Delta
ca = strcmp(ot,'call');
pu = strcmp(ot,'put');
sv = linspace(smin,smax,sn);
tv = linspace(tmin,tmax,tn);
d1 = zeros(sn,tn);
for j = 1:sn
  for jj =1:tn
    d1(jj,j)= normcdf(  (log(sv(j)/k) +
            +( r+v^2/2)*tv(jj) )/( v*sqrt(tv(jj)) )   );
  end;
end;
if ca == 1
 w = d1;
end
if pu == 1
 w = d1 -1;
end
ti = strcat('Options-Delta ',', ', ot , ', Strike= ',
                    sprintf('%4.0f', k) ,' Zins= ',
                    sprintf('%5.2f', r),' Volatilitaet= ',
                    sprintf('%5.2f', v) );
xlabel('Kurs des Underlyings');
ylabel('Delta der Option');
[sm,tm] = meshgrid(sv,tv);
```

```
42  mesh(sm,tm,w);
43  xlabel('Kurs'), ylabel('Restlaufzeit'), zlabel('Delta(S,t)');
44  title(ti);
```

In den Zeilen 20 und 21 wird das Gitter für das zu betrachtende Kurs- bzw Zeitintervall erzeugt.
In den Zeilen 23 bis 28 findet die Berechnung statt. Anstelle des Codes auf der linken Seite
der Zeilen 25-26 könnte man auch die Funktion `delta_eu_bs` aufrufen. Die Zeilen 41 und 42
erzeugen die drei-dimensionale Grafik.

Der folgende Matlab-Code berechnet das Options-Gamma einer europäischen Option:

Listing 3.5: Das Programm `gamma_eu_bs`

```
1  function w = gamma_eu_bs(s,k,t,r,v);
2  % input- analog zur Berechnung des Deltas
3  d1=(log(s/k)+(r+v^2/2)*t)/(v*sqrt(t));
4  % normpdf liefert die Dichte der Standard Normalverteilung
5  w =   normpdf(d1)/(s*v*sqrt(t));
```

Die Kommentare wurden weggelassen. Man vergleiche dies mit den Kommentaren für das Programm zur Berechnung des Deltas, allerdings mit einem kleinen Unterschied, denn eine Unter-
scheidung zwischen Call- und Put-Optionen ist nicht notwendig. Die folgende Funktion erzeugt
eine dreidimensionale Grafik.

Listing 3.6: Das Programm `plot_gamma_eu_bs`

```
1   function w = plot_gamma_eu_bs(smin,smax,sn,k,tmin,tmax,tn,r,v);
2   % Black Scholes Formel fuer Gamma einer europ call / put Option
3
4   % Funktionsaufruf:
5   %  w =  plot_gamma_eu_bs('call',25,50,25,40,0.01,1.0,25,0.05,0.3);
6   % input vgl Programm fuer Delta
7   sv = linspace(smin,smax,sn);
8   tv = linspace(tmin,tmax,tn)
9   d1 = zeros(sn,tn);
10  w = zeros(sn,tn);
11  for j = 1:sn
12    for jj =1:tn
13      d1(jj,j)= normpdf( (log(sv(j)/k) + (r+v^2/2)*tv(jj) )/(v*sqrt(tv(jj)) ))
14                      / ( sv(j)*v*sqrt(tv(jj))    );
15    end;
16  end;
17
18  ti = strcat('Options-Gamma ',', ', ot , ', Strike= ', sprintf('%4.0f', k)
19                          ,' Zins= ', sprintf('%5.2f', r)
20                          ,' Volatilitaet= ', sprintf('%5.2f', v) );
21  xlabel('Kurs des Underlyings');
```

```matlab
22  ylabel('Gamma der Option');
23  [sm,tm] = meshgrid(sv,tv);
24  mesh(sm,tm,w);
25  xlabel('Kurs'), ylabel('Restlaufzeit'), zlabel('Gamma(S,t)');
26  title(ti);
```

Der folgende Matlab-Code berechnet das Options-Vega einer europäischen Option:

Listing 3.7: Das Programm `plot_vega_eu_bs`

```matlab
1  function w = vega_eu_bs(s,k,t,r,v);
2  % input- analog zur Berechnung des Deltas
3  d1=(log(s/k)+(r+v^2/2)*t)/(v*sqrt(t));
4  w =  s* normpdf(d1)*sqrt(t);
```

Im Programm wurde auf die Kommentare verzichtet (siehe aber Zeile 2). Eine Fallunterscheidung für Call- bzw. Put-Optionen ist nicht notwendig. Der folgende Matlab-Code berechnet das Options-Rho einer europäischen Option:

Listing 3.8: Das Programm `rho_eu_bs`

```matlab
1   function w = rho_eu_bs(ot,s,k,t,r,v);
2   ca = strcmp(ot,'call');
3   pu = strcmp(ot,'put');
4   d1=(log(s/k)+(r+v^2/2)*t)/(v*sqrt(t));
5   d2=d1-v*sqrt(t);
6   if ca == 1
7     w = k*t*exp(-r*t)*normcdf(d2);
8   end
9   if pu == 1
10    w = -k*t*exp(-r*t)*normcdf(-d2);
11  end
```

Der folgende Matlab-Code berechnet das Options-Theta einer europäischen Option:

Listing 3.9: Das Programm `theta_eu_bs`

```matlab
1   function w = theta_eu_bs(ot,s,k,t,r,v);
2   ca = strcmp(ot,'call');
3   pu = strcmp(ot,'put');
4   d1=(log(s/k)+(r+v^2/2)*t)/(v*sqrt(t));
5   d2=d1-v*sqrt(t);
6   t1 =  s*normpdf(d1)*v/(2.0*sqrt(t));
7   t2 = r*k*exp(-r*t)*normcdf(-d2);
8   if ca == 1
9     w = -t1 - r*k*exp(-r*t)*normcdf(d2);
```

```
10 | end
11 | if pu == 1
12 |   w = -t1 + t2;
13 | end
```

Die Matlab-Funktion `impl_vola` berechnet die implizite Volatilität. Die nichtlineare Gleichung wird durch `fzero` unter Verwendung der Funktion `impl_eu_bs` gelöst. Der Term `@(v)` legt fest, dass `fzero` die Nullstelle von `impl_eu_bs` als Funktion in v findet, bzw. die anderen Variablen als Parameter betrachtet.

Listing 3.10: Das Programm `impl_vola`

```
1  | function vola = impl_vola(ot,s,k,t,r,aop,vi);
2  | % Black Scholes fuer impizite Volatilitaet
3  | % Funktionsaufruf:    vola = impl_vola('call',90,80,0.5,0.05,2, [0.1,5]);
4  | % input
5  | % ot  Optionstyp put / call
6  | % s   Kurs des Underlying / Basispreis zu t=0
7  | % k   strike Preis
8  | % t   (Rest-)Laufzeit der Option in Jahren
9  | % r   risikoloser Zinssatz per anno
10 | % aop aktueller Optionswert
11 | % vi  Intervall innerhalb dessen die implizite Volatilitaet gesucht wird
12 | % output implizite Volatilitaet: vola          .
13 | % call in fzero: w = imp_eu_bs('call',90,80,0.5,0.05,v,aop)
14 | vola = fzero( @(v) impl_eu_bs(ot,s,k,t,r,v,aop), vi);
15 | % [0.01,5] Bereich fuer Nullstellensuche
16 | % Details zur Nullstellenbestimmung siehe help fzero
```

Listing 3.11: Das Programm `impl_eu_bs`

```
1  | function w = impl_eu_bs(ot,s,k,t,r,v,aop);
2  | % Black Scholes Formel fue europ call / put Option minus Optionswert
3  | % Funktionsaufruf:    w = impl_eu_bs('call',90,80,0.5,0.05,v,aop)
4  | % input
5  | % ot  Optionstyp put / call
6  | % s   Kurs des Underlying / Basispreis zu t=0
7  | % k   strike Preis
8  | % t   (Rest-)Laufzeit der Option in Jahren
9  | % r   risikoloser Zinssatz per anno
10 | % v   Volatilitaet per anno
11 | % aop aktueller Optionswert
12 | % output Optionswert
13 | ca = strcmp(ot,'call');
14 | pu = strcmp(ot,'put');
15 | d1=(log(s/k)+(r+v^2/2)*t)/(v*sqrt(t));
16 | d2=d1-v*sqrt(t);
```

```
17  if ca == 1
18    w = s*normcdf(d1) - k*exp(-r*t)*normcdf(d2) - aop;
19  end
20  if pu == 1
21    w = k*exp(-r*t)*normcdf(-d2) - s*normcdf(-d1)- aop;
22  end
```

Aufgaben

1. Man beweise Bemerkung 3.2.2 a).

2. Man berechne für einen Call (bzw. Put) einer Gap-Option das $\Delta(t,T,S)$, wobei eine Schranke K, ein Strikepreis G und das Enddatum $T > 0$ gegeben sind.

3. Man bestimme $\Gamma(t,T,S)$ für eine Paylater-Option aus Aufgabe 6 in 3.1.

4. Man berechne für ein Derivat europäischen Stils mit differenzierbarer Ausübungsfunktion $f : \mathbb{R} \longrightarrow \mathbb{R}$ die partielle Ableitung $\frac{\partial V}{\partial K}$, also die partielle Ableitung nach dem Strikepreis. Man gebe dann speziell die Ausdrücke für den klassischen Call bzw. Put an.

5. Man berechne $\Theta(T,S)$ für eine klassische europäische Call-Option.

6. Angenommen ein Derivat ist wert- und Delta-neutral, d. h. $V_0(T,S) = \Delta(T,S) = 0$. Welcher vereinfachten Gleichung genügt $\Theta(T,S)$? Man interpretiere diese mit Hilfe des Gammas.

7. Man beweise Bemerkung 3.2.8.

8. Man berechne die (auf ein Jahr bezogene) *historische Volatilität* σ_H gemäß

$$\sigma_H^2 = 365\frac{1}{n-1}\sum_{j=1}^{n}(Lp(j)-\hat{m})^2,$$

wobei n die Anzahl der beobachteten Kurse zu den Zeiten t_j ist und

$$Lp(j) = \ln\frac{S(t_j)}{S(t_{j-1})}, \quad \hat{m} = \frac{1}{n}\sum_{j=1}^{n}Lp(j).$$

Man beschaffen sich einen Aktienkurs über ein Jahr und berechne die historische Volatilität. Anschließend vergleiche man den Wert mit der am Markt gehandelten Volatiliät der Aktie.

9. Für eine Aktie ($S_0 = 70{,}3$) liegen folgende Angaben einer Call-Option (Restlaufzeit $t = 0{,}8$ Jahre, Jahres-Zinssatz $r = 0{,}02$) vor. Man berechne die implizite Volatilität.

K	Optionspreis V
55	17,8
60	13,9
65	10,3
70	7,6
75	5,5
80	4,0
85	3,1

Tabelle 3.1: Ausübungspreis K und Optionspreis V

3.3 Numerische Methoden

In diesem Abschnitt wollen wir uns mit numerischen Methoden auseinandersetzen, die zur Optionsbewertung von Nutzen sind, aber natürlich auch in anderen Gebieten der Mathematik zum Einsatz kommen. Geht man von gegebenen (oder berechneten) Daten, wie der Volatilität und dem Zinssatz, aus und will man Aktien-und Optionspreise zu gewissen Zeitpunkten berechnen will, so lassen sich diese gemäß der Approximation nach Cox, Ross und Rubinstein aus 3.1 mithilfe eines binomialen Baumes vornehmen.

Binomiale Bäume

Wählt man als Ausgangspunkt die Black-Scholes-Formel zur Berechnung einer europäische Option, entsprechend der Formulierung in Satz 3.1.8, so lässt sich der Zugang aus Abschnitt 3.1 umkehren. Wir haben schon einige alternative Approximationen angesprochen (vgl. Bemerkungen in Abschnitt 3.1.). Nun werden wir sie kurz an einigen Beispielen betrachten und erläutern.

Der Fall $U_n = \frac{1}{D_n}$. Hier finden wir den Ansatz nach Cox, Ross und Rubinstein aus Abschnitt 3.1 wieder. In der folgenden Grafik (3.15) gibt der obere Wert den Aktienpreis, der untere der Optionswert an. Wir wählen $\sigma = 0{,}425$, $r = 0{,}025$, $K = 214$ und $S_0 = 210$.

Der Fall $Q_{U_n} = Q_{D_n} = \frac{1}{2}$. In diesem Fall ergibt sich aus Abschnitt 2.3 mit dem Ansatz $\frac{U_n}{D_n} = e^{2\sigma\sqrt{\delta_n}}$

$$U_n = e^{(r-\frac{\sigma^2}{2})\delta_n+\sigma\sqrt{\delta_n}}, \; D_n = e^{(r-\frac{\sigma^2}{2})\delta_n-\sigma\sqrt{\delta_n}}.$$

Der Vorteil gegenüber des Cox-Ross-Rubinstein-Ansatz besteht in der Tatsache, dass $Q_{U_n} = Q_{D_N} = \frac{1}{2}$ unabhängig von der Wahl von σ gewählt wurden. Wir wählen wie oben $\sigma = 0{,}425$, $r = 0{,}025$, $S_0 = 210$ und $K = 214$.

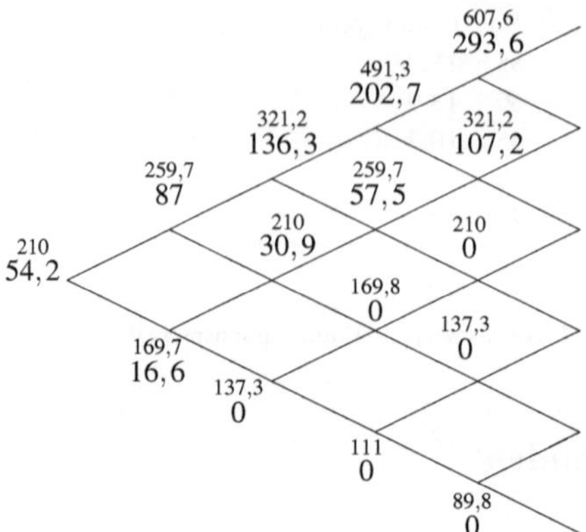

Abbildung 3.15: Baumdiagramm einer Call-Option im Binomialmodell für $U_n = 1/D_n$

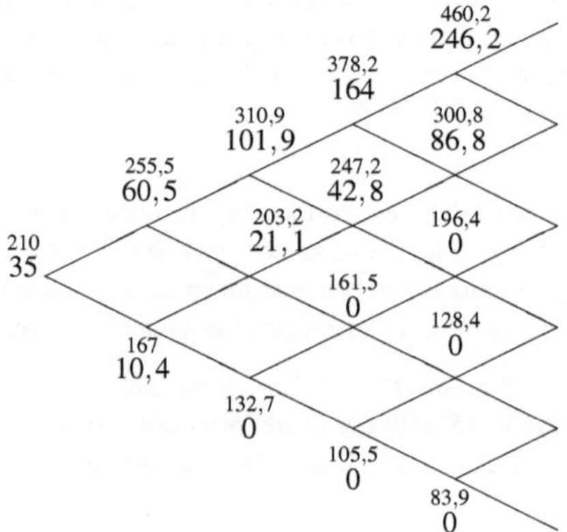

Abbildung 3.16: Baumdiagramm einer Call-Option im Binomialmodell für $Q_{Un} = Q_{Dn} = 0.5$

Trinomiale Bäume

Alternativ zu den binomialen Bäumen lässt sich der Optionspreis auch durch einen trinomialen Baum darstellen. Analog zu den binomialen Bäumen wählt man hier drei anstatt zwei Verzweigungen, d. h. es existieren drei Möglichkeiten der Aktienpreisbewegung zu jedem Zeitpunkt im Baum. Man wählt $U_n = e^{\sigma\sqrt{\delta_n}}$, $D_n = \frac{1}{U_n}$ und $D_n < M_n < U_n$ und zur vereinfachten Darstellung $M_n = 1$. In Abschnitt 2.3 haben wir einen unvollständigen Markt mit drei Möglichkeiten betrachtet und Intervalle für faire Preise berechnet. Denn im Gegensatz zum binomialen Baum gibt es keine eindeutigen risikoneutralen Wahrscheinlichkeiten. Innerhalb dieses Intervalls können wir

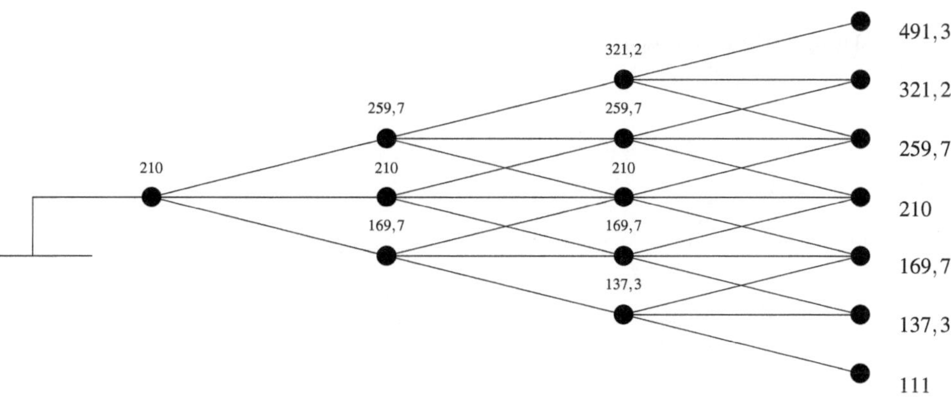

Abbildung 3.17: Trinomialbaum einer Call-Option

folgende Wahrscheinlichkeiten wählen, die zur Arbitragefreiheit konsistent sind:

$$Q_{U_n} = \sqrt{\frac{\delta_n}{12\sigma^2}}\left(r - \frac{\sigma^2}{2}\right) + \frac{1}{6}, \; Q_{M_n} = \frac{2}{3}, \; Q_{D_n} = -\sqrt{\frac{\delta_n}{12\sigma^2}}\left(r - \frac{\sigma^2}{2}\right) + \frac{1}{6}. \tag{3.50}$$

Dann erhalten wir als Beispiel einen trinomialen Baum (3.17). Dabei wählen wir dieselben Größen, $\sigma = 0{,}425$, $r = 0{,}025$, $S_0 = 210$ und $K = 214$ wie vorher.

Im Anschluss an das nächste Verfahren werden wir nochmals zum trinomialen Modell zurückkehren.

Endliches Differenzenschema

Das Bündel von Verfahren, das unter diesem Namen geführt wird, verwendet man vor allem zum Lösen der Black-Scholes-Partiellen-Differenzialgleichung (wie z. B. in Satz 3.2.9 formuliert). Dazu wollen wir den Wert einer europäischen Option ohne Dividendenzahlung berechnen. Wir gehen von der partiellen Differenzialgleichung

$$\frac{1}{2}\sigma^2 S^2 \frac{\partial^2}{\partial S^2} V(t,T,S) + rS\frac{\partial}{\partial S}V(t,T,S) + \frac{\partial}{\partial t}V(t,T,S) - rV(t,T,S) = 0 \tag{3.51}$$

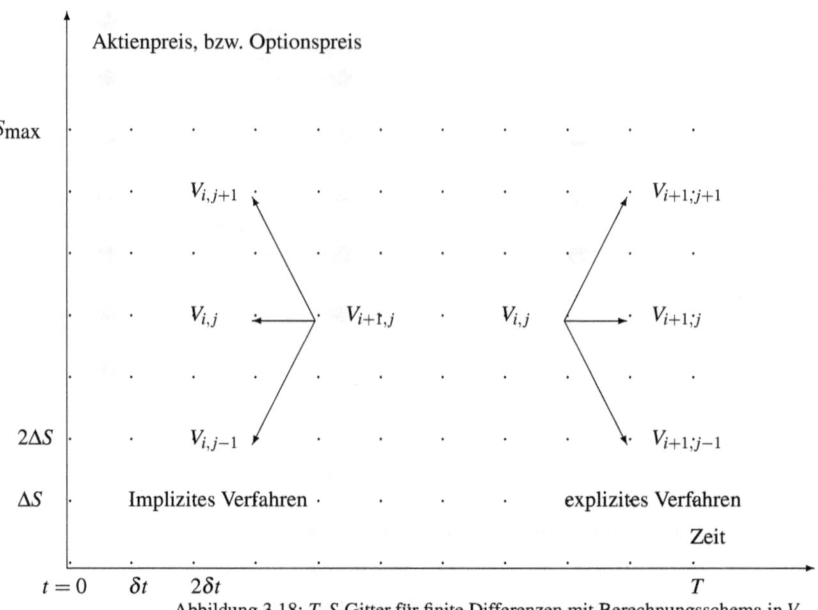

Abbildung 3.18: T-S-Gitter für finite Differenzen mit Berechnungsschema in V

aus, wobei wir $V \in C^{1,2}$ annehmen wollen. Allgemein gilt aufgrund der Definition der partiellen Ableitung nach t

$$\frac{\partial V(t,T,S)}{\partial t} = \lim_{\delta t \to 0} \frac{V(t + \delta t, T, S) - V(t, T, S)}{\delta t},$$

also

$$\frac{\partial V(t,T,S)}{\partial t} = \frac{V(t + \delta t, T, S) - V(t, T, S)}{\delta t} + o(\delta t).$$

Deshalb kann man die partiellen Ableitungen durch einen Differenzenquotienten approximieren. Dazu betrachten wir $N + 1$ Zeitpunkte $t_0, \ldots, t_N$, (wobei $t_0 = 0$, $t_N = T$) und eine äquidistante Schrittweite von $\delta t = \frac{T}{N}$. Wir nehmen an, dass sich der Aktienpreis während des Zeitintervalls $[0, T]$ in einem Intervall $[0, S_{\max}]$ bewegt, wobei wir das Intervall in $M + 1$ gleiche Teilintervalle $[S_j, S_{j+1}]$, $j = 0, \ldots, M - 1$ einteilen, sodass der aktuelle Aktienpreis mit einem S_j übereinstimmt. Wir setzen $\Delta S := \frac{S_{\max}}{M}$ (man vgl. dazu die Abbildung 3.3).

Der Punkt (i, j) gibt also zur Zeit t_i den Aktienpreis S_j an.

Das Implizite Verfahren.
Für $i = 1, \ldots, N$, $j = 1, \ldots, M$ setzen wir $V_{i,j} = V(t_i, T, S_j)$ und approximieren

$$\text{Vorwärtsdifferenz} \qquad \frac{\partial V}{\partial S} \approx \frac{V_{i,j+1} - V_{i,j}}{\Delta S} \text{ bzw.} \tag{3.52}$$

$$\text{Rückwärtsdifferenz} \qquad \frac{\partial V}{\partial S} \approx \frac{V_{i,j} - V_{i,j-1}}{\Delta S}. \tag{3.53}$$

Daraus kann man die *Mittelpunktsdifferenz* bilden

$$\frac{\partial V}{\partial S} \approx \frac{V_{i,j+1} - V_{i,j-1}}{2\Delta S}. \tag{3.54}$$

Um $\frac{\partial V}{\partial t}$ zu approximieren, wählen wir die Vorwärtsdifferenz. Zur Zeit t_i setzen wir

$$\frac{\partial V}{\partial t} \approx \frac{V_{i+1,j} - V_{i,j}}{\delta t}. \tag{3.55}$$

Für die zweite partielle Ableitung benützen wir die Approximationen (3.52) und (3.53)

$$\frac{\partial^2 V}{\partial S^2} \approx \left(\frac{V_{i,j+1} - V_{i,j}}{\Delta S} - \frac{V_{i,j} - V_{i,j-1}}{\Delta S} \right) / \Delta S, \tag{3.56}$$

d. h. eine symmetrische Mittelpunktsdifferenz

$$\frac{\partial^2 V}{\partial S^2} \approx \frac{V_{i,j+1} + V_{i,j-1} - 2V_{i,j}}{\Delta S^2}. \tag{3.57}$$

Setzen wir nun (3.55), (3.54) und (3.57) in (3.51) ein, ergibt sich als Approximation der partiellen Differenzialgleichung

$$\frac{V_{i+1,j} - V_{i,j}}{\delta t} + rj\Delta S \frac{V_{i,j+1} - V_{i,j-1}}{2\Delta S} + \frac{\sigma^2}{2} j^2 \Delta S^2 \frac{V_{i,j+1} + V_{i,j-1} - 2V_{i,j}}{\Delta S^2} = rV_{i,j} \tag{3.58}$$

für $j = 1, \ldots, M-1$ und Zeiten $i = 0, \ldots, N-1$. Entsprechendes Kürzen liefert

$$a_j V_{i,j-1} + b_j V_{i,j} + c_j V_{i,j+1} = V_{i+1,j}, \quad \text{wobei} \tag{3.59}$$

$$a_j = \frac{r}{2} j \delta t - \frac{\sigma^2}{2} j^2 \delta t$$

$$b_j = 1 + \sigma^2 j^2 \delta t + r \delta t$$

$$c_j = -\frac{r}{2} j \delta t - \frac{\sigma^2}{2} j^2 \delta t.$$

Für $i = N$ (wir haben hier ein Endwertproblem) ergibt sich

$$V_{N,j} = \begin{cases} \max(K - S_{N,j}, 0), & j = 0, ..., M \text{ (Put-Option)}, \\ \max(S_{N,j} - K, 0), & j = 0, ..., M \text{ (Call-Option)}. \end{cases} \tag{3.60}$$

Zudem haben wir folgende Randwerte

$$V_{i,0} = \begin{cases} K \exp(-r\delta t(N - i)), & i = 0, ..., N \text{ (Put-Option)} \\ 0, & i = 0, ..., N \text{ (Call-Option)} \end{cases} \tag{3.61}$$

$$V_{i,S_M} = V_{i,S_{max}} = \begin{cases} 0, & i = 0, ..., N \text{ (Put-Option)} \\ S_{max} - K \exp(-r\delta t(N - i)), & i = 0, ..., N \text{ (Call-Option)} \end{cases} . \tag{3.62}$$

In Matrixschreibweise ergibt sich aus (3.59) das $(M - 1)$-dimensionale Gleichungssystem

$$\mathscr{A} \circ V_i = V_{i+1} - d_{i+1} \tag{3.63}$$

mit der Lösung $V_i = (V_{i,1}, ..., V_{i,M-1})$

$$\mathscr{A} = \begin{pmatrix} b_1 & c_1 & 0 & \ldots & & & 0 \\ a_2 & b_2 & c_2 & 0 & \ldots & & 0 \\ \vdots & & & & & & \vdots \\ \ldots & & & 0 & a_{M-1} & b_{M-1} \end{pmatrix}, \tag{3.64}$$

wobei der Vektor $d_i = (a_1 V_{i,0}, 0, ..., 0, c_M V_{i,M})^T$ die Randwertbedingungen beinhaltet. Sie lassen sich aus (3.59) für $j = 1$ bzw. $j = M - 1$ bestimmen. Die Tridiagonalgestalt der Matrix ermöglicht den Einsatz eines schnellen Algorithmus zur Lösung des linearen Gleichungssystems.

Explizites Verfahren.
Das obige Verfahren ist sehr robust und konvergiert immer für $\delta t, \Delta S \to 0$ gegen eine Lösung. Wenn wir uns an Abschnitt 3.1 erinnern und das Verfahren nach Cox-Ross-Rubinstein betrachten, sehen wir, dass $\Delta S \leq |U_n - D_n| = |e^{\sigma\sqrt{\delta t}} - e^{-\sigma\sqrt{\delta t}}|$. Also haben wir aufgrund der Eigenschaft der Exponentialfunktion $\Delta S = \mathscr{O}(\sqrt{\delta t})$ für kleines δt. Für das implizite Verfahren muss man allerdings gleichzeitig $M - 1$ Gleichungen lösen, um von $V_{i,j}$ nach $V_{i+1,j}$ zu gelangen. Ein anderes Verfahren berechnet den Wert rückwärts, was wir es bereits in Abschnitt 2.4 behandelt haben (Rolling Back The Tree). Dazu wählen wir in (3.52) und (3.53) statt (i, j) den Punkt $(i + 1, j)$.

Also

$$\frac{\partial V}{\partial S} \approx \frac{V_{i+1,j+1} - V_{i+1,j-1}}{2\Delta S}$$

$$\frac{\partial^2 V}{\partial S^2} \approx \frac{V_{i+1,j+1} + V_{i+1,j-1} - 2V_{i+1,j}}{\Delta S^2}.$$

Dies ergibt eingesetzt in (3.51)

$$\frac{V_{i+1,j} - V_{i,j}}{\delta t} + rj\Delta S \frac{V_{i+1,j+1} - V_{i+1,j-1}}{2\Delta S} + \frac{\sigma^2}{2} j^2 \Delta S^2 \frac{V_{i+1,j+1} + V_{i+1,j-1} - 2V_{i+1,j}}{\Delta S^2} = rV_{i,j} \quad (3.65)$$

bzw.

$$V_{i,j} = \tilde{a}_j V_{i+1,j-1} + \tilde{b}_j V_{i+1,j} + \tilde{c}_j V_{i+1,j+1}, \qquad (3.66)$$

wobei

$$\tilde{a}_j = \frac{1}{1+r\delta t}\left(-\frac{r}{2}j\delta t + \frac{\sigma^2}{2}j^2\delta t\right)$$

$$\tilde{b}_j = \frac{1}{1+r\delta t}\left(1 - \sigma^2 j^2 \delta t\right)$$

$$\tilde{c}_j = \frac{1}{1+r\delta t}\left(\frac{r}{2}j\delta t + \frac{\sigma^2}{2}j^2\delta t\right).$$

Wir sehen, dass jeder Koeffizient ein Produkt bestehend aus dem Diskontfaktor $\frac{1}{1+r\delta t}$ und einem weiteren Faktor ist, deren Summe über a_j, b_j, c_j gleich eins ist. Dieser zweite Faktor kann als Wahrscheinlichkeitsverteilung angesehen werden (vgl. unten in Gleichung (3.80)). In Matrix-schreibweise gilt mit der gesuchten Unbekannten $V_i = (V_{i,1}, ..., V_{i,M-1})$

$$V_i = \mathscr{A} \circ V_{i+1} + \tilde{d}_{i+1}, \qquad (3.67)$$

mit

$$\mathscr{A} = \begin{pmatrix} \tilde{b}_1 & \tilde{c}_1 & 0 & \ldots & & 0 \\ \tilde{a}_2 & \tilde{b}_2 & \tilde{c}_2 & 0 & \ldots & & 0 \\ \vdots & & & & & \vdots \\ \ldots & & & 0 & \tilde{a}_{M-1} & \tilde{b}_{M-1} \end{pmatrix} \qquad (3.68)$$

und $\tilde{d}_{i+1} = (\tilde{a}_1 V_{i+1,0}, 0, \ldots, 0, \tilde{c}_M V_{i+1,M})^T$.

Andere endliche Differenzenschemata.
Andere Verfahren werden als Kombination aus den obigen impliziten und expliziten Verfahren konstruiert. Hierzu zählt insbesondere das Verfahren nach *Crank-Nicholson*. Wir notieren

Programm 3.14
fin_diff_expl beinhaltet
das explizite
Differenzenschema

nochmals das implizite und explizite Verfahren

$$V_{i,j} = a_j V_{i-1,j-1} + b_j V_{i-1,j} + c_j V_{i-1,j+1}$$
$$V_{i-1,j} = \tilde{a}_j V_{i,j-1} + \tilde{b}_j V_{i,j} + \tilde{c}_j V_{i,j+1}.$$

Das Crank-Nicholson-Verfahren ist nun eine Mittelung beider Verfahren

$$V_{i,j} + V_{i-1,j} = a_j V_{i-1,j-1} + b_j V_{i-1,j} + c_j V_{i-1,j+1} + \tilde{a}_j V_{i,j-1} + \tilde{b}_j V_{i,j} + \tilde{c}_j V_{i,j+1}.$$

Setzt man

$$\tilde{V}_{i,j} = V_{i,j} - \tilde{a}_j V_{i,j-1} - \tilde{b}_j V_{i,j} - \tilde{c}_j V_{i,j+1},$$

so ergibt sich

$$\tilde{V}_{i,j} = a_j V_{i-1,j-1} + b_j V_{i-1,j} + c_j V_{i-1,j+1} - V_{i-1,j}.$$

In Matrix-Schreibweise erhält man ein lineares Gleichungssystem in der Unbekannten V_{i-1} unter Berücksichtigung der Randwertbedingungen

$$(\mathscr{I} - \mathscr{A}) \circ V_{i-1} = (\mathscr{I} - \tilde{\mathscr{A}}) \circ V_i + \check{d}_i \tag{3.69}$$

mit $\check{d}_i = (\tilde{a}_1 V_{i+1,0} - a_1 V_{i,0}, 0, \ldots, 0, \tilde{c}_M V_{i+1,M} - c_M V_{i,M})^T$. Das Crank-Nicholson Verfahren ist also mit dem impliziten Verfahren vergleichbar und benötigt wie jenes auch eine Menge von Rechenschritten. Allerdings konvergiert es schneller als das implizite oder explizite Verfahren.

Da die Koeffizienten der partiellen Differenzialgleichung nicht von t abhängen, lässt sich die partielle Differenzialgleichung (3.51) zu einer gewöhnlichen Differenzialgleichung umformen, d. h. man schreibt (nach Kürzen von ΔS und Ordnen der $V(\cdot)$-Terme), $j = 1, \ldots, M-1$:

$$\frac{\partial V(t,T,S_j)}{\partial t} \approx \left(\frac{r}{2}j - \frac{\sigma^2}{2}j^2\right) V(t,S_{j-1},T) + (r + \sigma^2 j^2) V(t,T,S_j) \tag{3.70}$$

$$+ \left(-\frac{r}{2}j - \frac{\sigma^2}{2}j^2\right) V(t,T,S_{j+1}) \tag{3.71}$$

bzw. in Matrixform mit Randwertbedingungen

$$\frac{\partial V(t,T,S)}{\partial t} \approx \mathscr{A} \circ V(t,T,S) + d(t,T,S), \tag{3.72}$$

wobei $\mathscr{A}$ eine Matrix mit Tridiagonalgestalt ist und

$$d(t,T,S) = \left(\left(\frac{r}{2}j - \frac{\sigma^2}{2}j^2\right) V_{t,0}, 0, \ldots, 0, \left(-\frac{r}{2}j - \frac{\sigma^2}{2}j^2\right) V_{t,S_{max}}\right)^T, \tag{3.73}$$

die Randbedingungen wiederspiegelt (vgl. (3.61) und (3.62)). Die Reduktion der partiellen Differenzialgleichung auf eine gewöhnliche Differenzialgleichung wird als „Method of line" bezeichnet. Zum weiteren Vorgehen möge der Leser [LM78] und [GM80] konsultieren.

Variablentransformation

Zur Berechnung ist es numerisch günstiger statt S mit $\ln S$ zu rechnen (vgl. [Sey03]). Wir setzen $X = \ln S$. Dann schreibt sich (3.51) in der Form

$$\frac{\partial V}{\partial t} + \left(r - \frac{\sigma^2}{2}\right)\frac{\partial V}{\partial X} + \frac{\sigma^2}{2}\frac{\partial^2 V}{\partial X^2} = rV.$$

Also kann man mit dem impliziten Differenzenverfahren die Differenzialgleichung durch

$$\frac{V_{i+1,j} - V_{i,j}}{\delta t} + \left(r - \frac{\sigma^2}{2}\right)\frac{V_{i,j+1} - V_{i,j-1}}{2\Delta X} + \frac{\sigma^2}{2}\frac{V_{i,j+1} + V_{i,j-1} - 2V_{i,j}}{\Delta X^2} = rV_{i,j} \qquad (3.74)$$

bzw.

$$\hat{a}_j V_{i,j-1} + \hat{b}_j V_{i,j} + \hat{c}_j V_{i,j+1} = V_{i+1,j}, \qquad (3.75)$$

wobei

$$\hat{a}_j = \frac{\delta t}{2\Delta X}\left(r - \frac{\sigma^2}{2}\right) - \frac{\delta t}{2\Delta X^2}\sigma^2$$

$$\hat{b}_j = 1 + \frac{\delta t}{2\Delta X^2}\sigma^2 + r\delta t$$

$$\hat{c}_j = -\frac{\delta t}{2\Delta X}\left(r - \frac{\sigma^2}{2}\right) - \frac{\delta t}{2\Delta X^2}\sigma^2$$

approximieren. In Matrixnotation gilt analog zum impliziten Verfahren

$$\hat{\mathcal{A}} \circ V_i = V_{i+1} - \hat{d}_{i+1}. \qquad (3.76)$$

Wir erhalten für das explizite Verfahren

$$\frac{V_{i+1,j} - V_{i,j}}{\delta t} + \left(r - \frac{\sigma^2}{2}\right)\frac{V_{i+1,j+1} - V_{i+1,j-1}}{2\Delta X} + \frac{\sigma^2}{2}\frac{V_{i+1,j+1} + V_{i+1,j-1} - 2V_{i+1,j}}{\Delta X^2} = rV_{i,j} \quad (3.77)$$

bzw.

$$V_{i,j} = \breve{a}_j V_{i+1,j-1} + \breve{b}_j V_{i+1,j} + \breve{c}_j V_{i+1,j+1} \text{ wobei} \qquad (3.78)$$

$$\breve{a}_j = \frac{1}{1 + r\delta t}\left(-\frac{\delta t}{2\Delta X}\left(r - \frac{\sigma^2}{2}\right) + \frac{\delta t}{2\Delta X^2}\sigma^2\right)$$

$$\breve{b}_j = \frac{1}{1 + r\delta t}\left(1 - \frac{\delta t}{2\Delta X^2}\sigma^2\right)$$

$$\breve{c}_j = \frac{1}{1 + r\delta t}\left(\frac{\delta t}{2\Delta X}\left(r - \frac{\sigma^2}{2}\right) + \frac{\delta t}{2\Delta X^2}\sigma^2\right)$$

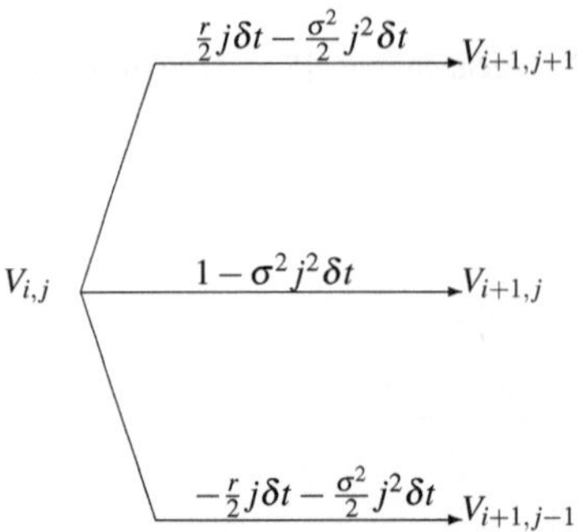

Abbildung 3.19: Zusammenhang von Trinomialbaum und expliziten Differenzen

oder in Matrixnotation

$$V_i = \mathscr{A} \circ V_{i+1} + \check{d}_{i+1} \tag{3.79}$$

Der Vorteil dieses Verfahren zeigt sich z. B. in der Unabhängigkeit der Größen $\hat{a}_j, \hat{b}_j, \dots, \check{b}_j, \check{c}_j$ von $j = 1, \dots, M$. Ein Nachteil dieser Transformation ist, dass sie nicht für alle Optionen verwendet werden kann.

Zusammenhang zu den trinomialen Bäumen

Kehren wir noch einmal zur Betrachtung der expliziten Methoden zurück. Dazu erinnern wir uns an die Darstellung (3.66) und interpretieren die Faktoren $\tilde{a}_j, \tilde{b}_j, \tilde{c}_j$.

$$Q_D = -\frac{r}{2}j\delta t + \frac{\sigma^2}{2}j^2\delta t \text{ ist die Wahrscheinlichkeit, dass der Kurs von } j\Delta S \text{ nach } (j-1)\Delta S \text{ fällt;}$$

$$Q_M = 1 - \sigma^2 j^2 \delta t \text{ ist die Wahrscheinlichkeit, dass sich der Kurs nicht ändert;} \tag{3.80}$$

$$Q_U = \frac{r}{2}j\delta t + \frac{\sigma^2}{2}j^2\delta t \text{ ist die Wahrscheinlichkeit, dass der Kurs von } j\Delta S \text{ nach } (j+1)\Delta S \text{ steigt.}$$

Für die Summe gilt: $Q_D + Q_M + Q_U = 1$.

Dies bedeutet, dass wir es in jedem Knoten (i, j) mit drei Möglichkeiten der Aktienpreisbewegung zu tun haben. Es liegt also ein trinomialer Baum vor.

Berechnen wir den Erwartungswert der Aktienpreisveränderung zur Zeit t_i für die Zeitdifferenz δt, so erhalten wir mit den obigen risikoneutralen Wahrscheinlichkeiten:

$$\mathbb{E}_{\mathbb{Q}}(\Delta S) = r j \Delta S \delta t = r S \delta t.$$

Für die Varianz ergibt sich

$$\mathrm{Var}(\Delta S) = \sigma^2 j^2 \Delta^2 \delta t = \sigma^2 S^2 \delta t.$$

Dies stimmt mit der Beobachtung über den Aktienpreisprozess in Lemma 3.1.5 überein.

Allerdings sollte man ein Problem nicht verschweigen, dass beim expliziten Verfahren auftreten kann (und die obigen Größen $\tilde{a}_j, \tilde{b}_j \tilde{c}_j$ entstammen diesem Verfahren). Als Wahrscheinlichkeiten sollten Q_U, Q_M und Q_D positiv sein. Es gibt Beispiele, für die dies nicht mehr stimmt. Hier konvergiert, anders als das implizite Verfahren, das explizite Verfahren nicht mehr.

Wir hatten mit einer Variablentransformation beim Differenzenverfahren einen günstigen Algorithmus gefunden. Wie sieht der trinomiale Baum in diesem Fall aus?

Setzen wir erneut $X = \ln S$, so ergibt sich mit der Darstellung (3.75)

$$-\frac{\delta t}{2\Delta X}\left(r - \frac{\sigma^2}{2}\right) + \frac{\delta t}{2\Delta X^2}\sigma^2 \text{ ist die Wahrscheinlichkeit, dass } X \text{ um } \Delta X \text{ fällt ;}$$

$$1 - \frac{\delta t}{2\Delta X^2}\sigma^2 \text{ ist die Wahrscheinlichkeit, dass der Wert } X \text{ sich nicht ändert;}$$

$$\frac{\delta t}{2\Delta X}\left(r - \frac{\sigma^2}{2}\right) + \frac{\delta t}{2\Delta X^2}\sigma^2 \text{ ist die Wahrscheinlichkeit, dass } X \text{ um } \Delta X \text{ steigt.}$$

Diese Bewegungen ΔX von X korrespondieren mit einer entsprechenden Änderung von S nach $Se^{-\Delta X}$ oder $Se^{\Delta X}$. Für $\Delta X = \sigma\sqrt{\delta t}$ erhalten wir den Fall des trinomialen Baumes aus (3.50).

Matlab-Code

Im Folgenden werden die Matlab-Programme für die finiten Differenzen (implizites und explizites Verfahren) dargestellt. Da beim impliziten Verfahren in jedem Zeit-Schritt ein tri-diagonales Gleichungssystem gelöst werden muß, wird dazu ein Programm bereitgestellt, das nur eine `for`-Schleife benötigt.

Listing 3.12: Das Programm `fin_diff_impl`

```
 1  function [vv]= pde_im_eu(ot,xmin, xmax,m,n, sig, t, r, k);
 2  % Aufruf vv=pde_im_eu('call', 10, 90, 40, 20, 0.4, 1, 0.04, 50)
 3  % input
 4  % xmin min kurs
 5  % xmax max kurs
 6  % m    anz der x gitterpunkte
 7  % n    anz der t gitterpunkte
 8  % sig  Varianz
 9  % t    Restlaufzeit
10  % r    Zins - steig per anno
11  % k    strike
12  % output vv matrix / option surface
13
```

```matlab
14  ca = strcmp(ot,'call');
15  pu = strcmp(ot,'put');
16  dx = (xmax-xmin)/(m+1);
17  dt =  t / n;
18  mm = m + 2;
19  a  = zeros(1,m);   % dim des x vektors
20  b  = zeros(1,m);
21  c  = zeros(1,m);
22  rm  = 0.5*r*dt;
23  sm  = 0.5*sig^2*dt;
24  smm =     sig^2*dt;
25
26  vt0 = zeros(1,n);
27  vtm = zeros(1,n);
28
29  % Randwert
30  for i=1:n
31  if ca == 1
32     vt0(i)=0;
33     vtm(i)= xmax - k* exp(-r*dt*(n-i));
34  end
35  if pu == 1
36     vt0(i)= k * exp(-r*dt*(n-i));
37     vtm(i)=0;
38  end
39  end % end for
40
41  for j=1:m
42     j2 = j^2;
43     a(j)=  rm*j - sm*j2;
44     b(j)=  1 + 2*rm + smm*j2 ;
45     c(j)= -rm*j - sm*j2;
46  end
47  v0 = zeros(mm,1);
48  for j=1:mm
49    if ca == 1    v0(j) = max(xmin+(j-1)*dx - k,0); % Endwert
50    end
51    if pu == 1    v0(j) = max(k - (xmin+(j-1)*dx),0); % Endwert
52    end
53  end
54  vv = zeros(mm,n);
55  vv(:,n) = v0;
56  aa = zeros(m,m);
57  aa(1,1) = b(1);
58  aa(1,2) = c(1);
59  aa(m,m) = b(m);
60  aa(m,m-1) = a(m);
61
62  for j=2:m-1
63      for jj = j-1:j+1
64       if jj == j-1  aa(j,jj)= a(j);end;
```

```
65         if jj == j    aa(j,jj)= b(j);end;
66         if jj == j+1  aa(j,jj)= c(j);end;
67       end
68   end
69
70   for i = n−1:−1:1
71    vv(1,i)        =  vt0(i); % fester Rand
72    t      = vv(2:(mm−1),i+1); % size(t) = m*1
73    % unteren Randwerte einbeziehen: a(1)*vt0(i+1)
74    t(1) = t(1) − a(1)*vt0(i);
75    % oberen Randwerte einbeziehen:  c(m)*vtm(i+1);
76    t(m) = t(m)− c(m)*vtm(i);
77    vv(2:(mm−1),i) = tri_mat_solv(aa,t);
78    vv(mm,i)       =  vtm(i); % fester Rand
79   end
```

Anmerkungen zur Implementierung des impliziten Differenzenschemas:

- Das zu lösende Gleichungssystem hat die Dimension $m - 1$, allerdings hat man $m + 1$ Gitterpunkte.

- Es ist zu beachten, dass die Indizierung von Vektoren und Matrizen bei 1 und nicht bei 0 beginnt.

- Die Matrix vv hat $m + 1$ Spalten, da sie auch die Randwerte beinhaltet.

- In den Zeilen 14 bis 53 werden die Koeffizienten a, b, c definiert und der Endwert der Option zu $t = T$ sowie die Randwerte für alle t berechnet.

- In den Zeilen 56 bis 68 wird die Tridiagonalmatrix bestimmt.

- In den Zeilen 70 bis 79 wird der Optionswert, beginnend mit $t = T$ berechnet (vgl. (3.68)).

Listing 3.13: Das Programm <code>tri_mat_solv</code>

```
 1
 2  function y = tri_mat_solv( aa , z )
 3  %  aa quadratische tridiagnonale matrix (n*n)
 4  %  z  Vektor
 5  %  y ist Loesung von aa*y = z
 6  [m,n] = size(aa) ;
 7  k       = length(z);
 8  if (m == n  && m == k)
 9    % check of aa GLS eindeutig losbar
10    a = diag(aa);
11    b = zeros(1,k);
12    if ( abs(aa(1,1)) - abs(aa(1,2))   < 0   ) b(1) = 1  ; end;
13    if ( abs(aa(k,k)) - abs(aa(k,k-1)) < 0   ) b(k) = 1  ; end;
14       for i=2:k-1
15           if ( abs(aa(i,i)) - abs(aa(i,i-1)) - abs(aa(i,i+1)) < 0   )
16               b(i)= 1;
17           end;
18       end
19    su = sum(b);
20    if (su == 0)
21    % lsg des GLS
22    y = zeros(1,k)
23    v = zeros(1,k);
24    w = aa(1,1);
25    y(1)  = z(1)/w;
26    for i=2:k
27        v(i)  = aa(i-1,i)/w;
28        w     = aa(i,i) - aa(i,i-1)*v(i);
29        y(i) =(  z(i) - aa(i,i-1)*y(i-1)  )/w;
30    end;
31    i = k-1;
```

```
32    while i > 0
33        y(i) = y(i)- v(i+1)*y(i+1);
34        i = i - 1;
35    end;
36  else display('GLS nicht eindeutig loesbar')
37    end;
38  else display('Matrix - Vektordimension inkonsistent ')
39  end;
```

Listing 3.14: Das Programm `fin_diff_expl`

```
1   function [vv]= pde_ex_eu(ot,xmin, xmax,m,n, sig, t, r, k);
2   %  Aufruf vv=pde_ex_eu('call', 10, 90, 40, 20, 0.4, 1, 0.04, 50)
3   % input
4   % xmin min kurs
5   % xmax max kurs
6   % m     anz der x gitterpunkte
7   % n     anz der t gitterpunkte
8   % sig  Varianz
9   % t    Restlaufzeit
10  % r    Zins - steig per anno
11  % k      strike
12  % output vv matrix / option surface
13
14  ca = strcmp(ot,'call');
15  pu = strcmp(ot,'put');
16
17  dx = (xmax-xmin)/(m+1);
18  dt =  t / n;
19  mm = m + 2;
20  a  = zeros(1,m);
21  b  = zeros(1,m);
22  c  = zeros(1,m);
23  fac = 1/(1+ r*dt);
24  rm  = 0.5*r*dt;
25  sm  = 0.5*sig^2*dt;
26  smm = sig^2*dt;
27  vt0 = zeros(1,n);
28  vtm = zeros(1,n);
29
30  % Randwert
31  for i=1:n
32  if ca == 1
33     vt0(i)=0;
34     vtm(i)= xmax - k * exp(-r*dt*(n-i));
35  end
36  if pu == 1
37     vt0(i)= k * exp(-r*dt*(n-i));
38     vtm(i)=0;
```

```
39  end
40  end % end for
41
42  for j=1:m
43      j2 = j^2;
44      a(j)= fac* (-rm*j + sm*j2);
45      b(j)= fac* (1-smm*j2        );
46      c(j)= fac* ( rm*j + sm*j2);
47  end
48
49  v0 = zeros(mm,1);
50  for j=1:mm
51    if ca == 1    v0(j) = max(xmin+(j-1)*dx - k,0); % Endwert
52    end
53    if pu == 1    v0(j) = max(k - (xmin+(j-1)*dx),0); % Endwert
54    end
55  end
56
57  vv = zeros(mm,n);
58  vv(:,n) = v0;
59
60  for i = n-1:-1:1
61   vv(1,i)       = vt0(i); % fester Rand
62     % unteren Randwerte einbeziehen: a(1)*vt0(i+1)
63   vv(2,i)       =    a(1)*vt0(i+1) + b(1)*vv(2,i+1) + c(1)*vv(3,i+1);
64   for j=3:mm-2
65      vv(j,i)    =    a(j-1)*vv(j-1,i+1) + b(j-1)*vv(j,i+1) + c(j-1)*vv(j+1,i+1);
66   end
67   vv(mm-1,i)    =    a(m)*vv(mm-2,i+1) + b(m)*vv(mm-1,i+1) + c(m)*vtm(i+1);
68     % oberen Randwerte einbeziehen:  c(m)*vtm(i+1);
69   vv(mm,i)      =    vtm(i); % fester Rand
70  end
```

Anmerkungen zur Implementierung des expliziten Differenzenschemas

- Pro Zeitschritt muss kein Gleichungssystem gelöst werden.

- Es wurde bereits erwähnt, dass das explizite Verfahren nicht konvergieren muss, das Programm hat eher einen didaktischen Wert.

Literaturhinweise

Nicht alle Bücher über Finanzmathematik geben explizit numerische Methoden an. Unter denen die sich auch mit diesen Verfahren beschäftigen seien [KK99] und [Hul96] zu nennen. Insbesondere in den Monographien von Wilmott, Dewynne und Howison [WHD95, WDH93] finden sich eine Reihe von Verfahren. In [WDH93] wird eine ausführliche Beschreibung der Differenzenverfahren und Beweise der Konvergenzgeschwindigkeit bzw. der Kriterien für eine Konvergenz dargestellt. Für ein vertieftes Studium sei darauf verwiesen. Der Ansatz Optionspreise durch Bäume zu approximieren, findet man insbesondere in Arbeiten, die sich um die Herleitung der

Black-Scholes-Formel aus den diskreten Modellen bemühen. Hier sind [Boy88, CRR79, Bax96] zu nennen. Wer mehr über die Differenzenverfahren wissen möchte, dem seien die Arbeiten von Brennan und Schwartz, die Artikel von Courtadon sowie Schwartz [Cou82, Sch77] und Wilmott, Howison und Dewynne [WDH93] empfohlen. In der Arbeit von Hull und White [HW25] wird gezeigt, wie man die fehlende Konvergenz des expliziten Differenzenverfahrens durch Variablentransformation beheben kann. Eine gut lesbare Einführung in numerische Methoden für Differenzialgleichungen findet man in Holmes [Hol07]. Das Buch von Seydel ist ebenfalls [Sey03] empfehlenswert. Programm-Code für partielle Differenzialgleichungen findet man auch in den Numerical Recipes [PTVF92]. Numerisch interessierte Leser seien auch auf das Buch von Stoer und Bulirsch [SB00] verwiesen.

Aufgaben

1. Man berechne einen Put für ein Derivat europäischen Stils mit den gleichen Daten wie in Abbildung 3.4.1.

2. Man betrachte den Call aus Beispiel in 3.1, approximiere den Wert für $\frac{S}{K} = 1.2$ in beiden Modellen des binomialen Baums und vergleiche die Ergebnisse mit dem der Black-Scholes-Formel.

3. Was passiert, wenn im Cox-Ross-Rubinstein-Modell $\sigma < |r\sqrt{\delta_n}|$ gilt?

4. Man benutze das implizite Differenzenschema, um eine diskrete Methode zur Approximation von Δ, Γ und Θ zu entwickeln.

5. Man bestimme den Genauigkeitsgrad der Approximation des Mittelpunktsverfahrens in Abhängigkeit von δt.

4 Das Black-Scholes-Modell

Donald Trump, 20 Jh.

Schon in den Abschnitten 3.1 und 3.2 haben wir die Bewertung von Derivaten mittels der Methode von Cox-Ross-Rubinstein in einem zeitstetigen Modell betrachtet. In 2.5 sahen wir, dass eine Darstellung gerade für die Bewertung von Zinsprodukten im zeitdiskreten Modell sehr mühsam war. Die elegante Methode, Derivate zu bewerten, deren Weg auch historisch zuerst beschritten wurde, ist der Zugang über eine stochastische Differenzialgleichung. Da dies selbst für einen mathematisch gebildeten Leser nicht als Folklore anzusehen ist, werden wir in diesem Kapitel eine für unsere Zwecke ausreichende und mathematisch noch weitgehend rigorose Herleitung bringen.

4.1 Einführung in die Stochastische Analysis

Die Theorie der stochastischen Prozesse und insbesondere die der *stochastischen Analysis* hat sich als grundlegendes und unverzichtbares Hilfsmittel in der Behandlung der Optionspreisbewertung erwiesen.

Bereits in seiner Dissertation von 1900 hatte Bachelier [Bac00] die Bedeutung der Brownschen Bewegung für die Beschreibung der Aktienkurse erkannt. Doch einen entscheidenden Durchbruch schafften erst Black und Scholes [BS73], die den Zusammenhang zwischen der stochastischen Analysis und der Bewertung von Derivaten erkannten und die vielzitierte Formel entwickelten. Daher werden wir uns auf die Einführung der Brownschen Bewegung beschränken, die man überspitzt auch als die „Mutter aller stochastischen Prozesse" ansehen kann. Da die Eigenschaften der Brownschen Bewegung nicht ausschließlich zur Finanzmathematik gehören, haben wir dies wie auch das stochastische Integral bezüglich der Brownschen Bewegung, das sogenannte Itô-Integral in den Anhang verlegt (vgl. E.1 bzw. E.2). Da der „Hauptsatz der stochastischen Analysis", die *Itô-Formel* für uns eine zentrale Bedeutung hat, werden wir ihn im Abschnitt 4.1.2 behandeln. Die Formel werden wir im ersten Abschnitt mehr plausibel machen als mathematisch rigoros beweisen, um den Umfang des Kapitels nicht unnötig zu vergrößern. Die genaue Herleitung kann der noch unzufriedene Leser im Anhang nachlesen. Dort findet man auch eine knappe Darstellung, der notwendigen wahrscheinlichkeitstheoretischen Begriffe, wie bedingte Erwartung (D.3) und Verteilungskonvergenz (D.4), falls die Kenntnisse etwas „eingeschlafen" sind.

4.1.1 Einführung in die Theorie der Brownschen Bewegung

Wir wollen nun ein Modell entwerfen, das die Bewertung eines Derivates mit Hilfe eines *stochastischen Prozesses* beschreibt. Als Bezugsgröße oder zugrundeliegenden Vermögenswert wählen wir erneut eine Aktie (es kann auch ein Derivat sein), deren Preisentwicklung über ein Zeitintervall indiziert ist. Hierzu bezeichne $S_t, t \geq 0$, den Preis einer bestimmten Aktie zur Zeit t. Dabei sehen wir S_t als Zufallsvariable an, die auf einem Wahrscheinlichkeitsraum $(\Omega, \mathscr{F}, \mathbb{P})$ definiert ist. Den Unterschied ΔS_t von S_t nach $S_{t+\Delta t}$, wobei wir $\Delta t > 0$ als „sehr klein" annehmen, schreiben wir in der folgenden Weise:

$$\frac{\Delta S_t}{S_t} - \frac{S_{t+\Delta t} - S_t}{S_t} - \Delta t \cdot \mu + \text{„ Rauschen"}.$$

Hierbei ist μ die „Drift" oder „Trend" und der Term „Rauschen" beschreibt das typische „Zittern" des Aktienkurses. Dieses Konzept werden wir später genauer entwickeln. Das „Rauschen" wollen wir zunächst an einem Beispiel erläutern. Man betrachte einen sehr kleinen Tropfen Öl (ungefähr $\frac{1}{1000}$ mm Radius) in einem Gas oder einer Flüssigkeit. Falls man es unter einem Mikroskop betrachtet, wird man feststellen, dass es den Anschein hat, der Tropfen bewege sich zufällig zickzackförmig hin und her, obwohl keine Kraft auf ihn einwirkt und das Medium in Ruhe ist. Der Grund hierfür liegt in der Bewegung der Moleküle im Medium, die den Öltropfen von allen Seiten hin und her stoßen.

Über eine längere Zeitspanne wird der Öltropfen im Mittel denselben Impuls in jeder Richtung haben. Trotzdem kann er sich kurzfristig mehr in eine bestimmte Richtung bewegen.

Der Aktienpreis gehorcht ähnlichen Gesetzen. Auf der einen Seite hängt seine Bewegung von deterministischen Kräften ab, wie der allgemeinen Entwicklung des Marktes, Gewinnerwartung etc. (vergleichbar mit der Bewegung des Mediums, in dem der Tropfen sich befindet). Andererseits kann es sein, dass es während einer kurzen Zeitspanne mehr Käufer als Verkäufer (oder umgekehrt) gibt, die den Aktienpreis nach oben oder unten drücken.

Wir kehren zum Beispiel des Öltropfens zurück, um ein Modell dieser zufälligen Bewegung zu entwickeln. Dazu sei X_t zum Beispiel die x-Koordinate des Öltropfens zur Zeit t.

Im Zeitintervall $[t, t + \Delta t]$ werde der Tropfen n Stößen anderer Moleküle ausgesetzt, wobei jeder Stoß eine kleine Verschiebung verursacht (mit d_i, $i = 1, \ldots, n$ bezeichnet).

Die gesamte Verschiebung in der Zeit Δt in $x - Richtung$ ist

$$\Delta X_t = \sum_{i=1}^{n} d_i.$$

Die Einzelverschiebungen $d_1, d_2, \ldots, d_n$ können als unabhängige Zufallsvariablen angesehen werden mit Erwartungswert $\mathbb{E}(d_i) = 0$ und Varianz $\mathbb{V}\text{ar}(d_i) = \sigma_i^2$. Da wir annehmen, dass die d_i's unabhängig sind, ergibt sich für die Varianz der gesamten Verschiebung $\Delta \sigma_{(n)}^2 = \sum_{i=1}^{n} \sigma_i^2$.

Weil n sehr groß ist, die Zufallsvariablen d_i's im Mittel den Wert 0 haben und unabhängig sind, wird sich die Verteilung von ΔX_t der Normalverteilung mit Mittel Null und Varianz $\sum \sigma_i^2$ annähern (vgl. dazu den Zentralen Grenzwertsatz D.2.31 im Anhang D.2). Falls man Homogenität in der Zeit annimmt, wird $\Delta \sigma_{(n)}^2$ gegen $\Delta t \, \sigma$ konvergieren. Also folgt

$$\sum_{i=1}^{n} \sigma_i^2 = \Delta t \, \sigma^2,$$

für ein positives σ^2.

Zum Zweiten ist die Verschiebung ΔX_t des Tropfens, die während des Zeitintervalls $[s,t]$ durch Stöße mit den Molekülen verursacht wird, unabhängig von Bewegungen vor dem Zeitpunkt s. Daher können wir folgende zwei Eigenschaften von X_t herleiten:

1) Für alle $s < t$ ist die Differenz $X_t - X_s$ normalverteilt mit Mittel 0, und die Varianz ist proportional zu $t - s$, d. h. $X_t - X_s$ ist $N(0, \sigma^2(t-s))$.

2) Für alle $s < t$ ist die Differenz (oder Zuwachs) $X_t - X_s$ zu X_r, $r \leq s$ unabhängig.

Diese zwei Eigenschaften und die Stetigkeit in t charakterisieren den als *Brownsche Bewegung* bekannten stochastischen Prozess. Er wurde nach dem schottischen Botaniker Robert Brown (1773-1858) benannt, der die Bewegung von Pollenkörnern studierte.

Wir führen für stochastische Prozesse und insbesondere für die Brownsche Bewegung eine mathematische Definition ein.

Dazu betrachten wir einen in diesem Abschnitt festen Wahrscheinlichkeitsraum $(\Omega, \mathscr{F}, \mathbb{P})$.

Definition 4.1.1
Ein *stochastischer Prozess* in *stetiger Zeit* ist eine Familie von Zufallsvariablen $(X_t)_{t \geq 0}$, $X_t: \Omega \rightarrow \mathbb{R}$, über $t \in [0, \infty)$ oder $t \in [0, T]$ indiziert, sodass die Abbildung $\Omega \times [0, \infty) \ni (\omega, t) \mapsto X_t(\omega)$ messbar bezüglich der Produkt- σ-Algebra $\mathscr{F} \otimes \mathscr{B}_{\mathbb{R}_0^+}$ ist.

Die Produkt- σ-Algebra ist die kleinste σ-Algebra auf $\Omega \times \mathbb{R}$, die alle Mengen der Form $A \times B$ mit $A \in \mathscr{F}$ und $B \in \mathscr{B}_{\mathbb{R}_0^+}$ enthält. Ist $(X_t)_{t \geq 0}$ ein stochastischer Prozess und ist $\omega \in \Omega$ festgewählt, so nennen wir die Abbildung

$$X_{(\cdot)}(\omega) \, : \, t \mapsto X_t(\omega)$$

einen *Pfad von* $(X_t)_{t \geq 0}$. Wir sagen, dass $(X_t)_{t \geq 0}$ ein stetiger Prozess ist, falls fast alle Pfade stetig sind, d. h. wenn $\mathbb{P}(\{\omega \in \Omega: \ t \mapsto X_t(\omega) \text{ ist stetig}\}) = 1$ gilt.

Wir nennen einen stochastischen Prozess *integrierbar* bzw. *quadratisch integrierbar*, wenn $\mathbb{E}_{\mathbb{P}}(|X_t|) < \infty$ bzw. $\mathbb{E}_{\mathbb{P}}(X_t^2) < \infty$ für alle $t \geq 0$ gilt.

Definition 4.1.2

Eine *Filtration* auf einem Wahrscheinlichkeitsraum $(\Omega, \mathscr{F}, \mathbb{P})$ ist eine Familie von σ- Algebren $(\mathscr{F}_t)_{t \geq 0}$ mit

$$\mathscr{F}_s \subset \mathscr{F}_t \subset \mathscr{F}, \text{ falls } s \leq t.$$

In diesem Fall heißt $(\Omega, \mathscr{F}, (\mathscr{F}_t)_{t \geq 0}, \mathbb{P})$ ein filtrierter Wahrscheinlichkeitsraum.

Einen stochastischen Prozess $(X_t)_{t \geq 0}$ nennt man zu einer Filtration $(\mathscr{F}_t)_{t \geq 0}$ *adaptiert*, wenn X_t für alle $t \geq 0$ $\mathscr{F}_t$-messbar ist.

Im Abschnitt 2.3, 2.4 (vgl. auch Abschnitt D.1) haben wir Prozesse betrachtet, die über endlich viele Zeitpunkte indiziert sind. Sie hatten ferner die Eigenschaft, dass sie endlich viele Werte annahmen. Hier befinden wir uns in einer allgemeineren Situation. Jetzt kann X_t unendlich viele Werte annehmen, und zusätzlich ist der Prozess über ein Intervall indiziert. Trotzdem erlaubt das neue Modell dieselbe Interpretation.

Somit wird $\mathbb{E}_{\mathbb{P}}(X_t | \mathscr{F}_s)$, für $s < t$, als bedingter Erwartungswert von X_t interpretiert, wobei man alle Fakten bis zur Zeit s „voraussetzt“. Da X_t unendlich viele Werte annehmen kann und wird, können wir $\mathbb{E}_{\mathbb{P}}(X_t | \mathscr{F}_s)$ nicht auf intuitiven Wege berechnen, wie wir es in Abschnitt D.1 vorgenommen haben. Somit machen wir von der Definition aus Anhang D.3 Gebrauch. Es wird $\mathbb{E}_{\mathbb{P}}(X_t | \mathscr{F}_s)$ (bis auf Gleichheit fast überall) als die eindeutig existierende $\mathscr{F}_s$-messbare Zufallsvariable Y definiert, sodass $\mathbb{E}_{\mathbb{P}}(\mathbb{1}_A Y) = \mathbb{E}_{\mathbb{P}}(\mathbb{1}_A X_t)$ für alle $A \in \mathscr{F}_s$ gilt.

Es gibt stochastische Prozesse die von besonderem Interesse sind. Das sind diejenigen, die „stabil unter Mittelbildung“ sind, bzw. „im Mittel steigen“ oder „im Mittel fallen“. Hier nun die mathematische Definition:

Definition 4.1.3

Ein adaptierter und integrierbarer stochastischer Prozess $(X_t)_{t \geq 0}$ auf $(\Omega, \mathscr{F}, (\mathscr{F}_t), \mathbb{P})$ heißt

1) *Martingal* (bzgl. $(\mathscr{F}_t)_{t \geq 0}$), falls $\mathbb{E}_{\mathbb{P}}(X_t | \mathscr{F}_s) = X_s$ f.s., für alle $s < t$.

2) *Supermartingal* (bzgl. $(\mathscr{F}_t)_{t \geq 0}$), falls $\mathbb{E}_{\mathbb{P}}(X_t | \mathscr{F}_s) \leq X_s$, f.s., für alle $s < t$.

3) *Submartingal* (bzgl. $(\mathscr{F}_t)_{t \geq 0}$), falls $\mathbb{E}_{\mathbb{P}}(X_t | \mathscr{F}_s) \geq X_s$, f.s. für alle $s < t$.

Angeregt durch die Untersuchung der Bewegung des Öltropfens am Anfang dieses Abschnittes, geben wir nun die Definition der Brownschen Bewegung.

Definition 4.1.4

Ein stochastischer Prozess $(B_t)_{t\geq 0}$ auf einem Wahrscheinlichkeitsraum $(\Omega, \mathcal{F}, \mathbb{P})$, adaptiert zur Filtration $(\mathcal{F}_t)_{t\geq 0}$ wird eine Brownsche Bewegung (bzgl. $(\mathcal{F}_t)_{t\geq 0}$) genannt, falls er die folgenden Eigenschaften erfüllt:

1) $B_0 = 0$.

2) $B_t - B_s$ ist $N(0, t - s)$ verteilt für alle $s < t$ (zur Definition der Normalverteilung vgl. Anhang D.2).

3) $B_t - B_s$ ist zu $\mathcal{F}_s$ für jede Wahl von $0 \leq s < t$ unabhängig. Dies bedeutet, dass für jede messbare Teilmenge $A \subset \mathbb{R}$ und jedes $F \in \mathcal{F}_s$:

$$\mathbb{P}(F \cap \{B_t - B_s \in A\}) = \mathbb{P}(F)\mathbb{P}(\{B_t - B_s \in A\}) = \mathbb{P}(F)\frac{1}{\sqrt{2\pi(t-s)}}\int_A e^{-\frac{x^2}{2(t-s)}}\, dx \text{ gilt.}$$

4) B_t hat stetige Pfade.

Als Filtration $\mathcal{F}_t$ kann man die σ-Algebra verwenden, die von allen B_s ($0 \leq s \leq t$) erzeugt wird. Aber wir könnten auch festlegen, dass $\mathcal{F}_t$ von anderen Ereignissen abhängt (d. h. von anderen Zufallsvariablen).

Das folgende Bild (4.1) zeigt den Pfad einer Brownschen Bewegung, d. h. die Realisierung $(B_t(\omega))$ für ein $\omega \in \Omega$.

Wenn man die Brownsche Bewegung als Modell für die Aktienpreisentwicklung heranziehen will, so ist dies wenig realistisch, einfach deshalb, weil B_t auch negative Werte annehmen kann.

Definition 4.1.5

Es sei B_t eine Brownsche Bewegung auf einem filtrierten Wahrscheinlichkeitsraum $(\Omega, \mathcal{F}, \mathbb{P}, (\mathcal{F}_t)_{t\geq 0})$. Weiter seien $\mu \in \mathbb{R}$, $\sigma > 0$, und $S_0 > 0$. Man nennt einen Prozess S_t, der gemäß

$$S_t = S_0 e^{\mu t - \frac{1}{2}\sigma^2 t + \sigma B_t}, \tag{4.1}$$

definiert ist, einen *log-normalen Prozess* oder *geometrische Brownsche Bewegung* mit *Drift μ* und *Volatilität σ*.

Bemerkung 4.1.6

Auf den ersten Blick scheint es unnatürlich, den Term μt von dem Term $\frac{1}{2}\sigma^2 t$ zu trennen, anstatt sie zu einem Ausdruck at zusammenzufassen. Der Grund liegt darin, dass der Prozess $S_0 e^{-\frac{1}{2}\sigma^2 t + \sigma B_t}$ ein Martingal ist, wie man im Anhang nachlesen kann. Deshalb legt der Faktor $e^{\mu t}$ fest, wie stark der Prozess im Mittel wächst. Zum Zweiten werden wir im Abschnitt 4.1.2

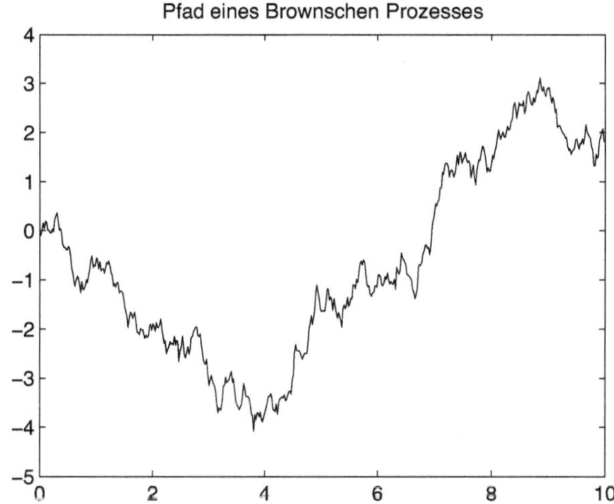

Abbildung 4.1: Pfad eines Brownschen Prozesses mit $\mu = 0$ und $\sigma = 1$

sehen, dass S_t, wie oben definiert, der folgenden „stochastischen Differenzialgleichung"

$$dS_t = \mu S_t dt + \sigma S_t dB_t$$

genügt. Die Gleichung besagt, dass die infinitesimale proportionale Veränderung von S_t, (oder auch $\frac{dS_t}{S_t}$), zur Zeit t einen deterministischen Teil proportional zu dt besitzt, nämlich μdt, und einen zufälligen Teil hat, nämlich σdB_t, der proportional zur infinitesimalen Veränderung von B_t ist. Dies wird in Abschnitt E.2 erklärt.

Das log-normale Modell für die Aktienpreise kann man ähnlich herleiten, wie das Modell für die Bewegung des Öltropfens. Das Verhalten der Teilnehmer am Aktienmarkt hat auf den Aktienpreis einen ähnlichen Einfluss wie die Moleküle auf den Öltropfen. Anstelle der Annahme, dass das Handeln im Markt additive Veränderung bewirkt, nehmen wir an, dass es sich multiplikativ verhält. Die nächste Abbildung (4.2) erklärt, warum die geometrische Brownsche Bewegung geeigneter ist, einen Aktienpreisprozess zu modellieren: Es existieren keine negativen Werte. Die parabelähnliche Kurve zeigt den Konfidenzbereich an, während die Gerade die Drift angibt.

Bemerkung 4.1.7
Es gibt ernsthafte Zweifel, die log-normal Verteilung für die Beschreibung des Aktienpreises S_t anzunehmen.

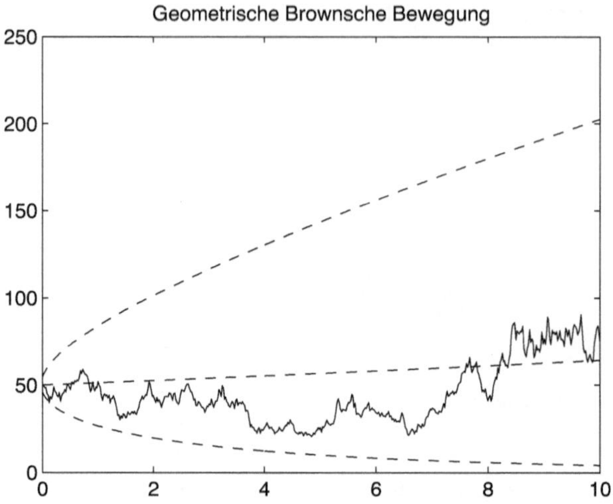

Abbildung 4.2: Pfad eines geometrischen Brownschen Prozesses mit $\mu = 0.025$ und $\sigma = 0.4$

1) Die Anzahl der Anleger (ungefähr 1000 einer großen Gesellschaft an einem durchschnittlichen Tag) ist viel kleiner als die Zahl der Moleküle, die durchschnittlich einen Öltropfen treffen (ca. 10^{10}).

2) Die Moleküle haben alle einen vergleichbaren Impuls, was bedeutet, dass die Varianz σ_i^2 vergleichbar sind. Die unterschiedliche finanzielle Ausstattung der Investoren ist beträchtlich.

3) Die Impulse der Moleküle, die auf den Tropfen einwirken, kann man als unabhängig voneinander betrachten. Es ist durchaus nicht klar, und nur eine grobe Approximation, anzunehmen, dass die Entscheidungen der Investoren unabhängig voneinander getroffen werden.

Wegen (1), (2) und (3) ist die Anwendung des zentralen Grenzwertsatzes für die Aktienpreisentwicklung viel problematischer als für die Beschreibung der Bewegung des Öltropfens.

Ein weiterer wichtiger Einwand ist, dass das log-normale Modell sich stetig bewegende Aktienpreise verlangt. Aber es ist nicht klar, ob z.B. eine einzige Aussage des Zentralbankpräsidenten nicht eine abrupte Veränderung des Aktienpreises zur Folge hat. Dieses Phänomen kann man durch die Erweiterung des Modells unter Einbeziehung von Poisson-Sprungprozessen behandeln, was zu der Untersuchung der unvollständigen Märkte führt.

Deshalb kann und sollte man das log-normale Modell als eine grobe Approximation der wirklichen Situation ansehen. Die Erfahrung hat gezeigt, dass das Modell in „ruhigen Zeiten" eine gute Beschreibung liefert, aber zu falschen Prognosen in „Crash"-Situationen führt.

Für unseren einfachen Zugang zur Itô-Formel wollen wir uns zuerst mit der Frage beschäftigen, wie man beliebige Funktionen linear approximieren kann. Dazu sei $f(\cdot)$ eine differenzierbare Funktion. Wir wählen ein $a \in \mathbb{R}$ aus und schätzen die Differenz $f(x) - f(a)$ ab. Aus der Analysis ist bekannt, dass man $f(x) - f(a)$ in der Form

$$f(x) = f(a) + f'(a)(x-a) + o(x-a), \tag{4.2}$$

schreiben kann. Dabei steht $o(x-a)$ als Symbol für den *Restterm*, der *von kleinerer Ordnung als $|x-a|$ ist*, d. h. es gilt $\lim_{x \to a} \frac{o(x-a)}{|x-a|} = 0$. Daher folgt, dass $x \to f(a) + f'(a)(x-a)$ *die beste Linearapproximation von $f(x)$ in a ist*. Bessere Approximationen von f verwenden die zweite Ableitung

$$f(x) = f(a) + f'(a)(x-a) + \frac{1}{2}f(a)''(x-a)^2 + o((x-a)^2), \tag{4.3}$$

wobei $\lim_{x \to a} \frac{o((x-a)^2)}{(x-a)^2} = 0$.

Wir ersetzen nun die Variable x durch die Zufallsvariable B_t. Für $t \geq 0$ und $\Delta t > 0$ können wir wie in (4.2)

$$f(B_{t+\Delta t}) = f(B_t) + f'(B_t)\Delta B_t + o(\Delta B_t), \tag{4.4}$$

schreiben. Dabei ist $\Delta B_t = B_{t+\Delta t} - B_t$. Unser Ziel ist es, eine Approximation zu finden, sodass der Restterm von kleinerer Ordnung als Δt ist. Da ΔB_t eine Zufallsvariable mit Varianz Δt ist, ergibt sich, dass $\mathbb{E}(|\Delta B_t|)$ von der Ordnung $\sqrt{\Delta t}$ ist (vgl. Übung 1). Deshalb gehen wir zur quadratischen Approximation über, die zu ($\Delta^2 B_t = \Delta(\Delta B_t)$)

$$f(B_{t+\Delta t}) = f(B_t) + f'(B_t)\Delta B_t + \frac{1}{2}f''(B_t)\Delta^2 B_t + o(\Delta^2 B_t) \tag{4.5}$$

führt. Eine wesentliche Eigenschaft der Brownschen Bewegung besagt (vgl. Abschnitt E.1), dass die Zufallsvariable $\Delta^2 B_t$ *asymptotisch deterministisch* ist. Das bedeutet $\lim_{\Delta_t \to 0} \Delta^2 B_t / \Delta^2 t = 1$ fast sicher gilt. Deshalb können wir folgende Approximationsformel ableiten:

$$f(B_{t+\Delta t}) = f(B_t) + f'(B_t)\Delta B_t + \frac{1}{2}f''(B_t)\Delta^2 t + o(\Delta^2 B_t). \tag{4.6}$$

Allgemein lässt sich die Gleichung (4.6) auch unter Verwendung der Differenzialsymbole schreiben:

$$df(B_t) = f'(B_t)dB_t + \frac{1}{2}f''(B_t)dt. \tag{4.7}$$

Ist nun $(x,t) \longmapsto f(x,t)$ eine Funktion in zwei Variablen, die einmal differenzierbar in t und zweimal differenzierbar in x ist, kann man in ähnlicher Weise die folgende Gleichung herleiten:

$$df(t,B_t) = \frac{\partial f}{\partial t}(t,B_t)dt + \frac{\partial f}{\partial x}(t,B_t)dB_t + \frac{1}{2}\frac{\partial^2 f}{\partial x^2}(t,B_t)dt, \tag{4.8}$$

Sie besagt, dass kleine Veränderungen in t für $f(t,B_t)$ Änderungen bewirken, die proportional zur Änderung in t (der Faktor beträgt $\frac{\partial f}{\partial t}(t,B_t) + \frac{1}{2}\frac{\partial^2 f}{\partial x^2}(t,B_t)$) und proportional zur Änderung von B_t sind (mit einem Faktor $\frac{\partial f}{\partial x}(t,B_t)$).

Diese Differenzialformel lässt sich auch in Integralschreibweise formulieren, d. h. analog zur Darstellung von $f(b) - f(a)$ durch das Integral über f' von a nach b:

$$f(T,B_T) - f(0,0) = \int_0^T \frac{\partial f}{\partial t}(t,B_t)dt + \int_0^T \frac{\partial f}{\partial x}(t,B_t)dB_t + \int_0^T \frac{1}{2}\frac{\partial^2 f}{\partial x^2}(t,B_t)dt. \tag{4.9}$$

Das erste und das dritte Integral kann als Zufallsvariable interpretiert werden, die jedem $\omega \in \Omega$ das Integral der Funktionen $t \mapsto \frac{\partial f}{\partial t}(t,B_t(\omega))$ bzw. $t \mapsto \frac{1}{2}\frac{\partial^2 f}{\partial x^2}(t,B_t(\omega))$ zuordnet. Das zweite Integral ist ein *stochastisches Integral* und seine Einführung benötigt noch weitere Vorbereitungen (siehe die Abschnitte E.1 und E.2).

Wenn man die Gleichung (4.8) auf den log-normalen Prozess $S_t = S_0 e^{\mu t - \frac{\sigma^2}{2}t + \sigma B_t}$ anwendet, erhält man

$$dS_t = (\mu - \frac{\sigma^2}{2})S_0 e^{\mu t - \frac{\sigma^2}{2}t + \sigma B_t}dt + \sigma S_0 e^{\mu t - \frac{\sigma^2}{2}t + \sigma B_t}dB_t + \frac{1}{2}\sigma^2 S_0 e^{\mu t - \frac{\sigma^2}{2}t + \sigma B_t}dt \tag{4.10}$$

$$= \mu S_t dt + \sigma S_t dB_t,$$

Diese Formel erklärt nun die heuristisch eingeführte Gleichung (4.7) für Prozesse, die den Aktienpreisprozess beschreiben.

Mithilfe der Kettenregel können wir für eine Funktion $(x,t) \longmapsto f(t,x)$ die Gleichungen

$$df(t,S_t) = \frac{\partial f}{\partial t}(t,S_t)dt + \frac{\partial f}{\partial x}(t,S_t)[\mu S_t dt + \sigma S_t dB_t] + \frac{1}{2}\sigma^2 S_t^2 \frac{\partial^2 f}{\partial x^2}(t,S_t)dt \tag{4.11}$$

$$= \left[\frac{\partial f}{\partial t}(t,S_t) + \mu S_t \frac{\partial f}{\partial x}(t,S_t) + \frac{1}{2}\sigma^2 S_t^2 \frac{\partial f}{\partial t}(t,S_t)\right]dt + \frac{\partial^2 f}{\partial x^2}(t,S_t)dB_t$$

ableiten.

Literatur und weitere Anmerkungen

Eine einführende Darstellung des Brownschen Prozesses findet man z. B. in Guttorp [Gut95]. Eine gute, aber mehr mathematisch orientierte Darstellung der Brownschen Bewegung bietet das Buch von B. Øksendal [Øks98]. Die meisten Monographien der stochastischen Analysis benützen die Brownsche Bewegung nur als Beispiel, wie Protter und Øksendal, einige erwähnen sie nur kurz. Karatsas und Shreve [KS98] bezieht sich schwerpunktmäßig auf die Brownsche Bewegung, ohne die Eigenschaften herzuleiten. Viele Bücher in der Finanzmathematik, die den Zugang über die stochastische Analysis wählen, wie Karatsas [Kar96], Irle [Irl98] oder Korn und Korn [KK99], führen oder motivieren die Brownsche Bewegung nicht, sondern benützen ihre Eigenschaften.

Der interessierte Leser sollte einen Blick in den Originalartikel von Bachelier [Bac00] werfen, der die Brownsche Bewegung zur Modellierung wirtschaftlicher Zusammenhänge benutzt hat. Sein Zugang hatte den Nachteil, dass er nicht die geometrische Brownsche Bewegung benutzte. Die Brownsche Bewegung kann sehr wohl negative Werte annehmen und ist daher für die Beschreibung des Aktienpreises geeignet.

Aufgaben

1. Man definiere für $\Delta t > 0$ die Differenz $\Delta B_t = B_{t+\Delta t} - B_t$, wobei (B_t) eine Brownsche Bewegung darstellt. Man zeige, dass $\mathbb{E}(|\Delta B_t|)$ von der Ordnung $\sqrt{\Delta t}$ ist, falls $\Delta t \to 0$.

2. Sei $\Omega = \{1,2,3,\ldots\}$, $\mathscr{F}$ = Potenzmenge von Ω. Man definiere

$$\mathscr{P}(\{n\}) = \frac{\lambda}{n!}e^{-\lambda} \ \lambda > 0.$$

   Eine Zufallsvariable $X : \Omega \longrightarrow \mathbb{N}_0$ nennt man *Poisson-verteilt*, falls

$$\mathscr{P}(X = n) - \frac{\lambda}{n!}e^{-\lambda} \text{ für } \lambda > 0.$$

   Seien X,Y unabhängige Zufallsvariable, die bezüglich $\lambda > 0$ bzw. $\mu > 0$ Poisson-verteilt sind. Man zeige, dass $Z = X + Y$ Poisson-verteilt zu $\lambda + \mu$ ist.

3. Man betrachte den folgenden Prozess $(N_t)_{t\in\mathbb{R}_+}$ auf dem filtrierten Wahrscheinlichkeitsraum $(\Omega, \mathscr{F}, \mathbb{P}, (\mathscr{F}_t)_{t\geq 0})$

   a) $N_0 = 0$

   b) $\forall\, 0 \leq s < t:\ N_t - N_s$ ist zu $\lambda(t-s)$ Poisson-verteilt.

   c) $\forall\, 0 > t_1 < t_2 < \ldots < t_n:\ (N_{t_i} - N_{t_{i-1}})_{i=1,\ldots,n}$ sind unabhängig.

   d) $\forall\, \omega \in \Omega$ hat der Pfad $\mathbb{R}_+ \ni t \longmapsto N_t(\omega)$ folgende Eigenschaften:

      i. $\mathbb{R}_+ \ni t \longmapsto N_t(\omega)$ ist stückweise konstant mit Sprünge der Größe 1.

      ii. In jedem Intervall existieren nur endliche viele Sprünge.

      iii. $\mathbb{R}_+ \ni t \longmapsto N_t(\omega)$ ist rechtsseitig stetig.

      iv. $\lim_{t\to\infty} \frac{1}{t}N_t(\omega) = \lambda$.

(zur Existenz vgl. [Sch98b]). Einen derartigen Prozess $(N_t)_{t \geq 0}$ nennt man einen *Poisson-Prozess*. Man beweise, dass ein Poissonprozess $(N_t)_{t \geq 0}$ die folgenden Eigenschaften besitzt:

a) $\mathbb{P}(N_{t+h} = N_t + 1) = \lambda h + o(h)$.

b) $\mathbb{P}(N_{t+h} \geq N_t + 2) = o(h)$.

c) $\mathbb{P}(N_{t+h} = N_t) = 1 - \lambda h + o(h)$.

4. Man definiere

$$p(t,y) = \frac{1}{\sqrt{2\pi t}} \exp(-\frac{y^2}{2t}), \ y \in \mathbb{R}, \ t > 0, \ p(0,y) = 1, \ \text{falls } y = 0, \ p(0,y) = 0 \text{ sonst.}$$

Sei $(B_t)_{t \geq 0}$ eine Brownsche Bewegung. Man zeige, dass für $0 \leq t_1 < \ldots < t_n$ $(n \in \mathbb{N})$ und messbare Teilmengen $F_1, \ldots, F_n \subset \mathbb{R}_+$,

$$\mathbb{P}(\{\omega \in \Omega; \ B_{t_1}(\omega) \in F_1, \ldots, B_{t_n}(\omega) \in F_n\})$$

$$\int_{F_1 \times \ldots \times F_n} p(t_1,y_1) p(t_2 - t_1, y_2) \cdot \ldots \cdot p(t_n - t_{n-1}, y_n) dy_1 \ldots dy_n$$

gilt.

5. Sei $f : \mathbb{R} \longrightarrow \mathbb{R}$ messbar derart, dass $\int_{-\infty}^{\infty} f(x) \exp(-\frac{x^2}{2t}) dx < \infty$. Man benütze Übungsaufgabe 4, um

$$\mathbb{E}_{\mathbb{P}}(f(B_t)) = \frac{1}{\sqrt{2\pi}} \int_{-\infty}^{\infty} f(x) \exp(-\frac{x^2}{2t}) dx \tag{4.12}$$

zu beweisen. Für $n \in \mathbb{N}$ setze man $f(x) = x^{2n}$. Man benütze (4.12), um mittels Induktion über $n \in \mathbb{N}$

$$\mathbb{E}_{\mathbb{P}}(B_t^{2n}) = \frac{(2n)!}{2^n \cdot n!} t^n$$

nachzuweisen.

6. Mit Übungsaufgabe 5 zeige man für $0 \leq s,t$:

$$\mathbb{E}_{\mathbb{P}}(|B_t - B_s|) = 3|t - s|^2.$$

7. (Simulation von Pfaden der Brownschen Bewegung B_t)
Man schreibe ein Programm für zumindest eine der folgenden Approximationen

- Diskrete Irrfahrt: Sei $\eta_k, k = 1, 2, \ldots$ eine Folge von unabhängig identisch standard normalverteilten Zufallsvariablen und es gelte $S_k = \eta_1 + \ldots + \eta_k$.

Dann gilt approximativ zur Zeit t:

$$B_t^n = \frac{1}{\sqrt{n}} S_{[nt]} + (nt - [nt]) \frac{1}{\sqrt{n}} \eta_{[nt]+1}. \tag{4.13}$$

- Brownsche Brücke (siehe z. B. [PS98]): Sei

$$y_t = y_{t_1}\left(1 - \frac{t_1}{t_2}\right) + y_{t_2}\frac{t}{t_2}, \tag{4.14}$$

d. h. y_t ist eine Gerade, die die Punkte (t_1, y_{t_1}) und (t_2, y_{t_2}) verbindet. Die Brownsche Brücke BB_t auf $[t_1, t_2]$ ist dann definiert als

$$BB_t = y_t + B_{t-t_1} - \frac{t - t_1}{t_2 - t_1} B_{t_2 - t_1}, \tag{4.15}$$

wobei BB_t normalverteilt mit Mittelwert y_t ist und eine Varianz hat, die proportional zu $\frac{(t - t_1)(t_2 - t)}{t_2 - t_1}$ ist. Noch ist der Nutzen nicht klar, aber setzt man $t_1 = 0$ und $t_2 = T$ mit $y_0 = 0$, und verwendet man für y_T die Realisierung einer normalverteilten Zufallsvariable mit Varianz proportional zu T und simuliert zu $t = T/2$ entsprechend der obigen Formel eine normalverteilte Zufallsvariable, so erhält man eine erste Approximation des Brownschen Prozesses an den Stellen 0, $T/2$ und T. Das Verfahren wird rekursiv auf jedes der zwei Tochterintervalle von $[0, T]$ angewendet. Im Gegensatz zur Irrfahrt, bei der alle realisierten Zufallsvariablen mit dem gleichen Gewicht (d. h. der Varianz) eingehen, werden bei der Methode der Brownschen Brücke die Realisierungen gewichtet und zwar proportional zum Abstand der benachbarten Werte. Dieses Verfahren ist insbesondere bei kleiner Varianz von Vorteil, da nur die benachbarten Werte berücksichtigt werden, wohingegen beim Ansatz entsprechend der Irrfahrt alle vorherigen Werte eine Rolle spielen und es zu numerischen Störungen durch Kumulierung von Rundungsfehlern kommen kann.

- Stochastische Reihenentwicklung (vgl. [PS98]): Sei $\eta_k, k = 1, 2, \ldots$ eine Folge von unabhängig identisch standard normalverteilten Zufallsvariablen und $t \in [0, \pi]$. Man setze:

$$B_t^n = \frac{1}{\sqrt{\pi}} t \eta_0 + \frac{\sqrt{2}}{\sqrt{\pi}} \sum_{k=1}^{n} \eta_k \frac{1}{k} \sin(kt), \tag{4.16}$$

sowie für $t \in [0, 3\pi]$

$$B_t = \begin{cases} B_t^0, & 0 \le t < \pi, \\ B_\pi^0 + B_{t-\pi}^1, & \pi \le t < 2\pi, \\ B_\pi^0 + B_\pi^1 + B_{t-2\pi}^2, & 2\pi \le t < 3\pi. \end{cases} \tag{4.17}$$

4.1.2 Stochastische Analysis: die Itô Formel

In diesem Abschnitt entwickeln wir Grundprinzipien der „Stochastischen Analysis". Genau gesagt wollen wir eine Version des Fundamentalsatzes der Analysis für stochastische Prozesse formulieren. Dabei werden wir uns auf einige Ergebnisse beziehen, die der interessierte Leser auf der Internetseite finden kann. Zuerst rufen wir uns den Hauptsatz der Differenzial-und Integralrechnung und dessen Beweis in Erinnerung.

Satz 4.1.8 (Der Hauptsatz der Differenzial- und Integralrechnung)
Ist $f\colon [0,T] \to \mathbb{R}$ stetig differenzierbar, so gilt

$$f(T) - f(0) = \int_0^T f'(t)dt.$$

Beweis
Sei $P = \{t_0, t_1, \ldots, t_n\}$ eine Zerlegung von $[0,T]$, $(0 = t_0 < t_1, \ldots, t_n = T)$. Dann gilt

$$f(T) - f(0) = \sum_{i=1}^n f(t_i) - f(t_{i-1}) = \sum_{i=1}^n \Delta t_i \frac{f(t_i) - f(t_{i-1})}{\Delta t_i} [\Delta t_i = t_i - t_{i-1}]$$

$$= \sum_{i=1}^n \Delta t_i f'(t_i^*)$$

[mit $t_i^* \in [t_{i-1}, t_i]$ gemäß des Mittelwertsatzes gewählt].

Die Definition des Riemannintegrals erlaubt es uns

$$\int_0^T g(t)dt = \lim_{\|P\| \to 0} \sum_{i=1}^n \Delta t_i g(t_i^*)$$

zu folgern. Deshalb haben wir

$$f(T) - f(0) = \lim_{\|P\| \to 0} \sum_{i=1}^n \Delta t_i f'(t_i^*) = \int_0^T f'(t)dt.$$

$\square$

Zu einer vorgegebenen Funktion $g\colon [0,T] \to \mathbb{R}$ (T>0) und einer Brownsche Bewegung auf $(\Omega, \mathscr{F}, (\mathscr{F}_s)_{0 \le s < \infty}, \mathbb{P})$, wollen wir

$$g(B_T) - g(B_0)$$

als ein stochastisches Integral schreiben. Im Gegensatz zum deterministischen Fall stoßen wir hier auf Probleme.

Hierzu beachte man, dass $g(B_t)$ auf Ω eine Zufallsvariable ist, d. h. $g(B_t)\colon \Omega \ni \omega \longmapsto g(B_t(\omega))$. Wir nehmen an, dass g zweimal stetig differenzierbar ist, und die Ableitungen beschränkt sind. Dann erhalten wir für eine Zerlegung $P = \{t_0, t_1, \ldots, t_n\}$ von $[0, T]$ mithilfe der Taylorentwicklung

$$
\begin{aligned}
g(B_T) - g(0) &= \sum_{i=1}^{n} g(B_{t_i}) - g(B_{t_{i-1}}) \\
&= \sum_{i=1}^{n} g'(B_{t_{i-1}})(B_{t_i} - B_{t_{i-1}}) + \sum_{i=1}^{n} \frac{1}{2} g''(\xi_i)(B_{t_i} - B_{t_{i-1}})^2,
\end{aligned}
$$

wobei ξ_i eine geeignete Zufallsvariable mit Werten zwischen $B_{t_{i-1}}$ und B_{t_i} ist. Falls für die Feinheit der Zerlegung $\|P\| \to 0$ gilt, so konvergiert $\sum_{i=1}^{n} g'(B_{t_{i-1}})(B_{t_i} - B_{t_{i-1}})$ nach Satz E.2.13 in L_2 gegen

$$
\int_0^T g'(B_t)\, dB_t.
$$

Es stellt sich nun folgendes Problem ein. Im Gegensatz zum deterministischen Fall $\left(\text{d. h. } \sum_{i=1}^{n} (t_i - t_{i-1})^2 g''(t_i^*)\right)$ konvergiert

$$
\sum_{i=1}^{n} (B_{t_i} - B_{t_{i-1}})^2 g''(B_{t_i})
$$

nicht gegen null in L_2. Denn nach Satz E.1.7 folgt

$$
\sum_{i=1}^{n} (B_{t_i} - B_{t_{i-1}})^2 \longrightarrow T \quad \text{in} \quad L_2.
$$

Deshalb müssen wir zusätzliche Terme in der stochastischen Version des Fundamentalsatzes einfügen.

Um die folgende Darstellung so einfach wie möglich zu gestalten, nehmen wir im Moment an, dass $g\colon \mathbb{R} \to \mathbb{R}$ dreimal stetig differenzierbar ist und beschränkte Ableitungen besitzt, d. h.

$$
\sup_{x \in \mathbb{R}} \max\{|g'(x)|, |g''(x)|, |g'''(x)|\} = c < \infty
$$

für geeignetes $c > 0$. Dies macht die Herleitung einfacher und transparenter. Später werden wir dann die Ergebnisse allgemeiner formulieren.

Mit der Taylorentwicklung bis zum dritten Glied, können wir

$$g(B_T) - g(0) = \sum_{i=1}^{n} g(B_{t_i}) - g(B_{t_{i-1}}) \tag{4.18}$$

$$= \sum_{i=1}^{n} g'(B_{t_{i-1}})[B_{t_i} - B_{t_{i-1}}] \qquad \text{(I)}$$

$$+ \frac{1}{2} \sum_{i=1}^{n} g''(B_{t_{i-1}})[B_{t_i} - B_{t_{i-1}}]^2 \qquad \text{(II)}$$

$$+ \frac{1}{6} \sum_{i=1}^{n} g'''(\xi_i)(B_{t_i} - B_{t_{i-1}})^3 \qquad \text{(III)}$$

schreiben, wobei $P = \{t_0, t_1, \ldots, t_n\}$ eine Zerlegung von $[0,T]$ und die ξ_i's geeignete Zufallsvariablen zwischen $B_{t_{i-1}}$ und B_{t_i} sind. Wir betrachten eine Folge $(P^{(n)})_{n \in \mathbb{N}}$ von Zerlegungen von $[0,T]$, mit $P^{(n)} = (t_0^{(n)}, t_1^{(n)}, \ldots t_n^{(n)})$ und $\|P^{(n)}\| \to 0$. Das Ziel ist, herauszufinden, was mit den Termen I, II, und III geschieht, wenn n gegen ∞ strebt.

Zuerst folgt nach Satz E.1.8 in Abschnitt E.1, dass

$$\mathbb{E}\left(\left(\sum_{i=1}^{k_n} |g'''(\xi_i)| |B_{t_i^{(n)}} - B_{t_{i-1}^{(n)}}|^3 \right)^2 \right) \leq c^2 \mathbb{E}\left(\left(\sum_{i=1}^{k_n} |B_{t_i^{(n)}} - B_{t_{i-1}^{(n)}}|^3 \right)^2 \right) \to 0, \text{ falls } n \to \infty. \tag{4.19}$$

Dies bedeutet, dass der dritte Term (III) in (4.18) verschwindet.

Als Nächstes ergibt sich nach Satz E.2.13 in Abschnitt E.2, dass

$$L_2 - \lim_{n \to \infty} \sum_{i=1}^{n} g'(B_{t_{i-1}^{(n)}})[B_{t_i^{(n)}} - B_{t_{i-1}^{(n)}}] = \int_0^T g'(B_t) dB_t, \tag{4.20}$$

Das folgende Lemma ist für die Behandlung des zweiten Terms (II) in (4.18) zentral. Man kann es als eine Verallgemeinerung von Satz E.1.7 in Abschnitt E.1 ansehen.

Lemma 4.1.9
Ist $f : \mathbb{R} \to \mathbb{R}$ stetig und beschränkt, so folgt

$$L_2 - \lim_{n \to \infty} \sum_{i=0}^{n-1} f(B_{t_{i-1}^{(n)}})(B_{t_i^{(n)}} - B_{t_{i-1}^{(n)}})^2 = \int_0^T f(B_t) dt.$$

Dabei muss man die rechte Seite der Gleichung im Riemannschen Sinne betrachten: Für $\omega \in \Omega$ ist $\int_0^T f(B_t) dt)(\omega)$ das Integral einer stetigen Funktion $[0,T] \ni t \mapsto f(B_t(\omega))$.

Beweis

Sei $c > 0$, sodass $f(x) \leq c$ für alle $x \in \mathbb{R}$. Zu $\in \mathbb{N}$ definieren wir die folgenden Zufallsvariablen.

$$Y^{(n)} = \sum_{i=0}^{n-1} f(B_{t_i^{(n)}})(B_{t_{i+1}^{(n)}} - B_{t_i^{(n)}})^2 \text{ und}$$

$$Z^{(n)} = \sum_{i=0}^{n-1} f(B_{t_i^{(n)}})(t_{i+1}^{(n)} - t_i^{(n)})$$

Für $i < j$ folgern wir wegen der Unabhängigkeit der Zuwächse in der Brownschen Bewegung

$$\mathbb{E}\Big(f(B_{t_i^{(n)}})\big[(B_{t_{i+1}^{(n)}} - B_{t_i^{(n)}})^2 - (t_{i+1}^{(n)} - t_i^{(n)})\big]f(B_{t_j^{(n)}})\big[(B_{t_{j+1}^{(n)}} - B_{t_j^{(n)}})^2 - (t_{j+1}^{(n)} - t_j^{(n)})\big]\Big)$$

$$= \mathbb{E}\Big(f(B_{t_i^{(n)}})\big[(B_{t_{i+1}^{(n)}} - B_{t_i^{(n)}})^2 - (t_{i+1}^{(n)} - t_i^{(n)})\big]f(B_{t_j^{(n)}})$$

$$\cdot \mathbb{E}\big(\big[(B_{t_{j+1}^{(n)}} - B_{t_j^{(n)}})^2 - (t_{j+1}^{(n)} - t_j^{(n)})\big]|\mathscr{F}_{t_j^{(n)}}\big)\Big)$$

$$= 0.$$

Somit gilt

$$\mathbb{E}\Big((Y^{(n)} - Z^{(n)})^2\Big) = \mathbb{E}\Big(\big(\sum_{i=0}^{n-1} f(B_{t_i^{(n)}})[(B_{t_{i+1}^{(n)}} - B_{t_i^{(n)}})^2 - (t_{i+1}^{(n)} - t_i^{(n)})]\big)^2\Big)$$

$$= \mathbb{E}\Big(\sum_{i=0}^{n-1} f^2(B_{t_i^{(n)}})[(B_{t_{i+1}^{(n)}} - B_{t_i^{(n)}})^2 - (t_{i+1}^{(n)} - t_i^{(n)})]^2\Big)$$

$$\leq c^2 \mathbb{E}\Big(\sum_{i=0}^{n-1} [(B_{t_{i+1}^{(n)}} - B_{t_i^{(n)}})^2 - (t_{i+1}^{(n)} - t_i^{(n)})]^2\Big)$$

$$\to 0, \text{ wie im Beweis zum Satz E.1.7.}$$

Außerdem ergibt sich mit der Definition des Riemannintegrals, dass $Z^{(n)}(\omega)$ gegen $\int_0^T f(B_t(\omega))dt$ für jedes $\omega \in \Omega$ konvergiert. Da $|Z^{(n)}(\omega)| \leq cT$ für alle $\omega \in \Omega$ gilt, folgern wir aus dem Satz von der majorisierten Konvergenz, dass $Z^{(n)}$ in L_2 gegen $\int_0^T f(B_t(\omega))dt$ konvergiert. Somit haben wir mit der Dreiecksungleichung

$$\|Y^{(n)} - \int_0^T f(B_t)dt\|_{L_2} \leq \|Y^{(n)} - Z^{(n)}\|_{L_2} + \|Z^{(n)} - \int_0^T f(B_t)dt\|_{L_2} \to 0, \text{ für } n \to \infty.$$

$\square$

Mit den Gleichungen (4.19) und (4.20) sowie mit Lemma 4.1.9 können wir mit

$$g(B_T) - g(0) = \int_0^T g'(B_s)dB_s + \frac{1}{2}\int_0^T g''(B_s)ds$$

für alle dreimal stetig differenzierbaren Funktionen $g: \mathbb{R} \to \mathbb{R}$ mit beschränkten zweiten und dritten Ableitungen folgern.

Wenn man die allgemeinere Version des stochastischen Integrals aus Satz E.2.18 auf $\mathscr{H}_2^w([0,T])$ anwendet, so lässt sich mit im Wesentlichen denselben Argumenten die folgende Formel ableiten.

Satz 4.1.10 (Spezielle Itô-Formel)

Falls $g(\cdot,\cdot) : [0,\infty) \times \mathbb{R} \to \mathbb{R}$ $(t,x) \mapsto g(t,x)$ einmal stetig differenzierbar in der t- und zweimal stetig differenzierbar in der x Komponente ist, so gilt

$$g(t,B_t) - g(0,B_0) = \int_0^t \frac{\partial g}{\partial s}(s,B_s)ds + \int_0^t \frac{\partial g}{\partial x}(s,B_s)dB_s + \frac{1}{2}\int_0^t \frac{\partial^2 g}{\partial x^2}(s,B_s)ds.$$

Bemerkung 4.1.11

Die Itô-Formel erlaubt es uns, das Integral $\int_0^t g(B_s)dB_s$ wie folgt zu berechnen.

Für eine stetig differenzierbare Funktion g und eine Stammfunktion G von g, folgt aus der Itô-Formel

$$G(B_t) - G(0) = \int_0^t g(B_s)dB_s + \frac{1}{2}\int_0^t g'(B_s)ds.$$

Also

$$\int_0^t g(B_s)dB_s = G(B_t) - G(0) - \frac{1}{2}\int_0^t g'(B_s)ds.$$

Wir verallgemeinern den Begriff des stochastischen Integrals. Statt bezüglich der Brownschen Bewegung zu integrieren, führen wir eine Integration bezüglich eines „Diffusionsprozessses" ein, d. h. einer Klasse von Prozessen, die man für die Aktienpreisbewegung benötigt.

Definition 4.1.12

Es seien $(X_t)_{t\geq 0}$ und $(Y_t)_{t\geq 0}$ zwei Prozesse, deren Einschränkung auf $[0,T]$ in $\mathscr{H}_2^w([0,T])$ für alle $T \geq 0$ liegt. Man erinnere sich, dass sie somit progressiv-messbar sind (vgl. dazu Definition in Anhang E.2) und

$$\mathbb{P}\left(\left\{\int_0^T X_u^2 du < \infty\right\}\right) = \mathbb{P}\left(\left\{\int_0^T Y_u^2 du < \infty\right\}\right) = 1$$

gilt. Wir wählen eine $\mathscr{F}_0$-messbare Zufallsvariable Z_0 .

Einen Prozess Z_t mit der Darstellung

$$Z_t = Z_0 + \int_0^t X_u du + \int_0^t Y_u dB_u. \tag{4.21}$$

nennen wir *Diffusionsprozess*.

Statt (4.21) schreiben wir auch

$$dZ_t = X_t dt + Y_t dB_t. \tag{4.22}$$

Bemerkung 4.1.13

Formal folgt die Definition der Gleichung (4.22) aus der Gleichung (4.21). Trotzdem hat (4.22) eine intuitivere Interpretation: Veränderungen von Z_t für eine kleine Zeiteinheit bestehen auf der einen Seite aus einem deterministischen „Driftterm"-Anteil $X_t dt$ und auf der anderen Seite aus einem zufälligen „Diffusionsterm" $Y_t dB_t$.

Wie schon erwähnt werden Diffusionsprozesse das Modell für die Aktienpreisentwicklung sein. Deshalb müssen wir ein Integral bezüglich dieser Prozesse definieren.

Definition 4.1.14

Ein progressiv-messbarer Prozess $(H_t)_{t\geq 0}$ wird *schwach integrierbar bezüglich* eines Diffusionsprozesses $(Z_t)_{t\geq 0}$ genannt, wobei Z_t durch

$$Z_t = Z_0 + \int_0^t X_u du + \int_0^t Y_u dB_u$$

gegeben ist, falls für alle $T > 0$

$$\mathbb{P}\left(\left\{\int_0^T (H_u X_u)^2 du < \infty\right\}\right) = \mathbb{P}\left(\left\{\int_0^T (H_u Y_u)^2 du < \infty\right\}\right) = 1$$

gilt.

Man beachte, dass die Prozesse $(H_u X_u)_{u\geq 0}$ und $(H_u Y_u)_{u\geq 0}$ für alle $u > 0$ Elemente von $\mathcal{H}_2^w([0,T])$ sind. Deshalb definieren wir das *stochastische Integral von* (H_u) *bezüglich* (Z_u) *als das Integral über* $[s,t]$ durch

$$\int_s^t H_u dZ_u = \int_s^t H_u X_u du + \int_s^t H_u Y_u dB_u \tag{4.23}$$

Satz E.2.18 in Abschnitt E.2 können wir leicht verallgemeinern.

Satz 4.1.15

Für einen Diffusionsprozess $(Z_t)_{t\geq 0}$ mit Darstellung $dZ_t = X_t dt + Y_t dB_t$ gilt:

1) Sind $s < t$, α, β $\mathcal{F}_s$-messbare Zufallsvariablen und $(H_t)_{t\geq 0}$ und $(G_t)_{t\geq 0}$ bezüglich $(Z_t)_{t\geq 0}$

schwach quadratisch integrierbare Prozesse, dann gilt

$$\int_s^t (\alpha H_u + \beta G_u)dZ_u = \alpha \int_s^t H_u dZ_u + \beta \int_s^t G_u dZ_u.$$

2) Für $s < r < t$ und einen bezüglich $(Z_t)_{t \geq 0}$ quadratisch integrierbaren Prozess $(H_t)_{t \geq 0}$ folgt

$$\int_s^t H_u dZ_u = \int_s^r H_u dZ_u + \int_r^t H_u dZ_u.$$

Bemerkung 4.1.16

Wir müssen noch eine Kleinigkeit aus dem Weg räumen. In Gleichung (1) aus Anhang E.2 wird das stochastische Integral als elementarer, adaptierter Prozess bezüglich eines allgemeineren adaptierten Prozesses definiert. Wir müssen uns noch davon überzeugen, dass im Falle eines elementaren Prozesses $(H_t)_{t \geq 0}$ und eines allgemeinen Diffusionsprozesses $(Z_t)_{t \geq 0}$ die Definition aus (1) mit der durch die Gleichung (4.23) gegebenen übereinstimmen. Zweitens ist die Definition von Gleichung (1) intuitiv davon abgeleitet, wie man Gewinne und Verluste für eine Strategie $(H_t)_{t \geq 0}$ definiert, und wir müssen uns versichern, dass die Gleichung (4.23) immer noch mit der Intuition übereinstimmt. Deshalb wählen wir mit $H_u = \sum_{i=0}^{n-1} h_i 1_{[t_i, t_{i+1})}$ einen elementaren adaptierten Prozess aus, der bezüglich (Z_t) quadratisch integrierbar ist. Wir berechnen

$$\int_s^t H_u dZ_u = \int_s^t H_u X_u du + \int_s^t H_u Y_u dB_u$$

$$\text{[im Sinne der Gleichung (4.23)]}$$

$$= \sum_{i=0}^{n-1} \int_{(t_i \vee s) \wedge t}^{(t_{i+1} \vee s) \wedge t} h_i X_u du + \int_{(t_i \vee s) \wedge t}^{(t_{i+1} \vee s) \wedge t} h_i Y_u dB_u$$

$$= \sum_{i=0}^{n-1} h_i \int_{(t_i \vee s) \wedge t}^{(t_{i+1} \vee s) \wedge t} X_u du + h_i \int_{(t_i \vee s) \wedge t}^{(t_{i+1} \vee s) \wedge t} Y_u dB_u$$

$$= \sum_{i=0}^{n-1} h_i (Z_{(t_{i+1} \vee s) \wedge t} - Z_{(t_i \vee s) \wedge t})$$

$$= \int_s^t H_u dZ_u \text{ [im Sinne der Gleichung (1)]}$$

Wir führen nun die Itô-Formel für Diffusionsprozesse ein.

Satz 4.1.17 (Allgemeine Itô-Formel)

Sind $(Z_t)_{t \geq 0}$ ein Diffusionsprozess mit der Darstellung $dZ_t = X_t\, dt + Y_t\, dB_t$ und $g\colon [0, \infty) \times \mathbb{R} \to \mathbb{R}$, $(t,x) \mapsto g(t,x)$ stetig differenzierbar in der t-Komponente und zweimal stetig differenzierbar in x–Richtung, so gilt

$$g(T,Z_T) - g(0,Z_0) = \int_0^T \frac{\partial g}{\partial t}(t,Z_t)dt + \int_0^T \frac{\partial g}{\partial x}(t,Z_t)dZ_t + \frac{1}{2}\int_0^T \frac{\partial^2 g}{\partial x^2}(t,Z_t)Y_t^2\, dt$$

mit

$$\int_0^T \frac{\partial g}{\partial x}(t,Z_t)dZ_t = \int_0^T \frac{\partial g}{\partial x}(t,Z_t)X_t\, dt + \int_0^t \frac{\partial g}{\partial x}(t,Z_t)Y_t\, dB_t.$$

Bemerkung 4.1.18

Wir geben hier eine einfache Form an, um sich die Gesetze der Itô Integration besser zu merken:

Regel: genaue Bedeutung:

$$(dt)^2 = 0 \qquad \lim_{\substack{\|P_n\|\to 0 \\ s=t_0^{(n)}<t_1^{(n)}<\cdots<t_n^{(n)}=t}} \sum_{i=1}^n (t_i^{(n)} - t_{i-1}^{(n)})^2 = 0$$

$$dt\, dB_t = 0 \qquad \lim_{\substack{\|P_n\|\to 0 \\ s=t_0^{(n)}<t_1^{(n)}<\cdots<t_n^{(n)}=t}} \sum_{i=1}^n (t_i^{(n)} - t_{i-1}^{(n)})\,(B_{t_i^{(n)}} - B_{t_{i-1}^{(n)}}) = 0$$

$$(dB_t)^2 = dt \qquad \lim_{\substack{\|P_n\|\to 0 \\ s=t_0^{(n)}<t_1^{(n)}<\cdots<t_n^{(n)}=t}} \sum_{i=1}^n (B_{t_i^{(n)}} - B_{t_{i-1}^{(n)}})^2 = t - s.$$

Wir benutzen nun die Taylorentwicklung in Differentialform bis zum zweiten Glied für $dZ_t = X_t\, dt + Y_t\, dB_t$

$$d(g(t,Z_t)) = \frac{\partial}{\partial t}g(t,Z_t)dt + \underbrace{\frac{\partial}{\partial x}g(t,Z_t)dZ_t}_{=\frac{\partial}{\partial x}g(t,Z_t)X_t dt + \frac{\partial}{\partial x}g(t,Z_t)Y_t dB_t}$$

$$+ \underbrace{\frac{1}{2}\frac{\partial^2}{\partial t^2}g(t,Z_t)d^2 t}_{=0} + \underbrace{\frac{\partial^2}{\partial t \partial x}g(t,Z_t)dt\, dZ_t}_{=0}$$

$$+ \underbrace{\frac{1}{2}\frac{\partial^2}{\partial x^2}g(t,Z_t)d^2 Z_t}_{=\frac{1}{2}\frac{\partial^2}{\partial x^2}g(t,Z_t)Y_t^2\, dt}.$$

Nach dieser ziemlich technischen und abstrakten Einführung in die Grundprinzipien der stochastischen Integration, können wir nun dazu übergehen, ein Modell für die Aktienpreise $(S_t)_{t\geq 0}$ einzuführen. Dazu geben wir uns einen Wahrscheinlichkeitsraum $(\Omega,\mathscr{F},\mathbb{P})$ und eine Filtration

$(\mathscr{F}_t)_{t\geq 0}$ vor. Wir wählen einen stochastischen Prozess $(S_t)_{t\geq 0}$, der einer „stochastischer Differenzialgleichung" der Form

$$dS_t(\omega) = \mu(t,\omega,S_t(\omega))S_t(\omega)dt + \sigma(t,\omega,S_t(\omega))S_t(\omega)dB_t$$

genügt, oder in der Integralform dargestellt durch

$$S_t(\omega) - S_0 = \int_0^t \mu(s,\omega,S_s(\omega))S_s(\omega)ds + \int_0^t \sigma(s,w,S_s(\omega))S_s(\omega)dB_s,$$

wobei $\big(\mu(t,\cdot,S_t(\cdot))\big)_{t\geq 0}$ (die Drift) und $\big(\sigma(t,\cdot,S_t(\cdot))\big)_{t\geq 0}$ (die Volatilität) adaptierte stückweise stetige Prozesse sind, falls $(S_t(\cdot))_{t\geq 0}$ diese Eigenschaften hat.

Man beachte, dass noch kein „explizites Modell" des Aktienpreisprozesses eingeführt wurde. Da „S_t" auf beiden Seiten der Gleichung erscheint, finden wir nur eine „implizite" Darstellung.

Der folgende Satz über stochastische Differenzialgleichungen liefert uns Bedingungen, die die Eindeutigkeit und Existenz von Lösungen garantieren:

Satz 4.1.19
Wir setzen $\big(\mu(t,\cdot,X_t(\cdot))\big)_{t\geq 0}$ und $\big(\sigma(t,\cdot,(X_t(\cdot))\big)_{t\geq 0}$ zu $(\mathscr{F}_t)_{t\geq 0}$ adaptiert, stückweise stetig und lokal quadratisch integrierbar, falls $(X_t)_{t\geq 0}$ diese Eigenschaften hat, voraus. Weiter nehmen wir an, sie erfüllen in der dritten Komponente eine „Lipschitzbedingung", d. h. es gibt ein $K > 0$, sodass für alle $t \geq 0$ und $\omega \in \Omega$

$$|x\mu(t,\omega,x) - y\mu(t,\omega,y)| \leq K|x-y|$$
$$|x\sigma(t,\omega,x) - y\sigma(t,\omega,y)| \leq K|x-y|.$$

Dann hat die stochastische Differenzialgleichung

$$dX_t = \mu(t,\cdot,X_t)X_t\,dt + \sigma(t,\cdot,X_t)X_t\,dB_t$$

eine eindeutige Lösung $(X_t)_{t\geq 0}$, d. h.

$$X_t - X_0 = \int_0^t \mu(s,\cdot,X_s)X_s\,ds + \int_0^t \sigma(s,\cdot,X_s)X_s\,dB_s.$$

Beispiel 4.1.20
Wir nehmen eine konstante Drift μ und eine konstante Volatilität σ an. Wie lautet die Lösung der folgenden stochastischen Differenzialgleichung (SDE)

$$dS_t = \mu S_t\,dt + \sigma S_t\,dB_t? \tag{4.24}$$

Zur Bestimmung der Lösung wenden wir die Itô-Formel auf $g(t,x) = \ln x$ an.

$$d\ln(S_t) = \frac{dS_t}{S_t} - \frac{1}{2}\frac{1}{S_t^2}\sigma^2 S_t^2\, dt = \frac{dS_t}{S_t} - \frac{\sigma^2}{2}\,dt$$

$$\Rightarrow \int_0^t \frac{dS_s}{S_s} = \ln(S_t) - \ln(S_0) + \frac{\sigma^2}{2}t$$

Nach 4.24 folgt

$$\int_0^t \frac{dS_t}{S_s} = \mu t + \sigma B_t \Rightarrow \ln(S_t) - \ln(S_0) + \frac{\sigma^2}{2}t = \mu t + \sigma B_t \Rightarrow S_t = S_0 \cdot e^{\sigma B_t + (\mu - \frac{\sigma^2}{2})t}.$$

Literatur und weitere Anmerkungen

Das Buch von Øksendal [Øks98] gibt dem Leser, der nicht mit der stochastischen Analysis vertraut ist, eine gute Darstellung der Itô-Formel. Die meisten Monographien über Finanzmathematik bieten nur eine kurze Darstellung. Eine wohl gelungene Einführung findet man im Buch von Korn und Korn [KK99]. Im Beispiel 4.4.17 begegnete uns eine stochastische Differenzialgleichung, die von einem einfachen Typ ist und, wie wir es im nächsten Abschnitt darstellen werden, als erste benutzt wurde, um den Aktienpreisprozess nach Black und Scholes zu modellieren. Wir erwähnen einen weiteren Typ von Gleichungen, der in der Forschung benutzt wird. Die Brownsche Bewegung wird durch einen sogenannten *Lévy-Prozess* verallgemeinert:

$$dS_t = \mu S_t dt + v S_t dL_t, \quad (L_t)_{t \geq 0} \text{ ist ein Lévy-Prozess.}$$

Ein Prozess $(L_t)_{t \in [0,T]}$ wird *Lévy-Prozess* genannt, falls

   i) $L_0 = 0$.

  ii) Für alle $t \geq 0$ ist L_t α–stabil verteilt.

 iii) Die Pfade $t \longmapsto L_t(\omega)$ sind f.a. $\omega \in \Omega$ càdlàg.

 iv) $L_t - L_s$ und $L_v - L_u$ sind unabhängig für alle $0 \leq s < t \leq u < v \leq T$.

Ein Vergleich mit der Definition der Brownschen Bewegung zeigt, dass es tatsächlich eine Verallgemeinerung ist. Der Unterschied liegt in der Verteilung des Prozesses. Der interessierte Leser sei für weitere Details auf die Bücher von Protter [PR95] oder Jacod und Shiryaev [JS87] verwiesen. An speziellen Stellen werden wir darauf hinweisen, wo man in der Forschung einen Lévy-Prozess benutzt. Physikalisch motivierte Alternativen zum Brownschen Prozess findet man z. B. in Paul und Baschnagel [PB99] oder Voit [Voi01].

Für eine numerische Behandlung der Brownschen Bewegung Itô-Formel möge der Leser in das Buch von Günther und Jüngel [GJ03] schauen. Dort wird gezeigt, wie man den Wiener Prozess und das Itô-Integral mittels Monte-Carlo-Methoden in MATLAB simuliert. Eine interessante Sichtweise unternimmt Kremer [Kre07]. Dort wird die stochastische Integration zeitdiskret vorgenommen und es werden im Prinzip die gleichen (diskreten) Resultate dargestellt.

Aufgaben

1. Man beweise die partielle Integrationsformel mit Hilfe der Itô-Formel: Für eine stetig differenzierbare Funktion $f : [0,T] \longrightarrow \mathbb{R}$ gilt

$$\int_0^T f(s)dB_s = f(T)B_T - \int_0^T f'(s)B_s ds.$$

2. Seien $(X_t)_{t\in[0,T]}$ und $(Y_t)_{t\in[0,T]}$ adaptierte Diffusionsprozesse auf einem filtrierten Wahrscheinlichkeitsraum $(\Omega, \mathscr{F}, \mathbb{P}, (\mathscr{F}_t)_{t\in[0,T]})$. Man zeige

$$d(X_t Y_t) = X_t dY_t + Y_t dX_t + d\langle X, Y \rangle_t.$$

Hiermit folgere man die allgemeinere partielle Integration:

$$\int_0^T X_s dY_s = X_T Y_T - X_0 Y_0 - \int_0^T Y_s dX_s - \int_0^T d\langle X, Y \rangle_s.$$

3. Sei $(B_t)_{t\in[0,T]}$ eine Brownsche Bewegung.
   Ferner sei $M(\omega) = \exp\left(\int_0^T h(s)dB_s(\omega) - \frac{1}{2}\int_0^T h^2(s)ds\right)$, $(h \in L^2([0,T]))$. Man beweise

$$M = 1 + \int_0^T Y_s h(s)dB_s,$$

   wobei

$$Y_t(\omega) = \exp\left(\int_0^t h(s)dB_s(\omega) - \frac{1}{2}\int_0^t h^2(s)ds\right), \; t \in [0,T].$$

   (Hinweis: Man benutze die Itô-Formel).

4. Sei $T > 0$. Angenommen $(B_t)_{t\in[0,T]}$ ist eine eindimensionale Brownsche Bewegung. Man benutze die Itô-Formel, um zu zeigen, dass es ein $z \in \mathbb{R}$ und einen integrierbaren stochastischen Prozess (v_t) gibt, sodass

   a) $B_t^2 = z + \int_0^T v_s dB_s$.

   b) $B_T^3 = z + \int_0^T v_s dB_s$.

   c) $\exp B_T = z + \int_0^T v_s dB_s$.

5. Angenommen der stochastische Prozess S_t ist Lösung der stochastischen Differenzialgleichung $dS_t = \mu S_t dt + \sigma S_t dB_t$. Seien $A \in \mathbb{R}$, $n \in \mathbb{N}$ vorgegebene Konstanten. Man finde eine

stochastische Differenzialgleichung derart, dass die folgende Prozesse Lösungen sind:

(a) $f(S_t) = AS_t$,

(b) $f(S_t) = AS_t^n$.

4.2 Die Black-Scholes-Gleichung

In diesem Abschnitt stellen wir den bereits klassischen Zugang nach Black und Scholes vor. Bereits seit dem Abschnitt 3.1 kennen wir die Black-Scholes-Formel. Doch der dort gewählte Zugang war nicht der erste. Dies wollen wir nun nachholen und anhand des Black-Scholes-Modells eine Methode entwickeln, wie man eine stochastische Differenzialgleichung in eine deterministische partielle Differenzialgleichung überführt. Schließlich soll noch die Bewertung von Derivaten auf dividendenzahlende Aktien behandelt werden.

Wir beginnen diesen Abschnitt mit der Behandlung des folgenden Problems:

> Man betrachte ein Derivat, das zur Zeit T den Betrag $F(S_T)$ zahlt, falls der Preis des zugrundeliegenden Vermögenswertes (wir gehen wieder von einer Aktie aus) zur Zeit T den Wert S_T besitzt. Dabei verwenden wir das Modell, dass wir in den vorhergehenden Abschnitten, insbesondere in Kapitel 2, behandelt haben. Wie lautet der arbitragefreie Wert des Derivats zur Zeit t, $0 \leq t < T$?

Wir wollen zunächst die Voraussetzungen präzisieren. Mit S_t bezeichnen wir den Aktienpreis zur Zeit $t, 0 \leq t \leq T$, wobei S_0 konstant ist. Wir nehmen an, dass $(S_t)_{t \geq 0}$ der folgenden stochastischen Differenzialgleichung

$$dS_t = \mu_t S_t \, dt + \sigma_t S_t \, dB_t, \tag{A1}$$

genügt oder

$$S_t - S_0 = \int_0^t \mu_u S_u \, du + \int_0^t \sigma_u S_u \, dB_u \tag{A1'}$$

in Integralschreibweise dargestellt. Hierbei ist $(B_t)_{t \geq 0}$ eine Brownsche Bewegung bezüglich einer Filtration $(\mathscr{F}_t)_{t \geq 0}$, und $(\mu_t)_{t \geq 0}$ und $(\sigma_t)_{t \geq 0}$ stellen stochastische Prozesse dar, die bezüglich $(\mathscr{F}_t)$ adaptiert sind und die möglicherweise von t als auch von S_t abhängen können, d. h.

$$\mu_t = \mu(t, S_t) \text{ und } \sigma_t = \sigma(t, S_t).$$

Zusätzlich habe (A1) bzw. (A1') eine eindeutige Lösung. Bedingungen für die Existenz eindeutiger Lösungen wurden in Satz 4.1.19 geliefert. Weiter betrachte man einen risikolosen Bond mit *fester* Zinsrate und stetiger Verzinsung r. Bezeichnet man mit β_t den Wert des risikolosen Bonds (risikolose Geldanlage) zur Zeit $0 \leq t \leq T$, so gilt

$$d\beta_t = r\beta_t\,dt,\ \text{oder}\ \beta_t = \beta_0 e^{rt}. \tag{A2}$$

Schließlich geben wir uns ein Derivat vor, das $F(S_T)$ zur Zeit T zahlt. Zunächst setzen wir nur die Messbarkeit von $F : \mathbb{R} \to \mathbb{R}$ voraus. Eine spezielle Wachstumsbedingung werden wir später für F einführen.

Wir wollen den arbitragefreien Preis unseres Derivats zur Zeit $0 \leq t < T$ bestimmen.

Hierzu benötigen wir noch folgende Annahmen:

(A3) Zu jedem Zeitpunkt $0 \leq t \leq T$ gibt es einen eindeutigen arbitragefreien Preis für unser Derivat, den wir mit V_t bezeichnen. Weiter lässt sich V_t durch $V_t = f(t, S_t)$ ausdrücken (d. h. V_t hängt nur von t und dem Aktienpreis S_t zur Zeit t ab), wobei

$$f\colon\ [0, T[\times[0, \infty[\ \to \mathbb{R}$$

einmal stetig differenzierbar in der ersten und zweimal stetig differenzierbar in der zweiten Variablen ist.

Wir benutzen die folgende Notation, die für Ableitungen häufig in der Physik benutzt wird:

$$f'(u,x) = \frac{\partial}{\partial x}f(u,x),$$
$$f''(u,x) = \frac{\partial^2}{\partial x^2}f(u,x),$$
$$\dot{f}(u,x) = \frac{\partial}{\partial u}f(u,x).$$

Schließlich müssen wir noch die Anlagemöglichkeiten unseres Investors festlegen. Ein Anleger kann beliebige Bond- und Aktienanteile erwerben. Zur Zeit t wird sein Portfolio durch ein Paar (a_t, b_t) beschrieben, wobei a_t die Menge der Aktien und b_t den Bondanteil zur Zeit t bezeichnet. Den Prozess des Paares $(a_t, b_t)_{0 \leq t \leq T}$ nennen wir eine Strategie. Da Investmententscheidungen nicht von der Zukunft abhängen, müssen wir annehmen, dass

(A4) $(a_t)_{0 \leq t \leq T}$ und $(b_t)_{0 \leq t \leq T}$ Prozesse auf $(\Omega, \mathscr{F}, \mathbb{P})$ sind, die zur Filtration $(\mathscr{F}_t)_{0 \leq t \leq T}$ adaptiert sind.

Zusätzlich gilt (um die Theorie der stochastischen Analysis anwenden zu können):

(A5) $(a_t)_{0 \leq t \leq T}$ ist bzgl. $(S_t)_{0 \leq t \leq T}$ schwach quadratisch integrierbar (wie wir es in Abschnitt 4.1.2 eingeführt haben) und $(b_t)_{0 \leq t \leq T}$ ist bzgl. (β_t) integrierbar (im gewöhnlichen Sinn, also pfadweise).

Deshalb existieren die Integrale

$$\int_s^t a_u \, dS_u, \quad \text{und} \int_s^t b_u \, d\beta_u, \quad 0 \le s < t \le T,$$

und stellen den Gewinn/Verlust während der Zeitspanne $[s,t]$ dar, der sich durch den Besitz der Aktien und des Bondes ergiebt.

Definition 4.2.1

Eine Strategie $(a_t, b_t)_{0 \le t \le T}$ nennen wir *selbstfinanzierend*, wenn der Wert des Portfolios zu jeder Zeit t dem Wert des Portfolios zur Zeit 0 zuzüglich der Gewinne oder abzüglich der Verluste bis zur Zeit t entspricht. In Formel schreibt sich das gemäß

$$\underbrace{(a_t S_t + b_t \beta_t)}_{\text{Wert zur Zeit } t} - \underbrace{(a_0 S_0 + b_0 \beta_0)}_{\text{Wert zur Zeit } 0} = \underbrace{\int_0^t a_u \, dS_u + \int_0^t b_u \, d\beta_u}_{\text{Gewinn/Verlust}} \tag{4.25}$$

oder in Differenzialschreibweise

$$d(a_t S_t + b_t \beta_t) = a_t \, dS_t + b_t \, d\beta_t. \tag{4.26}$$

In Worten ausgedrückt bedeutet dies, wann immer der Investor seinen Aktienanteil erhöht, verringert er seinen Anteil am Bond um den gleichen Wert und umgekehrt. Wir können nun unsere letzte Annahme formulieren.

(A6) Es gibt eine selbstfinanzierende Strategie $(a_t, b_t)_{0 \le t \le T}$, die (A4) und (A5) erfüllt und die das Derivat *erzeugt*, d. h. es gilt zu jeder Zeit $0 \le t \le T$:

$$V_t = \text{Wert des Portfolios } (a_t, b_t)$$
$$= a_t S_t + b_t \beta_t.$$

Bemerkung 4.2.2

Bis zu diesem Zeitpunkt wird sich der Leser fragen, ob diese Annahmen gerechtfertigt sind. Warum z. B. soll es möglich sein, ein Derivat erzeugen zu können? Warum sollte eine erzeugende Strategie die Eigenschaft (A5) erfüllen? Warum sollte der Wert V_t des Derivats zur Zeit t nur von der Zeit t und dem Aktienpreis zur Zeit S_t abhängen, und nicht von S_u für frühere Zeitpunkte $u < t$? Warum sollte die Abhängigkeit differenzierbar sein? Zum jetzigen Zeitpunkt können wir keine befriedigende Antwort auf diese Fragen geben. Aber falls der Aktienpreis S_t die Bedingung (A1), der Bondpreisprozess die Bedingung (A2) und die Funktion F eine bestimmte Wachstumsbedingung erfüllen, so werden wir eine Funktion $f(t,S)$, die (A3) genügt und eine erzeugende und selbstfinanzierende Strategie (a_t, b_t) finden. Mithilfe der Existenz einer solcher

Strategie wird sich $V_t = f(t, S_t) = a_t S_t + b_t \beta_t$ als einzig arbitragefreier Preis unseres Derivates ergeben.

Nach diesen erläuternden Bemerkungen können wir mit der Herleitung der Black-Scholes-Formel beginnen. Zuerst wenden wir die Itô-Formel auf $dV_t = df(t, S_t)$ an (Rechenregeln, siehe 4.1.18).

$$dV_t = df(t, S_t) \tag{4.27}$$
$$= f'(t, S_t) dS_t + \dot{f}(t, S_t) dt + \frac{1}{2} f''(t, S_t)(dS_t)^2$$
$$= f'(t, S_t)\sigma(t, S_t)S_t \, dB_t + \left[f'(t, S_t)\mu(t, S_t)S_t + \dot{f}(t, S_t) + \frac{1}{2} f''(t, S_t)\sigma(t, S_t)^2 S_t^2 \right] dt$$

[gemäß (A1) gilt $(dS_t)^2 = \sigma^2(t, S_t)S_t^2 \, dt$].

Andererseits gilt nach (A6), dass

$$V_t - V_0 = a_t S_t + b_t \beta_t - (a_0 S_0 + b_0 \beta_0) \tag{4.28}$$
$$= \int_0^t a_u \, dS_u + \int_0^t b_u \, d\beta_u \text{ [mit (A1)]}.$$

In Differenzialschreibweise,

$$dV_t = a_t \, dS_t + b_t d\beta_t \tag{4.29}$$
$$= a_t \mu(t, S_t)S_t \, dt + a_t \sigma(t, S_t)S_t \, dB_t + b_t r \beta_t \, dt$$
$$= a_t \sigma(t, S_t)S_t \, dB_t + [a_t \mu(t, S_t)S_t + r b_t \beta_t] dt.$$

Vergleichen wir (4.27) mit der Gleichung (4.29), so sehen wir, dass diese Gleichung erfüllt ist, falls wir

$$f'(t, S_t)\sigma(t, S_t)S_t = a_t \sigma(t, S_t)S_t \qquad \text{[der „}dB_t\text{-Term" von (4.27) und (4.28)]} \tag{4.30}$$

und

$$f'(t, S_t)\mu(t, S_t)S_t + \dot{f}(t, S_t) + \frac{1}{2} f''(t, S_t)\sigma(t, S_t)^2 S_t^2 = a_t \mu(t, S_t)S_t + b_t r \beta_t \tag{4.31}$$

[der „dt-Term" von (4.27) und (4.28)]

fordern. Die Gleichung (4.30) reduziert sich zu

$$a_t = f'(t, S_t). \tag{4.32}$$

Dies ist die sogenannte *Hedging*-Gleichung. Falls f bekannt ist, so ist $f'(t, S_t)$ die Anzahl der Aktien, die der Investor kaufen muss, um das Derivat zu erzeugen. Wenn man die Gleichung

(A6) nach b_t löst, so erhält man

$$b_t = \frac{1}{\beta_t}[f(t,S_t) - a_t S_t] = \frac{1}{\beta_t}[f(t,S_t) - f'(t,S_t)S_t] \qquad (4.33)$$

Setzt man (4.32) und (4.33) in (4.31) ein, kann man

$$\dot{f}(t,S_t) + \frac{1}{2}f''(t,S_t)\sigma(t,S_t)^2 S_t^2 = rf(t,S_t) - rf'(t,S_t)S_t,$$

folgern, oder anders ausgedrückt

$$\frac{1}{2}\sigma(t,S_t)^2 S_t^2 f''(t,S_t) + rS_t f'(t,S_t) + \dot{f}(t,S_t) - rf(t,S_t) = 0. \qquad (4.34)$$

Um die Funktion $f(S,t)$ zu finden, die (4.34) erfüllt, muss man das folgende *Endwertproblem* (BSG) (die Black-Scholes-Gleichung) lösen.

(BSG) Man finde eine Funktion $f\colon [0,T] \times [0,\infty[\longrightarrow \mathbb{R}$, stetig differenzierbar in der ersten und zweimal stetig differenzierbar in der zweiten Komponente, die die *partielle Differenzialgleichung*:

$$\frac{1}{2}\sigma(t,S)^2 S^2 f''(t,S) + rS f'(t,S) + \dot{f}(t,S) - rf(t,S) = 0,$$

zum Endwert $f(T,S) = F(S)$ löst.

Folgerung 4.2.3

a) Wir haben das Problem, einen arbitragefreien Wert des Derivats zu finden, auf das Problem reduziert, das (deterministische) Endwertproblem (BSG) zu lösen. Weiter sehen wir, dass, falls wir ein $f(\cdot,\cdot)$ gefunden haben, wir das Derivat mittels der folgenden selbstfinanzierenden Strategie absichern (erzeugen) können:

$$a_t = f'(t,S_t), \quad \text{und} \quad b_t = \frac{1}{\beta_t}[f(t,S_t) - f'(t,S_t)S_t].$$

b) Wir haben festgestellt, wie man unter der Annahme der selbstfinanzierenden Strategie eine stochastische Differenzialgleichung in eine sogenannte *parabolische partielle* Differenzialgleichung überführen kann. Im nächsten Kapitel werden wir einen alternativen Zugang zur Bewertung von Vermögenswerten über die Martingaltheorie vorstellen. Die *Feynman-Kac-Formel* zeigt dort die Verbindung zwischen bedingter Erwartung und parabolischer partieller Differenzialgleichung auf.

Programm 2.6 d_hedge berechnet θ_B, θ_s einer europ. Call-Option

Literatur und weitere Bemerkungen

Das Modell der Aktienkursbewegung von Samuelson [Sam65] aus dem Jahr 1965 wurde schließlich durch die Arbeit von Black und Scholes 1973 weltweit bekannt [BS73]. Black und Scholes betrachteten die Gleichung mit konstanten Koeffizienten μ und σ, vor allem deshalb, weil sich die partielle Differenzialgleichung leicht mit bekannten Ergebnissen aus der Funktionalanalysis lösen lässt. Die Optionspreistheorie, wie sie von Black und Scholes entwickelt wurde, fand im gleichen Jahr von Merton [Mer73] seine Fortsetzung. Heute hat dieser Ansatz eine Reihe von Verallgemeinerungen erfahren, von denen wir einige auflisten wollen. Der Komplex der parabolischen Differenzialgleichungen, wie sie die (BSG) als Beispiel zeigt, wird vor allem in der Monographie von Günther und Jüngel [GJ03] behandelt. Es werden einige MATLAB-Programme dazu dargestellt. Wir werden dies nochmal im Abschnitt 7.4 ansprechen.

- Statt nur ein sogenanntes *Einfaktor*-Modell zugrundezulegen, betrachtet man ein mehrdimensionales Modell (m−Faktormodell). Man geht von Wertpapieren $S^1,\ldots,S^n$ aus, benutzt für die Drift μ einen Vektor (oder Vektorprozess) und für die Volatilität σ eine Matrix (oder Matrixprozess) und wählt eine m−dimensionale Brownsche Bewegung.

$$dS_t^1 = \mu^1(t,S_t^1)dt + \sum_{j=1}^{m} \sigma_{1,j}(t,S_t^j)dB_t^j$$

$$\vdots \qquad\qquad \vdots$$

$$dS_t^n = \mu^n(t,S_t^n)dt + \sum_{j=1}^{m} \sigma_{n,j}(t,S_t^j)dB_t^j$$

(B_t^i sind Brownsche Bewegungen, μ^i und $\sigma_{i,j}$ adaptierte stochastische Prozesse). Wir gehen bei der Behandlung der zeitstetigen Zinskurven kurz im Kapitel 8 darauf ein. In vielen Monographien findet man diese Verallgemeinerung (z. B. [Kar96, KS98, BK97]).

- Auch die Brownsche Bewegung als „Treiber" des Aktienpreisprozesses wird verallgemeinert. Eine der am häufigsten verwendeten Ansätze benutzt den Lévy-Prozess, eine Verallgemeinerung der Brownschen Bewegung. Wir haben dies schon in 4.1.2 angedeutet.

- Eine nächste wichtige Erweiterung besteht in der Modellierung der Volatilität mittels eines stochastischen Prozesses. Dabei setzt man das Gleichungssystem

$$dS_t = \mu_t S_t\, dt + \sigma_t S_t\, dB_t^1$$
$$d\sigma_t = a(t,\sigma_t)dt + b(t,\sigma_t)dB_t^2$$

an. $(B_t^1)_{t\geq 0}$ und $(B_t^2)_{t\geq 0}$ sind Brownsche Bewegungen. Dieser Ansatz wird häufig behandelt (vgl. [MR97, KS98] als Lehrbuchreferenz). Insbesondere sind die sogenannten Mean-reverting-stochastic-volatility-Modelle (vgl. z. B. [FPS99a, FPS98]) zu nennen. Dort betrachtet man ein Mehrfaktormodell, wobei die Volatilität durch einen mean-reverting Prozess modelliert wird. Einen Ansatz über den Itô-Prozess hinaus kann man für die Modellierung der stochastischen Volatilität in [FPS99b] finden. Hier ergeben sich für die endlich dimensionalen Randverteilungen des Volatilitätsprozesses keine log-normal Verteilungen, sondern sogenannte heavy-tail Verteilungen (vgl. für eine Definition z. B. [GS08]).

- Im klassischen Black-Scholes-Modell wird die Zinsrate als deterministisch vorausgesetzt. Eine weitere Möglichkeit besteht darin, über die Beschreibung des Bondpreisprozesses die Zinskurve zu ermitteln (vgl. Kapitel 8) und dann mit dem Aktienpreisprozess zu koppeln. Diese Erweiterung geht auf Merton zurück (vgl. Musiela und Rutkowski [MR97]).

In [GJ03] werden auch stochastische Volatilitätsmodelle für das Black-Scholes-Modell behandelt – numerisch und mittels Monte-Carlo-Simulation.

Matlab-Code für die Berechnung der Hedgekoeffizienten

- Man benötigt die Black-Scholes Formel.

- Das Optionsdelta muss berechnet werden.

Listing 4.1: Das Programm `hedge_eu_bs`

```
 1  function ab = hedge_eu_bs(ot,s,k,te,t,r,v,ke);
 2
 3  % Black Scholes Formel fuer Delta einer europ call / put Option
 4  %
 5  % Funktionsaufruf:     ab = hedge_eu_bs('call',25,40,1,0.3,0.05,0.3,50)
 6  % input
 7  % ot   Optionstyp put / call
 8  % s    Kurs des Underlying / Basispreis zu t
 9  % k    strike Preis
10  % te   Ausuebunszeitpunkt der Option (in Jahren)
11  % t    aktureller Zeitpunkt
12  % r    risikoloser Zinssatz per anno
13  % v    Volatilitaet per anno
14  % ke   Betrag zu t=0 risikofrei angelegt (r=Zinssatz)
15
16  % output hedgekoeffizienten
17
18  ca = strcmp(ot,'call');
19  pu = strcmp(ot,'put');
20
21
22  % optionswert berechnen
23  tt = te-t;
24  w = op_eu_bs(ot,s,k,tt,r,v);
25
26  % delta ber.
27
```

```
28  d1=(log(s/k)+(r+v^2/2)*tt)/(v*sqrt(tt));
29
30  if ca == 1
31    delta = normcdf(d1);
32  end
33
34  if pu == 1
35    delta = normcdf(d1) -1; % check ob ≥ -1 einbauen ?
36  end
37
38
39  % risikofreie Anlage
40
41  a_t = delta;
42  beta_t = exp(r*t)*ke;
43  b_t = 1/beta_t *(w-a_t*s);
44
45  ab = [a_t, b_t];
```

Aufgaben

1. (Optionen auf Futures) Wir betrachten eine Aktie, deren Preis zur Zeit t durch $S(t)$ beschrieben wird. Es sei r die zusammengesetzte Zinsrate. Nach Abschnitt 1.4 ist der Wert eines Futures mit Ausübungsdatum T durch

$$F(t) = S(t)\exp(r(T-t))$$

gegeben. Man leite eine partielle Differenzialgleichung für eine Option auf den Future her, die eine Funktion von t und F ist (analog zur Herleitung der Black-Scholes Differenzialgleichung). Hinweis: Man gehe analog zur Herleitung von (4.34) vor.

2. Man zeige, dass die Lösung von (4.34) in einem Teilraum der schnell abfallenden Funktionen eindeutig ist. Dazu betrachte man den Teilraum

$$C_0^{1,2}([0,\infty[\times\mathbb{R}) = \{f \in C^{1,2}([0,\infty[\times\mathbb{R}); \int_{-\infty}^{\infty} f(t,x)^2 dx < \infty \text{ für alle } t \in [0,\infty[\}.$$

Weiter seien u_1, u_2 zwei Lösungen von (4.34). Man setze $v = u_1 - u_2$ und $E(t) = \int_{-\infty}^{\infty} v(t,x)^2 dx$ und zeige

$$E(t) \geq 0, \ E(0) = 0, \ \frac{dE}{dt}(t) \leq 0.$$

3. Seien a, b Konstanten. Man zeige, dass die parabolische Differenzialgleichung

$$\frac{\partial u}{\partial t} = \frac{\partial^2 u}{\partial x^2} + a\frac{\partial u}{\partial x} + bu$$

immer auf die Diffusionsgleichung reduziert werden kann. Man benutze eine Variablentransformation in der Zeit für die Reduktion von

$$c(t)\frac{\partial u}{\partial t} = \frac{\partial^2 u}{\partial x^2} \, ,$$

wobei $c(t) > 0$. Man nehme an, dass σ^2 und r in der partiellen Black-Scholes Differenzialgleichung nur von der Zeit t abhängen und $\frac{r}{\sigma^2}$ konstant ist. Man bestimme die (Black-Scholes) Lösung dieser Gleichung.

4. Seien $C(t,S)$ und $P(t,S)$ die Werte eines europäischen Calls oder Puts mit demselben Strike und Ausübungsdatum. Man zeige, dass auch $C(t,S) - P(t,S)$ die Black-Scholes Differenzialgleichung zu den Enddaten $C(T,S) - P(T,S) = S_T - K$ erfüllt. Man schließe aus der Call-Put Parität, dass ebenfalls $S_t - Ke^{-r(T-t)}$ Lösung ist. Man interpretiere diese Resultate finanztechnisch.

5. Für die Herleitung der partiellen Differenzialgleichung haben wir ein Portfolio bestehend aus dem zugrundeliegenden Vermögenswert und dem risikolosen Bond gewählt, das ein $T-$Derivat erzeugt. Man kann nun alternativ versuchen mit zwei Derivaten auf den gleichen Vermögenswert, aber mit verschiedenen Ausübungszeiten $T_1 \neq T_2$ einen risikolosen Bond zu erzeugen. Dazu setze man ein Portfolio $\Pi(t)$ gemäß

$$\Pi(t) = V^{(1)}(t) - a(t)V^{(2)}(t)$$

an, wobei $a : [0, T_2] \times \Omega \longrightarrow \mathbb{R}$ ein adaptierter Prozess ist.

a) Man zeige: Unter der Annahme, dass das Portfolio den Bond erzeugt, gilt

$$d\Pi(t) = r\Pi(t)dt.$$

b) Wenn man, wie oben $V^{(1)}(t) = f_1(t, S_t)$, $V^{(2)}(t) = f_2(t, S_t)$ ansetzt, differenziere man $\Pi(t)$ mittels der Itô-Formel und leite (mit a)) eine partielle Differenzialgleichung in f_1, f_2 ab.

c) Man zeige, dass die Gleichung unabhängig von f_1 und f_2 ist, d. h. unabhängig vom Ausübungsdatum.

d) Man zeige, dass es eine Funktion $\lambda(t, S)$ derart gibt, dass gilt

$$\frac{1}{2}\sigma(t,S)^2 S^2 f''(t,S) + (\mu(t,S) - \lambda(t,S)\sigma(t,S))S f'(t,S) + \dot{f}(t,S) - rf(t,S) = 0.$$

e) Man begründe, dass $f(t, S_t) = S_t$ eine Lösung ist.

6. (Forsetzung von Aufgabe 5)

a) Man zeige, dass

$$(\mu(t,S) - \lambda(t,S)\sigma(t,S))S - rS = 0$$

gilt.

b) Man interpretieren die Größe $\lambda(t,S)$ und leite daraus die Black-Scholes-Differenzialgleichung ab.

4.3 Lösung der Black-Scholes-Gleichung

Wir gehen nun das Problem an, das Endwertproblem (BSG) zu lösen, das wir im vorhergehenden Abschnitt aufgestellt haben. Wir nehmen an, dass die Volatilität σ konstant ist. Mit den Bezeichnungen aus dem vorhergehenden Abschnitt formulieren wir die Black-Scholes-Partielle-Differenzialgleichung

$$\frac{1}{2}\sigma^2 S^2 f''(t,S) + rSf'(t,S) + \dot{f}(t,S) - rf(t,S) = 0, \quad 0 \leq t \leq T, \quad 0 < S \qquad \text{(BSG)}$$

mit $f(T,S) = F(S)$.

Wir gehen folgendermaßen vor. Zunächst substituieren wir die Variablen geeignet, um die (BSG) in die wohlbekannte Wärmeleitungsgleichung (WLG)

$$h''(\tau,x) = \dot{h}(\tau,x) \qquad \text{(WLG)}$$
$$h(0,x) = h_0(x).$$

umzuformen. Dann geben wir die Methoden an, die Wärmeleitungsgleichung zu lösen. Schließlich erhalten wir durch Rücksubstitution eine Lösung der (BSG).

Wir machen folgende Variablentransformation

$$S = S(x) = e^x \quad (\text{oder } x = \ln(S)) \qquad (4.35)$$
$$t = t(\tau) = T - \frac{2\tau}{\sigma^2} \quad \left(\text{oder } \tau = \frac{1}{2}\sigma^2(T-t)\right).$$

Man beachte, dass die zweite Gleichung in (4.35) eine „Umkehrung der Zeit" bedeutet.

Wir setzen

$$g(\tau,x) = f(t(\tau),S(x)) = f\left(T - \frac{2\tau}{\sigma^2}, e^x\right), \qquad (4.36)$$

und sehen, dass die Gleichung in

$$g(0,x) = f(T,S(x)) = F(e^x) \tag{4.37}$$

übergeht. Wenn man die benötigten Ableitungen von $g(x,t)$ berechnet, folgt

$$g'(\tau,x) = f'(t,S)S,$$
$$g''(\tau,x) = f'(t,S)S + f''(t,S)S^2,$$
$$[\text{man beachte dabei } \frac{\partial S}{\partial x} = S]$$
$$\dot{g}(\tau,x) = -\frac{2}{\sigma^2}\dot{f}(t,e^x).$$

Die partielle Differenzialgleichung schreibt sich nun in den x,τ Variablen und $g(\tau,x)$ in der Form

$$\frac{\sigma^2}{2}g''(\tau,x) - \frac{\sigma^2}{2}g'(\tau,x) + rg'(\tau,x) - \frac{\sigma^2}{2}\dot{g}(\tau,x) - rg(\tau,x) = 0$$

oder nach Multiplikation mit $\frac{2}{\sigma^2}$

$$g''(\tau,x) + \left(\frac{2r}{\sigma^2} - 1\right)g'(\tau,x) - \frac{2r}{\sigma^2}g(\tau,x) = \dot{g}(\tau,x).$$

Setzt man $k = \frac{2r}{\sigma^2}$, so ergibt sich

$$g''(\tau,x) + (k-1)g'(\tau,x) - kg(\tau,x) = \dot{g}(\tau,x). \tag{4.38}$$

Weiter sei

$$g(\tau,x) = e^{\alpha x + \beta\tau}h(\tau,x) \tag{4.39}$$

gesetzt. Wir versuchen nun α und β so zu bestimmen, dass wir die (WLG) erhalten. Die relevanten Ableitungen von $g(\tau,x)$ lassen sich durch

$$g'(\tau,x) = e^{\alpha x + \beta\tau}[\alpha h(\tau,x) + h'(\tau,x)]$$
$$g''(\tau,x) = e^{\alpha x + \beta\tau}[\alpha^2 h(\tau,x) + 2\alpha h'(\tau,x) + h''(\tau,x)]$$
$$\dot{g}(\tau,x) = e^{\alpha x + \beta\tau}[\beta h(\tau,x) + \dot{h}(\tau,x)]$$

ausdrücken. Die partielle Differenzialgleichung (4.38) wird (nachdem der Faktor $e^{\alpha x + \beta\tau}$ auf beiden Seiten gekürzt wurde) in die Gleichung

$$\alpha^2 h(\tau,x) + 2\alpha h'(\tau,x) + h''(\tau,x) + (k-1)\alpha h(\tau,x) + (k-1)h'(\tau,x) - kh(\tau,x)$$
$$= \beta h(\tau,x) + \dot{h}(\tau,x)$$

oder

$$h''(\tau,x) + (2\alpha + k - 1)h'(\tau,x) + (\alpha^2 + (k-1)\alpha - k - \beta)h(\tau,x) = \dot{h}(\tau,x)$$

übergeführt. Wir können nun α, β so auswählen, dass die Faktoren vor h' und h verschwinden, was

$$\alpha = -\frac{k-1}{2}, \quad \text{und} \tag{4.40}$$

$$\beta = \alpha^2 + (k-1)\alpha - k = \left(\frac{k-1}{2}\right)^2 - \frac{(k-1)^2}{2} - k = -\frac{1}{4}(k+1)^2$$

bedeutet. Wir haben nun

$$h''(\tau,x) = \dot{h}(\tau,x) \tag{4.41}$$

mit Anfangswert

$$h(0,x) = h_0(x) = e^{-\alpha x}g(0,x) = e^{-\alpha x}F(e^x) \tag{4.42}$$

vor uns. Dies ist die „eindimensionale Wärmeleitungsgleichung" (in einer Variablen x).

Wir geben eine kurze Interpretation dieser Gleichung:
Ein isolierter Draht habe zur Zeit $t = 0$ die Anfangstemperaturverteilung $T_0(x)$. Man ist an der zeitlichen Temperaturverteilung $T(t,x)$ ($t > 0$) interessiert. Aus den Gesetzen der Physik folgert man, dass $T(t,x)$ die Gleichung

$$T''(t,x) = c\dot{T}(t,x)$$

erfüllen muss, wobei c ein Maß für die Leitfähigkeit des Drahtes ist.

Satz 4.3.1
Die Dichte $h(x,t) = \frac{1}{2\sqrt{\pi t}}e^{-x^2/4t}$, der Normalverteilung $N(0,2t)$ ist eine Lösung von

$$h''(t,x) = \dot{h}(t,x).$$

Beweis
Man berechne einfach die Ableitungen

$$\dot{h}(t,x) = \frac{1}{2\sqrt{\pi t}}\left[\frac{x^2}{4t^2} - \frac{1}{2t}\right]e^{-x^2/4t}$$

$$h'(t,x) = \frac{1}{2\sqrt{\pi t}}\left[-\frac{x}{2t}\right]e^{-x^2/4t}$$

$$h''(t,x) = \frac{1}{2\sqrt{\pi t}}\left[\frac{x^2}{4t^2} - \frac{1}{2t}\right]e^{-x^2/4t}$$

und erkenne, dass $h''(t,x) = \dot{h}(t,x)$. $\qquad\qquad\square$

Satz 4.3.2

a) Falls $h(t,x)$ Lösung der Gleichung $h'' = \dot h$ ist, dann ist ihre Verschiebung durch $c \in \mathbb{R}$, d. h. die Funktion $(x,t) \mapsto h(t,x-c)$, auch eine Lösung.

b) Sind $h_1(t,x), h_2(t,x), \ldots, h_n(t,x)$ Lösungen von $h'' = \dot h$ und sind $\alpha_1, \alpha_2, \ldots, \alpha_n \in \mathbb{R}$, so ist $\sum_{i=1}^{n} \alpha_i h_i(t,x)$ auch eine Lösung.

Insbesondere ist $\sum_{i=1}^{n} \alpha_i h(t,x-c_i)$ eine Lösung, falls $h(x,t)$ eine ist.

Satz 4.3.3

Für eine stetige Funktion $h_0 : \mathbb{R} \to \mathbb{R}$ mit

$$\int_{-\infty}^{\infty} c^2 |h_0(u)| \cdot e^{-\frac{(x-u)^2}{4t}}\, du < \infty \qquad \text{für alle } t > 0$$

ist $\dfrac{1}{2\sqrt{\pi t}} \int_{-\infty}^{\infty} h_0(u) \cdot e^{\frac{(x-u)^2}{4t}}\, du$ Lösung der Gleichung $h'' = \dot h$.

Beweis

Man definiere

$$h(t,x) = \int_{-\infty}^{\infty} h_0(u) \frac{1}{2\sqrt{\pi t}} e^{-\frac{(x-u)^2}{4t}}\, du.$$

Die Integrabilitätsbedingung an h_0 erlaubt es uns, sowohl $\frac{\partial}{\partial t}$ mit $\frac{\partial}{\partial x}$ als auch $\frac{\partial^2}{\partial x^2}$ mit der Integration $\int \ldots du$ bezüglich u zu vertauschen (vgl. Übungsaufgabe 1). Das bedeutet zusammen mit Satz 4.3.1, dass

$$\dot h(t,x) = \int_{-\infty}^{\infty} \frac{d}{dt}\left[h_0(u)\frac{1}{2\sqrt{\pi t}}e^{-\frac{(x-u)^2}{4t}}\right] du$$

$$= \frac{1}{2\sqrt{\pi t}} \int_{-\infty}^{\infty} h_0(u)\left[\frac{(x-u)^2}{4t^2} - \frac{1}{2t}\right] e^{-(x-u)^2/4t} du \quad \text{und}$$

$$h''(t,x) = \frac{1}{2\sqrt{\pi t}} \int_{-\infty}^{\infty} \frac{d^2}{dx^2}\left[h_0(u)e^{-\frac{(x-u)^2}{4t}}\right] du$$

$$= \frac{1}{2\sqrt{\pi t}} \int_{-\infty}^{\infty} h_0(u)\left[\frac{(x-u)^2}{4t^2} - \frac{1}{2t}\right] e^{-(x-u)^2/4t} du \quad \text{für} \quad t > 0 \text{ und } x \in \mathbb{R}$$

gilt. $\qquad\qquad\square$

Satz 4.3.4

Ist $h_0 : \mathbb{R} \to \mathbb{R}$ stetig und gilt

$$\frac{1}{2\sqrt{\pi t}} \int_{-\infty}^{\infty} |h_0(u)| e^{-\frac{(x-u)^2}{4t}}\, du < \infty \quad \text{für alle } t > 0,$$

so folgt

$$\lim_{t \to 0} \frac{1}{2\sqrt{\pi t}} \int_{-\infty}^{\infty} h_0(u) e^{-\frac{(x-u)^2}{4t}}\, du = h_0(x) \quad \text{für alle } x \in \mathbb{R}.$$

Beweis

Sei $\varepsilon > 0$ und $x \in \mathbb{R}$. Weil h_0 stetig ist, finden wir ein $\delta > 0$, sodass $|h_0(x) - h_0(\tilde{x})| < \varepsilon$ für alle $\tilde{x} \in \mathbb{R}$ mit $|\tilde{x} - x| < \delta$. Wir folgern

$$\int_{-\infty}^{\infty} h_0(u) \frac{1}{2\sqrt{\pi t}} e^{-(x-u)^2/4t}\, du = \int_{x-\delta}^{x+\delta} h_0(u) \frac{1}{2\sqrt{\pi t}} e^{-(x-u)^2/4t}\, du + \int_{x+\delta}^{\infty} h_0(u) \frac{1}{2\sqrt{\pi t}} e^{-(x-u)^2/4t}\, du$$

$$+ \int_{-\infty}^{x-\delta} h_0(u) \frac{1}{2\sqrt{\pi t}} e^{-(x-u)^2/4t}\, du.$$

Für $\eta \geq \delta^2$ ergibt sich $\frac{1}{2\sqrt{\pi t}} e^{-\eta/4t} \downarrow 0$, falls $t \downarrow 0$. Also

$$\int_{x+\delta}^{\infty} |h_0(u)| \frac{1}{2\sqrt{\pi t}} e^{-(x-u)^2/4t}\, dc \overset{t \to 0}{\to} 0 \quad \text{und} \quad \int_{-\infty}^{x-\delta} |h_0(u)| \frac{1}{2\sqrt{\pi t}} e^{-(x-u)^2/4t}\, du \overset{t \to 0}{\to} 0, \qquad (4.43)$$

nach dem Satz über die monotone Konvergenz. Insbesondere (ersetze $h_0(u)$ durch die Konstante 1) folgt, dass

$$\int_{x+\delta}^{\infty} \frac{1}{2\sqrt{\pi t}} e^{-(x-u)^2/4t}\, dc \overset{t \to 0}{\longrightarrow} 0 \quad \text{und} \quad \int_{-\infty}^{x-\delta} \frac{1}{2\sqrt{\pi t}} e^{-(x-u)^2/4t}\, dc \overset{t \to 0}{\longrightarrow} 0.$$

Also ergibt sich

$$\limsup_{t \to 0} \left| \frac{1}{2\sqrt{\pi t}} \int_{x-\delta}^{x+\delta} h_0(u) e^{-\frac{(x-u)^2}{4t}}\, du - h_0(x) \right|$$

$$= \limsup_{t\to 0}\left| \frac{1}{2\sqrt{\pi t}} \int_{x-\delta}^{x+\delta} h_0(u)e^{-\frac{(x-u)^2}{4t}}\,du - \frac{1}{2\sqrt{\pi t}} \int_{x-\delta}^{x+\delta} h_0(x)e^{-\frac{(x-u)^2}{4t}}\,du \right|$$

[wir haben dabei benutzt, dass $\dfrac{1}{2\sqrt{\pi t}}e^{-\frac{(x-u)^2}{4t}}$ eine Dichte ist]

$$\leq \limsup_{t\to 0} \frac{1}{2\sqrt{\pi t}} \int_{x-\delta}^{x+\delta} |h_0(u)-h_0(x)|e^{-\frac{(x-u)^2}{4t}}\,du$$

$$+\limsup_{t\to 0} \frac{1}{2\sqrt{\pi t}} \int_{x+\delta}^{\infty} |h_0(x)|e^{-(x-u)^2/4t}\,du$$

$$+\limsup_{t\to 0} \frac{1}{2\sqrt{\pi t}} \int_{-\infty}^{x-\delta} |h_0(x)|e^{-(x-u)^2/4t}\,du \leq \varepsilon.$$

Da $\varepsilon > 0$ beliebig ist, folgt die Behauptung. $\qquad\square$

Folgerung 4.3.5

Die Lösung der Wärmeleitungsgleichung

$$h''(t,x) = \dot{h}(t,x) \text{ mit } h(0,x) = h_0(x)$$

ist

$$h(t,x) = \frac{1}{2\sqrt{\pi t}} \int_{-\infty}^{\infty} h_0(u)e^{-\frac{(x-u)^2}{4t}}\,du$$

vorausgesetzt, es gilt die Integrabilitätsbedingung

$$\frac{1}{2\sqrt{\pi t}} \int_{-\infty}^{\infty} |h_0(u)|u^2 e^{-\frac{(x-u)^2}{4t}}\,du < \infty \quad \text{für alle } t < \infty.$$

Bemerkung 4.3.6

Für zwei vorgegebene Funktionen f,g nennt man die Funktion $x \mapsto \int_{-\infty}^{\infty} f(z)g(x-z)\,dz$ die Faltung von f und g, in Zeichen $f * g$.

Die Faltung erlaubt es uns, die Lösung der Wärmeleitungsgleichung in der Form $h(x,t) = h_0 * \rho_{2t}(x)$ zu schreiben, wobei $\rho_{2t} = \frac{1}{2\sqrt{\pi t}}e^{-\frac{x^2}{4t}}$ eine Dichte von $N(0,2t)$ ist. Für $t = 0$ muss man „$h_0 * \rho_0$" als h_0 interpretieren (was wegen Satz 4.3.4 gerechtfertigt ist).

Wir wollen nun $f(t,S)$ durch Rücksubstituieren berechnen

$$f(t,S) = g\left(\ln(S), \frac{1}{2}\sigma^2(T-t)\right) \quad [\text{gemäß (4.36)}]$$

$$\overset{[(6)]}{=} e^{\alpha \ln(S)} e^{\frac{1}{2}\beta\sigma^2(T-t)} h\left(\frac{1}{2}\sigma^2(T-t), \ln(S),\right) \quad [\text{wegen (4.39)}]$$

$$= e^{\alpha \ln(S)} e^{\frac{1}{2}\beta\sigma^2(T-t)} \frac{1}{\sqrt{2\pi\sigma^2(T-t)}} \cdot \int_{-\infty}^{\infty} h_0(\xi)\cdot e^{-\frac{(\xi-\ln(S))^2}{2\sigma^2(T-t)}}\, d\xi \quad [\text{Satz 4.3.4}]$$

$$= e^{\alpha \ln(S)} e^{\frac{1}{2}\beta\sigma^2(T-t)} \frac{1}{\sqrt{2\pi\sigma^2(T-t)}} \int_{-\infty}^{\infty} e^{-\alpha\xi} F(e^{\xi})\cdot e^{-\frac{(\xi-\ln(S))^2}{2\sigma(T-t)}}\, d\xi$$

$$= e^{\frac{1}{2}\beta\sigma^2(T-t)} \frac{1}{\sqrt{2\pi\sigma^2(T-t)}} \int_{-\infty}^{\infty} F(Se^{\eta})\cdot e^{-\alpha\eta - \frac{\eta^2}{2\sigma^2(T-t)}}\, d\eta$$

$[\text{Substituiere } \eta = \xi - \ln(S)]$

$$= e^{\frac{1}{2}\beta\sigma^2(T-t)} \cdot e^{\frac{1}{2}\alpha^2\sigma^2(T-t)} \frac{1}{\sqrt{2\pi\sigma^2(T-t)}} \int_{-\infty}^{\infty} F(Se^{\eta}) e^{-\frac{[\eta+\alpha\sigma^2(T-t)]^2}{2\sigma^2(T-t)}}\, d\eta$$

$[\text{Quadratische Ergänzung}]$

$$= e^{-r(T-t)} \frac{1}{\sqrt{2\pi\sigma^2(T-t)}} \int_{-\infty}^{\infty} F(S\cdot e^{r(T-t)} e^{-\frac{\sigma^2}{2}(T-t)+z}) e^{-\frac{z^2}{2\sigma^2(T-t)}}\, dz$$

$$\left[\text{Substituiere } \eta = z - \alpha\sigma^2(T-t) = z + \frac{2r-\sigma^2}{2\sigma^2}\sigma^2(T-t) = z + \left(r - \frac{\sigma^2}{2}\right)(T-t)\right]$$

Nach der Wahl von α und β in (4.40) folgt, dass $\beta + \alpha^2 = \frac{1}{4}(-(k+1)^2 + (k-1)^2) = -k = -\frac{2r}{\sigma^2}$, und wir erhalten

$$V_t = f(t,S_t) = \frac{e^{-r(T-t)}}{\sqrt{2\pi\sigma^2(T-t)}} \int_{-\infty}^{\infty} F\left(S_t e^{r(T-t)} e^{-\frac{\sigma^2}{2}(T-t)} \cdot e^z\right) e^{-\frac{z^2}{2\sigma^2(T-t)}}\, dz \qquad (4.44)$$

Wir drücken V_t als einen Erwartungswert der Brownschen Bewegung aus. Hierzu beachte, dass

$$\frac{1}{\sqrt{2\pi\sigma^2(T-t)}} e^{-\frac{z^2}{2\sigma^2(T-t)}}$$

eine Dichte der Verteilung von $\sigma(B_T - B_t)$ ist. Daher folgern wir

$$V_t = f(t,S_t) = e^{-r(T-t)} \mathbb{E}\left(F\left(S_t e^{r(T-t)} e^{-\frac{\sigma^2}{2}(T-t)+\sigma(B_T-B_t)}\right)\right). \qquad (4.45)$$

Insbesondere ergibt sich für $t = 0$

$$V_0 = e^{-rT}\,\mathbb{E}(F(S_0 e^{rT} e^{-\frac{\sigma^2}{2}T + \sigma B_T})) = \frac{e^{-rT}}{\sqrt{2\pi\sigma^2 T}} \int_{-\infty}^{\infty} F\left(S_0 e^{rT} e^{-\frac{\sigma^2}{2}T} \cdot e^z\right) e^{-\frac{z^2}{2\sigma^2 T}}\, dz. \qquad (4.46)$$

Literatur und weitere Bemerkungen

Dieser klassische Zugang über die Lösung der Wärmeleitungsgleichung findet sich in vielen Büchern über Finanzmathematik (vgl. z. B. [Irl98, KK99, WHD95, Hul96]). Eine andere Möglichkeit besteht in der Überführung der stochastischen Differenzialgleichung in eine partielle mittels der Feynman-Kac-Formel, wie wir es in Satz 5.1.5 darstellen werden. Die Lösungstheorie dieser allgemeineren partiellen Differenzialgleichung führt über die Intention dieses Buches hinaus und der Leser sei auf die umfangreiche Literatur auf diesem Gebiet verwiesen. Lösungen lassen sich allerdings auch mittels numerischer Methoden finden, wie wir sie im Abschnitt 3.3 in den endlichen Differenzenverfahren vorgestellt haben. Aber auch Algorithmen in Form von Iterationen lassen sich anwenden und konvergieren, falls die Volatilität von null weg beschränkt ist.

Aufgaben

1. Man beweise, dass man zu Beginn des Beweises von 4.3.3, Integration und Differentiation vertauschen kann.

2. Fortsetzung von Aufgabe 1 in Abschnitt 4.2. Man leitet für eine konstante Drift und konstante Volatilität eine Formel ähnlich der Black-Scholes-Formel aus Abschnitt 3.1 her.

3. Man löse die (Vorwärts-) Black-Scholes Differenzialgleichung

$$\frac{\partial V}{\partial t} = \frac{\sigma^2 S^2}{2}\frac{\partial^2 V}{\partial S^2} + rS\frac{\partial V}{\partial S} - rV$$

numerisch, wobei die Volatilität σ und die Zinsrate r von der Zeit anhängen. Dazu implementiere man auf dem Gebiet $Q_{T,S_\infty} :=]0,T[\times]0,S_\infty[$ für $n = 1,\cdots,N-1$ und $j = 1,\cdots,M-1$ ($N := \frac{T}{\Delta t}$, $M := \frac{S_\infty}{\Delta x}$) das folgende Differenzenverfahren:

$$(1 + \sigma_{n+1}^2(j\Delta x)^2\lambda + (\Delta t)r_{n+1})u_j^{n+1} - (\frac{\sigma_{n+1}^2}{2}(j\Delta x)^2\lambda - (j\Delta x)r_{n+1}\gamma)u_{j-1}^{n+1}$$

$$-(\frac{\sigma_{n+1}^2}{2}(j\Delta x)^2\lambda + (j\Delta x)r_{n+1}\gamma)u_{j+1}^{n+1} = u_j^n,$$

$$u_j^0 = \psi(j\Delta x),\ u_0^n = \phi(n\Delta t),\ u_M^n = \varphi(n\Delta t).$$

wobei $\lambda := \frac{\Delta t}{(\Delta x)^2}$, $\gamma := \frac{\Delta t}{2\Delta x}$ und $\sigma_n := \sigma(n\Delta t)$, $r_n := r(n\Delta t)$.

Für einen Call $C(K,t,S)$ benutze man die Randdaten

$$\phi(t) := C(K,t,0) = 0,$$
$$\varphi(t) := C(K,t,S_\infty) = \alpha S_\infty \ (\alpha > 0),$$
$$\psi(S) := C(K,0,S) = \max\{S - K, 0\}.$$

an. Entsprechend gelte für einen Put $P(K,S,t)$

$$\phi(t) := P(K,t,0) = Ke^{-rt},$$
$$\varphi(t) := P(K,t,S_\infty) = 0,$$
$$\psi(S) := P(K,0,S) = \max\{K - S, 0\}.$$

(a) Für die Wahl $\sigma = 0.15$, $r = 0.05$, $T = 10$, $\alpha = 1$, $S_\infty = 20$ und $K = 4$ (14) berechne man numerisch den Wert eines Calls (Puts). Man wähle für eine Call-Option auch genauer $\varphi(t) = S_\infty - Ke^{-rt}$ und vergleiche die Resultate.

(b) Man studiere $C(K = 4, \cdot, T = 10)$ für weitere Wahlen von α und S_∞.

(c) Man vergleiche die numerischen Ergebnisse in *(a)* mit den exakten Werten gemäß der Black-Scholes Formel zur Zeit $t = T$.

4. Es sei die Volatilität σ nur von der Zeit t abhängig und die Zinsrate r sei ebenfalls zeitabhängig, aber deterministisch. Man leite für einen Optionswert der Form $V_t = f(t,S)$ die partielle Differenzialgleichung

$$\frac{\partial V}{\partial t} + \frac{1}{2}\sigma^2(t)\frac{\partial^2 V}{\partial S^2} + r(t)S\frac{\partial V}{\partial S} - r(t)V = 0 \qquad (4.47)$$

her.

5. (Fortsetzung von Aufgabe 4). Man wähle in der Gleichung (4.47) folgende Substitution mit geeigneten Funktionen α, β und γ:

$$\tilde{S} = Se^{\alpha(t)}, \quad \tilde{V} = Ve^{\beta(t)}, \quad \tilde{t} = \gamma(t). \qquad (4.48)$$

a) Man leite aus (4.47) eine partielle Differenzialgleichung in $\tilde{S}, \tilde{V}$ und $\tilde{t}$ her.

b) Man zeige, dass durch die Wahl

$$\alpha(t) = \int_t^T r(s)ds, \ \beta(t) = \int_t^T r(s)ds, \ \sigma(t) = \int_t^T \sigma^2(s)ds \qquad (4.49)$$

die hergeleitete Gleichung in eine der Form

$$\frac{\partial \tilde{V}}{\partial \tilde{t}} = \frac{1}{2}\tilde{S}\frac{\partial^2 \tilde{V}}{\partial \tilde{S}^2} \tag{4.50}$$

übergeht.

c) Man gebe durch Rücktransformation eine Formel für die Bewertung einer Option mit zeitabhängigen r und σ an.

4.4 Diskussion und Anwendung der Black-Scholes-Formel

Wie im Falle des log-binomialen Modells (Abschnitt 2.3) können wir folgende Schlussfolgerung ziehen. Der Wert eines Derivats im Black-Scholes-Modell lässt sich als diskontierter Erwartungswert der Ausübungsfunktion bezüglich der risikoneutralen Wahrscheinlichkeit betrachten. Denn der Wert einer Option, die zur Zeit T den Betrag $F(S_T)$ zahlt, beträgt zur Zeit $t = 0$

$$V_0 = e^{-rT}\,\mathbb{E}(F(e^{rT}S_0 \cdot e^{-\frac{1}{2}\sigma^2 T + \sigma B_T})). \tag{4.51}$$

Wir definieren $\widetilde{S}_t = e^{rt}S_0 e^{-\frac{1}{2}\sigma^2 t + \sigma B_t}$, $0 \le t \le T$. Dies ist der log-normal Prozess mit derselben Volatilität σ wie S_t, aber mit der Drift r des risikolosen Bonds. Da der Prozess $M_t = S_0 e^{-\frac{1}{2}\sigma^2 t + \sigma B_t}$ ein Martingal ist (vgl. Satz E.1.3), folgern wir für $0 \le t < u \le T$

$$\mathbb{E}(\widetilde{S}_u|\mathscr{F}_t) = e^{r(u-t)}\widetilde{S}_t.$$

Also ist der erwartete Erlös von $\widetilde{S}_t$ gleich dem Erlös des risikolosen Bonds. Wir nennen deshalb $(\widetilde{S}_t)$ die *risikolose Version von* (S_t). Mit $\widetilde{S}_t$ lässt sich der erwartete Wert des Derivats in der Form

$$V_0 = e^{-rT}\mathbb{E}(F(\widetilde{S}_T)). \tag{4.52}$$

schreiben.

Mit der Gleichung (4.46) aus Abschnitt (4.3) lässt sich der Wert eines europäischen Calls bzw. Puts in der Form $(F(S) = (S-K)^+)$ bzw. $(F(S) = (K-S)^+)$ ausdrücken (Übung 2).

Satz 4.4.1
Für einen europäischen Call bzw. Put mit Ausübungsdatum T und Ausübungspreis K bestimmt sich der Wert zur Zeit $0 \le t \le T$ gemäß

$$C(t,S) = SN(d) - Ke^{-r(T-t)}N(d - \sigma\sqrt{T-t})$$

bzw.

$$P(t,S) = Ke^{-r(T-t)}N(-d + \sigma\sqrt{T-t}) - SN(-d),$$

wobei

$$N(d) = \frac{1}{\sqrt{2\pi}} \int\limits_{-\infty}^{d} e^{-x^2/2} dx, \text{ und}$$

$$d = \frac{\ln(S/K) + \left(r + \frac{1}{2}\sigma^2\right)(T-t)}{\sigma\sqrt{T-t}}.$$

Satz 4.4.2 (Asymptotisches Verhalten von C(t,S))

    a) Falls $S \ll K$ gilt (der Call ist „out of the money"), also $\ln(S/K) \ll 0$ und $d \ll 0$, so folgern wir $C(t,S) \approx 0$.

    b) Ist $S \gg K$ (der Call ist „in the money"), so folgt $\ln(S/K) \gg 0$, $d \gg 0$ und $N(d) \approx 1$. In diesem Fall gilt $C(t,S) \approx S - Ke^{-r(T-t)}$, was der Wert eines Futures mit gleichem Ausübungszeitpunkt und Ausübungspreis ist.

Wir wollen nun vier wichtige Faktoren behandeln, die wir bereits im Abschnitt 3.2 untersucht haben und die das praktische Hedgen beschreiben. Diesmal ergeben sich die Faktoren aus der Black-Scholes-Gleichung, also umgekehrt wie in 3.2.

Zuerst beachte man, dass der Wert eines Derivats

$$V_t = f(t,S_t) = e^{-r(T-t)}\mathbb{E}(F(S_t e^{r(T-t)} e^{-\frac{\sigma^2}{2}(T-t)+\sigma(B_T-B_t)}))$$

nicht nur von t und S_t abhängt, sondern auch von der Zinsrate r und der Volatilität σ. Wir können uns f nicht nur als eine Funktion von t, S vorstellen, sondern auch von der Zinsrate r und der Volatilität σ, $f(t,S_t,r,\sigma) = f(t,S_t)$.

1) Das „Delta" von F:

$$\Delta_F(t,S) = \frac{\partial}{\partial S} f(t,S,r,\sigma)$$

2) das „Gamma" von F:

$$\Gamma_F(t,S) = \frac{\partial^2}{\partial S^2} f(t,S,r,\sigma)$$

3) das „Theta" von F

$$\theta_F(t,S) = -\frac{\partial}{\partial t} f(t,S,r,\sigma)$$

4) das „Vega" von F:

$$v_F(t,S) = \frac{\partial}{\partial \sigma} f(t,S,r,\sigma)$$

5) das „Rho" von F:

$$\rho_F(t,S) = \frac{\partial}{\partial r} f(t,S,r,\sigma).$$

Uns ist das Δ_F bereits während der Ableitung der Black-Scholes-Formel begegnet: $a_t = \Delta_F(t,S)$ ist die Anzahl der Aktien, die ein Investor zur Zeit t besitzen muss, zusammen mit $b_t = (V_t - a_t S_t)/\beta_t$ Anteilen Bonds, wenn er das Derivat erzeugen will.

Zwei der drei betrachteten Vermögenswerte (Bond, Aktie, Derivat) bilden einen vollständigen Markt, was dasselbe wie im diskreten Markt bedeutet, nämlich das einer der drei Vermögenswerte durch die beiden anderen erzeugt bzw. abgesichert werden kann. Falls unser Investor z. B. den Bond erzeugen will, so muss er $\frac{V_t}{b_t}$ Einheiten Derivat und $-\frac{a_t S_t}{b_t}$ Einheiten Aktien halten (man löse $V_t = a_t S_t + b_t \beta_t$ nach β_t). Diese Strategien nennt man (wie in 3.2) Delta-Hedging. Es gibt nur ein großes Problem: Sie setzen ein zeitstetiges, in der Realität unmögliches, Anpassen des Portfolios voraus. Also muss man das Delta-Hedging durch endlich viele Portfolioanpasssungen ersetzt werden. Es gibt eine Beziehung zwischen der Anzahl der Transaktionen, welche die Genauigkeit aber außerdem die Kosten erhöht. Die Funktion Γ_F stellt die Krümmung von f als eine Funktion von S dar und kann als verfeinerte Hedgingstrategien benutzt werden, wie wir es bereits in 3.2 ausführlicher erläutert haben.

Schließlich zeigen ρ_F und v_F die Abhängigkeit der Funktion f von r und σ an. Wir berechnen nochmals das Delta eines Calls

$$\Delta_{\text{Call}}(t,S) := \frac{\partial}{\partial S} C(S,t).$$

Satz 4.4.3

$$\Delta_{\text{Call}}(t,S) = N(d)$$
$$= \frac{1}{\sqrt{2\pi}} \int_{-\infty}^{[\ln(S/K)+(r+\frac{1}{2}\sigma^2)(T-t)]/\sigma\sqrt{T-t}} e^{-x^2/2}\, dx.$$

Beweis

$$\frac{\partial}{\partial S} C(t,S) = \frac{\partial}{\partial S}[SN(d) - Ke^{-r(T-t)}N(d - \sigma\sqrt{T-t})]$$
$$= N(d) + SN'(d)\frac{\partial}{\partial S}d - Ke^{-r(T-t)}N'(d - \sigma\sqrt{T-t})\frac{\partial}{\partial S}(d - \sigma\sqrt{T-t})$$
$$= N(d) + \frac{\partial d}{\partial S}[SN'(d) - Ke^{-r(T-t)}N'(d - \sigma\sqrt{T-t})].$$

Um die Formel nachzuweisen, zeigen wir, dass der Ausdruck in Klammern verschwindet. Beachte, dass $N'(d) = \frac{1}{\sqrt{2\pi}}e^{-d^2/2}$.

Dividiert man $[\ldots\ldots]$ durch

$$N'(d - \sigma\sqrt{T-t}) = \frac{1}{\sqrt{2\pi}} e^{-\frac{[d-\sigma\sqrt{T-t}]^2}{2}} = \frac{1}{\sqrt{2\pi}} e^{-\frac{d^2}{2}+d\sigma\sqrt{T-t}-\frac{\sigma^2}{2}(T-t)},$$

so erhalten wir:

$$[\ldots]/N'(d - \sigma\sqrt{T-t}) = Se^{-d\sigma\sqrt{T-t}+\frac{\sigma^2}{2}(T-t)} - Ke^{-r(T-t)}$$

$$= Se^{-\ln(S/K)-(r+\frac{1}{2}\sigma^2)(T-t)+\frac{\sigma^2}{2}(T-t)} - Ke^{-r(T-t)}$$

$$\left[\text{beachte, dass } d = \frac{\ln(S/K) + (r + \frac{1}{2}\sigma^2)(T-t)}{\sigma\sqrt{T-t}}\right]$$

$$= Ke^{-r(T-t)} - Ke^{-r(T-t)} = 0.$$

$\square$

4.5 Black-Scholes-Formel für dividendenzahlende Vermögenswerte

A. Stetige Dividenden

Wir wollen zuerst die einfachste Variante (im Sinne der Zahlungsweise) betrachten und annehmen, dass in einer Zeiteinheit dt die Aktie eine Dividende $D_0 S_t dt$ zahlt, wobei D_0 eine Konstante ist. Nach Arbitrageargumenten muss der Preis um den Betrag der Dividendenzahlungen fallen. Also genügt S_t der folgenden modifizierten stochastischen Differenzialgleichung:

$$dS_t = (\mu_t - D_0)S_t \, dt + \sigma_t S_t \, dB_t.$$

Man könnte erwarten, dass man denselben Optionspreis errechnet, weil μ_t nicht den Optionwert beeinflusst und S_t dieselbe Gleichung mit $\mu_t - D_0$ anstatt mit μ_t erfüllt. Dies ist nicht der Fall. Tatsächlich genügt unser erzeugendes Portfolio $(a_t, b_t)_{0 \leq t \leq T}$ nun der folgenden Gleichung

$$V_t - V_0 = \underbrace{\int_0^t a_s dS_s}_{\substack{\text{Gewinn/Verlust} \\ \text{der} \\ \text{Aktien}}} + \underbrace{\int_0^t b_s r \beta_s ds}_{\substack{\text{Gewinn/Verlust} \\ \text{des} \\ \text{Bondes}}} + \underbrace{\int_0^t D_0 S_s a_s e^{r(t-s)} ds}_{\substack{\text{Gewinn der} \\ \text{erneut investierten Dividende}}}$$

oder in Differenzialform,

$$dV_t = a_t \, dS_t + b_t \, d\beta_t + D_0 S_t a_t \, dt.$$

Dies sieht wie Gleichung (4.29) aus Abschnitt 4.2 aus, nur mit dem zusätzlichen Term $D_0 S_t a_t \, dt$.

Mit den gleichen Argumenten aus Abschnitt 4.2 erhalten wir die folgende partielle Differenzialgleichung

$$\frac{1}{2}\sigma^2 S^2 f'' + (r - D_0)Sf' + \dot{f} - rf = 0.$$

Gebraucht man dieselben Techniken wie in Abschnitt 4.3, so berechnet sich der Wert des Derivates

$$V_t = f(t, S_t) = \frac{e^{-(r-D_0)(T-t)}}{\sqrt{2\pi\sigma^2(T-t)}} \int_{-\infty}^{\infty} F(S_t e^{(r-D_0)(T-t)} e^{-\frac{\sigma^2}{2}(T-t)} \cdot e^z) e^{-\frac{z^2}{2\sigma^2(T-t)}} \, dz \qquad (4.53)$$

und für $t = 0$

$$V_0 = f(0, S_0) = \frac{e^{-(r-D_0)T}}{\sqrt{2\pi\sigma^2 T}} \int_{-\infty}^{\infty} F(S_0 e^{(r-D_0)T} e^{-\frac{\sigma^2}{2}T} \cdot e^z) e^{-\frac{z^2}{2\sigma^2 T}} \, dz. \qquad (4.54)$$

B. Diskrete Dividendenzahlungen

Wir nehmen nun an, dass es während der Laufzeit der Option nur eine Dividendenzahlung zu einer festen Zeit $0 < t_d < T$ gibt, die $d \cdot S_{t_d^-}$ betragen soll. Dabei bezeichnet $S_{t_d^-}$ den Preis des zugrundeliegenden Vermögenswertes genau vor dem Zeitpunkt t_d. Falls wir mit $S_{t_d^+}$ den Preis des zugrundeliegenden Vermögenswertes genau nach der Dividendenzahlung bezeichnen, folgern wir

$$S_{t_d^-} = S_{t_d^+} + d S_{t_d^-}, \qquad (4.55)$$

denn sonst gäbe es eine Arbitragemöglichkeit. Sei nun $f(t, S_t)$ der Wert der Option zur Zeit t. Da der Halter der Option keine Dividende erhält, muss

$$f(t_d^-, S_{t_d^-}) = f(t_d^+, S_{t_d^+}) \qquad (4.56)$$

gelten, sonst würde es eine Arbitragemöglichkeit geben. Somit haben wir für alle S

$$f(t_d^-, S) = \lim_{t \uparrow t_d} f(t, S) = f(t_d^+, S(1-d)) = \lim_{t \downarrow t_d} f(t, S(1-d)).$$

Das heißt, da der Pfad $t \mapsto f(t, S_t)$ fast sicher stetig ist, kann die Funktion $(t, S) \mapsto f(t, S)$ von zwei Variablen zur Zeit $t = t_d$ nicht stetig sein.

Wir finden eine Lösung in zwei Schritten, jedesmal unter Benutzung der Methoden, die wir in den Abschnitten 4.2 und 4.3 vorgestellt haben:

i) Für $t_d \leq t < T$ finde man $f(t,S)$ wie in den Abschnitten 4.2 und 4.3 beschrieben.

ii) Dann definiere eine neue Option, deren Ausübungsdatum jetzt t_d ist und deren Ausübungsfunktion gemäß

$$\widetilde{F}(S) := f(t_d, S(1-d))$$

gegeben ist.

Für das Derivat erhalten wir den Wert $\tilde{f}(t,S)$, $0 \leq t \leq t_d$. Schließlich setzen wir für $0 \leq t \leq T$

$$f(t,S) = \begin{cases} \tilde{f}(t,S) & \text{wenn } t < t_d \\ f(t,S) & \text{wenn } t \geq t_d. \end{cases}$$

Man beachte

$$\lim_{t \uparrow t_d} f(t,S) = \widetilde{F}(S) = f(t_d, S(1-d)) = \lim_{t \downarrow t_d} f(t, S(1-d)). \tag{4.57}$$

Literatur und weitere Bemerkungen

Derivate auf Dividenden zahlende Aktien werden in einigen Monographien behandelt (vgl. z. B. [Hul96, MR97, WHD95]). Den Fall einer Dividenden zahlende Aktie wurde bereits von Samuelson in 1965 [Sam65] behandelt und von Merton [Mer69] fortgesetzt. Literatur findet man bei Rubinstein [Rub83] und Hull [Hul96]. Allerdings wird bei allen eine deterministische Dividendenzahlung angenommen. Stochastische Gleichungen für Dividenden kann man in der Arbeit von Geske [Ges78] finden. Für weiterführende Literatur betrachte man auch die Arbeiten von Kalay [Kal82, EGR84] und Kaplanis [Kap86].

Matlab-Code für den Optionspreis bei einmaliger Dividenzahlung

- Die Berechnung folgt der Black-Scholes Formel.

- Man braucht eine Fallunterscheidung entprechend, ob $t < t_d$ gilt oder nicht.

Listing 4.2: Das Programm `bin_eu_bs_div`

```
1  %
2  function w = op_eu_bs_div(ot,s,k,te,t,r,v,t1,d);
3
4  % Black Scholes Formel fue europ call / put Option
5  %
6  % Funktionsaufruf:
7  %    w = op_eu_bs_div('call',90,80,1.2, 0.3, 0.05,0.3, 0.6, 0.05)
8  % input
9  % ot   Optionstyp put / call
10 % s    Kurs des Underlying / Basispreis zu t=0
```

```
11  % k     strike Preis
12  % te    Ausuebunszeitpunkt der Option (in Jahren)
13  % t     Zeitpuntk der Optionsbewertung (in Jahren)
14  % r     risikoloser Zinssatz per anno
15  % v     Volatilitaet per anno
16  % t1    Zeitpunkt der Dividendenzahlung
17  % d     Dividendenzahlung zu t1: d*S(t1)
18
19  % output Optionswert
20
21  ca = strcmp(ot,'call');
22  pu = strcmp(ot,'put');
23
24  if t ≥ t1
25    tt = te-t;
26    d1=(log(s/k)+(r+v^2/2)*tt )/(v*sqrt(tt));
27    d2=d1-v*sqrt(tt);
28    if ca == 1
29      w = s*normcdf(d1) - k*exp(-r*tt)*normcdf(d2);
30    end
31    if pu == 1
32      w = k*exp(-r*tt)*normcdf(-d2) - s*normcdf(-d1);
33    end
34  else
35    tt = t1-t;
36    s1 = s*(1-d);
37    d1=(log(s1/k)+(r+v^2/2)*tt)/(v*sqrt(tt));
38    d2=d1-v*sqrt(tt);
39    if ca == 1
40      w = s1*normcdf(d1) - k*exp(-r*tt)*normcdf(d2);
41    end
42    if pu == 1
43      w = k*exp(-r*t)*normcdf(-d2) - s1*normcdf(-d1);
44    end
45  end
```

Aufgaben

1. Die Black-Scholes-Differenzialgleichung für den Wert V einer europäischen Option auf eine Dividende $D(t)V(t)$ zahlende Aktie lautet

$$\frac{\partial V}{\partial t} + \frac{\sigma^2(t)S^2}{2}\frac{\partial^2 V}{\partial S^2} + (r(t) - D(t))S\frac{\partial V}{\partial S} - r(t)V = 0. \qquad (*)$$

   (a) Man weise mit Arbitrageargumenten (4.55) und (4.56) nach.

(b) Man zeige, dass sich $(*)$ durch die Variablentransformation $\bar{S} = Se^{\alpha(t)}$, $\bar{V} = Ve^{\beta(t)}$, $\bar{t} = \gamma(t)$ immer auf die Gleichung

$$\frac{\partial \bar{V}}{\partial \bar{t}} = \frac{1}{2}\bar{S}^2 \frac{\partial^2 \bar{V}}{\partial \bar{S}^2}$$

reduzieren lässt.

(c) Man gebe einen Zusammenhang zwischen Lösungen der Black-Scholes Differenzialgleichung für konstante Volatilitäten, Zinsraten und verschwindende Dividenden und Lösungen von $(*)$ an.

(d) Man bestimme den Wert eines europäischen Calls im Fall $\sigma = 0.2$, $r = 10\%$, $T = 10$ und einer Dividendenzahlung $D(t) = 0.07t^2$.

(e) Wie lautet die Call-Put-Parität im Fall Dividende zahlender Aktien?

(f) Man formuliere für einen europäischen Call auf eine Dividende zahlende Aktie geeignete Randbedingungen.

2. Man leite eine Black-Scholes-Formel für eine europäische Call-(Put-) Option auf eine Aktie, die während des Ausübungszeitraumes $[0, T]$ zur Zeit $0 < t_d < T$ eine Dividende D zahlt.

3. Man berechne den Wert einer europäischen Call-Option auf eine Aktie, die während des Ausübungszeitraumes an *zwei* verschiedenen Zeitpunkten jeweils gleich große Dividenden zahlt.

4. Man leite eine Black-Scholes-Formel für eine europäische Call-(Put-) Option auf eine Aktie her, die während des Ausübungszeitraumes $[0, T]$ eine konstante Dividende von D zahlt (zeitstetig!).

5. Man berechne das Delta und Gamma einer Call-Option auf eine Aktie, die eine stetige Dividende zahlt.

5 Martingalmethoden

Des einen Profit ist des anderen Schaden.

Michel de Montaigne, 16 Jh.

Dieses Kapitel beginnt mit einem allgemeineren und abstrakteren Zugang, Derivate zu bewerten. Ein allgemeines Derivat werden wir in Zukunft als eine Abbildung $f : \Omega \to \mathbb{R}$ ansehen, wobei $f(\omega)$ die Auszahlung angibt, falls $\omega \in \Omega$ eintritt. Eine Bewertung ordnet jedem derartigen Derivat eine Zahl zu, nämlich seinen Wert zur Zeit null. Später werden wir einige natürliche Bedingungen an solche Bewertungen stellen und folgern, dass die Bewertung von Derivaten gleichbedeutend dazu ist, äquivalente Wahrscheinlichkeitsmaße zu finden, die den Preisprozess des zugrundeliegenden Vermögenswertes zu einem Martingal bzw. risikoneutralen Prozess machen. Diese Beobachtung wurde bereits im log-binomialen und im log-normalen Fall gemacht. Dazu hatten wir wesentliche Überlegungen in dem Projekt 2.4.1 vorbereitet, die jetzt nur noch zitiert werden.

Da die Bewertung von Vermögenswerten mittels Martingalen ein wichtiges Instrument ist, werden wir uns danach um deren Beziehung zu den stochastischen Differenzialgleichungen kümmern, denen wir bereits im Kapitel 4 einen großen Raum gewidmet haben. Abschließend müssen wir noch die Frage nach der Eindeutigkeit des Martingalmaßes behandeln und damit verknüpft einen kurzen Blick auf unvollständige Märkte werfen. Es ist ein sehr weites Feld innerhalb der Finanzmathematik und eine ausführliche Behandlung würde den Rahmen sprengen.

5.1 Bewertung und Martingale

In diesem Abschnitt wollen wir den arbitragefreien Wert einer Option zu bestimmen. Einen wesentlichen Teil haben wir bereits im Projekt 2.4.1, dargestellt. Dies fassen wir jetzt zusammen und zitieren das Ergebnis aus 2.4.1:

> Das Problem einen arbitragefreien Wert einer Option zu bestimmen, ist gleichbedeutend mit dem Problem, ein äquivalentes Wahrscheinlichkeitsmaß zu finden, das den diskontierten Preisprozess des zugrundeliegenden Vermögenswertes in ein Martingal überführt.

Der Begriff *äquivalentes Wahrscheinlichkeitmaß* und *diskontierter Preisprozess* wurde in 2.4.1 bereits eingeführt und diskutiert. Dort hatten wir dieses Prinzip bewiesen und uns dabei an

Harrison und Kreps [HK79], Harrison und Pliska [HP81] bzw. Kreps [Kre81] gehalten, die dieses Prinzip als erste entwickelten. Angeregt durch die Black-Scholes-Formel für Optionen im lognormal Prozess, formulierten sie eine allgemeine Preistheorie für Optionen.

Hierbei muss man den Begriff „arbitragefrei" etwas einengen. Nicht für alle Situationen der Preisbildung von Finanzprodukten kann man die eingangs gemachte Definition übernehmen.

In den Übungen zu Abschnitt 2.4.1 konnte der Leser die Äquivalenz von Arbitrage und Martingalbewertung herleiten. Wir wollen uns der Idee aus dem Kapitel 2 und Abschnitt 4.2 bedienen und definieren, was wir im Falle eines stetigen Preisprozesses unter Arbitragefreiheit verstehen. Zu diesem Zweck sei $(S_t^{(1)})_{0 \le t \le T}$, $(S_t^{(2)})_{0 \le t \le T}, \ldots (S_t^{(n)})_{0 \le t \le T}$ eine endliche Anzahl von Prozessen, die zu einem filtrierten Wahrscheinlichkeitsraum $(\Omega, \mathscr{F}, \mathbb{P}, (\mathscr{F}_t)_{0 \le t \le T})$ adaptiert sind (mit $\mathscr{F} = \mathscr{F}_T$). Bei diesen Prozessen denken wir an die Preise von n zugrundeliegenden Vermögenswerten. Wie immer stellt $\mathscr{F}_t$ die σ-Algebra aller Ereignisse dar, deren Eintreten bis zum Zeitpunkt t bekannt ist. Da $\mathscr{F}_0$ die Gegenwart repräsentiert, nehmen wir an, dass entweder $\mathbb{P}(A) = 0$ (A ist nicht eingetreten) oder $\mathbb{P}(A) = 1$ (A ist eingetreten) für alle $A \in \mathscr{F}_0$ gilt.

Die Bedeutung einer Numeraire

Wie wir im zeitdiskreten Fall bereits gesehen haben, kann man nicht den eigentlichen Preisprozess $S_t^{(i)}$ zugrunde legen. Als risikolose Alternative zu den Vermögenswerten $S_t^{(i)}, i = 1, \ldots, n$ Geld anzulegen, bedient man sich einer Geldeinheit die verzinst wird. Allgemein muss dies nicht ein risikoloser Bond sein. Man spricht bei dieser Bezugsgröse dann von einem *Numeraire*. Es muss gewisse Eigenschaften erfüllen, die wie folgt definiert werden.

Definition 5.1.1

Einen zu der vorgegebenen Filtration $(\mathscr{F}_t)_{0 \le t \le T}$ adaptierten Prozess $(W_t)_{0 \le t \le T}$ mit $W_t > 0$ f.s. für alle $t \ge 0$ nennen wir **Numeraire**.

Wir werden im Folgenden das deterministische Numeraire $W_t := e^{r(T-t)}$ wählen. Im Abschnitt 5.2 bzw. im Kapitel 8 über Zinskurvenmodelle müssen wir den Begriff allgemeiner fassen und werden speziell den *Guthabenprozess*

$$G_t = \exp\left(\int_0^t r(s)ds\right) \tag{5.1}$$

einführen. Dabei stellt $r(s)$ einen zur Filtration progressiv messbaren, strikt positiven und lokal integrierbaren Prozess dar. Er bezeichnet den Zinsratenprozess für die risikolose Anlage. Für das Verständnis reicht der einfache Fall.

Aus Projektteil 2.4.1 kennen wir die Bewertungskriterien

(B1) Linearität

Seien $f_1, f_2 \in L_\infty(\Omega, \mathscr{F}_T)$, $\alpha_1, \alpha_2 \in \mathbb{R}$, und $0 \le t \le T$, so gilt

$$V_0(\alpha_1 f_1 + \alpha_2 f_2) = \alpha_1 V_0(f_1) + \alpha_2 V_0(f_2).$$

(B2) Positivität

Seien $f \in L_\infty(\Omega, \mathscr{F}_T)$ und $0 \le t \le T$, so folgt

(a) $f \ge 0$ f.s. $\Rightarrow V_0(f) \ge 0$.

(b) $f \ge 0$ f.s. und $\mathbb{P}(\{f > 0\}) > 0 \Rightarrow V_0(f) > 0$

(B3) Normierung $V_0(1) = 1$.

(B4) Monotone Stetigkeit

Seien $f_1, f_2, \ldots$ in $L_\infty(\Omega, \mathscr{F}_T)$ und $f_1 \le f_2 \le f_3 \le \cdots$. Sei weiter angenommen, dass $f = \lim_{n \to \infty} f_n = \sup_{n \in \mathbb{N}} f_n$ beschränkt ist. Dann gilt

$$\sup_{n \in \mathbb{N}} V_0(f_n) = V_0(f).$$

Die Kriterien (B1)-(B3) sind bei fehlender Arbitrage gültig, (B4) wird unter dem Begriff „No Free Lunch" geführt. Gleichzeitig haben wir gezeigt dass diese vier Eigenschaften äquivalent zu der Existenz eines zu $\mathbb{P}$ äquivalenten Wahrscheinlichkeitsmaßes $\mathbb{Q}$ sind.

Wie wir aus dem Abschnitt 2.4.1 wissen, kann man die Bewertung auf nicht notwendig beschränkte (diskontierte) Aktienpreisprozesse $(\widehat{S}_t^{(i)})_{0 \le t \le T}$ erweitern.

Wir nehmen ab jetzt an, dass unsere diskontierten Aktienpreisprozesse $(\widehat{S}_t^{(i)})_{0 \le t \le T}$ von unten beschränkt sind (meistens durch 0) und stellen folgende Bedingung an V_0.

Wir fordern zusätzlich

(B5) Für $0 \le u \le t \le T$, $i = 1, 2 \ldots n$ und $A \in \mathscr{F}_u$ gilt $V_0(\mathbb{1}_A \widehat{S}_t^{(i)}) = V_0(\mathbb{1}_A \widehat{S}_u^{(i)})$.

Aus dem Abschnitt 2.4.1, wissen wie, dass das Fehlen der Bedingung (B5) zu einer Arbitragemöglichkeit führt.

Wir wiederholen die zwei Hauptergebnisse aus dem Abschnitt 2.4.1.

Satz 5.1.2

Es existiert eine 1-1 Beziehung zwischen allen Bewertungen zur Zeit 0, die die Bedingungen (B1)-(B5) erfüllen und allen äquivalenten Wahrscheinlichkeiten $\mathbb{Q}$, bezüglich derer der diskontierte Aktienpreisprozess ein Martingal ist.

Die Beziehung wird genauso beschrieben wie in Satz 2.4.15.

Ein Wahrscheinlichkeitsmaß $\mathbb{Q}$, das zu $\mathbb{P}$ äquivalent ist und den diskontierten Aktienpreisprozess zu einem Martingal macht, nennt man *äquivalentes Martingalmaß für den Prozess* $(\widehat{S}_t^{(i)})_{0 \le t \le T}$, $i = 1, 2, \ldots n$.

Wir erinnern an die Bewertung für andere Zeitpunkte t, die gemäß 2.4.1 durch die Abbildung

$$V : [0,T] \times L_\infty(\Omega, \mathscr{F}_t) \to L_\infty(\Omega, \mathscr{F}_T), \quad (t,f) \mapsto V_t(f),$$

beschrieben werden kann. Dabei ist für $t \in [0,T]$ die Funktion $V_t(f)$ $\mathscr{F}_t$-messbar. Wie in 2.4.1 diskutiert, sollte man $V_t(f)$ als den Wert des Derivats f ansehen, falls alle Informationen bis zum Zeitpunkt t bekannt sind.

Wir formulieren die letzte notwendige Bedingung, die sich schnell mit Hilfe von Arbitrageargumenten herleiten lässt (vgl. Übung 3 in Abschnitt 2.4.1)

(B6) Für $t \in [0,T]$, $f \in L_\infty(\Omega, \mathscr{F}_T)$ und $A \in \mathscr{F}_t$ gilt

$$V_0(\mathbb{1}_A V_t(f)) = V_0(\mathbb{1}_A f).$$

(B6) bedeutet, dass ein Derivat zur Zeit 0, das f zahlt, falls $A \in \mathscr{F}_t$ eingetreten ist, denselben Wert hat wie ein Derivat, das $V_t(f)$ zahlt, falls A eingetreten ist.

Schließlich formulieren wir nochmal den zentralen Satz.

Satz 5.1.3
Wir nehmen an, dass $V : [0,T] \times L_\infty(\Omega, \mathscr{F}_T) \to L_\infty(\Omega, \mathscr{F}_T)$ ein Bewertungsprozess ist, der (B6) genügt und für den V_0 (B1)-(B5) erfüllt.

Weiter bezeichne $\mathbb{Q}$ das zugeordnete äquivalente Martingalmaß. Dann gilt für alle $f \in L_\infty(\Omega, \mathscr{F}_T)$ und $t \in [0,T]$:

$$V_t(f) = \mathbb{E}_\mathbb{Q}(f|\mathscr{F}_t).$$

Wenn wir unsere Formel für die Optionsbewertung von der Bond- in Eurowährung zurückrechnen wollen, so gilt erneut nach Abschnitt 2.4.1, falls $W(s,t,g)$ der Wert dieser Option zur Zeit $s \leq t$ in Euros ist,

$$W(s,t,g) = e^{-r(t-s)} \mathbb{E}_\mathbb{Q}(g|\mathscr{F}_s) \tag{5.2}$$

Bemerkung 5.1.4
Satz 5.1.2 und 5.1.3 lassen folgende Frage unbeantwortet:

> Falls der Aktienpreisprozess gegeben ist, kann man dann immer eine Bewertung finden, die (B1)-(B5) erfüllt, oder was äquivalent ist, gibt es immer ein äquivalentes Martingalmaß?

Die Antwort hängt von dem Modell ab, das wir betrachten. Für das diskrete Modell haben wir gezeigt, dass die Existenz eines äquivalenten Martingalmaßes gleichbedeutend mit dem Fehlen von Arbitrage ist (dies ist der Inhalt von Satz 2.1.6). Tatsächlich haben wir das (eindeutig bestimmte) äquivalente Wahrscheinlichkeitsmaß im Binomialmodell berechnet. Unsere Resultate über die Optionsbewertung innerhalb des Black-Scholes-Modells lassen sich auch als Existenz und Eindeutigkeit eines äquivalenten Martingalmaßes deuten. Man findet in der Literatur eine Fülle von

Ergebnissen, die das Fehlen von Arbitrage mit der Existenz von äquivalenten Martingalmaßen verbinden. Hier seien einige exemplarisch erwähnt.

a) Für endlich viele Handelszeitpunkte: Dalang, Morton, und Willinger [DMW89]

b) Für stetige Handelszeitpunkte und stetige und beschränkte Aktienpreisprozesse: Delbaen [Del92]

c) Für stetige Handelszeitpunkte und beschränkte Aktienpreisprozesse, die rechtsseitig stetig sind und linksseitige Grenzwerte besitzen: Delbaen und Schachermayer [DS94].

d) Für stetige Handelszeitpunkte und unbeschränkte Aktienpreisprozesse, die rechtsseitig stetig sind und linksseitige Grenzwerte besitzen: Delbaen und Schachermayer [DS96a]. Dieses Resultat wird auch unter der Bezeichnung „Fundamental Theorem of Asset Pricing geführt".

Wir geben noch ein Beispiel an, dass der Übergang von den diskreten zu den zeitstetigen Methoden im Maß $\mathbb{P}$ wie im risikoneutralen Martingalmaß $\mathbb{Q}$ nicht kommutativ ist.

Beispiel
[Sch98a] In diesem Beispiel zeigen wir, dass es eine Folge von diskreten Aktienpreisprozessen (S_n) gibt, die in Verteilung gegen einen log-normal-Prozess (S_t) konvergiert. Die entsprechenden Prozesse bezüglich der risikoneutralen Wahrscheinlichkeiten $(\hat{S}_n)$ konvergieren nicht gegen den entsprechenden Prozess $(\hat{S}_t)$ bezüglich der risikoneutralen Wahrscheinlichkeit. Die Folge des diskreten Aktienpreisprozesses bietet durch die Definition der Verteilung eine Arbitragemöglichkeit, während dies bei den entsprechenden Prozessen bezüglich der risikoneutralen Wahrscheinlichkeit nicht der Fall ist.

Geben wir uns eine Drift μ vor und wählen zu gegebenen $\sigma, \hat{\sigma} > 0$, Zahlen σ_1, σ_2 und $0 < p < 1$, mit

$$\sigma = (\sigma_1 + \sigma_2)\sqrt{p(1-p)} \text{ und } \hat{\sigma} = \sqrt{\sigma_1 \sigma_2}. \tag{5.3}$$

Eine solche Auswahl ist möglich, wie die folgende Überlegung zeigt.

Man setze $\sigma_1 = \frac{\hat{\sigma}^2}{\sigma_2}$ und beachte, dass für festes $\sigma_2 > 0$ die Grenzwerte

$$\lim_{p \to 0}\left(\frac{\hat{\sigma}^2}{\sigma_2} + \sigma_2\right)\sqrt{p(1-p)} = 0$$

und bei vorgegebenen $0 < p < 1$

$$\lim_{\sigma_2 \to 0}\left(\frac{\hat{\sigma}^2}{\sigma_2} + \sigma_2\right)\sqrt{p(1-p)} = \infty$$

gelten, was bedeutet, dass die stetige Abbildung

$$]0,1[\times]0,\infty[\ni (p,\sigma_2) \longmapsto (\frac{\hat{\sigma}^2}{\sigma_2}+\sigma_2)\sqrt{p(1-p)}$$

als Bild $\mathbb{R}_+$ hat.

Wir wollen die Zufallsvariablen $X_{i,n}$, $i=1,\ldots,n$, $n\in\mathbb{N}$ definieren. Dazu seien ein $2n$-Tupel von unabhängigen Zufallsvariablen $\xi_{1,n},\ldots,\xi_{2n,n}$, gegeben, die folgendermaßen verteilt sind:

$$\mathbb{P}_n\left(\xi_{2i-1,n}=\frac{\sigma_1}{\sqrt{2n}}+\frac{\mu-\frac{1}{2}\sigma^2}{2n}\right)=p \tag{5.4}$$

$$\mathbb{P}_n\left(\xi_{2i-1,n}=-\frac{\sigma_2}{\sqrt{2n}}+\frac{\mu-\frac{1}{2}\sigma^2}{2n}\right)=1-p \tag{5.5}$$

$$\mathbb{P}_n\left(\xi_{2i,n}=-\frac{\sigma_1}{\sqrt{2n}}+\frac{\mu-\frac{1}{2}\sigma^2}{2n}\right)=p \tag{5.6}$$

$$\mathbb{P}_n\left(\xi_{2i,n}=\frac{\sigma_2}{\sqrt{2n}}+\frac{\mu-\frac{1}{2}\sigma^2}{2n}\right)=1-p \ (\text{ mit } i=1,\ldots,n).$$

Für $i=0,\ldots,n$ setzen wir

$$X_{t,n}=\sum_{j=0}^{\lfloor 2nt\rfloor}\xi_{j,n} \qquad \text{und} \qquad S_{t,n}=S_0 e^{X_{t,n}}, \tag{5.7}$$

wobei wir mit $\lfloor\cdot\rfloor$ die Gaußklammer bezeichnen ($\lfloor s\rfloor=\sup\{j\in\mathbb{N}_0|\ j\leq s\}$, $s\geq 0$). Um das asymptotische Verhalten zu bestimmen, werten wir zuerst den Erwartungswert und die Varianz von $\xi_{i,n}$ aus. Wir erhalten

$$\mathbb{E}(\xi_{i,n})=\begin{cases}\frac{\mu-\frac{1}{2}\sigma^2}{2n}+\frac{\sigma_1 p-\sigma_2(1-p)}{\sqrt{2n}}, & \text{falls } i \text{ ungerade ist,}\\[2mm] \frac{\mu-\frac{1}{2}\sigma^2}{2n}-\frac{\sigma_1 p-\sigma_2(1-p)}{\sqrt{2n}}, & \text{falls } i \text{ gerade ist,}\end{cases}$$

und

$$\mathbb{V}\mathrm{ar}(\xi_{i,n})=\frac{(\sigma_1+\sigma_2)^2}{2n}p(1-p)=\frac{\sigma^2}{2n}.$$

Daher gilt für den Grenzwert und $0\leq t\leq 1$

$$\lim_{n\to\infty}\sum_{i=1}^{\lfloor 2nt\rfloor}\mathbb{E}(\xi_{i,n})=(\mu-\frac{1}{2}\sigma^2)t \qquad \text{und} \qquad \lim_{n\to\infty}\sum_{i=1}^{\lfloor 2nt\rfloor}\mathbb{V}\mathrm{ar}(\xi_{i,n})=\sigma^2 t. \tag{5.8}$$

Aus dem Satz von Berry-Esseen erhalten wir die Verteilungskonvergenz

$$X_{t,n} \rightharpoonup (\mu - \frac{\sigma^2}{2})t + \sigma\sqrt{t}Z \text{ und } S_{t,n} \rightharpoonup S_t = S_0 e^{\mu - \frac{\sigma^2}{2}t + \sigma\sqrt{t}Z}$$

wobei Z normalverteilt zu $(0,1)$ ist. Für den Prozess S_t bezüglich der risikoneutralen Wahrscheinlichkeit gilt die Darstellung

$$\tilde{S}_t = S_0 e^{(r - \frac{\sigma^2}{2})t + \sigma\sqrt{t}Z}, \tag{5.9}$$

wobei Z normalverteilt zu $(0,1)$ ist.

Bis jetzt haben wir die vorgegebene Verteilung benutzt, um die Konvergenz zu berechnen. Unter der Annahme der Arbitragefreiheit berechnen wir die Konvergenz bezüglich der risikoneutralen Wahrscheinlichkeiten $\mathbb{Q}_n$. Dabei behalten wir die Auf-und-Ab-Bewegungen bei.

Für $i = 1, \ldots, n$ sind deshalb die Auf-und-Ab-Größen folgendermaßen kalibriert.

$$U_{i,n} = \begin{cases} e^{\frac{\mu - \frac{1}{2}\sigma^2}{2n} + \frac{\sigma_1}{\sqrt{2n}}}, & \text{falls } i \text{ ungerade ist,} \\ e^{\frac{\mu - \frac{1}{2}\sigma^2}{2n} + \frac{\sigma_2}{\sqrt{2n}}}, & \text{falls } i \text{ gerade ist,} \end{cases} \quad D_{i,n} = \begin{cases} e^{\frac{\mu - \frac{1}{2}\sigma^2}{2n} - \frac{\sigma_2}{\sqrt{2n}}}, & \text{falls } i \text{ ungerade ist,} \\ e^{\frac{\mu - \frac{1}{2}\sigma^2}{2n} - \frac{\sigma_1}{\sqrt{2n}}}, & \text{falls } i \text{ gerade ist.} \end{cases}$$

Als Zinssatz für die Kurzanlage wählen wir $R_n = e^{\frac{r}{2n}}$, wobei r der Jahreszinssatz ist. Gemäß (2.3) errechnen wir für die Verteilung in der risikoneutralen Wahrscheinlichkeit den äquivalenten Prozess $(\hat{S}_{t,n})$, $(t \in [0,1])$,

$$\hat{S}_{t,n} = S_0 e^{\sum_{j=0}^{\lfloor 2tn \rfloor} \hat{\xi}_{j,n}},$$

wobei die $\hat{\xi}_{j,n}$ unabhängig verteilt sind mit

$$q_{i,n} = \mathbb{Q}_n(\hat{\xi}_{j,n} = \ln(U_{i,n})) = \frac{R_n - D_{i,n}}{U_{i,n} - D_{i,n}}$$

und

$$1 - q_{i,n} = \mathbb{Q}_n(\hat{\xi}_{j,n} = \ln(D_{i,n})) = \frac{U_{i,n} - R_n}{U_{i,n} - D_{i,n}}.$$

Ähnlich wie beim Beweis der Black-Scholes-Formel werden wir das asymptotische Verhalten der risikoneutralen Wahrscheinlichkeiten untersuchen.

Ist i ungerade, so berechnen wir

$$q_{i,n} = \frac{e^{\frac{r}{2n}} - e^{-\frac{\sigma_2}{\sqrt{2n}}} e^{\frac{\mu - \frac{\sigma^2}{2}}{2n}}}{(e^{\frac{\sigma_1}{\sqrt{2n}}} - e^{-\frac{\sigma_2}{\sqrt{2n}}}) e^{\frac{\mu - \frac{\sigma^2}{2}}{2n}}}$$

$$= \frac{\sigma_2}{\sigma_1 + \sigma_2} + \frac{1}{\sqrt{2n}} \frac{1}{\sigma_1 + \sigma_2} \left[r - \left(\mu - \frac{\sigma^2}{2} \right) - \frac{\sigma_1 \sigma_2}{2} \right] + \mathcal{O}\left(\frac{1}{n} \right),$$

$$1 - q_{i,n} = \frac{\sigma_1}{\sigma_1 + \sigma_2} - \frac{1}{\sqrt{2n}} \frac{1}{\sigma_1 + \sigma_2} \left[r - \left(\mu - \frac{\sigma^2}{2} \right) - \frac{\sigma_1 \sigma_2}{2} \right] + \mathcal{O}\left(\frac{1}{n} \right).$$

Falls i gerade ist, erhalten wir in analoger Form

$$q_{i,n} = \frac{\sigma_1}{\sigma_1 + \sigma_2} + \frac{1}{\sqrt{2n}} \frac{1}{\sigma_1 + \sigma_2} \left[r - \left(\mu - \frac{\sigma^2}{2} \right) - \frac{\sigma_1 \sigma_2}{2} \right] + \mathcal{O}\left(\frac{1}{n} \right),$$

$$1 - q_{i,n} = \frac{\sigma_2}{\sigma_1 + \sigma_2} - \frac{1}{\sqrt{2n}} \frac{1}{\sigma_1 + \sigma_2} \left[r - \left(\mu - \frac{\sigma^2}{2} \right) - \frac{\sigma_1 \sigma_2}{2} \right] + \mathcal{O}\left(\frac{1}{n} \right).$$

Somit ergibt sich für Erwartungswert und Varianz

$$\mathbb{E}(\hat{\xi}_{i,n}) = \frac{r}{2n} - \frac{\sigma_1 \sigma_2}{4n} + \mathcal{O}(n^{-\frac{3}{2}}) = \frac{r}{2n} - \frac{\hat{\sigma}^2}{4n} + \mathcal{O}(n^{-\frac{3}{2}}) \tag{5.10}$$

und

$$\mathbb{V}\mathrm{ar}(\hat{\xi}_{i,n}) = \frac{\sigma_1 \sigma_2}{2n} + \mathcal{O}(n^{-\frac{3}{2}}) = \frac{\hat{\sigma}^2}{2n} + \mathcal{O}(n^{-\frac{3}{2}}). \tag{5.11}$$

Damit folgt für die Grenzwerte bei gegebenen $t \in [0, 1]$

$$\lim_{n \to \infty} \sum_{i=1}^{\lfloor 2nt \rfloor} \mathbb{E}(\hat{\xi}_{i,n}) = \left(r - \frac{1}{2} \hat{\sigma}^2 \right) t \qquad \text{und} \qquad \lim_{n \to \infty} \sum_{i=1}^{\lfloor 2nt \rfloor} \mathbb{V}\mathrm{ar}(\hat{\xi}_{i,n}) = \hat{\sigma}^2 t.$$

Wir erhalten erneut mit dem Satz von Berry-Esseen die Verteilungskonvergenzen

$$X_{t,n} \rightharpoonup \left(r - \frac{\hat{\sigma}^2}{2} \right) t + \hat{\sigma} \sqrt{t} Z \quad \text{und} \quad S_{t,n} \rightharpoonup S_0 e^{(r - \frac{\hat{\sigma}^2}{2})t + \hat{\sigma}\sqrt{t}Z}$$

wobei Z normalverteilt zu $(0,1)$ ist. Ein Vergleich mit (5.9) ergibt die Behauptung falls man $\sigma \neq \hat{\sigma}$ voraussetzt.

Literatur und weitere Anmerkungen

Martingalmethoden wurden zuerst von Harrison und Pliska [HP81] zur Bewertung von Derivaten eingeführt. Seitdem hat sich dieser Zugang als überaus nützlich und unverzichtbar für die Preisbildung von Optionen herausgestellt. Einige Monographien, wie [Kar97, KS98] erwähnen sie nicht ausdrücklich, während andere, wie etwa Elliot und Kopp [EK99] oder Musila und Rutkowski [MR97] ihnen zumindest ein Kapitel widmen. Einen didaktisch gut angelegten Zugang zu der Thematik Arbitragefreiheit und Maßwechsel findet man in der Arbeit [BDES99]. Wir wollen schließlich noch einen wichtigen Satz erwähnen, der die Bewertung von Derivaten mittels Martingalmethoden und der Lösung einer parabolischen Differenzialgleichung darstellt, die *Feynman-Kac-Formel*.

Satz 5.1.5

Ist $(B_t)_{t \in [0,T]}$ eine Brownsche Bewegung auf dem filtrierten Wahrscheinlichkeitsraum $(\Omega, \mathscr{F}, \mathbb{P},$ $(\mathscr{F}_t)_{t \in [0,T]})$ und ist $h : \mathbb{R} \longrightarrow \mathbb{R}$ Borel-messbar, dann definiere man die Funktion $f : [0,T] \times \mathbb{R} \longrightarrow \mathbb{R}$ durch

$$f(t,x) = \mathbb{E}_{\mathbb{P}}\big(e^{-r(T-t)}h(B_T)|B_t = x\big). \tag{5.12}$$

Nimmt man an, dass die Wachstumsbedingung

$$\int_{-\infty}^{\infty} e^{-cx^2}|h(x)|dx < \infty$$

für eine Konstante $c > 0$ gelte, dann ist die Funktion f auf dem Gebiet $]T - \frac{1}{2a}, T[\times \mathbb{R}$ beliebig oft differenzierbar und genügt der parabolischen Differenzialgleichung

$$\frac{\partial f}{\partial t}(t,x) = \frac{1}{2}\frac{\partial^2 f}{\partial x^2}(t,x) - r f(t,x). \tag{5.13}$$

mit der Endbedingung $f(T,x) = h(x)$.

Wir verweisen für den Beweis und Verallgemeinerungen auf das Buch von Karatsas und Shreve [KS88].

Aufgaben

1. Man bestimme das äquivalente Martingalmaß im log-binomial- bzw. Black-Scholes Modell.

5.2 Martingale und stochastische Differenzialgleichung

Wir haben gesehen, dass unter gewissen Bedingungen an das Bewertungsmodell, die Existenz eines äquivalenten Martingalmaßes gleichbedeutend mit Arbitragefreiheit ist. Im Abschnitt 4.2 haben wir die bekannte Black-Scholes Differenzialgleichung mit heuristischen Mitteln hergeleitet. Nun wollen wir zeigen, dass man zwangsläufig auf diese Differenzialgleichung kommt, wenn man die Arbitragefreiheit mittels äquivalenten Martingalmaßen definiert. Wir betrachten einen endlichen Zeithorizont $[0,T]$ und erinnern uns, was ein Numeraire bezüglich einer Familie von Bewertungen $(V(t,i)_{t \in [0,T]} \ (i \in I))$ ist. Wir setzen grundlegend für alle weiteren Betrachtungen voraus, dass unsere Unsicherheit nur von der Brownschen Bewegung beeinflusst wird. Das bedeutet, dass die Filtration $(\mathscr{F}_t)_{t \in [0,T]}$ für unsere stochastische Differenzialgleichung die natürliche der Brownschen Bewegung ist.

Definition 5.2.1

Gegeben sei eine Filtration $(\Omega, \mathscr{F}, \mathbb{P}, (\mathscr{F}_t)_{t \in [0,T]})$. Wir nennen einen Markt *arbitragefrei*bezüglich des Numeraires $(W_t)_{t \in [0,T]}$, wenn es ein zu $\mathbb{P}$ äquivalentes Wahrscheinlichkeitsmaß $\mathbb{Q}$ gibt, sodass der Prozess

$$V^*(t,i) = \frac{V(t,i)}{W_t}, \; 0 \leq t \leq T, \tag{5.14}$$

für alle $i \in I$ zu einem $\mathbb{Q}$-Martingal wird. Wir bezeichnen $\mathbb{Q}$ als *risikoloses Martingalmaß bezüglich des Numeraires* $(W_t)_{t \in [0,T]}$.

Wir werden in diesem Abschnitt als Numeraire $(W_t)_{t \in [0,T]}$ den so genannten Guthabenprozess $(G_t)_{t \in [0,T]}$ verwenden (siehe Gleichung (5.1)), weil er die zeitstetige Verallgemeinerung des risikolosen Bonds darstellt.

Unser Ziel ist es unter der Arbitragefreiheit und damit dem der Definition nach existierenden äquivalenten Martingalmaß zu zeigen, wie die Preisdynamik der Vermögenswerte $(S(t,i))_{t \in [0,T]}$ sowohl unter dem Maß $\mathbb{P}$ als auch unter dem Martingalmaß $\mathbb{Q}$, aussieht. Dazu benötigen wir eine Hilfsaussage über den sogenannten *Doléan-Exponent* oder das *Doléan-Potential*.

Wir gehen allgemein von einem Wahrscheinlichkeitsmaß $\mathbb{Q}$ auf $\mathscr{F}$ mit $\mathbb{Q} \sim \mathbb{P}$ aus. Wir setzen für $t \geq 0$

$$L_t = \mathbb{E}_{\mathbb{P}}\left(\frac{d\mathbb{Q}}{d\mathbb{P}} | \mathscr{F}_t\right)_{t \in [0,T]}$$

und werden zeigen, dass $(L_t)_{t \in [0,T]}$ ein Diffusions-Prozess (Itô-Prozess) ist. Da die Radon-Nikodým-Dichte $\frac{d\mathbb{Q}}{d\mathbb{P}}$ positiv ist ($\mathbb{Q} \sim \mathbb{P}$!), werden wir schließlich sehen, dass sich die Darstellung

$$\mathbb{E}_{\mathbb{P}}\left(\frac{d\mathbb{Q}}{d\mathbb{P}} | \mathscr{F}_t\right) = \exp(Y_t),$$

ergibt, wobei $(Y_t)_{t \in [0,T]}$ einen Itô-Prozess darstellt. Aber wir wollen dies jetzt der Reihe nach entwickeln. Eine wesentliche Aussage über die Darstellungseigenschaft von Brownschen Martingalen ist das folgende Lemma.

Lemma 5.2.2

Zu einer Filtration $(\mathscr{F}_t)_{t \in [0,T]}$ sei eine dazu adaptierte Brownsche Bewegung $(B_t)_{t \in [0,T]}$ gewählt. Es sei $L \in L_1(\Omega, \mathscr{F}, \mathbb{P})$. Dann existiert ein progressiv messbarer zur Filtration $(\mathscr{F}_t)_{t \in [0,T]}$ adaptierter Prozess $(\gamma_t)_{t \in [0,T]}$ mit

a) $\mathbb{P}(\int_0^T \gamma_s^2 ds < \infty) = 1$, d. h. $(\gamma_t)_{t \in [0,T]} \in H_2^w([0,T])$.

b) $L = \mathbb{E}_{\mathbb{P}}(L) + \int_0^T \gamma_s dB_s$.

Beweis

Wir verweisen auf [Øks98, Th.4.3.3] für den Fall $L \in L_2(\Omega, \mathscr{F}, \mathbb{P})$. Den allgemeinen Fall erhält man durch Approximation.

Der nächste Satz liefert eine Darstellung für den Prozess $(L_t)_{t\in[0,T]}$. Dazu notieren wir zuerst ein Hilfsergebnis.

Lemma 5.2.3

Seien $(M_t)_{t\in[0,T]}$ ein stetiger Prozess auf dem filtrierten Wahrscheinlichkeitsraum $(\Omega,\mathscr{F},\mathbb{Q},$ $(\mathscr{F}_t)_{t\in[0,T]})$. Es gelte

$$\mathbb{P}\big(\{\omega\in\Omega; M_t(\omega)>0\}\big)=1 \text{ für alle } t\in[0,T].$$

Dann folgt

$$\mathbb{P}\big(\{\omega\in\Omega;\ M_t(\omega)>0\ t\in[0,T]\}\big)=1.$$

Beweis Übungsaufgabe 6.

Satz 5.2.4

Ist $T>0$ und $\mathbb{Q}$ ein Wahrscheinlichkeitsmaß auf $\mathscr{F}$, das absolutstetig bezüglich $\mathbb{P}$ ist und ist $L_t=\mathbb{E}_\mathbb{P}\big(\frac{d\mathbb{Q}}{d\mathbb{P}}|\mathscr{F}_t\big)$ für $t\in[0,T]$, so sind folgende Aussagen äquivalent

a) $\mathbb{Q}$ ist äquivalent zu $\mathbb{P}$.

b) Es gibt einen progressiv messbaren zur Filtration $(\mathscr{F}_t)_{t\in[0,T]}$ adaptierten Prozess $q=$ $(q_t)_{t\in[0,T]}$ mit $\mathbb{P}(\{\omega\in\Omega;\int_0^T q_s^2(\omega)ds<\infty\})=1$ und

$$L_t=\exp\Big(\int_0^t q_s dB_s-\frac{1}{2}\int_0^t q_s^2 ds\Big) \text{ f.s}$$

Man nennt den Prozess $(L_t)_{t\in[0,T]}$ das *Doléan-Potential* oder den *Doléan-Exponent* zu $\mathbb{Q}$.

Beweis

a)$\Rightarrow$b) Wir wählen in Lemma 5.2.2 $L=L_T$. Dann ist $L\in L_1(\Omega,\mathscr{F},\mathbb{P})$, da L Radon-Nikodým-Dichte ist. Nach Lemma 5.2.2 gibt es einen progressiv messbaren adaptierten Prozess $(\gamma_t)_{t\in[0,T]}$ mit

$$\int_0^T \gamma_s^2 ds<\infty \text{ f.s. und } L=L_T=\mathbb{E}_\mathbb{P}(L_T)+\int_0^T \gamma_s dB_s.$$

Die Anwendung des Erwartungswertoperators bezüglich $\mathscr{F}_t$ ergibt aufgrund der Definition von L_t

$$L_t=\mathbb{E}_\mathbb{P}(L_T|\mathscr{F}_t)=\underbrace{\mathbb{E}(L_T)}_{\mathbb{E}(L_t)}+\int_0^t \gamma_s dB_s, \tag{5.15}$$

denn $(\int_0^t \gamma_s dB_s)$ ist ein Martingal. Aus der Darstellung von L_t folgt insbesondere, dass $(L_t)_{t\in[0,T]}$ ein stetiges Martingal ist. Da $\mathbb{P}(L_T>0)=1$, ergibt sich aus Lemma 5.2.3 ((L_t) ist ein stetiger Prozess!)

$$\mathbb{P}\big(\{\omega\in\Omega;\ L_t(\omega)>0 \text{ für alle } t\in[0,T]\}\big)=1.$$

Damit können wir die Itô-Formel auf $g(t,x) = \ln x$ anwenden und erhalten ($L_0 = 1$, da $\mathscr{F}_0$ die triviale σ-Algebra ist)

$$\ln(L_t) = \ln(1) + \int_0^t \frac{\gamma_s}{L_s} dB_s - \frac{1}{2} \int_0^t (\frac{\gamma_s}{L_s})^2 ds. \tag{5.16}$$

Die Behauptung folgt, wenn man $q_s = \frac{\gamma_s}{L_s}$ setzt.

b)$\Rightarrow$a) Die Darstellung zeigt $L_T > 0$ f.s. und damit auch $\frac{d\mathbb{Q}}{d\mathbb{P}} > 0$ f.s., was sofort a) impliziert. $\square$

Wir sind jetzt in der Lage, ein wichtiges Ergebnis zu formulieren.

Satz 5.2.5
Sind $\big((S(t,i)_{t\in[0,T]})\big)_{i\in I}$ eine Familie von arbitragefreien Vermögenswerten, so existiert ein Prozess $(q_t) \in H_2^w([0,T])$ (d. h. $\mathbb{P}\big(\omega; \int_0^T q_t(\omega)^2 dt < \infty\big) = 1$), derart, dass ($t \in [0,T]$, $i \in I$)

$$S(t,i) = \mathbb{E}_{\mathbb{P}}\Big(\exp(-\int_t^T r(u)du + \int_t^T q_u dB_u - \frac{1}{2}\int_t^T q_u^2 du)S(T,i)|\mathscr{F}_t\Big). \tag{5.17}$$

Bemerkung 5.2.6
Für den Prozess $(q_s)_{s\in[0,T]}$ werden wir den Prozess aus Satz 5.2.4 wählen.

Bevor wir den Beweis angehen, benötigen wir noch zwei Lemmata, die von eigenem Interesse sind.

Lemma 5.2.7
Sind $\mathbb{Q} \sim \mathbb{P}$ auf $(\Omega, \mathscr{F})$, $L := \frac{d\mathbb{Q}}{d\mathbb{P}}$ und $L_t = \mathbb{E}_{\mathbb{P}}\big(\frac{d\mathbb{Q}}{d\mathbb{P}}|\mathscr{F}_t\big)$, $t \in [0,T]$, dann gilt für alle nicht-negativen $\mathscr{F}_t$–messbaren Abbildungen $X : \Omega \longrightarrow \mathbb{R}$

$$\mathbb{E}_{\mathbb{Q}}(X) = \mathbb{E}_{\mathbb{P}}(L_t X) \ \text{ für } t \in [0,T].$$

Insbesondere haben wir

$$L_t = \frac{d\mathbb{Q}|_{\mathscr{F}_t}}{d\mathbb{P}|_{\mathscr{F}_t}} \ \text{ für } t \in [0,T].$$

Beweis
Wir beweisen hier nur den Spezialfall, dass $X, L \in L_2(\mathbb{P})$ sind. Den allgemeinen Fall erhält man durch Approximation. Betrachte die Projektion (bedingter Erwartungswertoperator)

$$\text{Pr} : L_2(\mathbb{P}) \longrightarrow L_2(\mathbb{P}), \ f \longmapsto \mathbb{E}_{\mathbb{P}}(f|\mathscr{F}_t).$$

Pr ist eine orthogonale und selbstadjungierte Projektion, d. h.

$$\langle \text{Pr}(f), g \rangle = \langle f, \text{Pr}(g) \rangle, \ \text{und Pr}(f - \text{Pr}(f)) = 0$$

$(\langle \cdot, \cdot \rangle$ ist das Skalarprodukt in $L_2(\mathbb{P}))$. Dann gilt

$$\mathbb{E}_{\mathbb{Q}}(X) = \int_\Omega X L \, d\mathbb{P} = \int_\Omega \mathbb{E}_{\mathbb{P}}(X|\mathscr{F}_t) L \, d\mathbb{P} = \langle \Pr(X), L \rangle$$

$$\stackrel{\Pr \text{ selbstadj.}}{=} \langle X, \Pr(L) \rangle = \int_\Omega X \mathbb{E}_{\mathbb{P}}(L|\mathscr{F}_t) \, d\mathbb{P} = \mathbb{E}_{\mathbb{P}}(X L_t).$$

$\square$

Lemma 5.2.8

Ist $M = (M_t)_{t \in [0,T]}$ ein nichtnegatives $\mathbb{Q}$–Martingal, dann ist $(M_t L_t)_{t \in [0,T]}$ ein $\mathbb{P}$–Martingal.

Beweis

Sei $B \in \mathscr{F}_t$. Dann gilt

$$\int_B M_T L_T \, d\mathbb{P} \stackrel{\text{Lemma 5.2.7}}{=} \int_B M_T \, d\mathbb{Q} = \int_B M_t \, d\mathbb{Q} \stackrel{\text{Lemma 5.2.7}}{=} \int_B M_t L_t \, d\mathbb{P}. \qquad (5.18)$$

$\square$

Beweis von Satz 5.2.5

Zu $i \in I$ setzen wir $M_t = S^*(t,i) = \frac{S(t,i)}{G_t} = S(t,i) \exp\left(-\int_0^t r(u) \, du\right)$. Dann ist nach Definition der Arbitragefreiheit $(M_t)_{t \in [0,T]}$ ein $\mathbb{Q}$-Martingal. Nach Lemma 5.2.8 ist somit $(L_t M_t)_{t \in [0,T]}$ ein $\mathbb{P}$–Martingal. Also folgt

$$L_t M_t = \mathbb{E}_{\mathbb{P}}(L_T M_T | \mathscr{F}_t) = \mathbb{E}_{\mathbb{P}}\left(\frac{S(T,i) L_T}{G_T} \Big| \mathscr{F}_t\right).$$

Die Definition von (M_t) ergibt

$$S(t,i) = \frac{1}{L_t} \mathbb{E}_{\mathbb{P}}\left(S(T,i) \exp\left(-\int_t^T r(u) \, du\right) L_T \Big| \mathscr{F}_t\right). \qquad (5.19)$$

Die Darstellung von L_t aus Satz 5.2.4 liefert die Aussage. $\square$

Für den Hauptsatz in diesem Abschnitt ist noch ein Lemma notwendig.

Lemma 5.2.9

Für eine messbare Abbildung $X : \Omega \longrightarrow \mathbb{R}$ mit $X \geq 0$ fast sicher gilt

$$\mathbb{E}_{\mathbb{Q}}(X|\mathscr{F}_t) = \mathbb{E}_{\mathbb{P}}(X L_T | \mathscr{F}_t) \qquad (5.20)$$

für alle $t \in [0,T]$.

Beweis

Nach Definition von L_t, $(t \in [0,T])$ ist

$$\forall\, B \in \mathscr{F}_t: \int_B \mathbb{E}_{\mathbb{Q}}(X|\mathscr{F}_t)d\mathbb{Q} = \int_B X d\mathbb{Q} = \int_B L_t\,\mathbb{E}_{\mathbb{Q}}(X|\mathscr{F}_t)d\mathbb{P} = \int_B X L_T d\mathbb{P},$$

was Gleichung (5.20) ausdrückt. $\qquad\square$

Der Hauptsatz beschreibt die Preisdynamik. Wie immer gehen wir vom Modell der Arbitrage-freiheit aus.

Satz 5.2.10

Für jedes $i \in I$ existiert ein adaptierter Prozess $(\sigma(t,i))_{t\in[0,T]} \in \mathscr{H}_2^w([0,T])$, sodass die stochastische Integralgleichung

$$S(t,i) - S(0.i) = \int_0^t (r(u) - \sigma(u,i)q_u)S(u,i)du + \int_0^t \sigma(u,i)S(u,i)dB_u \qquad (5.21)$$

für alle $t \in [0,T]$ gilt. In Differenzialgleichungsschreibweise lautet (5.21)

$$dS(t,i) = (r(t) - \sigma(t,i)q_t)S(t,i)dt + \sigma(t,i)S(t,i)dB_t. \qquad (5.22)$$

Beweis

Nach Voraussetzung ist $(S^*(t,i))_{t\in[0,T]}$ ein $\mathbb{Q}$–Martingal. Nach Lemma 5.2.8 ist dann

$$(S^*(t,i)L_t)_{t\in[0,T]} \text{ ein } \mathbb{P}\text{-Martingal.}$$

$(S^*(t,i)L_t)_{t\in[0,T]}$ ist ein stetiger Prozess gemäß Satz 5.2.4 und Satz 5.2.5. Da
$\mathbb{P}(\{\omega \in \Omega;\; S^*(t,i)L_t(\omega) > 0\}) = 1$ für alle $t \in [0,T]$, können wir Lemma 5.2.3 anwenden und erhalten

$$\mathbb{P}(\{\omega \in \Omega;\; S^*(t,i)L_t(\omega) > 0,\ \text{für alle } t \in [0,T]\}) = 1.$$

Mit den Argumenten des Beweises zu Satz 5.2.4, a)$\Rightarrow$b) findet man einen Prozess $(\Theta(t,i))_{t\in[0,T]} \in \mathscr{H}_2^w([0,T])$ mit

$$\mathbb{P}\Big(\int_0^T \Theta(t,i)^2 dt < \infty\Big) = 1 \text{ und} \qquad (5.23)$$

$$\frac{S^*(t,i)L_t}{S^*(0,i)L_0} \overset{f.s}{=} \exp\Big(\int_0^t \Theta(s,i)dB_s - \frac{1}{2}\int_0^t \Theta(s,i)^2 ds\Big) \text{ f.s.} \qquad (5.24)$$

Wegen Satz 5.2.4 b) erhält man

$$S^*(t,i) \overset{f.s}{=} S^*(0,i)\exp\Big(\int_0^t (\Theta(s,i) - q_s)dB_s - \frac{1}{2}\int_0^t (\Theta(s,i))^2 - q_s^2)ds\Big), \qquad (5.25)$$

und damit

$$S(t,i) \overset{f.s}{=} S(0,i)\exp\underbrace{\left(\int_0^t r(s)ds + \int_0^t (\Theta(s,i)-q_s)dB_s - \frac{1}{2}\int_0^t (\Theta(s,i))^2 - q_s^2)ds \right)}_{=\int_0^t \Psi(s,i)ds + \int_0^t \Phi(s,i)dB_s = X(t,i)}. \qquad (5.26)$$

Wir wenden die Itô-Formel an und erhalten

$$\exp(X(t,i)) \overset{f.s.}{=} \exp(X(0,i)) + \int_0^t \exp(X(s,i))\Phi(s,i)dB_s + \int_0^t \exp(X(s,i))\Psi(s,i)ds$$
$$+ \frac{1}{2}\int_0^t \exp(X(s,i))\Phi(s,i)^2 ds$$
$$\overset{f.s.}{=} \exp(X(0,i)) + \int_0^t \frac{S(s,i)}{S(0,i)}\Phi(s,i)dB_s + \int_0^t \frac{S(s,i)}{S(0,i)}\Psi(s,i)ds$$
$$+ \frac{1}{2}\int_0^t \frac{S(s,i)}{S(0,i)}\Phi(s,i)^2 ds,$$

wobei die letzte Gleichung aus (5.26) und der Definition von $(X(t,i))$ folgt. Wir erinnern an die Definitionen $\Psi(s,i) = \Theta(s,i) - q_s$ und $\Phi(s,i) = r(s) - \frac{1}{2}\left(\Theta(s,i)^2 - q_s^2\right)$. Eingesetzt erhält man $(X(0,i) = 1)$ aus der Definition von $X(t,i)$

$$S(t,i) \overset{f.s.}{=} S(0,i) + \int_0^t S(s,i)\left(\Theta(s,i)-q_s\right)dB_s + \int_0^t S(s,i)\left(r(s) - \frac{1}{2}\left(\theta(s,i)^2 - q_s^2\right)\right.$$
$$\left. + \frac{1}{2}(\Theta(s,i)-q_s)^2\right)ds.$$

Also in Differenzialschreibweise

$$\frac{dS(t,i)}{S(t,i)} = \left(r(t) - \frac{1}{2}\left(\theta(t,i)^2 - q_t^2\right) + \frac{1}{2}(\Theta(t,i)-q_t)^2\right)dt + \left(\Theta(t,i)-q_t\right)dB_t. \qquad (5.27)$$

Setzt man nun $\sigma(t,i) = \Theta(s,i) - q_t$, so folgt die Behauptung. $\qquad\qquad \square$

Bemerkung 5.2.11

Die stochastische Differenzialgleichung 5.22 entstammt der $\mathbb{P}$–Dynamik, allerdings mit einer Drift basierend auf der risikolosen Anlage mit Korrekturtermen, die Arbitragefreiheit vorausetzten. Der Prozess $(-q_t)_{t\in[0,T]}$ wird auch *Risikoprämie* genannt, was später in Abschnitt 8.2 erläutert wird.

Wir wollen nun die $\mathbb{P}$–Dynamik für die Familie von Vermögenswerten in der Dynamik des äquivalenten Martingalmaßes $\mathbb{Q}$ ausdrücken. Dies bedeutet, dass man die Brownsche Bewegung als Martingal anstelle des Maßes $\mathbb{P}$ in das äquivalente Martingalmaß umschreiben muss. Dazu verwenden wir den Satz von Girsanov.

Satz 5.2.12 (Satz von Girsanov)

Sind $(B_t)_{0 \le t \le T}$ eine Brownsche Bewegung und (c_t) ein zum filtrierten Wahrscheinlichkeitsraum $(\Omega, \mathscr{F}, \mathbb{P}, (\mathscr{F}_t)_{0 \le t \le T})$ adaptierte Prozess mit Pfaden, die rechtsseitig stetig sind und linksseitig existierende Limiten haben, so definieren wir

$$X_t = \int_0^t c_u \, du + B_t$$

$$Y_t = e^{-\int_0^t c_u \, dB_u - \frac{1}{2} \int_0^t c_u^2 \, du}.$$

Dann ist X_t eine Brownsche Bewegung auf dem Wahrscheinlichkeitsraum $(\Omega, \mathscr{F}, \mathbb{Q}, (\mathscr{F}_t)_{0 \le t \le T})$, wobei $\mathbb{Q}$ durch

$$\mathbb{Q}(A) = \mathbb{E}_{\mathbb{P}}(\mathbb{1}_A \cdot Y_T),$$

gegeben ist, d. h. $\mathbb{Q}$ ist eine Wahrscheinlichkeit, dessen Radon-Nikodým-Dichte Y_T bezüglich $\mathbb{P}$ ist.

Beweis

Wir werden diesen Satz unter einer speziellen Annahme im Abschnitt 7.3 bewiesen.

Wir kehren nun zur Darstellung des Prozesses $(S(t,i))_{t \in [0,T]}$ in der $\mathbb{Q}$-Dynamik zurück. Der adaptierte Prozess $(q_t)_{t \in [0,T]} \in \mathscr{H}_2^w([0,T])$ wird entsprechend der Darstellung von $(L_t)_{t \in [0,T]}$ gemäß Satz 5.2.4 gewählt. Weiter ist $(B_t)_{t \in [0,T]}$ eine Brownsche Bewegung im Maß $\mathbb{P}$.

Satz 5.2.13

   a) Der adaptierte Prozess $(\tilde{B}_t)_{t \in [0,T]}$ mit

$$\tilde{B}_t = B_t - \int_0^t q_s ds$$

   ist eine Brownsche Bewegung unter $\mathbb{Q}$.

   b) Im Wahrscheinlichkeitsraum $(\Omega, \mathscr{F}, \mathbb{Q})$ gilt für jedes $i \in I$

$$\frac{dS(t,i)}{S(t,i)} = r(t)dt + \sigma(t,i)d\tilde{B}_t.$$

Beweis

a) Nach Satz 5.2.4 gilt

$$\mathbb{E}_{\mathbb{P}}\left(\frac{d\mathbb{Q}}{d\mathbb{P}} \big| \mathscr{F}_t\right) = L_t = \exp\left(\int_0^t q_s dB_s - \frac{1}{2}\int_0^t q_s^2 ds\right) \text{ f.s.}$$

Nach Satz 5.2.4 ist $(L_t)_{t\in[0,T]}$ ein stetiger Prozess und damit ist auch $(q_t)_{t\in[0,T]}$ ein càdlàg-Prozess. Somit ist der Satz von Girsanov mit $c_t = -q_t$, $X_t = \tilde{B}_t$ und $Y_t = L_t$ anwendbar und die Behauptung folgt sofort.

b) Wir können aus a) folgern

$$d\tilde{B}_t = dB_t - q_t dt.$$

Damit wird aus Gleichung 5.22

$$\frac{dS(t,i)}{S(t,i)} = \big(r(t) - \sigma(t,i)\big)dt + \sigma(t,i)(d\tilde{B}_t + q_t dt) = r(t) + \sigma(t,i)d\tilde{B}_t.$$

$\square$

5.3 Eindeutigkeit des Martingalmaßes und vollständige Märkte*

Im vorangegangenen Abschnitt 5.1 haben wir gesehen, unter welchen Bedingungen ein äquivalentes Maß existiert, das den diskontierten Preisprozess zu einem Martingal bezüglich einer vorgegebenen Filtration $(\mathscr{F}_t)_{t\in[0,T]}$ macht.

Die nächste Frage, die sich aufdrängt, lautet: Sind die äquivalenten Martingalmaße eindeutig? Oder gleichbedeutend: Sind arbitragefreie Optionspreise eindeutig bestimmt? Unglücklicherweise gibt es nur einige Fälle, in denen Eindeutigkeit vorliegt. Unter diesen sind als wichtigste das log-binomiale- und das Black-Scholes-Modell zu nennen. Dies ist auch einer der Gründe, warum das Black-Scholes-Modell, trotz seiner Nachteile, das beliebteste und am meisten benutze Modell ist. Wir werden darstellen, dass die Eindeutigkeit des Martingalmaßes $\mathbb{Q}$ eng mit der Vollständigkeit des Marktes verknüpft ist. In Abschnitt 2.4 haben wir gesehen, dass in dem einfachen log-binomialen Modell ein selbstfinanzierendes Portfolio existiert, das jedes Derivat auf dem zugrundeliegenden Vermögenswert erzeugt oder absichert. In diesem Abschnitt wollen wir genau dies im allgemeinen Rahmen untersuchen. Dabei werden wir zwischen diskreten Handelszeitpunkten und zeitstetigem Handeln unterscheiden. Schließlich werfen wir einen kurzen Blick auf die Situation unvollständiger Märkte und den minimalen Martingalmaßen. Wir werden die Ergebnisse meist nur zitieren und motivieren und verweisen für einen formalen Beweis auf die Literatur.

Um den Markt zu beurteilen, brauchen wir eine Anzahl von Vermögenswerten. Daher seien $S^0, S^1, \ldots, S^d$ $d+1$ Vermögenswerte, deren Wert zur Zeit t durch $S^i(t)$ dargestellt wird. Die Prozesse $S^i(t)$ sind bezüglich des filtrierten Wahrscheinlichkeitsraumes $(\Omega, \mathscr{F}, \mathbb{P}, (\mathscr{F}_t)_{t\in[0,T]})$ adaptiert und progressiv messbar. Wir schreiben $\mathscr{S}(t) = (S^0(t), S^1(t), \ldots, S^d(t))$ als Vermögenswertvektor, wobei S^0 den risikolosen Bond darstellt. Damit wir die Darstellung nicht mit Begriffen wie „lokales Martingal" oder „Semimartingal" überfrachten müssen, sollte man sich die beteiligten Prozesse $(S^i(t))$ $(i = 0,\dots,d)$ als Itô-Prozesse vorstellen. Trotzdem benötigen wir noch einige grundlegende Begriffe und Definitionen.

Unter einer Handelsstrategie oder einem dynamischen Portfolio (später einfach Portfolio genannt) verstehen wir einen Vektor $\varphi(t) = \big(\varphi_0(t),\dots,\varphi_d(t)\big) \in \mathbb{R}^{d+1}$, wobei jedes $(\varphi_i(t))$ ein progressiv messbarer Prozess auf $(\Omega,\mathscr{F},\mathbb{P},(\mathscr{F}_t)_{t\in[0,T]})$ ist. Zusätzlich ist der Prozess „vorhersehbar", d. h. es gilt im

1) zeitdiskreten Fall, dass jedes $\varphi_i(t)$ bezüglich $\mathscr{F}_{t-1}$ messbar ist. Dies bedeutet, dass der Investor vor dem Zeitpunkt t nur mit der Information $\mathscr{F}_{t-1}$ über den Anteil des Vermögenswertes entscheidet.

2) zeitstetigen Fall, dass jedes $\varphi_i(t)$ bezüglich $\bigcup_{s<t}\mathscr{F}_s$ messbar ist.

In beiden Fällen wird der Wert des Portfolios durch

$$V_\varphi(t) = \langle \varphi(t),\mathscr{S}(t)\rangle = \sum_{j=0}^{d} \varphi_j(t)S^i(t) \tag{5.28}$$

dargestellt. Der Prozess $(V_\varphi(t))$ wird auch Vermögens- oder Wertprozess zur Handelsstrategie φ bezeichnet. Der Wert $V_\varphi(0)$ wird Anfangsinvestment genannt.

Der Gewinn und Verlust stellt sich als Wertänderung des entsprechenden Portfolios in dem betrachteten Zeitintervall dar. Dies bedeutet

$$\mathscr{G}_\varphi(t) = \langle \varphi(t),\Delta\mathscr{S}(t)\rangle = \begin{cases} \sum_{i=0}^{d}\sum_{s=1}^{t} \varphi_j(t)(S^i(s) - S^i(s-1)), & \text{zeitdiskreter Handel,} \\ \int_0^t \varphi(u)d\mathscr{S}(u) = \sum_{j=0}^{d}\int_0^t \varphi_j(u)dS^j(u), & \text{zeitstetiger Handel.} \end{cases}$$
$$\tag{5.29}$$

Definition 5.3.1

1) Man nennt eine Handelsstrategie *selbstfinanzierend*, falls

$$V_\varphi(t) = V_\varphi(0) + \mathscr{G}_\varphi(t) \text{ für alle } t \in [0,T]. \tag{5.30}$$

Dies stimmt mit unserer Definition aus dem Abschnitt 2.4 überein, da man auch hier nichts aus dem Portfolios konsumiert oder hinzufügt. Man kann im Lichte des vorangegangenen Abschnittes 5.1 nun mittels der selbstfinanzierenden Strategien definieren, was eine Arbitragegelegenheit darstellt. Es stimmt auch mit der Darstellung in Abschnitt 2.1 überein.

2) Eine selbstfinanzierende Strategie φ nennen wir eine Arbitragegelegenheit, falls

$$V_\varphi(0), \;\; \mathbb{P}(V_\varphi(T) \geq 0) = 1 \text{ und } \mathbb{P}(V_\varphi(T) > 0) > 0 \text{ gilt.} \tag{5.31}$$

5.3.1 Vollständige Märkte im zeitdiskreten Fall

Nach den einleitenden Begriffsbildungen wollen wir im allgemeinen zeitdiskreten Fall die Eindeutigkeit des Martingalmaßes $\mathbb{Q}$ klären und den Begriff des vollständigen Marktes festlegen.

Definition 5.3.2

1) Eine selbstfinanzierende Strategie φ nennen wir zulässig, falls $\tilde{V}_\varphi(t) = \frac{V_\varphi(t)}{S^0(t)} \geq 0$ für alle $t \in [0,T]$ gilt.

2) Wir nennen ein Derivat X zur Zeit T absicherbar oder erzeugbar, wenn es eine selbstfinanzierende Strategie φ gibt, so dass $V_\varphi(T) = X$. Dann nennen wir die Handelsstrategie φ eine erzeugende für X.

3) Wir nennen einen Markt $\mathcal{M}$ vollständig, wenn jedes nichtnegative Derivat X (d. h. $X \geq 0$) absicherbar ist.

4) In einem arbitragefreien Markt $\mathcal{M}$ bezeichnen wir für einen erzeugbaren Vermögenswert X mit $\pi_X(t) = V_\varphi(t)$ den Arbitragepreis von X, wenn φ ein X absicherndes Portfolio darstellt.

Satz 5.3.3 (Vollständigkeitssatz)

Ein arbitragefreier Markt $\mathcal{M}$ ist genau dann vollständig, wenn das zu $\mathbb{P}$ äquivalente Maß $\mathbb{Q}$, das den diskontierten Preisprozess der zugrundeliegenden Vermögenswerte $(S_t^i)_{t \in [0,T]}$ zu einem Martingal bezüglich der (endlichen) diskreten Filtration $(\mathscr{F}_t)_{t \in [0,T]}$ macht, eindeutig bestimmt werden kann.

Der ausführliche Beweis ist länglich und wir verweisen auf [BK97].

Die Tatsache, dass jeder diskontierte Preisprozess $(S_t^i)_{t \in [0,T]}$ durch ein und dasselbe Maß dargestellt werden kann, führt zu den (nützlichen) Martingaldarstellungssätzen. Diese hängen wesentlich von der verwendeten Filtration ab. Da uns vor allem Itô-Prozesse interessieren, hatten wir im Abschnitt 5.2 eine spezielle Darstellung erhalten.

Wir wollen im zeitdiskreten Fall (vgl. Abschnitt 5.1) den Fundamentalsatz der Preisbildung angeben, der in der Literatur auch als Fundamental Theorem of Asset Pricing bekannt ist.

Wenn wir die Sätze 5.1.2 und 5.3.3 zusammenfassen, erhalten wir den Hauptsatz.

Satz 5.3.4 (Fundamentalsatz der Preisbildung)

In einem arbitragefreien vollständigen Markt gibt es genau ein zu $\mathbb{P}$ äquivalentes Maß $\mathbb{Q}$, das die diskontierten Preisprozesse in Martingale überführt.

In der Definition 5.3.1 haben wir auch den Arbitragepreis $\pi_X(t)$ eines Derivats X eingeführt.

Satz 5.3.5 (Risikoneutrale Preisformel)

In einem arbitragefreien und vollständigen Markt $\mathcal{M}$ ist der Arbitragepreis $\pi_X(t)$ eines Derivats X genau sein diskontierter Erwartungswert unter dem äquivalenten Martingalmaßes $\mathbb{Q}$, d. h. da

S^0 den risikolosen Bond darstellt, gilt

$$\pi_X(t) = S^0(t)\mathbb{E}_{\mathbb{Q}}\left(\frac{1}{S^0(T)}X\,|\,\mathscr{F}_t\right)$$

5.3.2 Vollständige Märkte im zeitstetigen Fall

Wir gehen nun zum zeitstetigen Fall über. Damit das stochastische Integral in Definition 5.3.1 a) existiert und endlich bleibt, müssen wir voraussetzen, dass die einzelnen Portfolioprozesse $(\varphi_i(t))_{t\in[0,T]}$ lokal beschränkt und progressiv messbar sind. Hier müssen wir zugeben, dass das Integral $\int_0^t \varphi_j(u)dS^i(u)$ für einen allgemeinen Preisprozess $(S^i_t)_{t\in[0,T]}$ (also nicht notwendigerweise ein Itô-Prozess) nicht eingeführt wurde. Wir wollen dennoch die Ergebnisse zitieren und verweisen für die Definition des allgemeinen stochastischen Integrals z. B. auf die Monographie von Protter [PR95]. Zuerst wollen wir feststellen, wann eine Handelsstrategie selbstfinanzierend ist, da wir dies für die Vollständigkeit benötigen.

Satz 5.3.6

Eine Handelsstrategie φ ist genau dann selbstfinanzierend, wenn

$$\tilde{V}_\varphi(t) = \tilde{V}_\varphi(0) + \tilde{G}_\varphi(t)$$

gilt, wobei $\tilde{V}_\varphi(t) = \frac{G_\varphi(t)}{S^0(t)}$ bzw. $\tilde{G}_\varphi(t) = \frac{G_\varphi(t)}{S^0(t)}$ den diskontierten Portfolioprozess bzw. Gewinnprozess darstellt. Insbesondere gilt $\tilde{V}_\varphi(t) \geq 0$, wenn $V_\varphi(t) \geq 0$.

Dies bedeutet, dass eine selbstfinanzierende Strategie genau durch die Komponenten $\left(\varphi_1(t),\dots,\varphi_d(t)\right)_{t\in[0,T]}$ bestimmt ist. Wenn also die Portfolioprozesse $(\varphi_i(t))_{t\in[0,T]}$ progressiv messbar und lokal beschränkt sind (damit das stochastische Integral $\int_0^t \varphi_j(u)dS^i(u)$ existiert), kann man mit dem Anfangswert $V_\varphi(0) = v$ den Portfoliovektor $\left(\varphi_1(t),\dots,\varphi_d(t)\right)$ durch φ_0 gemäß

$$\varphi_0(t) = v + \sum_{j=1}^{d}\int_0^t \varphi_j(u)d\tilde{S}^i(u) - \sum_{j=1}^{d}\varphi_j(t)\tilde{S}^i(t)$$

so ergänzen, dass das gesamte Portfolio $\left(\varphi_0(t),\dots,\varphi_d(t)\right)$ selbstfinanzierend wird (dabei ist $\tilde{S}^i(t)_{t\in[0,T]}$ der diskontierte Preisprozess, also aufgrund unsere Vereinbarung $\tilde{S}^i(t) = \frac{S^i(t)}{S^0(t)}$). Wir haben das nächste Lemma in Abschnitt 5.2 ausführlich für den Fall der Itô-Prozesse bewiesen (man vergleiche dazu Satz 5.2.10). Aber es gilt auch in einem allgemeineren Kontext.

Lemma 5.3.7

Stellt $S^0(t) = G_t = e^{rt}$ einen risikolosen Bond dar, so ist $\mathbb{Q}$ genau dann ein zu $\mathbb{P}$ äquivalentes Martingalmaß, wenn für jedes $i = 1,\dots,d$ der Preisprozess $(S^i(t))_{t\in[0,T]}$ die stochastische Differenzialgleichung

$$dS^i(t) = rS^i(t)dt + dM^i(t)$$

mit einem so genannten lokalen $\mathbb{Q}$-Martingal $(M^i(t))_{t\in[0,T]}$ erfüllt.

Auch in dem zeitstetigen Fall gilt, dass der Markt arbitragefrei ist, wenn es ein zu $\mathbb{P}$ äquivalentes Martingalmaß $\mathbb{Q}$ gibt. Dies gilt aufgrund von Satz 5.1.2. Dennoch besagt der Satz nicht, in welchen Fällen eine Bewertung mit den Eigenschaften (B1)-(B5) existiert, um auch die Existenz eines Martingalmaßes, also die Umkehrung, zu gewährleisten. Dies wiederum ergibt sich im allgemeinen Fall aufgrund der so genannten „No-free-Lunch-With-Vanishing-Risk-Bedingung", auf die wir noch etwas näher eingehen wollen, auch wenn wir nicht alle Begriffe erklären werden. Einerseits haben wir Details in den Anhang verschoben, andererseits müssen wir auf die Literatur verweisen.

Dazu führen wir eine *einfache* vorhersehbare Handelsstrategie φ ein, die Linearkombination von stochastischen Prozessen der Form $\psi 1_{]\tau_1,\tau_2]}$ ist, wobei τ_1,τ_2 Stoppzeiten und ψ eine $\mathscr{F}_{\tau_1}$-messbare Zufallsvariable sind (man vergleiche dazu den Abschnitt E.2).Wir sagen, dass eine einfache Handelstrategie δ-zulässig ist, falls der Portfolioprozess $V_\varphi(t) \geq -\delta$ für alle $t \in [0,T]$ und definieren

Definition 5.3.8

Ein Preisprozess $(S(t))_{t\in[0,T]}$ erfüllt NFLVR (No Free Lunch With Vanishing Risk), falls für alle Folgen (φ_n) von einfachen Handelsstrategien, sodass φ_n δ_n-zulässig mit $\lim_{n\to\infty} \delta_n = 0$ ist und $V_{\varphi_n}(T) \longrightarrow 0$ in Wahrscheinlichkeit für $n \to \infty$ folgt.

Dann gilt das sogenannte „Fundamental Theorem of Asset Pricing".

Satz 5.3.9

Es gibt genau dann ein äquivalentes Martingalmaß für den Markt $\mathscr{M}$, wenn jeder Preisprozess die NFLVR Bedingung erfüllt.

Wie im vorhergehenden Abschnitt wollen wir nun die Vollständigkeit und damit die risikoneutrale Bewertung klären. Dazu brauchen wir noch eine Definition.

Definition 5.3.10

Eine selbstfinanzierende Handelsstrategie φ nennen wir $\mathbb{Q}$-zulässig, wenn der Gewinnprozess

$$\widetilde{\mathscr{G}}_\varphi(t) = \int_0^t \varphi(u)d\widetilde{\mathscr{S}}(u)$$

ein $\mathbb{Q}$-Martingal ist. Dabei stellt $\widetilde{\mathscr{S}}(t) = \left(\frac{S^1(t)}{S^0(t)}, \ldots, \frac{S^d(t)}{S^0(t)}\right)_{t\in[0,T]}$ den diskontierten Preisprozessvektor dar. Die Klasse der $\mathbb{Q}$-zulässigen selbstfinanzierenden Handelsstrategien wird mit $\Phi(\mathbb{Q})$ bezeichnet.

Auch hier gilt erneut mit Satz 5.1.2, dass es innerhalb von $\Phi(\mathbb{Q})$ keine Arbitragemöglichkeit gibt. In Definition 5.3.1 haben wir ein erzeugbares Derivat definiert. Hier müssen wir die Definition etwas einengen.

Definition 5.3.11

1) Wir nennen ein Derivat X erzeugbar oder absicherbar, wenn es mindestens eine $\mathbb{Q}$-zulässige Handelsstrategie φ gibt, sodass

$$V_\varphi(T) = X.$$

Dann nennen wir diese Handelsstrategie φ ein X erzeugendes Portfolio.

2) Ein Markt $\mathcal{M}$ ist vollständig, wenn jedes Derivat erzeugbar ist.

Damit ist es in einem vollständigen Markt egal, ob man ein Derivat oder ein dieses Martingal erzeugendes Portfolio hält. Somit haben wir auch hier die Gleichung für den Arbitragepreis eines Derivats

$$\pi_X(t) = V_\varphi(t). \tag{5.32}$$

Es stellt sich natürlich die Frage, ob man ein Derivat mit verschiedenen Portfolios erzeugen kann, und in welcher Beziehung der Preisprozess des Derivats zu dem oder den verschiedenen Martingalmaßen $\mathbb{Q}$ steht. Der nächste Satz wird uns aufklären.

Satz 5.3.12 (Risikoneutrale Bewertungsformel)
Der Arbitragepreis eines erzeugbaren Derivats X ist durch die Formel

$$\pi_X(t) = S^0(t)\mathbb{E}_{\mathbb{Q}}\left(\frac{X}{S^0(T)}\Big|\mathscr{F}_t\right) \tag{5.33}$$

gegeben. Insbesondere gilt wegen (5.32)

$$V_\varphi(t) = V_\psi(t)$$

für zwei zulässige erzeugende Portfolios φ und ψ.

Der aufmerksame Leser wird sicher beobachtet haben, dass die Definition vom zulässigen Portfolio von der Wahl des Martingalmaßes $\mathbb{Q}$ abhängt. Wenn wir nun andererseits ein Portfolio φ derart als zulässig definieren, wenn $V_\varphi(t) \geq 0$ und es bezüglich eines zu $\mathbb{P}$ äquivalenten Martingalmaßes $\mathbb{Q}$-zulässig ist, so können wir andererseits ein Derivat X als *erzeugbar* bezeichnen, falls es ein zulässiges Portfolio φ gibt, das X erzeugt. Sind nun $\varphi_1 \in \Phi(\mathbb{Q}_2)$ und $\varphi_2 \in \Phi(\mathbb{Q}_2)$, so kann man

$$S^0(t)\mathbb{E}_{\mathbb{Q}_1}\left(\frac{X}{S^0(T)}\Big|\mathscr{F}_t\right) = S^0(t)\mathbb{E}_{\mathbb{Q}_2}\left(\frac{X}{S^0(T)}\Big|\mathscr{F}_t\right)$$

zeigen und der Arbitragepreis $\pi_X(t)$ ist eindeutig.

Man kann sogar zeigen, dass

$$\pi_X(0) = \sup_{\mathbb{Q}\sim\mathbb{P}} \mathbb{E}_{\mathbb{Q}}\left(X|\mathscr{F}_0\right) = \sup_{\mathbb{Q}\sim\mathbb{P}} \mathbb{E}_{\mathbb{Q}}(X) = \inf_{\varphi\in\theta(X)} V_\varphi(0)$$

wobei $\theta(X)$ die Menge aller zulässigen und X-erzeugenden Portfolios darstellt.

Für die Preisbildung ist die Kenntnis der äquivalenten Martingalmaße $\mathbb{Q}$ ausreichend. Doch für das Risikomanagement spielt das Auffinden erzeugender Portfolios eine zentrale Rolle. Wir haben dies bereits im Abschnitt 3.2 erläutert. Mit dem nächsten Satz kann man das Absichern eines Derivats auf das äquivalente Problem der Martingaldarstellung zurückführen.

Satz 5.3.13
Wenn wir annehmen, dass das diskontierte Derivat $\frac{X}{S^0(T)}$ $\mathbb{Q}$-integrierbar ist und das $\mathbb{Q}$-Martingal definiert durch

$$M(t) = \mathbb{E}_{\mathbb{Q}}\left(\frac{X}{S^0(T)}\,\middle|\,\mathscr{F}_t\right)$$

eine Integraldarstellung gemäß

$$M(t) = x + \sum_{j=1}^{d} \int_0^t \varphi_j(u)\,d\tilde{S}^j(u)$$

mit progressive messbaren und lokal beschränkten Prozessen $(\varphi_1(t), , \varphi_d(t))_{t\in[0,T]}$ erlaubt, so ist X erzeugbar.

Wie wir sehen, ist die Erzeugbarkeit und damit die Vollständigkeit eng mit Martingaldarstellungssätzen verknüpft. Letztere verlangen nach einer sehr delikaten Anwendung der Filtration und somit würde der Beweis des nächsten Satzes über den Rahmen dieses Buches hinausgehen. Wir geben am Ende noch einige Hinweise für das weitere Studium.

Satz 5.3.14
Falls das Martingalmaß $\mathbb{Q}$ für den Markt $\mathscr{M}$ eindeutig bestimmt ist, so ist der Markt $\mathscr{M}$ in dem Sinne vollständig, dass jedes Derivat X erzeugt werden kann, für das $\frac{X}{S^0(T)}$ bezüglich $\mathbb{Q}$ integrierbar ist.

5.3.3 Unvollständige Märkte und minimales Martingalmaß

In den bisherigen zwei Unterabschnitten haben wir uns mit der Bewertung mittels eines existierenden Martingalmaßes beschäftigt. Dabei wollten wir insbesondere wissen, wann das Maß eindeutig bestimmt ist. Wie wir gesehen haben, ist dies mit der Vollständigkeit des Marktes verbunden. Wenn wir also voraussetzen, dass der Markt nicht vollständig ist, so muss es ein $\mathscr{F}_T$-messbares Derivat geben, dass nicht durch ein zulässiges Portfolio bestehend aus den Vermögenswerten $S^0, S^1, \ldots, S^d$ erzeugt werden kann. Also wird ein Restrisiko übrig bleiben, und es muss somit unser Ansatz sein, dieses zu minimieren. Wir werden diese Idee im Konzept des Itô-Prozesses erläutern, jedoch Hinweise geben, wie es in ein allgemeineres Umfeld übertragbar ist. Um uns mit der Diskontierung nicht beschäftigen zu müssen, nehmen wir an, dass die Preise in Bonds angegeben sind, wie wir es bereits im vorhergehenden Abschnitt 5.1 getan haben. Wenn wir den allgemeinen Fall betrachten, dann nehmen wir an, dass die riskanten Preisprozesse (S_t^i) stetige und quadratisch-integrierbare Semimartingale sind. Dann kann man gemäß [PR95] für $\mathscr{S} = (S^1, \ldots, S^d)$ schreiben:

$$\mathscr{S} = \mathscr{P} + \mathscr{M} + \mathscr{A}$$

wobei $\mathscr{P} \in \mathbb{R}^d$, mit nicht negativen Komponenten, $\mathscr{M}$ ein $\mathbb{P}$-quadratisch integrierbares Martingal ist und $\mathscr{A} = \int \alpha d \langle \mathscr{M} \rangle$ gilt, wobei $\alpha = (\alpha_1, \ldots, \alpha^d)$ einen vorhersehbaren Prozess darstellt.

Absichern durch Minimierung der Varianz

Wir betrachten einen Zeichner eines Derivats X, das zur Zeit T eingelöst wird. Der Zeichner erhält einen Betrag am Anfang, den wir mit P als Prämie des Derivats bezeichnen wollen. Er kann in den Vermögenswerten $S^1, \ldots, S^d$ investieren, die aber, da unser Markt nicht vollständig ist, nicht das Derivat erzeugen. Das Derivat kann zusätzlich auf weiteren Vermögenswerten beruhen, d. h. auf den Vermögenswerten $S^{d+1}, \ldots, S^n$. Wenn wir mit φ wieder eine zulässige Strategie bezeichen, so will der Zeichner hiermit zum Zeitpunkt T jenes Risiko minimieren, das darin besteht, in wieweit der Wert des Portfolios plus Prämie nicht mit der Auszahlung des Derivats X übereinstimmt. Also wird er den Ausdruck

$$\min_{\varphi} \mathbb{E}((X - P - \mathscr{G}_\varphi(T))^2) \tag{5.34}$$

minimieren, wobei $\mathscr{G}_\varphi(t)$ der Gewinnprozess wie oben definiert ist. Um dies anhand des Ito-Prozesses zu erläutern, gehen wir von einem risikolosen Guthaben $S^0 = B = 1$ aus und nehmen zwei riskante Anlangen S^1 und S^2 an. Das Derivat X ist auf beide Vermögenswerte bezogen, aber der Zeichner des Derivats kann nur in S^1 anlegen bzw. handeln. Wir gehen von einem allgemeinen Black-Scholes Modell mit zwei Faktoren aus. Das bedeutet, dass wir zwei unabhängige Brownsche Bewegungen (B_t^1) und (B_t^2) haben, die die Unsicherheit modellieren, wobei wir einen Wahrscheinlichkeitsraum $(\Omega, \mathscr{F}, \mathbb{P}, (\mathscr{F}_t)_{0 \leq t \leq T})$ voraussetzen, dessen Filtration von den beiden Brownschen Bewegungen erzeugt wird. Die Modellierung der Vermögenswerte wollen wir gemäß der folgenden Gleichungen angeben:

$$\begin{aligned} dS_t^1 &= S_t^1(\mu_t^1 dt + \sigma_t^{11} dB_t^1), \\ dS_t^2 &= S_t^2(\mu_t^2 dt + \sigma_t^{21} dB_t^1 + \sigma_t^{22} dB_t^2), \end{aligned} \tag{5.35}$$

dabei sind $\mu_t^i, \sigma_t^{ij} > 0$ beschränkte und adaptierte Prozesse, σ_t^{11} von der Null gleichmäßig in $\omega \in \Omega$ weg beschränkt und $\frac{\mu_t^1}{\sigma_t^{11}}$ eine deterministische Funktion. Unser Zeichner darf allerdings nur in sein Guthaben und S^1 investieren. Somit ist der Markt unvollständig (z. B. das Derivat $X = S_T^2$ ist nicht erzeugbar). Wir nehmen aus technischen Gründen an, dass $X \in L_p(\Omega, \mathscr{F}, \mathbb{P})$ mit $p > 2$ gilt und bezeichnen die Menge der zulässigen Handelsstrategien mit $\Psi = \{\varphi; \varphi$ vorhersehbar, $\int_0^t (\psi(u))^2 dS^1(u) < \infty\}$. Da wir in (5.34) mit einem Hilbertraumargument arbeiten, erhalten wir als beste Approximation $\hat{\varphi}$ einen zu allen $\mathscr{G}_{\varphi}(T)$ orthogonalen Wert, d. h.

$$\mathbb{E}((X - P - \mathscr{G}_{\hat{\varphi}}(T))\mathscr{G}_{\varphi}(T)) = 0 \tag{5.36}$$

für alle $\varphi \in \Psi$. Nur wie findet man $\hat{\varphi}$? Um die Herleitung nicht zu kompliziert zu gestalten, nehmen wir $\mu_t^1 = 0$ an. Damit ist S^1 bereits ein Martingal. Wir finden nach dem Martingaldarstellungssatz ein $\varphi_1 \in \Psi$ mit (vgl. 5.2.2 bzw. [KS88])

$$X = x_0 + \int_0^T \varphi_1(u)dS^1(u) + N(T) = x_0 + \mathscr{G}_{\varphi_1}(T) + N(T), \tag{5.37}$$

wobei $x_0 \in \mathbb{R}$ und $N \in L_2(\Omega, \mathscr{F}, \mathbb{P})$ ein Martingal ist mit $N(0) = 0$ und $\mathbb{E}(N(T) \cdot S^1(T)) = 0$, d. h. N ist zu S^1 orthogonal. Dann kann man für jedes $\varphi \in \Psi$ mit 5.37 schreiben:

$$\mathbb{E}((X - P - \mathscr{G}_{\varphi_1}(T))\mathscr{G}_{\varphi}(T)) = \mathbb{E}((x_0 - P + N(T))\int_0^T \varphi(u)dS^1(u))$$

$$= \quad (x_0 - P)\mathbb{E}\big(\int_0^T \varphi(u)dS^1(u)\big) + \mathbb{E}\big(\int_0^T \varphi(u)d\langle N, S^1 \rangle(u)\big) = 0$$

Nun ist S^1 orthogonal zu N und S^1 ist ein $\mathbb{P}$-Martingal. Somit sind die beiden Integrale identisch Null und es folgt $\varphi_1 = \hat{\varphi}$.

Allerdings kann man im Allgemeinen nicht annehmen, dass S^1 ein Martingal ist, und somit ist die Darstellung (5.37) i.A. nicht verwendbar. Also kann man wenigstens hoffen, dass N zum Martingalanteil von S^1 orthogonal ist.

Bis jetzt haben wir kein zu $\mathbb{P}$ äquivalentes Maß betrachtet. Wir suchen nun nach den zu $\mathbb{P}$ äquivalenten Maßen $\mathbb{Q}$, sodass S^1 und N quadratisch integrierbare $\mathbb{Q}$-Martingale sind und N zusätzlich orthogonal zu S^1 bezüglich $\mathbb{Q}$ ist. In dem Sinne haben wir dann

$$\mathbb{E}_{\mathbb{Q}}((X - P - \mathscr{G}_{\varphi_1}(T))\mathscr{G}_{\varphi}(T)) = 0$$

und setzen wir für die Dichte $L(T) = \frac{d\mathbb{Q}}{d\mathbb{P}}$, so folgt

$$\mathbb{E}_{\mathbb{P}}(L(T)(X - P - \mathscr{G}_{\varphi_1}(T))\mathscr{G}_{\varphi}(T)) = 0$$

Somit muss man φ_1 und L verwenden, um die optimale Strategie $\hat{\varphi}$ zu finden. Dies haben Föllmer, Schweizer und Sondermann [Föl91, FS, FS86] in mehreren Artikeln untersucht. Wir wollen einen Teil davon präsentieren. Dazu definieren wir das „richtige" Martingalmaß.

Definition 5.3.15
Wir nennen ein zu $\mathbb{P}$ äquivalentes Martingalmaß $\mathbb{Q}$ *minimal*, wenn jedes quadratisch $\mathbb{P}$-integrierbare Martingal, das zu allen M_i, $i = 1, \ldots, d$, orthogonal ist, auch unter $\mathbb{Q}$ orthogonal bleibt.

Die Frage in unserem Beispiel ist, wie man dieses minimale Martingalmaß findet. Da wir S^1 nicht mehr als Martingal betrachten wollen, muss man die erste Gleichung in (5.35) integrieren

$$S_t^1 = s_1 + \int_0^t S^1(u)\mu^1(u)du + \int_0^t S^1(u)\sigma^{11}(u)dB_u^1, \ 0 \le t \le T.$$

Damit ist der Martingalanteil ein stochastisches Integral bezüglich der Brownschen Bewegung (B_t^1). Also muss jedes Martingal, dass zum Martingalanteil von S^1 orthogonal ist, durch ein stochastisches Integral bezüglich der Brownschen Bewegung (B_t^2) dargestellt werden. Wir wollen den entsprechenden Doléan Exponent darstellen, um das Girsanov Theorem anwenden zu können.

$$L(t) = \exp\left(-\left(\int_0^t \gamma_1(u)dB_u^1 + \int_0^t \gamma_2(u)dB_u^2\right)\right) \cdot \exp\left(-\frac{1}{2}\left(\int_0^t (\gamma_1(u))^2 + (\gamma_2(u))^2 du\right)\right) \quad (5.38)$$

Wenn S^1 unter $\mathbb{Q}$ ein Martingal ist, so muss $\gamma_1(u) = \frac{\mu_u^1}{\sigma_u^{11}}$ sein und $dB_u^1 = d\tilde{B}_u^1 - d\gamma_1(u)$ gilt gemäß dem Satz von Girsanov ($(\tilde{B}_t^1)$ ist eine Brownsche Bewegung unter $\mathbb{Q}$). Damit haben wir für $\gamma_2(t)$ eine Wahlfreiheit, die man so bestimmen muss, damit jedes $\mathbb{P}$ stochastische Integral bezüglich (B_t^2) auch ein $\mathbb{Q}$-Martingal bleibt. Also bleibt $\gamma_2(u) = 0$ übrig (d. h. $B_t^1 = B_t^2$). Allgemein gilt [FS, Theorem 3.5.]

Satz 5.3.16

1) Das minimale Martingalmaß $\mathbb{Q}$ ist eindeutig bestimmt.

2) $\mathbb{Q}$ existiert genau dann, wenn

$$\tilde{L}(t) = \exp\left(-\int_0^t a(u)dM_u - \frac{1}{2}\int_0^t (a(u))^2 d\langle M\rangle(u)\right), \ 0 \le t \le T$$

ein quadratisches $\mathbb{P}$ Martingal ist. Die Dichte von $\mathbb{Q}$ ist gegeben durch $\frac{d\mathbb{Q}}{d\mathbb{P}} = \tilde{L}(T)$.

3) Das minimale Martingalmaß $\mathbb{Q}$ erhält die Orthogonalität: Jedes quadratisch integrierbare N mit $\langle N, M_i\rangle = 0$ bezüglich $\mathbb{P}$ erfüllt $\langle N, S^i\rangle = 0$ bezüglich $\mathbb{Q}$.

Wir kehren zu unserem Beispiel zurück. Wir müssen im Fall, dass S^1 kein Martingal ist, eine Zerlegung von S^1 gemäß Föllmer und Schweizer finden. Im eindeutig bestimmten minimalen Martingalmaß $\mathbb{Q}$ erhalten wir für den Wert des Portfolios zur Zeit t

$$V_\varphi(t) = \mathbb{E}_{\mathbb{Q}}(X|\mathscr{F}_t) = x_0 + \int_0^t \tilde{\phi}_1(u)dS^1(u) + \int_0^t \psi(u)dB^2(u), \ 0 \le t \le T,$$

und damit für $t = T$ und der Tatsache, dass das minimale Maß das Derivat X darstellen kann

$$X = x_0 + \int_0^T \tilde{\phi}_1(u)dS^1(u) + \int_0^T \psi(u)dB^2(u). \quad (5.39)$$

Mithilfe der partiellen Strategie $\tilde{\varphi}_1$ können wir eine optimale Strategie für den gesamten Portfolio-Prozess finden.

Satz 5.3.17

Falls G^* eine Lösung der stochastischen Differenzialgleichung

$$dG_t^* = F(G^*(t))dS_t^1 \tag{5.40}$$

ist, wobei $F(G^*(t)) = \tilde{\varphi}_1(t) + \frac{\mu^1(t)}{\sigma^{11}(t)^2 S^1(t)}(V_{\mathbb{Q}}(t) - P - G^*(t))$ und $\tilde{\varphi}_1$ wie in (5.39) sind, so ergibt sich die optimale Strategie, die das Problem (5.34) löst durch

$$\varphi_1^*(t) = F(G^*(t)).$$

Einen Beweis möge der interessierte Leser z. B. in [BK97, Sch94] nachlesen. Es sei nur vermerkt, dass es wesentlich auf die Tatsache ankommt, dass $\frac{\mu^1(t)}{\sigma^{11}(t)}$ eine deterministische Funktion ist.

Bemerkung 5.3.18

1. Die Einschränkung, dass $\frac{\mu^1(t)}{\sigma^{11}(t)}$ eine deterministische Funktion sein muss, wurde vielfach versucht abzuschwächen [PRS98, Sch92a]. Einer der allgemeinsten Fälle, in denen die Föllmer-Schweizer-Zerlegung gilt und dementsprechend das Optimierungsproblem (5.34) lösbar ist, wird dadurch gewährleistet, dass man bestimmte Bedingungen an einen Erwartungswert-Varianz-Erlös-Prozess $\tilde{K}$ von $S = (S^1, S^2)$ stellt, wobei $\tilde{K} = \int \alpha dA$ gilt (in unserem Fall $\int \frac{\mu^1(t)}{\sigma^{11}(t)} dt$). Man kann sagen, dass $\tilde{K}$ die Abweichung von S misst, kein Martingal zu sein. Näheres kann man in den Arbeiten [DS95, Sch94, Sch95] nachlesen. Falls der Prozess $\tilde{K}$ beschränkt ist, so lässt sich das Optimierungsproblem lösen [PRS98].

2. Es gibt eine Reihe von Ansätzen, ein bestimmtes Martingalmaß auszuwählen. Darunter fallen z. B.

   a) Man minimiere

   $$\mathbb{E}_{\mathbb{P}}\left(\left(X - P - \int_0^T \varphi(u)dS(u)\right)^2\right)$$

   über alle $P \in \mathbb{R}$ und alle selbstfinanzierenden Strategien φ (vgl. z. B. in [DS96b, Sch94, Sch95]).

   b) Man minimiere

   $$\mathbb{V}ar_{\mathbb{P}}\left(X - \int_0^T \varphi(u)dS(u)\right)$$

   über alle selbstfinanzierende Strategien φ (vgl. z. B. in [MS95, Sch94, Sch95]).

   c) Es lässt sich Ansätze formulieren, die die Eindeutigkeit von $\mathbb{Q}$ erzwingen, indem man z. B. verlangt, dass ein Funktional $\Phi(\mathbb{Q})$ minimal wird. Diese Funktionale messen z. B. „den Abstand zwischen $\mathbb{P}$ und $\mathbb{Q}$". In diesem Bereich sind folgende Beispiele zu nennen:

Satz 5.3.19

Sei $(\widehat{S}_t^{(j)})$, $j \in J$ eine Familie von Prozessen, für die es ein äquivalentes Martingalmaß gibt so, dass die Dichte f von $\mathbb{Q}$ bezüglich $\mathbb{P}$ quadratisch $\mathbb{P}$-integrierbar ist. Sei außerdem $\frac{1}{f}$ (dies ist die Dichte von $\mathbb{P}$ bezüglich $\mathbb{Q}$) quadratisch $\mathbb{Q}$-integrierbar. Dann existiert ein eindeutiges äquivalentes Martingalmaß, sodass

$$\Phi(\mathbb{Q}) = ||f||_{L_2(\mathbb{P})} + ||\frac{1}{f}||_{L_2(\mathbb{Q})}$$

minimal wird.

Weitere Ergebnisse in dieser Richtung findet der Leser z. B. in Delbaen und Schachermayer (1996) [DS95] und in Schweizer [Sch92b]. Aber insgesamt haben alle Ansätze ein Problem gemeinsam: Mag der Ansatz mathematisch Sinn machen, so ist es doch fraglich, wie man es ökonomisch rechtfertigen will, dass sich der „richtige Optionspreis" dadurch ergibt, ein bestimmtes Funktional Φ zu minimieren.

3. Wie bereits unter c) angedeutet haben die einzelnen minimalen Martingalmaße einige interessante Eigenschaften, so z. B. dass bezüglich einer vorgegebenen Entropie das Martingalmaß $\mathbb{Q}$ den geringsten Abstand zu $\mathbb{P}$ hat (vgl. z. B. [DS96b, FS, Sch92a]).

4. Wenn man das obige minimale Martingalmaß gefunden hat, indem man das obige Optimierungsproblem löst, kann leider der Fall eintreten, dass der Wertprozess des Portfolios nach unten nicht beschränkt ist, d. h. dass es beliebig negative Werte geben kann. Es gibt auch hier Ansätze, die dies verhindern (vgl. dazu z. B. [Kor97])

5. Schließlich haben wir bei den ganzen Zugängen angenommen, dass unsere Handelsstrategien selbstfinanzierend sind. Auch hier ist es möglich den Portfolioprozess V_φ um eine Art Konsumprozess $C(t)$ zu erweitern und

$$V_\varphi(t) = x_0 + \int_0^t \varphi(u)dS(u) + C(t)$$

anzusetzen. Dies führt zu dem sogenannten *risikominimierenden Hedging*. Wir gehen auf die Details nicht näher ein und verweisen auf die Literatur [BK97, FS, FS86, Sch88].

6. In der Monographie von Kremer [Kre07] wird die Thematik der Portfoliotheorie aus dem diskreten Blickwinkel betrieben. Hier wird auf die Risikomaße und explizit auf die Theorie des Value at Risk eingegangen. In den Büchern von Reitz, Schwartz und Martin [RSM04] sowie Martin, Reitz und Wehn [MRW06] werden sowohl die Grundlagen der Portfoliotheorie wie auch Risikomaße besprochen, allerdings aus dem Blickwinkel der Zinsderivate bzw. des Kreditrisikos.

7. Spezielle Sichtweisen findet man z. B. in der Arbeit von [ADEH99]. Dort werden die einzelnen Markt- und Nicht-Marktrisiken unter der Annahme eines unvollständigen Marktes

untersucht. In [KÖ2] werden Optionspreise in unvollständigen Märkten mit verschiedenen Ausübungsfunktionen betrachtet.

6 Amerikanische Optionen

Derivate sind Finanzwaffen der Massenvernichtung.

Warren Buffett, 21 Jh.

In diesem Kapitel untersuchen wir eine neue Art von Optionen, die dem Halter dieser Option die Möglichkeit bietet, die Option jederzeit bis zum Enddatum $T > 0$ einzulösen. Da dem Halter somit mehr Rechte zu stehen, wird der Preis dieser Option auch höher sein als bei einem Derivat europäischen Stils. Ein Halter einer europäischen Option kann nur am Ende entscheiden, ob er die Option ausübt oder sie verfallen lässt. Eine Strategie für den Ausübungszeitpunkt einer Option bleibt also außen vor. Anders sieht dies bei den amerikanischen Optionen aus: Der Halter muss eine Strategie entwickeln, wann er ausüben will, d.h. wann er die Laufzeit der Option *stoppen* möchte. Mathematisch wird dies durch den Begriff der *Stoppzeit* behandelt, dem wir im diskreten Fall den ersten Abschnitt widmen. Danach gehen wir zur Bewertung der amerikanischen Optionen über – auch hier zuerst im zeitdiskreten Modell. Ein Vergleich zu den europäischen Optionen schließt sich an. Am Schluss besprechen wir kurz die Situation im zeitstetigen Fall, allerdings werden die Details nicht behandeln. Es führt in das Gebiet der partiellen Differenzialgleichungen. Numerische Methoden werden anschließend angesprochen und beendet dieses Kapitel.

6.1 Stoppzeiten

Damit wir die Rolle der *Stoppzeiten* besser beurteilen können, wollen wir zuerst die Definition einer amerikanischen Option anführen.

Definition 6.1.1
Ein adaptierter stochastischer Prozess $(S_t)_{0 \le t \le T}$ auf einem filtrierten Wahrscheinlichkeitsraum $(\Omega, \mathscr{F}, \mathbb{P}, (\mathscr{F}_t)_{0 \le t \le T})$, beschreibe den Preisprozess eines Vermögenswertes während einer Zeitspanne $[0, T]$. Eine diesem Vermögenswert zugeordnete *Option amerikanischen Stils* ist ein Derivat, das eine Zahlung von $F(S_t)$ garantiert, wann immer der Besitzer dieser Option entscheidet, sein Recht zur Zeit $t \in [0, T]$ auszuüben.

Zuerst müssen wir die *möglichen* oder *zulässigen* Regeln festlegen, die der Besitzer anwenden kann, wenn er die Option ausüben will. In der Wahrscheinlichkeitstheorie nennt man solche zulässigen Regeln *Stoppzeiten*. Man kann sie als Strategien ansehen, „bestimmte Prozesse zu stoppen oder zu starten". Bevor wir eine mathematische Definition geben, wollen wir einige Beispiele betrachten. Stoppzeiten kann man in folgenden Situationen verwenden:

1) Entscheiden, wann man eine Aktie kaufen oder verkaufen will.

2) Entscheiden, wann man ein bestimmtes Spiel beenden will.

3) Beim Black Jack-Spiel entscheiden, wann man dem Kartengeber mitteilt, keine Karte mehr zu nehmen.

4) Entscheiden, wann man eine Option amerikanischen Stils ausübt.

Um Stoppzeiten anzuwenden, müssen wir entscheiden können, welche Strategie durch eine Stoppzeit darstellbar ist oder nicht. Wir wollen also derartige *zulässige* Strategien aussuchen. Dazu sehen wir uns einige Beispiele an.

Beispiele 6.1.2
Man betrachte folgende Strategien. Welche ist zulässig?

1) Eine Aktie dann verkaufen, wenn ihr Wert über 100 Euros liegt.

2) Beim Black Jack Spiel: Keine Karte mehr zu ordern, wenn die Punktzahl mindestens 16 beträgt.

3) Beim Black Jack-Spiel: Keine Karte mehr zu wünschen, wenn die nächste Karte die Punktzahl über 21 bringt.

4) Solange Roulette spielen, bis man mindestens 1000 Euros gewonnen hat oder sein gesamtes Geld verspielt hat.

5) Eine Aktie an dem Tag t, $t < T$ verkaufen, wenn ihr Wert über eine betrachtete Zeitspanne $[0, T]$ maximal ist.

6) Staatsanleihen zu verkaufen, falls der Finanzminister bei der nächsten Pressekonferenz bekannt gibt, dass die Staatsverschuldung auf über 100% des Bruttosozialprodukts steigen wird.

Zwischen den Strategien (1), (2) und (4) auf der einen Seite und (3), (5) und (6) auf der anderen gibt es einen wesentlichen Unterschied: Die Entscheidung, wann man zu einer Zeit t stoppt, hängt bei (1), (2) und (4) nur von den Ereignissen ab, die bis zur Zeit t eingetreten sind. Andererseits hängt die Entscheidung in den Strategien (3), (5) und (6) zu stoppen, auch von zukünftigen Ereignissen ab: In (3) entscheidet nur die nächste Karte, in (5) hängt der Verkauf einer Aktie zur Zeit t davon ab, ob die zukünftigen Werte $(S_u)_{t<u\leq T}$ kleiner oder gleich S_t sind. Im Fall (6) will man die Entscheidung treffen, bevor die schlechten Zahlen auf dem Markt sind.

Folgerung 6.1.3
Eine Stoppzeit muss also eine Abbildung $\tau\colon \Omega \to [0, \infty)$ oder $\tau\colon \Omega \to [0, T]$ (falls die Zeitspanne endlich ist) sein, für die das Ereignis $\{\tau = t\}$ oder $\{\tau \leq t\}$ nur von Ereignissen abhängt, die zur

Zeit t oder davor eingetreten sind. Deshalb müssen die Ereignisse $\{\tau \leq t\}$ und $\{\tau = t\}$ auch $\mathscr{F}_t$-messbar sein. Dies führt zu folgender Definition.

Definition 6.1.4

Wir setzen eine zeitstetige Indexmenge I, wie z. B. $I = [0,\infty)$, $I = [0,T]$, oder eine zeitdiskrete Indexmenge wie $I = \{0,t_1,t_2,\ldots,t_n\}$ oder $I = \{0,t_1,t_2,t_3,\ldots\}$ voraus. Eine *Stoppzeit* auf dem filtrierten Wahrscheinlichkeitsraum $(\Omega, \mathscr{F}, \mathbb{P}, (\mathscr{F}_t)_{t\in I})$ ist eine Abbildung:

$$\tau\colon \ \Omega \to I,$$

oder, wenn I eine unbeschränkte Indexmenge ist (τ kann den Wert ∞ annehmen)

$$\tau\colon \ \Omega \to I \cup \{\infty\},$$

mit der Eigenschaft, dass $\{\omega \in \Omega; \tau \leq t\} \in \mathscr{F}_t$ für alle $t \in I$ gilt.

Man kann also festhalten, dass eine Abbildung $\tau\colon \ \Omega \to I$ bzw. $\tau\colon \ \Omega \to I \cup \{\infty\}$ mit abzählbarem Wertebereich, wie z. B. $\{\tau(w)\colon \ w \in \Omega\} = \{t_0,t_1,t_2,\ldots\}$, genau dann eine Stoppzeit ist, wenn

$$\{\tau = t_i\} \in \mathscr{F}_{t_i} \quad \text{für} \quad i = 1,2,\ldots$$

gilt. Oft ist es einfacher und für unsere Zwecke ausreichend, anzunehmen, dass die Stoppzeit abzählbar viele Werte annimmt.

Lemma 6.1.5

a) Konstante Zufallsvariablen $\tau \equiv t$ sind Stoppzeiten.

b) Sind τ, σ Stoppzeiten, so auch $\max(\tau,\sigma)$ und $\min(\tau,\sigma)$.

c) Sei $I = [0,\infty)$ oder $I = \mathbb{N}_0$. Ist τ eine Stoppzeit und $t \in I$, dann ist auch $\tau + t$ eine Stoppzeit.

Aber: $\tau - t$ muss keine Stoppzeit sein.

Beweis

Wir beweisen nur (b) für den Fall $\max(\tau,\sigma)$ und lassen den Rest als Übungsaufgabe. Für $t \in I$ beachte

$$\{\max(\tau,\sigma) \leq t\} = \{\tau \leq t\} \cap \{\sigma \leq t\} \in \mathscr{F}_t.$$

$\square$

Das folgende Lemma stellt einige wichtige Beispiele von Stoppzeiten zusammen. Man kann sie auch in der Finanzsprache wiedergeben: Seinem Makler sagen, er solle eine Aktie dann verkaufen, wenn sie einen bestimmten Wert überschritten hat, ist eine zulässige Strategie (sogenannte Stopp And Loss Order).

Doch zuerst müssen wir noch einige technische Bedingungen an die Filtration und die stochastischen Prozesse stellen.

Wenn die Indexmenge I stetig ist, d.h. von der Form $I = [0, T]$ oder $I = [0, \infty)$ ist, so sagen wir, ein stochastischer Prozess $(S_t)_{t \in I}$ erfüllt auf einem filtrierten Wahrscheinlichkeitsraum $(\Omega, \mathscr{F}, \mathbb{P}, (\mathscr{F}_t)_{t \in I})$ die *gewöhnlichen Bedingungen*, wenn

1) $\mathscr{F}_0$ aus allen Mengen A besteht für die $\mathbb{P}(A) = 0$ oder $\mathbb{P}(A) = 1$ gilt. Dies bedeutet, dass $\mathscr{F}_0$-messbare Zufallsvariablen fast sicher konstant sind und umgekehrt, dass jede Zufallsvariable, die fast sicher konstant ist, $\mathscr{F}_0$-messbar ist.

2) Für t gilt $\mathscr{F}_t = \bigcap\limits_{u > t} \mathscr{F}_u$ \qquad (d. h. die Filtration ist rechtsstetig).

3) Die Pfade (S_t) sind rechtsseitig stetig und haben linksseitigen Grenzwert, d. h.

$$\lim_{u \uparrow t} S_u(w) \text{ existiert und } \lim_{u \downarrow t} S_u(w) = S_t(w)$$

   für $\omega \in \Omega$.

Ist I diskret, so sind die obigen Bedingungen (2) und (3) bedeutungslos. In diesem Fall besteht die gewöhnliche Bedingung nur aus (1).

Lemma 6.1.6

Angenommen der stochastische Prozess $(S_t)_{t \in I}$ erfülle die gewöhnlichen Bedingungen bezüglich des filtrierten Wahrscheinlichkeitsraumes $(\Omega, \mathscr{F}, \mathbb{P}, (\mathscr{F}_t)_{t \in I})$. Sei $a \in \mathbb{R}$. Man definiere für $\omega \in \Omega$:

a) $\tau(\omega) = \inf\{t \in I; S_t(\omega) \geq a\}$

b) $\sigma(\omega) = \inf\{t \in I; S_t(\omega) > a\}$,

wobei $\inf(\emptyset) = \sup I$, falls I beschränkt ist oder $\inf(\emptyset) = \infty$ sonst. Dann sind τ und σ Stoppzeiten.

Beweis

Wir nehmen $I = [0, \infty)$ an. Die anderen Fälle lassen sich ähnlich behandeln. Für $t \in I$ folgt aus der rechtsseitigen Stetigkeit

$$\{\tau \leq t\} = \bigcup_{u \leq t} \{\omega \in \Omega \;\; ; \;\; S_u(\omega) \geq a\}$$

$$= \bigcup_{\substack{u < t \\ u \text{ rational}}} \{\omega \in \Omega \;\; ; \;\; S_u(\omega) \geq a\} \cup \{\omega \in \Omega \;\; ; \;\; S_t(\omega) \geq a\}.$$

Man beachte, dass die erste Vereinigung überabzählbar ist. Obwohl alle Mengen der Form $\{\omega \in \Omega; \;\; S_u(\omega) \geq a\}$ für $u \leq t$ in $\mathscr{F}_t$ liegen, können wir nicht sofort einsehen, dass die überabzählbare Vereinigung dieser Mengen wieder in $\mathscr{F}_t$ ist. Aber mit der Tatsache, dass die Pfade von S_t rechtsseitig stetig sind, lässt sich das Problem auf eine abzählbare Vereinigung von Mengen in $\mathscr{F}_t$ reduzieren.

Der Beweis zu (b) ist dem Leser als Übung überlassen. $\qquad\qquad\qquad\qquad\qquad\qquad\square$

Definition 6.1.7

Sind $(S_t)_{t\in I}$ ein auf $(\Omega,\mathscr{F},\mathbb{P},(\mathscr{F}_t)_{t\in I})$ adaptierter Prozess und τ eine Stoppzeit, so nennen wir den Prozess $(S_{t\wedge\tau})_{t\in I}$ definiert durch

$$S_{t\wedge\tau}(w) := \begin{cases} S_t(w) & \text{falls } t < \tau(w) \\ S_{\tau(w)}(w) & \text{falls } t \geq \tau(w) \end{cases}$$

den *durch τ gestoppten Prozess* $(S_t)_{t\in I}$ und $S_\tau : \Omega \to \mathbb{R}$ definiert gemäß $S_\tau(\omega) = S_{\tau(\omega)}(\omega)$ das *Schlußelement*.

Wie schon vorher erwähnt sind „Ereignisse die vor einer festen Zeit t eintreten" Elemente von $\mathscr{F}_t$. Wir legen jetzt die Bedeutung für ein Ereignis fest, *vor einer Stoppzeit τ einzutreten*.

Lemma 6.1.8

Für eine Stoppzeit $\tau\colon \Omega \to I$ auf $(\Omega,\mathscr{F},\mathbb{P},(\mathscr{F}_t)_{i\in I})$ bildet die Menge aller Elemente A von $\mathscr{F}$, die die Eigenschaft haben, dass

$$A \cap \{\tau \leq t\} \in \mathscr{F}_t \text{ erfüllt ist,}$$

eine σ-Algebra. Dieses Mengensystem heißt die *σ-Algebra der Ereignisse vor τ* und wird mit $\mathscr{F}_\tau$ bezeichnet.

Beweis

Wir weisen die Eigenschaften einer σ-Algebra nach:

1) $\emptyset \in \mathscr{F}_\tau$, da $\emptyset \cap \{\tau \leq t\} \in \mathscr{F}_t$ für alle $t \in I$.

2) Ist $A \in \mathscr{F}_\tau$, so folgt

$$(\Omega\backslash A) \cap \{\tau \leq t\} = \Omega \cap \{\tau \leq t\} \backslash A \cap \{\tau \leq t\} \in \mathscr{F}_t$$

für alle $t \in I$, also $\Omega\backslash A \in \mathscr{F}_\tau$.

3) Sind $A_1, A_2, \ldots \in \mathscr{F}_\tau$, so gilt

$$\bigcup_{i\in\mathbb{N}} A_i \cap \{\tau \leq t\} = \bigcup_{i\in\mathbb{N}} \underbrace{(A_i \cap \{\tau \leq t\})}_{\in\mathscr{F}_t} \in \mathscr{F}_t$$

für alle $t \in I$. Deshalb ist $\bigcup_{i\in\mathbb{N}} A_i \in \mathscr{F}_\tau$. $\qquad\square$

Lemma 6.1.9

Für einen adaptierten Prozess $(S_t)_{t\in I}$ auf $(\Omega,\mathscr{F},\mathbb{P},(\mathscr{F}_t)_{t\in I})$, der die gewöhnlichen Bedingungen erfüllt (falls $I = [0,\infty)$ oder $I = [0,T]$), und eine Stoppzeit τ mit $\tau < \infty$ f.s. ist S_τ $\mathscr{F}_\tau$-messbar.

Beweis

Wir betrachten erneut $I = [0,\infty)$. Für $I = [0,T]$ ist der Beweis gleich und für $I = \{t_1, t_2, \ldots\}$ lässt sich der Beweis ähnlich führen.

Zu vorgegebenem $a \in \mathbb{R}$ müssen wir zeigen, dass $\{S_\tau < a\} \in \mathscr{F}_\tau$. Dies bedeutet, dass wir zu gegebenem $t \in [0,\infty)$

$$\{S_\tau < a\} \cap \{\tau \leq t\} \in \mathscr{F}_t$$

zeigen müssen. Zu $n \in \mathbb{N}$ sei $P_n = (t_0^{(n)}, t_1^{(n)}, \ldots t_n^{(n)})$ eine Zerlegung von $[0,t]$ ($0 = t_0^{(n)} < t_1^{(n)} < \ldots < t_n^{(n)} = t$) mit $\lim_{n \to \infty} \|P_n\| = 0$. Die Tatsache, dass S_t rechtsseitig stetig ist, impliziert

$$\{S_\tau < a\} \cap \{\tau \leq t\}$$
$$= \Big[\{\tau = t\} \cap \{S_t < a\}\Big] \cup \bigcap_{n \in \mathbb{N}} \bigcup_{i=1}^{n} \Big[\{t_{i-1}^{(n)} < \tau \leq t_i^{(n)}\} \cap \bigcup_{\substack{q \in [t_{i-1}^{(n)}, t_i^{(n)}[\\ q \text{ rational}}} \{S_q < a \text{ und } \tau < q\}\Big].$$

Daher können wir die Menge $\{S_\tau < a\} \cap \{\tau \leq t\}$ als abzählbare Vereinigung und Durchschnitt von Mengen in $\mathscr{F}_t$ darstellen. Daraus folgt die Behauptung. $\qquad\square$

Lemma 6.1.10

Sind σ und τ Stoppzeiten auf $(\Omega, \mathscr{F}, \mathbb{P}, (\mathscr{F}_t)_{t \in I})$, so gilt:

a) Ist $\sigma \leq \tau$, dann ist $\mathscr{F}_\sigma \subset \mathscr{F}_\tau$.

b) Für $A \in \mathscr{F}_\sigma$ ist $A \cap \{\sigma \leq \tau\} \in \mathscr{F}_\tau$.

Beweis

a) Sei $A \in \mathscr{F}_\sigma$. Dann gilt

$$A \cap \{\sigma \leq t\} \in \mathscr{F}_t \quad \text{für alle} \quad t \in I.$$

Dies bedeutet für alle t

$$A \cap \{\tau \leq t\} = \underbrace{A \cap \{\sigma \leq t\}}_{\in \mathscr{F}_t} \cap \underbrace{\{\tau \leq t\}}_{\in \mathscr{F}_t} \in \mathscr{F}_t.$$

b) Sei $A \in \mathscr{F}_\sigma$. Dann hat man für $t \in I$

$$A \cap \{\sigma \leq \tau\} \cap \{\tau \leq t\} = (A \cap \{\sigma \leq t\}) \cap \{\tau \leq t\} \cap \{\min(\sigma,t) \leq \min(\tau,t)\}. \qquad (6.1)$$

Nach Lemma 6.1.5 ergibt sich, dass $\min(\sigma,t)$ und $\min(\tau,t)$ erneut Stoppzeiten sind, und aus dem Teil (a) folgt $\mathscr{F}_{\min(\sigma,t)} \subset \mathscr{F}_{\min(\tau,t)} \subset \mathscr{F}_t$. Deshalb liegen alle drei Mengen auf der rechten Seite von (6.1) in $\mathscr{F}_t$. Da $t \in I$ beliebig war, haben wir $A \cap \{\sigma \leq \tau\} \in \mathscr{F}_\tau$. $\qquad\square$

Wir kommen nun zum Hauptergebnis dieses Abschnitts. Grob gesprochen besagt es folgendes: Ist $(S_t)_{t \in I}$ Martingal, ein Submartingal bzw. ein Supermartingal, d. h. für $s < t$ gilt

$$\mathbb{E}(S_t|\mathscr{F}_s) = S_s, \text{ bzw.}$$
$$\mathbb{E}(S_t|\mathscr{F}_s) \geq S_s, \text{ bzw.}$$
$$\mathbb{E}(S_t|\mathscr{F}_s) \leq S_s,$$

so bleiben die obigen Ungleichungen erhalten, wenn man s und t durch zwei beschränkte Stoppzeiten σ und τ mit $\sigma \leq \tau$ ersetzt.

Satz 6.1.11 (Optional Sampling Satz)
Wir nehmen an, dass ein auf dem filtrierten Wahrscheinlichkeitsraum $(\Omega, \mathscr{F}, \mathbb{P}(\mathscr{F}_t)_{t \in I})$ adaptierter Prozess $(S_t)_{t \in I}$ die gewöhnliche Bedingung erfüllt (welche am Anfang des Abschnittes definiert wurde). Weiter seien σ, τ zwei Stoppzeiten mit $\sigma \leq \tau$ und $\tau \leq N$ für ein $N \in I$. Dann gilt

a) Ist $(S_t)_{t \in I}$ ein Martingal, so folgt

$$\mathbb{E}(S_\tau|\mathscr{F}_\sigma) = S_\sigma \quad \text{f.s.}$$

b) Falls $(S_t)_{t \in I}$ ein Submartingal ist, hat man

$$\mathbb{E}(S_\tau|\mathscr{F}_\sigma) \geq S_\sigma \quad \text{f.s.}$$

c) Für ein Supermartingal $(S_t)_{t \in I}$ folgt

$$\mathbb{E}(S_\tau|\mathscr{F}_\sigma) \leq S_\sigma \quad \text{f.s.}$$

Beweis
Im Fall $I = [0, \infty)$ oder $I = [0, T)$ benötigt der Beweis technische Hilfsmittel, die über den Rahmen dieses Buches hinausgehen. Deshalb weisen wir die Aussage nur für den diskreten Fall nach und nehmen ohne Beschränkung der Allgemeinheit an, dass $I = \mathbb{N}_0$. Trotzdem lässt sich der Beweis auch auf stetige Zeiten übertragen, wenn man voraussetzt, dass die Stoppzeiten σ und τ nur endlich viele Werte annehmen.

Wir brauchen nur b) nachweisen, denn ist (S_t) ein Supermartingal, so ist $(-S_t)$ ein Submartingal und ist (S_t) ein Martingal, dann ist es sowohl Sub- als auch Supermartingal. Seien $\sigma \leq \tau \leq N$

zwei Stoppzeiten. Zuerst definieren wir „Zwischenstoppzeiten"

$$\sigma_0 = \sigma$$
$$\sigma_1 = \min(\tau, \sigma + 1)$$
$$\vdots$$
$$\sigma_N = \min(\tau, \sigma + N).$$

Weil $\tau \leq N$, haben wir $\sigma_N = \tau$. Weiter gilt $\sigma_i \leq \sigma_{i+1}$ für alle $i = 0, 1, 2, \ldots, N-1$ und σ_{i+1} und σ_i unterscheiden sich höchstens um 1. Es reicht für $i = 0, 1, \ldots, N-1$, $\mathbb{E}(S_{\sigma_{i+1}} | \mathscr{F}_{\sigma_i}) \geq S_{\sigma_i}$ f.s. zu zeigen. Dies bedeutet gemäß der Definition der bedingten Erwartung, dass man zu vorgegebenen $A \in \mathscr{F}_{\sigma_i}$

$$\mathbb{E}(\mathbb{1}_A S_{\sigma_{i+1}}) \geq \mathbb{E}(\mathbb{1}_A S_{\sigma_i}).$$

zeigen muss. Aber diese Ungleichung sieht man folgendermaßen ein:

$$\mathbb{E}(\mathbb{1}_A S_{\sigma_{i+1}}) = \sum_{j=0}^{N} \mathbb{E}(\mathbb{1}_{A \cap \{\sigma_i = j\}} S_{\sigma_{i+1}})$$

$$= \sum_{j=0}^{N} \mathbb{E}(\mathbb{1}_{A \cap \{\sigma_i = j\} \cap \{\sigma_{i+1} = j\}} S_j) + \mathbb{E}(\mathbb{1}_{A \cap \{\sigma_i = j\} \cap \{\sigma_{i+1} = j+1\}} S_{j+1})$$

$$[\sigma_i \leq \sigma_{i+1} \leq \sigma_i + 1]$$

$$= \sum_{j=0}^{N} \mathbb{E}(\mathbb{1}_{A \cap \{\sigma_i = j\} \cap \{\sigma_{i+1} = j\}} S_j) + \mathbb{E}(\mathbb{1}_{A \cap \{\sigma_i = j\} \cap \{\sigma_{i+1} > j\}} S_{j+1})$$

$$[\{\sigma_{i+1} > j\} = \Omega \setminus \{\sigma_{i+1} \leq j\} \in \mathscr{F}_j]$$

$$\geq \sum_{j=0}^{N} \mathbb{E}(\mathbb{1}_{A \cap \{\sigma_i = j\} \cap \{\sigma_{i+1} = j\}} S_j) + \mathbb{E}(\mathbb{1}_{A \cap \{\sigma_i = j\} \cap \{\sigma_{i+1} > j\}} S_j)$$

$[$da $\mathbb{E}(S_{j+1} | \mathscr{F}_j) \geq S_j$ f.s., gilt $\mathbb{E}(\mathbb{1}_B S_{j+1}) \geq \mathbb{E}(\mathbb{1}_B S_j)$ für $B \in \mathscr{F}_j]$

$$= \sum_{j=0}^{N} \mathbb{E}(\mathbb{1}_{A \cap \{\sigma_i = j\}} S_j) = \mathbb{E}(\mathbb{1}_A S_{\sigma_i})$$

$$\square$$

Das folgende Beispiel verdeutlicht, dass die Beschränktheitsvoraussetzung „$\tau \leq N$" im Satz notwendig ist. Es formuliert die bekannte „Verdoppelungsstrategie" im Roulette: Setze auf Rot und verdoppele jedes mal den Einsatz bis zum ersten mal Rot erscheint.

Beispiel

Für unabhängige Zufallsvariablen $X_1, X_2, X_3, \ldots$ mit der Eigenschaft $\mathbb{P}(X_i = 1) = p > 0$, und $\mathbb{P}(X_i = -1) = (1 - p)$ definiere man

$$S_n = \sum_{i=1}^{n} 2^{i-1} X_i$$

und $\tau(w) = \min\{n \in \mathbb{N}, X_n = 1\}$. Man beachte, dass $\tau < \infty$ fast sicher, und es gilt für $w \in \Omega$

$$
\begin{aligned}
S_{\tau(w)}(w) &= \sum_{i=1}^{\tau(w)} 2^{i-1} X_i(w) \\
&= 2^{\tau(w)-1} - \sum_{i=1}^{\tau(w)-1} 2^{i-1} \\
&= 2^{\tau(w)-1} - (1 + 2 + 4 + \cdots + 2^{\tau(w)-2}) \\
&= 1 \quad \text{[geometrische Reihe]}.
\end{aligned}
$$

Deshalb folgt $\mathbb{E}(S_\tau) = 1$. Andererseits ist (S_n) ein Martingal, wenn $p = \frac{1}{2}$ und ein Supermartingal für $p < \frac{1}{2}$. Falls $p \leq \frac{1}{2}$, so hat man

$$\mathbb{E}(S_n) = \sum_{i=1}^{n} 2^{i-1}(p - (1 - p)) \leq 0. \qquad \square$$

Literatur und weitere Anmerkungen

Stoppzeiten spielen in der Wahrscheinlichkeitstheorie und in der stochastischen Analysis eine zentrale Rolle. Wir verweisen den Leser auf die einschlägige Literatur zu der Wahrscheinlichkeitstheorie (z. B. [Bil95, Rao84, Str81]) oder der stochastischen Analysis (z. B. [Arr64, KS88, Øks98, PR95, SV79]).

Aufgaben

1. Man beweise b) in Lemma 6.1.6.

2. Man beweise Lemma 6.1.5 vollständig.

3. Sei $(\mathscr{F}_t)_{t \in \mathbb{R}}$ eine Filtration auf einem Wahrscheinlichkeitsraum $(\Omega, \mathscr{F}, P)$. Seien σ, τ zwei Stoppzeiten. Man zeige:

    (a) $\mathscr{F}_{\min\{\sigma, \tau\}} = \mathscr{F}_\sigma \cap \mathscr{F}_\tau$.

    (b) Für $A \in \mathscr{F}_\sigma$ gilt

    $$A \cap \{\sigma \leq \tau\} \text{ und } A \cap \{\sigma < \tau\} \in \mathscr{F}_{\min\{\sigma, \tau\}}.$$

(c) Für den bedingten Erwartungswertoperator folgt

$$\mathbb{E}(\cdot\,|\mathscr{F}_{\min\{\sigma,\tau\}}) \;=\; \mathbb{E}(\cdot\,|\mathscr{F}_\sigma)\cdot\mathbb{E}(\cdot\,|\mathscr{F}_\tau).$$

4. (Waldsche Gleichung) Sei $X_1, X_2, \ldots, X_N$ eine endliche Folge von identisch und unabhängig verteilten (kurz i.i.d.) Zufallsvariablen ($a = \mathbb{E}(X_1) < \infty$). Man definiere $\mathscr{F}_n = \sigma(X_1, \ldots, X_n)$ für $n \in \mathbb{N}$ und definiere $S_n = \sum_{i=1}^{n} X_i$ für $n \in \mathbb{N}$. Man beweise:

   a) $(S_n - na)$ ist ein Martingal.

   b) Ist τ eine Stoppzeit, dann gilt $\mathbb{E}(\sum_{i=1}^{\tau} X_i) = \mathbb{E}(\tau)\mathbb{E}(X_1)$.

5. Angenommen, die Folge (X_i) von unabhängigen Zufallsvariablen erfüllt

$$\mathbb{P}\Big(X_i = \frac{1}{2}\Big) = \frac{1}{2} = \mathbb{P}(X_i = -1) \text{ für alle } i \in \mathbb{N}.$$

Sei $S_n := \sum_{i=1}^{n} X_i$, $n \in \mathbb{N}$ und sei $\tau = \inf\{n \in \mathbb{N}; S_n = k \text{ oder } S_n = -m\}$ zu festen $k, m \in \mathbb{N}$. Man beweise

$$\mathbb{E}(\tau) < \infty \text{ und } \mathbb{P}(S_\tau + k) = \frac{m}{k+m}.$$

6. Man betrachte den Stadtplan von New York und nehme an, dass die Straßen rechtwinklig angeordnet sind. Die Kreuzungen werden im $\mathbb{R}^2$ durch (i,j), $i, j \in \mathbb{N}_0$ angegeben. Weiter nehme man an, dass ein Fußgänger von (i,j) zu einer benachbarten Kreuzung $(i+1,j)$ oder $(i,j+1)$ mit jeweiliger Wahrscheinlichkeit $\frac{1}{2}$ geht. Alle Bewegungen werden als Zufallsvariable $Z_n = (X_n, Y_n), (Z_0 = (0,0))$ nach n Kreuzungen beschrieben, wobei wir annehmen, dass der Fußgänger niemals über eine Kreuzung zweimal geht. Sei $\Gamma \subset \mathbb{R}^2$ ein vorgegebener Pfad so, dass Γ aus paarweise verschiedenen Kreuzungen besteht und die Form $\Gamma = \{(i_m, j_m); i_0 = 0, j_0 > 0, i_m, j_m > 0, 1 \le m \le k-1, i_k > 0, j_k = 0\}$ hat. Sei $\mathscr{A}_n = \sigma(Z_0, \ldots, Z_n)$, $n \ge 0$ und $\tau = \min\{n \ge 0; Z_n \in \Gamma\}$. Man zeige:

   a) $(X_n - \frac{n}{2})$ und $(Y_n - \frac{n}{2})$ sind $\mathscr{A}_n$ Martingale.

   b) $\mathbb{E}(X_\tau) = \mathbb{E}(Y_\tau) = \frac{1}{2}\mathbb{E}(\tau)$.

7. Sei $(M_t)_{t \in [0,T]}$ ein stetiger Prozess auf dem filtrierten Wahrscheinlichkeitsraum $(\Omega, \mathscr{F}, \mathbb{Q}, (\mathscr{F}_t))$. Es gelte

$$\mathbb{P}\big(\{\omega \in \Omega; M_t(\omega) > 0\}\big) \text{ für alle } t \in [0,T].$$

Dann folgt

$$\mathbb{P}\big(\{\omega \in \Omega; \, M_t(\omega) > 0 \; t \in [0,T]\}\big).$$

6.2 Die Bewertung von amerikanischen Optionen

In diesem Abschnitt behandeln wir das Problem, für amerikanische Optionen einen arbitragefreien Wert zu berechnen. Wir wollen uns noch einmal in Erinnerung rufen, dass eine amerikanische Option ein Derivat mit Laufzeit $[0, T]$ auf einen Vermögenswert ist, dessen Preis zur Zeit S_t beträgt. Dabei zahlt das Derivat $F(S_t)$, wenn der Halter der Option entscheidet, sein Recht zu einer von ihm bestimmten Zeit $t \in [0, T]$ auszuüben. Wie wir es schon im vorhergehenden Abschnitt erläutert haben, kann der Besitzer jede Strategie ausüben, die durch Stoppzeiten definiert wird.

Zumindest für den Augenblick wollen wir nur Optionen amerikanischen Stils zulassen, die zu endlich vielen Handelszeitpunkten $0, 1, 2, \ldots, N$ ($N \in \mathbb{N}$) gehandelt werden können. Außerdem wählen wir als Währung einen Zero-Bond, der zur Zeit N einen Euro zahlt. Dies zwingt uns, die Ausübungsfunktion F auch von dem Ausübungsdatum n (der vom Besitzer der Option bestimmt wird) abhängig zu machen. Also sei $g(S_n)$ die Auszahlung in Euros, falls der Besitzer das Recht zur Zeit n ausübt. Dann können wir die Auszahlung in Zero-Bonds mit $F_n = e^{r(N-n)} g(S_n)$ angeben, wobei $r > 0$ die Zinsrate zwischen der Zeit i und $i+1$ ($i = 0, 1, \ldots N-1$) ist. Das bedeutet, selbst wenn $g(S_n)$ nur als eine Funktion von S_n erscheint, so ist doch eine Abhängigkeit vom Ausübungsdatum unvermeidlich, wenn man die Auszahlung in Zero-Bonds angibt.

Deshalb arbeiten wir in Zukunft mit folgendem Modell.

Wir denken uns Optionen amerikanischen Stils als eine Folge von $N+1$ Funktionen auf Ω, und bezeichnen sie mit $F_0, F_1, \ldots, F_N$. Den Funktionenvektor $(F_0, F_1, \ldots, F_N)$ werden wir kurz mit F bezeichnen. Für $\omega \in \Omega$ stellt die Zahl $F_n(\omega)$ die Auszahlung dar, wenn der Besitzer zur Zeit n die Option ausübt, vorausgesetzt ω tritt ein. Aus technischen Gründen nehmen wir an, dass der Besitzer die Option auch zur Zeit 0 ausüben kann.

Die F_i, $i = 0, 1, \ldots N$, sind auf einem filtrierten Wahrscheinlichkeitsraum $(\Omega, \mathscr{F}, \mathbb{P}, (\mathscr{F}_i)_{i=0,1,..N})$ definiert. $\mathscr{F}_0$ besteht aus allen Mengen $A \in \mathscr{F}$ mit $\mathbb{P}(A) = 0$ oder $\mathbb{P}(A) = 1$, und $\mathscr{F}_n$ stellt die Menge aller Ereignisse dar, für die bis zur Zeit n bekannt ist, ob sie eingetreten sind oder nicht. Da zum Zeitpunkt n klar sein sollte, wieviel der Besitzer einer Option erhält, falls er die Option ausübt, werden wir fordern, dass F_n für $n = 0, 1, \ldots N$ $\mathscr{F}_n$-messbar ist.

Eine Option amerikanischen Stils $F = (F_0, F_1, \ldots, F_n)$ nennen wir von einem Preisprozess $(S_i)_{i=0,1,..N}$ *abhängig*, falls F_n die Form $F_n(\omega) = f_n(\widehat{S}_n(\omega))$ hat, wobei $f_n : \mathbb{R} \mapsto \mathbb{R}$ messbar ist. In diesem Fall könnten wir F_n als eine Funktion von S_n anstatt von $\widehat{S}_n$ schreiben. Aber natürlich sollten alle Preise in der Formel in derselben Währung ausgedrückt werden. Weiterhin werden wir die Auszahlungsfunktion (nun in Zero-Bonds) mit F und Auszahlungsfunktionen in Euro durch G oder g bezeichnen.

Beispiel 6.2.1 *Ein Amerikanischer Call*
Die Auszahlungsfunktion des Calls lautet $g(S) = (S - K)^+$. Falls $(S_n)_{n=0,1,..N}$ der Preis des zugrundeliegenden Vermögenswertes ist, ergibt sich

$$F_n = e^{r(N-n)}(S_n - K)^+ = (e^{r(N-n)}S_n - e^{r(N-n)}K)^+ = (\widehat{S}_n - \widehat{K}_n)^+, \tag{6.2}$$

wobei $\widehat{K}_n = e^{r(N-n)}K$.

In Abschnitt 5.1 haben wir verschiedene Prozesse betrachtet, die den zugrundeliegenden Vermögenswert beschreiben. Wir werden ein äquivalentes Wahrscheinlichkeitsmaß $\mathbb{Q}$ fest wählen, das den diskontierten Preis des Vermögenswerts zu einem Martingal macht. Schon in Abschnitt 5.1 hatten wir beschrieben, dass der Wert des allgemeinen Derivats, das $f(\omega)$ zahlt, durch

$$V_e(t,f) = \mathbb{E}_{\mathbb{Q}}(f \mid \mathscr{F}_t) \tag{6.3}$$

gegeben ist, wobei in diesem Abschnitt t über alle diskreten Zeitpunkte $0, 1, \ldots N$ läuft. Mit dem Index „e" wollen wir die Optionen europäischen Stils ausdrücken.

Das zentrale Ergebnis dieses Abschnittes wird das Folgende sein: Falls ein äquivalentes Martingalmaß gewählt ist und der Wert einer Option europäischen Stils gemäß der Formel (6.3) bestimmt wurde, so ist auch schon der arbitragefreie Wert einer Option amerikanischen Stils festgelegt.

Ist F die Folge der Ausübungsfunktionen, so bezeichne $V_a(n,F)$, $n \in \{0,1,\ldots,N\}$, den Wert der Option amerikanischen Stils zur Zeit n. Hier setzen wir voraus, dass der Besitzer der Option sein Recht zur Zeit n ausüben kann. Deshalb ist $V_a(n,F)$ zumindest der *innere Wert* der Option, d. h.

$$V_a(n,F) \geq F_n. \tag{V_a1}$$

Es ist klar, dass $V_a(N,F) = F_N$. Das folgende Prinzip kann man als entscheidende Beobachtung betrachten, und es wird uns ermöglichen, den Wert einer amerikanischen Option zur Zeit 0 zu bestimmen. Für $n = 0,1,\ldots,N-1$ gilt

$$V_a(n,F) = \max\big(F_n, V_e(n, V_a(n+1,F))\big) = \max\big(F_n, \mathbb{E}_{\mathbb{Q}}(V_a(n+1,F)|\mathscr{F}_n)\big) \tag{V_a2}$$

Man beachte, dass $V_e(n, V_a(n+1,F))$ der Wert des Derivats europäischen Stils zur Zeit n ist, das $V_a(n+1,F)$ in Zero-Bonds zahlt.

Bemerkung 6.2.2
Das Prinzip (V_a2) läßt sich durch folgende Arbitrageargumente ableiten.

Zuerst nehmen wir $V_a(n,F) < \max(F_n, V_e(n, V_a(n+1,F)))$ an. Zur Zeit n können wir wie folgt vorgehen: Kaufe eine Option amerikanischen Stils F und verkaufe eine Option, die zur Zeit $n+1$ den Betrag $V_a(n+1,F)$ zahlt. Aus der Ungleichung (V_a1) folgern wir, dass $V_a(n,F) <$

$V_e(n, V_a(n+1, F))$. Deshalb erhalten wir einen Erlös zur Zeit n von $V_e(n, V_a(n+1, F)) - V_a(n, F)$. Zur Zeit $n+1$ verkaufen wir die amerikanische Option und erhalten den Betrag von $V_a(n+1, F)$, der dazu benutzt wird, die Short-Position zu decken.

Ist $V_a(F, n) > \max(F_n, V_e(n, V_a(n+1, F)))$, so verkaufe man zur Zeit n eine amerikanische Option F und man erhält den Betrag $V_a(n, F)$. Es ergeben sich nun zwei Möglichkeiten

Entweder wird der Käufer der Option sein Recht zur Zeit n ausüben (was natürlich nicht ratsam ist aufgrund der Preisdifferenz) und wir hätten einen Gewinn von $V_a(n, F) - F_n > 0$ gemacht. Oder der Käufer übt sein Recht nicht zur Zeit n aus. Dann kaufen wir zur Zeit n eine Option, die zur Zeit $n+1$ den Betrag von $V_a(n+1, F)$ zahlt. Zur Zeit $n+1$ könnten wir die Short Position durch den Betrag $V_a(n+1, F)$ decken. Trotzdem haben wir den sicheren Gewinn von $V_a(n, F) - V_e(n, V_a(n+1, F)) > 0$ gemacht.

Mithilfe von (V_a2) können wir $V_a(n, F)$ bestimmen, in dem wir den Optionspreis beginnend mit dem Endzeitpunkt N bis zur Zeit 0 sukzessive zurückrechnen.

$$V_a(N, F) = F_N, \text{ und}$$
$$V_a(N-1, F) = \max\big(F_{N-1}, V_e(N-1, V_a(N, F),)\big)$$
$$= \max\big(F_{N-1}, \mathbb{E}_\mathbb{Q}(F_N | \mathscr{F}_{N-1})\big).$$

Ist $V_a(n, F)$, $n \geq 1$, schon berechnet, so gilt

$$V_a(n-1, F) = \max\big(F_{n-1}, V_e(n-1, V_a(n, F))\big) \qquad (6.4)$$
$$= \max\Big(F_{n-1}, \mathbb{E}_\mathbb{Q}(V_a(n, F) | \mathscr{F}_{n-1})\Big).$$

Wie wir es schon zu Beginn des Abschnittes festgestellt haben, kann der Besitzer einer amerikanischen Option eine Strategie wählen (also eine Stoppzeit), die ihm angibt, wann die Option ausgeübt werden soll. Wie sieht nun die beste Strategie aus?

Um diese Frage befriedigend zu beantworten, betrachten wir zu einer festen Stoppzeit $\tau \colon \Omega \to \{0, 1, \ldots, N\}$ das Derivat, das F_τ zahlt. Deshalb gilt $F_\tau(\omega) = F_{\tau(\omega)}(\omega)$, was nichts anderes ist als der zur Zeit τ gestoppte Prozess (F_n) (vgl. Abschnitt 6.1). Eine Option europäischen Stils mit festem Ausübungsdatum N lässt sich z. B. als ein solches Derivat ansehen, wobei man $\tau \equiv N$ setzt. Wendet man unser Ergebnis aus Abschnitt 5.1 an, so können wir seinen Wert wie folgt berechnen

$$V(0, F_\tau) = \mathbb{E}_\mathbb{Q}(F_\tau) = \sum_{n=0}^{N} \mathbb{E}_\mathbb{Q}(1_{\{\tau=n\}} F_n).$$

Satz 6.2.3

Wir wählen ein festes $n \in \{0,1,\ldots,N\}$. Dann gilt

$$V_a(n,F) = \sup_{\substack{n \leq \tau \leq N \\ \tau \text{ Stoppzeit}}} \mathbb{E}_\mathbb{Q}(F_\tau | \mathscr{F}_n). \tag{6.5}$$

Weiter wird das „sup" in Gleichung (6.5) für die folgende Stoppzeit τ_n angenommen:

$$\tau_n = \min\{\ell \geq n \mid F_\ell \geq V_e(\ell, V_a(\ell+1, F))\},$$

wobei wir $V_e(N, V_a(N+1, F)) = F_N$ für $\ell = N$ setzen.

Insbesondere gilt

$$V_a(0,F) = \sup_{\substack{0 \leq \tau \leq N \\ \tau \text{ Stoppzeit}}} \mathbb{E}_\mathbb{Q}(F_\tau),$$

und die optimale Stoppzeit ist in diesem Fall

$$\tau_0 = \min\{\ell \geq 0 \mid F_\ell \geq V_e(\ell, V_a(\ell+1, F))\}.$$

Bemerkung 6.2.4

Man beachte, dass sich die optimale Stoppzeit auch folgendermaßen beschreiben lässt: „Übe die Option dann aus, wenn ihr Wert mit dem inneren Wert übereinstimmt".

Bewels

Mittels umgekehrter Induktion beweisen wir für alle $n = N, N-1, \ldots, 0$ die folgenden drei Behauptungen.

Behauptung 1: τ_n ist eine Stoppzeit.

Behauptung 2: $V_a(n,F) \geq \sup\limits_{n \leq \tau \leq N} \mathbb{E}_\mathbb{Q}(F_\tau \mid \mathscr{F}_n)$.

Behauptung 3: $V_a(n,F) \leq \mathbb{E}_\mathbb{Q}(F_{\tau_n} | \mathscr{F}_n)$.

Für $n = N$ sind alle drei Behauptungen trivialerweise erfüllt: $\tau_n \equiv N$, und $V_a(F,N) = F_N = \mathbb{E}_\mathbb{Q}(F_N \mid \mathscr{F}_N)$.

Nehmen wir nun an, dass Behauptung 1, Behauptung 2 und Behauptung 3 für $n+1$ richtig sind. Dann müssen wir die Gültigkeit für n zeigen.

Dazu bemerken wir für $\omega \in \Omega$

$$\tau_n(\omega) = \begin{cases} n & \text{falls } F_n \geq V_e(n, V_a(n+1, F)) \\ \tau_{n+1}(\omega) & \text{falls } F_n < V_e(n, V_a(n+1, F)). \end{cases} \tag{6.6}$$

Also $\{\tau_n = n\} = \{F_n \geq V_e(n, V_a(n+1, F))\} \in \mathscr{F}_n$. Für $\ell > n$ hat man

$$\{\tau_n = \ell\} = \underbrace{\{F_n < V_e(n, V_a(n+1, F))\}}_{\in \mathscr{F}_n} \cap \underbrace{\{\tau_{n+1} = \ell\}}_{\in \mathscr{F}_\ell} \in \mathscr{F}_\ell.$$

Insbesondere folgt hieraus die Behauptung 1 mit der Induktionsannahme. Behauptung 2 läßt sich auch intuitiv begründen: Eine Option amerikanischen Stils ist mindestens so viel wert wie eine Option mit derselben Auszahlungsfunktion aber fester Ausübungsstrategie. Aber wir sollten ein strenges mathematisches Argument folgen lassen. Für jede Stoppzeit $n \leq \tau \leq N$ gilt

$$\begin{aligned}
\mathbb{E}_\mathbb{Q}(F_\tau \mid \mathscr{F}_n) &= \mathbb{E}_\mathbb{Q}(1_{\{\tau=n\}}F_n + 1_{\{\tau>n\}}F_\tau \mid \mathscr{F}_n) \\
&= 1_{\{\tau=n\}}F_n + 1_{\{\tau>n\}}\mathbb{E}_\mathbb{Q}(F_\tau \mid \mathscr{F}_n) \\
&\quad [1_{\{\tau=n\}}, 1_{\{\tau>n\}} \text{ und } F_n \text{ sind } \mathscr{F}_n\text{-messbar}] \\
&\leq \max\big(F_n, \mathbb{E}_\mathbb{Q}(F_{\tau\vee(n+1)} \mid \mathscr{F}_n)\big).
\end{aligned}$$

Aus der Induktionsannahme und $(V_a 2)$ können wir

$$\begin{aligned}
\mathbb{E}_\mathbb{Q}(F_{\tau\vee(n+1)} \mid \mathscr{F}_n) &= \mathbb{E}_\mathbb{Q}(\mathbb{E}_\mathbb{Q}(F_{\tau\vee(n+1)} \mid \mathscr{F}_{n+1}) \mid \mathscr{F}_n) \\
&\leq \mathbb{E}_\mathbb{Q}(V_a(n+1, F) \mid \mathscr{F}_n) \quad [\text{Induktionsannahme}] \\
&= V_e(n, V_a(n+1, F)) \\
&\leq V_a(n, F) \quad [\text{mit } (V_a 2)]
\end{aligned}$$

ableiten. Aus beiden Gleichungen folgt sofort die Behauptung 2 für n.
Schließlich müssen wir noch Behauptung 3 nachweisen.

$$\begin{aligned}
V_a(n, F) &= \max(F_n, V_e(n, V_a(n+1, F))) \quad [\text{gemäß } (V_a 2)] \\
&= \max(F_n, \mathbb{E}_\mathbb{Q}(\mathbb{E}_\mathbb{Q}(F_{\tau_{n+1}} \mid \mathscr{F}_{n+1}) \mid \mathscr{F}_n)) \quad [\text{Induktionsannahme}] \\
&= \begin{cases} F_n & \text{falls } \tau_n = n \\ \mathbb{E}_\mathbb{Q}(F_{\tau_{n+1}} \mid \mathscr{F}_n) & \text{falls } \tau_n > n \end{cases} \\
&= \mathbb{E}_\mathbb{Q}(1_{\{\tau_n=n\}}F_{\tau_n} + 1_{\{\tau_n>n\}}F_{\tau_n} \mid \mathscr{F}_n) \\
&\quad [\text{falls } \tau_n > n, \text{ dann setze } \tau_n = \tau_{n+1}] \\
&= \mathbb{E}_\mathbb{Q}(F_{\tau_n} \mid \mathscr{F}_n).
\end{aligned}$$

$\square$

Der Preisprozess einer Option europäischen Stils $V_e(n, F) = \mathbb{E}_\mathbb{Q}(F_N \mid \mathscr{F}_n)$ ist ein Martingal. Das nächste Ergebnis sagt uns, dass der Prozess $V_a(n, F)$ ein Supermartingal ist.

Satz 6.2.5

Der Prozess $V_a(n, F)$ ist ein Supermartingal. Zusätzlich ist er *das kleinste Supermartingal*, das die Eigenschaft $V_a(n, F) \geq F_n$ hat. Dies bedeutet, dass jedes Supermartingal X_n mit der Eigenschaft

$$X_n \geq F_n \text{ f.s.}$$

auch

$$X_n \geq V_a(n, F) \text{ f.s.}$$

erfüllt.

Beweis

Nach $(V_a 2)$ gilt für $n = 0, 1, \ldots, N-1$

$$\mathbb{E}_{\mathbb{Q}}(V_a(n+1, F) \mid \mathscr{F}_n) = V_e(n, V_a(n+1, F)) \leq \max(F_n, V_e(n, V_a(n+1, F))) = V_a(n, F).$$

Dies zeigt, dass $(V_a(n, F))_{n=0,1,\ldots,N}$ ein Supermartingal ist.

Ist $X_n \geq F_n$ ein Supermartingal, so zeigen wir durch umgekehrte Induktion, dass $X_n \geq V_a(n, F)$ f.s. für alle $n = N, \ldots, 0$ gilt. Ist $n = N$, dann hat man $X_N \geq F_N = V_a(F, N)$. Angenommen wir haben die Behauptung bereits für $n+1$ gezeigt, so ergibt sich

$$\begin{aligned}
X_n &\geq \mathbb{E}_{\mathbb{Q}}(X_{n+1} \mid \mathscr{F}_n) \; [X_n \text{ ist ein Supermartingal}] \\
&\geq \mathbb{E}_{\mathbb{Q}}(V_a(F, n+1) \mid \mathscr{F}_n) \; [\text{mit der Induktionsannahme}] \\
&= V_e(n, V_a(n+1, F)).
\end{aligned}$$

Da auch $X_n \geq F_n$ gilt, erhalten wir mit $(V_a 2)$ schließlich

$$X_n \geq \max(F_n, V_e(n, V_a(n+1, F))) = V_a(n, F).$$

$\square$

Bemerkung 6.2.6

Wir haben den Begriff der *Snell-Hülle* nicht eingeführt. Für den interessierten Leser wollen wir dies kurz nachholen.

Ist $(Z_n)_{n=0,1,\ldots,N}$ ein zu dem filtrierten Wahrscheinlichkeitsraum $(\Omega, \mathscr{F}, \mathbb{Q}, (\mathscr{F}_n)_{n=0,1,\ldots,N})$ adaptierter diskreter Prozess, so bildet eine Folge von Zufallsvariablen $(U_n)_{n=0,1,\ldots,N}$ die *Snell-Hülle* der Folge $(Z_n)_{n=0,1,\ldots,N}$, wenn

$$U_n = \begin{cases} U_N = Z_N & \text{falls } n = N \\ \max(Z_n, \mathbb{E}_{\mathbb{Q}}(U_{n+1} \mid \mathscr{F}_n)) & \text{falls } 0 \leq n < N \end{cases}$$

In unserem Fall der amerikanischen Option gilt nach $(V_a 2)$, dass der Wert $V_a(n,F)$ einer amerikanischen Option die Snell-Hülle von (F_n) ist.

Der vorhergehende Satz 6.2.5 gibt eine allgemeine Eigenschaft der Snell-Hülle wieder, denn es gilt zusätzlich für eine Snell-Hülle (U_n) und für die Stoppzeit

$$\tau^* = \inf\{n \geq 0; U_n = Z_n\},$$

dass (U_{τ^*}) ein Martingal ist.

Ferner gilt für die Snell-Hülle (U_n): Die Stoppzeit τ^* löst das optimale Stoppproblem

$$U_0 = \mathbb{E}_{\mathbb{Q}}(Z_{\tau^*} | \mathscr{F}_0) = \sup\{\mathbb{E}_{\mathbb{Q}}(Z_\tau | \mathscr{F}_0); \tau \in \mathscr{T}_0\},$$

wobei $\mathscr{T}_0$ die Menge aller Stoppzeiten mit Werten in $\{0,\dots,N\}$. Diese Aussage finden wir in der Situation von Satz 6.2.3 wieder.

Nun wollen wir das log-binomiale Modell für die Zeitlänge N betrachten. Für dieses Modell kennen wir bereits das äquivalente (eindeutige) Martingalmaß $\mathbb{Q}$. Wir nehmen an, dass F_n vom log-binomial-verteilten Prozess $(S_n)_{n=0,\dots N}$ abhängt. Deshalb schreiben wir $F_n = f_n(\widehat{S}_n)$. Sind U und D die Größen, um die der Aktienpreis S_n steigt oder fällt ($D < 1 + R = e^r < U$), so steigt $\widehat{S}_n$ um den Betrag $e^{-r}U$ oder fällt um $e^{-r}D$ (denn der Preis eines Zero-Bonds steigt um den Faktor e^r zwischen den Zeitpunkten n und $n+1$, falls man in Euro rechnet).

In Zero-Bonds gerechnet leitet man

$$\mathbb{Q}(\widehat{S}_{n+1} = e^{-r}U\widehat{S}_n \mid \mathscr{F}_n) = \frac{e^r - D}{U - D}$$
$$\mathbb{Q}(\widehat{S}_{n+1} = e^{-r}D\widehat{S}_n \mid \mathscr{F}_n) = \frac{U - e^r}{U - D}$$

ab. Wir setzen $V_a(n,F)(\widehat{S}_n)$ als Wert einer Option amerikanischen Stils. Der diskontierte Aktienpreis $\widehat{S}_n$ kann die Werte $U^i D^{n-i} \widehat{S}_0$, $i = 0,1,\dots,n$ annehmen. Genau gesagt hängt $V_a(n,F)$ von $\omega \in \Omega$ ab, aber es lässt sich einfach zeigen, dass $V_a(n,F)$ nur vom Wert $\widehat{S}_n(\omega)$ beeinflusst wird. Damit können wir $V_a(n,F)(\widehat{S}_n)$ als den Wert der Option zur Zeit n feststellen, falls der Aktienpreis $\widehat{S}_n$ beträgt.

Aus $(V_a 2)$ leiten wir folgende rekursive Formel ab

$$V_a(n,F)(\widehat{S}_n) = \max(f_n(\widehat{S}_n), \mathbb{E}_{\mathbb{Q}}(V_a(n+1,F) \mid \mathscr{F}_n)(\widehat{S}_n))$$
$$= \max\left(f_n(\widehat{S}_n), V_a(n+1,F)(\widehat{S}_n e^{-r}U)\frac{e^r - D}{U - D} + V_a(F,n+1)(\widehat{S}_n e^{-r}D)\frac{U - e^r}{U - D} \right).$$

Wie soll ein Marktteilnehmer sein Portfolio hedgen, nachdem er eine Option amerikanischen Stils verkauft hat?

Dazu definieren wir für $n = 0, 1, \ldots, N-1$

$$\Delta_n(\widehat{S}_n) = \frac{V_a(n+1,F)(\widehat{S}_n e^{-r}U) - V_a(F,n+1)(\widehat{S}_n e^{-r}D)}{\widehat{S}_n e^{-r}U - \widehat{S}_n e^{-r}D}$$

$$C_n(\widehat{S}_n) = V_a(n,F)(\widehat{S}_n) - \mathbb{E}_{\mathbb{Q}}(V_a(n+1,F) \mid \mathscr{F}_n)(\widehat{S}_n).$$

Mit $(V_a 2)$ folgt, dass $C_n \geq 0$, und $C_n > 0$, wenn $V_a(n,F) = F_n > V_e(n, V_a(n+1,F))$ gilt. Wir definieren nun einen adaptierten Prozess (X_n) in Zero-Bondwährung :

$$X_0 = V_a(0,F)$$

(dies ist der Betrag, den ein Verkäufer zur Zeit 0 erhält) und rekursiv

$$X_{n+1} = \Delta_n(\widehat{S}_n) \cdot \widehat{S}_{n+1} + X_n - C_n - \Delta_n(\widehat{S}_n) \cdot \widehat{S}_n.$$

Dies ist wiederum der Wert des Portfolios zur Zeit $n+1$, falls der Anleger $\Delta_n(\widehat{S}_n)$ Aktienanteile zur Zeit n kauft, dann $C_n \geq 0$ aus seinem Portfolio nimmt und den Rest in Bonds anlegt.

Wir behaupten nun

$$X_n = V_u(n,F).$$

Das bedeutet, dass der Anleger zu jedem Zeitpunkt eine Short-Position einer Einheit einer amerikanischen Option deckt. Die Aussage wollen wir mit Induktion für jedes $n = 0, 1, \ldots, N$ beweisen. Ist $n = 0$, so ergibt sich die Aussage aus der Wahl von X_0. Wir nehmen an, dass die Aussage für eine Zeit n richtig ist.

Falls zum Zeitpunkt $n+1$ die Gleichung $\widehat{S}_{n+1} = e^{-r}U\widehat{S}_n$ gilt, folgt (dabei unterdrücken wir die Abhängigkeit von $\widehat{S}_n$ von Δ_n, X_n und C_n)

$$\begin{aligned}
X_{n+1} &= \Delta_n(\widehat{S}_n e^{-r}U - \widehat{S}_n) + X_n - C_n \\
&= \frac{V_a(n+1,F)(\widehat{S}_n e^{-r}U) - V_a(n+1,F)(\widehat{S}_n e^{-r}D)}{e^{-r}U - e^{-r}D}(e^{-r}U - 1) + V_a(n,F)(\widehat{S}_n) - C_n \\
&= q_D[V_a(n+1,F)(\widehat{S}_n e^{-r}U) - V_a(n+1,F)(\widehat{S}_n e^{-r}D)] + V_a(n,F)(\widehat{S}_n) - C_n \\
&\quad \left[q_D = \mathbb{Q}(\widehat{S}_{n+1} = e^{-r}D\widehat{S}_n \mid \mathscr{F}_n) = \frac{U - e^r}{U - D}\right]
\end{aligned}$$

$$= q_D[V_a(n+1,F)(\widehat{S}_n e^{-r}U) - V_a(n+1,F)(\widehat{S}_n e^{-r}D)]$$

$$+ q_U V_a(n+1,F)(\widehat{S}_n e^{-r}U) + q_D V_a(n+1,F)(\widehat{S}_n e^{-r}D)$$

[beachte, dass $\quad \mathbb{E}_{\mathbb{Q}}(V_a(n+1,F) \mid \mathscr{F}_n)(\widehat{S}_n) = V_a(n,F)(\widehat{S}_n) - C_n$

nach Definition von C_n gilt]

$$= V_a(n+1,F)(e^{-r}U\widehat{S}_n)$$

$$[q_U + q_D = 1].$$

Sollte $\widehat{S}_{n+1} = e^{-r}D\widehat{S}_n$ zur Zeit $n+1$ gelten, dann ergibt sich die Behauptung aus ähnlichen Rechnungen. $\qquad\qquad\qquad\qquad\qquad\qquad\qquad\qquad\qquad\qquad\qquad\qquad\qquad\qquad\qquad\quad\square$

Bemerkung 6.2.7

Die obige Methode, im diskreten Handelszeitmodell den optimalen Auslösezeitpunkt zu finden, nennt man auch *dynamische Programmierung*.

Wenn wir das erste Hedgingargument betrachten, könnte man den Eindruck gewinnen, dass der Verkäufer einer amerikanischen Option eine Arbitragemöglichkeit hat, denn er kann die Menge C_n aus seinem Portfolio abziehen und immer noch die Short-Position abdecken. Man muss allerdings beachten, dass der Betrag C_n nur dann strikt positiv ist, wenn $V_a(n,F) > \mathbb{E}_{\mathbb{Q}}(V_a(n+1,F) \mid \mathscr{F}_n) = V_e(n, V_a(n+1,F))$ gilt. Wir haben mit (V$_a$2) die Identität $V_a(n,F) = F_n(\widehat{S}_n)$. Wenn der Käufer die optimale Strategie, wie in Satz 6.2.3 beschrieben, nutzt, wird er sein Recht zum Zeitpunkt n ausüben und den Prozess stoppen. Wenn der Käufer nicht die optimale Strategie fährt, ja dann macht der Verkäufer tatsächlich einen Gewinn.

Wir wollen die Bedingungen (V$_a$1) und (V$_a$2) in eine feste Währung umschreiben und betrachten dazu eine Option amerikanischen Stils, die einem Vermögenswert S zugeordnet ist. Sie zahlt $g(S_n)$ Euros, wenn der Besitzer sein Recht zum Zeitpunkt n ausübt. Die entsprechende Auszahlungsfunktion lautet somit in Zero-Bonds $F_n = e^{r(N-n)}g(S_n)$, $n = 0,1,\ldots N$. Wenn wir den Wert der betrachteten Option (in Euro gemessen) zur Zeit n mit $W_a(n,g)$ bezeichnen, so folgern wir $W_a(n,g) = e^{-(N-n)}V_a(n,F)$. Dann stellen sich die Bedingungen (V$_a$1) und (V$_a$2) gemäß

$$W_a(n,g) = e^{-r(N-n)}V_a(n,F) \geq e^{-r(N-n)}F_n = g(S_n) \qquad\qquad (\text{W}_a1)$$

und

$$W_a(n,g) = e^{-r(N-n)}V_a(n,F) \qquad\qquad\qquad\qquad\qquad\qquad (\text{W}_a2)$$
$$= e^{-r(N-n)}\max\big(F_n, \mathbb{E}_{\mathbb{Q}}(V_a(n+1,F)|\mathscr{F}_n)\big)$$
$$= \max\big(g(S_n), e^{-r}\mathbb{E}_{\mathbb{Q}}(W_a(n+1,F)|\mathscr{F}_n)\big)$$

dar.

Im nächsten Abschnitt werden wir zeigen, dass für eine große Klasse von Ausübungsfunktionen der Wert einer Option europäischen Stils mit dem Wert einer Option amerikanischen Stils übereinstimmt. Mit anderen Worten, es ergibt sich für den Besitzer kein Vorteil das Ausübungsdatum gemäß einer optimalen Strategie selbst zu bestimmen. In dem folgenden Beispiel wollen wir diesen Sachverhalt für einen Call im log-binomialen Modell aufzeigen.

Beispiel 6.2.8

Im log-binomial Modell ist der Wert einer amerikanischen Call-Option gleich dem Wert einer europäischen Call-Option.

Dazu sei $g(S) = (S-K)^+$ und $F_n = e^{r(N-n)}(S_n - K)^+ = (\widehat{S}_n - \widehat{K}_n)^+$, wobei $\widehat{K}_n = e^{r(N-n)}K$, für $n = 0, 1, \ldots N$. Wir nehmen an, dass S_n log-binomial-verteilt ist und bezeichnen die Auf-Bewegungen mit U und die Ab-Bewegungen mit D.

Mit umgekehrter Induktion zeigen wir, dass $F_n \leq \mathbb{E}_{\mathbb{Q}}(F_N|\mathscr{F}_n)$ für jedes $n = N, N-1, \ldots, n$ gilt. Für $n = N$ ist die Behauptung klar. Sei nun angenommen, dass die Aussage für ein $n+1$ richtig ist. Wir vermerken, dass die Funktion g konvex ist, was $g(\alpha x + \beta y) \leq \alpha g(x) + \beta g(y)$, für $x, y \in \mathbb{R}$ und $\alpha, \beta \geq 0$ $\alpha + \beta = 1$ bedeutet.

Daher ergibt sich

$$
\begin{aligned}
\mathbb{E}_{\mathbb{Q}}(F_N|\mathscr{F}_n) &= \mathbb{E}_{\mathbb{Q}}\big(\mathbb{E}_{\mathbb{Q}}(F_N|\mathscr{F}_{n+1})|\mathscr{F}_n\big) \\
&\geq \mathbb{E}_{\mathbb{Q}}(F_{n+1}|\mathscr{F}_n) \quad [\text{Induktionvoraussetzung}] \\
&= \mathbb{E}_{\mathbb{Q}}(g(S_{n+1})e^{r(N-n-1)}|\mathscr{F}_n) \\
&= e^{r(N-n-1)}\big(q_D g(DS_n) + q_U g(US_n)\big) \\
&\geq e^{r(N-n-1)}g\big(q_D DS_n + q_U US_n\big) \quad [\text{Konvexität}] \\
&= e^{r(N-n-1)}g(e^r S_n) = e^{r(N-n)}(S_n - e^{-r}K)^+ \geq e^{r(N-n)}(S_n - K)^+ = F_n.
\end{aligned}
$$

Nun beweisen wir erneut mit umgekehrter Induktion, dass $V_a(n,F) = V_e(n,F_N)$ gilt. Für $n = N$ ist die Aussage trivial. Also nehmen wir an, dass die Behauptung für ein $n+1$ korrekt ist. Wir folgern

$$
\begin{aligned}
V_a(n,F) &= \max\big(F_n, V_e(n, V_a(n+1,F))\big) \\
&= \max\big(F_n, \mathbb{E}_{\mathbb{Q}}(F_N|\mathscr{F}_n)\big) \quad [\text{Induktionvoraussetzung}] \\
&= \mathbb{E}_{\mathbb{Q}}(F_N|\mathscr{F}_n) = V_e(n, F_N).
\end{aligned}
$$

$\square$

Literatur und weitere Anmerkungen

Derivate amerikanischen Stils sind bereits klassischer Bestandteil jeder Optionspreistheorie. Deshalb findet man in einer Reihe von Büchern eine mehr oder weniger ausführliche Behandlung dieses Themas (z. B. [WHD95, Kar97, KS98]). Wir haben unsere Betrachtungen auf den Fall endlich vieler Handelszeitpunkte beschränkt. Der allgemeine Fall findet sich z. B. in den Monographien von Karatsas und Shreve bzw. Musiela und Rutkowski [KS98, MR97]. Hierfür benötigt man fortgeschrittene Kenntnisse, die wir in diesem Buch nicht behandeln wollen, wie z. B. die Doob-Meyer-Zerlegung. Um die optimale Stoppzeit für allgemeine amerikanische Optionen zu bestimmen, (nicht notwendigerweise Call-Optionen ohne Dividendenzahlung), wie amerikanische Puts, muss man numerische Methoden zu Hilfe nehmen. Eine Formel für derartige Stoppzeiten, die auch anwendbar ist, steht nicht zur Verfügung. Wir verweisen den interessierten Leser auf die Arbeit von Myneni [Myn92]. Der faire Preis einer amerikanischen Option läßt sich durch das Lösen eines Cauchy-Problems bestimmen, das dem Cauchy-Problem für europäischen Derivate ganz ähnlich sieht. Dies führt zu Lösungen von Variationsproblemen. Auch hier verweisen wir den interessierten Leser auf einen Artikel von Jaillet, Lamberton und Lapeyre [JLL90]. In Abschnitt 6.4 gehen wir auf die Bewertung amerikanischer Puts noch genauer ein. Die diskrete Betrachtung amerikanischer Optionen wird ausführlich im Buch von Kremer [Kre07] behandelt. Hier werden auch Code-Fragmente angegeben, um den Algorithmus zur Berechnung darzustellen (siehe auch [Sey03]).

Aufgaben

1. Man formuliere die Call-Put-Parität für amerikanische Optionen.

2. Es ist manchmal nützlich, die Option zu einem Zeitpunkt $t < T$ auszuüben, d. h. vor dem Ausübungsdatum. Man gebe eine Bedingungen mithilfe des Aktienpreises S_t, des Strike-Preises K, der Zinsrate r und des Zeitpunktes $t < T$ an.

3. Man betrachte das binomiale Modell der Länge $N = 3$. Sei $U = 1,1$, $D = 0.4$, $r = 0,08$ und $S_0 = 100$ Euro. Man berechne das Martingalmaß für den Preisprozess $(S_n)_{n \in \{0,1,2,3\}}$ und den Wert der Put-Option amerikanischen Stils $V_a(t)$ $(t = 0,1,2,3)$ mit Strike-Preis $K = 95$ Euro nach zwei Handelsperioden. Man berechne das Δ. Wie lautet die optimale Stoppzeit?

4. Man untersuche eine dividendenlose Aktie mit einem Startwert von $S_0 = 50$ Euro und einer Volatilität von $\sigma = 40\%$ pro Jahr. Es sei $r = 0,1$ die jährliche Zinsrate für einen risikolosen Bond. Man betrachte den Wert einer amerikanische Put-Option $V_p^a(t)$ in einem Auf- und Ab-Modell für 5 Perioden zu einem Ausübungszeitpunkt nach 5 Monaten mit einem Ausübungspreis $K = 54$ Euro. Mit Hilfe einer Tabelle bestimme man den Wert der Aktie und der Option zu den Zeitpunkten $t_0, \ldots, t_5$. Man entscheide zu jedem Zeitpunkt t_i, $i = 1, \ldots, 5$, ob man die Put-Option ausüben soll.

5. Es sei die gleiche Situation wie in der vorhergehenden Übung gegeben. Man berechne den Wert einer europäischen Option $V_p^e(t)$ zu jedem Zeitpunkt $t = t_0, \ldots, t_5$ und bestimme den Black-Scholes-Preis $V_p(0)$ der Put-Option europäischen Stils mithilfe der Black-Scholes-Formel. Man berechne
$$V_p^u(0) + V_p(0) - V_p^e(0).$$

6. Mit Arbitrageargumenten zeige man die folgende partielle Differenzialungleichung für eine amerikanische Put-Option $P = P(t, S)$

$$\frac{\partial P}{\partial t} + \frac{1}{2}\sigma^2 S^2 \frac{\partial^2 P}{\partial S^2} + rS_t \frac{\partial P}{\partial S} - rP \leq 0 \qquad (6.7)$$

mit der Randbedingung

$$P(t, S) \geq \max(K - S, 0),$$

wobei K der Strike-Preis ist. Man beweise, dass, falls das Halten der Option optimal ist, sich in (6.7) Gleichheit einstellt und die Randbedingung erfüllt ist. Falls es optimal ist, die Option auszuüben, dann gilt eine strikte Ungleichung in (6.7) und man hat Gleichheit in den Randbedingungen.

7. Sei $T > 0$. Man definiere $g(S) = (K - S)^+$, wobei $K \geq 0$ der Strike-Preis ist. Weiter definiere man $P_a(T - t, S) = W_a(t, g)(S_t = S)$ (zur Notation $W_a(t, g)(S_t = S)$ vgl Abschnitt 7.2). Man zeige, dass $P_a(S, u)$ konvex und fallend in S und steigend in u ist.

8. * Sei $\mathscr{A} = \{(t, S) \in [0, T] \times \mathbb{R}_+; P_a(T - t, S) = (K - S)^+\}$ und $\mathscr{H} = \{(t, S) \in [0, T] \times \mathbb{R}_+; P_a(T - t, S) > (K - S)^+\}$. Gemäß der vorhergehenden Definition nennen wir $\mathscr{A}$ den *Stopp- oder Ausübungsbereich* und $\mathscr{H}$ den *Haltebereich*. Sei $s^*(T - t) = \sup\{S \in \mathbb{R}_+; P_a(T - t, S) = (K - S)^+\}$ und $c^*(t) = s^*(T - t)$.

   a) Man beweise, dass der Graph von s^* in $\mathscr{A}$ enthalten ist.

   b) Die optionale Stoppzeit für amerikanische Optionen im Intervall $[t, T]$ lautet

   $$\tau_t = \inf\{u \in [t, T]; W_a(T - u, S) = (K - S)^+\}.$$

   Man zeige

   $$\tau_t = \inf\{u \in [t, T]; S_u \leq s^*(T - u)\} = \inf\{u \in [t, T]; S_u \leq c^*(u)\}.$$

6.3 Für welche Auszahlungsfunktionen haben amerikanische und europäische Optionen denselben Wert?

Im Abschnitt 6.2 haben wir den Wert einer Option amerikanischen Stils unter der Annahme endlich vieler Handelszeitpunkte hergeleitet. Erhöht man die Anzahl der Zeitpunkte und verringert damit die Abstände zwischen den Handelszeitpunkten verringert, so ist es natürlich anzunehmen, dass die Formel (6.5) aus Satz 6.2.3 auf die stetigen Zeitmodelle übertragen werden kann. Ist $\mathbb{Q}$ ein äquivalentes Martingalmaß, das den diskontierten Preisprozess des zugrundeliegenden Vermögenswertes zu einem Martingal macht, so nehme man an, dass $(F_t)_{0 \leq t \leq T}$ eine Familie von Auszahlungsfunktionen amerikanischen Stils ist. Wie bisher sei $(F_t)_{0\leq t\leq T})$ ein auf dem filtrierten Wahrscheinlichkeitsraum $(\Omega,\mathscr{F},\mathbb{P},(\mathscr{F}_t)_{0\leq t\leq T})$ adaptierter Prozess. Man kann sich F_t als eine Auszahlung in Zero-Bonds vorstellen, falls sich der Besitzer entscheidet, sein Recht zur Zeit t auszuüben.

Nehmen wir an, alle Optionen werden unter demselben äquivalenten Martingalmaß $\mathbb{Q}$ mithilfe der Formel aus Satz 5.1.3 bewertet, dann berechnen wir für den Wert einer amerikanischen Option gemäß

$$V_a(t,F) = \sup_{\substack{t\leq\tau\leq T\\ \tau\ \text{Stoppzeit}}} \mathbb{E}_{\mathbb{Q}}(F_\tau\mid\mathscr{F}_t). \tag{6.8}$$

Wir verweisen für den Beweis der Gleichung (6.8) im zeitstetigen Fall auf [MR97, Theorem 8.1.1].

Zuerst schreiben wir die Gleichung (6.8) in eine feste Währung um. Dazu betrachten wir eine amerikanische Option, die $g(S_t)$ Euros zahlt, wenn der Besitzer sein Recht zur Zeit t ausübt. Die Auszahlungsfunktion ist in Zero-Bonds angegeben. Deshalb gilt $F_t = e^{r(T-t)}g(S_t) = e^{r(T-t)}g(e^{-r(T-t)}\widehat{S}_t)$, $0\leq t\leq T$. Der Wert $W_a(t,g)$ der Option in Euro beträgt

$$W_a(t,g) = e^{-r(T-t)}V_a(t,F) \tag{6.9}$$

$$= e^{-r(T-t)}\sup_{\substack{t\leq\tau\leq T\\ \tau\ \text{Stoppzeit}}} \mathbb{E}_{\mathbb{Q}}(F_\tau)\mid\mathscr{F}_t)$$

$$= \sup_{\substack{t\leq\tau\leq T\\ \tau\ \text{Stoppzeit}}} \mathbb{E}_{\mathbb{Q}}(e^{-r(\tau-t)}g(S_\tau)\mid\mathscr{F}_t).$$

Der folgende Satz beschreibt eine allgemeine Situation, in der der Wert einer amerikanischen Option dem einer europäischen Option entspricht.

Satz 6.3.1
Ist g eine konvexe Funktion mit $g(0) = 0$, dann gilt

$$W_a(t,g) = V_e(t,g),\ \text{für } t\in[0,T].$$

Satz 6.3.1 wird sich als Folgerung des Optional Sampling Satzes 6.1.11 und der Jensenschen Ungleichung (vgl. Satz D.3.8 aus Anhang D.3) ergeben.

Beweis
Nach (6.9) müssen wir zeigen, dass für zwei Stoppzeiten σ und τ mit $t\leq\sigma\leq\tau\leq T$

$$\mathbb{E}_{\mathbb{Q}}(e^{-(\tau-t)r}g(S_\tau)\mid\mathscr{F}_t) \geq \mathbb{E}_{\mathbb{Q}}(e^{-r(\sigma-t)}g(S_\sigma)\mid\mathscr{F}_t)$$

gilt. Dann würde das Supremum in (6.9) für die konstante Stoppzeit $\tau\equiv T$ angenommen. Hierzu beachte

$$\begin{aligned}
\mathbb{E}_{\mathbb{Q}}(e^{-(\tau-t)r}g(S_\tau)|\mathscr{F}_t) \;&= \mathbb{E}_{\mathbb{Q}}\big(\mathbb{E}_{\mathbb{Q}}(e^{-r(\tau-t)}g(S_\tau)|\mathscr{F}_\sigma)|\mathscr{F}_t\big) \quad [\mathscr{F}_t \subset \mathscr{F}_\sigma]\\
&= \mathbb{E}_{\mathbb{Q}}\big(e^{-(\sigma-t)r}\mathbb{E}_{\mathbb{Q}}(e^{-(\tau-\sigma)r}g(S_\tau)\mid\mathscr{F}_\sigma)\mid\mathscr{F}_t\big)\\
&\quad [\text{man schreibe } e^{-(\tau-t)r}=e^{-(\sigma-t)r}e^{-(\tau-\sigma)r}]\\
&\geq \mathbb{E}_{\mathbb{Q}}\big(e^{-(\sigma-t)r}\mathbb{E}_{\mathbb{Q}}(g(S_\tau e^{-(\tau-\sigma)r})\mid\mathscr{F}_\sigma)\mid\mathscr{F}_t\big)\\
&\quad [\text{man beachte, dass } a=e^{-(\tau-\sigma)r}\leq 1 \text{ und}\\
&\quad\; ag(x)=ag(x)+(1-a)g(0)\geq g(ax)]\\
&= \mathbb{E}_{\mathbb{Q}}\big(e^{-(\sigma-t)r}\mathbb{E}_{\mathbb{Q}}(g(\widehat{S}_\tau e^{-r(T-\sigma)})\mid\mathscr{F}_\sigma)\mid\mathscr{F}_t\big)\\
&\geq \mathbb{E}_{\mathbb{Q}}\Big((e^{-(\sigma-t)r}g\big(\mathbb{E}_{\mathbb{Q}}(\widehat{S}_\tau e^{-r(T-\sigma)})\mid\mathscr{F}_\sigma\big))|\mathscr{F}_t\Big)\\
&\quad [\text{Ungleichung von Jensen}]\\
&= \mathbb{E}_{\mathbb{Q}}(e^{-(\sigma-t)r}g(\widehat{S}_\sigma e^{-r(T-\sigma)})|\mathscr{F}_t)\\
&\quad [\text{Optional Sampling Satz, } \widehat{S}_t \text{ ist ein } \mathbb{Q}\text{-Martingal}]\\
&= \mathbb{E}_{\mathbb{Q}}(e^{-(\sigma-t)r}g(S_\sigma)|\mathscr{F}_t).
\end{aligned}$$

Damit ist die Aussage bewiesen. $\qquad\qquad\square$

Korollar 6.3.2

Ein amerikanischer Call hat denselben Wert wie der vergleichbare europäische Call (d. h. gleicher Strikepreis und gleiches Ausübungsdatum), vorausgesetzt der zugrundeliegende Vermögenswert zahlt keine Dividende.

Im folgenden Beispiel betrachten wir den Fall, dass das zugrundeliegende Wertpapier zur Zeit t_D, $0 < t_D < T$, eine Dividende zahlt.

Beispiel 6.3.3

Wir vergleichen einen amerikanischen und einen europäischen Call mit Strikepreis K und Ausübungsdatum T, wobei wir annehmen, dass der zugrundeliegende Vermögenswert dem Black-Scholes-Modell gehorcht und zur Zeit $t_D \in\,]0,T\,[$ eine Dividende in Höhe von $DS_{t_D^-}$ zahlt. Wenn wir der Argumentation in Abschnitt 4.5 folgen und die Formel für die Bewertung einer Option europäischen Stils aus Satz 4.4.1 im Abschnitt 4.4 benutzen, so ergibt sich für $t_D < t \leq T$

$$V_e(t,(S_T-K)^+) = S_t N(d) - K e^{-r(T-t)}N(d-\sigma\sqrt{T-t}),$$

wobei $N(d) = \frac{1}{\sqrt{2\pi}}\int_{-\infty}^{d} e^{-x^2/2}dx$, $d = [\ln(S_t/K)+(r+\frac{1}{2}\sigma^2)(T-t)]/\sigma\sqrt{T-t}$ und σ die Volatilität darstellt.

Da während der Zeitspanne $]t_D, T]$ keine Dividende gezahlt wird, folgert man mit Satz 6.3.1, dass $V_a(t, (S_T - K)^+) = V_e(t, (S_T - K)^+)$ gilt. In Abschnitt 4.5B, Gleichung (4.57), haben wir gesehen, dass unmittelbar vor dem Zeitpunkt t_D der Wert einer europäischen Call-Option

$$V_e\left(t_D^-, (S_{t_D^-} - K)^+\right) = V_e\left(t_D^+, (S_{t_D^-}(1 - D) - K)^+\right)$$
$$= S_{t_D^-}(1 - D)N(d^*) - Ke^{-r(T - t_D)}N(d^* - \sigma\sqrt{T - t_D}),$$

mit

$$d^* = \frac{\ln(S_{t_D^-}(1 - D)/K) + \left(r + \frac{1}{2}\sigma^2\right)(T - t_D)}{\sigma\sqrt{T - t_D}}$$

gilt. Wir betrachten nun die Situation, dass der Call sehr „Deep In The money" sei, was $S_{t_D^-} \gg K$ und deshalb $N(d^*) \approx N(d^* - \sigma\sqrt{T - t_D}) \approx 1$ bedeutet. In diesem Fall

$$V_e\left(t_D^-, (S_{t_D^-} - K)^+\right) \approx S_{t_D^-}(1 - D) - Ke^{-(T - t_D)r}$$
$$= S_{t_D^-} - K + [(1 - e^{-(T - t_D)r})K - DS_{t_D^-}].$$

Zum anderen ist $(1 - e^{-(T - t_D)})K < DS_{t_D^-}$, womit sich zeigt, dass $V_e((S_{t_D^-} - K)^+, t_D^-)$ kleiner als der innere Wert $(S_{t_D^-} - K)^+$ ist. Deshalb muss der Wert einer entsprechenden Option amerikanischen Stils viel höher sein.

Literatur und weitere Anmerkungen

Der Vergleich von amerikanischen und europäischen Derivaten findet sich in vielen Büchern über Optionbewertung (vgl. z. B. [Hul96, Jar88, Kar97, KS98, MR97, LL96]). Da die Call-Put-Parität für amerikanische Optionen nicht in der gleichen Form wie für europäische Optionen gültig ist, sind amerikanische Puts mehr wert als der europäische Bruder. Wie wir im nächsten Abschnitt zeigen, ist die Bewertung nicht mehr so einfach wie bei Derivaten europäischen Stils. Die grundlegenden Resultate gehen hier z.B. auf Kim [Kim90], Jacka [Jac91] und Jamshidian [Jam92] zurück, die unabhängig von einander und mit unterschiedlichen Methoden und Strenge die Ergebnisse erzielten.

Aufgaben

1. Man betrachte eine Aktie mit Startwert $S_0 = 20$ Euro. Angenommen der Wert kann sich um 10,2% erhöhen oder um 9,9% fallen. Die Zinsrate pro Periode betrage 5%, der Strike-Preis sei 28,80 Euro. Man berechne in einem Dreiperiodenmodell den Wert eines europäischen und eines amerikanischen Puts. Man vergleiche beide Werte und entscheide, ob es günstig ist, den amerikanischen Put vor dem Ausübungsdatum einzulösen.

2. Man beweise, dass eine amerikanische Put-Option einen größeren Wert als eine europäische Put-Option besitzt, zum einen mithilfe von Arbitrageargumenten, indem man die Call-Put-Parität betrachtet und zum anderen mithilfe von Martingalmethoden.

3. Man betrachte die Situation aus Aufgabe 1. Man bestimme ein äquivalentes Portfolio, bestehend aus Aktien und Bonds, das eine europäische bzw. amerikanische Put-Option repliziert.

4. Eine Aktie mit Wert 200 Euro zahlt nach sechs Monaten eine Dividende von 10 Euro. Wir nehmen an, dass die jährliche Zinsrate für einen risikolosen Bond 7% beträgt. Weiter sei der Strike-Preis für eine Put-Option nach einem Jahr 220 Euro. Die Volatilität der Aktie sei auf $\sigma = 20\%$ geschätzt. Man berechne jeweils den Wert einer europäischen und einer amerikanischen Call-Option.

5. Man formuliere (6.7) für eine Option amerikanischen Stils auf einen allgemeinen Vermögenswert mit Dividendenzahlung $D_0 S_t$ und vergleiche dies mit Übungsaufgabe 6 aus dem 6.2 Abschnitt.

6.4 Amerikanische Optionen bei zeitstetigem Handeln*

6.4.1 Bewertung amerikanischer Optionen

Wir haben im Abschnitt 6.2 gesehen, dass die sogenannte *Snell-Hülle* die Bewertung der amerikanischen Optionen lieferte (vgl. Bemerkung zu Satz 6.2.5). Für das zeitdiskrete Handeln hatten wir einen Algorithmus entwickelt, den besten Zeitpunkt des Ausübens zu ermitteln (das sogenannte dynamische Programmieren). Dort spielte auch die Unterteilung der Menge $\mathscr{S} = \{(t,S); 0 \leq t \leq T, 0 \leq S < \infty\}$ in eine Region $\mathscr{A}$ in der ausgeübt wird und $\mathscr{H}$, in der die Option noch weiter gehalten wird, eine Rolle (vgl. dazu die Übungsaufgabe 8 aus Abschnitt 6.2). Hierbei stellt das Paar (t,S) den Zeitpunkt $t \in [0,T]$ und $S = S_t$ den Aktienpreis zur Zeit t dar. Wir wollen nun die Übertragung der Ergebnisse aus Abschnitt 6.2 auf das zeitstetige Handeln vornehmen. Dabei werden wir uns ausschließlich um den amerikanischen Put kümmern, da der amerikanische Call auf einen dividendenlosen Vermögenswert den gleichen Wert wie sein europäischer Bruder hat und ebenso das Enddatum T als optimalen Einlösezeitpunkt besitzt (vgl. Satz 6.3.1). Beim Put stellt sich dies anders dar. Wir wollen die Unterteilung der Menge $\mathscr{S}$ herleiten. Hierfür führen wir Stoppzeiten τ ein, die Werte im Intervall $[t,T]$ annehmen, d. h. zu $t \in [0,T]$ sei $\mathscr{T}_t = \{\tau; \tau \text{ ist Stoppzeit und } \tau(\Omega) \subset [t,T]\}$. Damit ergibt sich als optimale Stoppzeit $\tau^* \in \mathscr{T}_t$, diejenige, die den Erlös $(K - S(\tau))^+$ über alle $\tau \in \mathscr{T}_t$ maximiert.

Wir schreiben

$$J(t) = \sup\{\mathbb{E}_\mathbb{Q}\big(e^{-\tau r}(K - S(\tau))^+ | \mathscr{F}_t\big); \tau \in \mathscr{T}_t\}$$

bzw. als Wert des amerikanischen Puts

$$W_a(t,(K-s)^+) = P_a(T-t,S) = \sup\{\mathbb{E}_{S,\mathbb{Q}}(e^{-(\tau-t)r}(K-S(\tau))^+); \tau \in \mathscr{T}_t\}$$

unter der Bedingung, dass $S_t = S$ gilt, also

$$\mathbb{E}_{S,\mathbb{Q}}(e^{-(\tau-t)r}(K-S(\tau))^+) = \mathbb{E}_{\mathbb{Q}}(e^{-\tau r}(K-S(\tau))^+|S=S_t).$$

Somit ist der Wert der amerikanischen Option zur Zeit t durch $P_a(t) = P_a(t,S) = e^{rt}J(t)$ gegeben. Wir haben $\mathscr{F}_t$ durch $S_t = S$ ausgetauscht, da die Kenntnis von S_t für die Auswertung des bedingten Erwartungswertes genügt. Also gilt

$$P_a(T-t,S) \geq (K-S)^+.$$

Wir führen nun eine Unterteilung von $\mathscr{S}$ ein, in einen Bereich, wo der Put ausübt wird

$$\mathscr{A} = \{(t,S) \in [0,T] \times \mathbb{R}_+; P_a(T-t,S) = (K-S)^+\}$$

und in einen, zu deren Zeitpunkten man die Option noch hält, also erst zu einem späteren Zeitpunkt einlöst

$$\mathscr{H} = \{(t,S) \in [0,T] \times \mathbb{R}_+; P_a(T-t,S) > (K-S)^+\}.$$

Dabei haben wir die gleiche Notation wie in der Übungsaufgabe 8 aus Abschnitt 6.2 verwendet. Ebenso definieren wir

$$s^*(T-t) = \sup\{S \in \mathbb{R}_+; P_a(T-t,S) = (K-S)^+\}$$

und

$$c^*(t) = s^*(T-t).$$

Es ist P_a stetig gemäß des Ergebnisses in [Myn92, Prop. 3.1]. Damit ist die Stoppregion $\mathscr{A}$ abgeschlossen und das Komplement $\mathscr{H}$ ist offen und es folgt, dass $(S = S_t)$

$$\mathscr{A}_t = \{S; (t,S) \in \mathscr{A}\} \text{ und } \mathscr{H}_t = \{S; (t,S) \in \mathscr{H}\}$$

Intervalle sind, und der Graph von $c^*(t) = \sup\{S; S \in \mathscr{A}_t\}$ ist für jedes t in $\mathscr{A}$ enthalten.

Lemma 6.4.1
Mit den obigen Voraussetzungen gilt:

1. Der optimale Auslösezeitpunkt im Intervall $[0,T]$ lautet

$$\tau_t = \inf\{u \in [0,T]; P_a(T-u,S(u)) = (K-S(u))^+\}$$

oder äquivalent dazu

$$\tau_t = \inf\{u \in [0,T]; S(u) \le c^*(u)\}$$

2. (Moerbeke) Die Funktion c^* ist nicht-fallend, beliebig oft differenzierbar über $]0,T[$ und es gilt

$$\lim_{t\uparrow T} c^*(t) = \lim_{T-t\downarrow 0} s^*(T-t) = K.$$

In den Aufgaben 7 und 8 aus Abschnitt 6.2 kann der Leser einen Beweis dieses Lemmas erarbeiten. Mithilfe der Zerlegung der Menge $\mathscr{S}$ lässt sich für die Funktion $J(t)$ folgende Darstellung finden

$$J(t) = \mathbb{E}_{\mathbb{Q}}\big(e^{-rT}(K-S(T))^+|\mathscr{F}_t\big) + \mathbb{E}_{\mathbb{Q}}\Big(\int_t^T e^{-ru}rK\mathbb{1}_{\{S(u)<s^*(T-u)\}}du\Big).$$

Den ersten Term kann man als den diskontierten Wert eines Puts, der zur Zeit T ausgeübt wird ansehen, während der zweite Wert das frühe Ausüben bewertet. Weil $P_a(t) = e^{rt}J(t)$ kann man eine ähnliche Zerlegung der Wertfunktion wie für die Menge $\mathscr{S}$ herleiten

$$P_a(T-t,S) = P_e(T-t,S) + e_a(T-t,S), \tag{6.10}$$

wobei

$$P_e(T-t,S) = \mathbb{E}_{S,\mathbb{Q}}\big(e^{-(T-t)r}(K-S(T))^+\big)$$

(dies ist der Wert eines europäischen Puts mit Strike K und kann man als inneren Wert der amerikanischen Option ansehen werden) und

$$e_a(T-t,S) = \mathbb{E}_{\mathbb{Q}}\Big(\int_t^T e^{-r(u-t)}rK\mathbb{1}_{\{S(u)<s^*(T-u)\}}du\Big)$$

(lässt sich als Prämie für das frühe Auslösen betrachten). Somit ist der Preis einer amerikanischen Option die Summe aus dem Preis der europäischen Option zuzüglich der Prämie, die Option vor dem Enddatum einzulösen. Wenn wir das Black-Scholes-Modell verwenden, erhält man mit (6.10)

$$P_a(T,S_0) = P_e(T,S_0) + rK\int_0^T e^{-ru}N\Big(\frac{\ln(c^*(u)/S_0)-\rho u}{\sigma\sqrt{u}}\Big)du, \tag{6.11}$$

wobei $\rho = r - \frac{\sigma^2}{2}$ und N die Normalverteilung sind. Man kann (6.11) für allgemeine Zeiten $t \in [0,T]$ formulieren, falls man voraussetzt, dass $(t,S) \in \mathscr{H}$ gilt. Dann folgt

$$P_a(T-t,S_t) = P_e(T-t,S_t) + rK\int_t^T e^{-r(u-t)}N\Big(\frac{\ln(c^*(u)/S_t)-\rho(u-t)}{\sigma\sqrt{u-t}}\Big)du \tag{6.12}$$

wobei $P_e(T-t,S_t)$ der Preis eines europäischen Puts mit Restlaufzeit $T-t$ und zugrundeliegendem Vermögenswert S_t darstellt. Mit einer Variablentransformation erhält man

$$P_a(t,S) = P_e(t,S) + rK \int_0^t e^{-ru} N\left(\frac{\ln(c^*(u)/S) - \rho u}{\sigma\sqrt{u}}\right) du, \qquad (6.13)$$

wobei in (6.13) $(t,S) \in \mathscr{H}$ gelten muss. Setzt man $S = c^*(t)$ voraus, so folgt $P_a(T - t,S) = K - c^*(t)$, sodass wir

$$K - c^*(t) = P_e(T - t, c^*(t)) + rK \int_0^t e^{-ru} N\left(\frac{\ln(c^*(u)/s^*(t)) - \rho(u)}{\sigma\sqrt{u}}\right) du \qquad (6.14)$$

haben. Leider kann man die Lösung der Integralgleichung nicht explizit angeben. Allerdings lassen sich die folgenden Schranken für $P_a(t,S)$ herleiten.

$$P_a(t,S) - P_e(t,S) \leq rK \int_0^t e^{-ru} N\left(\frac{\ln(K/S) - \rho u}{\sigma\sqrt{u}}\right) du \qquad (6.15)$$

und

$$P_a(t,S) - P_e(t,S) \geq rK \int_0^t e^{-ru} N\left(\frac{\ln(c_\infty^*/S) - \rho u}{\sigma\sqrt{u}}\right) du, \qquad (6.16)$$

wobei s_∞^* für die optimale Ausübungsrandbedingung des *andauernden Puts* steht, also für eine amerikanische Put-Option mit Ausübungszeitpunkt $T = \infty$. Es genügt für jeden Ausübungszeitpunkt T zu zeigen, dass der optimale Ausübungswert für S zwischen dem Ausübungspreis und s_∞^* liegt, d. h.

$$s_\infty^* \leq s^*(t) = c^*(T - t) \leq K.$$

Man kann gemäß [McK65, Mer73]

$$s_\infty^* = \frac{2rK}{2r + \sigma} \qquad (6.17)$$

zeigen. Für den kritischen Preis des Vermögenswertes in der Nähe des Ausübungszeitpunkts T lässt sich die Asymptotik

$$K - c^*(t) = k - s^*(t) \sim K\sigma\sqrt{(t - T)\ln(T - t)} \quad \text{für } (T - t) \downarrow 0$$

nach [LM99, BBRS95] ableiten. Wir haben bis jetzt die theoretischen Grundlagen mittels des risikoneutralen Maßes vorgenommen. Dennoch ist das zur Beschreibung und für konkrete Berechnungen nicht ausreichend. Dazu muss man in zwei weiteren Schritten vorgehen. Zuerst werden wir in diesem Abschnitt eine weitere analytische Beschreibung geben, um dann im nächsten Abschnitt numerische Methoden vorzustellen, die wir nur zum Teil weiter erläutern.

Analytischer Ansatz

Bis jetzt haben wir gesehen, dass die Bewertung eines amerikanischen Puts auf ein optimales Stoppproblem hinausläuft. Man wird dies nun in ein so genanntes *freies Randwertproblem* überführen. Wir werden weiter im Rahmen des Black-Scholes-Modells vorgehen und einen

Vermögenswert ohne Dividendenzahlung voraussetzen. Der Wert des amerikanischen Puts zur Zeit $t \in [0,T]$, also mit einer Endlaufzeit $T-t$, wird wie vorher mit $P_a(T-t,S)$ angegeben, wobei $S = S_t$. Insbesondere gilt $P_a(0,S_T) = (K-S_T)^+$. Wir betrachten einen Differenzialoperator $\mathscr{L}$, der wie folgt definiert ist

$$\mathscr{L}v = \frac{1}{2}\sigma^2 S^2 \frac{\partial^2 v}{\partial S^2} + rS\frac{\partial v}{\partial S} - rv = \mathscr{A}v - rv,$$

wobei $\mathscr{A}$ ein infinitesimaler Erzeuger eines eindimensionalen Diffussionsprozesses ist (unter dem Martingalmaß $\mathbb{Q}$). Zusätzlich führen wir den Differenzialoperator

$$\mathscr{L}_1 v = \frac{\partial v}{\partial t} + \mathscr{L}v = v_t + \mathscr{A}v - rv$$

ein. Das folgende Resultat basiert auf Arbeiten von v. Moerbeke [vM76]. Ein Beweis kann auch in McKean [McK65] und Jacka [Jac91] gefunden werden.

Satz 6.4.2
Die Funktion $P_a(t,S)$, die den Wert eines amerikanischen Put beschreibt, ist auf dem Gebiet $\mathscr{H}$ glatt und es gilt $-1 \leq \frac{\partial P_a}{\partial S}(t,S) \leq 0$ für alle $(t,S) \in \mathscr{H}$. Die optimale Stoppgrenze s^* ist eine nicht-fallende Funktion auf $]0,T]$ und es gilt

$$\lim_{t \uparrow T} c^*(t) = \lim_{T-t \downarrow 0} s^*(T-t) = K.$$

Auf $\mathscr{H}$ erfüllt die Funktion P_a die Gleichung

$$\frac{\partial P_a}{\partial t}(t,S) = \mathscr{L}P_a(t,S),$$

d. h.

$$\frac{\partial P_a}{\partial t}(t,S) = \frac{1}{2}\sigma^2 S^2 \frac{\partial^2 P_a}{\partial S^2}(t,S) + rS\frac{\partial P_a}{\partial S}(t,S) - rP_a(t,S) \text{ für } (t,S) \in \mathscr{H}. \tag{6.18}$$

Weiterhin gelten die Randbedingungen

$$\lim_{S \downarrow c^*(T-t)} P_a(t,S) = K - c^*(T-t), \quad \text{für alle } t \in [0,T[, \tag{6.19}$$

$$\lim_{t \to 0} P_a(t,S) = (K-S)^+, \quad \text{für alle } S \in \mathbb{R}_+,$$

$$\lim_{S \to \infty} P_a(t,S) = 0, \quad \text{für alle } t \in]0,T],$$

$$P_a(t,S) \geq (K-S)^+, \quad \text{für alle } (t,S) \in]0,T] \times \mathbb{R}_+.$$

Um die optimale Stoppstrategie einzubeziehen, müssen wir den Begriff des *glatten Prinzips* einführen (man vergleiche [vM76]).

Lemma 6.4.3

Die partielle Ableitung $\frac{\partial P_a}{\partial S}(t,S)$ ist f.s. entlang der optimalen Stoppstrategie stetig, d. h.

$$\lim_{S\downarrow c^*(t)} \frac{\partial P_a}{\partial S}(t,S) = -1$$

für fast alle $t \in [0,T]$.

Nun sind wir in der Lage die Bewertung einer amerikanischen Put-Option als Lösung eines freien Randwertproblems zu beschreiben (man vgl. v. Moerbeke [vM76] und Jacka [Jac91]). Dazu verwendet man den Begriff des Tychonov-Wachstums einer Funktion $g :]0,T] \times \mathbb{R}_+ \longrightarrow \mathbb{R}$, d. h. g und die partiellen Ableitungen $g_s, g_{st}, g_{ss}g_{sss}$ haben mindestens ein Wachstum von $\exp(o(s^2))$ gleichmäßig auf kompakten Mengen, wenn $s \to \infty$ (o ist das kleine Landausymbol).

Satz 6.4.4

Für eine offene Teilmenge $\mathscr{G}$ von $[0,T[\times\mathbb{R}_+$ mit stetig differenzierbarem Rand c nehme man an, dass $v \in C^{1,3}(\mathscr{G})$, die Funktion $g(t,s) = v(t,e^s)$ Tychonov-Wachstum hat und v der Gleichung $\mathscr{L}_t v = 0$ genüge, d. h.

$$\frac{\partial v}{\partial t}(t,s) + \frac{1}{2}\sigma^2 s^2 \frac{\partial^2 v}{\partial s^2}(t,s) + rs\frac{\partial v}{\partial s}(t,s) - rv(t,s) = 0. \tag{6.20}$$

Für jedes $(t,s) \in \mathscr{G}$ erfülle v

$$\begin{aligned}
v(t,s) &> (K-s)^+ \quad \text{für alle } (t,s) \in \mathscr{G}, \\
v(t,s) &= (K-s)^+ \quad \text{für alle } (t,s) \in \mathscr{G}^c, \\
v(T,s) &= (K-s)^+ \quad \text{für alle } s \in \mathbb{R}_+, \\
\lim_{s\downarrow c(t)} \frac{\partial v}{\partial s}(t,s) &= -1 \quad \text{für alle } t \in [0,T[,
\end{aligned}$$

wobei $\mathscr{G}^c$ das Komplement von $\mathscr{G}$ bezeichnet.

Dann ist die Funktion $P_a(t,S) = v(T-t,S)$ für $(t,S) \in [0,T] \times \mathbb{R}_+$ die Wertfunktion einer amerikanischen Put-Option mit Strike-Preis K und Enddatum T. Zusätzlich gilt $\mathscr{H} = \mathscr{G}$, und $s^*(t) = c^*(T-t)$ für $t \in [0,T]$ bezeichnet den kritischen Vermögenspreis, bei dem ausgelöst wird.

Wir wollen den vorangehenden Satz dazu benutzen, einen andauernden amerikanischen Put zu bewerten (also einen Put mit $T = \infty$). Da der andauernder Put kein Enddatum hat, gilt $s^*_\infty < K$ und die partielle Differenzialgleichung in (6.20) wird zu einer gewöhnlichen Differenzialgleichung, wenn man $v_\infty(S) = v(\infty,s)$ setzt, nämlich

$$\frac{1}{2}\sigma^2 s^2 \frac{d^2 v_\infty}{ds^2}(s) + rs\frac{dv_\infty}{ds}(s) - rv_\infty(s) = 0 \quad \text{für } s \in]s^*_\infty,\infty[\tag{6.21}$$

mit $v_\infty(s) = K - s$ für alle $s \in [0, s_\infty^*]$. Wir wollen nun zeigen, dass die Identität (6.17) erfüllt ist. Wie man zeigen kann, hat die gewöhnliche Differenzialgleichung (6.21) eine allgemeine Lösung der Form

$$v_\infty(s) = c_1 s^{d_1} + c_2 s^{d_2} \quad \text{für alle } s \in]s_\infty^*, \infty[$$

mit Konstanten c_1, c_2, d_1 und d_2. Aus dem Randwert $v_\infty(s_\infty^*) = K - s_\infty^*$ und Lemma 6.4.3 folgern wir

$$\lim_{s \downarrow s_\infty^*} \frac{dv_\infty}{ds}(s) = -1.$$

Damit finden wir

$$v_\infty(s) = (K - s_\infty^*)\left(\frac{s_\infty^*}{s}\right)^{2r\sigma^{-2}} \quad \text{für alle } s \in]s_\infty^*, \infty[$$

und die Identität (6.17) ist erfüllt.

Es gibt noch einen alternativen Zugang zu dem optimale Stoppen, der sogenannte *Variationsungleichungen* verwendet. Dabei wird vermieden, den optimalen Stoppwert für den Vermögenswert berechnen zu müssen. Er geht auf Jaillet et al. [JLL90] zurück. Mittels der Variationsungleichungen lassen sich dann auch numerische Methoden zur Bestimmung des Wertes einer amerikanischen Put-Option anwenden. Der zentrale Satz lautet.

Satz 6.4.5

Wir nehmen an, dass $v : [0, T] \times \mathbb{R}_+ \longrightarrow \mathbb{R}$ stetig ist, die Funktion $g(t, s) = v(t, e^s)$ eine bestimmte Wachstumsbedingung erfüllt und für jedes $(t, s) \in [0, T] \times \mathbb{R}_+$ die folgenden Bedingungen gelten:

$$\begin{aligned}
\mathscr{L}_1 v &\leq 0 \\
v(t, s) &\geq (K - s)^+, \\
v(T, s) &= (K - s)^+ \\
\left((K - s)^+ - v(t, s)\right)\mathscr{L}_1 v(t, s) &= 0
\end{aligned}$$

Äquivalent dazu kann $v(s, T) = (K - s)^+$ und $\max\left((k - s)^+ - v(t, s), \mathscr{L}_1 v(t, s)\right) = 0$ gelten. Dann ist v eindeutig bestimmt und es gilt $v(t, S) = P_a(T - t, S)$ für jedes $(t, S) \in [0, T] \times \mathbb{R}_+$.

6.4.2 Numerische Methoden zur Bewertung amerikanischer Optionen

Anders als bei der Bewertung europäischer Put-Optionen, kann man keine geschlossene Form für die Preise amerikanischer Puts angeben. Wie wir aus dem vorhergehenden Unterabschnitt über den analytischen Zugang wissen, muss man freie Randwertprobleme oder Variationsprobleme lösen. Man könnte sich den Cox-Ross-Rubinstein-Zugang ähnlich wie bei den europäischen Puts vorstellen, doch leider ist dies wenig effizient. Es gibt eine ganze Reihe von Methoden in der Literatur. Wir werden kurz darüber berichten. Wir wählen die approximative Bewertungsmethode nach Geske und Johnson [GJ03]. Sie basiert auf einer Diskretisierung des

Zeitparameters mit anschließender inverser Induktion, dem sogenannten „Rolling Back The Tree". Allerdings wird hier anders als bei den multinomialen Bäumen oder der Methode der endlichen Differenzen die genaue Verteilung des Aktienpreisvektors $\big(S(t_1),\ldots,S(t_n)\big)$ verwendet, wobei $t_1 < \ldots < t_n = T$ eine Zerlegung des Zeitintervalls $[t,T]$ ist. Dies sind die einzigen Handelszeitpunkte, zu denen man sich entscheiden kann, die Put-Option auszuüben. Zum Verständnis des Grundprinzip, wollen wir den Fall $n = 2$ betrachten, also $t_1 = \frac{T}{2}$ und $t_2 = T$. Der Fall $n = 1$ führt uns für den amerikanischen Put zum europäischen Put. Bei der Herleitung werden wir dem Prinzip vom „Rolling Back The Tree" folgen. Wird der Put nicht zur Zeit t_1 ausgeübt, ist er soviel wert wie ein europäischer Put, der ein Enddatum $t_2 - t_1 = \frac{T}{2}$ mit Anfangswert $S(\frac{T}{2})$ hat und mit der bekannten Black-Scholes-Formel berechnet werden kann. Für den Wert schreiben wir $P_a(\frac{T}{2},S(\frac{T}{2})) = P_e(\frac{T}{2},S(\frac{T}{2})) = P(\frac{T}{2},S(\frac{T}{2}))$. Mit c_1^* bezeichnen wir den kritischen Aktienpreis zum Zeitpunkt $t_1 = \frac{T}{2}$, der die Gleichung $K - S(\frac{T}{2}) = P_a(\frac{T}{2},S(\frac{T}{2}))$ löst. Er kann mit numerischen Methoden gefunden werden. Es ist klar, dass für den Wert der Option zur Zeit $\frac{T}{2}$ gelten muss

$$
V_{\frac{T}{2}} = \begin{cases} P(\frac{T}{2},S(\frac{T}{2})) & \text{falls } S(\frac{T}{2}) > c_1^* \\ K - S(\frac{T}{2}) & \text{falls } S(\frac{T}{2}) \le c_1^* \end{cases}
$$

Es ist optimal zur Zeit $t_1 = \frac{T}{2}$ genau dann auszuüben, wenn $S(\frac{T}{2}) \le c_1^*$. Um den Wert zur Zeit $t = 0$ zu bestimmen, muss man

$$
V_0(S_0) = \mathbb{E}_{\mathbb{Q}}(e^{-rT} V_{\frac{T}{2}})
$$

oder dazu äquivalent

$$
V_0(S_0) = e^{-r\frac{T}{2}} \mathbb{E}_{\mathbb{Q}}\Big(e^{-r\frac{T}{2}}(S_T - K)^+ \mathbb{1}_{S(\frac{T}{2})>c_1^*} + (K - S(\frac{T}{2}))^+ \mathbb{1}_{S(\frac{T}{2})\le c_1^*}\Big) \tag{6.22}
$$

$$
= e^{-r\frac{T}{2}}\Big(\mathbb{E}_{\mathbb{Q}}\big(e^{-r\frac{T}{2}}(S_T - K)^+ \mathbb{1}_{S(\frac{T}{2})>c_1^*}\big) + \mathbb{E}_{\mathbb{Q}}\big((K - S(\frac{T}{2}))^+ \mathbb{1}_{S(\frac{T}{2})\le c_1^*}\big)\Big) \tag{6.23}
$$

berechnen. Der letzte Erwartungswert kann mit einer gemeinsamen Verteilung von $(S(\frac{T}{2}), S(T))$ bestimmt werden. Dazu sollte man den Abschnitt 7.3 konsultieren. Der approximative Wert eines amerikanischen Puts mit den beiden Handelszeitpunkten $\frac{T}{2}$ und T berechnet sich gemäß $P_{a,2} = V_0(S_0)$. Man kann diese Methode auf den allgemeinen Fall von n Zeitpunkten $t_1 < \ldots < t_n = T$ übertragen. Dies bedeutet, dass die Geske-Johnson-Methode auf der Integration einer $n-$dimensionalen Gauß-verteilten Dichtefunktion beruht. Für drei zulässige Zeitpunkte $t_1 = \frac{T}{3}, t_2 = 2\frac{T}{3}$ und $t_3 = T$ ist die Approximation so genau, wie ein binomialer Baum mit 150 Schritten. Wenn man für allgemeines n den approximierten Put-Preis mit $P_{a,n}(T,S_0)$ bezeichnen, so lässt sich zeigen, dass der Wert $P_{a,n}(T,S_0)$ gegen $P_a(T,S_0)$ für $n \to \infty$ konvergiert. Um $P_a(T,S_0)$ zu bestimmen, kann man verschiedene Extrapolationstechniken verwenden, z. B. die Richardson-Methode, die wir kurz erläutern. Angenommen, die Funktion F erfüllt

$$
F(h) = F(0) + c_1 h + c_2 h^2 + o(h^2)
$$

in einer Umgebung der Null, sodass

$$F(kh) = F(0) + c_1 kh + c_2 k^2 h^2 + o(h^2)$$

und

$$F(lh) = F(0) + c_1 lh + c_2 l^2 h^2 + o(h^2)$$

für beliebige $1 < k < l$ gilt. Wenn man den Term $o(h^2)$ ignoriert, so kann man nach $F(0)$ auflösen und wir schreiben approximativ

$$F(0) \approx F(h) + \frac{a}{c}\big(F(h) - F(kh)\big) + \frac{b}{c}\big(F(kh) - F(lh)\big),$$

wobei $a = l(l-1) - k(k-1), B = k(k-1)$ und $c = l^2(k-1) - l(k^2-1) + k(k-1)$. Wir schreiben $P_{a,n}$ statt $P_{a,n}(T,S_0)$ $(n = 1,2,3)$. Dabei ist $P_{a,1}$ identisch mit dem Preis eines europäischen Puts. Für $n = 3$ setze man $k = \frac{3}{2}, l = 3$ und $P_{a,1} = F(lh), P_{a,2} = F(kh), P_{a,3} = F(h)$, und wir erhalten die folgende Formel

$$P_a(T,S_0) \approx P_{a,3} + \frac{7}{2}\big(P_{a,3} - P_{a,2}\big) - \frac{1}{2}\big(P_{a,2} - P_{a,1}\big).$$

Gemäß Bunch und Johnson [BJ92] kann man die Methode von Geske und Johnson dadurch verbessern, dass man den Ausübungszeitpunkt iterativ findet, indem man den Optionswert approximativ maximiert.

Programm 6.1 op_am berechnet den Wert einer amerikan. Option

Analytische Linienmethode

Diese Methode geht auf Carr und Faguet [CF98] zurück und baut auf der Lösung des freien Randwertproblems auf (man vergleiche dazu Satz 6.4.4) durch Zeitdiskretisierung. Wir bezeichnen dazu mit $v(t,s) = P_a(T-t,s)$ den Wert der amerikanischen Put-Option zur Zeit t mit Dauer $T-t$ und zugrundeliegendem Aktienpreis $s = S_t$. Mit c bezeichnen wir den stetig differenzierbaren Rand, den wir nach Satz 6.4.4 voraussetzen. Es sei c^* wie oben definiert, so dass $\mathscr{L}_t v = 0$ auf der Menge $\{(t,s) \in]0,T[\times \mathbb{R}_+; s > c^*(t)\}$ erfüllt ist. Insbesondere genüge v den Bedingungen

$$
\begin{aligned}
v(T,s) &= (K-s)^+, \text{ für alle } s \in \mathbb{R}_+ \\
\lim_{s\downarrow c^*(t)} v(t,s) &= K - c^*(t) \text{ für alle } t \in [0,T] \\
\lim_{s\downarrow c^*(t)} \frac{\partial v}{\partial s}(t,s) &= -1 \text{ für alle } t \in [0,T] \\
\lim_{s\to\infty} v(t,s) &= 0 \text{ für alle } t \in [0,T]
\end{aligned}
$$

Das Ziel ist es die Lösung zu approximieren. Dazu setzen wir $\Delta_n = \frac{T}{n}$ bei festem Zeithorizont T, $n \in \mathbb{N}$ und diskretisieren gemäß $t_i = i\Delta_n$ für $i = 0,\ldots,n$. Mit $v^{(i)}(s)$ bezeichnen wir den Näherungswert für $v(i\Delta_n, s)$. Die partielle Differenzialgleichung 6.20 wird dann zu einer gewöhnlichen

Differenzialgleichung

$$\Delta_n^{-1}(v^{(i+1)} - v^{(i)}) + \frac{1}{2}\sigma^2 s^2 \frac{d^2 v^{(i)}}{ds^2}(s) + rs\frac{dv^{(i)}}{ds}(s) - rv^{(i)}(s) = 0$$

für $s \in \,]c^*(i\Delta_n), \infty[$, $i = 0,\dots,n$. Dies kann man rekursiv gemeinsam für $v(i\Delta_n, s)$ und dem optimalen Rand $c(i\Delta_n)$ berechnen. Der genaue Algorithmus ist ziemlich kompliziert und deshalb möge der Leser in der Originalschrift [CF98] nachlesen.

Weitere numerische Methoden

Etwas ausführlicher wollen wir noch den Zugang nach Meyer und van der Hoek [MvdH97] betrachten.

Aus dem vorhergehenden Abschnitt wissen wir, dass man zur Bewertung amerikanischer Optionen, eine partielle Differenzialgleichung lösen muss – eine sogenannte Diffusionsgleichung. Dazu bezeichnen wir wie üblich mit $V(t,S)$ der Wert der amerikanischen Option zur Zeit t

$$a(t,x)\frac{\partial^2 V}{\partial x^2}(t,x) + b(t,x)\frac{\partial V}{\partial x}(t,x) - c(t,x)V(t,x) - d(t,x)\frac{\partial V}{\partial t} = f(t,x). \qquad (6.24)$$

Dabei geht man von Randwerten

$$\begin{aligned} V(t,0) &= \alpha(t),\ V(t,S_{\max}) = \beta(t), \\ V(0,S) &= V_0(S) \end{aligned}$$

aus. Wir wollen nun einige Methoden beschreiben, die zur Lösung der Gleichung (6.24) verwendet werden. Dabei wollen wir diese nur darstellen und erläutern, aber nicht weiter begründen. Wir verweisen erneut auf die Literatur [Mer73].

Vertikale zeitstetige Linienmethode (MOL)

Für die numerische Behandlung müssen wir einen geeigneten Bereich $(\{(t,S); 0 \leq t \leq T, 0 \leq S \leq S_{\max}\} \in \mathbb{R}^2$ festlegen. Dazu werden bei dieser vertikalen Methode den Bereich des Aktienkurses diskretisieren

$$0 = S_0 < S_1 < \dots < S_m = S_{\max}.$$

Wir setzen

$$\Delta S = \frac{S_{\max}}{m},\ S_i = i\Delta S.$$

Damit erhalten wir anstatt (6.24) eine gewöhnliche Differenzialgleichung.

$$a(t,S_i)\frac{V_{i+1}(t) + V_{i-1}(t) - 2V_i(t)}{(\Delta S)^2} + b(t,S_i)\frac{V_{i+1}(t) + V_{i-1}(t)}{2\Delta S}(t,x)$$
$$-c(t,S_i)V_i(t) - d(t,S_i)V_i'(t) = f(t,S_i) \qquad (6.25)$$
$$V_0(t) = \alpha(t),\ V_m(T) = \beta(t)\ V_i(0) = V_0(S_i),\ i = 1,\dots,m-1. \qquad (6.26)$$

Wir können dies in Matrix-Form schreiben, wobei wir somit für den Lösungsvektor $\vec{V}(t) = \left(V_1(t),\ldots,V_{m-1}(t)\right)^T$ $m-1$ gewöhnliche Differenzialgleichungen vor uns haben

$$\vec{V}'(t) = A(t)\vec{V}(t) + \vec{b}(t), \quad \vec{V}(0) = \vec{V}_0 \tag{6.27}$$

Dabei werden die Matrix $A(t)$ und der Vektor $\vec{b}(t)$ durch die rechte Seite $f(t,S)$ und die Randwerte $(\alpha(t),\beta(t))$ gebildet. Mittels einer Taylorreihen Approximation kann man für die Diskretisierung die Abschätzung

$$|V(t,S_i - V(t)| \leq K(\Delta S)^2$$

ableiten, wobei $V(\cdot,\cdot)$ die analytische Lösung der partiellen Differentialgleichung (6.24) ist. Diese ist meist nicht verfügbar. Man kann allerdings (6.27) mittels numerischer Integration, z. B. der Euler Methode, lösen.

Die Umformung der parabolischen Differenzialgleichung (6.24) in eine gewöhnliche Differenzialgleichung (6.27) kann man leider nicht in der oben angegeben Form vornehmen, wenn der Randwert im $S-$Bereich zeitabhängig ist

$$V(t,\hat{S}(t)) = \alpha(t)\, V(t,\check{S}(t)) = \beta(t) \tag{6.28}$$

wobei $S = \hat{S}(t)$ und $S = \check{S}(t)$ nicht konstante Randwerte definieren, wie sie bei freien Randwertaufgaben, z. B. dem amerikanischen Put, vorkommen. Es gibt eine Reihe von Ansätzen, dies hier zu umgehen (z. B. die Randwerte $\hat{S}(t)$ und $\check{S}(t)$ ebenso zu diskretisieren (siehe [MvdH97]).

Horizontale zeitstetige Linienmethode
Hier wird die Zeit diskretisiert. Erneut gehen wir von der Gleichung (6.24) aus und bilden die Unterteilung

$$0 = t_0 < t_1 < \ldots < t_n = T \quad \text{mit } \Delta t_i = t_i - t_{i-1}$$

wobei Δt_i nicht notwendig konstant sein muss. Man bildet für festes t_i Schnitte und nimmt an, dass $V_i(S)$ Lösung von (6.24) für festes t_i ist, d. h. $V(t_i,S)$. Mittels der Eulerschen Rückwärtsapproximation folgt

$$\frac{\partial V}{\partial t}(t_i,S) \cong DV_i(S) = \frac{V_i(S) - V_{i-1}(S)}{\Delta t_i} \tag{6.29}$$

und somit mit einem Differenzenschema (vgl. (3.55))

$$\frac{\partial V}{\partial t}(t_i,S) \cong DV_i(S) = c_i\frac{V_i(S) - V_{i-1}(S)}{\Delta t_i} + d_i\frac{V_{i-1}(S) - V_{i-2}(S)}{\Delta t_i}. \tag{6.30}$$

Aufgrund einer Taylorreihenentwicklung kann man sehen, dass man die Größen c_i und d_i als Lösung des folgenden Gleichungssystems wählen muss

$$\begin{pmatrix} 1 & 1 \\ \Delta t_{i-1}\Delta t_i & 2\Delta t_{i-1}\Delta_i + (\Delta t_{i-1})^2 \end{pmatrix}\begin{pmatrix} c_i \\ d_i \end{pmatrix} = \begin{pmatrix} 1 \\ 0 \end{pmatrix}.$$

In den meisten Anwendungen hat man

$$c_i = \frac{3}{2} \quad \text{und } d_i = \frac{1}{2}.$$

Wie bei der vertikalen Linienmethode kann man auch hier eine Abschätzung im Fall der Gleichung (6.29) für die Approximationsgüte der Diskretisierung finden

$$\left| \frac{\partial V}{\partial t}(t_i, S) - dV_i(S) \right| \leq \tilde{K}\Delta t_i.$$

Und für die Diskretisierung (6.30) ergibt sich

$$\left| \frac{\partial V}{\partial t}(t_i, S) - dV_i(S) \right| \leq \hat{K}\max(\Delta t_i^2, \Delta t_{i-1}^2)$$

also von der Ordnung $(\Delta t)^2$.

Insgesamt haben wir erneut die parabolische partielle Differenzialgleichung (6.24) in eine gewöhnliche Differenzialgleichung umgeformt

$$a(t_i, S)V_i''(S) + +b(t_i, S)V_i'(S) - c(t, S)V_i(S) - d(t, S_i)DV_i(S) = f(t_i, S) \qquad (6.31)$$

mit

$$V_i(0) = \alpha(t_i), \ V_i(T) = \beta(T).$$

Mittels Euler Rückwärtsapproximation kann gezeigt werden, dass die Diskretisierungsfolge unbedingt konvergiert.

Die Methode lässt sich auf mehrere Dimensionen, sprich auf mehrere zugrundeliegende Vermögenswerte ausdehnen.

Riccati-Transformation

Als letzten Ansatz wollen wir kurz skizzieren, wie man (6.24) auf eine spezielle gewöhnliche Differenzialgleichung, die sogenannten Riccati-Gleichung transformieren kann. Dazu betrachten wir das Gleichungssytem (6.31) für $i = 1, \ldots, n$. Um die Bezeichnungen zu vereinfachen, setzen wir

$$\begin{aligned} V(S) &\equiv V_i(S) \\ W(S) &\equiv V_i'(S) \end{aligned}$$

Dann wird aus (6.31) mit $DV_i(S)$ gemäß (6.29) das Differenzialgleichungssystem

$$V'(S) = W \tag{6.32}$$
$$W'(S) = \frac{1}{a(t_i,S)}\left(\left(c(t_i,S)+\frac{1}{\Delta t_i}\right)V - b(t_i,S)v + h(t_i,S) + f(t_i,S) - \frac{1}{\Delta t_i}V_{i-1}(S)\right),$$
$$V(0) = \alpha(t_i)\,V(T) = \beta(T).$$

Man nennt dies die Riccati-Transformation und kann es als einen Spezialfall von

$$V'(S) = A(S)V + B(S)W + f(x)\,V(\hat{S}) = \Gamma W(S) + \alpha, \tag{6.33}$$
$$W'(S) = C(S)V + D(S)W + g(S)\,G(V(\check{S}),W(\check{S})) = 0 \tag{6.34}$$

betrachten, wobei Γ und α Konstanten sind und G eine allgemeine Funktion von zwei Variablen. G ist im Allgemeinen nicht linear. Wir nehmen nicht notwendig $\hat{S} < \check{S}$ an. Allerdings muss einer der Randwerte eine lineare Funktion sein.

$$V(S) = R(S)V(S) + Y(S), \tag{6.35}$$

wobei R und Y Lösungen des wohldefinierten Anfangswertproblems

$$R'(S) = B(S) + A(S)R - D(S)R - D(S)R^2\,R(\hat{S}) = \Gamma, \tag{6.36}$$
$$Y'(S) = \big(A(S) - C(S)R(S)\big)Y - R(S)g(S) + f(S)\,Y(\hat{S}) = \alpha \tag{6.37}$$

ist. Es ist die erste Gleichung in dem vorhergehenden System, die der Methode seinen Namen gibt. Diesen Differenzialgleichungstyp nennt man eine *Riccati-Differenzialgleichung*. Alle Koeffizientenfunktionen sind nach den Voraussetzungen von (6.24) stetig. Für weitere Herleitungen der Lösung der vorhergehenden Systeme bzw. der detaillierten Darstellung der Beziehung zu den horizontalen Linienmethode und den amerikanischen Put-Optionen möge der Leser [Myn92] konsultieren.

Literatur und weitere Anmerkungen
Die numerischen Methoden werden in einer ganzen Reihe von Büchern auseinandergesetzt. Allerdings wollen wir [GJ03] hervorheben, da dort das numerische Lösen freier Randwertaufgaben intensiv behandelt wird und eine Implementierung in Matlab angegeben ist, was bei den meisten Monographien nicht der Fall ist.

Matlab Code
Der folgende Matlab Code bedarf einiger Erklärungen. Die Algorithmen von Geske und Johnson, bzw. von Bunch und Johnson beruhen auf einer mehrdimensionalen Integration bezüglich der multivariaten Normalverteilung. Die Integration ist in mehr als zwei Dimensionen zumindest unangenehm, abgesehen davon steigt der Rechenaufwand polynomial in der Anzahl der Dimensionen bei „naiven" Verfahren. Es liegt in der Natur des Problems, dass gute

Integrationsverfahren komplex sind (siehe etwa [Gen93], [Gen04]). Daher wird hier ein alternativer Algorithmus vorgeschlagen. Er beruht auf der Arbeit von Huang, Subrahmanyam und Yu ([HSY96]). Im Gegensatz zu dem Ansatz von Geske und Johnson müssen nur eindimensionale Integrale berechnet werden. Ebenso wie bei Geske und Johnson wird angenommen, dass die amerikanische Option nur an einer endlichen Anzahl von Zeitpunkten ausgeübt werden darf. Die Extrapolation nach Richardson, beruhend auf einer Folge von Optionen mit einer steigenden Zahl von Ausübungszeitpunkten, wird dann zur Konvergenzbeschleunigung benützt. Der Artikel liefert auch Hinweise für die Berechnung der Faktoren (Delta, Gamma,Vega).

In Abschnitt (6.4.1) wurde erwähnt, dass sich der Wert eines amerikanischen Puts additiv aus dem Wert eines europäischen Puts und einer Prämie, die den Wert der vorzeitigen Ausübung bemisst, zusammensetzt. Dort wurde auch erwähnt, dass die Integralgleichung (6.14), die sich aus (6.12) ergibt, keine analytische Lösung hat. Die numerische Behandlung von Integralgleichungen wird z. B. in [PTVF92] behandelt. Die Autoren Huang, Subrahmanyam und Yuschlagen schlagen analog eine rekursive Berechnung von $c^*(u)$ vor, wobei angenommen wird, dass $c^*(u)$ die Form einer Treppenfunktion hat, deren Werte sich nur zu den diskreten Ausübungszeitpunkten ändert. Im Folgenden wird das Verfahren für eine Richardson Extrapolation mit drei Zeitpunkten vorgeschlagen, d. h. man muss den Wert von $c^*(t)$ für $t = \frac{2T}{3}, \frac{T}{2}, \frac{T}{3}$ berechnen. Dazu muss man jeweils die Gleichung (6.14) lösen. Sie lautete

$$K - c^*(t) = P_e(T-t, c^*(t)) + rK \int_t^T e^{-r(u-t)} N\left(\frac{\ln(c^*(u)/c^*(t)) - \rho(u-t)}{\sigma\sqrt{u-t}}\right) du, \qquad (6.38)$$

Zuerst löst man die nicht-lineare Integralgleichung mit $t = \frac{2T}{3}$. Der erste Term der rechten Seite berechnet den Wert eines europäischen Puts mit Aktienkurs $c^*(t)$. Der zweite Term wird unter der (vereinfachten) Annahme, dass $c^*(t)$ konstant auf $t = \frac{2T}{3}$ bis (unmittelbar vor) T ist, berechnet. Es gilt $c^*(T) = K$. Nach dieser Approximation erhält man aus (6.38) eine nichtlineare Gleichung für $c^*(\frac{2T}{3})$, die man z. B. mit einem Intervallhalbierungsverfahren löst. Hat man den Wert $c^*(\frac{2T}{3})$ berechnet, so löst man (6.38) für den Zeitraum $[\frac{2T}{3}, T]$ und erhält $c^*(\frac{T}{2})$. Dabei muss man allerdings berücksichtigen, dass $c^*(\frac{T}{2})$ bei der Approximation des zweiten Terms nur für das Teilintervall $[\frac{T}{2}, \frac{2T}{3}]$ verwendet wird. Für das Intervall $t = [\frac{2T}{3}, T]$ verwendet man die Resultate aus dem ersten Schritt. Im dritten Schritt löst man (6.38) für den Zeitraum $[\frac{T}{3}, T]$ und erhält $c^*(\frac{T}{3})$. Dabei muß man wieder berücksichtigen, dass $c^*(\frac{T}{3})$ bei der Approximation des zweiten Terms nur für das Teilintervall $[\frac{T}{3}, \frac{T}{2}]$ verwendet wird. Für die Intervalle $[\frac{T}{2}, \frac{2T}{3}]$, $[\frac{2T}{3}, T]$ verwendet man die Resultate aus dem ersten und zweiten Schritt.

Hat man auf diese Weise die Werte $c^*(\frac{2T}{3})$, $c^*(\frac{T}{2})$, $c^*(\frac{T}{3})$ erhalten, so berechnen die Autoren den Wert des amerikanischen Puts mithilfe der Richardson Extrapolation wie folgt

$$P_a(T-t, S_t) - 0.5(P_1 - 8P_2 + 9P_3),$$

wobei für P_2, P_3 wegen (6.12) und P_1, gilt

$$P_1 = P_e(T-t, S_t),$$
$$P_2 = P_1 + \frac{rKT}{2}\exp(-\frac{rT}{2})N\Big(\frac{\ln(c^*(\frac{T}{2})/S) - \rho\frac{T}{2}}{\sigma\sqrt{0.5T}}\Big),$$
$$P_3 = P_1 + \frac{rKT}{3}\Big[\exp(-\frac{rT}{3})N\Big(\frac{\ln(c^*(\frac{T}{3})/S) - \rho\frac{T}{3}}{\sigma\sqrt{\frac{T}{3}}}\Big) + \exp(-\frac{2rT}{3})N\Big(\frac{\ln(c^*(\frac{2T}{3})/S) - \rho\frac{2T}{3}}{\sigma\sqrt{\frac{2T}{3}}}\Big)\Big].$$

Die Implementierung in Matlab benötigt vier Funktionen.

- op_am: Es werden die Parameter K, S_t, r, σ und die Restlaufzeit T übergeben. Sie berechnet die Werte $\frac{T}{3}, \frac{T}{2}, \frac{2T}{3}$ und den Wert eines europäischen Puts. Nach Aufruf von op_am wird mit den Rückgabewerten der Wert des amerikanischen Puts berechnet.

- bound_am: Die Funktion berechnet die Werte $c^*(\frac{2T}{3})$, $c^*(\frac{T}{2})$, $c^*(\frac{T}{3})$. Dazu werden rekursiv die Nullstellen der nicht-linearen Gleichungen mithilfe der Funktion fzoro(@(bo)) bestimmt. Die jeweiligen Werte der nicht-linearen Gleichungen werden von den Funktionen bound_t23, bound_t12, bound_t13 bereitgestellt. Durch die Angabe von @(bs) wird beim Aufgruf vonfzero(@(bs)) festgelegt, dass die Nullstellensuche als Variable @(bs) verwendet und die anderen Parameter der Funktionen bound_t23, bound_t12, bound_t13 als Konstanten angesehen werden.

- bound_t23: Die Funktion berechnet den Wert von (6.38) zu $t = \frac{2T}{3}$, nach Approximation des zweiten Terms.

- bound_t12: Die Funktion berechnet den Wert von (6.38) zu $t = \frac{T}{2}$, nach Approximation des zweiten Terms.

- bound_t13: Die Funktion berechnet den Wert von (6.38) zu $t = \frac{T}{3}$, nach Approximation des zweiten Terms.

Bemerkung 6.4.6
- Der hier vorgestellte Algorithmus erzielt bei Laufzeiten von ca. einem halben Jahr oder länger nicht ganz zufriedenstellende Ergebnisse.

- Zur Erzielung einer höheren Genauigkeit kann das Verfahren mit mehr Ausübungszeitpunkten angewendet werden. Die Ergebnisse von Huang, Subrahmanyam und Yu wurden (vermutlich) mit $n = 4$ erzielt, d. h. mit einem Rekursionsschritt mehr.

- Die Approximation von c^* als Treppenfunktion darf als „rustikal" eingestuft werden. In [Ju98] wird eine Approximation basierend auf stückweise exponentialen Funktionen diskutiert.

- Die Verwendung von Binomialbäumen für die Bewertung amerikanischer Puts wird z. B. in [Jos09a] diskutiert.

Listing 6.1: Das Programm `op_am`

```
 1  function w = op_am(s,k,t,r,v);
 2  % Black Scholes Formel fuer am. call  Option
 3  %
 4  % Funktionsaufruf:    w = op_am(40,45,0.5833,0.0488,0.4)
 5  % input
 6  % s   Kurs des Underlying / Basispreis zu t=0
 7  % k    strike Preis
 8  % t   (Rest-)Laufzeit der Option in Jahren
 9  % r   risikoloser Zinssatz per anno
10  % v   Volatilitaet per anno
11
12  % output Optionswert
13
14  p_0 = op_eu_bs('put',s,k,t,r,v);
15
16  tt     = zeros(1,3);
17  tt(2) = t*0.5;     % b_(t/2)
18  tt(1) = t/3;       % b_(t/3)
19  tt(3) = 2*t/3;     % b_(t*2/3)
20
21  b = bound_am(s,k,t,tt,r,v);
22  %%%%%%%%
23  d1     = (log(s/b(2))+(r+v^2/2)*tt(2))/(v*sqrt(tt(2)));
24  d2     = d1 - v*sqrt(tt(2));
25  p_2    = p_0 + r*k*tt(2)*exp(-r*tt(2))*normcdf(-d2);
26
27  %%%%%%%%%%%%%%
28
29  d1     = (log(s/b(1))+(r+v^2/2)*tt(1))/(v*sqrt(tt(1)));
30  d2     = d1 - v*sqrt(tt(1));
31  kt1    = exp(-r*tt(1))*normcdf(-d2);
32
33  %%
34  d1     = (log(s/b(3))+(r+v^2/2)*tt(3))/(v*sqrt(tt(3)));
35  d2     = d1-v*sqrt(tt(3));
36  kt2    = exp(-r*tt(3))*normcdf(-d2);
37
38  p_3    = p_0 + r*k*tt(1)*( kt1 + kt2 );
39
40  w = (p_0 - 8*p_2 + 9*p_3)*0.5;
```

Listing 6.2: Das Programm `bound_am`

```matlab
function b = bound_am(s,k,t,tt,r,v);


% Black Scholes  boundary am. put Option
% input
% s    Aktienkurs t=0
% k    strike Preis
% t    = T    (Rest-)Laufzeit der Option in Jahren
% tt   = T/3, T/2, T 2/3
% r    risikoloser Zinssatz per anno
% v    Volatilitaet per anno

% output
% boundary /early excercise bs

% Bereich fuer fzero / Nullstellensuche
vi  = [1.1,k];

% Ausuebungsgrenzen

b   = zeros(1,3);

% calc boundary t = 2/3;

tx   = t - tt(3) ;

b(3) = fzero( @(bs) bound_t23(s,bs,k,tx,r,v), vi);

% Bereich fuer fzero / Nullstellensuche
vi  = [10,k];

% calc boundary t = T/2
tx    = t - tt(2) ;        % Zeit von T 1/2 bis T
tx1   = tt(3) - tt(2) ;    % Zeit von T 1/2 bis T 2/3
b(2) = fzero( @(bs) bound_t12(s,bs,b(3),k,tx,tx1,r,v), vi);

% calc boundary t = T/3
tx    = t - tt(1) ;        % Zeit von T/3 bis T
tx1   = tt(3) - tt(2) ;    % Zeit von T/2 bis T 2/3
tx2   = tt(2) - tt(1) ;    % Zeit von T/3 bis T/2
b(1) = fzero( @(bs) bound_t13(s,bs,b(2),b(3),k,tx,tx1,tx2,r,v), vi);
```

Listing 6.3: Das Programm <code>bound_t23</code>

```matlab
function b_t = bound_t23(s,bs,k,tx,r,v);
% Black Scholes  boundary am. put Option
% input
% s    Aktienkurs t=0
% k    strike Preis
```

```
 6  % tx   Zeit von T 2/3 bis T
 7  % r    risikoloser Zinssatz per anno
 8  % v    Volatilitaet per anno
 9  % bs   boundary zu T 2/3
10
11  % output
12  % boundary /early excercise bs
13
14  d1 = (log(bs/k)+(r+v^2/2)*tx)/(v*sqrt(tx));
15  d2 = d1-v*sqrt(tx);
16  eu = k*exp(-r*tx)*normcdf(-d2) - bs*normcdf(-d1);
17
18  dd1 = (r+v^2/2)*tx/(v*sqrt(tx));
19  dd2 = dd1-v*sqrt(tx);
20
21  kt = 0.5*tx*r*k*exp(-r*tx)* (normcdf(-d2) + normcdf(-dd2));
22  b_t = eu + kt - k + bs;
```

Listing 6.4: Das Programm bound_t12

```
 1  function b_t = bound_t12(s,bs,bn,k,tx,tx1,r,v);
 2  % Black Scholes  boundary am. put Option
 3  % input
 4  % s    Aktienkurs t=0
 5  % k    strike Preis
 6  % tx   Zeit von T 1/2 bis T
 7  % tx1 Zeit von T 1/2 bis T 2/3
 8  % r    risikoloser Zinssatz per anno
 9  % v    Volatilitaet per anno
10  % bs   boundary zu T/2
11  % bn   boundary zu T 2/3
12
13  % output
14  % boundary /early excercise bs
15
16  d1 = (log(bs/k)+(r+v^2/2)*tx)/(v*sqrt(tx));
17  d2 = d1-v*sqrt(tx);
18  eu = k*exp(-r*tx)*normcdf(-d2) - bs*normcdf(-d1);
19
20  % Korrekturterm fuer T/2 bis T 2/3
21  dx  = tx1;      % 15.5.2010
22  d1  = (log(bs/bn)+(r+v^2/2)*dx)/(v*sqrt(dx));
23  d2  = d1-v*sqrt(dx);
24  dd1 = (r+v^2/2)*dx/(v*sqrt(dx));
25  dd2 = dd1-v*sqrt(dx);
26  kt1 = 0.5*dx*r*k*exp(-r*dx)*(normcdf(-d2)+ normcdf(-dd2));
27
28  % Korrekturterm fuer T2/3 bis T
29  dx  = tx - tx1;
```

```matlab
30  d1  = (log(bn/k)+(r+v^2/2)*dx)/(v*sqrt(dx));  % bs --> bn;
31  d2  = d1-v*sqrt(dx);
32  dd1 = (r+v^2/2)*dx/(v*sqrt(dx));
33  dd2 = dd1-v*sqrt(dx);
34  kt2 = 0.5*dx*r*k*exp(-r*dx)*(normcdf(-d2)+ normcdf(-dd2));
35
36  % BS eu put + Korrektur term
37  b_t = eu + kt1 + kt2 - k + bs;
```

Listing 6.5: Das Programm <code>bound_t12</code>

```matlab
1   function b_t = bound_t13_i(s,bs,bm,bn,k,tx,tx1,tx2,r,v);
2
3   % Black Scholes  boundary am. put Option
4   % input
5   % s    Aktienkurs t=0
6   % k    strike Preis
7   % tx   Zeit von T/3 bis T
8   % tx1  Zeit von T/2 bis T 2/3
9   % tx2  Zeit von T/3 bis T/2
10  % r    risikoloser Zinssatz per anno
11  % v    Volatilitaet per anno
12  % bs   boundary zu T/3
13  % bm   boundary zu T/2
14  % bn   boundary zu T 2/3
15
16  % output
17  % boundary /early excercise bs
18
19  d1  = (log(bs/k)+(r+v^2/2)*tx)/(v*sqrt(tx));
20  d2  = d1-v*sqrt(tx);
21  eu  = k*exp(-r*tx)*normcdf(-d2) - bs*normcdf(-d1);
22
23  % T/3 bis T/2
24  dx  = tx2;
25  d1  = (log(bs/bm)+(r+v^2/2)*dx)/(v*sqrt(dx));
26  d2  = d1-v*sqrt(dx);
27  dd1 = (r+v^2/2)*dx/(v*sqrt(dx));
28  dd2 = dd1-v*sqrt(dx);
29  kt1 = 0.5*dx*r*k*exp(-r*dx)*(normcdf(-d2)+ normcdf(-dd2));
30
31  % Korrekturterm fuer T/2 bis T 2/3
32  dx  = tx1;
33  d1  = (log(bm/bn)+(r+v^2/2)*dx)/(v*sqrt(dx));
34  d2  = d1-v*sqrt(dx);
35  dd1 = (r+v^2/2)*dx/(v*sqrt(dx));
36  dd2 = dd1-v*sqrt(dx);
37  kt2 = 0.5*dx*r*k*exp(-r*dx)*(normcdf(-d2)+ normcdf(-dd2));
38
```

```matlab
39   % Korrekturterm fuer T 2/3 bis T
40   dx  = tx - tx1 - tx2;
41   d1  = (log(bn/k)+(r+v^2/2)*dx)/(v*sqrt(dx));
42   d2  = d1-v*sqrt(dx);
43   dd1 = (r+v^2/2)*dx/(v*sqrt(dx));
44   dd2 = dd1-v*sqrt(dx);
45   kt3 = 0.5*dx*r*k*exp(-r*dx)*(normcdf(-d2)+ normcdf(-dd2));
46
47   % BS eu put + Korrektur term
48   b_t = eu + kt1 + kt2 + kt3 - k + bs;
```

7 Pfadabhängige Optionen

Wurden bisher amerikanische oder europäische Optionen behandelt, deren Auszahlungsfunktionen von *einem* Zeitpunkt abhingen, so wollen wir uns jetzt den Derivaten zuwenden, deren Auszahlungen von einer *ganzen* Periode bestimmt werden. Hier geht die Entwicklung des zugrundeliegenden Vermögenswertes über die gesamte Periode ein. Daher muss der Pfad des Prozesses $(S_t)_{t\in[0,T]}$ berücksichtigt werden. Solche Derivate nennt man daher *pfadabhängige Optionen*.

7.1 Einführung in die pfadabhängigen Optionen

In Abschnitt 5.1 haben wir eine Bewertungstheorie für allgemeine Optionen aufgestellt, deren $\mathscr{F}_t$-messbare Auszahlungsfunktion $f : \Omega \to \mathbb{R}$ zur Zeit $t \in [0, T]$ $f(\omega)$ zahlt, falls $\omega \in \Omega$ eintritt. Gemäß der Gleichung (5.2) aus Abschnitt 5.1 ist der Wert einer derartigen Option zur Zeit $0 \leq s \leq t$ durch

$$W(s,t,f) = e^{-r(t-s)}\mathbb{E}_{\mathbb{Q}}(f|\mathscr{F}_s)$$

gegeben. Dabei stellt $\mathbb{Q}$ ein zu $\mathbb{P}$ äquivalentes Wahrscheinlichkeitsmaß dar, das den in Zero-Bonds berechneten Preisprozess des zugrundeliegenden Vermögenswertes, in ein Martingal überführt. Wenn man das log-binomiale Modell (im zeitdiskreten Fall) oder das Black-Scholes-Modell (im zeitstetigen Fall) verwendet, so ist dieses Wahrscheinlichkeitsmaß $\mathbb{Q}$ eindeutig und deshalb sind Optionspreise eindeutig bestimmt. Leider bedeutet das noch nicht, dass wir bereits eine Möglichkeit gefunden haben, diese Preise zu bestimmen. Unser Ziel ist es in diesem Abschnitt numerische Verfahren und Algorithmen zu entwickeln, die uns diese Berechnung der Optionspreise erlauben. Hiermit meinen wir z. B. ein Integral (je niedriger die Dimension desto besser), das ähnlich aussieht, wie jenes in der Black-Scholes-Formel für europäische Optionen (vgl. Abschnitt 4.3). Aber zumindest sollten wir einen Algorithmus anbieten, der auf dem Rechner implementierbar ist, wie z. B. der Algorithmus, den wir im log-binomialen Modell zur Berechnung von Optionspreisen erstellt haben (vgl. Abschnitt 2.3) oder den Algorithmus, um Optionen amerikanischen Stils mit der zentralen Gleichung (V_a2) zu ermitteln. Dies führte auf ein iteratives Verfahren, vorausgesetzt, dass die Zeit diskret und der Erwartungswert bezüglich $\mathbb{Q}$ berechenbar war.

Die Klasse von Optionen, mit denen wir uns nun beschäftigen wollen, heißen *pfadabhängige Optionen*. Für diese Optionen hängt die Auszahlung nicht nur vom Preis des zugrundeliegenden Vermögenswertes zu einer Zeit t ab, welche wie bei den europäischen Optionen fest gewählt werden kann (oder vom Besitzer frei bestimmt wird wie bei den amerikanischen Optionen), sondern auch davon, „wie der Wert sich während des Handelszeitraumes verhält". Doch wollen wir eine exakte Definition geben.

Dabei gehen wir davon aus, dass der Preisprozess des zugrundeliegenden Vermögenswertes stetig ist. Dies stimmt z. B. im Black-Scholes-Modell, falls das Wertpapier keine Dividende zahlt (dies legen wir hier in den meisten Fällen zugrunde).

Definition 7.1.1 (Pfadabhängige Optionen)
Wir bezeichen mit $C[0, T]$ den Vektorraum aller stetigen Funktionen

$$\varphi : \quad [0, T] \to \mathbb{R},$$

und wählen mit F eine Funktion auf $C[0, T]$

$$F : \quad C[0, T] \to \mathbb{R}.$$

Dann definieren wir eine *Option mit Auszahlungsfunktion F* bezogen auf einen Vermögenswert, dessen Preis durch einen stochastischen Prozess $(S_t)_{0 \le t \le T}$ beschrieben wird, als ein Derivat, das $F(\varphi)$ zur Zeit T zahlt, falls der Pfad von S_t durch φ dargestellt wird. Das heißt $S_t(\omega) = \varphi(t)$ für alle $t \in [0, T]$, falls ω eingetreten ist. Wir bezeichnen ein derartiges Derivat mit $F(S_{(\cdot)})$ und nennen es *pfadabhängige Option*.

Wir können uns $S_{(\cdot)}$ als eine „unendlichdimensionale Zufallsvariable" vorstellen, die jedem $\omega \in \Omega$ ein Element $C[0, T]$ zuordnet, nämlich den Pfad $[0, T] \ni t \mapsto S_t(\omega)$. Im Abschnitt 7.2 werden wir uns mit einigen technischen Details näher beschäftigen, die bei der Betrachtung von Verteilungen auf unendlichdimensionalen Räumen wie $C[0, T]$ auftreten. Aber zuerst wollen wir einige wichtige Beispiele pfadabhängiger Optionen aufzählen.

Optionen, die von endlich vielen vorherbestimmten Zeitpunkten abhängen
Solche Optionen haben die Form

$$F(S_{(\cdot)}) = F(S_{t_1}, S_{t_2}, \ldots, S_{t_n}),$$

wobei $0 \le t_1 < t_2 < \ldots < t_n = T$.

Die folgenden Optionen gehören in diese Klasse:

a) Optionen auf Optionen: Zu einer vorherbestimmten Zeit $0 < t_1 < T$ kann der Besitzer entscheiden, ob er eine Option mit Enddatum T kauft oder nicht.

b) Die Wahloption: Zu einem vorherbestimmen Zeitpunkt $0 < t_1 < T$ kann der Besitzer entscheiden, ob er einen Put oder Call mit vorgegebenen Strikepreis K und Ausübungsdatum T erwerben will.

Schwellen-oder Barrieroptionen

Die Auszahlungsfunktion dieser Optionen hängt von der maximalen Höhe des Preises des zugrundeliegenden Vermögenswertes auf dem Intervall $[0, T]$ ab, d. h.

$$F(S_{(\cdot)}) = g\left(\max_{0 \leq t \leq T} S_t\right),$$

wobei g eine Funktion auf $\mathbb{R}$ ist.

Asiatische Optionen

Die Auszahlung dieser Optionen hängt vom durchschnittlichen Wert des zugrundeliegenden Vermögenswertes, einer Funktion hiervon oder dem Mittel einer solchen Funktion ab. Genauer sieht dies folgendermaßen aus

$$F(S_{(\cdot)}) = G\left(\frac{1}{T} \int_0^T S_t dt\right) \text{ oder allgemeiner } F(S_{(\cdot)}) = G\left(\frac{1}{T} \int_0^T g(S_t) dt\right).$$

Optionen, die nur von endlich vielen vorher bestimmten Zeitpunkten abhängen, kann man innerhalb der bekannten Black-Scholes-Theorie aus Kapitel 4 berechnen. Dabei verfährt man wie folgt: Zuerst berechnen wir den Wert der Option im letzten Intervall $[t_{n-1}, T]$. Da in diesem Fall die Werte $S_{t_1}, S_{t_2}, \ldots, S_{t_{n-1}}$ bereits bekannt sind, kann man sie als konstant betrachten. Dann ist die Bewertung identisch mit der Bewertung einer Option europäischen Stils, die $f(S_T) = F(S_{t_1}, \ldots, S_{t_{n-1}}, S_T)$ zur Zeit T zahlt. Sobald wir den Wert zur Zeit t_{n-1} gefunden haben, benutzen wir diese als Auszahlung für eine neue Option und können den Preis unserer Option auf dem Zeitintervall $[t_{n-2}, t_{n-1}]$ bestimmen. So verfahren wir bis zum Zeitpunkt $t = 0$ weiter.

Um zu sehen, wie die Formel aussehen mag, werden wir exemplarisch für zwei Zeitpunkte den Optionswert berechnen.

Satz 7.1.2

Wir nehmen an, dass der Preis des Vermögenswertes dem Black-Scholes-Modell mit konstanter Drift μ und konstanter Volatilität σ gehorcht. Weiter seien $0 < t_1 < t_2 = T$. Wir betrachten eine Option, die $F(S_{t_1}, S_T)$ zur Zeit T zahlt. Dann berechnet sich der Wert $V(t, T)$ der Option zur Zeit t gemäß:

a) Ist $t \in [t_1, T]$, so gilt:

$$V(t,T) = \frac{e^{-r(T-t)}}{\sqrt{2\pi\sigma^2(T-t)}} \int_{-\infty}^{\infty} F\left(S_{t_1}, S_t e^{r(T-t)} e^{-\frac{\sigma^2}{2}(T-t)} \cdot e^z\right) e^{-\frac{z^2}{2\sigma^2(T-t)}} \, dz$$

b) Für $t \in [0, t_1]$ haben wir:

$$V(t,T) = \frac{e^{-r(T-t)}}{2\pi\sigma^2\sqrt{t_1-t}\sqrt{T-t_1}} \int_{-\infty}^{\infty}\int_{-\infty}^{\infty} F\left(S_t e^{(r-\frac{\sigma^2}{2})(t_1-t)}e^x, S_t e^{(r-\frac{\sigma^2}{2})(T-t)}e^{z+x}\right)$$
$$\cdot e^{-\frac{z^2}{2\sigma^2(T-t_1)} - \frac{x^2}{2\sigma^2(t_1-t)}} \, dz dx.$$

Beweis

Zuerst berechnen wir den Wert der Option für $t_1 \le t \le T$. Zu diesem Zeitpunkt ist der Wert S_{t_1} bekannt, und wir können ihn wie eine Konstante behandeln. Wendet man Formel (4.46) aus Abschnitt 4.3 auf die Auszahlungsfunktion $G(S_T) = F(S_{t_1}, S_T)$ an, so erhalten wir für $t_1 \le t \le T$

$$V(t,T) = e^{-r(T-t)}\mathbb{E}\left(F\left(S_{t_1}, S_t e^{r(T-t)}e^{-\frac{\sigma^2}{2}(T-t)+\sigma(B_T-B_t)}\right)\right)$$
$$= \frac{e^{-r(T-t)}}{\sqrt{2\pi\sigma^2(T-t)}} \int_{-\infty}^{\infty} F\left(S_{t_1}, S_t e^{r(T-t)}e^{-\frac{\sigma^2}{2}(T-t)} \cdot e^z\right) e^{-\frac{z^2}{2\sigma^2(T-t)}} \, dz$$

Insbesondere sehen wir, falls $t = t_1$ ist

$$V(t,T) = \widetilde{F}(S_{t_1}) = \frac{e^{-r(T-t_1)}}{\sqrt{2\pi\sigma^2(T-t_1)}} \int_{-\infty}^{\infty} F\left(S_{t_1}, S_{t_1} e^{r(T-t_1)}e^{-\frac{\sigma^2}{2}(T-t_1)} \cdot e^z\right) e^{-\frac{z^2}{2\sigma^2(T-t_1)}} \, dz. \quad (7.1)$$

Erneutes Anwenden der Black-Scholes-Formel für $0 \le t \le t_1$, aber diesmal auf die Auszahlungsfunktion $\widetilde{F}(S_{t_1})$ und das Ausübungsdatum t_1 liefert

$$V(t,T) = \frac{e^{-r(t_1-t)}}{\sqrt{2\pi\sigma^2(t_1-t)}} \int_{-\infty}^{\infty} \widetilde{F}\left(S_t e^{r(t_1-t)}e^{-\frac{\sigma^2}{2}(t_1-t)}e^x\right) e^{-\frac{x^2}{2\sigma^2(t_1-t)}} \, dx.$$

Ersetzen wir in dem obigen Integral den Term

$$\widetilde{F}(S_t e^{r(t_1-t)}e^{-\frac{\sigma^2}{2}(t_1-t)}e^x),$$

so ergibt sich

$$V(t,T) = \frac{e^{-r(T-t_1)}}{\sqrt{2\pi\sigma^2(T-t_1)}} \int\limits_{-\infty}^{\infty}\int\limits_{-\infty}^{\infty} F\left(S_t e^{r(t_1-t)}e^{-\frac{\sigma^2}{2}(t_1-t)}e^x, S_t e^{r(t_1-t)}e^{-\frac{\sigma^2}{2}(t_1-t)}e^{r(T-t_1)}\cdot\right.$$

$$\left. e^{-\frac{\sigma^2}{2}(T-t_1)}\cdot e^{x+z}\right)e^{-\frac{z^2}{2\sigma^2(T-t_1)}}\,dz\,dx,$$

was nichts anderes als die Formel in b) ausdrückt. $\qquad\square$

Bemerkung 7.1.3

Die Formel aus Satz 7.1.2 mag nicht sehr schön erscheinen, aber sie ist numerisch nicht schwer zu implementieren. Sie zeigt außerdem, dass die Black-Scholes-Theorie, wie sie in Kapitel 4 entwickelt wurde, eine vollständige Antwort auf die Frage der Bewertung von Optionen gibt, die nur von endlichen vielen vorherbestimmten Zeitpunkten abhängen.

Für Optionen, die von unendlich vielen Zeitpunkten abhängen, können wir folgende Formel aufstellen. Sie führt zumindest theoretisch zu einer approximierenden Bewertungsformel.

Wir zerlegen das Intervall in genügend viele Intervalle $[0,t_1]$, $[t_1,t_2],\dots[t_{n-1},T]$ und approximieren die Auszahlungsfunktion $F(S_{(\cdot)})$ durch eine Folge von Ausübungsfunktionen der Form $F_n(S_{t_1},\dots S_{t_n})$. Unter geeigneten Voraussetzungen (sie sind bei den Funktionen F, die wir bis jetzt betrachtet haben, erfüllt) konvergiert der Wert der Option $F_n(S_{t_1},\dots S_{t_n})$ (berechenbar als mehrdimensionales Integral) gegen den Wert der Option $F(S_{(\,)})$.

Aber hier taucht ein Problem auf, es numerische zu implementieren: Wie die Formel aus Satz 7.1.2 zeigt, wird der Wert der Option zur Zeit $t=0$ mit Auszahlungsfunktion $F(S_{t_1},\dots S_{t_n})$ durch ein n-dimensionales Integral berechnet. Wir dazu betrachten eine Option mit einer Laufzeit von drei Montaten (90 Tage). Es scheint vernünftig, dieses Intervall in Teilintervalle, die nicht länger als ein Tag sind, zu unterteilen. Somit muss n mindestens 80 betragen. Dies bedeutet, ein $80-$dimensionales Integral zu berechnen. Angenommen wir benötigen 100 Auswertungen einer Funktion, um eine möglichst genaue Approximation eines eindimensionalen Integrals zu erhalten, so brauchen wir insgesamt $100^{80} = 10^{160}$ Auswertungen um das $80-$dimensionale Integral genauso exakt zu approximieren. Wenn man ausgefeiltere Methoden, wie z. B. die Monte-Carlo-Methoden verwendet, kann man die Anzahl der Rechnenschritte entscheidend verringern. Aber trotzdem müssen wir noch ein Integral berechnen, für das mehr Zeit benötigt wird als die gesamte Dauer der Option. Deshalb ist diese Methode nicht sehr ratsam, wenn man sie für sogenanntes „gleichzeitiges Hedgen" verwenden will.

Um den Wert einer pfadabhängigen Option zu bestimmen, werden wir einen anderen Weg beschreiten. Zuerst müssen wir das äquivalente Martingalmaß $\mathbb{Q}$ innerhalb des Black-Scholes-Modells bestimmen. Wie wir sehen werden, besteht dies hauptsächlich darin, eine Verteilung des Prozesses (B_t) zu finden, der im Maß $\mathbb{P}$ eine Brownsche Bewegung ist. Wir werden feststellen, dass (B_t) bezüglich des Wahrscheinlichkeitsmaßes $\mathbb{Q}$ eine „verschobene Brownsche

Bewegung ist". Zusätzlich berechnen wir die (eindimensionale) Verteilung der Zufallsvariable $\omega \mapsto F(S_{(\cdot)}(\omega))$. Sobald uns die Verteilung (sie wird ein Wahrscheinlichkeitsmaß auf $\mathbb{R}$ sein) und deren Dichte, die wir mit ρ bezeichnen werden, bekannt sind, wird sich der Optionswert als eindimensionales Integral ergeben.

Literatur und weitere Bemerkungen

Exotische Optionen gewinnen in der letzten Zeit an Bedeutung. So werden Optionen asiatischen Typs, die wir im vorletzten Abschnitt untersuchen werden, auf Waren, wie Rohöl, und auf Devisen angeboten. Wir nützen hier die Gelegenheit und erwähnen noch einige Typen von exotischen Optionen, denen wir keinen eigenen Abschnitt widmen. Die folgende (unvollständige) Liste geht zum Teil auf Rubinstein [Rub83] zurück.

- *Package-Option.* Die Auszahlungsfunktion ist eine stückweise lineare Funktion des zugrundeliegenden Vermögenswertes (vgl. Aufgabe 1).

- *Forward-Start-Option.* Der Käufer erhält die Option zu einer Zeit T_0 ohne Kosten; Ausübungspreis ist K, der gleich dem Wert des Preises des zugrundeliegenden Vermögenswertes S_{T_0} zur Zeit T_0 ist. Ausübungsdatum ist $T_1 > T_0$ (vgl. Aufgabe 2).

- *Chooser-Option.* Der Käufer erwirbt eine Option mit dem Recht, zu einer Zeit T_0 zu entscheiden, ob er eine Call oder Put Option mit Ausübungsdatum $T_0 < T_1$ erwirbt (vgl. Aufgabe aus Abschnitt 3.1).

- *Lookback-Option.* Optionen, die von dem Minimum oder Maximum des zugrundeliegenden Vermögenswertes abhängen. Dies sind Beispiele für pfadabhängige Optionen, ähnlich den Barrier-Optionen. Als typische Ausübungsfunktion notieren wir für einen Call (entsprechend für einen Put):

$$F(S_T) = \max(S_T - \min\{S_s; s \in [0,T]\}, 0).$$

  Diese Standardoption wurde zuerst von Goldman, Sozin und Gatto [GSG79] studiert. Eine Variante stellt die sogenannte *beschränkte Risiko* oder *geteilte* Lookback-Option dar (sowohl europäischen als auch amerikanischen Stils). Sie wurden von Conze und Viswanathan [CV91] behandelt. Allgemeine Ergebnisse über Lookback Optionen findet man in den Monographien von Bingham und Kiesel [BK97], Korn und Korn [KK99], Musiela und Rutkowski [MR97] und Wilmott, Howison und Dewynne [WHD95]. Sie beruhen meist auf den Ergebnissen von Goldman et al. [GSG79].

- *Compound-Option.* Dies sind Optionen auf Optionen (vgl. Aufgabe aus 3.1 bzw. Aufgabe 2 unten). Weiterführende Literatur findet der Leser in den Arbeiten von Geske [Ges78] und Selby und Hodges [SH87]

- *Binäre Option.* Die Option hat eine charakteristische Funktion als Ausübungsfunktion (vgl. Abschnitt 2.4).

- *Basket Option.* Die Ausübungsfunktion ist das Mittel über eine Auswahl von verschiedenen Vermögenswerten. Die Ausübungsfunktion lautet für einen Call z. B.

$$F(S_T^1,\ldots,S_T^n) = \max(\sum_{i=1}^{n} w_i S_T^i - K, 0),$$

wobei $\sum_i^n w_i = 1, w_i \geq 0$.

- *$\alpha-Quantil-Option.*$ Hier hängt die Ausübungsfunktion von einem Anteil α der Zeit ab, für den der Wert des Vermögenswertes unterhalb einer Schwelle liegt. Genauer: Zu vorgegebenem $\alpha \in]0,1[$ definiere man

$$Q_T^\alpha = \inf\{x \in \mathbb{R}; \lambda(\{t \in [0,T]; S_t < x\}) \geq \alpha T\}$$

(λ ist das Lesbeguemaß). Dann ist für eine typische Call-Option die Ausübungsfunktion durch

$$F(S) = \max(Q_T^\alpha(S) - K, 0)$$

gegeben. Die $\alpha-$Quantil-Optionen wurden 1992 von Miura [Miu92] eingeführt. Weitere Literatur findet man in den Artikeln von Akahori [Aka95], Dassois [Das95], Embrechts et al. [ERY95] und Yor [Yor95].

- *Kombinierte Option.* Die Ausübungsfunktion hängt von dem Minimum oder Maximum verschiedener Vermögenswerte ab. Beispiele sind hier der Devisen-Option-Bond (*Currency Option-Bond*), der dem Käufer die Möglichkeit bietet, die Währung zu wählen, in der beim Ausübungszeitpunkt gezahlt wird. Die Währungen und der Kurs werden vorher festgelegt. Weiter zählen hierzu die *Risk-Sharing* Optionen. Die Bewertung von kombinierten Optionen wurden z. B. von Feiger und Jacquillat [FJ79], Margrabe [Mar78] und Stapleton und Subrahmanyan [SS] studiert.

- *Russische Option.* Es handelt sich um eine Variante der amerikanischen Option, wobei die Option zum Ausübungszeitpunkt $\tau \in [0,T]$ den Wert $e^{r\tau} \max(S_s; s \in [0,\tau])$ zahlt. Als weiterführende Literaturangabe sei hier auf Shepp und Shiryayev [SS93, SS94], Kramkov und Shiryayev [KS94] und Duffie und Harrison [DH93] verwiesen.

- *Passport-Option.* Der Käufer dieser Option kann in einer vorgegebenen Zeit $[0,T]$ einen (oder mehrere) Vermögenswerte kaufen oder verkaufen. Die Option zahlt dem Käufer zur Zeit T einen eventuellen Gewinn. Der Käufer braucht aber einen Verlust nicht zu tragen. Die Passport-Option bildet eine Verallgemeinerung der amerikanischen Option, aber anders als bei der amerikanischen Option kann der Besitzer diese Option mehrmals „ausüben". Zu Beginn wird vereinbart, welcher Betrag q_t des Vermögenswertes mit Preis S_t jeweils zur Zeit $t \in [0,T]$ gehandelt werden kann. Man geht von einem Itô-Prozess aus, nimmt die Arbitragefreiheit (Existenz des äquivalenten Martingalmaßes $\mathbb{Q}$) und

Vollständigkeit des Marktes (Eindeutigkeit des Maßes) an. Der Wert einer solchen Option lässt sich dann gemäß

$$V_t = \sup\{\mathbb{E}_{\mathbb{Q}}((x_0 + \int_0^T sq_s dS_s)^+)|\mathscr{F}_t); q_t \in Q_t\},$$

berechnen. Dabei ist x_0 der Anfangswert und $Q_t \subset \mathbb{R}$ die vorher vereinbarte Menge, die gehandelt werden kann.

Passport-Optionen wurden von Bankers-Trust eingeführt und zuerst von Hyer, Lipton-Lifschitz und Pugachevsky [HLLP97] betrachtet (vgl. Delbaen und Yor [DY07] für Verallgemeinerungen).

Aufgaben

1. Man entscheide, welche der oben genannten Optionen pfadabhängige Optionen sind.

2. Man betrachte die folgenden pfadabhängigen *Package-Optionen* mit Payoff-Funktion $F(S)$ zur Zeit T, wobei

   (a) $F(S) = \min\{\max\{S, K_1\}, K_2\}$, $K_2 > K_1 > 0$,   *(Collars)*.

   (b) $F(S) = \max\{S, H\} - K$, $H = S_0 e^{rT}$, $K > F$,   *(Break forwards)*

   (c) $F(S) = \max\{\min\{S, K_2\}, K_1\} - H = \max\{\min\{S - H, K_2 - H\}, K_1 - H\}$.
   $K_1 < H < K_2$, $H = S_0 e^{rT}$ *(Range forwards)*.

   Man schreibe die Package-Optionen als eine Kombination von Optionen, Bonds und Aktien, bestimme ihren Wert nach der Black und Scholes-Formel und interpretiere sie finanztechnisch.

3. Man berechne explizit den Wert einer Put-Option mit Ausübungsdatum $0 < T_1$ auf eine Call-Option mit Enddatum $T_2 > T_1$, indem man Satz 7.1.2 verwendet.

4. Wie in Aufgabe 3 aber einen Call auf Put.

5. Man stelle die Ausübungsfunktion zur Zeit $T > 0$ einer Forward-Start-Option dar und bestimme den Wert der Option zur Zeit $t \in [0, T]$. Wie sieht der Wert zur Zeit $t = 0$ aus, wenn die Aktie eine stetige Dividende zahlt?

6. Man berechne den Wert einer Chooser-Option mit Ausübungszeiten $T_0 < T_1$. Man erstelle ein Portfolio bestehend aus einer Call und einer Put Option. Wie sieht die Situation aus, wenn $T_0 = T_1$ gilt?

7. Man bestimme den Wert einer Binären Option, deren Auszahlung S_T, der Wert eines zugrundeliegenden Vermögenswert beträgt, vorausgesetzt der Wert S_T ist größer als eine Schranke $K \geq 0$ ist.

8. Man betrachte wie in Aufgabe 7 eine Binäre Option, jetzt aber mit Auszahlung $\frac{S_T}{K_1}$, $K_1 > 0$, falls der Wert des Vermögenswertes zum Ausübungsdatum $T > 0$ zwischen K_1 und K_2 $(K_2 > K_1)$ liegt.

7.2 Die Verteilung stetiger Prozesse

In diesem Abschnitt setzen wir voraus, dass der stochastische Prozess $(S_t)_{0 \leq t \leq T}$, der den Preis des zugrundeliegenden Vermögenswertes beschreibt, dem Black-Scholes-Modell gehorcht. Um die Darstellung so einfach wie möglich zu gestalten, nehmen wir an, dass die Drift μ und die Volatilität σ konstant über dem betrachteten Intervall $[0, T]$ sind. Deshalb genügt der stochastische Prozess $(S_t)_{0 \leq t \leq T}$ der stochastischen Differenzialgleichung

$$dS_t = \mu S_t dt + \sigma S_t dB_t, \tag{7.2}$$

wobei $(B_t)_{0 \leq t \leq T}$ eine Brownsche Bewegung auf dem filtrierten Wahrscheinlichkeitsraum $(\Omega, \mathscr{F}, \mathbb{R}, (\mathscr{F}_t)_{0 \leq t \leq T})$ ist. Entsprechend Abschnitt 4.1.2 ist

$$S_t = S_0 \cdot e^{(\mu - \frac{1}{2}\sigma^2)t + \sigma B_t} \tag{7.3}$$

eine Lösung zur Gleichung (7.2).

In diesem Fall haben wir zwei verschiedene Zugänge kennengelernt, eine Option zu bewerten, die dem Preisprozess $(S_t)_{0 \leq t \leq T}$ zugeordnet ist. Wir wollen eine Option europäischen Stils betrachten, die zur Zeit $t \in [0, T]$ den Betrag $f(S_t)$ auszahlt, (d. h. wir legen uns bei dem Ausübungsdatum T nicht fest). In den Abschnitten 4.3 und 4.2 haben wir festgestellt, dass für den Wert einer solchen Option zum Zeitpunkt $u \in [0, t]$

$$f(u, t, S) = e^{-r(t-u)} \mathbb{E}_{\mathbb{P}}(f(Se^{(r - \frac{\sigma^2}{2})(t-u) + \sigma(B_t - B_u)})) \tag{7.4}$$

gelten muss, sobald S der Preis der zugrundeliegenden Aktie zur Zeit u ist. Gleichung (7.4) lässt sich auch in der Form einer bedingten Erwartung schreiben:

$$\mathbb{E}_{\mathbb{P}}(f(Se^{(r - \frac{\sigma^2}{2})(t-u) + \sigma(B_t - B_u)})) = \mathbb{E}_{\mathbb{P}}(f(Se^{(r - \frac{\sigma^2}{2})(t-u) + \sigma(B_t - B_u)}) | \mathscr{F}_u) \tag{7.5}$$

$$= \mathbb{E}_{\mathbb{P}}(f(S_u e^{(r - \frac{\sigma^2}{2})(t-u) + \sigma(B_t - B_u)}) | \mathscr{F}_u)(S_u = S),$$

wobei die Notation

$$\mathbb{E}_{\mathbb{P}}(f(S_u e^{(r - \frac{\sigma^2}{2})(t-u) + \sigma(B_t - B_u)}) | \mathscr{F}_u)(S_u = S)$$

folgendes bedeutet: Die $\mathscr{F}_u$-messbare Zufallsvariable

$$\mathbb{E}_{\mathbb{P}}(f(S_u e^{(r-\frac{\sigma^2}{2})(t-u)+\sigma(B_t-B_u)})|\mathscr{F}_u),$$

die streng genommen eine Abbildung von $\omega \in \Omega$ ist, hängt tatsächlich nur vom Wert $S_u(\omega)$ ab. Nun ist $\mathbb{E}_{\mathbb{P}}(f(S_u e^{(r-\frac{\sigma^2}{2})(t-u)+\sigma(B_t-B_u)})|\mathscr{F}_u)(S_u = S)$ der Wert der bedingten Erwartung, ausgewertet an den Stellen ω, für die $S_u(\omega) = S$ gilt. Andererseits stellten wir in Abschnitt 2.4.1 bzw. 5.1 fest, dass der Wert unserer Option (wie in Gleichung (2.33) aus Abschnitt 2.4.1) durch

$$
\begin{aligned}
W(u,t,f) &= e^{-r(t-u)}\mathbb{E}_{\mathbb{Q}}(f(S_t) \mid \mathscr{F}_u) &\qquad (7.6)\\
&= e^{-r(t-u)}\mathbb{E}_{\mathbb{Q}}(f(S_u e^{(\mu-\frac{\sigma^2}{2})(t-u)+\sigma(B_t-B_u)}) \mid \mathscr{F}_u)
\end{aligned}
$$

dargestellt wird, wobei $\mathbb{Q}$ ein zu $\mathbb{P}$ äquivalentes Wahrscheinlichkeitsmaß auf $(\Omega, \mathscr{F})$ ist, das $\widehat{S}_t = e^{r(T-t)}S_t$ in ein Martingal überführt. Natürlich müssen beide Wege, dieselbe Option zu bewerten, auch zu dem gleichen Wert führen. Insbesondere hängt die Zufallsvariable $W(u,t,f)$ nur vom Wert S_u ab, und deshalb ergibt sich

$$
\begin{aligned}
\mathbb{E}_{\mathbb{P}}(f(S_u e^{(r-\frac{\sigma^2}{2})(t-u)+\sigma(B_t-B_u)})|\mathscr{F}_u)(S_u = S) &\qquad (7.7)\\
= \mathbb{E}_{\mathbb{Q}}(f(S_u e^{(\mu-\frac{\sigma^2}{2})(t-u)+\sigma(B_t-B_u)}) \mid \mathscr{F}_u)(S_u = S).
\end{aligned}
$$

Mit einer Variablentransformation leitet man aus Gleichung (7.7) folgende Beobachtung ab.

Satz 7.2.1

Wir nehmen an, der Preisprozess des zugrundeliegenden Vermögenswertes gehorche dem Black-Scholes-Modell mit konstanter Drift μ und konstanter Volatilität σ, d. h.

$$S_t = S_0 e^{(\mu-\frac{1}{2}\sigma^2)t-\sigma B_t},$$

wobei B_t eine Brownsche Bewegung auf dem filtrierten Wahrscheinlichkeitsraum $(\Omega, \mathscr{F}, \mathbb{P}, (\mathscr{F}_t)_{0 \le t \le T})$ ist. Weiter stelle $\mathbb{Q}$ ein äquivalentes Wahrscheinlichkeitsmaß dar, durch das der diskontierte Preisprozess $\widehat{S}_t = e^{r(T-t)}S_t$ zu einem $\mathbb{Q}$-Martingal wird. Dann gilt für alle $t \in [0,T]$, alle $u \le t$ und alle stetigen und beschränkten Abbildungen $g\colon \mathbb{R} \to \mathbb{R}$

$$\mathbb{E}_{\mathbb{Q}}(g(B_t - B_u) \mid \mathscr{F}_u) = \mathbb{E}_{\mathbb{P}}\left(g\left(\frac{r-\mu}{\sigma}(t-u)+B_t-B_u\right) \mid \mathscr{F}_u\right), \qquad (7.8)$$

oder äquivalent dazu,

$$\mathbb{E}_{\mathbb{P}}(g(B_t - B_u) \mid \mathscr{F}_u) = \mathbb{E}_{\mathbb{Q}}\left(g\left(\frac{\mu-r}{\sigma}(t-u)+B_t-B_u\right) \mid \mathscr{F}_u\right). \qquad (7.9)$$

Beweis

Es sei S der Wert des zugrundeliegenden Vermögenswertes zur Zeit $u \le t$. Wir definieren für eine vorgegebene, beschränkte und stetige Funktion $g : \mathbb{R} \to \mathbb{R}$

$$f(y) = g\left[\frac{1}{\sigma}\left(\ln\left(\frac{y}{S}\right) - (\mu - \frac{1}{2}\sigma^2)(t - u)\right)\right].$$

Man beachte, dass $y = Se^{(\mu - \frac{1}{2}\sigma^2)(t-u) + \sigma x}$ die Identität $g(x) = f(y)$ impliziert und berechnet dann

$$\mathbb{E}_{\mathbb{Q}}(g(B_t - B_u)|\mathscr{F}_u)(S_u = S) = \mathbb{E}_{\mathbb{Q}}(f(S_u e^{(\mu - \frac{1}{2}\sigma^2)(t-u) + \sigma(B_t - B_u)})|\mathscr{F}_u)(S_u = S)$$

$$= \mathbb{E}_{\mathbb{P}}(f(S_u e^{(r - \frac{1}{2}\sigma^2)(t-u) + \sigma(B_t - B_u)})|\mathscr{F}_u)(S_u = S)$$

[nach Gleichung (7.7)]

$$= \mathbb{E}_{\mathbb{P}}\left(g(B_t - B_u + \frac{r - \mu}{\sigma}(t - u))|\mathscr{F}_u\right)(S_u = S).$$

[alle Terme lassen sich herauskürzen]

$\square$

Satz 7.2.1 besagt ungefähr das Folgende: Der Prozess B_t, von dem wir angenommen haben, dass er auf dem Wahrscheinlichkeitsraum $(\Omega, \mathscr{F}, \mathbb{P})$ eine Brownsche Bewegung darstellt, „verhält sich wie eine verschobene Brownsche Bewegung auf $(\Omega, \mathscr{F}, \mathbb{Q})$". Im Rest dieses Abschnittes wird diese ungenaue Aussage präzisiert.
Dazu müssen wir den Begriff der *Verteilung eines stochastischen Prozesses* einführen.

Definition 7.2.2
Wir betrachten auf $C([0, T])$ die σ-Algebra, die von den Mengen der Form

$$\{f \in C([0, T]); f(t_1) \in A_1, f(t_2) \in A_2, \ldots, f(t_n) \in A_n\}$$

erzeugt wird, wobei $n \in \mathbb{N}$, $0 \le t_1 < t_2 < \cdots < t_n \le T$ und $A_1, A_2, \ldots, A_n \in \mathscr{B}_{\mathbb{R}}$ beliebig sind. Diese Mengen werden *Zylindermengen* genannt, und mit $\mathscr{B}_C$ bezeichnen wir die von den Zylindermengen erzeugte σ-Algebra auf $C([0, T])$.

Bemerkung 7.2.3
Die σ-Algebra $\mathscr{B}_C$ ist ähnlich wie die σ-Algebra $\mathscr{B}_{\mathbb{R}^n}$ konstruiert, allerdings mit dem Unterschied, dass die endliche Indexmenge $\{1, 2, \ldots, n\}$ durch die überabzählbare Menge $[0, T]$ ersetzt wird. Man beachte, dass man $\mathbb{R}^n$ als die Menge aller Abbildungen $f \colon \{1, 2, 3, \ldots, n\} \to \mathbb{R}$ ansehen kann.

Lemma 7.2.4
Für einen stetigen Prozess $(X_t)_{0 \le t \le T}$ auf $(\Omega, \mathscr{F}, \mathbb{P})$ ist die Abbildung

$$X_{(\cdot)} \colon \Omega \ni \omega \mapsto X_{(\cdot)}(\omega) \in C([0, T])$$

messbar, wobei $X_{(\cdot)}(\omega)$ einen Pfad $[0,T] \ni t \mapsto X_t(\omega)$ darstellt.

Beweis

Für beliebige $n \in \mathbb{N}$, $0 \le t_1 < t_2 < t_3 < \cdots < t_n \le T$ und $A_1, \ldots, A_n \in \mathscr{B}_{\mathbb{R}}$ gilt

$$\left\{ \omega; X_{(\cdot)}(\omega) \in \{ f \in C([0,T]); f(t_i) \in A_i, i = 1, \ldots, n \} \right\} = \bigcap_{i=1}^{n} \{ \omega; X_{t_i}(\omega) \in A_i \} \in \mathscr{F}.$$

Da die Zylindermengen die σ-Algebra $\mathscr{B}_C$ erzeugen, ergibt sich sofort die Behauptung. $\qquad \square$

Wir benötigen noch zwei Begriffe.

Definition 7.2.5

   a) Für einen stetigen Prozess $(X_t)_{0 \le t \le T}$ auf $(\Omega, \mathscr{F}, \mathbb{P})$ und für $A \in \mathscr{B}_C$ nennen wir

$$\mathbb{P}_X(A) := \mathbb{P}(\{ \omega \in \Omega \mid X_{(\cdot)}(\omega) \in A \})$$

      die Verteilung von X. Man beachte, dass $\mathbb{P}_X$ eine Wahrscheinlichkeit auf $(C([0,T]), \mathscr{B}_C)$ ist.

   b) Für $f \in C([0,T])$ setzen wir

$$\|f\|_\infty = \sup_{0 \le t \le T} |f(t)|$$

      und für $f, g \in C([0,T])$

$$\mathrm{dist}(f,g) = \|f - g\|_\infty.$$

      Eine Funktion

$$F: \ C([0,T]) \to \mathbb{R}$$

      nennen wir stetig, wenn aus

$$\|f_n - f\|_\infty \to 0 \text{ die Konvergenz } F(f_n) \xrightarrow[n \to \infty]{} F(f) \text{ folgt.}$$

Bemerkung 7.2.6

Funktionen F auf $C([0,T])$ kann (und wird) man als „pfadabhängige" oder „exotische" Optionen betrachten: $F(S_{(\cdot)}(\omega))$ ist die Auszahlungsfunktion, wenn $\omega \in \Omega$ eintritt. Das folgende Lemma ist nicht schwer zu beweisen, allerdings verlangt es einige Technik. Entscheidend dabei ist die Tatsache, dass $C([0,T])$ *separabel ist.* Dies bedeutet, dass es eine abzählbare Teilmenge $D \subset C([0,T])$ gibt (zum Beispiel die Polynome mit rationalen Koeffizienten), die *dicht* ist, d. h. für jedes $f \in C([0,T])$, gibt es eine Folge $f_n \in D$ mit $\mathrm{dist}(f_n, f) \xrightarrow[n \to \infty]{} 0$.

Lemma 7.2.7

Jede stetige Funktion $F: \ C([0,T]) \to \mathbb{R}$ ist messbar.

Der nächste Satz beschreibt die Bedingungen, die äquivalent zu der Aussage sind, dass $(X_t)_{0 \leq t \leq T}$ und $(\widetilde{X}_t)_{0 \leq t \leq T}$ dieselbe Verteilung haben (sie sind in der Tat einfach nachzuweisen).

Satz 7.2.8

Wir gehen von stetigen Prozessen $(X_t)_{0 \leq t \leq T}$ auf dem Wahrscheinlichkeitsraum $(\Omega, \mathscr{F}, \mathbb{P})$ und $(\widetilde{X}_t)_{0 \leq t \leq T}$ auf dem Wahrscheinlichkeitsraum $(\widetilde{\Omega}, \widetilde{\mathscr{F}}, \widetilde{\mathbb{P}})$ aus. Dann sind die folgenden Aussagen äquivalent:

a) $\mathbb{P}_X = \widetilde{\mathbb{P}}_{\widetilde{X}}$.

b) Für alle $n \in \mathbb{N}$ und $0 \leq t_1 < t_2 < \cdots < t_n \leq T$ gilt

$$\mathbb{P}_{(X_{t_1}, X_{t_2}, \ldots, X_{t_n})} = \widetilde{\mathbb{P}}_{(\widetilde{X}_{t_1}, \ldots, \widetilde{X}_{t_n})},$$

wobei $\mathbb{P}_{(X_{t_1}, X_{t_2}, \ldots, X_{t_n})}$ die gemeinsame Verteilung des Zufallsvektors $(X_{t_1}, X_{t_2}, \ldots, X_{t_n})$ bezeichnet (vgl. Anhang D.2). Die Familie $(\mathbb{P}_{(X_{t_1}, X_{t_2}, \ldots, X_{t_n})})_{0 \leq t_1 < t_2 < \cdots < t_n \leq T}$ heißt die Familie der endlichdimensionalen Verteilungen von X.

c) Für alle $n \in \mathbb{N}$ und $0 \leq t_1 < t_2 < \cdots < t_n \leq T$ gilt

$$\mathbb{P}_{(X_{t_1}, X_{t_2} - X_{t_1}, X_{t_3} - X_{t_2}, \ldots, X_{t_n} - X_{t_{n-1}})} = \widetilde{\mathbb{P}}_{(\widetilde{X}_{t_1}, \widetilde{X}_{t_2} - \widetilde{X}_{t_1}, \ldots, \widetilde{X}_{t_n} - \widetilde{X}_{t_{n-1}})}.$$

d) Für alle $n \in \mathbb{N}$ und $0 \leq t_1 < t_2 < \cdots < t_n \leq T$ und alle stetigen, beschränkten Funktionen $f_1, f_2, \ldots, f_n \colon \mathbb{R} \to \mathbb{R}$ folgt

$$\mathbb{E}_{\mathbb{P}}(f_1(X_{t_1}) \cdot f_2(X_{t_2}) \cdot \ldots \cdot f_n(X_{t_n})) = \mathbb{E}_{\widetilde{\mathbb{P}}}(f_1(\widetilde{X}_{t_1}) \cdot f_2(\widetilde{X}_{t_2}) \cdot \ldots \cdot f_n(\widetilde{X}_{t_n})).$$

e) Für alle $n \in \mathbb{N}$ und $0 \leq t_1 < t_2 < \cdots < t_n \leq T$ und alle stetigen, beschränkten Funktionen $f_1, f_2, \ldots, f_n \colon \mathbb{R} \to \mathbb{R}$ hat man

$$\mathbb{E}_{\mathbb{P}}(f_1(X_{t_1}) f_2(X_{t_2} - X_{t_1}) \ldots f_n(X_{t_n} - X_{t_{n-1}})) = $$
$$\mathbb{E}_{\widetilde{\mathbb{P}}}(f_1(\widetilde{X}_{t_1}) f_2(\widetilde{X}_{t_2} - \widetilde{X}_{t_1}) \ldots f_n(\widetilde{X}_{t_n} - \widetilde{X}_{t_{n-1}})).$$

Bemerkung 7.2.9

Satz 7.2.8 besagt das Folgende:

Zwei Verteilungen $\mathbb{P}_X$ und $\mathbb{P}_{\widetilde{X}}$ sind gemäß Definition gleich, wenn $\mathbb{P}_X(A) = \mathbb{P}_{\widetilde{X}}(A)$ für alle $A \in \mathscr{B}_C$ gilt. Auf eine andere Art bedeutet es, dass jede messbare Abbildung $F : C[0, T] \to \mathbb{R}$ genau dann $\mathbb{P}_X$-integrierbar ist, wenn sie $\mathbb{P}_{\widetilde{X}}$-integrierbar ist. In diesem Fall hat man

$$\mathbb{E}_{\mathbb{P}_X}(F) = \mathbb{E}_{\mathbb{P}_{\widetilde{X}}}(F). \tag{7.10}$$

Satz 7.2.8 impliziert, dass es genügt, die Aussagen für Funktionen

$$F(\varphi) = f_1(\varphi(t_1))f_2(\varphi(t_2))\ldots f_n(\varphi(t_n)), \quad \varphi \in \mathrm{C}[0,T]$$

zu beweisen, um Gleichung (7.10) für alle messbaren Funktionen $F : \mathrm{C}[0,T] \to \mathbb{R}$ nachzuweisen. Dabei sind $n \in \mathbb{N}$ und $f_1, f_2, \ldots f_n : \mathbb{R} \to \mathbb{R}$ beschränkt und stetig.

Beweis (Skizze)

$a \Rightarrow b$ ist klar.

$b \Rightarrow a$ ergibt sich aus dem folgenden allgemeinen Prinzip (vgl. Satz D.2.9 im Anhang D.2): Sind $\mathbb{P}_1$ und $\mathbb{P}_2$ zwei Wahrscheinlichkeitsmaße auf $(\Omega, \mathscr{F})$, die auf einer Teilmenge $\mathscr{D} \subset \mathscr{F}$ mit den folgenden zwei Eigenschaften übereinstimmen: $\mathscr{D}$ erzeugt $\mathscr{F}$, d.h. $\mathscr{F}$ ist die kleinste σ-Algebra, die $\mathscr{D}$ enthält, und $\mathscr{D}$ ist durchschnittsstabil, d.h. $A, B \in \mathscr{D} \Rightarrow A \cap B \in \mathscr{D}$. Dann stimmen $\mathbb{P}_1$ und $\mathbb{P}_2$ auf ganz $\mathscr{F}$ überein. Dieses Prinzip wenden wir auf die Situation an, in der $\mathscr{D}$ die Zylindermengen auf $\mathrm{C}[0,T]$ darstellt.

$(b) \Leftrightarrow (c) \Leftrightarrow (d) \Leftrightarrow (e)$ ergeben sich aus der entsprechenden Äquivalenz für endlichdimensionale Verteilungen. $\qquad\qquad\square$

Bemerkung 7.2.10

Wie bereits in Abschnitt 4.1.1 definiert wurde, stellt die Brownsche Bewegung einen Prozess (B_t) dar, der die folgenden Eigenschaften aufweist: $B_0 = 0$, (B_t) ist stetig, und für alle $0 \leq t_1 < \cdots < t_n$ und alle $A_1, \ldots A_n \in \mathscr{B}_{\mathbb{R}}$ ergibt sich:

$$\mathbb{P}(B_{t_1} \in A_1, B_{t_2} - B_{t_1} \in A_2, \ldots, B_{t_n} - B_{t_{n-1}} \in A_n)$$
$$= N(0,t_1)(A_1) \cdot N(0,t_2 - t_1)(A_2) \cdot \ldots \cdot N(0,t_n - t_{n-1})(A_n).$$

Die letzte Bedingung bestimmt die endlichdimensionalen Verteilungen. Daher folgt mit Satz 7.2.8 $(c \Rightarrow a)$, dass zwei Brownsche Bewegungen dieselbe (unendlichdimensionale Verteilung) auf $\mathrm{C}[0,T]$ haben.

Die Verteilung der Brownschen Bewegung wird allgemein als das *Wiener-Maß* bezeichnet.

Nach dieser kurzen Darstellung der Theorie unendlich dimensionaler Verteilungen kommen wir wieder zurück zur Betrachtung des Prozesses $S_t = S_0 e^{(\mu - \frac{1}{2}\sigma^2)t + \sigma B_t}$. Wir wissen, dass (B_t) auf dem filtrierten Wahrscheinlichkeitsraum $(\Omega, \mathscr{F}, \mathbb{P}, (\mathscr{F}_t))$ eine Brownsche Bewegung ist. Aber dies sagt apriori noch nichts über die Verteilung von (B_t) aus, wenn man sie auf dem Raum $(\Omega, \mathscr{F}, \mathbb{Q}, (\mathscr{F}_t))$ betrachtet. Wir wollen uns das am Beispiel einer eindimensionalen Verteilung verdeutlichen.

Beispiel 7.2.11

Man betrachte die Standardnormalverteilung $N(0,1)$ auf $\mathbb{R}$. Dann ist die Identität id: $\mathbb{R} \to \mathbb{R}$, $x \mapsto x$ normalverteilt auf $(\mathbb{R}, B_{\mathbb{R}}, N(0,1))$. Nun sei f eine Dichtefunktion auf $\mathbb{R}$. Man definiere

$g(x) = f(x)\sqrt{2\pi}e^{x^2/2}$. Für beliebige $A \in \mathscr{B}_{\mathbb{R}}$ sei

$$\mathbb{Q}(A) = \mathbb{E}_{N(0,1)}(\mathbb{1}_A \cdot g)$$

[d. h. $\mathbb{Q}$ hat g als Radon-Nikodým Ableitung bezüglich $N(0,1)$]

$$= \frac{1}{\sqrt{2\pi}} \int\limits_{-\infty}^{\infty} \mathbb{1}_A f(x)\sqrt{2\pi}\, e^{x^2/2} e^{-x^2/2} dx$$

$$= \int\limits_{-\infty}^{\infty} \mathbb{1}_A f(x) dx.$$

Deshalb ist $\mathbb{Q}$ ein Wahrscheinlichkeitsmaß auf $\mathbb{R}$ mit Dichte f. Dieselbe Abbildung id: $\mathbb{R} \ni x \mapsto x$ ist $\mathbb{Q}$-verteilt, wobei $\mathbb{Q}$ die (beliebig gewählte) Dichte f besitzt.

Wir kommen nun zu dem zentralen Satz über die verschobene Brownsche Bewegung.

Satz 7.2.12
$(B_t)_{0 \le t \le T}$ ist auf $(\Omega, \mathscr{F}, \mathbb{Q})$ als Prozess eine verschobene „Brownsche Bewegung" mit Verschiebung $\frac{(r-\mu)}{\sigma}t$, d. h. (B_t) hat auf $(\Omega, \mathscr{F}, \mathbb{Q})$ dieselbe Verteilung wie der Prozess $(B_t + \frac{r-\mu}{\sigma}t)_{0 \le t \le T}$ auf $(\Omega, \mathscr{F}, \mathbb{P})$.

Beweis
Nach Satz 7.2.8 $(e \Rightarrow a)$ müssen wir für beliebige $n \in \mathbb{N}$ und $0 \le t_1 < t_2 < \cdots < t_n \le T$ und alle stetigen, beschränkten Funktionen $g_1, g_2, \ldots, g_n \colon \mathbb{R} \to \mathbb{R}$ nachweisen, dass

$$\mathbb{E}_{\mathbb{P}}\left(g_1\left(B_{t_1} + \frac{r-\mu}{\sigma}t_1\right) g_2\left(B_{t_2} - B_{t_1} + \frac{r-\mu}{\sigma}(t_2 - t_1)\right) \cdot \ldots \cdot \right.$$

$$\left. g_n\left(B_{t_n} - B_{t_{n-1}} + \frac{r-\mu}{\sigma}(t_n - t_{n-1})\right)\right)$$

$$= \mathbb{E}_{\mathbb{Q}}(g_1(B_{t_1})g_2(B_{t_2} - B_{t_1}) \cdot \ldots \cdot g_n(B_{t_n} - B_{t_{n-1}}))$$

gilt. Hierzu beachte, dass

$$\mathbb{E}_{\mathbb{Q}}(g_1(B_{t_1})g_2(B_{t_2} - B_{t_1}) \cdot \ldots \cdot g_n(B_{t_n} - B_{t_{n-1}}))$$

$$= \mathbb{E}_{\mathbb{Q}}(g_1(B_{t_1}) \cdot g_2(B_{t_2} - B_{t_1}) \cdot \ldots \cdot g_{n-1}(B_{t_{n-1}} - B_{t_{n-2}})\mathbb{E}_{\mathbb{Q}}(g_n(B_{t_n} - B_{t_{n-1}}) \mid \mathscr{F}_{t_{n-1}}))$$

$$= \mathbb{E}_{\mathbb{Q}}(g_1(B_{t_1}) \cdot \ldots \cdot g_{n-1}(B_{t_{n-1}} - B_{t_{n-2}})\mathbb{E}_{\mathbb{P}}(g_n(B_{t_n} - B_{t_{n-1}} + \frac{r-\mu}{\sigma}(t_n - t_{n-1})) \mid \mathscr{F}_{t_{n-1}}))$$

[Satz 7.2.1]

$$= \mathbb{E}_{\mathbb{P}}\big(g_n(B_{t_n} - B_{t_{n-1}} + \tfrac{r-\mu}{\sigma}(t_n - t_{n-1}))\big) \cdot \mathbb{E}_{\mathbb{Q}}\big(g_1(B_{t_1}) \cdot \ldots \cdot g_{n-1}(B_{t_{n-1}} - B_{t_{n-2}})\big)$$

[Unabhängigkeit von $B_{t_n} - B_{t_{n-1}}$ und $\mathscr{F}_{t_{n-1}}$]

$$= \prod_{i=1}^{n} \mathbb{E}_{\mathbb{P}}\left(g_i(B_{t_i} - B_{t_{i-1}} + \frac{r-\mu}{\sigma}(t_i - t_{i-1}))\right) \qquad [\text{wobei } t_0 = 0, B_0 = 0]$$

[man wiederhole, die obigen Argumente und beachte die Unabhängigkeit]

$$= \mathbb{E}_{\mathbb{P}}\bigg(g_1\big(B_{t_1} + \frac{r-\mu}{\sigma}t_1\big)g_2\big(B_{t_2} - B_{t_1} + \frac{r-\mu}{\sigma}(t_2 - t_1)\big) \cdot \ldots \cdot$$
$$g_n\big(B_{t_n} - B_{t_{n-1}} + \frac{r-\mu}{\sigma}(t_n - t_{n-1})\big)\bigg).$$

$\square$

Wir kehren zur Optionsbewertung zurück. Dazu wählen wir ein messbares $F\colon C([0,T]) \to \mathbb{R}$. Wir wollen den Wert des Derivats bestimmen, das $F(S_{(\cdot)})$ zahlt. Nach Gleichung (2.33) aus Abschnitt 2.4.1 ist der Wert eines solchen Derivats zur Zeit t gleich

$$V(t, F(S_{(\cdot)})) = e^{-r(T-t)}\mathbb{E}_{\mathbb{Q}}(F(S_{(\cdot)}) \mid \mathscr{F}_t).$$

Wir spalten den Pfad von S_t in zwei Teile auf, nämlich $S|_{[0,t]} = (S_u)_{u \in [0,t]}$ (dieser Pfad wird zur Zeit t realisiert) und den zukünftigen Pfad $S|_{[t,T]} = (S_u)_{u \in [t,T]}$.

Wir treffen noch folgende Vereinbarung: Für zwei stetige Funktionen

$$f_1\colon [0,t] \to \mathbb{R}, \quad f_2\colon [t,T] \to \mathbb{R}$$

mit $f_1(t) = f_2(t)$ schreiben wir (f_1, f_2) und meinen die Funktion auf $[0,T]$ mit

$$(f_1, f_2)(u) = \begin{cases} f_1(u) & \text{falls } 0 \le u \le t \\ f_2(u) & \text{falls } t \le u \le T. \end{cases}$$

Zusätzlich vermerken wir, dass für alle $u \ge t$

$$S_u = S_t \cdot e^{(\mu - \frac{1}{2}\sigma^2)(u-t) + \sigma(B_u - B_t)}$$

gilt. Mit diesen Bezeichnungen können wir

$$\mathbb{E}_{\mathbb{Q}}(F(S_{(\cdot)}) \mid \mathscr{F}_t) = \mathbb{E}_{\mathbb{Q}}(F(S|_{[0,t]}, S_t e^{(\mu - \frac{1}{2}\sigma^2)((\cdot)-t) + \sigma(B_{(\cdot)} - B_t)}) \mid \mathscr{F}_t)$$

festhalten.

Der Gebrauch von Satz 7.2.12 erlaubt es uns „$\mathbb{Q}$ durch $\mathbb{P}$ zu ersetzen", wenn man von der Brownschen Bewegung (B_t) zur verschobenen Version übergeht. Daher ergibt sich

$$\mathbb{E}_{\mathbb{Q}}\big(F(S|_{[0,t]}, S_t e^{(\mu-\frac{1}{2}\sigma^2)((\cdot)-t)+\sigma(B_{(\cdot)}-B_t)}) \mid \mathscr{F}_t\big)$$
$$= \mathbb{E}_{\mathbb{P}}\big(F(S|_{[0,t]}, S_t e^{(r-\frac{1}{2}\sigma^2)((\cdot)-t)+\sigma(B_{(\cdot)}-B_t)}) \mid \mathscr{F}_t\big).$$

Schließlich beachte man, dass der Prozess $(B_u - B_t)_{t \leq u \leq T}$ zu $\mathscr{F}_t$ unabhängig ist und dieselbe Verteilung wie $(B_{u-t})_{t \leq u \leq T}$ besitzt. Deshalb erhalten wir

$$\mathbb{E}_{\mathbb{Q}}(F(S|_{[0,t]}, S_t e^{(\mu-\frac{1}{2}\sigma^2)((\cdot)-t)+\sigma(B_{(\cdot)}-B_t)}) \mid \mathscr{F}_t) = \mathbb{E}_{\mathbb{P}}(F(S|_{[0,t]}, S_t e^{(r-\frac{1}{2}\sigma^2)((\cdot)-t)+\sigma(B_{(\cdot)}-B_t)})).$$
$$(7.11)$$

In Gleichung (7.11) denken wir uns $S|_{[0,t]}$ als bereits realisiert. Deshalb erhalten wir für den Wert der Option $F(S_{(\cdot)})$ zur Zeit t.

$$V(t, F(S_{(\cdot)})) = e^{-r(T-t)}\mathbb{E}_{\mathbb{P}}(F(S|_{[0,t]}, S_t e^{(r-\frac{1}{2}\sigma^2)((\cdot)-t)+\sigma(B_{(\cdot)}-B_t)})). \qquad (7.12)$$

Um also pfadabhängige Optionen zu bewerten, müssen wir demnach folgendermaßen vorgehen: Zu gegebenen Pfad $S|_{[0,t]}$ finde man die (eindimensionale Verteilung) der Zufallsvariablen.

$$F(S|_{[0,t]}, S_t e^{(r-\frac{1}{2}\sigma^2)((\cdot)-t)+\sigma(B_{(\cdot)}-B_t)}).$$

Insbesondere finde zur Zeit $t = 0$ die Verteilung von

$$F(S_0 e^{(r-\frac{1}{2}\sigma^2)(\cdot)+\sigma B_{(\cdot)}}).$$

Der Prozess $(\widetilde{B}_s)_{0 \leq s \leq T-t}$, der durch $\widetilde{B}_s = B_{s+t} - B_t$ definiert ist, ist eine Brownsche Bewegung auf dem filtrierten Raum $(\Omega, \mathscr{F}, \mathbb{P}, (\mathscr{F}_{t+s})_{0 \leq s \leq T-t})$. Er ist zudem zu $\mathscr{F}_t$ unabhängig.

Damit können wir unser Endresultat formulieren:

Satz 7.2.13
Wir nehmen an, dass $F : C[0,T] \to \mathbb{R}$ beschränkt und messbar ist, sowie der Prozess (S_t) Lösung der das Black-Scholes-Gleichung mit konstanter Drift μ und konstanter Volatilität σ ist. Eine Option, die zur Zeit T den Betrag $F(S_{(\cdot)})$ zahlt, hat zur Zeit $t \leq T$ den Wert

$$V(t, F(S_{(\cdot)})) = e^{-r(T-t)}\mathbb{E}_{\mathbb{P}}(F(S|_{[0,t]}, S_t e^{(r-\frac{1}{2}\sigma^2)((\cdot)-t)+\sigma \widetilde{B}_{(\cdot)}})). \qquad (7.13)$$

Literatur und weitere Bemerkungen
Die Theorie der Verteilung stetiger Prozesse findet man in Büchern über Wahrscheinlichkeitstheorie und stochastische Prozesse (vgl. z. B. Gänssler und Stute [GS80]).

Übungen

1. Man beweise Satz 7.2.8 ausführlich.

2. Man gebe mit den angeführten Hinweisen einen Beweis für Lemma 7.2.7.

7.3 Barrier- oder Schwellenoptionen

Das Ziel dieses Abschnittes ist es, den Wert einer Option zu bestimmen, die zur Zeit T den Betrag

$$f\left(\max_{0 \le t \le T} S_t\right)$$

zahlt, falls der Preis des zugrundeliegenden Vermögenswertes S_t dem Black-Scholes-Modell gehorcht. Wie wir im vorhergehenden Abschnitt hergeleitet haben, lässt sich dieses Problem darauf zurückführen, den Wert von

$$e^{-r(T-t)}\mathbb{E}_{\mathbb{P}}(f(M_t \vee S_t \max_{0 \le s \le T-t} e^{(r-\frac{1}{2}\sigma^2)s+\sigma\widetilde{B}_s})) \tag{7.14}$$

zu bestimmen, wobei $M_t = \max_{0 \le u \le t} S_u$ ($\mathscr{F}_t$-messbar) und $(\widetilde{B}_s)_{0 \le s \le T-t}$ eine zur σ-Algebra $\mathscr{F}_t$ unabhängige Brownsche Bewegung sind. Damit Formel (7.14) Sinn macht, müssen wir annehmen, dass f bezüglich der Verteilung $\omega \mapsto \max_{0 \le t \le T} S_t(\omega)$ integrierbar ist. Später werden wir herausfinden, was dies exakt bedeutet.

Zuerst werden wir die Radon-Nikodým Ableitung des Wahrscheinlichkeitsmaßes $\mathbb{Q}$ berechnen, bezüglich der die verschobene Brownsche Bewegung eine Brownsche Bewegung ohne Verschiebung sein wird. Dieses Resultat lässt sich benutzen, um die Radon-Nikodým-Dichte eines äquivalenten Martingalmaßes zu finden.

Das nachfolgende Ergebnis haben wir bereits in 5.2 formuliert. Da der Satz von Girsanov zentral für die Darstellung von Maßtransformationen ist, führen wir in noch einmal an und beweisen ihn in einem Spezialfall.

Satz 7.3.1 (Satz von Girsanov)
Wir wählen eine Brownsche Bewegung $(B_t)_{0 \le t \le T}$ und einen zu dem filtrierten Wahrscheinlichkeitsraum $(\Omega, \mathscr{F}, \mathbb{P}, (\mathscr{F}_t)_{0 \le t \le T})$ adaptierter Prozess $(c_t)_{0 \le t \le T}$ mit Pfaden, die rechtsseitig stetig sind und linksseitig existierende Limiten haben. Weiter definieren wir

$$X_t = \int_0^t c_u \, du + B_t$$

$$Y_t = e^{-\int_0^t c_u \, dB_u - \frac{1}{2}\int_0^t c_u^2 \, du}.$$

Dann ist X_t eine Brownsche Bewegung auf dem Wahrscheinlichkeitsraum $(\Omega, \mathscr{F}, \mathbb{Q}, (\mathscr{F}_t)_{0 \le t \le T})$, wobei $\mathbb{Q}$ durch

$$\mathbb{Q}(A) = \mathbb{E}_{\mathbb{P}}(\mathbb{1}_A \cdot Y_T),$$

gegeben ist, d. h. $\mathbb{Q}$ ist eine Wahrscheinlichkeit, dessen Radon-Nikodým-Dichte Y_T bezüglich $\mathbb{P}$ ist.

Beweis

Wir beweisen den Satz nur im Fall, dass c_t konstant ist. Das ist der einzige Fall, den wir in diesem Abschnitt benötigen. Für den allgemeinen Fall, der einige weitere Vorbereitungen benötigt, verweisen wir auf die bekannte Literatur (z. B. [KS88]). Es gilt dann

$$X_t = ct + B_t \text{ und } Y_t = e^{-cB_t - \frac{1}{2}c^2 t}.$$

Man beachte zunächst, dass Y_T tatsächlich eine Radon-Nikodým-Dichte ist. Denn aus Satz E.1.3 in Abschnitt E.1 folgt, dass $(Y_t)_{0 \le t \le T}$ ein $\mathbb{P}$-Martingal ist, und deshalb ergibt sich $\mathbb{E}(Y_T) = \mathbb{E}(Y_0) = 1$. Der Prozess $(X_t)_{0 \le t \le T}$ ist stetig und $X_0 = 0$. Gemäß Satz 7.2.8 brauchen wir nur zu zeigen, dass sich für beliebige $n \in \mathbb{N}$, $0 \le t_1 < t_2 < \cdots < t_n \le T$ und stetige, beschränkte $f_1, \ldots, f_n \colon \mathbb{R} \to \mathbb{R}$

$$\mathbb{E}_{\mathbb{Q}}\left(\prod_{i=1}^{n} f_i(X_{t_i} - X_{t_{i-1}})\right) = \mathbb{E}_{\mathbb{P}}\left(\prod_{i=1}^{n} f_i(B_{t_i} - B_{t_{i-1}})\right)$$

ergibt. Man nehme o. E. d. A. an, dass $t_1 = 0$, $t_n = T$ gilt, sonst erweitere man mit $t_{n+1} = T$ und $f_{n+1} \equiv 1$. Dann folgt

$$\mathbb{E}_{\mathbb{Q}}\left(\prod_{i=1}^{n} f_i(X_{t_i} - X_{t_{i-1}})\right)$$

$$= \mathbb{E}_{\mathbb{P}}\left(\left[\prod_{i=1}^{n} f_i(B_{t_i} - B_{t_{i-1}} + c(t_i - t_{i-1}))\right] e^{-cB_T - \frac{1}{2}c^2 T}\right)$$

$$= \mathbb{E}_{\mathbb{P}}\left(\prod_{i=1}^{n} \left[f_i(B_{t_i} - B_{t_{i-1}} + c(t_i - t_{i-1})) \cdot e^{-c(B_{t_i} - B_{t_{i-1}}) - \frac{1}{2}c^2(t_i - t_{i-1})}\right]\right)$$

$$= \prod_{i=1}^{n} \mathbb{E}_{\mathbb{P}}(f_i(B_{t_i} - B_{t_{i-1}} + c(t_i - t_{i-1})) \cdot e^{-c(B_{t_i} - B_{t_{i-1}}) - \frac{1}{2}c^2(t_i - t_{i-1})})$$

[Unabhängigkeit]

Man beachte, dass für $s = t_{i-1}, t = t_i, f = f_i$

$$\mathbb{E}_{\mathbb{P}}\big(F\big(\underbrace{B_t - B_s + c(t-s)}_{N(c(t-s),\,t-s)-\text{verteilt}}\big)\big) \cdot e^{-c(B_t-B_s)-\frac{1}{2}c^2(t-s)}$$

$$= \frac{1}{\sqrt{2\pi(t-s)}} \int_{-\infty}^{\infty} F(x) \cdot e^{-c(x-c(t-s))-\frac{1}{2}c^2(t-s)} \cdot e^{-\frac{(x-c(t-s))^2}{2(t-s)}} \, dx$$

$$= \frac{1}{\sqrt{2\pi(t-s)}} \int_{-\infty}^{\infty} F(x) e^{-\frac{x^2}{2(t-s)}} \, dx = \mathbb{E}_{\mathbb{P}}(F(B_t - B_s)),$$

gilt. Die Behauptung ist damit gezeigt. $\qquad\qquad\square$

Bemerkung 7.3.2

Stellt $\mathbb{Q}$ ein äquivalentes Martingalmaß dar, so haben wir im letzten Abschnitt gezeigt, dass $(B_t)_{0\le t\le T}$ (eine Brownsche Bewegung auf dem Wahrscheinlichkeitsraum $(\Omega, \mathscr{F}, \mathbb{P})$) auf $(\Omega, \mathscr{F}, \mathbb{Q})$ dieselbe Verteilung wie der Prozess $(B_t + \frac{r-\mu}{\sigma}t)_{0\le t\le T}$ besitzt.

Mithilfe der Girsanov-Formel können wir die Dichte ρ von $\mathbb{Q}$ bezüglich $\mathbb{P}$ bestimmen.

Dabei beachte man, dass für beliebige stetige und beschränkte Funktionen $F : C[0,T] \to \mathbb{R}$

$$\mathbb{E}_{\mathbb{P}}(F(B_{(\cdot)})\rho) = \mathbb{E}_{\mathbb{Q}}(F(B_{(\cdot)})) \tag{7.15}$$
$$= \mathbb{E}_{\mathbb{P}}\big(F(B_{(\cdot)} + \frac{r-\mu}{\sigma}t)\big)$$

gilt. Deshalb kann man z. B. für ρ

$$\rho = Y_T = e^{-\frac{r-\mu}{\sigma}B_T - \frac{1}{2}\frac{(r-\mu)^2}{\sigma^2}T}. \tag{7.16}$$

wählen. Warum haben wir „z. B. " geschrieben und warum konnten wir nicht behaupten, dass ρ bzw. Y_T eindeutig bestimmbar ist? Wir wollen dies kurz erläutern. Unsere Filtration $(\mathscr{F}_t)_{0\le t\le T}$ muss nicht ausschließlich von dem Prozess (B_t) erzeugt werden, sondern kann zusätzlich von anderen Zufallsvariablen Informationen enthalten (wie z. B. der Preis einer anderen Aktie). Aber wenn wir mit $(\mathscr{G}_t)_{0\le t\le T}$ die Filtration bezeichnen, die nur von dem Prozess $(B_t)_{0\le t\le T}$ erzeugt wird, so erkennen wir, dass für jede Radon-Nikodým-Dichte eines äquivalenten Martingalmaßes $\mathbb{Q}$

$$\mathbb{E}_{\mathbb{P}}(\rho | \mathscr{G}_T) = Y_T = \exp\Big(-\frac{r-\mu}{\sigma}B_T - \frac{1}{2}\frac{(r-\mu)^2}{\sigma^2}T\Big)$$

gilt. Im nächsten Satz berechnen wir die gemeinsame Dichte von $\max\limits_{0\le t\le T} B_t$ und B_T. Dies ist genau die Verteilung, die wir zur Bewertung einer Barrier-Option benötigen.

Satz 7.3.3 (Die gemeinsame Verteilung von $\max\limits_{0 \le t \le T} B_t$ und B_T)

Für $T \ge 0$ setzen wir $M_T = \sup\limits_{0 \le t \le T} B_t$. Dann hat die gemeinsame Verteilung von M_T und B_T eine Dichte auf $\mathbb{R}^2$, nämlich

$$f_{(M,B)}(m,b) = \begin{cases} 0 & \text{falls } m < 0 \\ 0 & \text{falls } 0 < m < b \\ \dfrac{2(2m-b)}{T\sqrt{2\pi T}} e^{-\frac{(2m-b)^2}{2T}} & \text{falls } 0 < m, b < m. \end{cases}$$

Die Dichte der Verteilung von M_T lautet

$$f_M(m) = \begin{cases} 0 & \text{falls } m \le 0 \\ \dfrac{2}{\sqrt{2\pi T}} e^{-\frac{m^2}{2T}} & \text{falls } m > 0 \end{cases}$$

Beweis

Wir führen den Beweis in drei Schritten.

Schritt 1: (Spiegelungsprinzip) Dazu wählen wir eine Stoppzeit τ mit $\tau \le T$. Dann ist die Zufallsvariable $B_T - B_\tau$ *symmetrisch*, d.h. $\mathbb{P}(B_T - B_\tau > c) = \mathbb{P}(B_\tau - B_T > c)$ für $c \in \mathbb{R}$.

Zuerst nehmen wir an, dass τ nur endlich viele Werte $0 \le t_1 < t_2 < \cdots < t_n \le T$ annimmt. Dann hat man

$$\mathbb{P}(B_T - B_\tau > c) = \mathbb{E}\left(\sum_{i=1}^{n} \mathbb{1}_{\{\tau=t_i\}} \mathbb{1}_{[c,\infty)}(B_T - B_{t_i}) \right)$$

$$= \mathbb{E}\left(\sum_{i=1}^{n} \mathbb{1}_{\{\tau=t_i\}} \mathbb{E}(\mathbb{1}_{[c,\infty)}(B_T - B_{t_i}) \mid \mathscr{F}_{t_i}) \right)$$

$$= \mathbb{E}\left(\sum_{i=1}^{n} \mathbb{1}_{\{\tau=t_i\}} \mathbb{E}(\mathbb{1}_{[c,\infty)}(B_T - B_{t_i})) \right)$$

$$= \mathbb{E}\left(\sum_{i=1}^{n} \mathbb{1}_{\{\tau=t_i\}} \mathbb{E}(\mathbb{1}_{[c,\infty)}(B_{t_i} - B_T)) \right) \quad [B_T - B_{t_i} \text{ ist symmetrisch}]$$

$$= \mathbb{P}(B_\tau - B_T > c)[\text{genauso rückwärts gerechnet}].$$

Für eine allgemeine Stoppzeit $\tau \le T$ definieren wir zuerst eine Folge von Stoppzeiten τ_n, von denen alle endlichen Wertebereich haben, wobei $\tau_n \to \tau$ für $n \to \infty$ gilt. Man könnte sich z.B. ein Folge von Stoppzeiten (τ_n) vorstellen, wie nachfolgend beschrieben (vgl. Übung 1)

$$\tau_n(\omega) = \sum_{i=1}^{n} t_i^{(n)} \mathbb{1}_{\{t_{i-1}^{(n)} \le \tau < t_i^{(n)}\}}(\omega) + T\mathbb{1}_{\{t_n=T\}}(\omega), \tag{7.17}$$

wobei $P_n = (t_0^{(n)}, \ldots, t_n^{(n)})$ eine Partition von $[0,T]$ darstellt und $\lim_{n \to \infty} ||P_n|| = 0$ gilt. Dann folgere man

$$\mathbb{P}(B_T - B_\tau > c) = \lim_{n \to \infty} \mathbb{P}(B_T - B_{\tau_n} > c) = \lim_{n \to \infty} \mathbb{E}(B_{\tau_n} - B_T > c) = \mathbb{P}(B_\tau - B_T > c).$$

Schritt 2: Wir zeigen für $b, m \in \mathbb{R}$

$$\mathbb{P}(M_T > m\,,\, B_T < b) = \begin{cases} \mathbb{P}(B_T < b) & \text{, falls } m < 0 \\ 2\mathbb{P}(m \leq B_T) - \mathbb{P}(b < B_T) & \text{, falls } 0 \leq m \leq b \\ \mathbb{P}(B_T > 2m - b) & \text{, falls } 0 < m, b < m. \end{cases}$$

Wir wollen mit dem Fall $0 < m$ beginnen, wählen $b < m$ und definieren die Stoppzeit

$$\tau_m(\omega) = \begin{cases} T, & \text{falls } B_t < m \text{ für alle } 0 \leq t \leq T \\ \inf\{t;\, B_t \geq m\}, & \text{sonst} \end{cases}$$

für $\omega \in \Omega$. Man beachte, dass $B_{\tau_m} \equiv m$ auf der Menge $\{\tau_m < T\}$ gilt. Es folgen die Gleichungen

$$\begin{aligned}
\mathbb{P}(M_T > m, B_T < b) &= \mathbb{P}(\tau_m < T, B_T < b) = \mathbb{P}(\tau_m < T, B_T - B_{\tau_m} < b - m) \\
&= \mathbb{P}(B_T - B_{\tau_m} < b - m) \\
&\quad [\text{für } \omega \in \{\tau_m = T\} \text{ gilt } B_T - B_{\tau_m} = B_T - B_T = 0 > b - m] \\
&= \mathbb{P}(B_{\tau_m} - B_T < b - m) \\
&\quad [\text{Symmetrie}] \\
&= \mathbb{P}(\tau_m < T, B_{\tau_m} - B_T < b - m) \\
&\quad [\text{auf } \{\tau_m = T\} \text{ hat man} \quad B_{\tau_m} - B_T = 0 > b - m] \\
&= \mathbb{P}(\tau_m < T, -B_T < b - 2m) = \mathbb{P}(-B_T < b - 2m) \\
&\quad [\text{auf } \{\tau_m = T\} \text{ gilt} \quad B_T \leq m, \text{ also } -B_T \geq -m > b - 2m, \text{ da } b < m] \\
&= \mathbb{P}(B_T > 2m - b).
\end{aligned}$$

Falls $0 \leq m \leq b$ gilt, verfahren wir folgendermaßen:

$$\begin{aligned}
\mathbb{P}(M_T > m,\quad B_T < b) &= \mathbb{P}(M_T > m,\quad m \leq B_T < b) + \mathbb{P}(M_T > m,\quad B_T < m) \\
&= \mathbb{P}(m \leq B_T < b) + \lim_{\varepsilon \downarrow 0} \mathbb{P}(M_T > m, B_T < m - \varepsilon) \\
&= \mathbb{P}(m \leq B_T < b) + \lim_{\varepsilon \downarrow 0} \mathbb{P}(B_T > m + \varepsilon) \\
&\quad [\text{nach dem ersten Fall mit } b = m - \varepsilon] \\
&= 2\mathbb{P}(m \leq B_T) - \mathbb{P}(b < B_T).
\end{aligned}$$

Der letzte Fall $m < 0$ ist einfach. Denn $M_T \geq M_0 = 0$. Also ergibt sich in diesem Fall

$$\mathbb{P}(M_T > m, B_T < b) = \mathbb{P}(B_T < b).$$

Damit ist der Beweis zum zweiten Schritt abgeschlossen.

Schritt 3: Sei nun $f_{(M,B)}(\cdot, \cdot)$ eine Dichte der gemeinsamen Verteilung von M und B. Dann gilt

$$\int_m^\infty \int_{-\infty}^b f_{(M,B)}(x,y)\,dxdy = \mathbb{P}(M_T > m\,, B_T < b).$$

Also

$$f_{(M,B)}(m,b) = -\frac{\partial}{\partial m}\frac{\partial}{\partial b}\int_m^\infty \int_{-\infty}^b f_{(M,B)}(x,y)\,dxdy$$

$$= -\frac{\partial}{\partial m}\frac{\partial}{\partial b}\mathbb{P}(M_T > m, B_T < b)$$

$$= -\frac{\partial}{\partial m}\frac{\partial}{\partial b}\begin{cases} \mathbb{P}(B_T < b), & \text{falls } m < 0 \\ 2\mathbb{P}(m \leq B_T) - \mathbb{P}(b < B_T), & \text{falls } 0 \leq m \leq b \\ \mathbb{P}(B_T > 2m - b), & \text{falls } 0 < m, b < m. \end{cases}$$

$$= \begin{cases} 0, & \text{falls } m < 0 \\ 0, & \text{falls } 0 < m < b \\ -\frac{\partial}{\partial m}\frac{\partial}{\partial b}\mathbb{P}(B_T > 2m - b), & \text{falls } 0 < m, b < m \end{cases}$$

Für $0 < m$ und $b < m$ erhalten wir

$$-\frac{\partial^2}{\partial m \partial b}\mathbb{P}(B_T > 2m - b) = -\frac{\partial^2}{\partial m \partial b}\left(\frac{1}{\sqrt{2\pi T}}\int_{2m-b}^\infty e^{-\frac{x^2}{2T}}\,dx\right)$$

$$= -\frac{\partial}{\partial m}\frac{1}{\sqrt{2\pi T}}e^{-\frac{(2m-b)^2}{2T}}$$

$$= \frac{2(2m-b)}{T\sqrt{2\pi T}}e^{-\frac{(2m-b)^2}{2T}}.$$

Damit ist die Formel für die Dichte der gemeinsamen Verteilung von M_T und B_T gezeigt.

Die Formel für die Dichte der Verteilung von M_T erhält man durch Integrieren von $f_{(M,B)}(m,b)$ bezüglich b über den Bereich $(-\infty, \infty)$. Aber es gibt noch ein schnelleres Argument: Für $0 \leq m$

hat man

$$\mathbb{P}(M_T > m) = \mathbb{P}(M_T > m, B_T < \infty)$$
$$= 2\mathbb{P}(B_T > m) \quad [\text{nach Schritt 2}],$$

denn $\frac{1}{\sqrt{2\pi T}} e^{-\frac{x^2}{2T}}$ ist die Dichte von B_T. Der Beweis ist damit abgeschlossen. $\qquad\square$

Nun sind wir in der Lage, den Wert eines Derivats zu bestimmen, das

$$f(\max_{0 \le u \le T} S_u)$$

zur Zeit T zahlt.

Dazu wählen wir einen festen Zeitpunkt $0 \le t \le T$, zu dem wir den Wert unseres Derivats bestimmen wollen. Weiter setzen wir mit $M_t = \max\limits_{0 \le u \le t} S_u$ den maximalen Wert unseres Vermögenswerts bis zur Zeit t (M_t ist zur Zeit t bekannt und wird deshalb als konstant vorausgesetzt). Gemäß Gleichung (7.12) in Abschnitt 7.2 berechnen wir

$$W(t, f(\max_{0 \le u \le T} S_u)) = e^{-r(T-t)} \mathbb{E}_\mathbb{P}(f(M_t \vee \max_{t \le u \le T} S_t \cdot e^{(r - \frac{1}{2}\sigma^2)(u-t) + \sigma(B_u - B_t)}))$$

$$= e^{-r(T-t)} \mathbb{E}_\mathbb{P}(f(M_t \vee S_t \cdot e^{\sigma \max\limits_{t \le u \le T}[(\frac{2r - \sigma^2}{2\sigma})(u-t) + B_u - B_t]}))$$

$$= e^{-r(T-t)} \mathbb{E}_\mathbb{P}(G_t(\max_{0 \le s \le T-t} cs + \widetilde{B}_s)),$$

wobei $G_t(x) = f(M_t \vee S_t e^{\sigma x})$, $c = \frac{2r - \sigma^2}{2\sigma}$ und $\widetilde{B}_s = B_{t+s} - B_t$ gesetzt sind. Dabei beachte man, dass $(\widetilde{B}_s)_{0 \le s}$ auch eine Brownsche Bewegung ist, die zu $\mathscr{F}_t$ unabhängig und zur Filtration $(\mathscr{F}_{t+s})_{s \ge 0}$ adaptiert ist. Nun ergibt sich

$$\mathbb{E}_\mathbb{P}(G_t(\max_{0 \le s \le T-t} cs + \widetilde{B}_s)) = \mathbb{E}_\mathbb{P}(G_t(\max_{0 \le s \le T-t} cs + \widetilde{B}_s) e^{c\widetilde{B}_{T-t} + \frac{1}{2}c^2(T-t)} e^{-c\widetilde{B}_{T-t} - \frac{1}{2}c^2(T-t)})$$

$$= \mathbb{E}_\mathbb{Q}(G_t(\max_{0 \le s \le T-t} cs + \widetilde{B}_s) e^{c[c(T-t) + \widetilde{B}_{T-t}] - \frac{1}{2}c^2(T-t)})$$

[dabei ist $\mathbb{Q}$ das Wahrscheinlichkeitsmaß, dessen Radon-Nikodým-Dichte $e^{-c\widetilde{B}_{T-t} - \frac{1}{2}c^2(T-t)}$ ist]

$$= \mathbb{E}_\mathbb{P}(G_t(\max_{0 \le s \le T-t} \widetilde{B}_s) \cdot e^{c\widetilde{B}_{T-t} - \frac{1}{2}c^2(T-t)})$$

[Satz von Girsanov]

$$= e^{-\frac{1}{2}c^2(T-t)} \mathbb{E}_\mathbb{P}(G_t(\max_{0 \le s \le T-t} \widetilde{B}_s) e^{c\widetilde{B}_{T-t}}).$$

Nun müssen wir die gemeinsame Verteilung von $\max\limits_{0\le s\le T-t}\widetilde{B}_s$ und $\widetilde{B}_{T-t}$ bestimmen, die sich durch den Satz 7.3.3 ergibt. Damit erhalten wir

$$= e^{-\frac{1}{2}c^2(T-t)}\int_0^\infty\int_{-\infty}^m \frac{2(2m-b)}{(T-t)\sqrt{2\pi(T-t)}}e^{-\frac{(2m-b)^2}{2(T-t)}}\,G_t(m)e^{cb}\,dbdm.$$

Wenn wir G und c durch ihre Definitionen ersetzen, folgern wir schließlich

$$W\big(t,f\big(\max_{0\le u\le T}S_u\big)\big) \tag{7.18}$$

$$= e^{-(r+\frac{1}{2}(\frac{2r-\sigma^2}{2\sigma})^2)(T-t)}\cdot\int_0^\infty\int_{-\infty}^m \frac{2(2m-b)}{(T-t)\sqrt{2\pi(T-t)}}e^{-\frac{(2m-b)^2}{2(T-t)}}\,e^{\frac{2r-\sigma^2}{2\sigma}b}f(M_t\vee S_te^{\sigma m})dbdm$$

$\square$

Literatur und weitere Bemerkungen

Eine Reihe von Literatur widmet sich dem Thema Barrier- und den verwandten Lookback-Optionen. Wir listen einige Arten der Barrier und Lookback-Optionen auf und verweisen auf Literatur hierzu. In den Literaturhinweisen zum Abschnitt 7.1 findet man für die Lookback Optionen bereits einige Hinweise. Wir gehen in den Übungen noch näher darauf ein.

- Rubinstein gibt in seinen Arbeiten [Rub91a, Rub92] eine ausführliche Aufzählung der verschiedenen Typen von Barrier-Optionen.

- Als wichtigste Spielarten lassen sich folgende Typen benennen

  - *Knock-outs.* Hier gibt man sich einen Ausübungspreis K, ein Ausübungsdatum T und eine untere Schranke X vor. Die Option ist wertlos, falls jeder Vermögenswert unter X fällt, d. h. falls $\min\{S_t; t\in[0,T]\}\le X$ gilt. Sonst zahlt die Option $\max(S_t-K,0)$ aus. Man unterscheidet die Fälle $K\ge X$, („out-of the money") und $K\le X$ („in-the-money"). Man sagt auch „down-and-out"

  - Man kann entsprechend das „min" durch „max" ersetzen und erhält entsprechend „up-and -out".

  - *Knock-in.* Wie bei den Knock-out-Optionen betrachtet man das Minimum bzw. das Maximum: Die Option die wertlos, solange sie nicht eine Grenze unter- oder überschreitet.

- Als Literaturhinweise für Knock-outs bzw. Knock-ins lassen sich Carr [Car95], Douady [Dou94], Kunitomo und Ikeda [Kim90] und Rubinstein und Reiner [RR91] nennen.

- Sogenannte *zeitweise* Barrier-Optionen sind Optionen, die während eines vorher festgelegten Zeitintervalls eine Knock-out bzw. Knock-in Option sind. Sie wurden von Heyden und Kat untersucht [HK79].

- Die *doppelten* Barrier-Optionen (Grenzen nach oben *und* nach unten) wurden z. B. von Geman und Yor [GY96], Kunitomo und Ikeda [Kim90] und Jamishidian [Jar88] behandelt. Geman und Yor zeigen insbesondere, wie man durch das Einführen der Laplacetransformation (und deren Technik), die Darstellung der gemeinsamen Verteilung von S_t, M_t und m_t vereinfachen kann. Wir haben darauf verzichtet, da sich durch das Einführen der Laplacetransformation insgesamt hier keine Einsparung ergibt.

- Da eine Option wertlos wird, falls sie eine Grenze trifft (oder auch nicht), sonst eine Auszahlungsfunktion einer europäischen Option besitzt, zahlt man oft einen Rabatt an den Käufer, um dieses Risiko auszugleichen.

- Schließlich gibt es noch einige exotische Typen von Barrier-Optionen:

    - Die *fließende* Barrier-Optionen, eine Barrier-Option, bei der die Schwelle X durch eine Funktion ersetzt wird.

    - Eine Kombination von asiatischer und Barrier-Option (vgl. Abschnitt 7.4).

    - Schwellen und Ausübungsfunktion beziehen sich auf verschiedene Vermögenswerte.

- Lookback-Options sind mit den Barrier-Optionen verwandt. Aber anstatt einen festen Ausübungspreis zu benutzen, wählt man $m_t = \min(S_s; s \in [0,t])$ bzw. $M_t = \max(S_s; s \in [0,t])$. Das heißt man betrachtet als Ausübungsfunktionen

$$F_{LC}(S_T) = \max(S_T - m_T, 0) \quad \text{Lookback-Call.} \tag{7.19}$$

$$F_{LP}(S_T) = \max(M_T - S_T, 0) \quad \text{Lookback-Put.} \tag{7.20}$$

- Neben den oben angegeben sogenannten *fließenden* Lookback-Optionen kann man auch Lookback-Optionen zu festen Strikepreisen betrachten:

$$\tilde{F}_{LC}(S_T) = \max(K - m_T, 0) \quad \text{Lookback-Call.} \tag{7.21}$$

$$\tilde{F}_{LP}(S_T) = \max(M_T - K, 0) \quad \text{Lookback-Put.} \tag{7.22}$$

Oder man betrachtet die *partiellen* Lookback-Optionen

$$\hat{F}_{LC}(S_T) = \max(S_T - \lambda m_T, 0) \quad \text{Lookback-Call,} \tag{7.23}$$

$$\hat{F}_{LP}(S_T) = \max(\lambda M_T - S_T, 0) \quad \text{Lookback-Put,} \tag{7.24}$$

wobei $\lambda \in]0, 1]$ vorher vereinbart wird.

- Schließlich sei noch der amerikanische Lookback-Put erwähnt (der Call ist soviel wert wie der Lookback europäischen Stils) (vgl. Wilmott,Howison und Dewynne [WHD95]).

Wer sich in weiterführenden Lehrbüchern informieren will, dem seien z. B. Bingham und Kiesel [BK97], Korn und Korn [KK99], Musiela und Rutkowski [MR97] und Wilmott, Howison und Dewynne [WHD95] empfohlen. Die Liste ist natürlich nicht vollständig und gibt einen Querschnitt wieder, insbesondere was die Rigorosität angeht. In manchen Büchern der Finanzmathematik findet man allerdings nur Hinweise auf Originalliteratur, wie z. B. Karatsas/Shreve [KS98].

Aufgaben

1. Man zeige, dass die Folge von Stoppzeiten, in (7.17) gegen die Stoppzeit τ konvergiert.

2. Man formuliere die Ausübungsfunktionen für Out-of The Money Knock-in bzw. Knock-out Barrier-Optionen und finde eine Bewertungsformel.

3. Wie in Aufgabe 2, aber für In-the Money Barrier Optionen.

4. Man finde die Ausübungsfunktion einer doppelten Barrier-Option mit Schwellen $X_1 > X_2$. Man bestimme den Wert zur Zeit $t = 0$.

5. Man zeige, dass man den Wert einer Out-of The Money Knock-out Barrier Option zur Zeit $t = 0$ in der Form

$$C_{OMKO}(0,T,K) = C_E(0,T,K) - DK_0 \qquad (7.25)$$

darstellen lässt. Dabei sind $C_E(0,T,K)$ der Wert einer europäischen Option und DK_0 ein sogenannter *Knockout Diskount*. Man bestimme DK_0.

6. * Mit der Formel für die Barrier Optionen, finde man eine Bewertungsformel für einen Call Lookback zur Zeit $t = 0$.

   Hinweis: Man stelle den Wert in der Form

$$e^{-rT}\mathbb{E}_{\mathbb{P}}(S_T) - e^{-rT}\mathbb{E}_{\mathbb{P}}(m_T)$$

   dar und verwende dann Gleichung (7.18).

7.4 Optionen asiatischen Stils

Wir betrachten nun eine pfadabhängige Option, deren Auszahlungsfunktion zur Zeit T die Form

$$F(S_{(.)}) = G\left(S_T, \int_0^T g(u, S_u)du\right),\tag{7.26}$$

hat. Dabei stellt G eine stetige Funktion auf $[0, \infty[\times\mathbb{R}$ und g eine stetige Funktion auf $[0, T]\times]0, \infty[$ dar.

Beispiel 7.4.1
Die *durchschnittliche Call-Option*

$$F(S_{(.)}) = \left(S_T - \frac{1}{T}\int_0^T S_u du\right)^+.$$

Um den Wert dieser Option zu einer vorgegebenen Zeit $t \in [0, T]$ zu bestimmen, gehen wir ähnlich wie in Abschnitt 4.2 vor, wo wir den Wert einer Option europäischen Stils bestimmt haben. Wir nehmen an, dass der Preis S_t des zugrundeliegenden Vermögenwertes dem Black-Scholes-Modell mit konstanter Drift μ und konstanter Volatilität σ gehorcht, d. h.

$$dS_t = \mu S_t dt + \sigma S_t dB_t, \text{ oder } S_t = S_0 e^{(\mu - \frac{1}{2}\sigma^2)t + \sigma B_t}.\tag{7.27}$$

Dabei ist (B_t) eine Brownsche Bewegung auf dem filtrierten Wahrscheinlichkeitsraum $(\Omega, \mathscr{F}, \mathbb{P}, (\mathscr{F}_t))$. Wir beginnen mit der folgenden „apriori Annahme", die wir später rechtfertigen:

Der Wert einer Option mit Auszahlungsfunktion wie in (7.26) hänge nur von t, S_t, und einem dritten Term, nämlich

$$I_t = \int_0^t g(u, S_u)du,$$

ab. Zusätzlich nehmen wir an, dass diese Abhängigkeit zweimal stetig differenzierbar in S_t und einmal stetig differenzierbar in t wie in I_t ist. Somit können wir den Wert unserer Option zur Zeit t in der Form

$$V_t = f(t, S_t, I_t)$$

schreiben, wobei $f : [0, T] \times [0, \infty[\times\mathbb{R} \to \mathbb{R}$ differenzierbar in der ersten und dritten Variablen und zweimal differenzierbar in der zweiten Variablen ist. Man beachte, dass $(I_t)_{t\in[0,T]}$ ein zu $(\Omega, \mathscr{F}, \mathbb{P}, (\mathscr{F}_t))$ adaptierter stochastischer Prozess ist und in der folgenden Differenzialschreibweise

$$dI_t = g(t, S_t)dt$$

dargestellt werden kann.

Insbesondere folgern wir, dass dI_t keinen zusätzlichen dB_t–Term aufweist. Also ergibt sich, dass $(dI_t)^2 = 0$ gilt (wir übernehmen die Notation, die wir am Ende des Abschnittes 4.1.2 eingeführt haben).

Wie in Abschnitt 4.2 nehmen wir an, dass der Anleger jede beliebige Summe von Bonds (mit stetiger Zinsrate r) und ebenso beliebige Aktienmengen (oder Vermögenswertanteile) erwerben kann. Sein Portfolio zur Zeit t ist dann ein Paar (a_t, b_t), wobei a_t die Anzahl der Aktien und b_t die Menge der Bonds zur Zeit t beschreibt. $(a_t)_{0 \leq t \leq T}$ und $(b_t)_{0 \leq t \leq T}$ sind auf $(\Omega, \mathscr{F}, \mathbb{P})$ zur Filtration $(\mathscr{F}_t)_{0 \leq t \leq T}$ adaptierte stochastische Prozesse.

Zusätzlich nehmen wir an (damit wir die Maschinerie der stochastischen Analysis verwenden können), dass $(a_t)_{0 \leq t \leq T}$ und $(b_t)_{0 \leq t \leq T}$ bezüglich dS_t und $d\beta_t$ integrierbar sind. $\beta_t = \beta_0 e^{rt}$ stellt den Bondpreisprozess dar. Wir folgern dann, dass

$$\int_s^t a_u \, dS_u, \quad \text{und} \int_s^t b_u \, d\beta_u$$

die Gewinne/Verluste während der Zeitspanne s und t darstellen, die durch den Besitz der Aktien und des Bondes verursacht werden.

Schließlich setzen wir noch voraus, dass es eine selbstfinanzierende Strategie (a_t, b_t) gibt, die eine Einheit der Option erzeugt.

Wie im Abschnitt 4.2 ergibt sich

$$dV_t = a_t \, dS_t + b_t d\beta_t \tag{7.28}$$
$$= a_t \mu S_t \, dt + a_t \sigma S_t \, dB_t + b_t r \beta_t dt$$
$$= a_t \sigma S_t \, dB_t + [a_t \mu S_t + r b_t \beta_t] dt.$$

Andererseits können wir die Itô-Formel auf $V_t = f(t, S_t, I_t)$ anwenden und bekommen

$$dV_t = \frac{\partial}{\partial t} f(t, S_t, I_t) dt + \frac{\partial}{\partial S} f(t, S_t, I_t) dS_t + \frac{\partial}{\partial I} f(t, S_t, I_t) dI_t + \frac{1}{2} \frac{\partial^2}{\partial S^2} f(t, S_t, I_t) d^2 S_t \tag{7.29}$$
$$[d^2 I_t = 0]$$
$$= \left[\frac{\partial}{\partial t} f(t, S_t, I_t) + g(t, S_t) \frac{\partial}{\partial I} f(t, S_t, I_t) + S_t \mu \frac{\partial}{\partial S} f(t, S_t, I_t) \right.$$
$$\left. + \frac{1}{2} S_t^2 \sigma^2 \frac{\partial^2}{\partial S^2} f(t, S_t, I_t) \right] dt$$
$$+ S_t \sigma \frac{\partial}{\partial S} f(t, S_t, I_t) dB_t$$

Wenn man den „dB_t-Term" der Gleichung (7.28 mit (7.29) vergleicht, so hat man

$$a_t = \frac{\partial}{\partial S} f(t, S_t, I_t). \tag{7.30}$$

Da die Strategie (a_t, b_t) eine Einheit des betrachteten Derivats erzeugt, ergibt sich

$$\begin{aligned} b_t &= \frac{1}{\beta_t} \left[f(t, S_t, I_t) - a_t S_t \right] \\ &= \frac{1}{\beta_t} \left[f(t, S_t, I_t) - S_t \frac{\partial}{\partial S} f(t, S_t, I_t) \right]. \end{aligned} \tag{7.31}$$

Setzt man (7.30) und (7.31) in (7.28) ein und vergleicht den „dt-Term" von (7.28) mit dem „dt-Term" von (7.29), so lässt sich die Gleichung

$$\frac{\partial}{\partial t} f(t, S_t, I_t) + g(t, S_t) \frac{\partial}{\partial I} f(t, S_t, I_t) + \frac{1}{2} S_t^2 \sigma^2 \frac{\partial^2}{\partial S^2} f(t, S_t, I_t) + r S_t \frac{\partial}{\partial S} f(t, S_t, I_t) \tag{7.32}$$
$$- r f(t, S_t, I_t) = 0$$

folgern. Somit haben wir die Bewertung von Optionen asiatischen Stils auf das Lösen einer partiellen Differenzialgleichung zurückgeführt. Zusammenfassend können wir nachfolgenden Satz formulieren

Satz 7.4.2

Im Black-Scholes-Modell berechnet sich zur Zeit $t \in [0, T]$ der Wert einer Option, die zur Zeit T den Betrag von

$$F(S_{(.)}) = G\left(S_T, \int_0^T g(u, S_u) du \right)$$

zahlt, gemäß

$$V_t = f(t, S_t, I_t).$$

Dabei ist $I_t = \int_0^t g(S_u, u) du$ und f die Lösung der Gleichung

$$\frac{\partial}{\partial t} f(t, S, I) + g(t, S) \frac{\partial}{\partial I} f(t, S, I) + \frac{1}{2} S^2 \sigma^2 \frac{\partial^2}{\partial S^2} f(t, S, I) + r S \frac{\partial}{\partial S} f(t, S, I) - r f(t, S, I) = 0 \tag{7.33}$$

mit Endwertbedingung

$$f(T, S, I) = G(S, I).$$

In diesem Fall kann man ein Hedgeportfolio (a_t, b_t) durch

$$a_t = \frac{\partial}{\partial S} f(t, S_t, I_t), \text{ und} \tag{7.34}$$

$$b_t = \frac{1}{\beta_t} \left[f(t, S_t, I_t) - S_t \frac{\partial}{\partial S} f(t, S_t, I_t) \right] \tag{7.35}$$

angeben.

Bemerkung 7.4.3

Man beachte, dass Gleichung (7.33) die (BSG)-Gleichung verallgemeinert, die wir in Abschnitt 4.3 für Optionen europäischen Stils hergeleitet haben (man setze dort $g = 0$). Leider kann man Gleichung (7.33) im Allgemeinen nicht in geschlossener Form lösen. Deshalb verwendet man numerische Methoden, um eine Approximation der Lösung zu bestimmen.

Literatur und weitere Bemerkungen

Asiatische Optionen werden besonders auf Vermögenswerte bezogen, die nur in geringen Mengen gehandelt werden. Der Grund liegt in der mittelnden Eigenschaft der Optionen asiatischen Stils. Bereits in der vorangegangenen Bemerkung haben wir die Möglichkeiten angesprochen, den Wert einer Asiatischen Option zu bestimmen. Wir wollen hier die Gelegenheit nutzen, um die zwei grundlegenden Methoden anzusprechen und Literaturhinweise zu geben:

I) Analytische Methoden.

II) Numerische Verfahren.

Wir beginnen mit den analytischen Methoden. Wie schon erwähnt, lassen sich im Allgemeinen keine Formeln in geschlossener Form finden. Doch gibt es von Geman und Yor [GY93, GY96] eine Reihe von Formeln in sogenannter quasi-geschlossener Form (man vgl. auch Hoffman [Hof93]). Wir geben hier die wesentlichen Resultate wieder, wollen aber den Leser für weitere Erläuterungen, insbesondere für die Beweise, auf die Originalliteratur von Geman und Yor verweisen (eine kurze Erläuterung findet sich auch in den Lehrbücher Bingham und Kiesel [BK97], Musiela und Rutkowski [MR97]).

Satz 7.4.4

Der Wert $C_A(t, S, T)$ einer durchschnittlichen Call-Option asiatischen Stils mit Ausübungsdatum T und Ausübungspreis K zur Zeit $t \in [0, T]$ beträgt

$$C_A(t, S, T) = \frac{4 \exp(-r(T-t)) S_t}{\sigma^2 T} C_\sigma(h, q),$$

dabei sind

$$\sigma = \frac{2r}{\sigma^2} - 1, \ h = \frac{\sigma^2}{4}(T-t), \ q = \frac{\sigma^2}{4 S_t}\left(KT - \int_0^t S_s ds\right),$$

σ ist die Volatilität des Aktienpreisprozesses. $C_\sigma(h, q)$ lässt sich gemäß der

Laplacetransformation g bzgl. h und der folgenden Formel darstellen:

$$g(\lambda) = \int_0^\infty \exp(-\lambda h)C_\sigma(h,q)dh = d \int_0^{\frac{1}{2q}} \exp(-x)x^{\gamma-2}(1-2qx)^{\gamma+1}dx,$$

wobei

$$\mu = \sqrt{2\lambda + \sigma^2},\ \gamma = \frac{1}{2}(\mu - \sigma),\ d = (\lambda(\lambda - 2 - 2\sigma)\Gamma(\gamma - 1))^{-1}.$$

Um also den Wert einer asiatischen Option zu bestimmen, muss man die inverse Laplacetransformation von g berechnen. Dies lässt sich mit der Methoden der Fast-Fourier-Transformation (vgl. Eydeland und Geman [EG96]) durchführen. Der Beweis des obigen Satzes beruht auf einer Verbindung der exponentiellen Brownschen Bewegung und des zeitverschobenen Besselprozesses.

Wenn man einen Spezialfall betrachtet, nämlich

$$\frac{1}{T} \int_0^T S_s ds > \frac{1}{T} \int_0^t S_s ds \geq K \ \text{(die Option ist zur Zeit } t \text{ „In The Money“)},$$

so kann man den Wert der Option in geschlossener Form angeben:

$$C_A(t,S,T) = \frac{S_t(1 - \exp(-r(T-t)))}{rT} - \exp(-r(T-t))\left(K - \frac{1}{T}\int_0^t S_s ds\right). \tag{7.36}$$

Die Formel gleicht der klassischen Black-Scholes-Formel, doch fehlt die Volatilität explizit. Sie geht durch S_t bzw. das Integral über S_s ein.

Falls man für eine Option eines allgemeinen asiatischen Typs zumindest eine Abschätzung für den Wert $\mathbb{E}_\mathbb{Q}\left((g(\frac{1}{T}\int_0^T S_s ds) - K)^+\right)$ nach unten erhalten will, so haben hier Rogers und Shi Methoden entwickelt (vgl. [RS95], bzw. Bingham und Kiesel [BK97]).

Eine Lösung mittels numerischer Methoden zur Bewertung asiatischer Optionen war der historisch erste Weg gewesen. Hier lassen sich die folgenden Methoden nennen:

I) Berechnung der Verteilung des arithmetischen Mittels:

- Approximation des arithmetischen Mittels durch das geometrische Mittel (vgl. Ruttiens [Rut90] und Vorst [Vor77]).

- Approximation der Verteilung des arithmetischen Mittels durch eine log-normale Verteilung (vgl. Levy [Lev92], Turnbull und Wakeman [TW91]).

- Fast-Fourier-Transformation zur Berechnung, um die Dichte einer Summe von Zufallsvariablen zu ermitteln (vgl. Carverhill und Clewlow [CC90]).

II) Integralberechnung des Optionspreises mittels Monte-Carlo-oder quasi-Monte-Carlo-Methoden (vgl. Kemna und Vorst [KV90]).

In Nielsen und Sandmann [NS96] wird eine asiatische Option unter dem Aspekt des variablen Zinssatzes numerisch vorgenommen.

Wir haben bis jetzt nur Optionen europäischen Stils im Rahmen asiatischer Optionen betrachtet. Doch kann man auch amerikanische Put-Optionen untersuchen. Asiatische Optionen sind in den meisten Lehrbüchern über Finanzmathematik enthalten. Wir geben hier eine (unvollständige) Auswahl (Bingham und Kiesel [BK97], Hull [Hul96], Korn und Korn [KK99], Musiela und Rutkowski [MR97], Wilmott, Howison und Dewynne [WHD95]). Eine ausführliche numerische Behandlung findet der interessierte Leser, auch mittels Monte-Carlo-Simulationen, in der Monographie von Günther und Jüngel [GJ03].

Aufgaben

1. Man beweise die Formel (7.36) mithilfe eines Martingalansatzes aus Abschnitt 5.1.

2. Man bestimme die partielle Differenzialgleichung im Satz 7.4.2 für $g(x) = x^n$ und $F(S_{(.)}) =$
$$G\left(S_T, \int_0^T g(u,S_u)du\right) = \left(\int_0^T g(u,S_u)du\right)^{\frac{1}{n}}.$$

3. Sei $a \in [0,1]$. Angenommen die Ausübungsfunktion $F(S_{(.)})$ habe die Form
$$S^a \hat{F}\left(\frac{I}{S}, t\right)$$
für eine Funktion $\hat{F}: \mathbb{R}^2 \longrightarrow \mathbb{R}$. Man setze $R = \frac{I}{S}$. und zeige: Der Wert der Option V_t hat die Form $S^a H(t,R)$, wobei $H \in C^{1,2}([0,T] \times \mathbb{R})$ ist.

Man leite eine partielle Differenzialgleichung für die Funktion H her.

4. Man wähle $g(x) = \ln x$ und $G\left(S_T, \int_0^T g(u,S_u)du\right) = \exp(\int_0^T \ln(u,S_u)du)$ (geometrisches Mittel). Man zeige, dass Aufgabe 2 eine Diskretisierung des geometrischen Mittels ist. Man stelle die partielle Differenzialgleichung für die Bewertung V auf.

5. (Fortsetzung von Aufgabe 4) Dazu nehme man an, dass $V_t = f(I_t)$ gilt, d.h. der Wert ist unabhängig von S. Man wähle nun eine Variablentransformation
$$z = \frac{I + (T-t)\ln S}{T}.$$

Man zeige, dass V_t eine Funktion $\hat{F}(t,z)$ ist und stelle für $\hat{F}$ eine partielle Differenzialgleichung auf. Man vergleiche die Differenzialgleichung mit der klassischen Black-Scholes-Gleichung.

6. *(Fortsetzung von Aufgabe 5) Man löse das Bewertungsproblem explizit unter der Annahme, dass die Volatilität und die Zinsrate für den Aktienpreisprozess (S_t) konstant sind.

8 Zeitstetige Zinsstrukturmodelle

Eine Bank wird dir Geld leihen, wenn du
beweisen kannst, dass du es nicht brauchst.

Bob Hope, 20 Jh.

Bereits in Abschnitt 2.5 haben wir uns mit der Zinsstruktur von Bonds beschäftigt, dort allerdings im zeitdiskreten Fall. Wir haben schon einige Grundprinzipien kennengelernt und Beispiele für Zinskurvenmodelle diskutiert, wenn auch zum Teil heuristisch. Ausgestattet mit den Techniken der stochastischen Integration und der Martingaltheorie können wir intensiver auf diese Theorie eingehen. Zuerst werden wir nun die Grundlagen erweitern. Damit ausgerüstet entwickeln wir Zinskurvenmodelle, nun mathematisch rigoros. Wir zeigen die Mängel der Preisberechnung von Bonds mithilfe der Zinskurve und geben einen alternativen Zugang – das Heath-Jarrow-Morton-Modell. Einige Zinsderivate, Implementierungen der Modelle und ein Ausblick in die Corporate Bonds runden das Kapitel ab.

8.1 Grundlagen des Bondmarktes

Wir gehen von einem festen Zeithorizont $[0, T^*]$, $T^* > 0$, aus, in dem wir die Bewertung der Zero-Bonds vornehmen wollen. Bezeichnungen und erste Ergebnisse sind aus 2.5 entnommen. Weiter setzen wir einen Wahrscheinlichkeitsraum $(\Omega, \mathscr{F}, \mathbb{P})$ mit gegebener Filtration $(\mathscr{F}_t)_{t \in [0, T^*]}$ voraus.

Für $\omega \in \Omega$ und $t \in [0, T^*]$ soll $r_t(\omega)$ die infinitesimale Zinsrate zur Zeit t sein, falls ω eingetreten ist. Dabei gehen wir von der Definition 2.5.3 der Zinsrate aus, die sich aus der Erlöskurve ergibt. Wir setzen voraus, dass der Zinsratenprozess folgende Eigenschaften erfüllt:

    i) $r = (r_t)_{t \in [0, T^*]}$ ist progressiv messbar (vgl. E.2),

    ii) $r_t(\omega) > 0$ für alle $\omega \in \Omega$ und $t \in [0, T^*]$,

    iii) $\int_0^{T^*} r_t(\omega) dt < \infty$ für alle $\omega \in \Omega$.

Proposition 8.1.1

Der Zinsratenprozess $(r_t)_{t \in [0, T^*]}$ genüge den obigen Voraussetzungen. Dann ist $\omega \longmapsto \int_0^t r_s(\omega) ds$ für alle $t \in [0, T^*]$ $\mathscr{F}_t-$messbar.

Beweis

Nach i) ist $(s, \omega) \longmapsto r_s(\omega) \wedge c \in L_\infty([0,t] \times \Omega)$ auch $\mathscr{B}([0,t]) \times \mathscr{F}_t$-messbar. Mit dem Satz von Fubini folgt, dass $\omega \longmapsto \int_0^t (r_s(\omega) \wedge c)ds \; \mathscr{F}_t$ messbar ist. Für $c \uparrow \infty$ konvergiert $\int_0^t (r_s(\omega) \wedge c)ds$ gegen $\int_0^t r_s(\omega)ds$. $\qquad\qquad\qquad\qquad\qquad\qquad\qquad\qquad\qquad\qquad\qquad\qquad\qquad\qquad\quad\square$

Zusätzlich nehmen wir nun an, dass der Bondpreisprozess $(V(t,T))_{t \in [0,T]}$ zur Filtration $(\mathscr{F}_t)_{t \in [0,T]}$ adaptiert ist. Motiviert aus Abschnitt 5.1 bzw. 5.2, definieren wir die Arbitragefreiheit von Zero-Bonds.

Definition 8.1.2

Eine Familie von Zero-Bond-Prozessen $\big((V(t,T)_{t \in [0,T]})\big)_{T \in [0,T^*]}$ heißt arbitragefrei, falls es ein zu $\mathbb{P}$ äquivalentes Wahrscheinlichkeitsmaß $\mathbb{Q}$ auf $\mathscr{F}$ gibt, sodass

$$(V^*(t,T) = G_t^{-1} V(t,T))_{t \in [0,T]}$$

ein $\mathbb{Q}$-Martingal für alle $T \in [0,T^*]$ ist. Dabei ist $G_t = \exp(\int_0^t r(s)ds)$ der *Guthabenprozess*.

Anstelle des Guthabenprozesses kann man einen allgemeinen positiven Prozess wählen. Dazu erinnern wir an die Definition des Numeraires in 5.2.1.

Wir kommen später auf ein allgemeines Numeraire bzw. auf einen sogenannten Numerairewechsel zurück. Bis dahin verwenden wir den Guthabenprozess. Wir notieren ein erstes Ergebnis.

Satz 8.1.3

Für eine Familie von Zero-Bond-Prozessen sind folgende Aussagen äquivalent

    a) $\big((V(t,T)_{t \in [0,T]})\big)_{T \in [0,T^*]}$ ist arbitragefrei.

    b) Es gibt ein zu $\mathbb{P}$ äquivalentes Martingalmaß $\mathbb{Q}$, sodass $V(t,T) = \mathbb{E}_{\mathbb{Q}}(\exp(-\int_t^T r(s)ds)|\mathscr{F}_t)$ fast sicher für alle $0 \leq t \leq T \leq T^*$ gilt.

Beweis

a)$\Rightarrow$b) Sei $\mathbb{Q}$ zu $\mathbb{P}$ äquivalent. Wir berechnen

$$V(t,T) = G_t V^*(t,T) = G_t \mathbb{E}_{\mathbb{Q}}(V^*(T,T)|\mathscr{F}_t) = G_t \mathbb{E}_{\mathbb{Q}}\Big(\frac{1}{G_T}|\mathscr{F}_t\Big) = \mathbb{E}_{\mathbb{Q}}\Big(\frac{G_t}{G_T}|\mathscr{F}_t\Big)$$

$$= \mathbb{E}_{\mathbb{Q}}\big(\exp(-\int_t^T (r(s)ds)|\mathscr{F}_t\big).$$

b)$\Rightarrow$a) Dies sieht man folgendermaßen ein

$$\mathbb{E}_{\mathbb{Q}}(V^*(T,T)|\mathscr{F}_t) = \mathbb{E}_{\mathbb{Q}}\Big(\frac{1}{G_T}|\mathscr{F}_t\Big) = \frac{1}{G_t}\mathbb{E}_{\mathbb{Q}}\big(\exp(-\int_t^T r(s)ds)|\mathscr{F}_t\big)$$

$$= \frac{V(t,T)}{G_t} = V^*(t,T).$$

Zusammenhang zwischen der Vorwärtsrate, Zinsrate und Bondpreisprozess

Wie in Abschnitt 2.5 wollen wir nun für den zeitstetigen Fall den Zusammenhang zwischen Vorwärtsrate, Zinsrate und Bondpreisprozess untersuchen. Erneut gehen wir von der Dynamik eines Zero-Bonds aus, der, im Gegensatz zu den Zinssätzen, auf dem Markt gehandelt wird. Man formuliert die Dynamik für die Zero-Bonds erneut mit dem üblichen Black-Scholes-Zugang wie in Abschnitt 4.2. Dabei wählen wir eine Gleichung entsprechend der für allgemeine Wertpapiere aus. Aber anders als in Abschnitt 4.2 müssen wir bei den Drift- und Volatilitätsfunktionen auch den Endzeitpunkt T einbeziehen. Denn für jedes $T \in [0, T^*]$ ist der $T-$Bond ein anderes Finanzprodukt. Wir setzen als Gleichung (B_t ist eine Brownsche Bewegung auf $(\Omega, \mathscr{F}, \mathbb{P}, (\mathscr{F}_t))$) den

$$\text{Preisprozess} \quad dV(t,T) = m(t,T)V(t,T)dt + p(t,T)V(t,T)dB_t \tag{8.1}$$

an.

Wir können $m(t,T)$ als zeitabhängige Drift des Bondpreises betrachten. Dieser Prozess ist zusätzlich vom Parameter T abhängig, d.h. die Drift hängt auch vom Enddatum des Bonds ab. Der Prozess $p(t,T)$ stellt die Volatilitätsstruktur des Bondwerts dar. Um die Zusammenhänge zwischen Bondpreis-, Zinsraten und Vorwärtsratenprozess festzustellen, formulieren wir die folgenden stochastischen Differenzialgleichungen.

$$\text{Zinsratendynamik} \quad dr(t) = a(t)dt + b(t)dB_t \tag{8.2}$$

$$\text{Vorwärtsratenprozess} \quad df(t,T) = \alpha(t,T)dt + \beta(t,T)dB_t. \tag{8.3}$$

Dabei gehen wir ähnlich wie in Abschnitt 4.2 von folgenden Annahmen aus.

Annahme

1) a, b, m, p, α und β sind adaptierte stochastische Prozesse.

2) Für festes $\omega \in \Omega$ und t, $t < T$ sind m, p, α und β in der T Variablen stetig differenzierbar.

3) Alle Prozesse sollen das Vertauschen von Integration und Differentiation erlauben. Ferner gilt der Satz von Fubini für α und β und deren partielle Ableitungen.

4) $\sup_{t \leq T} |V(t,T)(\omega)| < \infty$, für alle $t \in \mathbb{R}$ und fast alle $\omega \in \Omega$.

Satz 8.1.4

Unter den gemachten Annahmen gilt für alle $T \leq T^*$:

1) Erfüllt der Preisprozess $(V(t,T))_{t \in [0,T]}$ die Gleichung (8.1), so genügt der Vorwärtsratenprozess $(f(t,T))_{t \in [0,T]}$ der Gleichung (8.3) mit

$$\begin{aligned}
\alpha(t,T) &= \frac{\partial p(t,T)}{\partial T} p(t,T) - \frac{\partial m(t,T)}{\partial T}, \\
\beta(t,T) &= -\frac{\partial p(t,T)}{\partial T}.
\end{aligned} \tag{8.4}$$

2) Genügt $(f(t,T))_{t\in[0,T]}$ Gleichung (8.3), so erfüllt der Zinsratenprozess $(r(t))_{t\in[0,T]}$ die Gleichung (8.2) mit

$$a(t) = \frac{\partial f}{\partial T}(t,t) + \alpha(t,t),$$

$$b(t) = \beta(t,t).$$

$\qquad\qquad\qquad\qquad\qquad\qquad\qquad\qquad\qquad\qquad\qquad\qquad\qquad\qquad\qquad\quad (8.5)$

3) Erfüllt der Vorwärtsratenprozess $(f(t,T))_{t\in[0,T]}$ die Gleichung (8.3), dann gilt Gleichung (8.1) für den Preisprozess $(V(t,T))_{t\in[0,T]}$ mit

$$dV(t,T) = \left(r(t) + A(t,T) + \frac{1}{2}S(t,T)^2\right)V(t,T)dt + S(t,T)V(t,T)dB_t, \qquad (8.6)$$

wobei

$$A(t,T) = -\int_t^T \alpha(t,s)ds \qquad (8.7)$$

$$S(t,T) = -\int_t^T \beta(t,s)ds.$$

Beweis

Man betrachte die Funktion $g(t,x) = -\ln x$. Wir wenden die Itô-Formel an:

$$-\ln V(tv,T) + \ln V(0,T) = -\int_0^t \frac{1}{V(s,T)}dV(s,T) + \frac{1}{2}\int_0^t \frac{1}{V^2(s,T)}V^2(s,T)p^2(s,T)ds$$

$$= -\int_0^t \frac{1}{V(s,T)}V(s,T)m(s,T)ds - \int_0^t \frac{1}{V(s,T)}V(s,T)p(s,T)dB_s$$

$$+ \frac{1}{2}\int_0^t p^2(s,T)ds$$

$$= \int_0^t \frac{1}{2}p^2(s,T) - m(s,T)ds + \int_0^t -p(s,T)dB_s.$$

1) Partielles Differenzieren nach der T−Variablen ergibt

$$f(t,T) = f(0,T) + \int_0^t \underbrace{p(s,T)\frac{\partial}{\partial T}p(s,T) - \frac{\partial}{\partial T}m(s,T)}_{=\alpha(s,T)}ds$$

$$+ \int_0^t \underbrace{-\frac{\partial}{\partial T}p(s,T)}_{=\beta(s,T)}dB_s.$$

2) Wir setzen $T = t$ in der Vorwärtsrate und erhalten nach Abschnitt 2.5 und der integrierten stochastischen Differenzialgleichung (8.3)

$$r(t) = f(t,t) = f(0,t) + \int_0^t \alpha(s,t)ds + \int_0^t \beta(s,t)dB_s. \tag{8.8}$$

Nach dem Hauptsatz der Differenzial- und Integralrechnung ergibt sich unter den Annahmen

$$\alpha(s,t) = \alpha(s,s) + \int_s^t \frac{\partial}{\partial T}\alpha(s,u)du \tag{8.9}$$

$$\beta(s,t) = \beta(s,s) + \int_s^t \frac{\partial}{\partial T}\beta(s,u)du.$$

Einsetzen von (8.9) in (8.8) ergibt

$$\begin{aligned}
r(t) = f(t,t) &= f(0,t) + \int_0^t \alpha(s,s)ds + \int_0^t \int_s^t \frac{\partial}{\partial T}\alpha(s,u)duds \\
&\quad + \int_0^t \beta(s,s)dB_s + \int_0^t \int_s^t \frac{\partial}{\partial T}\beta(s,u)dudB_s \\
&\stackrel{\text{Fubini}}{=} f(0,t) + \int_0^t \alpha(s,s)ds + \int_0^t \int_0^u \frac{\partial}{\partial T}\alpha(s,u)dsdu \\
&\quad + \int_0^t \beta(s,s)dB_s + \int_0^t \int_0^u \frac{\partial}{\partial T}\beta(s,u)dB_sdu
\end{aligned} \tag{8.10}$$

Da α und β partiell nach T differenzierbar sind, ergibt sich mit (8.8)

$$\frac{\partial}{\partial T}f(u,u) = \int_0^u \frac{\partial}{\partial T}\alpha(s,u)ds + \int_0^u \frac{\partial}{\partial T}\beta(s,u)dB_s. \tag{8.11}$$

Aus (8.10) folgt mit (8.11)

$$r(t) = f(0,t) + \int_0^t \alpha(s,s)ds + \int_0^t \underbrace{\left(\int_0^u \frac{\partial}{\partial T}\alpha(s,u)ds + \int_0^u \frac{\partial}{\partial T}\beta(s,u)dB_s\right)}_{=\frac{\partial}{\partial T}f(u,u)}du$$

$$+ \int_0^t \beta(s,s)dB_s$$

und damit die Behauptung 2).

3) Wir definieren für $t, T \in [0, T^*]$

$$Z(t,T) = \ln(V(t,T)).$$

Damit ergibt sich

$$V(t,T) = \exp(Z(t,T)), \text{ wobei } Z(t,T) = -\int_t^T f(t,s)ds \text{ gemäß Abschnitt 2.5 gilt.}$$

Wir erhalten als integrierte Form der stochastischen Differenzialgleichung (8.3)

$$f(t,s) = f(0,s) + \int_0^t \alpha(u,s)du + \int_0^t \beta(u,s)dB_u. \tag{8.12}$$

Aus der Darstellung von $Z(t,T)$ mittels der Vorwärtsrate und dem Satz von Fubini folgt die Gleichungskette

$$\begin{aligned}
Z(t,T) &= -\int_t^T f(0,s)ds - \int_0^t \int_t^T \alpha(u,s)dsdu - \int_0^t \int_t^T \beta(u,s)dsdB_u \\
&= -\int_0^T f(0,s)ds - \int_0^t \int_u^T \alpha(u,s)dsdu - \int_0^t \int_u^T \beta(u,s)dsdB_u \\
&\quad + \int_0^t f(0,s)ds + \int_0^t \int_u^t \alpha(u,s)dsdu + \int_0^t \int_u^t \beta(u,s)dsdB_u \\
&= Z(0,T) - \int_0^t \int_u^T \alpha(u,s)dsdu - \int_0^t \int_u^T \beta(u,s)dsdB_u \\
&\quad + \underbrace{\int_0^t f(0,s)ds - \int_0^t \int_0^s \alpha(u,s)duds - \int_0^t \int_0^s \beta(u,s)dB_uds}_{=\int_0^t f(s,s)ds=\int_0^t r(s)ds}
\end{aligned}$$

Dann erhalten wir

$$\begin{aligned}
Z(t,T) &= Z(0,T) + \int_0^t r(s)ds - \int_0^t \int_u^T \alpha(u,s)dsdu - \int_0^t \int_u^T \beta(u,s)dsdB_u \\
&= Z(0,T) + \int_0^t r(s)ds + \int_0^t A(u,T)du + \int_0^t S(u,T)dB_u.
\end{aligned}$$

Der Prozess $(Z(t,T)_{t\in[0,T]})$ erfüllt die stochastische Differenzialgleichung

$$dZ(t,T) = (r(t)+A(t,T))dt + S(t,T)dB_t. \tag{8.13}$$

Wir wenden nun die Itô-Formel aus Satz 4.1.17 auf die Funktion $g(t,x) = \exp x$ an.

$$\underbrace{\exp(Z(t,T))}_{=V(t,T)} - \underbrace{\exp(Z(0,T))}_{=V(0,T)} = \int_0^t \exp(Z(s,T))(r(s)+A(s,T))dt + \frac{1}{2}\int_0^t \exp(Z(s,T))S(s,t)ds$$

$$+ \int_0^t \exp(Z(s,T))S(s,T)dB_s,$$

was die integrierte Form der behaupteten stochastischen Differenzialgleichung darstellt. $\qquad\square$

Wir sehen, dass man zwischen Bondpreis, Vorwärtsrate und Zinsrate einen ähnlichen Zusammenhang findet, wie im deterministischen Fall (Abschnitt 2.5). Es stellt sich die Frage, ob man die Bondpreisdynamik in Gleichung (8.1) für den Bondpreis voraussetzen kann. In Abschnitt 5.2 haben wir die Grundlagen gelegt. Da wir wegen der Ergebnisse aus Abschnitt 5.1 Arbitragefreiheit mit der Existenz von äquivalenten Martingalmaßen für den diskontierten Preisprozess gleichsetzen konnten, gelangten wir zu der Definition 8.1.2. Damit sind wir aber in der Situation des Abschnittes 5.2, wenn man als Filtration $(\mathscr{F}_t)_{t\in[0,T*]}$ die natürliche Filtration der Brownschen Bewegung verwendet. Somit können wir das Hauptergebnis dieses Abschnittes formulieren, dass sich sofort aus dem Satz 5.2.10 ergibt.

Satz 8.1.5

Wir setzen die natürliche Filtration $(\mathscr{F}_t)_{t\in[0,T*]}$ einer Brownschen Bewegung (B_t) voraus und wählen ein $0 \leq T \leq T^*$. Dann existiert ein adaptierter Prozess $(\sigma(t,T))_{t\in[0,T]} \in \mathscr{H}_2^w([0,T])$, so dass die stochastische Integralgleichung

$$V(t,T) - V(0,T) = \int_0^t (r(u) - \sigma(u,T)q_u)V(u,T)du + \int_0^t \sigma(u,T)V(u,T)dB_u \qquad (8.14)$$

für alle $t \in [0,T]$ gilt. In Differenzialgleichungsschreibweise lautet (8.14)

$$dV(t,T) = (r(t) - \sigma(t,T)q_t)V(t,T)dt + \sigma(t,T)V(t,T)dB_t. \qquad (8.15)$$

Wir wollen nun die $\mathbb{P}-$Dynamik für einen Zero-Bond in die Dynamik des äquivalenten Martingalmaßes $\mathbb{Q}$ ausdrücken. Dies bedeutet, dass man die Brownsche Bewegung als Martingal statt für das Maß $\mathbb{P}$ in das äquivalente Martingalmaß umschreiben muss. Dazu verwenden wir den Satz von Girsanov 5.2.12. Aus Satz 5.2.13 folgt

Satz 8.1.6

Im Wahrscheinlichkeitsraum $(\Omega,\mathscr{F},\mathbb{Q})$ gilt für den Bondpreisprozess

$$\frac{dV(t,T)}{V(t,T)} = r(t)dt + \sigma(t,T)d\tilde{B}_t.$$

Bemerkung 8.1.7

Aus der Darstellung (8.15) sehen wir, dass der Prozess (q_t) die zentrale Rolle in der $\mathbb{P}$-Dynamik des Bondpreises darstellt, wenn man das äquivalente Maß explizit nicht kennt. Wir werden es später genauer interpretieren und als „Marktpreis des Risikos" bezeichnen. Vergleicht man es mit der obigen stochastischen Differenzialgleichung (8.1), so können wir nun die Drift und Volatilität des Bondpreisprozesses beschreiben.

$$m(t,T) = r(t) - \sigma(t,T)q_t$$
$$p(t,T) = \sigma(t,T)$$

Literatur und weitere Bemerkungen

Wir haben uns bei der Darstellung der Beziehungen zwischen Vorwärtsrate, Bondpreisprozess und Zinsrate an die Ausarbeitung von T. Björk [Bjö96] angelehnt. Die Darstellungen sind Standard und für die weiteren Ausführungen grundlegend. Weiter findet man eine gute und ausführliche Darstellung der Grundlagen in den Büchern von Martin, Reitz und Wehn [MRW06] sowie dem von Reitz, Schwartz und Martin [RSM04]. Eine MATLAB-Implementierung findet sich in dem Buch von Günther und Jüngel [GJ03].

8.2 Zinskurvenmodelle

Wir werden sehen, dass wir die Bondpreise vollständig bestimmen können, falls wir

  i) die Zinsdynamik (r_t) und

  ii) den Prozess (q_t), dem Markpreis des Risikos, zur Festlegung des äquivalenten Martingalmaßes kennen.

Historisch betrachtet stellte die Modellierung der Bondpreise mittels der Zinsratendynamik den ersten Zugang dar. Bei diesem Zugang wählt man neben der Zeit t als einzige Variable die Zinsrate $r(t)$. Der Ansatz scheint einsichtig, doch wird man damit die Vollständigkeit opfern. Wie wir schon in Abschnitt 2.5 im zeitdiskreten Fall erläutert haben, ist es ohne Modellannahmen nicht möglich, die Bondpreis- oder Zinsdynamik aus den beobachteten Daten zu gewinnen. Daher machen wir zuerst auf dem Wahrscheinlichkeitsraum $(\Omega, \mathscr{F}, \mathbb{P})$ für die Zinsdynamik und den Prozess $(q_t)_{t \in [0,T]}$ folgende

Annahme 8.2.1

$$dr(t) = \mu(t, r(t))dt + \sigma(t, r(t))dB_t. \tag{8.16}$$

$$q_t = -\lambda(t, r(t)). \tag{8.17}$$

Diese stochastische Differenzialgleichung verallgemeinert den Ansatz, den wir in (8.2) für die Zinsratendynamik gemacht haben. Dabei nehmen wir an, dass μ, σ zur Filtration $(\mathscr{F}_t)_{t \in [0,T]}$ adaptierte Prozesse sind, die für fast alle $\omega \in \Omega$ stetig differenzierbar sind und gemäß 4.1.19 eine starke Lösung der stochastischen Differenzialgleichung garantieren. Die Funktion $\lambda : \Omega \longrightarrow \mathbb{R}$

sei hinreichend oft differenzierbar. Dass wir vor λ ein negatives Vorzeichen gewählt haben, wird unten aufgeklärt.

Schreiben wir (8.16) in der $\mathbb{Q}$–Dynamik, so gibt uns der Satz von Girsanov 5.2.12

$$d\tilde{B}_t = dB_t - q_t dt = dB_t + \lambda(t, r(t))dt \iff dB_t = d\tilde{B}_t - \lambda(t, r(t))dt.$$

Damit gilt

$$dr(t) = \mu(t, r(t))dt + \sigma(t, r(t))dB_t = (\mu(t, r(t)) - \lambda(t, r(t))\sigma(t, r(t)))dt \qquad (8.18)$$
$$+ \sigma(t, r(t)))d\tilde{B}_t.$$

Aus Satz 8.1.3 wissen wir

$$V(t, T) = \mathbb{E}_{\mathbb{Q}}\left(\exp(-\int_t^T r(u)du)|\mathscr{F}_t\right).$$

Wir setzen wie in Abschnitt 4.2 (mit der gleichen Begründung)

$$V(t, T) = F^T(t, r(t)) = F(t, r(t), T) \qquad (8.19)$$

an, wobei wir $F^T : [0, T^*] \times \mathbb{R}_+ \longrightarrow \mathbb{R}$ als einmal stetig differenzierbar in der ersten und zweimal stetig differenzierbar in der zweiten Variablen voraussetzen. Den Index „T" haben wir gewählt, um die Abhängigkeit vom Enddatum zum Ausdruck zu bringen.

Wir gehen von folgender Strategie aus.

1) Es seien zwei Handelszeitpunkte $T_1 < T_2$ gegeben. Dazu betrachtet man jeweils einen T_1- bzw. T_2-Bond. Wir versuchen, zwei Bonds mit verschiedenen Zeitpunkten in einem Portfolio gegeneinander abzusichern.

2) Nach der Bewertung der beiden Bonds werden die Gewichte so bestimmt, dass der Wert des Portfolios Π zur Zeit t durch die Gleichung

$$d\Pi(t) = k(t)\Pi(t)dt$$

gegeben ist.

3) Unser Portfolio stellt eine fiktive Bank dar, die eine Zinsrate von $k(t)$ zahlt. Aus Arbitragegründen gilt

$$k(t) = r(t).$$

Wir beweisen nun folgenden zentralen Satz.

Satz 8.2.2 (Zeitstrukturgleichung)
Wenn der Bondmarkt arbitragefrei ist, so erfüllt F die partielle Differenzialgleichung

$$\frac{\partial F(t,r,T)}{\partial t} + (\mu(t,r) - \lambda(t,r)\sigma(t,r))\frac{\partial F(t,r,T)}{\partial r} + \frac{1}{2}\sigma(t,r)^2\frac{\partial^2 F(t,r,T)}{\partial r^2} - rF(t,r,T) = 0$$

$$F(T,r,T) = 1$$

$$(8.20)$$

Beweis
Wir geben zwei Möglichkeiten an.

1. (Skizze): Wir benutzen die Feynman-Kac-Formel aus Abschnitt 5.1. Der dortige Satz lässt sich auch auf Zinsprozesse $(r(t))_{t\in[0,T]}$ erweitern. Man wählt $h = 1$ und setzt $f(t,x) = F^T(t,r(t)) = \mathbb{E}_\mathbb{Q}\left(-\int_t^T r(u)du\,|\,\mathscr{F}_t\right)$. Dann ist nach Satz 5.1.3 (beziehungsweise einer Verallgemeinerung) die Differenzialgleichung (8.20) erfüllt (vgl. für Details Øksendal [Øks98] bzw. Übungsaufgabe 9).

2. Wir gehen hier wie in Abschnitt 4.2 von einer selbstfinanzierenden Strategie aus. Da wir in unserem Portfolio nur zinssensitive Wertpapiere haben, müssen wir zwei Bonds mit verschiedenen Laufzeiten T_1 und T_2, $T_1 < T_2$ betrachten. Dazu nehmen wir an, unser Portfolio bestehe aus einer Einheit T_1−Bond und $-\Delta(t)$ (Short Position) Einheiten T_2−Bond, d. h. der Wert Π beträgt zur Zeit $t \in [0, T_1]$

$$\Pi(t) = V(t,T_1) - \Delta(t)V(t,T_2) = F^{T_1}(t,r(t)) - \Delta(t)F^{T_2}(t,r).$$

Dann genügt das Portfolio der stochastischen Differenzialgleichung (nach der Itô-Formel)

$$d\Pi(t) = \frac{\partial F^{T_1}}{\partial t}(t,r(t))dt + \frac{\partial F^{T_1}}{\partial r}(t,r(t))dr(t) + \frac{1}{2}\sigma(t,r(t))^2\frac{\partial F^{T_1}}{\partial r^2}(t,r(t))dt \qquad (8.21)$$

$$-\Delta(t)\left(\frac{\partial F^{T_2}}{\partial t}(t,r(t))dt + \frac{\partial F^{T_2}}{\partial r}(t,r(t))dr(t) + \frac{1}{2}\sigma(t,r(t))^2\frac{\partial F^{T_2}}{\partial r^2}(t,r(t))dt\right).$$

Wählt man

$$\Delta(t) = \frac{\frac{\partial F^{T_1}}{\partial r}(t,r(t))}{\frac{\partial F^{T_2}}{\partial t}(t,r(t))},$$

so kann man die stochastischen Terme eliminieren. Damit ergibt sich

$$d\Pi(t) = \left(\frac{\partial F^{T_1}}{\partial t}(t,r(t))dt + \frac{1}{2}\sigma(t,r(t))^2\frac{\partial^2 F^{T_1}}{\partial r^2}(t,r(t))\right)$$

$$-\frac{\frac{\partial F^{T_1}}{\partial r}(t,r(t))}{\frac{\partial F^{T_2}}{\partial r}(t,r(t))}\left(\frac{\partial F^{T_2}}{\partial t}(t,r(t))dt+\frac{1}{2}\sigma(t,r(t))^2\frac{\partial^2 F^{T_2}}{\partial r^2}(t,r(t))\right)dt$$

$$\overset{\text{nach 3)}}{=} r(t)\Pi(t)dt$$

$$= r(t)\left(F^{T_1}(t,r(t))-\frac{\frac{\partial F^{T_1}}{\partial r}(t,r(t))}{\frac{\partial F^{T_2}}{\partial r}(t,r(t))}F^{T_2}(t,r(t))\right)dt.$$

Nach Umformungen ergibt sich (Funktionen F^{T_1} und F^{T_2} trennen)

$$\frac{\frac{\partial F^{T_1}}{\partial t}(t,r(t))+\frac{1}{2}\sigma(t,r(t))^2\frac{\partial^2 F^{T_1}}{\partial r^2}(t,r(t))-r(t)F^{T_1}(t,r(t))}{\frac{\partial F^{T_1}}{\partial r}(t,r(t))}$$

$$=\frac{\frac{\partial F^{T_2}}{\partial t}(t,r(t))+\frac{1}{2}\sigma(t,r(t))^2\frac{\partial^2 F^{T_2}}{\partial r^2}(t,r(t))-r(t)F^{T_2}(t,r(t))}{\frac{\partial F^{T_2}}{\partial r}(t,r(t))}.$$

Diese Gleichung gilt für alle Werte T_1, T_2. Damit sind beide Seiten vom Endwert T unabhängig. Also kann man

$$a(t,r(t))=\frac{\frac{\partial F^{T}}{\partial t}(t,r(t))+\frac{1}{2}\sigma(t,r(t))^2\frac{\partial^2 F^{T}}{\partial r^2}(t,r(t))-r(t)F^{T}(t,r(t))}{\frac{\partial F^{T}}{\partial r}(t,r(t))} \tag{8.22}$$

setzen. Wir definieren

$$\lambda(t,r(t))=\frac{a(t,r(t))-\mu(t,r(t))}{\sigma(t,r(t))}.$$

Man zeigt $\lambda(t,r(t))=\tilde{\lambda}(t,r(t))$ (vgl. Übungsaufgabe 10). Damit ergibt sich aus (8.22)

$$\frac{\partial F^{T}}{\partial t}(t,r(t))+\frac{1}{2}\sigma(t,r(t))^2\frac{\partial^2 F^{T}}{\partial r^2}(t,r(t))-r(t)F^{T}(t,r(t))$$

$$+(\mu(t,r(t))-\lambda(t,r(t)))\sigma(t,r(t))\frac{\partial F^{T}}{\partial r}(t,r(t))=0.$$

Die Endbedingung $F^{T}(T,r)=1$ liefert die Behauptung. $\qquad\square$

Bemerkung 8.2.3

Schon in einer früheren Bemerkung zu Satz 8.1.6 hatten wir die Größe $-q_t=\lambda(t,r(t))$ als Risikoprämie bezeichnet. Auch wenn man die Zinsdynamik modelliert hat, muss man den Faktor $\lambda(t,T)$ für die Berechnung des Bondpreises über das Lösen der partiellen Differenzialgleichung bestimmen. λ ist nicht festgelegt und spiegelt über den Satz von Girsanov wider, dass das äquivalente Martingalmaß nicht eindeutig ist.

Wir wollen uns mit dem Faktor λ näher beschäftigen.

Lemma 8.2.4

Wir nehmen an, dass der Bondmarkt arbitragefrei ist. Dann existiert ein zur Filtration $(\Omega, \mathscr{F}, \mathbb{P}, (\mathscr{F}_t)_{t \in [0,T]})$ adaptierter Prozess $(\lambda(t, r(t)))_{t \in [0,T]}$ der die Gleichung

$$\lambda(t, r(t)) = \frac{m(t, r(t)) - r(t)}{p(t, r(t))} \quad \text{für alle } t \in [0, T] \text{ erfüllt,} \tag{8.23}$$

wobei

$$m(t, r(t)) = \frac{\frac{\partial F(t,r(t),T)}{\partial t} + \mu(t, r(t)) \frac{\partial F(t,r(t),T)}{\partial r} + \frac{1}{2}\sigma(t, r(t))^2 \frac{\partial^2 F(t,r(t),T)}{\partial r^2}}{F(t, r(t), T)}$$

gilt.

Beweis

Wir gehen von der Gleichung (8.19) aus. In dem wir den Ansatz (8.1) benutzen, können wir die stochastische Differenzialgleichung

$$dF(t, r(t), T) = F(t, r(t), T)m(t, T)dt + F(t, r(t), T)p(t, T)dB_t \tag{8.24}$$

formulieren. Dabei sind $m(t, T) = m(t, r(t), T)$ und $p(t, T) = p(t, r(t), T)$ Funktionen auch des Zinsratenprozesses. Die Itô-Formel ergibt

$$\begin{aligned}
dF(t, r(t), T) &= \frac{\partial F}{\partial t}(t, r(t), T)dt + \frac{\partial F}{\partial r}(t, r(t), T)dr(t) + \frac{1}{2}\frac{\partial^2 F}{\partial r^2}(t, r(t), T)\sigma(t, r(t))^2 dt \\
&= \left(\frac{\partial F}{\partial t}(t, r(t), T) + \frac{\partial F}{\partial r}(t, r(t), T)\mu(t, r(t)) + \frac{1}{2}\frac{\partial^2 F}{\partial r^2}(t, r(t), T)\sigma(t, r(t))^2 \right) dt \\
&\quad + \frac{\partial F}{\partial r}(t, r(t), T)\sigma(t, r(t))dB_t.
\end{aligned}$$

Ein Vergleich mit (8.24) ergibt

$$m(t, r(t), T) = \frac{\frac{\partial F}{\partial t}(t, r(t), T) + \mu(t, r(t))\frac{\partial F}{\partial r}(t, r(t), T) + \frac{1}{2}\sigma(t, r(t))^2 \frac{\partial^2 F}{\partial r^2}(t, r(t), T)}{F(t, r(t), T)} \quad \text{und} \tag{8.25}$$

$$p(t, r(t), T) = \frac{\sigma(t, r(t))\frac{\partial F}{\partial r}(t, r(t), T)}{F(t, r(t), T)}.$$

Löst man (8.20) nach λ auf, so gilt

$$\lambda(t, r(t)) = \frac{\frac{\partial F}{\partial t}(t, r(t), T) + \mu(t, r(t))\frac{\partial F}{\partial r}(t, r(t), T) + \frac{1}{2}\sigma(t, r(t))^2 \frac{\partial^2 F}{\partial r^2}(t, r(t), T) - r(t)F(t, r(t), T)}{\sigma(t, r(t))\frac{\partial F}{\partial r}(t, r(t), T)}.$$

Nach (8.25) kann man λ mit m und p ausdrücken

$$\lambda(t, r(t)) = \frac{m(t, r(t), T) - r(t)}{p(t, r(t), T)}, \, t \in [0, T].$$

$\square$

Bemerkung 8.2.5

Die Größe $m(t, r(t), T) - r(t)$ wird als *Risikoprämie* bezeichnet. Es ist die Differenz zwischen der Drift des Bondpreisprozesses und dem auf dem Markt gemäß dem Modell beobachteten Zinsrate und kann als Aufpreis oder Risikozuschlag angesehen werden. Wie in der Portfoliotheorie ist die Volatilität ein Maß für das Risiko. Damit kann der Quotient λ aus Risikoprämie und Risiko als *Marktpreis des Risikos* bezeichnet werden, wie dies bekanntlich in der Portfoliotheorie geschieht: Der erwartete Return pro Risikoeinheit. Die vorhergehende Proposition besagt insbesondere, dass in einem arbitragefreien Mark alle Bonds denselben Preis für das Marktrisiko besitzen.

Setzt man die Zinsdynamik im Wahrscheinlichkeitsraum $(\Omega, \mathscr{F}, \mathbb{Q})$ an und wählt einen ähnlichen Ansatz wie bei (8.16), also

Annahme 8.2.6

$$dr(t) = \mu(t, r(t))dt + \sigma(t, r(t))d\tilde{B}_t, \tag{8.26}$$

so vereinfacht sich die Argumentation.

Mit Satz 8.2.2 und der Annahme $q_t = -\lambda(t, r(t))$ kann man der Argumentation im Beweis zu Satz 5.2.13 folgen. Es lässt sich dann der folgende Satz für die Bewertung eines T-Bondes bzw. allgemeiner eines Derivats auf einen $\tilde{T}$-Bond mit Ausübungszeitpunkt $T < \tilde{T}$ und Ausübungsfunktion der Form $\Phi(r(T))$ herleiten, falls die Zinsrate in der $\mathbb{Q}$-Dynamik modelliert ist. Der detaillierte Beweis ist als Übungsaufgabe dem Leser überlassen. Die Gleichung erinnert an die Black-Scholes-Partielle-Differenzialgleichung. Doch ist die Struktur komplizierter.

Satz 8.2.7

Wir betrachten ein Derivat, dass $F = \Phi(r(T))$ zur Zeit T zahlt. Der arbitragefreie Preisprozess $\Pi(t, F) = F(t, r(t))$ des Derivats ist Lösung der parabolischen partiellen Differenzialgleichung

$$\frac{\partial F(t, r)}{\partial t} + \mu(t, r)\frac{\partial F(t, r)}{\partial r} + \frac{1}{2}\sigma(t, r)^2\frac{\partial^2 F(t, r)}{\partial r^2} - rF(t, r) = 0 \tag{8.27}$$

$$F(T, r) = \Phi(r).$$

Insbesondere erfüllt der Bondpreis $V(t, T) = F^T(t, r(t)) = F(t, r(t), T)$ das Randwertproblem

$$\frac{\partial F(t, r, T)}{\partial t} + \mu(t, r)\frac{\partial F(t, r, T)}{\partial r} + \frac{1}{2}\sigma(t, r)^2\frac{\partial^2 F(t, r, T)}{\partial r^2} - rF(t, r, T) = 0 \tag{8.28}$$

$$F(T, r, T) = 1.$$

Bemerkung 8.2.8
Wie in den vorhergehenden Kapiteln ist das „objektive" Wahrscheinlichkeitsmaß $\mathbb{P}$ für die Preisdynamik eines Bondderivats nicht relevant. Entscheidend hierfür ist das risikoneutrale Martingalmaß $\mathbb{Q}$.

Wir wollen einige Zinskurvenmodelle näher betrachten, wobei wir auf ein paar alte Bekannte aus dem Abschnitt 2.5 stoßen, hier in der zeitstetigen Version. Allgemein kann man sagen, dass die Wahl der Funktionen μ, σ entscheidend für die Preisgestaltung unseres T−Bondes ist, wenn man sich von nun an in der $\mathbb{Q}$−Dynamik aufhält. Die Erfahrung hat gezeigt, dass man im Gegensatz zur klassischen Black-Scholes partiellen Differenzialgleichung die Funktionen μ und σ komplizierter wählen muss. Wir stellen einige Ansätze für die Funktionen μ, σ zusammen.

a) $\mu(t,r) = b - cr$, $b,c \in \mathbb{R}$, $\sigma(r,t) = \sigma$, $\sigma > 0$ (Vasicek-Modell).

b) $\mu(t,r) = b - cr$, $b,c \in \mathbb{R}$, $\sigma(r,t) = \sigma\sqrt{r}$, $\sigma > 0$ (Cox-Ingersoll-Ross-Modell (CIR)).

c) $\mu(r,t) = \Phi(t), \Phi$ stetig, $\sigma(r,t) = \sigma$, $\sigma > 0$ (Ho-Lee-Modell).

d) $\mu(r,t) = a(t)r$, a stetig, $\sigma(r,t) = \sigma(t)r$, σ stetig (Black-Derman-Toy).

e) $\mu(r,t) = \Phi(t) - c(t)r$, Φ, c stetig $\sigma(r,t) = \sigma(t)$, σ stetig (Hull-White oder verallgemeinertes Vasicek Modell).

f) $\mu(r,t) = \Phi(t) - c(t)r$, Φ, c stetig $\sigma(r,t) = \sigma(t)r, \sigma$ stetig (Hull-White oder verallgemeinertes CIR-Modell).

Das entscheidende Problem besteht darin, die Konstanten und Funktionen richtig zu bestimmen, und wir kommen darauf noch zurück.

Bondderivate
Wir wollen den Wert eines europäischen Calls auf einen T−Bond berechnen. Dabei seien $S < T$ das Ausübungsdatum und K der Ausübungspreis. Wir müssen also den Vertrag

$$\tilde{F}(T) = \max(V(S,T) - K, 0)$$

bewerten.

Dies geschieht in folgender Weise:

I) Man löse zuerst die Zeitstrukturgleichung (8.28).

II) Zu vorgegebenem S löse man das Randwertproblem

$$\frac{\partial G(t,r)}{\partial t} + \mu(t,r)\frac{\partial G(r,t)}{\partial r} + \frac{1}{2}\sigma(r,t)\frac{\partial^2 G(t,r)}{\partial r^2} - rG(r,t) = 0, \tag{8.29}$$

$$G(S,r) = \max(F(S,r,T) - K, 0).$$

III) Der Wert der Option ist dann durch die Lösung $G(t, r(t))$ gegeben.

Durch die Lösung von I) wird der Bondwert ermittelt (bei unserem Black-Scholes-Modell für eine Aktie als zugrundeliegender Basiswert war dies (S_t)). Danach löst man II), um die Wertfunktion des Derivats zu bestimmen (in dem Black-Scholes-Modell war dies die partielle Differenzialgleichung (3.2.9)).

Die Bestimmung von Lösungen partieller Differenzialgleichungen vom obigen Typ in I) und II) kann bereits bei einfachen Funktionen Probleme bereiten. Um einfach zu errechnende Lösungen zu erhalten, wählt man eine spezielle Form der Bewertungsfunktion F.

Definition 8.2.9
Wählt man für den Bondwert $V(t,T) = F(t, r(t), T)$ gemäß Gleichung (8.19), so besitzt das Modell eine *affine Zeitstruktur (ATS)*, wenn man für F die Form

$$F(t, r, T) = e^{A(t,T) - B(t,T)r} \tag{8.30}$$

wählt. Dabei sind $A, B : \mathbb{R}^2 \longrightarrow \mathbb{R}$ stetig differenzierbar.

Da A, B stetig differenzierbar sind, setzen wir (8.30) in (8.29) ein und erhalten (mit $F(t, r, T)$ durchdividieren!)

$$\frac{1}{2}\sigma^2(t, r)B^2(t, T) + \frac{\partial A(t, T)}{\partial t} - (1 + \frac{\partial B(t, T)}{\partial t})r - \mu(t, T)B(t, T) = 0. \tag{8.31}$$

Der Endwert $F(T, r, T) = 1$ liefert für A, B

$$A(T, T) = B(T, T) = 0. \tag{8.32}$$

Um (8.31) weiter zu vereinfachen und die Ableitungen zu separieren, wählen wir den Ansatz

$$\mu(r, t) = \alpha(t)r + \beta(t), \ \sigma(t, r) = \sqrt{\gamma(t)r + \delta(t)}. \tag{8.33}$$

Einsetzen in (8.31) ergibt

$$\left[\frac{\partial A(t, T)}{\partial t} - \beta(t)B(t, T) + \frac{1}{2}\delta(t)B^2(t, T)\right] \tag{8.34}$$

$$-\left(1 + \frac{\partial B(t, T)}{\partial t} + \alpha(t)B(t, T) - \frac{1}{2}\gamma(t)B^2(t, T)\right)r = 0. \tag{8.35}$$

Wenn (8.34) für alle t, T und r gilt (man betrachte $r \downarrow 0$), so muss der Term vor „r" und die Klammer $[\cdot]$ verschwinden, und es ergibt sich

$$\frac{\partial B(t,T)}{\partial t} = -\alpha(t)B(t,T) + \frac{1}{2}\gamma(t)B^2(t,T) - 1 \tag{8.36}$$

$$\frac{\partial A(t,T)}{\partial t} = \beta(t)B(t,T) - \frac{1}{2}\delta(t)B^2(t,T). \tag{8.37}$$

Kehren wir die Argumentation um, so haben wir folgenden Satz bewiesen.

Satz 8.2.10

Wir nehmen an, dass μ und σ in der Zeitstrukturgleichung (8.26) die Form

$$\mu(t,r) = \alpha(t)r + \beta(t), \quad \sigma(r,t) = \sqrt{\gamma(t)r + \delta(t)} \tag{8.38}$$

haben. Dann hat das Modell für die Bondbewertung affine Zeitstruktur von der Form (8.30), wobei A, B den gewöhnlichen Differenzialgleichungen

$$\frac{dB(t,T)}{dt} + \alpha(t)B(t,T) - \frac{1}{2}\gamma(t)B^2(t,T) = -1 \tag{8.39}$$

$$B(T,T) = 0$$

$$\frac{dA(t,T)}{dt} = \beta(t)B(t,T) - \frac{1}{2}\delta(t)B^2(t,T) \tag{8.40}$$

$$A(T,T) = 0$$

genügen.

Wir vermerken, dass B eine Riccati-Gleichung (8.39) erfüllt. Eine Lösung für A ist durch Integration zu bestimmen. Die Zinsmodelle, die wir oben vorgestellt haben, sind alle bis auf das Black-Derman-Toy-Modell von affiner Zeitstruktur.

Wir wollen versuchen, einige Modelle und die vorkommenden Parameter zu untersuchen. Dazu wählen wir das Vasicek bzw. als Verallgemeinerung das Hull-White Modell aus.

Die Riccati-Differenzialgleichung lässt sich in bestimmten Fällen leicht lösen. Da wir auf die Theorie nicht eingehen wollen, verweisen wir auf die Literatur hierzu. Für zeitunabhängige Funktionen α, β, γ und δ erhalten wir (mit $\gamma \neq 0$ gesetzt)

$$\frac{2}{\gamma}A(t,T) = a_2 c_2 \ln(a_2 - B(t,T)) + (c_2 + \frac{1}{2}\delta)a_1 \ln\left(\frac{B(t,T) + a_1}{a_1}\right) \tag{8.41}$$

$$- \frac{1}{2}\delta B(t,T) - a_2 c_2 \ln a_2,$$

und Anfangswert $A(t,t) = 0$, und als Lösung B schließlich

$$B(t,T) = \frac{2(e^{c_1(T-t)} - 1)}{(-\alpha + c_1)(e^{c_1(T-t)} - 1) + 2c_1}, \qquad (8.42)$$

wobei wir als Konstanten

$$a_{1,2} = -\frac{\pm\alpha - \sqrt{\alpha^2 + 2\gamma}}{\gamma}$$

$$c_1 = \sqrt{\alpha^2 + 2\gamma} \quad \text{und} \quad c_2 = \frac{\beta - \frac{a_2\delta}{2}}{a_1 + a_2}$$

setzen.

Da B und somit auch A nur Funktionen der Zeitdifferenz $T - t$ sind (bei zeitabhängigen $\alpha, \beta\, \gamma$ und δ gilt dies nicht mehr), stellt man als asymptotisches Verhalten der Größe B

$$B(t,T) \rightarrow \frac{2}{c_1 - \alpha}, \text{ für } T \rightarrow \infty$$

Programm 8.1 vasicek berechnet Wert des Zero-Bonds

fest. Für große Werte von T kann man die Funktion $B(\cdot, T)$ demnach als konstant ansehen. Nach Integration über B erhält man für A eine lineare Funktion in t. Eingesetzt in die Formel für den Bondpreis $V(t,T)$ sieht man, dass sich der Bondwert wie $\exp(-Cr)$, C eine Konstante für große Wert von $t \in [0,T]$ verhält. Dies sagt wenig über die Zeitstruktur des Bondes für große Zeiten aus und erweist sich erneut als ein Mangel der Modelle, die nur die Zinsrate $r(t)$ berücksichtigen.

Die Prämisse, dass die Drift und Volatilität konstant für die Short Rate sind, ist zwar für die Berechnung praktikabel, doch schon das zyklische Verhalten der Wirtschaft verlangt, der Zeitabhängigkeit Rechnung zu tragen. Wir werden nun versuchen einen Parameter, nämlich β, als variabel anzusehen. Die Volatilität σ und damit γ bzw. δ kann man aus Marktdaten schätzen (implizite Volatilität, vgl. Abschnitt 3.2). Aus der Spotzinsrate und der Erlösrate werden wir α ermitteln. Um β zu bestimmen, benutzen wir den genauen Verlauf der Vorwärtsrate. Dabei wollen wir das vereinfachte Hull-White-Modell (vgl. dazu Modell e)) für das Schätzen der Parameter untersuchen. Im diskreten Fall haben wir dies für das Back-Derman-Toy-Modell bereits hergeleitet. Hier wählen wir

$$\alpha(t) = \alpha \in \mathbb{R}, \ \beta = \Phi \text{ stetig}, \delta(t) = \delta \in \mathbb{R}, \gamma = 0.$$

Dabei gehen wir von einer beobachteten Zeitstruktur zur Zeit $t = 0$ für den Bond aus und bezeichnen ihn mit

$$V^*(0,T), \ T \geq 0.$$

Volatilität

Unser Ansatz $\sigma = \sqrt{\delta}$ lässt sich aus den historischen Daten, oder mit der impliziten Volatilität schätzen. Damit haben wir δ bestimmt.

Die Erlösrate – Steigung

Die Erlöskurve im affinen Modell lautet mit (8.30)

$$R(t,T) = -\frac{A(t,T) - rB(t,T)}{T-t}. \tag{8.43}$$

Dann lässt sich R bei t in einer Taylorreihe entwickeln

$$R(t,T) = r - \frac{1}{2}(T-t)\left(-r\alpha - \beta(0)\right) + \text{rest}(t),$$

wobei $\text{rest}(t)$ schneller gegen Null konvergiert, als $T - t \to 0$. Als Ableitung bei $t = T$ erkennen wir:

$$R'(T,T) = -\frac{1}{2}r\alpha - \frac{\beta(0)}{2}. \tag{8.44}$$

Wir sehen, dass die Erlösrate bei steigendem r und positivem α flacher wird. Somit ist die Zinsrate mit der Erlösrate verknüpft. Die Änderung der Steigung ist also gemäß (8.44) umgekehrt proportional zur Zinsänderung, und es gilt

$$\frac{dR'(T,T)}{dr} = -\frac{1}{2}\alpha.$$

Ist α negativ, so erhalten wir für die Erlösrate einen entgegengesetzten Verlauf, Zinsspotrate und Erlösrate sind positiv korreliert. Damit ist auch α ermittelt und das Problem bleibt die Funktion β zu bestimmen.

Analyse der Vorwärtsrate

Wir haben eine affine Zeitstruktur vorausgesetzt. Aus (8.39) folgt für B und A

$$\frac{dB(t,T)}{dt} = \alpha B(t,T) - 1 \tag{8.45}$$
$$B(T,T) = 0,$$

$$\frac{\partial A(t,T)}{\partial t} = \Phi(t)B(t,T) - \frac{1}{2}\delta B^2(t,T) \tag{8.46}$$
$$A(T,T) = 0.$$

Wie in (8.42) errechnet man als Lösungen der Differenzialgleichungen

$$B(t,T) = \frac{1}{\alpha}\left(1 - e^{-\alpha(T-t)}\right) \tag{8.47}$$

$$A(t,T) = \int_t^T \left(\frac{1}{2}\delta B^2(s,T) - \Phi(t)B(s,T)\right)ds.$$

Wir wollen nun die Funktion Φ so anpassen, dass der theoretische Preis mit dem beobachteten Wert $V^*(0,T)$ übereinstimmt. Wir benutzen die Vorwärtsrate im affinen Modell und erhalten

$$f(0,T) = \frac{\partial B(0,T)}{\partial T}r(0) - \frac{\partial A(0,T)}{\partial T}. \tag{8.48}$$

In (8.47) eingesetzt folgt

$$f(0,T) = e^{-\alpha(T-t)}r(0) + \int_0^T e^{-\alpha(T-s)}\Phi(s)ds - \frac{\delta}{2\alpha^2}(1 - e^{-\alpha T})^2. \tag{8.49}$$

Mit den beobachteten Preisen definieren wir die *beobachtete* Vorwärtsrate

$$f^*(0,T) = -\frac{\partial \ln V^*(0,T)}{\partial T}. \tag{8.50}$$

Also lösen wir die implizite Gleichung

$$f^*(0,T) = e^{-\alpha(T-t)}r(0) + \int_0^T e^{-\alpha(T-s)}\Phi(s)ds - \frac{\delta}{2\alpha^2}(1 - e^{-\alpha T})^2. \tag{8.51}$$

Wir können f^* folgendermaßen ausdrücken

$$f^*(0,T) = g(T) + h(T), \tag{8.52}$$

wobei g,h den Differenzialgleichungen

$$g' = -\alpha g(t) + \Phi(t) \tag{8.53}$$
$$g(0) = r(0)$$
$$h(t) = -\frac{\delta}{2\alpha^2}(1 - e^{-\alpha t})^2 = -\frac{\delta}{2}B^2(0,t)$$

genügt. Wenn wir nach Φ auflösen, erhalten wir schließlich

$$\Phi(T) = g'(T) + \alpha g(T) = \frac{\partial f^*(0,T)}{\partial T} - h'(T) + \alpha g(T) \tag{8.54}$$
$$= \frac{\partial f^*(0,T)}{\partial T} - h'(T) + \alpha(f^*(0,T) - h(T)).$$

Damit haben wir folgendes Ergebnis bewiesen.

Lemma 8.2.11

Wir setzen eine beobachtete Preiskurve $(V^*(0,T),\ T>0)$ derart voraus, dass $V^*(0,T)$ bezüglich T zweimal partiell differenzierbar ist. Dann lassen sich α, δ und Φ gemäß (8.54) so bestimmen, dass $V(0,T)=V^*(0,T)$ für alle $T>0$ gilt.

Damit können wir folgenden Satz beweisen, indem man nacheinander Φ in (8.46) und dann A,B in die affine Strukturformel einsetzt

Satz 8.2.12

Wenn man von dem Hull-White Modell ausgeht und eine beobachtete Preiskurve $(V^*(0,T),\ T>0)$, die zweimal nach T partiell differenzierbar ist, voraussetzt, so ergibt sich für die Zeitstruktur des Bondpreises

$$V(t,T)=\frac{V^*(0,T)}{V^*(0,t)}\exp\big(B(t,T)f^*(0,t)-\frac{\delta}{4\alpha}B^2(t,T)(1-e^{-2\alpha t}-B(t,T)r(t)\big),\qquad (8.55)$$

wobei sich B gemäß (8.47) berechnet wird.

Analog kann man dies auch für das Ho-Lee-Modell formulieren.

Satz 8.2.13

Wenn man das Ho-Lee-Modell zugrunde legt und den Parameter δ bestimmt hat sowie eine beobachtete Preiskurve $(V^*(0,T),\ T>0)$, die zweimal nach T partiell differenzierbar ist, voraussetzt, so ergibt sich:

a) Definiert man $\Phi(t)=\frac{\partial f^*(0,t)}{\partial T}+\delta t$, so gilt $V(0,T)=V^*(0,T)$ für alle $T\geq 0$.

b) Wählt man Φ gemäß a), so folgt für die Zeitstruktur des Bondpreises

$$V(t,T)=\frac{V^*(0,T)}{V^*(0,t)}\exp\Big((T-t)f^*(0,t)-\frac{\delta}{2}t(T-t)^2-(T-t)r(t)\Big).\qquad (8.56)$$

Werfen wir noch einen kurzen Blick auf die Bewertung von Bondderivaten im Ho-Lee-Modell. Der Wert des Derivats $V_D(t,T)=G(t,r(t))$ mit Ausübungsdatum S auf einen T-Bond $(S<T)$ ergibt sich gemäß (8.29). G ist Lösung der partiellen Differenzialgleichung

$$\frac{\partial G(t,r)}{\partial t}+\mu(r,t)\frac{\partial G(t,r)}{\partial r}+\frac{1}{2}\sigma^2(t,r)\frac{\partial^2 G(t,r)}{\partial r^2}-rG(t,r)=0$$
$$G(S,r)=\max(\hat{F}_T(S,r)-K,0).$$

Dabei ist

$$\hat{F}_T(S,r)=\frac{V^*(0,T)}{V^*(0,S)}\exp\Big((T-S)f^*(0,S)-\frac{\delta}{2}t(T-S)^2-(T-S)r(S)\Big)$$

und $S < T$ das Ausübungsdatum des Derivats.

Literaturhinweise und weitere Bemerkungen

Vasicek entwickelte sein Modell 1977 [Vas77]. Er war einer der ersten, die sich mit der Zinsratenstruktur beschäftigt hat. Das komplizierteste von uns betrachte Modell von Hull und White [HW25] wurde 1990 aufgestellt, um der Zeitabhängigkeit Rechnung zu tragen. In der Arbeit [CKLS92] werden die verschiedenen Zinsratenmodelle gegenübergestellt und anhand empirisch gewonnener Daten verglichen. Eine Einleitung zu diesem Gebiet findet sich bei [WHD95], die besonders den Differenzialgleichungsaspekt betonen. Dort findet man auch einiges über sogenannte „Convertible Bonds". In [MR97] ist der zweite Teil des Buchs ausführlich dem enormen Gebiet der „Fixed Term Structure" gewidmet, wobei die Martingaltheorie betont wird. Eine gute Übersicht findet sich in dem Artikel von Björk [Bjö96], aus dem wir für unsere Darstellung einige Ideen entnommen haben. Weitere Originalliteratur findet der interessierte Leser bei, Cox, Ingersoll und Ross [CIR85], Karoui, Myneni und Viswanathan [EKMV92] sowie bei Heath, Jarrow und Morton. Die Bücher von [Bie99, BK97] bieten eine Formelsammlung und schnelle, praktische Einführung in die Theorie der Zinsinstrumente, ohne Betonung der Herleitung und Theorie.

Matlab-Code

Der folgende Matlab-Code berechnet den Wert des Zero-Bonds mithilfe des Vasicek-Modells.

Listing 8.1: Das Programm <code>vasicek</code>

```matlab
function w = vasicek(t,t0,beta,r,alpha,rho,qam);
% Vasicek - Modell (Kap. 8.2)
% t:   T Faelligkeit des Bonds
% to: Zeitpunkt zu t
% r:
% Parameter der affinen Zinsstruktur
% alpha,beta, rho, gam fuer
% Return Bondwert w
% Aufruf w = vasicek(1,0,0.05,0.03,0.25,0.15,0.15)

% Zeit bis zur Faelligkeit (in Jahren)
tdiff = t-t0;
c1 = sqrt(alpha*alpha + 2*gam);
a1 = (-alpha + c1)/gam;
a2 =   (alpha + c1)/gam
c2 =   ( beta- a2*rho*0.5 )/(a1+a2);

btdiff = 2*((exp(c1*tdiff)-1) )/ ((-alpha+c1)*(exp(c1*tdiff)-1)+ 2*c1);

tp1 = a2*c2*log(a2-btdiff) + (c2+0.5*rho)*a1*log( (btdiff + a1)/a1 );

atdiff = 0.5*gam* (tp1 - 0.5*rho*btdiff - a2*c2*log(a2) );
w = exp(atdiff - btdiff*r);
```

Aufgaben

1. Man betrachte die Riccati-Differenzialgleichung (8.39) mit $\gamma \neq 0$. Man zeige, dass durch die Substitution

$$u(t) = e^{-\frac{1}{2} \int_0^t \gamma(s) B(s,T) ds}$$

   u Lösung einer linearen Differenzialgleichung 2.Ordnung

$$u'' + u'\left(\alpha - \frac{\gamma'}{\gamma}\right) - \frac{1}{2}\gamma u = 0$$

   wird.

2. Man berechne Funktionen A, B für die einfache Funktion $f^*(0,T) = T^2$ der empirischen Vorwärtsrate.

3. Man berechne die Parameterfunktionen α, β, γ und δ für das Ho-Lee analog zum Hull-White-Modell.

4. Man zeige Bemerkung 3.3.5.

5. Gegeben sei ein Derivat, dass zur Zeit $t = T$ eine Ausübungsfunktion

$$\min(r - r^*, 0)$$

   besitzt. Man zeichne diese Funktion und die Bewertungsfunktion des Bond-Derivats zu verschiedenen Zeiten.

6. Man berechne für das Vasicek-Modell explizit die affine Struktur in (8.30).

7. Man schreibe das Vasicek-Modell in die Form $F^T(t,r) = \tilde{A}(t,T)e^{-\tilde{B}(t,T)r(t)}$ um, und berechne die Funktionen in Abhängigkeit der Funktionen A, B aus der Darstellung (8.30).

Die folgenden Aufgaben beziehen sich auf Anwendungen der stochastischen Analysis und beweisen einige Resultate aus dem vorangegangenen Abschnitt.

8. Sei $(\tilde{B}_t)$ eine Brownsche Bewegung bezüglich des Maßraumes $(\Omega, \mathscr{F}, \mathbb{Q}, (\mathscr{F}_t))$. Sei X_t ein Itô-Prozess der Form $dX_t = \mu(t,X_t)dt + \sigma(t,X_t)d\tilde{B}_t$. Betrachte Funktionen $f \in C^{1,2}([0,T] \times \mathbb{R})$ und $h: \mathbb{R} \longrightarrow \mathbb{R}$, die stetig und beschränkt sind.

   a) Man stelle eine stochastische Differenzialgleichung für $f(t,X_t)$ auf und formuliere eine partielle Differenzialgleichung unter der Bedingung, dass $f(t,X_t)$ ein $\mathbb{Q}$-Martingal ist.

   b) Man schreibe die resultierende stochastische Differenzialgleichung für f in eine stochastische Integralgleichung um. Es gilt dann

$$f(t_0,x) = \mathbb{E}_{\mathbb{Q}}(f(s,X_s)|X_{t_0} = x) = \mathbb{E}_{\mathbb{Q}}(f(s,X_s^x)) \text{ für alle } s \geq t_0,$$

wobei X_t^x der Itô-Prozess ist, der $X_{t_0}^x = x$ f.s. erfüllt

c) Man beweise die *Feynman-Kac-Formel*

Sei $f = f(t,x)$ Lösung der partiellen Differenzialgleichung

$$\frac{\partial f}{\partial t}(t,x) + \mu(t,x)\frac{\partial f}{\partial x}(t,x) + \frac{1}{2}\sigma(t,x)^2\frac{\partial^2 f}{\partial x^2}(t,x) = 0$$

mit Endbedingung $f(T,x) = h(x)$. Dann gilt die Darstellung

$$f(t,x) = \mathbb{E}(h(X_T)|X_t = x).$$

Dabei ist der Prozess X_t Lösung der stochastischen Differenzialgleichung

$$dX_s = \mu(s,X_s)dt + \sigma(s,X_s)d\tilde{B}_s \ (t \le s \le T)$$

mit Anfangswert $X_t = x$.

9. Sei $(\tilde{B}_t)$ eine Brownsche Bewegung bezüglich des Maßraumes $(\Omega,\mathscr{F},\mathbb{Q},(\mathscr{F}_t))$. Man formuliere eine partielle Differenzialgleichung für $f \in C^{1,2}([0,T] \times \mathbb{R})$ wie in Aufgabe 8 a), sodass für einen adaptierten Zinsprozess $(r(t))$ die Darstellung

$$f(t,x) = \mathbb{E}(\exp(-\int_0^t r(s)ds)h(t,X_t)|X_t = x)$$

gilt, mit h wie in Aufgabe 8.

10. Sei $(\tilde{B}_t)$ eine Brownsche Bewegung bezüglich des Maßraumes $(\Omega,\mathscr{F},\mathbb{Q},(\mathscr{F}_t))$. Der Zinsprozess genüge der stochastischen Differenzialgleichung

$$dr(t) = (\mu(t,r(t)) - \sigma(t,r(t))\lambda(t,r(t)))dt + \sigma(t,r(t))d\tilde{B}_t.$$

Sei f wie in Aufgabe 8, wobei man für den Bondpreisprozess

$$V(t,T) = f(t,r(t)), \ t \in [0,T]$$

annimmt. Weiter sei $G_t^{-1}V(t,T)$ ein $\mathbb{Q}$–Martingal. f genüge der partiellen Differenzialgleichung

$$\frac{\partial f}{\partial t}(t,r) + (\mu(t,r) - \sigma(t,r)\tilde{\lambda}(t,r))\frac{\partial f}{\partial r}(t,r) + \frac{1}{2}\sigma(t,r)^2\frac{\partial^2 f}{\partial r^2}(t,r) - rf(t,r) = 0$$

mit Endbedingung $f(t,r) = 1$ für alle $r \in \mathbb{R}$. Man zeige:

$$\lambda(t,r) = \tilde{\lambda}(t,r)$$

im Beweis von Satz 8.2.2

11. Man beweise Satz 8.2.7.

8.3 Der Heath-Jarrow-Morton-Ansatz

Wir sammeln kurz die Vorteile der Zinskurvenmodelle:

a) Der Ansatz, die Zinsrate als Lösung einer stochastischen Differenzialgleichung zu erhalten, erlaubt uns die Theorie der Markovprozesse zu benutzen und das Problem auf eine partielle Differenzialgleichung zu reduzieren.

b) Man kann oft den Preisprozess in geschlossener Form darstellen.

Als Nachteile kann man anführen

a) Es scheint nicht sehr realistisch nur einen variablen Parameter zur Preisbestimmung zu benutzen.

b) Ohne kompliziertes Zinskurvenmodell kann man nicht die Volatilität bestimmen.

c) Ein realistisches Modell für die Zinskurve verlangt, wie wir oben und in Abschnitt 2.5 gesehen haben, eine kompliziertere Analyse der Erlöskurve.

Wir gehen hier von dem Heath-Jarrow-Morton Modell [HJM92] aus, das die gesamte Vorwärtsrate $f(t,T)$ nun mit dem Parameter T ansetzt und daher unendlich dimensional ist.

Modellansatz 8.3.1
Dazu setzen wir wie üblich die natürliche Filtration $(\Omega, \mathscr{F}, \mathbb{P}, (\mathscr{F}_t))$ voraus und wählen eine dazu adaptierte Brownsche Bewegung (B_t). Der Prozess der Vorwärtsrate $f(t,T)$ genüge in Anlehnung an (8.3) bezüglich des Wahrscheinlichkeitsmaßes $\mathbb{P}$ der stochastischen Differenzialgleichung

$$df(t,T) = \alpha(t,T)dt + \sigma(t,T)dB_t, \tag{8.57}$$

wobei $\alpha(t,T)$ und $\sigma(t,T)$ für alle $T > 0$ adaptierte Prozesse sind, die die Voraussetzungen für (8.3) erfüllen. Weiter sei als Numeraire der risikolose Guthabenprozess G_t gegeben.

Da wir (8.57) für jedes T betrachten können, lässt sich dies als eine unendlich dimensionale stochastische Differenzialgleichung ansehen. Aus den beobachten Marktdaten kann man

$$f(0,T) = f^*(0,T)$$

als Randwerte $(T > 0)$ vorgeben. Wegen

$$V(t,T) = \exp\left(-\int_t^T f(t,s)ds\right), \quad \text{(vgl. Proposition 2.5.6)} \tag{8.58}$$

gibt es eine bijektive Beziehung zwischen der Bewertungskurve und der Vorwärtsrate, wie wir sie bereits in Abschnitt 8.1 erläutert hatten. Wir wollen nun Bedingungen stellen, unter welchen Voraussetzungen an die Gleichung (8.58) der Bondmarkt frei von Arbitrage ist. Dies erreichen wir durch die Existenz eines äquivalenten Martingalmaßes.

Satz 8.3.2

Die Vorwärtsrate genüge der Gleichung (8.57). Dann existiert genau dann ein äquivalentes Martingalmaß $\mathbb{Q}$, wenn es einen adaptierten Prozess $(q_t) \in \mathscr{H}_2^w([0,T])$ mit den folgenden Eigenschaften gibt:

a) Der Doléan Exponent L_t ist ein $\mathbb{Q}$-Martingal mit

$$L_t = \exp\left(\int_0^t q_s dB_s - \frac{1}{2}\int_0^t q_s^2 ds\right).$$

b) Für alle $T \in [0, T^*]$ und alle $t \leq T$ gilt

$$\alpha(t,T) = \sigma(t,T)\left(\int_t^T \sigma(t,s)ds - q_t\sigma(t,T)\right). \tag{8.59}$$

Beweis

Wir benutzen Theorem 8.1.4. Danach gilt für den Bondpreisprozess $(V(t,T))$

$$dV(t,T) = \left(r(t) + A(t,T) + \frac{1}{2}S(t,T)^2\right)V(t,T)dt + S(t,T)V(t,T)dB_t, \tag{8.60}$$

mit

$$A(t,T) = -\int_t^T \alpha(t,s)ds \tag{8.61}$$

$$S(t,T) = -\int_t^T \sigma(t,s)ds.$$

Wir betrachten nun ein äquivalentes Maß $\mathbb{Q}$, dessen Doléan Exponent L_t sich als

$$L_t = \exp\left(\int_0^t q_s dB_s - \frac{1}{2}\int_0^t q_s^2 ds\right) \text{ f.s.}$$

schreiben lässt, wobei (q_t) einen zur Filtration $(\mathscr{F}_t)$ adaptierten und progressiv messbaren Prozess mit $\mathbb{P}(\{\omega \in \Omega; \int_0^T q_s^2(\omega)ds < \infty\}) = 1$ darstellt (vgl. Satz 5.2.4). In der $\mathbb{Q}-$Dynamik schreibt sich Gleichung (8.60)

$$dV(t,T) = V(t,T)\Big(r(t)+A(t,T)+\frac{1}{2}S(t,T)^2+q_t S(t,T)\Big)dt + S(t,T)V(t,T)d\tilde{B}_t. \qquad (8.62)$$

Dabei ist $\tilde{B}_t$ eine Brownsche Bewegung unter $\mathbb{Q}$. Der diskontierte Bondpreisprozess $\frac{V(t,T)}{G_t}$ ist genau dann bezüglich des äquivalenten Maßes $\mathbb{Q}$ ein Martingal, wenn der Term in der Klammer genau der Zinsrate $r(t)$ entspricht, also

$$\Big(A(t,T)+\frac{1}{2}S(t,T)^2+q_t S(t,T)\Big) = 0 \qquad (8.63)$$

für alle $t \leq T$ und alle $T \in [0,T^*]$ gilt. Wir differenzieren nach T und erhalten

$$-\alpha(t,T)-S(t,T)\sigma(t,T)+q_t\sigma(t,T),$$

den gewünschten Ausdruck in b). Satz 5.2.4 garantiert, dass $\mathbb{Q}$ ein Martingalmaß ist, wenn a) und b) erfüllt sind. $\qquad \Box$

Wie vorher bei den Zinsratenmodellen nehmen wir nun an, dass der Vorwärtsratenprozess in der $\mathbb{Q}$–Dynamik modelliert ist, d. h.

$$df(t,T) = \alpha(t,T)dt + \sigma(t,T)d\tilde{B}_t, \qquad (8.64)$$

wobei $\tilde{B}_t$ eine Brownsche Bewegung unter $\mathbb{Q}$ ist. Dann gilt

Satz 8.3.3 (Heath-Jarrow-Morton)

Stellt $\mathbb{Q}$ ein äquivalentes Martingalmaß für den Bondpreisprozess dar, und erfüllt die Vorwärtsrate $f(t,T)$ die stochastische Differenzialgleichung (8.64) in der $\mathbb{Q}$–Dynamik, so genügt

   a) der Driftterm α der Gleichung

$$\alpha(t,T) = \sigma(t,T)\int_t^T \sigma(t,s)ds, \ \ t \in [0,T], \ T \in [0,T^*].$$

   b) der Bondpreisprozess der stochastischen Differenzialgleichung

$$dV(t,T) = V(t,T)r(t)dt + V(t,T)S(t,T)d\tilde{B}_t.$$

Beweis

Man wähle $q = 0$ in Satz 8.3.2, da die Vorwärtsdynamik in $\mathbb{Q}$ dargestellt wurde. Aus Satz 8.3.2 b) folgt a). Aus (8.63) folgt b). $\qquad \Box$

Wir wollen kurz die Kalibrierung für die Vorwärtsratenprozess angeben.

a) Zuerst muss der Volatilitätsprozess $\sigma(t,T)$ kalibriert werden. Hier hat man bei der Modellbildung die meisten Wahlmöglichkeiten.

b) Der Driftterm ist gemäß Satz 8.3.3 a) gegeben, und erscheint wie bei der Aktienbewertung in dem Black-Scholes-Ansatz nicht in der Preisformel.

c) Man gibt sich Anfangswerte $f(0,T) = f^*(0,T)$ aus den Beobachtungen vor.

d) Als integrierte Formel für die Vorwärtsrate erhält man

$$f(t,T) = f^*(0,T) + \int_0^t \alpha(s,T)ds + \int_0^t \sigma(s,T)d\tilde{B}_t.$$

e) Als Bondwert ergibt sich mit Proposition 2.5.6

$$V(t,T) = \exp\left(-\int_0^t f(t,s)ds\right).$$

Vollständigkeit des Bondmarktes und Eindeutigkeit des Martingalmaßes

Bis jetzt haben wir uns nur um die Existenz eines äquivalenten Martingalmaßes gekümmert (vgl. Abschnitt 5.1). Wir hatten in Abschnitt 5.3 die Eindeutigkeit des Martingalmaßes detaillierter erläutert. Im zeitdiskreten Fall sahen wir, dass das binomiale Modell vollständig war: Das risikoneutrale Maß ist aufgrund seiner Herleitung eindeutig. Dazu äquivalent ist die eindeutige Festlegung der Hedgingstrategie. Auch im Black-Scholes-Modell liegt Eindeutigkeit vor. Wir sahen, dass bei der Modellierung durch die Short Rate im Allgemeinen keine Eindeutigkeit und damit Vollständigkeit gegeben ist. Wie sieht es mit Eindeutigkeit und Vollständigkeit im HJM-Modell aus? Nach den „Gründern" der Martingalmethoden, Harrison und Kreps, sind Vollständigkeit und Eindeutigkeit des Martingalmaßes äquivalent. Doch benutzten sie in ihrem Modell nur endlich viele gehandelte Wertpapiere. Wir haben hier, wenn auch theoretisch ein Kontinuum von Bonds $V(\cdot,T)$ $T \in [0,T^*]$. Für die exakte Beschreibung benötigen wir das Konzept der mehrdimensionalen Brownschen Bewegung. Um die Theorie nicht zu sehr aufzublähen, haben wir im Kapitel 4.1 die Brownsche Bewegung eindimensional eingeführt. Prinzipiell gibt es keine Probleme die Vorwärtsgleichung $d-$dimensional zu schreiben. Wir werden die Ergebnisse hauptsächlich zitieren bzw. motivieren und den interessierten Leser auf die weiterführende Literatur verweisen. Dann lautet die Gleichung (8.64)

$$df(t,T) = \alpha(t,T)dt + \sigma(t,T) \cdot d\tilde{B}_t^d. \tag{8.65}$$

Dabei ist $\sigma(t,T) = \big(\sigma_1(t,T),\ldots,\sigma_d(t,T)\big)$ ein adaptierter Prozesse mit Werten in $\mathbb{R}^d$, $d\tilde{B}_t^d$ eine $d-$dimensionale Brownsche Bewegung und „$\cdot$"stellt das Skalarprodukt in $\mathbb{R}^d$ dar.

Teil a) des Satzes von Heath-Jarrow-Morton 8.3.3 lautet dann

$$\alpha(t,T) = \sigma(t,T) \cdot \int_t^T \sigma^*(t,s)ds, \ t \in [0,T], \ T \in [0,T^*],$$

dabei ist σ^* der transponierte Vektor von $\sigma(t,T)$. Es gilt die folgende Proposition, die die Eindeutigkeit des Martingalmaßes angibt

Lemma 8.3.4
Wir gehen von den obigen Bezeichnungen und Voraussetzungen aus. Dann sind folgende Aussagen äquivalent.

a) Das Martingalmaß $\mathbb{Q}$ ist eindeutig.

b) Für jedes $t \in [0,T]$ gibt es Enddaten $T_1,\ldots,T_d$ (u.U. von t abhängig) so, dass die Matrix $\mathscr{S}(t,T_1,\ldots,T_d) = (\sigma_i(t,T_j))_{i,j=1,\ldots,d}$ invertierbar ist.

c) Für jedes $t \in [0,T]$ gibt es Enddaten $T_1,\ldots,T_d$ (u.U. von t abhängig) so, dass die Matrix $\mathscr{M}(t,T_1,\ldots,T_d) = (S_i(t,T_j))_{i,j=1,\ldots,d}$ invertierbar ist, wobei $S_i(t,T_j) = -\int_t^T \sigma_i(t,s)ds$.

Beweisskizze
Die Behauptung folgt sofort, wenn man die Eindeutigkeit des Girsanov-Kerns gezeigt hat. Gemäß (8.61) im Beweis von Satz 8.3.2 ist $S(t,T)$ ein $d-$dimensionaler Vektor. Damit (q_t) in (8.63) eindeutig festgelegt ist, und um ein eindeutiges Martingalmaß über den Doléan-Exponent L_t zu definieren ((q_t) ist ein $d-$dimensionaler Prozess), muss man (q_t) aus (8.63) eindeutig berechnen können. Das gilt genau dann, wenn es Werte $T_1,\ldots,T_d$ gibt so, dass die Matrix $\mathscr{M}(t,T_1,\ldots,T_d) = (S_i(t,T_j))_{i,j=1,\ldots,d}$ invertierbar ist. Da die Gleichung (8.63) von $t \in [0,T]$ abhängt, hängen die Werte $T_1,\ldots,T_d$ auch von t ab. $\qquad \square$

Die Frage ist, wann ist eine der obigen Bedingungen erfüllt. Dazu lässt sich folgende Aussage formulieren.

Satz 8.3.5
Der $d-$dimensionale Volatilitätsprozess $\sigma(t,T)$ habe folgende Eigenschaften:

a) Die Funktionen $\sigma_i(t,\cdot)$ sind für alle $i = 1,\ldots,d$ und alle t,ω reell analytisch (d. h. in $\mathbb{R}$ in einer Potenzreihe entwickelbar).

b) Die Funktionen $\sigma_i(t,\cdot)$ sind für alle $i = 1,\ldots,d$ und alle t,ω im Raum der stetigen Funktionen $C([0,T^*])$ linear unabhängig.

Dann gilt: Für jedes t existieren Enddaten $T_1,\ldots,T_d$ so, dass die Matrix

$$(S_i(t,T_j))_{i,j=1,\ldots,d}$$

invertierbar ist. In der Tat kann man diese Werte, bis auf endlich viele ausgenommen, frei wählen.

Beweis siehe [BKR97].

Wir kommen nun zur Vollständigkeit. Wie oben angedeutet, ist die Vollständigkeit mit der Eindeutigkeit des Preises für ein Wertpapier oder Derivat verknüpft. Insbesondere kann man dieses Derivat hedgen, was in unvollständigen Märkten nicht mehr eindeutig möglich ist. Wenn man allerdings die obige Definition betrachtet, so sind die Enddaten von dem Betrachtungszeitpunkt t abhängig. Das heißt, wenn man zu jeder Zeit hedgen will, müsste man auch beliebig viele Endzeitpunkte T_j betrachten, was zu unendlich vielen verschiedenen Bonds führt – eine unrealistische Annahme. Wir wollen nun versuchen, dies auf feste Zeiten $T_1, \ldots, T_d$ eingrenzen. Wir betrachten ein T–Derivat X mit $\frac{X}{G_T} \in L_2(\mathbb{Q})$ und hedgen es gegen d verschiedene Bonds mit Enddatum $T_1, \ldots, T_d$. Da wir Arbitragefreiheit für unser Derivat voraussetzen, ist der Wert des Derivats (hier $\Pi(t)$ bezeichnet) ein $\mathbb{Q}$–Martingal. Also

$$\Pi(t) = \mathbb{E}_{\mathbb{Q}}\left(\frac{X}{G_T} | \mathscr{F}_t\right).$$

Unsere diskontierten Bonds stellen jeweils ein Martingal dar, d. h. für $i = 1, \ldots, d$ sind

$$V^*(t, T_i) = \frac{V(t, T_i)}{G_t}$$

$\mathbb{Q}$–Martingale. Da wir das Derivat gegen die Bonds absichern, gibt es adaptierte Prozesse $h^1, \ldots, h^d$ mit

$$d\Pi(t) = \sum_{i=1}^{d} h^i(t) dV^*(t, T_i). \qquad (8.66)$$

Die Argumentation verläuft analog zu der eines selbstfinanzierenden Portfolios im Black-Scholes-Modell. Da die $\mathbb{Q}$–Dynamik des V^*-Prozesses eine Brownsche Bewegung in $\mathbb{Q}$ ist, folgt

$$d\Pi(t) = \sum_{i=1}^{d} g^i(t) d\tilde{B}_t^i \qquad (\tilde{B}_t^i \text{ ist die } i-\text{te Brownsche Bewegung}). \qquad (8.67)$$

Aus Satz 8.2.7b) wissen wir

$$dV^*(t, T_i) = V^*(t, T_i) \sum_{j=1}^{d} S^i(t, T_j) d\tilde{B}_t^j. \qquad (8.68)$$

Wenn man nun (8.67) und (8.68) in (8.66) einsetzt, erhält man

$$g_j(t) = \sum_{i=1}^{d} h^i(t) V^*(t, T_i) S_j(t, T_i), \; j = 1, \ldots, d. \qquad (8.69)$$

Nun hat also (8.69) genau dann eine eindeutige Lösung, wenn die Matrix

$$\mathscr{M}(t,T_1,\ldots,T_d) = (S_j(t,T_i))_{i,j=1,\ldots,d}$$

invertierbar ist, was also unsere Annahme bestätigt und Lemma 8.3.4 liefert die Vollständigkeit, allerdings von t abhängig. Es gibt einen Spezialfall.

Satz 8.3.6
Sind die Voraussetzungen von Satz 8.3.5 gegeben und sind die Volatilitäten $\sigma_1(t,T),\ldots,\sigma_d(t,T)$ deterministisch und reell analytisch in der t Variablen, so kann man die Enddaten in Lemma 8.3.4 unabhängig von t wählen.

Beweis vgl. [BKR97].

Wir wollen nun noch ein Beispiel anführen, dass die Beziehung zwischen Vorwärtsrate und Zinskurve erläutert.

Beispiel 8.3.7
Dazu betrachten wir das einfachste Beispiel für eine Vorwärtsratenstruktur: $\sigma(t,T) = \sigma =$const.

Aus dem Satz von Heath-Jarrow-Morton erhalten wir

$$\alpha(t,T) = \sigma \int_0^T \sigma ds = \sigma^2(T-t).$$

Damit folgt für die $\mathbb{Q}$-Dynamik

$$df(t,T) = \sigma^2(T-t)dt + \sigma dB_t$$
$$f(0,T) = f^*(0,T)$$

Die Gleichung wird nun integriert und es gilt für jedes T

$$f(t,T) = f^*(0,T) + \int_0^t \sigma^2(T-s)ds + \int_0^t \sigma dB_s.$$

Also

$$f(t,T) = f^*(0,T) + \sigma^2 t(T-\frac{t}{2}) + \sigma B_t.$$

Für die Zinsrate $r(t) = f(t,t)$ ergibt sich insbesondere

$$r(t) = f^*(0,t) + \sigma^2\frac{t^2}{2} + \sigma B_t.$$

Differenziert man diese Gleichung erneut, erhält man mit

$$dr_t = (\frac{\partial f^*}{\partial T}(0,t) + \sigma^2 t)dt + \sigma dB_t,$$

ein spezielles Ho-Lee-Modell. Anders als im vorangegangenen Abschnitt brauchen wir hier nicht
die Vorwärtskurve modellieren. Wir bekommen als Bondpreis

$$V(t,T) = \int_t^T f(t,s)ds + \int_t^T f^*(0,s)ds + \frac{\sigma^2}{2}tT(T-t) + \sigma(T-t)B_t.$$

Also

$$V(t,T) = \frac{\tilde{V}(0,T)}{\tilde{V}(0,t)} \exp\left(-\frac{1}{2}\sigma^2 tT(T-t) - \sigma(T-t)B_t\right).$$

Wenn man den Bondpreis mittels Zinsrate ausdrücken will, folgt aus

$$\sigma B_t = r(t) - f^*(0,t) - \sigma^2\frac{t^2}{2}$$

die Formel

$$V(t,T) = \frac{\tilde{V}(0,T)}{\tilde{V}(0,t)} \exp((T-t)f^*(0,t) - \frac{\sigma^2}{2}t(T-t)^2 - (T-t)r(t)),$$

die uns aus 8.2.13 bekannt ist.

Vorwärtsmaße

Anstelle des Guthabenprozesses ist es oft nützlicher den Bondpreisprozess $V(t,\tilde{T})$ für ein festes
$\tilde{T} \in [0,T]$ als Numeraire zu benutzen. Die Definition der Arbitragefreiheit lautet nun:

Definition 8.3.8

Eine Familie von Zero-Bond-Prozessen $((V(t,T)_{t\in[0,T]}))_{T\in[0,T^*]}$ heißt arbitragefrei, falls es ein
äquivalentes Martingalmaß $\mathbb{Q}^{\tilde{T}}$ gibt, d. h. es existiert ein zu $\mathbb{P}$ äquivalentes Maß $\mathbb{Q}^{\tilde{T}}$ auf $\mathscr{F}$, so
dass

$$\left(V^*(t,T) = \frac{V(t,T)}{V(t,\tilde{T})}\right)_{t\in[0,T]}$$

ein $\mathbb{Q}^{\tilde{T}}$-Martingal für alle $T \in [0,T^*]$ ist.

Wir werden zeigen, dass die Existenz des Martingalmaßes $\mathbb{Q}$ zu der Existenz des Martingalmaßes
$\mathbb{Q}^{\tilde{T}}$ äquivalent ist.

Um die Theorie für diesen sogenannten *Numerairewechsel* zu entwickeln, müssen wir Forward-
Kontrakte näher untersuchen.

Wir gehen von einem Martingalmaß $\mathbb{Q}$ für die Familie

$$\left(V^*(t,T) = \frac{V(t,T)}{G_t}\right)_{t\in[0,T]} (T \in [0,T^*])$$

aus und betrachten einen $T-$Forward X, d. h. einen Kontrakt, der zur Zeit T den Wert X hat
(Wert eines $\tilde{T}-$Bondes, d. h. $X = V(T,\tilde{T})$, oder Derivats).

Definition 8.3.9

Falls $X^* = \frac{X}{G_T} \in L_1(\mathbb{Q})$, so nennen wir

$$\pi_t(X) = G_t \mathbb{E}_{\mathbb{Q}}(X^* | \mathscr{F}_t)$$

den *Arbitragepreis* von X zur Zeit t (vgl. Abschnitt 5.3).

Wenn wir Arbitragefreiheit voraussetzen, erhalten wir

$$\pi_0(X) = \mathbb{E}_{\mathbb{Q}}\left(\frac{X}{G_T}\right) \tag{8.70}$$

Ein Forward-Preis $F_X(t,T)$ ist der Wert, den man zum Zeitpunkt t vereinbart, um X zur Zeit T zu besitzen.

Die Idee ist nun, zur Zeit t eine Finanzierung mit T-Bond einzurichten, welche zum Zeitpunkt T genau X ergibt. Also definiert man

$$F_X(t,T) = \frac{\pi_t(X)}{V(t,T)}.$$

Unser Ziel ist es ein Martingalmaß $\mathbb{Q}^T$ zu finden, um

$$F_X(t,T) = \mathbb{E}_{\mathbb{Q}^T}(X | \mathscr{F}_t)$$

schreiben zu können.

Man definiert das äquivalente *Forwardmartingalmaß* oder *Vorwärtsmartingalmaß* $\mathbb{Q}^T$ über die Dichte. Wir wollen deshalb eine Formel für die Dichte des Maßes herleiten. Dazu setzt man die Existenz des Martingalmaßes voraus. Sei

$$L(T) = \frac{d\mathbb{Q}^T}{d\mathbb{Q}}.$$

Damit $F_X(t,T)$ ein $\mathbb{Q}^T$-Martingal wird, muss

$$\frac{\pi_0(X)}{V(0,T)} = \mathbb{E}_{\mathbb{Q}^T}\left(\frac{\pi_T(X)}{V(T,T)}\right) = \mathbb{E}_{\mathbb{Q}^T}(X) = \mathbb{E}_{\mathbb{Q}}(L(T)X). \tag{8.71}$$

erfüllt sein. Deshalb gilt

$$\pi_0(X) = \mathbb{E}_{\mathbb{Q}}\left(L(T)\frac{XV(0,T)}{V(T,T)}\right). \tag{8.72}$$

Vergleicht man (8.70) mit (8.72), so folgt $\frac{1}{G_T V(0,T)}$ als Kandidat für $L(T)$.

Definition 8.3.10

Ist $\mathbb{Q}$ das äquivalente Martingalmaß für die Familie von Bondpreisprozessen

$V(t,T)_{t\in[0,T],\ t\in[0,T^*]}$, so wird das äquivalente *Forwardmartingalmaß* $\mathbb{Q}^T$ zur Zeit T über die Dichte

$$\frac{d\mathbb{Q}^T}{d\mathbb{Q}} = \frac{1}{G_T V(0,T)}$$

definiert.

Aus

$$V(0,T) = \mathbb{E}_{\mathbb{Q}}\left(\frac{1}{G_T}\right)$$

folgt

$$\mathbb{E}_{\mathbb{Q}}\left(\frac{1}{G_T V(0,T)}\right) = 1,$$

vorausgesetzt, dass $\mathscr{F}_0$ wie immer die triviale σ-Algebra ist.

Satz 8.3.11

Gilt für den Forward X, dass $\frac{X}{G_T} \in L_1(\mathbb{Q})$ gilt, so folgt

a) $F_X(t,T) = \mathbb{E}_{\mathbb{Q}^T}(X|\mathscr{F}_t)$ für alle $t \in [0,t]$.

b) $\pi_t(X) = V(t,T)\mathbb{E}_{\mathbb{Q}^T}(X|\mathscr{F}_t)$ für alle $t \in [0,T]$.

Beweis

Die Aussage b) ergibt sich sofort aus a) gemäß der Definition von $F_X(t,T)$.

Um a) zu beweisen, vermerken wir

$$\mathbb{E}_{\mathbb{Q}^T}(X|\mathscr{F}_t) \overset{5.2.9}{=} \frac{\mathbb{E}_{\mathbb{Q}}(X\frac{d\mathbb{Q}^T}{d\mathbb{Q}}|\mathscr{F}_t)}{\mathbb{E}_{\mathbb{Q}}(\frac{d\mathbb{Q}^T}{d\mathbb{Q}}|\mathscr{F}_t)} = \frac{\mathbb{E}_{\mathbb{Q}}(X\frac{1}{G_T V(0,T)}|\mathscr{F}_t)}{\mathbb{E}_{\mathbb{Q}}(\frac{1}{G_T V(0,T)}|\mathscr{F}_t)} = \frac{\mathbb{E}_{\mathbb{Q}}(\frac{X}{G_T}|\mathscr{F}_t)}{\mathbb{E}_{\mathbb{Q}}(\frac{1}{G_T}|\mathscr{F}_t)}$$

$$= \frac{\frac{\pi_t(X)}{G_t}}{\frac{V(t,T)}{G_t}}$$

und mit der Definition von $F_X(t,T)$ folgt die Behauptung. $\qquad\square$

Es stellt sich die Frage, unter welcher Bedingung $\mathbb{Q}$ und $\mathbb{Q}^T$ zusammenfallen. Das gilt, wenn man $L(T) = 1$ f.s. hat. Also folgt

$$1 = \frac{V(T,T)}{G_T V(0,T)} = \frac{\exp(-\int_0^T r_s ds)}{\mathbb{E}_{\mathbb{Q}}(\exp(-\int_0^T r_s ds))},$$

und die Zinsrate ist deterministisch.

Bevor wir im nächsten Abschnitt zu den Derivaten kommen und das Konzept des Vorwärtsmaßes intensiv anwenden, wollen wir eine Beziehung zwischen der Vorwärtsrate $f(t,T)$ und der Zinsrate $r(t)$ herstellen.

Proposition 8.3.12

Es gelte $\frac{r(T)}{G_T} \in L_1(\mathbb{Q})$ für alle $T > 0$. Dann ist für jedes $T \in [0, T^*]$ der Vorwärtsratenprozess $(f(t,T))_{t \in [0,T]}$ ein $\mathbb{Q}^T$−Martingal. Insbesondere gilt

$$f(t,T) = \mathbb{E}_{\mathbb{Q}^T}(r(T)|\mathscr{F}_t).$$

Beweis

Wir setzen $X = r(T)$. Dann gilt mit Satz 8.3.11 b)

$$\pi_t(X) = \mathbb{E}_{\mathbb{Q}}\left(r(T)\exp(-\int_t^T r_s ds)|\mathscr{F}_t\right) = V(t,T)\mathbb{E}_{\mathbb{Q}^T}(r(T)|\mathscr{F}_t).$$

Also

$$
\begin{aligned}
\mathbb{E}_{\mathbb{Q}^T}(r(T)|\mathscr{F}_t) &= \frac{1}{V(t,T)}\mathbb{E}_{\mathbb{Q}}\left(r(T)\exp(-\int_t^T r_s ds)|\mathscr{F}_t\right) \\
&= -\frac{1}{V(t,T)}\mathbb{E}_{\mathbb{Q}}\left(\frac{\partial}{\partial T}\exp(-\int_t^T r_s ds)|\mathscr{F}_t\right) \\
&= -\frac{1}{V(t,T)}\frac{\partial}{\partial T}\mathbb{E}_{\mathbb{Q}}\left(\exp(-\int_t^T r_s ds)|\mathscr{F}_t\right) = -\frac{1}{V(t,T)}\frac{\partial}{\partial T}V(t,T) \\
&= -\frac{\partial}{\partial T}(\ln V(t,T)) = f(t,T).
\end{aligned}
$$

$\square$

Literaturhinweise und weitere Bemerkungen

Heath-Jarrow-Morton wählten ihren Ansatz in den späten achtziger Jahren. Seitdem ist er einerseits Folklore und andererseits immer wieder verfeinert geworden. Eine der wesentlichen Erweiterungen dieses Ansatzes besteht in dem Gebrauch der Lévy-Prozesse statt der Brownschen Bewegung. Wir zitieren exemplarisch die Arbeiten von Eberlein et al. [EKP98, ER99]. Weitere Literaturhinweise in dieser Richtung findet man in Karatsas und Shreve [KS98] sowie Musiela und Rutkowski [MR97]. Eine Untersuchung über den Zusammenhang von arbitragefreien Zinskurvenmodellen und der Vorwärtsrate findet man in der Arbeit von [BC99]. Blickt man auf ein Modell der Vorwärtsrate (8.57), so kann man als alternativen Zugang eine Gleichung der Form

$$df(t,T) = \alpha(t,T)dt + \sigma(f(t,T))dB_t \tag{8.73}$$

ansetzen, wobei die Funktionen α und σ Voraussetzungen erfüllen, die eine Existenz starker Lösungen der stochastischen Differenzialgleichungen garantieren. Dieser log-normale Zugang führt dann zu einer ebenfalls von Heath-Jarrow-Morton entwickelten Theorie. Wir geben hier einige Ergebnisse, deren Beweis dem Leser in den Übungen überlassen ist. Wenn wir in 8.73 statt die $\mathbb{P}$−Dynamik die Brownsche Bewegung im äquivalenten Martingalmaß $\mathbb{Q}$− ausdrücken, erhalten wir analog zum Satz von Heath-Jarrow-Morton

Satz 8.3.13

Wir wählen eine Brownsche Bewegung $\tilde{B}_t$ im Martingalmaß $\mathbb{Q}$. Die Vorwärtsrate genüge der stochastischen Differenzialgleichung (8.73). Dann gilt

$$df(t,T) = \sigma(f(t,T))\left(\int_t^T \sigma(f(t,u))du\right)dt + \sigma(f(t,T))d\tilde{B}_t \qquad (8.74)$$

Beweis: Übungsaufgaben 6)-8).

Wer mehr über die Kalibrierung und die Verbindung zu einem endlich dimensionalen Markovschen Faktormodell wissen möchte, der sollte in den Artikel von [BS01] schauen.

Ohne Beweis zitieren wir den Satz von Heath-Jarrow-Morton aus dem Jahr (1987) [HJM92]

Satz 8.3.14

Wir nehmen an, dass

   a) $\sigma : \mathbb{R} \longrightarrow \mathbb{R}$ beschränkt und Lipschitz- stetig und

   b) $\Phi : [0,T^*] \longrightarrow [0,\infty[$ stetig sind.

Dann existiert ein eindeutiger stetiger, adaptierter Prozess $(f(t,T))_{0\leq t\leq T}$ $(T \in [0,T^*])$ derart, dass

$$df(t,T) = \sigma(f(t,T))\left(\int_t^T \sigma(f(t,u))du\right)dt + \sigma(f(t,T))d\tilde{B}_t$$
$$f(0,T) = \Phi(T).$$

Die Beschränktheit der Funktion σ ist notwendig, da bereits im Fall $\sigma(x) = x$ i.a. keine Lösung vorliegt.

Man kann aus dem Ansatz (8.73) erneut Zinskurvenmodelle ableiten, wie wir es im Beispiel ausgeführt haben (vgl. Übungsaufgabe 10 und 11). Allerdings führt dieser log-normale Ansatz zu im Allgemeinen nicht mehr beschränkten Vorwärtsratenprozessen (ähnlich wie im Aktienpreismodell nach Black-Scholes ist ein Log-Normal-Prozess nicht beschränkt) (vgl. [HJM92]). Dies ergibt Bondpreise, die verschwinden und Arbitragemöglichkeiten ermöglichen, was nicht realistisch ist.

Als Alternative wird eine sogenannte $\alpha-$*zusammengesetzte Vorwärtsrate* $(\alpha > 0)$ vorgeschlagen. Diese Rate ist eine Vorwärtsrate, die zur Zeit t abgeschlossen, über das Intervall $[T,T+\alpha]$ angesetzt und durch

$$V(t,T+\alpha) = V(t,T)\frac{1}{1+\alpha f(t,T,\alpha)}$$

definiert wird. Man modelliert diese Rate zu festem α gemäß

$$df(t,T,\alpha) = \mu(t,T)f(t,T,\alpha)dt + \gamma(t,T)f(t,T,\alpha)dB_t. \qquad (8.75)$$

Näheres findet man bei Miltersen, Sandmann und Sondermann [MSS95] oder Brace, Gaterek und Musiela [BGM97]. Weitere Ansätze, die wir nicht näher ausführen sind

a) Zustandspreisdichten: Man definiert die Zustandsdichte durch den „diskontierten Doléan Exponent" $L(t)$

$$Z(t) = \exp(- \int_0^t r(s)ds)L(t). \qquad (8.76)$$

Detaillierteres kann man z. B. in der Monographie von Björk [Bjö96] oder im Originalartikel von Rogers [Rog95] finden, der als Erster diesen Ansatz wählte.

b) Einbau eines Sprungprozesses: Analog zu unvollständigen Märkten, kann man neben der Brownschen Bewegung auch diskrete Prozesse, wie den Poissonprozess zur Modellierung benutzen (vgl. [Bjö96] für einen Überblick, bzw. [Bjö95, Shi91, JM95]). Jarrow und Madan [JM95] untersuchten dabei außerdem den Zusammenhang zwischen den Bond-und Aktienmarkt.

c) Minimierung von Arbitrageinformation: Anstelle einer exogen vorgegebenen Zinsrate leitet leitet man die Zinsrate aus einer Entropiebedingung ab (vgl. z. B. Platen [Pla96, PR95]).

Aufgaben

1. Man gehe von einer Vorwärtsratenstruktur der Form

$$df(t,T) = \alpha(t,T) + \sigma t dB_t$$

   aus und gebe die Zinsratenstruktur und den Bondpreis explizit an.

2. Man zeige, dass man ein eindeutiges Martingalmaß $\mathbb{Q}$ erhält, wenn man in der $\mathbb{P}$-Dynamik $\sigma_1(t,T) = \sigma_1 > 0$ und $\sigma_2(t,T) = \sigma_2\exp(-\lambda(T-t))$, $\lambda,\sigma_2 > 0$ wählt und Lemma 8.3.4 verwendet.

3. Man setze für $x \geq 0$

$$\hat{f}(t,x) = f(t,t+x).$$

   a) Man leite aus der $\mathbb{Q}$-Dynamik für $f(t,T)$ gemäß (8.64) eine stochastische Differenzialgleichung für $\hat{f}(t,x)$ her.

b) Man zeige schließlich:

$$d\hat{f}(t,x) = \left[A\hat{f}(t,x) + D(t,x)\right]dt + \tilde{\sigma}(t,x)dB_t$$

wobei

$$A = \frac{\partial}{\partial x}$$

$$D(t,x) = \tilde{\sigma}(t,x)\int_0^x \tilde{\sigma}(t,z)dz$$

$$\tilde{\sigma}(t,x) = \sigma(t,t+x).$$

Dieser Zugang wird *Musiela-Parametrisierung* genannt (vgl. [Mus93, BM94]).

4. Man betrachte das HJM-Modell (8.64) mit $\sigma(t,T) = \sigma_2(t,T)$ aus Übungsaufgabe 2. Man berechne den Bondpreis explizit, einmal mit dem Satz von Heath-Jarrow-Morton und einmal mit der Musiela-Parametrisierung.

5. Mithilfe des Konzeptes des Forwardsmaßes konstruiere man ein Portfolio, bestehend aus einem T_1- und einem T_2-Bond, dass einen $T-$Bond erzeugt (T, T_1, T_2 paarweise verschieden). Das heißt, dass das Portfolio, bestehend aus den drei Bonds, $\Delta-$neutral ist(vgl. Abschnitt 3.2). Man füge nun einen weiteren T_3- Bond hinzu, sodass das entstandene Portfolio $\Gamma-$neutral wird.

6. Man gehe von der Gleichung (8.73) in der $\mathbb{P}-$Dynamik aus und definiere

$$X_t = -\int_t^T f(t,u)du, \text{ d. h. } V(t,T) = \exp(X_t).$$

Man zeige

$$dX_t = \left[f(t,t) - \int_t^T \alpha(t,u)du\right]ds - \left(\int_t^T \sigma(f(t,u))du\right)dB_t.$$

7. (Fortsetzung von Aufgabe 6) Man zeige:

$$dV(t,T) = V(t,T)\left[\left(r_t - \int_t^T \alpha(t,u)du + \frac{1}{2}(\int_t^T \sigma(f(t,u))du)^2\right)dt - \left(\int_t^T \sigma(f(t,u))du\right)dB_t\right].$$

8. Fortsetzung von Aufgabe 7): Man benutze die Darstellung des Bondpreisprozesses gemäß Satz 5.2.10 und berechne die Volatilität in der Gleichung $\sigma(t,T)$ in (5.22). Man leite eine Darstellung für $\alpha(t,T)$ her und beweise schließlich Satz 8.3.13.

9. Man betrachte statt $V(0,T)$ ein allgemeines Numeraire W_t und entwickle die Theorie des

$\mathbb{Q}^T$ Forwardmaßes mit W_t anstatt mit $V(0,T)$ und beweise analog Satz 8.3.11.

10. Man wähle den Ansatz gemäß (8.73) und entwickele ein Zinskurvenmodell (bzgl. des Martingalmaßes $\mathbb{Q}$), falls $\sigma(x) = \sigma =$const ist.

11. Man formuliere die Zinsratendynamik (bzgl. des Martingalmaßes $\mathbb{Q}$), falls die Vorwärtsrate $(f(t,T))$ gemäß (8.73) mit $\sigma(x) = \exp(-|x|)$ gegeben ist.

8.4 Derivatbewertung

Bereits im Abschnitt 8.2 über die Zinskurven haben wir die Derivate angesprochen. Wir gehen hier zuerst auf das Hedgen ein. Wir betrachten ein Derivat, das zur Zeit T den Wert $X = \Phi(r(T))$ zahlt. Wie in Abschnitt 8.2 sei $F(t, r(t))$ der Wertprozess des Derivats X ($t \in [0,T]$). Um das Derivat abzusichern, betrachten wir ein selbstfinanzierendes Portfolio Π, dessen Wertfunktion die Form $\Pi(t) = G(t, r(t))$ hat. Damit Π das Derivat X erzeugt, muss

$$\frac{\partial}{\partial r}F(t,r) + a(t)\frac{\partial}{\partial r}G(t,r) = 0$$

mit $F(0, r(0)) = a(0)G(0, r(0))$ gelten. Somit kann jeder Vermögenswert (z. B. eine Aktie mit Bankguthaben) ein Derivat erzeugen, ein Nachteil des Einfaktormodells.

Deshalb wählen wir einen alternativen Absatz und benutzen den Numerairewechsel, wie wir ihn im letzten Abschnitt eingeführt haben, um Derivate zu bewerten. Dazu betrachten wir einen europäischen Call mit Ausübungszeitpunkt T und Ausübungspreis K auf einen $\tilde{T}$–Bond, $T < \tilde{T}$

$$X = \max(V(T,\tilde{T}) - K).$$

Satz 8.4.1
Der Wert des Derivats X beträgt zur Zeit $t = 0$

$$C(0,T,K) = V(0,\tilde{T})\mathbb{Q}^{\tilde{T}}(A) - KV(0,T)\mathbb{Q}^{T}(A),$$

wobei $A = \{\omega \in \Omega;\ V(T,\tilde{T})(\omega) > K\}$ und $\mathbb{Q}^T$ bzw. $\mathbb{Q}^{\tilde{T}}$ die entsprechenden Vorwärtsmartingalmaße sind.

Beweis
Es ist $\pi_0(X) = C(0,T,K)$. Also gilt nach Satz 8.3.11

$$\frac{C(0,T,K)}{V(0,T)} = \mathbb{E}_{\mathbb{Q}^T}(X).$$

Das heißt

$$\frac{C(0,T,K)}{V(0,T)} = \mathbb{E}_{\mathbb{Q}^T}\left(\max(V(T,\tilde{T})-K,0)\right) = \mathbb{E}_{\mathbb{Q}^T}\left(V(T,\tilde{T})\mathbb{1}_A\right) - K\mathbb{Q}^T(A).$$

Wir wollen $\mathbb{E}_{\mathbb{Q}^T}(V(T,\tilde{T})\mathbb{1}_A)$ mithilfe des Vorwärtsmaßes $\mathbb{Q}^{\tilde{T}}$ ausdrücken. und benutzen Satz 8.3.11 b). Dazu setzen wir $\hat{X} = V(T,\tilde{T})\mathbb{1}_A$. Es ist $\mathbb{1}_A$ $\mathscr{F}_T$-messbar. Somit folgt, da $\frac{V(t,\tilde{T})}{G_t}$ ein $\mathbb{Q}$−Martingal ist,

$$\pi_t(\hat{X}) = G_t\mathbb{E}_{\mathbb{Q}}\left(\frac{V(T,\tilde{T})}{G_T}\mathbb{1}_A|\mathscr{F}_t\right) = G_t\mathbb{E}_{\mathbb{Q}}\left(\mathbb{1}_A\mathbb{E}_{\mathbb{Q}}(\frac{V(\tilde{T},\tilde{T})}{G_{\tilde{T}}}|\mathscr{F}_T)|\mathscr{F}_t\right) = G_t\mathbb{E}_{\mathbb{Q}}\left(\frac{V(\tilde{T},\tilde{T})}{G_{\tilde{T}}}\mathbb{1}_A|\mathscr{F}_t\right)$$

$$= G_t\mathbb{E}_{\mathbb{Q}}\left(\frac{1}{G_T}\mathbb{1}_A|\mathscr{F}_t\right) = \pi_t(\tilde{X}),$$

wobei wir den Forward $\tilde{X} = \mathbb{1}_A$ wählen.

Dann gilt nach Satz 8.3.11 für alle $t \in [0,T]$

$$V(t,T)\mathbb{E}_{\mathbb{Q}^T}(\hat{X}|\mathscr{F}_t) = V(t,\tilde{T})\mathbb{E}_{\mathbb{Q}^{\tilde{T}}}(\tilde{X}|\mathscr{F}_t).$$

Also für $t = 0$

$$V(0,T)\mathbb{E}_{\mathbb{Q}^T}(\hat{X}) = V(0,\tilde{T})\mathbb{E}_{\mathbb{Q}^{\tilde{T}}}(\tilde{X}),$$

was

$$\mathbb{E}_{\mathbb{Q}^T}(V(T,\tilde{T})\mathbb{1}_A) = \frac{V(0,\tilde{T})}{V(0,T)}\mathbb{E}_{\mathbb{Q}^{\tilde{T}}}(\mathbb{1}_A)$$

bedeutet. Damit folgt die Behauptung. $\qquad\square$

Wir betrachten nun den Heath-Jarrow-Morton-Ansatz und wählen ein äquivalentes Martingalmaß $\mathbb{Q}$ für den Bondpreisprozess. Die Vorwärtsrate erfülle in der $\mathbb{Q}$−Dynamik die stochastische Differenzialgleichung

$$df(t,T) = \alpha(t,T)dt + \sigma(t,T)d\tilde{B}_t, \; f(0,T) = f^*(0,T).$$

Dabei wird ein *deterministischer* Volatilitätsprozess $\sigma(t,T)$ angenommen.

Für den Bondpreis erhalten wir nach dem Satz von Heath-Jarrow-Morton 8.3.3

$$dV(t,T) = r(t)V(t,T)dt + S(t,T)V(t,T)d\tilde{B}_t, \tag{8.77}$$

wobei $S(t,T) = -\int_t^T \sigma(t,s)ds$. Unser Ziel ist es, die für die praktische Berechnung nicht explizit bekannten Größen $\mathbb{Q}^T(A)$ und $\mathbb{Q}^{\tilde{T}}(A)$, unter der Voraussetzung einer deterministischen Volatilitätsfunktion umzuformen. Dazu betrachten wir zuerst den Term $\mathbb{Q}^{\tilde{T}}(A)$.

Der Prozess

$$D(t) = \frac{V(t,T)}{V(t,\tilde{T})}, \ 0 \le t \le T \le \tilde{T}, \tag{8.78}$$

genügt der stochastischen Differenzialgleichung

$$dD(t) = D(t)S(t,T)(-S(t,\tilde{T})dt + (S(t,T) - S(t,\tilde{T})d\tilde{B}_t), \tag{8.79}$$

wobei $S(t,\tilde{T})$ entsprechend zu $S(t,T)$ gemäß Gleichung (8.77) definiert ist.

$D(t)$ ist ein $\mathbb{Q}^{\tilde{T}}$-Martingal (vgl. die Definition des Vorwärtsmaßes $\mathbb{Q}^{\tilde{T}}$). Damit ist die $\mathbb{Q}^{\tilde{T}}$–Dynamik des Prozesses durch

$$dD(t) = \left((S(t,T) - S(t,\tilde{T})D(t)dB_t^{\tilde{T}}\right) \tag{8.80}$$

gegeben (damit $D(t)$ ein $\mathbb{Q}^{\tilde{T}}$-Martingal ist; $(B_t^{\tilde{T}})$ ist eine Brownsche Bewegung in der $\mathbb{Q}^{\tilde{T}}$-Dynamik). Gleichung (8.80) lässt sich leicht integrieren (der Term $(S(t,T) - S(t,\tilde{T}))$ ist deterministisch!) und ergibt

$$D(t) = \frac{V(0,T)}{V(0,\tilde{T})} \exp\left(-\frac{1}{2}\int_0^t (S(s,T) - S(s,\tilde{T}))^2 ds + \int_0^t S(s,T) - S(s,\tilde{T})dB_s^{\tilde{T}}\right). \tag{8.81}$$

Der Exponent ist eine normalverteilte Zufallsvariable (für jedes t), mit Erwartungswert 0 und Varianz

$$\Sigma^2(T) = \int_0^T (S(t,T) - S(t,\tilde{T}))^2 dt. \tag{8.82}$$

Mit elementaren Umformungen (vgl. Beweis zu Satz 3.1.9) ergibt sich

$$\mathbb{Q}^{\tilde{T}}(V(T,\tilde{T})) \ge K) = \mathbb{Q}^{\tilde{T}}\left(\frac{V(T,T)}{V(T,\tilde{T})} \le \frac{1}{K}\right) = \mathbb{Q}^{\tilde{T}}\left(\frac{1}{D(T)} \ge K\right) = N(d_1),$$

wobei

$$d_1 = \frac{\ln\left(\frac{V(0,\tilde{T})}{KV(0,T)}\right) + \frac{1}{2}\Sigma^2(T)}{\sqrt{\Sigma^2(T)}}$$

ist.

Wir können den allgemeinen Satz für die Bewertung von Derivaten auf Bonds mit deterministischer Volatilitätsfunktion formulieren.

Satz 8.4.2
Erfüllt der Bondpreisprozess in der $\mathbb{Q}$–Dynamik die stochastische Differenzialgleichung (8.77), so beträgt der Wert einer europäischen Call-Option mit Ausübungsdatum T und Ausübungspreis K auf einen $\tilde{T}$–Bond

$$C(0,T,K) = V(0,\tilde{T})N(d_1) - KV(0,T)N(d_2)$$

wobei

$$d_2 = \frac{\ln\left(\frac{V(0,\tilde{T})}{KV(0,T)}\right) - \frac{1}{2}\Sigma^2(T)}{\sqrt{\Sigma^2(T)}}$$

und $\Sigma^2(T)$ wie in (8.82) definiert sind.

Beweis

Die Aussage folgt sofort aus Satz 8.4.1, wenn wir den Term $\mathbb{Q}^T(A)$ dargestellt haben. Wie gehen wie oben vor und definieren $E(t) = \frac{V(t,\tilde{T})}{V(t,T)}$

$$\mathbb{Q}^T(A) = \mathbb{Q}^T(V(T,\tilde{T})) \geq K) = \mathbb{Q}^T\left(\frac{V(T,\tilde{T})}{V(T,T)} \geq K\right)$$
$$= \mathbb{Q}^T(E(T) \geq K) = \mathbb{Q}^T\left(\frac{1}{D(T)} \geq K\right).$$

Für $E(t)$ kann wie oben die stochastische Differenzialgleichung

$$dE(t) = E(t)\big(S(t,\tilde{T})(-S(t,T))dt + (S(t,\tilde{T}) - S(t,T))d\tilde{B}_t\big), \tag{8.83}$$

in der $\mathbb{Q}$–Dynamik schreiben. Analog zu oben ist $E(t)$ ein Martingal, diesmal ein $\mathbb{Q}^T$–Martingal. Damit kann man (8.83) in der $\mathbb{Q}^T$-Dynamik ausdrücken und erhält

$$dE(t) = -(S(t,T) - S(t,\tilde{T}))E(t)dB_t^T. \tag{8.84}$$

In integrierter Form lautet sie

$$E(t) = \frac{V(0,\tilde{T})}{V(0,T)} \exp\left(-\frac{1}{2}\int_0^t (S(u,T) - S(u,\tilde{T}))^2 du + \int_0^t (S(u,T) - S(u,\tilde{T}))dB_u^T\right). \tag{8.85}$$

Mit demselben Argument wie oben ergibt sich

$$\mathbb{Q}^T(V(T,\tilde{T}) \geq K) = N(d_2), \tag{8.86}$$

wobei

$$d_2 = \frac{\ln\left(\frac{V(0,\tilde{T})}{KV(0,T)}\right) - \frac{1}{2}\Sigma^2(T)}{\sqrt{\Sigma^2(T)}}$$

ist. $\square$

Derivate im Hull-White-Modell

Im Abschnitt 8.2 haben wir uns bereits ausführlich mit dem Hull-White-Modell auseinander gesetzt. Deshalb soll nun die Derivatberechnung in diesem Modell näher untersucht werden. Wir gehen von der stochastischen Differenzialgleichung in der $\mathbb{Q}$−Dynamik aus

$$dr_t = \big(\Phi(t) - ar_t\big)dt + \sigma dB_t, \ a \neq 0. \tag{8.87}$$

Aus Abschnitt (8.2) ist bekannt, dass der Bondpreisprozess affine Struktur hat

$$V(t,T) = \exp(A(t,T) - B(t,T)r(t)), \tag{8.88}$$

wobei A, B Lösungen von Riccati-Differenzialgleichungen sind. Insbesondere gilt

$$B(t,T) = \frac{1}{a}\big(1 - \exp(-a(T-t))\big).$$

Wir wollen in diesem Modell einen europäischen Call zum Zeitpunkt T_1 mit Ausübungspreis K auf einen T_2−Bond ($T_1 < T_2$), d. h. $T = T_1$ und $\tilde{T} = T_2$, bewerten. Wenn wir die Gleichung (8.88) ableiten, ergibt sich mit Satz 8.1.4

$$dV(t,T) = V(t,T)\Big(A'(t,T)dt - B(t,T)'r_t dt - B(t,T)(\Phi(t) - ar_t)dt - \sigma B(t,T)dB_t\Big) \tag{8.89}$$

Also folgt für $S(t,T)$ aus Satz 8.1.4

$$S(t,T) = -\sigma B(t,T).$$

Nach Satz 8.1.4 ist die Volatilitätsfunktion der Vorwärtsrate genau dann deterministisch, wenn die Volatilitätsfunktion der Bondpreisgleichung deterministisch ist. Deshalb können wir im Hull-White-Modell Satz 8.4.2 anwenden.

Programm 8.2
`hull-white`
berechnet Wert des
Calls auf Zero-Bond

Satz 8.4.3

Genügt der Zinsratenprozess dem Hull-White-Modell (8.87), so beträgt der Wert einer europäischen Call-Option auf einen T_2−Bond zum Ausübungszeitpunkt $T_1 < T_2$ mit Strikepreis K

$$C(0, T_1, K) = V(0, T_2)N(d_1) - KV(0, T_1)N(d_2),$$

wobei

$$d_1 = \frac{\ln\big(\frac{V(0,T_2)}{KV(0,T_1)}\big) + \frac{1}{2}\Sigma^2(T)}{\sqrt{\Sigma^2(T)}}$$

$$d_2 = d_1 - \sqrt{\Sigma^2(T)}$$

$$\Sigma^2(T) = \frac{\sigma^2}{2a^3}(1 - e^{-2aT_1})(1 - e^{-a(T_2-T_1)})^2.$$

Beweis

Die Aussage folgt sofort aus Satz 8.4.2, wenn wir die Darstellung von $\Sigma(T)^2$ nachgewiesen haben. Es ist

$$\Sigma(T)^2 = \int_0^{T_1} (S(t,T_1) - S(t,T_2))^2 dt = \int_0^{T_1} \sigma^2 (B(t,T_1) - B(t,T_2))^2 dt \qquad (8.90)$$

$$= \sigma^2 \int_0^{T_1} \frac{1}{a^2} \left(1 - \exp(-a(T_1 - t)) - 1 + \exp(-a(T_2 - t))\right)^2 dt$$

$$= \frac{\sigma^2}{a^2} \int_0^{T_1} \left(\exp(-a(T_1 - t)) - \exp(-a(T_2 - t))\right)^2 dt$$

$$= \frac{\sigma^2}{a^2} \int_0^{T_1} \left(\exp(-2a(T_1 - t)) - 2\exp(-a(T_2 + T_1 - 2t)) + \exp(-2a(T_2 - t))\right) dt$$

$$= \frac{\sigma^2}{2a^3} \Big(1 - \exp(-2aT_1) - 2(-\exp(-a(T_2 + T_1)) + \exp(-a(T_2 - T_1)))$$

$$\qquad - \exp(-2aT_2) + \exp(-2a(T_2 - T_1))\Big)$$

$$= \frac{\sigma^2}{2a^3}(1 - e^{-2aT_1})(1 - e^{-a(T_2 - T_1)})^2.$$

□

Wir kehren noch einmal zur Behandlung von Derivaten der Form $X = \Psi(r(T))$ mit Ausübungszeitpunkt T zurück. Der Wert des Derivats $\Pi(t,T)$ zur Zeit t beträgt

$$\Pi(t,T) - V(t,T)\mathbb{F}_{\mathbb{Q}^T}(\Psi(r(T))|\mathscr{F}_t),$$

wobei $\mathbb{E}_{\mathbb{Q}^T}$ das Vorwärtsmaß ist. Wenn wir die $\mathbb{Q}$-Dynamik von $r(t)$ kennen, benötigen wir nun die im Vorwärtsmaß $\mathbb{Q}^T$.

Nach dem Satz von Heath-Jarrow-Morton 8.3.11 gilt für die $\mathbb{Q}$−Dynamik des Bondpreisprozesses

$$dV(t,T) = r(t)V(t,T)dt + S(t,T)V(t,T)dB_t,$$

wobei nach (8.89)

$$S(t,T) = -\sigma B(t,T).$$

Die Definition des Vorwärtsmaßes erlaubt uns den Girsanov- Kern von $\mathbb{Q}^T$ bezüglich $\mathbb{Q}$ zu ermitteln. Es gilt

Satz 8.4.4
Der Doléan Exponent $L(t) = \mathbb{E}_{\mathbb{Q}}\big(\frac{d\mathbb{Q}^T}{d\mathbb{Q}}|\mathscr{F}_t\big)$ für $t \in [0,T]$ genügt der stochastischen Differenzialgleichung

$$dL(t) = S(t,T)L(t)dB_t, \; L(0) = 1.$$

Insbesondere gilt für den Girsanov Kern q

$$q_t = S(t,T).$$

Beweis

Gemäß der Definition des Vorwärtsmaßes haben wir

$$L(t) = \mathbb{E}_{\mathbb{Q}}\Big(\frac{1}{V(0,T)G_T}\,|\mathscr{F}_t\Big) = \frac{1}{V(0,T)}\mathbb{E}_{\mathbb{Q}}\Big(\frac{V(T,T)}{G_T}\,|\mathscr{F}_t\Big) = \frac{1}{V(0,T)}\frac{V(t,T)}{G_t},$$

denn $(\frac{V(t,T)}{G_t})_{t\in[0,T]}$ ist ein $\mathbb{Q}$–Martingal. Nach der Produktregel für das Differenzieren nach Übungsaufgabe 2 aus Abschnitt 4.1.2 erhalten wir

$$dL(t) = \frac{1}{G_t}dV(t,T) + d(\frac{1}{G_t})V(t,T) + d\langle(\frac{1}{G_t}),V(t,T)\rangle_t.$$

Es gilt mit der Itô-Formel

$$d(\frac{1}{G_t}) = d(\exp(-\int_0^t r(s)ds) = -r(t)(\exp(-\int_0^t r(s)ds)dt = -r(t)\frac{1}{G_t}dt.$$

Damit ist

$$d\langle(\frac{1}{G_t}),V(t,T)\rangle_t = 0.$$

Also

$$dL(t) = -r(t)\frac{1}{G_t}V(t,T)dt + \frac{1}{G_t}r(t)V(t,T)dt + \frac{1}{G_t}S(t,T)V(t,T)dB_t$$

$$= \frac{1}{G_t}S(t,T)V(t,T)dB_t = S(t,T)V(t,T)dB_t.$$

$L(0) = 1$ gilt nach Definition. $\qquad\qquad\qquad\qquad\qquad\qquad\qquad\qquad\qquad\qquad\quad\square$

Es ist also

$$L(t) = \exp\Big(\int_0^T S(t,T)dB_t - \frac{1}{2}\int_0^T S(t,T)^2 dt\Big).$$

Damit haben wir für die $\mathbb{Q}$–Dynamik des Zinsratenprozesses (der Girsanov Kern lautet $S(t,T)$)

$$dr_t = \big(\Phi(t) - ar_t - \sigma^2 S(t,T)\big)dt + \sigma dB_t^T, \tag{8.91}$$

wobei B_t^T eine Brownsche Bewegung unter $\mathbb{Q}^T$ ist. Da $S(t,T)$ und Φ deterministisch sind, kann man Gleichung (8.91) leicht integrieren, und der Zinsratenprozess wird durch das Mittel und die Varianz bezüglich $\mathbb{Q}^T$ charakterisiert.

Es folgt

$$r(T) = e^{-a(T-t)} + \int_t^T e^{-a(T-s)}\big(\Phi(t) - \sigma^2 S(t,T)\big)ds + \sigma \int_t^T e^{-a(T-s)}dB_s^T. \tag{8.92}$$

Als Varianz von $r(T)$ in $\mathbb{Q}^T$ ergibt sich

$$\Sigma_r(t,T) = \sigma^2 \int_t^T e^{-2a(T-s)}ds = \frac{\sigma^2}{2a}\big(1 - e^{-2a(T-t)}\big). \tag{8.93}$$

Das Mittel $\mu_r(t,T)$ der Zufallsvariablen $r(T)$ in $\mathbb{Q}^T$ berechnet sich aus Satz 8.3.12

$$\mu_r(t,T) = f(t,T).$$

Also ist die Zufallvariable $r(T)$ zum Zeitpunkt t normalverteilt zu $N(f(t,T),\Sigma_r(t,T))$.

Es gilt demnach der folgende Satz.

Satz 8.4.5

Geht man von den obigen Voraussetzungen aus, so ist der Wert eines Derivats mit Ausübungsdatum T und Ausübungsfunktion der Form $\Psi(r(T))$ zur Zeit t

$$\Pi(t,T) - V(t,T)\frac{1}{\sqrt{2\pi\Sigma_r^2(t,T)}} \int_{-\infty}^{\infty} \Psi(x)\exp\big(-\frac{(x-f(t,T))^2}{2\Sigma_r^2(t,T)}\big)dx.$$

Dabei wird $\Sigma_r(t,T)$ wie in (8.93) berechnet.

Caps und Floors

In Abschnitt 2.5 haben wir uns mit einigen der wichtigsten Derivaten, den Caps und Floors, beschäftigt. Wir wollen dies im zeitstetigen Fall wiederholen.

Wie in 2.5 beschrieben, ist ein Cap eine Summe von Caplets. Mit τ soll der Zeitpunkt bezeichnet werden, an dem der Caplet für das Zeitintervall $[T_0,T_1]$, $\Delta = T_1 - T_0$ abgeschlossen wird. Wir bezeichnen mit C den Basiswert. Mit R sei die *Caprate* bezeichnet. Nun gibt es in der Realität nicht die infinitesimale Zinsrate r_t zur Festlegung des Caps, sondern einen Marktzins, wie den LIBOR $L(T_0,T_1)$. Diese Zinsrate ist wie im zeitdiskreten Fall auf das Intervall $[T_0,T_1]$ bezogen und wird zum Zeitpunkt T_0 bestimmt gemäß der Gleichung

$$V(T_0,T_1) = \frac{1}{1+L(T_0,T_1)}. \tag{8.94}$$

Ein Caplet ist dann ein T_1-Derivat, das zur Zeit T_1 den Betrag

$$X = C\Delta\max(L(T_0,T_1) - R, 0)$$

zahlt. Setzt man zur Vereinfachung der Notation $\tilde{R} = 1 + \Delta R$, $V = V(T_0, T_1)$, so erhält man aus (8.94)

$$L(T_0, T_1) = \frac{1 - V}{V\Delta}$$

und die Ausübungsfunktion lautet

$$X = C\Delta \max(L(T_0, T_1) - R, 0) = C\Delta\left(\frac{1 - V}{V\Delta} - R\right)^+ = C\left(\frac{1}{V} - (1 + \Delta R)\right)^+ = C\left(\frac{1}{V} - \tilde{R}\right)^+. \quad (8.95)$$

Wenn nun $\mathbb{Q}$ das äquivalente Martingalmaß für den Bondpreisprozess $V(t, T)$ ist, so lässt sich der Wert eines Caplets $\Pi(\tau, X)$ zur Zeit τ berechnen.

Satz 8.4.6

Der Wert eines Caplets $\Pi(\tau, X)$ zur Zeit $0 \leq \tau \leq T_0$ beträgt

$$\mathbb{E}_{\mathbb{Q}}\left(\exp(-\int_\tau^{T_0} r(s)ds)C(1 - V(T_0, T_1)\tilde{R})^+ | \mathscr{F}_\tau\right).$$

Beweis

$$\begin{aligned}
\Pi(\tau, X) &= \mathbb{E}_{\mathbb{Q}}\left(\exp(-\int_\tau^{T_1} r(s)ds)C\left(\frac{1}{V} - \tilde{R}\right)^+ | \mathscr{F}_\tau\right) \\
&= \mathbb{E}_{\mathbb{Q}}\left(\exp(-\int_\tau^{T_0} r(s)ds)C\left(\frac{1}{V} - \tilde{R}\right)^+ \exp(-\int_{T_0}^{T_1} r(s)ds) | \mathscr{F}_\tau\right) \\
&= \mathbb{E}_{\mathbb{Q}}\left(\exp(-\int_\tau^{T_0} r(s)ds)C\left(\frac{1}{V} - \tilde{R}\right)^+ \mathbb{E}_{\mathbb{Q}}(\exp(-\int_{T_0}^{T_1} r(s)ds) | \mathscr{F}_{T_0}) | \mathscr{F}_\tau\right) \\
&= \mathbb{E}_{\mathbb{Q}}\left(\exp(-\int_\tau^{T_0} r(s)ds)C\left(\frac{1}{V} - \tilde{R}\right)^+ V(T_0, T_1) | \mathscr{F}_\tau\right) \\
&= \mathbb{E}_{\mathbb{Q}}\left(\exp(-\int_\tau^{T_0} r(s)ds)C(1 - V(T_0, T_1)\tilde{R})^+ | \mathscr{F}_\tau\right)
\end{aligned}$$

$\square$

Damit ist ein Caplet äquivalent zu einer europäischen Put-Option auf einen T_1−Bond mit Ausübungspreis $C\frac{1}{\tilde{R}}$. Also kann man eine Formel in geschlossener Form aus den vorangegangenen Ergebnissen ableiten.

Es gibt noch einen alternativen und allgemein bekannten Zugang über das T_1-Vorwärtsmaß nach Black. Wir skizzieren es hier und überlassen das Hauptergebnis dem Leser als Übung. In Analogie zu Gleichung(8.94) definiere man den Libor zur Zeit t über das Intervall $[T_0, T_1]$, $t \leq T_0 < T_1$ durch

$$1 + L(t, T_0, T_1) = \frac{V(t, T_0)}{V(t, T_1)} = D(t, T_1) \text{ (vgl. (8.78)).} \qquad (8.96)$$

Nach (8.79) genügt $D(t, T)$ der stochastischen Differenzialgleichung

$$dD(t, T_1) = D(t, T_1)\big(S(t, T_0) - S(t, T_1)\big)dB_t^{T_1},$$

dabei ist $B_t^{T_1}$ eine Brownsche Bewegung in der $\mathbb{Q}^{T_1}$-Dynamik. Der Prozess $L(t, T_0, T_1)$ genügt dann der stochastischen Differenzialgleichung

$$dL(t, T_0, T_1) = L(t, T_0, T_1)\Sigma(t, T_0)dB_t^{T_1}, \qquad (8.97)$$

wobei

$$\Sigma(t, T_0) = \frac{1 + \Delta L(t, T_0, T_1)}{\Delta L(t, T_0, T_1)}\big(S(t, T_0) - S(t, T_1)\big). \qquad (8.98)$$

Um eine ähnlich Formel wie im Satz 8.4.2 zu gewinnen, muss $\Sigma(t, T_0)$ deterministisch sein. Dazu muss die Volatilität der Vorwärtsrate und damit auch $S(t, T)$ als deterministisch vorausgesetzt werden. Anders als in (8.80) taucht hier der Term $L(t, T_0, T_1)$ auf. Dieser Term in $\Sigma(t, T_0)$ muss für alle Zeiten t simultan (z. B. durch Zeitreihen) modelliert werden (vgl. [BGM97, MR97]). Wir gehen nun davon aus, dass auch $\Sigma(t, T_0)$ deterministisch ist. Dann gilt

Satz 8.4.7

Mit den obigen Voraussetzungen berechnet sich der Wert eines Caplets zur Zeit t gemäß

$$\Pi(t, X) = C\Delta V(t, T_1)\big(L(t, T_0, T_1)N(d_1) - RN(d_2)\big) \text{ wobei}$$

$$d_1 = \frac{\ln(\frac{L(t, T_0, T_1)}{R}) + \frac{1}{2}\sigma_C(t, T_0)^2}{\sigma_C(t, T_0)},$$

$$d_2 = d_1 - \sigma_C(t, T_0), \quad N(x) = \int_{-\infty}^{x} \exp(-\frac{x^2}{2})dx \text{ und}$$

$$\sigma_C(t, T_0) = \int_{t}^{T_0} \Sigma(u, T_0)^2 du.$$

Beweis

Analog zu Satz 8.4.2 (als Übungsaufgabe 6). $\qquad\qquad\qquad\qquad\qquad\qquad\qquad\square$

Literatur und weitere Hinweise

Bondoptionen spielen in der Portfoliogestaltung eines Anlegers eine große Rolle, da sie die Zinssensitivität absichern, die nicht nur in der Preisgestaltung für den Bond, sondern auch in der für allgemeine Wertpapiere eingeht (vgl. die Black-Scholes-Formel). Wir haben hier neben der allgemeinen Preisformel für europäische Optionen nur den Cap als spezielle Option betrachtet. Im Abschnitt 2.5 stellten wir weitere Produkte, wie Swaption, Caption und Floortion vor, die sich allerdings alle aus dem Grundprinzip berechnen lassen. Speziell Untersuchung des Smile-

Effekts bei Caps und Swaptions kann man in dem Artikel von [LM99] finden. Wie der LIBOR und die Swaps zusammenhängen, findet der interessierte Leser z. B. in [Jam97]. Literatur zu den Bondderivaten findet man z. B. bei Bingham und Kiesel [BK97], Björk [Bjö96], Hull [Hul96], Wilmott, Howison und Dewynne [WHD95] (mit wechselnder Rigorosität) und in sehr ausführlicher Form in Musiela und Rutkowski [MR97], wo man weitere Literaturhinweise findet. Martin, Reitz und Wehn [MRW06] geben in ihrem Buch eine ausführliche Diskussion verschiedener Zinsderivate, die auch über unsere Einführung hinausgeht. Dabei werden neben Swaps, Cap, Floors auch Derivate, wie Credit Default Swaps behandelt, deren Problematik den meisten durch die Finanzkrise in der letzter Zeit bewußt geworden ist. Sie betrachten die Themen in ihrer Monographie auch aus dem Blickwinkel der Portfoliotheorie. In dem Buch von Reitz, Schwartz und Martin [RSM04] werden außer den Grundlagen des Bondmarktes fast ausschließlich deren Derivate durchgenommen und ausführlich diskutiert, wobei mittels eingeführter Risikomaße auf deren Bewertung innerhalb eines Portfolios eingegangen wird. Das Buch von Günther und Jüngel [GJ03] bietet eine Einsicht in die Problematik der Kalibrierung von Zinsderivaten. Sie zeigen, wie man mittels kubischer Splines eine Zinskurve modelliert (in MATLAB). Fast ausschließlich der Implementierung von Zinsderivaten in MATLAB ist das Buch von Grundmann [Gru04] gewidmet, allerdings ohne eine Herleitung.

Der folgende Matlab-Code berechnet den Wert einer Call-Option auf einen Zero-Bonds mithilfe des Hull-White-Modells.

Listing 8.2: Das Programm Hull-White

```
1  function w = hull_white(t2,t1,vt2,vt1,k,a,sig);
2  % t2:  Faelligkeit des Bonds (underlying)
3  % t1:  Zeitpunkt zur Bestimmung des Calls
4  % vt2: Kurs des Bonds mit Laufzeit t2
5  % vt1: Kurs des Bonds mit Laufzeit t1
6  % Return Wert des Calls
7  % Aufruf w = hull_white(1.2,0.3,0.93,0.98,0.96,0.5,0.08)
8
9  tdiff = t2-t1;
10
11
12 isig = sig*sig*0.5*(1-exp(-2*a*t1))*(1-exp(-2*a*(t2-t1) ) )/(a*a*a);
13 d1 = ( log(vt2/(k*vt1)) + 0.5*isig ) / sqrt(isig);
14 d2 = d1 - sqrt(isig);
15
16 w = vt2*normcdf(d1) - k*vt1*normcdf(d2);
```

Aufgaben

1. Man betrachte das Ho-Lee Modell und führe die Derivatberechnung analog zu dem Hull-White-Modell aus.

2. Seien $\lambda, \sigma > 0$. Gegeben sei der Bondpreiseprozess (vgl. Übungsaufgabe 4 aus Abschnitt 8.3)

$$V(t,T) = \frac{V(0,T)}{V(0,t)} \exp(A(t,T)d(t) - B(t,T)), \text{ wobei}$$

$$A(t,T) = -\frac{1}{\lambda}\left[1 - \exp(-\lambda(T-t))\right]$$

$$B(t,T) = \frac{\sigma^2}{4\lambda}A(t,T)^2(1 - \exp(-2\lambda t))$$

$$d(t) = r(t) - f(0,t).$$

   a) Da d nicht von T anhängt, kann man es wie die Zinskurvenmodelle als Ein-Faktor-Modell ansehen. Man bestimme Portfolios $\Pi(t)$ derart, dass Sie Δ bzw. $\Gamma-$neutral sind (vgl. Übungsaufgabe 5 in Abschnitt 8.3).

   b) Man berechne eine europäische Call-Option und bestimme gemäß Abschnitt 3.2 das Delta bzw. Gamma.

3. Sei $t \in [0,T^*]$. Man betrachte Zeitpunkte $T_0 < T_1 < \ldots < T_n \in [0,T^*]$, $t < T_0$, mit $\Delta = T_{i+1} - T_i$, $i = 0,\ldots,n-1$. Sei $R \geq 0$ eine feste Zinsrate und $S > 0$ ein Vermögenswert als Bezugsgröße. Man definiere wie bei den Caps eine Verzinsung $L(T_i)$ über $[T_i, T_{i+1}]$ gemäß

$$V(T_i, T_{i+1}) = \frac{1}{1 + \Delta L(T_i)}.$$

Ein *Forward-Swap (rückwirkend bewertet)* ist ein Vertrag X, der zu den Zeitpunkten $T_1, \ldots, T_n$ Zahlungen vereinbart, deren Höhe zur Zeit T_{i+1}

$$X_{i+1} = C\Delta(L(T_i) - R)$$

betragen. Man berechne im äquivalenten Martingalmaß $\mathbb{Q}$ den Wert des Swaps X zur Zeit t. Insbesondere zeige man, dass der Wert des Swaps eine Linearkombination von Nullkuponbonds ist.

4. Man führe den Beweis zu Satz 8.4.2 aus.

5. Man beweise die Gleichung (8.97).

6. Man beweise Satz 8.4.7.

7. Man berechne mit Hilfe Fig. 3.4.8 einen Baum für einen 2-Jahres Bond r^*, Q_D, Q_M und Q_U mit $\sigma = 0,425$.

8.5 Corporate Bonds

Bis jetzt betrachteten wir Bonds, deren Rückzahlung garantiert ist. Diese Bonds können z. B. von Staaten herausgegeben werden, deren Kreditwürdigkeit außer Frage steht, aber auch von Unternehmen. Die Unternehmen geben wie Staaten Bonds heraus, allerdings mit dem Unterschied zu den kreditwürdigen Staaten, dass sie auch zahlungsunfähig werden können, d. h. dass sie zum Fälligkeitszeitpunkt T nicht in der Lage sind, den Bond zurückzuzahlen. Dies wird als *Ausfallrisiko* bezeichnet, und deshalb werden Unternehmen von Ratingagenturen entsprechend ihres Risikos in Klassen eingeteilt. Die Theorie wird anfangs ähnlich den risikofreien Bonds entwickelt. Mittels eines zusätzlichen Terms wird die Wahrscheinlichkeit, bankrott zu werden, berücksichtigt.

Definition 8.5.1
Ein *Corporate (Zero)-Bond* ist ein Forward, der dem Käufer einen Euro (ohne Dividendenzahlung) zum Ausübungsdatum T zahlt, wobei die Auszahlung nicht garantiert ist. Im Falle der Zahlungsunfähigkeit des Emittenten wird zur Zeit T ein Teil $\delta \in [0,1]$ des Euro gezahlt. Der Bruchteil δ („Recovery-Rate"), wie auch der Eintrittszeitpunkt der Zahlungsunfähigkeit τ^* sind zufallsbedingt.

Dabei wird das Ausfallrisiko (oder auch *Bonitätsrisiko*) in verschiedene Zustände unterteilt. Der Zeitpunkt des Bankrotts wird in unserem Fall als exogener Prozess betrachtet, der nicht von dem Vermögen der Firma abhängt. Dies hat Vorteile bei der Implementierung, auf die wir am Ende eingehen werden. Viele andere Zugänge sind in diesem Modell nach Jarrow und Turnbull (vgl. [JLT97]) ableitbar. Es werden noch folgende Charakteristika des Modells zusammengefasst:

1. Verschiedene bereits laufende Anleihen des Unternehmens können mittels verschiedener Recovery-Raten im Fall des Ausfalls eingearbeitet werden.

2. Es kann mit jedem risikolosen Zins-Modell aus dem Abschnitt 8.2 kombiniert werden.

3. Es werden historische und statistisch ermittelte Übergangswahrscheinlichkeiten zwischen den verschiedenen Kredit-Rating-Klassen verwendet, um die Ausfallwahrscheinlichkeit zu bestimmen.

4. Es ist möglich, mit dem Modell auch Optionen auf diese *Corporate Bonds* zu bewerten.

8.5.1 Modellbeschreibung

Wie im Fall des risikolosen Bonds ist unser Zeithorizont $[0, T^*]$ endlich. Wir werden beide Handelsarten – diskret und zeitstetig – betrachten. Die Unsicherheit wird durch einen filtrierten Wahrscheinlichkeitsraum $(\Omega, \mathscr{F}, \mathbb{P}, (\mathscr{F}_t)_{t \in [0,T^*]})$ beschrieben. Dabei wird im zeitstetigen Fall, die natürliche Filtration der Brownschen Bewegung verwendet. Wir setzen Arbitragefreiheit voraus, was in unserem Fall (vergleiche Abschnitt 5.2) äquivalent dazu ist, dass alle risikolosen- und Corporate-Bond-Preise unter der Numeraire des Guthabenprozesses $(G_t)_{t\in[0,T^*]}$ bezüglich eines äquivalenten Wahrscheinlichkeitsmaßes $\mathbb{Q}$ Martingale sind. Wir nehmen an, dass das Maß eindeutig ist. Dies wiederum ist äquivalent dazu, dass wir einen vollständigen Markt haben (vgl. dazu Abschnitt 5.3). Wie oben sei $V(t,T)$ der Preis eines (risikolosen) T-Bonds zur Zeit $t \le T \le T^*$. Wir wissen nach Satz 8.1.3

$$V(t,T) = \mathbb{E}_{\mathbb{Q}}(\exp(-\int_t^T r_s ds)|\mathscr{F}_t) \tag{8.99}$$

fast sicher für alle $0 \le t \le T \le T^*$. Entsprechend bezeichnen wir mit $C(t,T)$ den Wert des Corporate Bonds. Mit $0 \le \delta < 1$ wird die Zahlungsrate (Recovery-Rate) bezeichnet, wenn das Unternehmen zahlungsunfähig wird. Demgemäß besagt $\delta = 0$ die vollständige Zahlungsunfähigkeit. Dabei kann δ von dem Verhältnis früherer Corporate Bonds zu den weiteren Verpflichtungen der Unternehmung abhängen. Diese Konstante δ ist exogen gegeben. Der Corporate-Bond-Preis-Prozess ist unabhängig von der Zahlungsrate δ und ist nur abhängig von den Zinsratenprozess und dem Zeitpunkt der Zahlungsunfähigkeit. Mit $\tau^* : \Omega \longrightarrow [0,T^*]$ wird die Zufallsvariable bezeichnet, die den Zeitpunkt der Zahlungsunfähigkeit angibt.

Gemäß (8.99) bzw. Satz 8.1.3 gilt

$$C(t,T) = \mathbb{E}_{\mathbb{Q}}\Big(\exp(-\int_t^T r_s ds)(\delta\mathbb{1}_{\{\tau^*\le T\}} + \mathbb{1}_{\{\tau^*>T\}})|\mathscr{F}_t\Big). \tag{8.100}$$

Gleichung (8.100) drückt aus, dass der Bondhalter einen δ-Anteil bei Zahlungsunfähigkeit vor dem Zeitpunkt T erhält. Somit kann man im Fall von $\tau^* \le T$ den Risikoanteil des Corporate Bonds durch

$$C(t,T) = \delta V(t,T) \tag{8.101}$$

ansehen.

Also fällt die Zeitstruktur des Risikoanteils des Corporate Bonds mit der Zeitstruktur des risikolosen Bonds zusammen.

Für das Folgende nehmen wir an:

(A) Der stochastische Prozess der Zinsrate $(r_t)_{t\in[0,T^*]}$ und der Zahlungsunfähigkeitsprozess, dargestellt durch die Zufallsvariable τ^*, sind unabhängig bezüglich dem Wahrscheinlichkeitsmaß $\mathbb{Q}$.

Mittels (A) lässt sich (8.100) einfacher ausdrücken

$$\begin{aligned} C(t,T) &= \mathbb{E}_{\mathbb{Q}}(\exp(-\int_t^T r_s ds)|\mathscr{F}_t)\mathbb{E}_{\mathbb{Q}}(\delta\mathbb{1}_{\{\tau^*\le T\}} + \mathbb{1}_{\{\tau^*>T\}}|\mathscr{F}_t) \\ &= V(t,T)(\delta + (1-\delta)\mathbb{Q}(\tau^* > T)), \end{aligned} \tag{8.102}$$

wobei $\mathbb{Q}(\tau^* > T)$ die Wahrscheinlichkeit bzgl. $\mathbb{Q}$ darstellt, dass die Zahlungsunfähigkeit nach dem Einlösedatum T eintritt. In Worten stellt (8.102) den Wert eines T-Bonds multipliziert mit dem Erwartungswert der Auszahlung zur Zeit T dar. Insbesondere werden wir uns um die Darstellung des Erwartungswertes kümmern, d. h. die Modellierung der Verteilung für den ersten Treffer innerhalb der Markov-Kette. Dies ist der Inhalt für zeitdiskrete Handelszeitpunkte im nächsten Abschnitts.

8.5.2 Kredit Ratings und Ausfallwahrscheinlichkeiten im zeitdiskreten Fall

Wir beginnen mit dem zeitdiskreten Fall, da die grundlegenden Ideen besser erklärt werden können und er als Ausgangspunkt für den zeitstetigen Fall dient.

Bewertung

Man modelliert die Ausfallwahrscheinlichkeit mittels zeitdiskreter, zeithomogener Markov-Ketten für den endlichen Zustandsraum $\mathcal{K} = \{1,\ldots,N\}$. Die Menge $\mathcal{K}$ stellt die möglichen Kredit-Klassen dar, wobei 1 die höchste (Aaa im Moody-Rating) und $N-1$ der niedrigste (C im Moody-Rating). Der letzte Zustand ist N und gibt die Zahlungsunfähigkeit an. Mit dem Prozess $(\eta_t)_{0 \leq t \leq T^*}$, $\eta_t : \Omega \longrightarrow \mathcal{K}$, wird dargestellt, in welcher Klasse sich die Firma zur Zeit t befindet. Der Prozess ist aufgrund der Voraussetzung eine zeitdiskrete, zeithomogene Markov-Kette. Der Wechsel zwischen den Klassen wird durch eine sogenannte $N \times N$-Übergangsmatrix beschrieben. Sie gibt die jeweiligen Übergangswahrscheinlichkeiten vom Zustand i nach j an

$$\mathcal{Q} = \begin{pmatrix} q_{11} & q_{12} & \cdots & q_{1N} \\ q_{21} & q_{22} & \cdots & q_{2N} \\ \vdots & \vdots & \vdots & \vdots \\ q_{N-1,1} & q_{N-1,2} & \cdots & q_{N-1,N} \\ 0 & 0 & 0 & 1 \end{pmatrix}, \tag{8.103}$$

wobei $q_{ij} \geq 0$ für i,j, $i \neq j$ und $q_{ii} = 1 - \sum_{j=1,j\neq i}^{N} q_{ij}$ für alle i gilt. Dabei bezeichnet q_{ij} die Wahrscheinlichkeit, vom Zustand i nach j zu gelangen. Der Zustand des Bankrotts N ist *absorbierend*, weshalb $q_{Ni} = 0$ für $1 \leq i < N$ und $q_{NN} = 1$ gelten. Bis jetzt wurde der Zeitpunkt eines Wechsels der Kredit-Klasse nicht berücksichtigt. Deshalb bezeichnen wir $q_{ij}(0,n)$ als die Wahrscheinlichkeit, zur Zeit 0 im Zustand i und zur Zeit n im Zustand j zu sein. Wie aus der klassischen Verkehrstheorie bekannt ist, gilt für die Übergangsmatrix $\mathcal{Q}_{0n}$, die den Wechsel von der Zeit 0 zu n angibt und dessen Einträge $q_{ij}(0,n)$ sind:

$$\mathcal{Q}_{0,n} = \mathcal{Q}^n.$$

Dabei weiß man aufgrund historischer Daten (man vgl. z. B. Moody's Report (1992) oder Standard and Poor's Credit Review (1993)), dass sich die Nicht-Null Zahlen um die Diagonale von $\mathcal{Q}_{0,n}$ gruppieren.

Gemäß der Voraussetzung (Arbitragefreiheit, vollständiger Markt), ergibt sich allgemein für die Übergangsmatrix vom Zeitpunkt t zu $t+1$ unter dem äquivalenter Martingalmaß $\mathbb{Q}$:

$$\mathcal{Q}_{t,t+1} = \begin{pmatrix} q_{11}(t,t+1) & q_{12}(t,t+1) & \cdots & q_{1N}(t,t+1) \\ q_{21}(t,t+1) & q_{22}(t,t+1) & \cdots & q_{2N}(t,t+1) \\ \vdots & \vdots & \vdots & \vdots \\ q_{N-11}(t,t+1) & q_{N-12}(t,t+1) & \cdots & q_{N-1N}(t,t+1) \\ 0 & 0 & 0 & 1 \end{pmatrix}. \tag{8.104}$$

Hierbei gilt $q_{ij}(t,t+1) \geq 0$ für i,j, $i \neq j$ und $q_{ii}(t,t+1) = 1 - \sum_{j=1,j\neq i}^{N} q_{ij}(t,t+1)$ für alle i sowie $q_{ij}(t,t+1) > 0$ genau dann, wenn $q_{ij} > 0$ falls $0 \leq t \leq \tau - 1$. Ohne zusätzliche Einschränkungen kann die Wahrscheinlichkeit $q_{ij}(t,t+1)$ im Martingalmaß auch von der Vergangenheit bis zur Zeit t abhängen, was der Markoveigenschaft widersprechen würde. Daher muss man, um insbesondere die empirische Implementierung zu ermöglichen, zusätzliche Annahme machen. Wir nehmen eine Risikoprämie an, die die zeitliche Anpassung vornimmt, so dass der Kredit-Rating-Prozess unter der Martingalwahrscheinlichkeit die folgenden Eigenschaften besitzt.

I) Für alle i,j, $i \neq j$ gilt

$$q_{ij}(t,t+1) = \pi_i(t)q_{ij}. \tag{8.105}$$

In der Tat kann man immer $q_{ij}(t,t+1) = \pi_{ij}(t)q_{ij}$ schreiben, wobei allerdings $\pi_{ij}(t)$ von den gesamten Ereignissen vor t abhängen kann. In (8.105) wird nun ausgedrückt, dass $\pi_{ij}(t)$ unabhängig vom Zielzustand j ist und die gleiche Risikoprämie gilt, ob nun der Wechsel vom Zustand i in den Topzustand 1 oder totale Zahlungsunfähigkeit eintritt. Allerdings muss man hier zugeben, dass das Modell unter Umständen nicht die Praxis wiederspiegelt. Für $i = j$ gilt

$$q_{ii}(t,t+1) = 1 - \sum_{j=1,j\neq i}^{N} q_{ij}(t,t+1).$$

II) $\pi_i(t)$ ist eine deterministische Funktion, sodass folgendes gilt:

III) $q_{i,j}(t,t+1) \geq 0$ für alle i,j, $i \neq j$ und

IV) $\sum_{j=1,j\neq i}^{N} q_{ij}(t,t+1) \leq 1$ für alle $1 \leq i \leq N$ gelten soll.

Die Gleichung (8.105) lässt sich auch in Matrixform schreiben:

$$\mathcal{Q}_{t,t+1} - Id = \Pi(t)[\mathcal{Q} - Id],$$

wobei Id die $N \times N$ Einheitsmatrix und $\Pi(t) = \text{diag}(\pi_1(t), \ldots, \pi_{N-1}, 1)$ eine Diagonalmatrix sind. Mithilfe der Gleichung (8.105) und der letzten Zeile von $\mathcal{Q}_{t,t+1}$ ergibt sich, dass $\pi_N(t) = 1$ für alle Zeiten t gelten muss. Der Proportionalitätsfaktor $\pi_i(t)$, den man als Risikoprämie ansehen kann, gibt an, wie man die tatsächliche Wahrscheinlichkeit anpassen muss, um die Bewertung der Bonds zu erhalten. Für die statistische Implementierung ist es wichtig zu erkennen, dass die Bedingung (8.104) für die $q_{ij}(t,t+1)$ die Eigenschaft $\pi_i(t) \geq 0$ nach sich zieht.

Wir sind nun in der Lage, die Wahrscheinlichkeit zu berechnen, dass die Zahlungsunfähigkeit nach T eintritt, d. h. $\mathbb{Q}(\tau^* > T)$. Die Elemente $q_{ij}(0,n)$ stelen die n-Schritt-Wahrscheinlichkeiten dar, dass das Unternehmen vom Zustand i zur Zeit 0 in den Zustand j zur Zeit n übergeht. Daher kann man die n-Schritt-Übergangsmatrix $\mathcal{Q}_{0,n}$ in der Form

$$\mathcal{Q}_{0,n} = \mathcal{Q}_{0,1}\mathcal{Q}_{1,2}\cdots\mathcal{Q}_{n-1,n} \tag{8.106}$$

schreiben. Somit folgt für die Wahrscheinlichkeit bzgl. $\mathbb{Q}$, zahlungsfähig zu bleiben

$$\mathcal{Q}_t^i(\tau^* > T) = \mathbb{Q}(\tau^* > T | \eta_t = i). \tag{8.107}$$

Satz 8.5.2
Zur Zeit t befinde sich die Unternehmung im Zustand i, also $\eta_t = i$. Man definiere den Zeitpunkt

$$\tau^* = \inf\{s \geq t; \eta_s = N\}$$

als den ersten Zeitpunkt der totalen Zahlungsunfähigkeit. Dann gilt für die Wahrscheinlichkeit, dass die Zahlungsunfähigkeit nach T eintritt

$$\mathcal{Q}_t^i(\tau^* > T) = \sum_{j \neq N} q_{ij}(t,T) = 1 - q_{iN}(t,T).$$

Beweis
Da der Zustand N absorbierend ist, ist das Ereignis $\{\tau^* > T\}$ äquivalent dazu, dass man $\eta_t \neq N$ zur Zeit T hat, falls das Unternehmen zur Zeit t im Zustand i gestartet ist. Wendet man darauf die Matrix $\mathcal{Q}_{t,T}$ an, erhält man das Ergebnis. $\qquad\square$

In dem vorherigen Satz haben wir die bedingte Wahrscheinlichkeit $\mathcal{Q}_t^i$ durch die Kredit-Klassen-Abhängigkeit i indiziert. Man kann also ausgehend vom Zustand i zur Zeit t für jeden zukünftigen Zeitpunkt T die Zahlungsfähigkeit bestimmen. Dazu ist die Kenntnis des $n-$maligen Matrixproduktes ausschlaggebend. Dabei sollte man beachten, dass sich, im Fall wenn $\Pi(t)$ zeitunabhängig ist, $\mathcal{Q}_{0,n} = \mathcal{Q}^n$ schreiben lässt. Damit folgt

$$\mathcal{Q}_t^i(\tau^* > T) = \mathcal{Q}_0^i(\tau^* > T - t),$$

da jetzt der Prozess homogen in der Zeit ist.

Wir sind jetzt in der Lage, die Zeitstruktur des Corporate Bonds neu zu berechnen. Dazu sei $C^i(t,T)$ der Wert des $T-$Corporate Bond zur Zeit t, falls sich die Unternehmung zur Zeit t in der

Kreditklasse i befindet.

Dann folgt mit Gleichung (8.102) und Bezeichnung (8.107)

$$C^i(t,T) = V(t,T)(\delta + (1-\delta)\mathbb{Q}(\tau^* > T | \eta_t = i)) = V(t,T)(\delta + (1-\delta)\mathscr{Q}_t^i(\tau^* > T)) \quad (8.108)$$

wobei $\mathscr{Q}_t^i(\tau^* > T)$ gemäß Proposition (8.5.2) berechnet wird. Man kann (8.108) auch noch in der Form,

$$C^i(t,T) = V(t,T)(1 - (1-\delta)\mathscr{Q}_t^i(\tau^* \leq T)) \qquad (8.109)$$

ausdrücken, wenn man $\mathscr{Q}_t^i(\tau^* > T) = 1 - \mathscr{Q}_t^i(\tau^* \leq T)$ berücksichtigt.

Wir bezeichnen mit $f^i(t,T)$ die Vorwärtsrate des Corporate $T-$Bonds zum Zeitpunkt t unter der Annahme $\eta_t = i$. Analog zum risikolosen Fall erhalten wir

$$f^i(t,T) = -\ln\left(\frac{C^i(t,T+1)}{C^i(t,T)}\right)$$

Mithilfe der Gleichung (8.108) kann man den sogenannten *Credit Spread* berechnen, den wir jetzt definieren.

Definition 8.5.3
Für eine Kreditklasse i bezeichne $f^i(t,T)$ die Vorwärtsrate des zugrundeliegenden Corporate $T-$Bonds. Stellt weiter $f(t,T)$ die Vorwärtsrate eines $T-$Bonds dar, dann nennt man die Differenz

$$f^i(t,T) - f(t,T) \ (0 \leq t \leq T)$$

den *Credit-Spread* des Corporate $T-$Bonds.

Aus (8.108) folgt

$$f^i(t,T) = f(t,T) + \mathbb{1}_{\{\tau^*>T\}}\ln\left(\frac{\delta + (1-\delta)\mathscr{Q}_t^i(\tau^* > T)}{\delta + (1-\delta)\mathscr{Q}_t^i(\tau^* > T+1)}\right). \qquad (8.110)$$

Dies ergibt den Credit-Spread $f^i(t,T) - f(t,T)$ ausgedrückt durch die Zahlungsrate δ und die Übergangsmatrix $\mathscr{Q}$ für die einzelnen Kreditklassen. Aus (8.110) folgt sofort, dass der Credit-Spread immer positiv ist, außer im Fall der Zahlungsunfähigkeit. Außerdem folgt aus Gleichung (8.110), dass die Credit-Spreads $f^i(t,T) - f(t,T)$ und $f^i(t,T) - f^j(t,T)$ konstant sind, außer für den Fall der zufallsbedingten Änderung des Kreditratings. Schließlich lässt sich aus Gleichung (8.110) für $t = T$ die Spotrate erhalten

$$\begin{aligned} r^i(t) &= r(t) + \mathbb{1}_{\{\tau^*>t\}}\ln\left(\frac{\delta + (1-\delta)\mathscr{Q}_t^i(\tau^* > t)}{\delta + (1-\delta)\mathscr{Q}_t^i(\tau^* > t+1)}\right) \qquad (8.111) \\ &= r(t) + \mathbb{1}_{\{\tau^*>t\}}\ln\left(\frac{1}{(1-(1-\delta)q_{iN}(t,t+1)}\right). \end{aligned}$$

Im Fall des Bankrotts folgt somit $r^N(t) = r(t)$. Dies scheint zuerst widersprüchlich, doch bedeutet der Zustand der Zahlungsunfähigkeit oder des Bankrotts, dass der Corporate Bond geschlossen ist, also nicht mehr weitergeführt wird und somit keine Bewertung mehr vorgenommen wird. Damit existiert keine Verzinsung mehr und es bleibt der Marktzins des risikolosen Bonds übrig.

8.5.3 Optionen, Hedging und Kalibrierung

Optionen und Hedging

Die entscheidende Rolle in den Anwendungen für das Hedging spielen die Sprünge im Kredit-Rating. Deshalb wollen wir in diesem Abschnitt einerseits das Absichern von Corporate Bonds, als auch das Hedgen von Optionen auf diese Corporates betrachten. Eine spezielle Klasse von Derivaten auf Corporates stellen z. B. die *Convertibles* dar. Dazu müssen wir die Bewertung von Corporates auf die Derivate ausweiten. Grundlegend dazu ist die allgemeine Bewertung von Finanzprodukten aus dem Kapitel 5. Wir gehen von der Arbitragefreiheit aus, wählen als Numeraire den Guthabenprozess $(G_t)_{t \in [0,T^*]}$ und betrachten das Martingalmaß $\mathbb{Q}$, das die Arbitragefreiheit ausdrückt.

Mit C_T geben wir die zufallsbedingte Zahlung eines riskanten Vermögenswertes zur Zeit T an. Der Wert zur Zeit t dieses Forwards wird mit C_t angegeben. Dann wissen wir mit dem Guthabenprozess als Numeraire gemäß Gleichung (5.14)

$$C_t = \mathbb{E}_{\mathbb{Q}}\Big(\frac{C_T}{G_T}|\mathscr{F}_t\Big)G_t. \tag{8.112}$$

Damit ergibt sich z. B. für eine europäische Call-Option mit Strikepreis K, Ausübungsdatum $\tilde{T} \leq T$ der Wert $C_{\tilde{T}} = \max\{C(\tilde{T}, T) - K, 0\}$ und als Preis zur Zeit t gilt Gleichung (8.112).

Auch wenn es im Moment wenig praktikabel erscheint, so ist die Bewertung von Optionen eine Berechnung von bedingten Wahrscheinlichkeiten. Dazu benötigen wir 8.5.2 und können einfache Corporates, Futures darauf sowie deren Derivate berechnen.

Wichtig für die Zeichner (oder Emittenten) von Derivaten ist das Hedgen derartiger Produkte. Um dies durchführen zu können, benötigen wir die genaue Struktur der Vorwärtsrate sowohl für den risikolosen Bond $(V(t,T))$ als auch für den Corporate.

Dazu definieren wir die Funktion (vgl. dazu die Gleichung (8.110))

$$\Psi(t, T, i) = \begin{cases} \ln\Big(\frac{\delta + (1-\delta)\mathscr{Q}_t^i(\tau^* > T)}{\delta + (1-\delta)\mathscr{Q}_t^i(\tau^* > T+1)}\Big) & \text{falls } i = 1, \ldots, N-1 \\ 0 & \text{für } i = N. \end{cases} \tag{8.113}$$

Mithilfe der Gleichung (8.110) kann man nun den Unterschied der Vorwärtsrate innerhalb des Zeitintervalls $[t, t+1]$ ausdrücken. Geht man davon aus, dass sich die Unternehmung zur Zeit t

in der Ratingklasse i befindet, d. h. $\eta_t = i$, so berechnet man, abhängig von der Kreditklasse im Zeitpunkt $t+1$

$$f^{\eta_{t+1}}(t+1,T) - f^i(t,T) = \big(f(t+1,T) - f(t,T)\big) + \big(\Psi(t+1,T,\eta_{t+1}) - \Psi(t,T,i)\big). \quad (8.114)$$

mit $\eta_{t+1} \in \{1,\dots,N\}$ und den Wahrscheinlichkeiten $q_{i\eta_{t+1}}(t,t+1)$.

Gleichung (8.114) lässt sich folgendermaßen interpretieren. Der erste Summand „$f(t+1,T) - f(t,T)$" spiegelt die Veränderung der Vorwärtsrate des (risikolosen) T-Zero-Bonds wieder, und jedes Zinsratenmodell aus den Abschnitten 8.2 und 8.3 kann hierfür verwendet werden. Der zweite Summand „$\Psi(t+1,T,\eta_{i+1}) - \Psi(t,T,i)$" gibt die Veränderung der Ausfallwahrscheinlichkeit an und richtet sich nach dem Wechsel zwischen den einzelnen Kreditklassen. Gilt $q_{i\eta_{t+1}}(t,t+1) > 0$ für alle möglichen Ausgänge von η_{t+1}, so ergeben sich N Zustände. Somit reichen maximale N verschiedene Vermögensklassen, die sich auf die Corporate der Unternehmung beziehen, um die Derivate zu hedgen. Mit der Kenntnis der Vorwärtsraten kann man die Derivate vollständig hedgen.

Kalibrierung der Kreditklassenkurve
Man geht zuerst von einer empirisch gewonnenen Übergangsmatrix $\mathcal{Q}$ und einem Prämienvektor $\Pi = (\pi_1(t),\dots,\pi_{N-1}(t))$ für $0 \le t \le T^*$ aus. Dann kann man mit Gleichung (8.108) die Corporates-Zero-Bonds theoretisch bewerten. Hiermit lassen sich auch Arbitragemöglichkeiten in der Kredit-Spread-Zeitstruktur auffinden.

Auf der anderen Seite kann man versuchen, Derivate auf Corporates zu bewerten und zu hedgen. Wir wollen ausgehend von der Bewertung, die Risikoprämien $(\pi_1(t),\dots,\pi_{N-1}(t))$ derart bestimmen, dass der theoretische Preis mit einer beobachteten vorgegebenen Kurve von Anfangswerten der Corporate (und deren Derivate) übereinstimmt.

Mit (8.101) bzw. (8.109) und Schätzungen für die Corporate-Bonds $(C^i(t,T))$ sowie für den risikolosen T-Zero-Bonds $(V(t,T))$ und der Recovery-Rate δ, lässt sich die Kreditklassen-Kurve zur Zeit $t = 0$ angeben, sobald man $\mathcal{Q}_0^i(\tau^* \le T)$ in der Form

$$\mathcal{Q}_0^i(\tau^* \le T) = \frac{V(0,T) - C^i(0,T)}{V(0,T)(1-\delta)}, \quad i = 1,\dots,N \text{ und } T = 1,\dots,T^* \quad (8.115)$$

ausgewählt hat. Wir stllen nun dar, wie man die Matrix $\Pi(t), t = 0,1,\dots,T^*-1$ kalibriert, damit (8.115) erfüllt ist. Dabei gehen wir rekursiv vor und geben uns eine empirisch gewonnene Übergangsmatrix $\mathcal{Q}$ vor und erhalten

$$\mathcal{Q}_{0,1} = Id + \Pi(0)(\mathcal{Q} - Id).$$

Mit dieser Matrix und Satz 8.5.2 folgert man

$$\mathcal{Q}_0^i(\tau^* \le 1) = \pi_i(0)q_{iN}.$$

Setzen wir dies in Gleichung (8.115) ein, so kann man nach $\pi_i(0)$ auflösen

$$\pi_i(0) = \frac{V(0,1) - C^i(0,1)}{V(0,1)(1-\delta)q_{iN}}, \quad i = 1, \dots, N \tag{8.116}$$

Mithilfe dieser Risikoprämien kann man sich Gleichung (8.105) zuwenden und $\mathcal{Q}_{0,1}$ berechnen.

Wir geben uns jetzt die empirisch gewonnene Übergangsmatrix $\mathcal{Q}$ vor und bestimmen $\mathcal{Q}_{0,t}$ (aus dem vorhergehenden Schritt). Mit der Matrixdarstellung von (8.105) folgt

$$\mathcal{Q}_{0,t+1} = \mathcal{Q}_{0,t} \cdot \mathcal{Q}_{t,t+1} = \mathcal{Q}_{0,t}[Id + \pi(t)(\mathcal{Q} - Id)].$$

Mithilfe dieser Matrixdarstellung und Satz 8.5.2 erhalten wir

$$\mathcal{Q}_0^i(\tau^* \leq t+1) = \sum_{j=1}^{N} q_{ij}(0,t)\pi_j(t)q_{jN}.$$

Nachdem man es in die Gleichung (8.115) eingesetzt hat (statt „T" setze „$t+1$"), kann man dies in der Matrixform

$$\mathcal{Q}_{0,t} \begin{pmatrix} \pi_1(t)q_{1N} \\ \vdots \\ \pi_N(t)q_{NN} \end{pmatrix} = \begin{pmatrix} \frac{V(0,t+1)-C^i(0,t+1)}{V(0,t+1)(1-\delta)} \\ \vdots \\ \frac{V(0,t+1)-C^N(0,t+1)}{V(0,t+1)(1-\delta)} \end{pmatrix}$$

ausdrücken. Wenn man annimmt, dass die Matrix $\mathcal{Q}_{0,t}$ regulär ist (mit $q_{ij}(0,t)^{-1}$ wollen wir die Einträge der inversen Matrix bezeichnen), so erhalten wir als Lösung der Matrixgleichung

$$\pi_i(t) = \sum_{j=1}^{N} q_{ij}(0,t)^{-1} \frac{V(0,t+1) - C^i(0,t+1)}{V(0,t+1)(1-\delta)q_{i,N}}. \tag{8.117}$$

Falls die Risikoprämie berechnet ist, kann man schließlich die Matrix der Übergangswahrscheinlichkeiten $\mathcal{Q}_{0,t+1}$ mittels Gleichung (8.105) angeben.

Für die Anwendung sollte man natürlich gewährleisten, dass die Risikoprämien $(\pi_1(t), \dots, \pi_{N-1}(t))$ positiv sind und die Matrix Übergangswahrscheinlichkeiten enthält. Falls dies nicht der Fall ist, sind die Daten inkosistent zu dem Modell. Als Alternative schätzt man die Übergangsmatrix implizit (für mehr Details siehe [JLT97]).

8.5.4 Kredit-Ratings und Ausfallwahrscheinlichkeiten im zeitstetigen Fall

Wir wenden uns dem zeitstetigen Handeln zu. Dabei werden wir mittels der stochastischen Analysis noch weitere Details der Bewertung kennen lernen und eine Parametrisierung des

Bankrottprozess ermitteln.

Bewertung

Wir gehen wieder von einem endlichen Zustandsraum $\mathscr{K} = \{1,2,\ldots,N\}$ aus, der erneut die Kreditklassen wie im Abschnitt 8.5.2 bezeichnet. Nun betrachten wir eine zeitstetige Markovkette $\{\eta_t; 0 \leq t \leq T^*\}$, die die zeitliche Entwicklung der Kreditklassen der Unternehmung angibt. Die entsprechenden „Übergangswahrscheinlichkeiten" werden in einer $N \times N$ Erzeugendenmatrix angeben

$$
\Lambda = \begin{pmatrix}
\lambda_1 & \lambda_{12} & \lambda_{13} & \cdots & \lambda_{1,N-1} & \lambda_{1,N} \\
\lambda_{21} & \lambda_2 & \lambda_{23} & \cdots & \lambda_{2,N-1} & \lambda_{2.N} \\
\vdots & \vdots & \vdots & \vdots & \vdots & \vdots \\
\lambda_{N-1,1} & \lambda_{N-1,2} & \lambda_{N-1,3} & \cdots & \lambda_{N-1} & \lambda_{N-1,N} \\
0 & 0 & 0 & \cdots & 0 & 0
\end{pmatrix},
\tag{8.118}
$$

wobei $\lambda_{ij} \geq 0$ für alle $i, j = 1,\ldots N$ und

$$
\lambda_i = - \sum_{j=1, j \neq i}^{N} \lambda_{ij}, \text{ für } i = 1,\ldots,N.
$$

Die Einträge außerhalb der Diagonale der Erzeugendenmatrix geben die Übergangsraten an, von Kreditklasse i nach j zu gelangen. Die letzte Zeile der Nulleinträge zeigt erneut, dass der Zustand der vollständigen Zahlungsunfähigkeit absorbierend ist.

Die $N \times N$ Matrix der Übergangswahrscheinlichkeiten für η erhält man gemäß

$$
\mathscr{Q}(t) = \exp(t\Lambda) = \sum_{k=0}^{\infty} \frac{(t\Lambda)^k}{k!}.
\tag{8.119}
$$

Wir wollen überlegen, wie man die Matrix Λ aus dem zeitdiskreten Fall gewinnen kann. Dazu zerlege man das Intervall $[0,1]$ zuerst in n Teilintervalle der Länge $\frac{1}{n}$. Dann sei $Id + \frac{\Lambda}{n}$ die Übergangsmatrix für die jeweiligen n Teilperioden, und man bildet

$$
\mathscr{Q}^{(n)} = (Id + \frac{\Lambda}{n})^n
$$

als Übergangsmatrix für das gesamte Intervall $[0,1]$. Nach den klassischen Regeln der Matrixmultiplikation erhält man

$$
\lim_{n \to \infty} \mathscr{Q}^{(n)} = \lim_{n \to \infty} (Id + \frac{\Lambda}{n})^n = \exp(\Lambda)
$$

in einer $N \times N$ Matrixnorm. Den allgemeinen Fall $t \in \mathbb{R}$ gewinnt man dann durch Approximation.

Dazu betrachten wir das Intervall $[0, T^*]$ und teilen es in T^* Teilintervalle . Somit erhalten wir erneut den Fall des diskreten Intervallschrittes $[0,1]$.

Die Einträge der Matrix $\mathscr{Q}(t)$ werden mit $q_{ij}(t)$ bezeichnet.

Wir können die Matrix auch anders motivieren, nämlich mit Ideen aus der Verkehrstheorie. Unser Modell basiert auf markovschen Übergangsverteilungen. Wenn wir nur zwei Zustände betrachten und die Wahrscheinlichkeit des Übergangs von „A" nach „B" oder umgekehrt zur Zeit t mit $p(t)$ bezeichnen, so ergibt sich $p(t) = 1 - e^{-\lambda t}$, wobei λ die Übergangsrate darstellt. Dies ist die charakterisierende Eigenschaft der Exponentialverteilung und genau derartigen Raten λ entsprechen die Matrixelemente von Λ im Fall verschiedener Zustände (mehr Details vgl. [GS08]).

Wie schon im Fall diskreter Handelszeiten bezeichnet „1" den kreditwürdigsten Zustand und $N-1$ den schlechtesten, gerade eine Stufe vor der vollständigen Zahlungsunfähigkeit. Mit dem nächsten Satz kann man feststellen, ob die Markovkette $\{\eta_t; 0 \leq t \leq T^*\}$ auch ausdrückt, dass schlechtere Kreditklassen ein höheres Ausfallrisiko angeben.

Satz 8.5.4
Die folgenden Aussagen sind äquivalent

1. $\sum_{j \geq k} q_{ij}(t)$ ist eine monoton wachsende Funktion in i für feste k und t.

2. $\sum_{j \geq k} \lambda_{ij} \leq \sum_{j \geq k} \lambda_{i+1,j}$ für alle i,k, so dass $k \neq i+1$

Beweis
Man verwende Proposition 7.3.2., Theorem 7.3.4., und die Bemerkung auf Seite 251 in [And91] an. $\square$

Man beachte, dass die Erzeugendenmatrix, deren $(N-1) \times (N-1)$-Untermatrix der Form Λ einen Geburts- und Sterbeprozess beschreibt (vgl. z. B. [GS08, S. 38-40]) und deren Ausfallraten in der letzten Zeile eine nicht fallende Funktion der Spaltenzahl darstellen, der Aussage des Satzes genügt.

Wir nehmen an, dass sich die Übergangsmatrix in der Martingalwahrscheinlichkeit gemäß

$$\tilde{\Lambda}(t) = U(t)\Lambda \qquad (8.120)$$

darstellen lässt, wobei $U(t) = \mathrm{diag}(\mu_1(t), \ldots, \mu_{N-1}(t), 1)$ eine $N \times N$ Diagonalmatrix ist, deren ersten $N-1$ Einträge positive deterministische Funktionen in t sind und die

$$\int_0^T \mu_i(t)dt < \infty, \text{ für } i = 1, \ldots, N-1$$

erfüllen. Im allgemeinen Fall hängt die Matrix U sowohl von der Zeit wie auch von der Vorgeschichte ab. Es ist das Analogon zum diskreten Fall, bekannt aus der Gleichung (8.105). Man kann die Einträge $(\mu_1(t), \ldots, \mu_{N-1}(t), 1)$ als Risikoprämie betrachten, die die tatsächliche Wahrscheinlichkeit in die Quasiwahrscheinlichkeit überführt, die für die Bewertung notwendig ist.

Wir können die $N \times N$ Übergangsmatrix $\tilde{\mathcal{Q}}(t,T)$ von t nach T für den Kreditzustand η im äquivalenten Martingalmaß $\mathbb{Q}$ als Lösungen der Kolmogorov-Vorwärtsgleichung bestimmen (vgl. dazu z. B. [CM72, S.181] oder [GS08, S.36])

$$\frac{\partial \tilde{\mathcal{Q}}(t,T)}{\partial t} = -\tilde{\Lambda}(t)\tilde{\mathcal{Q}}(t,T) \qquad (8.121)$$

$$\frac{\partial \tilde{\mathcal{Q}}(t,T)}{\partial T} = \tilde{\mathcal{Q}}(t,T)\tilde{\Lambda}(T)$$

$$\text{mit der Anfangsbedingung } \quad \tilde{\mathcal{Q}}(t,t) = Id$$

Den Eintrag an der Stelle (ij) der Matrix $\tilde{\mathcal{Q}}(t,T)$ bezeichnen wir mit $\tilde{q}_{ij}(t)$.

Unter der Voraussetzung von Gleichung (8.120) ist der Kredit-Rating-Prozess immer noch markovsch aber nun inhomogen in der Zeit. Mithilfe der Vereinfachung versucht man die Balance zu halten, einerseits zwischen der Berechenbarkeit der Übergangsmatrix $(\mathcal{Q}(t,T))$ und der Möglichkeit, die gegebenen Anfangsdaten mit den Kreditspreads zu kalibrieren. Gleichung (8.120) stellt einen Kompromiss dar. Wählt man

$$\tilde{\Lambda} = \text{diag}(\mu_1,\ldots,\mu_{N-1},1)\Lambda$$

für positive Konstanten $\mu_1,\ldots,\mu_{N-1}$, so ist der Markov-Prozess in der Zeit homogen (vgl. [GS08, S.37]). Als Lösung der Gleichungen (8.121) ermittelt man

$$\tilde{\mathcal{Q}}(t,T) = \exp\big(\text{diag}(\mu_1,\ldots,\mu_{N-1}1)\Lambda(T-t)\big).$$

Leider kann man hiermit das Modell nicht gemäß allen am Markt beobachteten Anfangsdaten kalibrieren. Damit ist (8.120) der einfachste Zugang, der beiden Vorgaben gerecht wird.

Wie im zeitdiskreten Fall gilt der folgender Satz.

Satz 8.5.5 (Wahrscheinlichkeit der Zahlungsfähigkeit unter dem Martingalmaß $\mathbb{Q}$)
Das Unternehmen befinde sich zur Zeit t in der Kreditklasse i, also $\eta_t = i$. Man definiere $\tau^* = \inf\{s \geq t, \eta_s = N\}$. Dann gilt

$$\tilde{\mathcal{Q}}_t^i(\tau^* > T) = \sum_{j \neq N} \tilde{q}_{ij}(t,T) = 1 - \tilde{q}_{iN}(t,T).$$

Die bedingten Überlebenswahrscheinlichkeiten lassen sich gemäß der Gleichung

$$\tilde{\mathcal{Q}}_t^i(\tau^* > T+1 | \tau^* > T) = \frac{\tilde{\mathcal{Q}}_t^i(\tau^* > T+1)}{\tilde{\mathcal{Q}}_t^i(\tau^* > T)} \qquad (8.122)$$

berechnen (man verwende die Bayes'sche Formel für bedingte Wahrscheinlichkeiten). Mithilfe dieses Satzes kann man den Wert der Nullkupon-Corporates einer Firma ermitteln

$$C^i(t,T) = V(t,T)(\delta + (1-\delta)\tilde{\mathcal{Q}}^i_t(\tau^* > T)),\qquad (8.123)$$

wobei $\tilde{\mathcal{Q}}^i_t(\tau^* > T)$ nach Satz 8.5.5 berechnet werden kann.

Aus Satz 2.5.6 wissen wir, dass man für die Vorwärtsrate

$$f^i(t,T) = -\frac{\partial}{\partial T}\ln\left(C^i(t,T)\right)$$

erhält. Aus (8.123) folgt dann (man beachte $\tilde{\mathcal{Q}}^i_t(\tau^* > T)$ entsprechend nach zu differenzieren)

$$f^i(t,T) = f(t,T) - \mathbb{1}_{\{\tau^*>T\}}\left(\frac{(1-\delta)\frac{\partial}{\partial T}\tilde{\mathcal{Q}}^i_t(\tau^* > T)}{\delta + (1-\delta)\tilde{\mathcal{Q}}^i_t(\tau^* > T)}\right).\qquad (8.124)$$

Dabei gilt im Falle des Bankrotts $f^i(t,T) = f(t,T)$.

Definition 8.5.6
Für eine Kreditklasse i bezeichne $f^i(t,T)$ die Vorwärtsrate des zugrundeliegenden Corporate $T-$Bonds. Stellt weiter $f(t,T)$ die Vorwärtsrate eines $T-$Bonds dar, so nennt man die Differenz

$$f^i(t,T) - f(t,T)\ (0 \le t \le T)$$

den *Credit-Spread* des Corporate $T-$Bonds.

Falls man den Grenzübergang $T \to t$ vornimmt, so ergibt sich die Spotrate (hier gilt insbesondere $\lim_{T \to t} \tilde{\mathcal{Q}}^i_t(\tau^* > T) = 1$)

$$r^i(t) = r(t) + (1-\delta)\lambda_{iN}\mu_i(t)\mathbb{1}_{\{\tau^*>t\}},\qquad (8.125)$$

da

$$\frac{\partial \tilde{\mathcal{Q}}^i_t(\tau^* > T)}{\partial T} = -\frac{\partial \tilde{\mathcal{Q}}^i_t(\tau^* \le T)}{\partial T} = -\lambda_{iN}\mu_i(t)$$

gilt. Im Falle des Bankrotts errechnet sich $r^i(t) = r(t)$.

Damit sieht man allerdings auch, dass die Zinsrate eines Corporates die eines risikolosen Bonds um den Faktor $(1-\delta)\lambda_{iN}\mu_i(t)$ übersteigt. Mit δ wird wie üblich die Recover-Rate (Zahlungsanteil) bezeichnet und $\lambda_{iN}\mu_i(t)$ ist die Quasiwahrscheinlichkeit der Zahlungsunfähigkeit. Es ist erneut die zeitstetige Version der zeitdiskreten Variante.

Optionen und Hedging
Die Bewertung von Optionen auf Corporates verläuft analog zum diskreten Fall und wird mit den uns bekannten Martingalmethoden vorgenommen. Wir haben dies in Abschnitt (8.5.3) bzw. in der Gleichung (8.112) bereits ausgeführt. Die Hedgingstrategien verlaufen parallel zu dem

im zeitdiskreten Fall. Die Kenntnis des Vorwärtsratenprozesses ist von zentraler Bedeutung und diesem wollen wir uns zuwenden. Da wir hier einen zeitstetigen Handelsprozess haben, werden wir auch einen zeitstetigen Sprungprozess verwenden, der die Vorwärtsrate des Corporates beschreibt, genauer den Zustand innerhalb der Kreditklassen, beschrieben durch die Markov-Kette (η_t).

Dazu bietet sich der Poisson-Prozess $(N_t)_{t \geq 0}$ an, da seine Zuwächse $N_v - N_u$ und $N_t - N_s$ für $0 \leq s < t \leq u < v$ (stochastisch) unabhängig sind. Dies impliziert die Markov-Eigenschaft des Prozesses (η_t).

Deshalb betrachten wir für $i = 1, \ldots, N - 1$ und $j = 1, \ldots, N$ Poisson-Prozesse $(N_{ij}(t))$ im Maß $\mathbb{P}$ mit Raten λ_{ij}. Diese Prozesse geben an, wie die einzelnen Sprünge zwischen den einzelnen Kreditklassen ablaufen, d. h. den Sprung von Klasse i zu j falls $N_{ij}(t) - N_{ij}(t-) = 1$ gilt (man beachte $N_{ij}(t-) = \lim_{h \to 0+} N_{ij}(t - h)$). Wie die Übergangsmatrix Λ mit den Intensitäten des Poisson-Prozesses zusammenhängt kann man [GS08, S.39-40] entnehmen.

Wechselt man zu dem Martingalmaß $\mathbb{Q}$, so ändern sich die Intensitäten zu $\lambda_{ij} \mu_i(t)$ für $i = 1, \ldots, N - 1$ und $j = 1, \ldots, N$ aufgrund der Gleichung (8.120). Wir stellen nun den Markov-Prozess $(\eta(t))_{0 < t < T^*}$ pfadweise durch

$$\eta(t) = \eta(0) + \sum_{i=1}^{N-1} \sum_{j=1}^{N} \int_0^t (j-i) \mathbb{1}_{\{\eta(s-)=i, \eta(s) \neq N\}}(s) dN_{ij}(s) \tag{8.126}$$

dar. Das Integral bezüglich $dN_{ij}(s)$ lässt sich als endliche Summe interpretieren, wobei die Summation zu den Sprungzeitpunkten des Poisson-Prozesses erfolgt.

Nun bilde man die Funktion

$$\Psi(t,T,i) = \begin{cases} \dfrac{-(1-\delta)\frac{\partial}{\partial T} \tilde{\mathcal{Q}}_t^i(\tau^* > T)}{\delta + (1-\delta)\tilde{\mathcal{Q}}_t^i(\tau^* > T)} & \text{falls } i = 1, \ldots, N-1, \\ 0 & \text{falls } i = N. \end{cases} \tag{8.127}$$

Setzt man $\eta(0) = i_0$ voraus, d. h. das Unternehmen ist zur Zeit $t = 0$ in der Kreditklasse i_0, so folgt mit (8.124) und (8.126)

$$f^{\eta(t)}(t,T) - f^{i_0}(0,T) = (f(t,T) - f(0,T)) + \int_0^t \Psi'(s,T,\eta(s-)) ds \tag{8.128}$$

$$+ \sum_{i=1}^{N-1} \sum_{j=1}^{N} \int_0^t (\Psi(t,T,j) - \Psi(t,T,i)) \mathbb{1}_{\{\eta(s-)=i, \eta(s) \neq N\}}(s) dN_{ij}(s),$$

wobei $\Psi'(s,T,\eta(s-)) = \frac{d\Psi(s,T,\eta(s-))}{ds}$ gilt.

Auch hier gilt, dass der erste Summand „$f(t,T) - f(0,T)$" den zeitlichen Unterschied in der

Vorwärtsrate des risikolosen T-Zero-Bonds beschreibt und damit jedes Zinsratenmodell Verwendung finden kann.

Der zweite Summand „$\int_0^t \Psi'(s,T,\eta(s-))ds$" gibt den sich stetig verändernden Term an, der sich auf die sich verringernde Zeitspanne bis zum Einlösedatum T bezieht.

Der dritte Summand „$\sum_{i=1}^{N-1} \sum_{j=1}^{N} \int_0^t (\Psi(t,T,j) - \Psi(t,T,i))\mathbb{1}_{\{\eta(s-)=i\}}(s)dN_{ij}(s)$" beschreibt den Wechsel der Vorwärtsrate aufgrund der Sprünge zwischen den Kreditklassen. Zu jedem Zeitpunkt s, falls die Unternehmung sich im Zustand $\eta(s-) = i$ befindet, müssen bis zu maximal N Sprünge gehedged werden, also $N_{i1}(s), \ldots, N_{iN}(s)$. Dies kann erneut mit N verschiedenen Corporates vorgenommen werden.

Literatur und weitere Hinweise

Eine ausführliche Darstellung von Corporate Bonds und deren Derivate findet der Leser in den Büchern von Martin, Reitz und Wehn [MRW06] und zum Teil auch in dem von Reitz, Schwartz und Martin [RSM04]. Wir haben uns hier nach dem Artikel von Jarrow, Lando und Turnbull [JLT97] leiten lassen. Es gibt noch eine Reihe von Originalartikeln, die sich mit dieser Thematik beschäftigen, wobei darunter [AGL99] genannt sein sollte.

Anhang

A Mathematische Symbole

$\mathbb{N}$	die natürlichen Zahlen, d.h. $\mathbb{N} = 1, 2, 3, \ldots$
$\mathbb{N}_0$	$\mathbb{N} \cup \{0\}$ die natürlichen Zahlen mit der Null
$\mathbb{Z}$	die ganzen Zahlen, d.h. $\ldots, -2, -1, 0, 1, 2, \ldots$
$\mathbb{Q}$	die rationalen Zahlen (Brüche)
$\mathbb{R}$	die reellen Zahlen
$\mathbb{C}$	die komplexen Zahlen
$[a, b[$	rechts halboffenes Intervall
$]a, b[$	offenes Intervall
$]a, b]$	links halboffenes Intervall
$[a, b]$	abgeschlossenes Intervall
$\#$	Mächtigkeit einer Menge
$n!$	Fakultät, $n! = 1 \cdots n$
x_+	Positivteil, d.h. $x_+ = \max(x, 0)$
$\sup$	Supremum
$\inf$	Infimum
$\limsup$	Limessuperior
$\liminf$	Limesinferior
$\ln$	natürlicher Logarithmus
$\log_b$	Logarithmus zur Basis b, $b > 0$
$\emptyset$	leere Menge
$\mathcal{O}$	(großes) Landau-Symbol, bis auf Konstante gleiches Konvergenzverhalten
o	(kleines) Landau-Symbol; schnellere Konvergenz gegen null
$\lim_{t \downarrow t_0}$	Limes von „rechts" (von größeren Werten)
$\langle \cdot, \cdot \rangle$	Skalarprodukt
$\langle X, Y \rangle_t$	Klammerprozess für zwei Diffusionsprozesse X und Y
$\mathrm{Re}\, z$	Realteil von z
$\mathrm{Im}\, z$	Imaginärteil von z
$[x]$	größte ganze Zahl kleiner als x
$\exp$	Exponentialfunktion
$\sim$	Verhalten ist für Werte gegen unendlich gleich
$\approx$	ungefähr gleich
$\cong$	bis auf Konstante gleich
$\frac{dF}{dx}$	Ableitung der Funktion F nach x
$\frac{\partial f}{\partial x}$	partielle Ableitung von F in Richtung x
Ω	Wahrscheinlichkeitsgrundraum
ω	Elementarereignis
$\mathbb{P}$	Wahrscheinlichkeitsmaß

$\mathbb{E}_{\mathbb{P}}$	Erwartungswert bezüglich des Maßes $\mathbb{P}$
Var	Varianz
$\mathbb{C}\mathrm{or}$	Kovarianz
F_{ξ}	Verteilungsfunktion für ZV ξ
F_{ξ}^{c}	komplementäre Verteilungsfunktion
f_{ξ}	Dichte für eine ZV ξ
iid	identical independent distributed (unabhängig und identisch verteilt)
$\binom{N}{n}$	Binomkoeffizient
$\mathrm{Binom}(n,p)$	Binomialverteilung zu n und p
$\mathscr{N}(\mu,\sigma^2)$	normalverteilt zum Mittel μ und Varianz σ^2
$\mathscr{B}^n$	Borel-Mengen auf der Menge $\mathbb{R}^n$
λ^n	Lebesgue-Maß auf $\mathbb{R}^n$
Γ	Gammafunktion
$\xi \star \eta$	Faltung der ZV ξ und η
$\mathscr{L}$	Laplace-Transformation
F^{*n}	n-fache Faltung der Verteilungsfunktion F
F^{c*n}	komplementäre Verteilungsfunktion der n-fachen Faltung der Verteilungsfunktion F
$F_{t_0,\dots,t_n}$	$(F_{X_{t_0},\dots,X_{t_n}})$ endliche Randverteilung des Prozesses (X_t)
(B_t)	Brownsche Bewegung
$\overset{d}{=}$	Gleichheit in Verteilung
$\overset{d}{\rightarrow}$	Konvergenz in Verteilung
$supp f$	Träger der Funktion f, Abschluss der Menge $\{x; f(x) \neq 0\}$
$a \wedge b$	Minimum von a und b
$a \vee b$	Maximum von a und b
$\mathbb{1}_A$	Indikatorfunktion der Menge A

B Hinweise zur Software: Matlab und R

Im Rahmen dieses Buches kann keine Einführung in das Erlernen einer Programmiersprache gegeben werden oder eine Einführung in Matlab oder R. Es wird vielmehr angenommen, dass der Leser über zumindest geringe Programmierkenntnisse verfügt und z. B. mit typischen Programmstrukturen vertraut ist (Datentypen, Anweisungen, Schleifen, bedingte Anweisungen, Funktionen). Diese Grundkenntnisse sollten ausreichen um mathematischen Pseudo-Code in Matlab oder R als lauffähiges Programm zu schreiben.

B.1 Das Softwarepaket Matlab

Matlab ist ein qualitativ hochwertiges interaktives Matrix-orientiertes Softwarepaket zur Durchführung numerischer Berechnungen. Es steht für verschiedene Betriebssysteme zur Verfügung (Unix, Windows). Startet man Matlab, so öffnet sich ein Hauptfenster, mit mehreren Unterfenstern, von denen das `Command Window` das wichtigste ist. Im Anschluss an den Kommandoprompt kann man im `Command Window` Befehle eingeben, die im `Command History` Fenster sichtbar sind und auch als Datei gespeichert werden können. Der wichtigste Datentyp ist die Matrix. Konsequenterweise werden auch skalare Größen als 1*1 Matrix aufgefasst. Als weiterer einfacher Datentyp steht der String zur Verfügung. Für kurze Berechnungen ist die Eingabe von Befehlen im `Command Window` vermutlich ausreichend, eleganter lässt sich dies aber mit dem `M-File Editor` erledigen, den man unter `File - New - M-File` findet. Eine Übersicht von wichtigen Befehlen findet sich in B.3. Der Editor gestattet es, eine Folge von Befehlen als `*.m File` zu speichern und ausführen zu lassen. Zudem verfügt er über Syntax highlighting. Ein einfaches Beispiel einer Folge von Anweisungen (Script-File) sei:

```
a='hello world';
n=input('wieviele Durchlaeufe? ');
for i=1:n
  disp(a)
end
```

In diesem Beispiel wird der Variable a mit dem Zuweisungsoperator = der String `hello world` zugewiesen. Die Variable a musste vorher nicht deklariert werden und ist automatisch per Zuweisung vom Datentyp String. Die Variable n erhält ihren Wert durch Eingabe im `Command Window` mittels der Funktion `input`. Variablen müssen vor ihrer Verwendung nicht deklariert werden. Man mag dies als praktisch empfinden oder als gefährlich, da Variablen nicht typsicher sind. (Der neugierige Leser mag ausprobieren wie Matlab auf folgende Anweisung reagiert: b = a + 5). Funktionen unterscheiden sich dadurch von Script Files, dass man Parameter übergeben kann. Zum Schreiben von Funktionen verwendet man Function Files, die als Dateien gespeichert werden, wobei der Name der Funktion identisch mit dem Namen der Datei ist. Ein einfaches Function File zur Bestimmung des Ranges (unter anderem) einer quadratischen Matrix könnte wie folgt aussehen (siehe [GW00]):

```
function [ v, d, r ] = Mateig( A )
% diese Funktion berechnet Rang und Eigenwerte einer
% quadratischen Matrix.
% v, d, r sind die Rueckgabevariablen
% A ist die Eingabevariable- eine matrix
%
[m,n] = size(A);
if m == n
   [v, d] = eig(A);
   r = rank(A);
else
   disp(' Matrix nicht quadratisch, Fehler');
end %end if
end %end function
```

Dem Vektor `[m,n]` wird die Dimension der Matrix A zugewiesen - berechnet mittels `size`. Der Operator `==` prüft, ob der Wert von m und n identisch ist, in welchem Fall die `if`-Struktur durchlaufen wird, anderenfalls wird die `else` Struktur ausgeführt. Der Aufruf lautet nun (die Matrix A muß natürlich vorhanden sein)

```
[v, d, r] = Mateig(A);
```

wobei der Vektor v die Eigenwerte, die Matrix d die Eigenvektoren und r den Rang von A enthält. Folgende Regeln müssen für Function files beachtet werden:

- Der Funktionsname beträgt höchstens 31 Zeichen
- Ein- und Ausgabeargumente müssen in der 1. Zeile stehen (falls vorhanden - wenn nicht Klammern weglassen)
- Kommentarzeilen dienen als Hilfstext, die man sich mittels **»** `help Mateig` ansehen kann
- Die 1.Kommentarzeile wird beim `lookfor` Befehl angezeigt
- Function Files können andere Files aufrufen
- Variablen, die keine Ausgabevariablen sind, existieren nur lokal, d.h. sind außerhalb der Funktion nicht sichtbar, es sei denn man definiert sie mit `global`.

Neben dem Grundpaket kann man spezielle Toolboxen erwerben (z. B. für Statistik, Optimierung oder Finanzmathematik). Es sollte noch erwähnt werden, dass es ein Open Source Paket namens Octave gibt, dass eine fast gleiche Syntax zu Matlab hat -dafür allerdings nicht den Umfang von Funktionen bietet.

B.2 Das Softwarepaket R

Das Softwarepaket R ist im Gegensatz zu Matlab Open Source (GPL Lizenz). Es steht für alle gängigen Betriebssysteme zur Verfügung und erfreut sich großer Beliebtheit im Bereich der Statistik. Die Homepage von R lautet `http://cran.r-project.org/`. Hier finden sich auch viele hilfreiche Informationen (Tutorials, FAQ, Newsletter, etc.). Ein empfehlenswertes Buch ist z. B. von Ligges ([Lig05]). Im Rahmen dieser kleinen Einführung wird angenommen, dass R unter Windows installiert ist. Analog zu Matlab gibt es neben dem Grundpaket weitere Softwarepakete (jeweils in Form einer Library), die man zusätzlich installieren kann. Dazu muss man im Menü unter `Pakete` den Menüpunkt `Installiere Pakete` auswählen. Im folgenden beschränkt sich die Darstellung auf den Aspekt der matrixorientierten Programmierung, obwohl R weitaus mächtiger ist. Ein interessantes Paket ist z. B. `fOptions`. Ähnlich zu Matlab kann man einzelne Befehle im Konsolenfenster eingeben, die ebenfalls sofort ausgeführt werden. Effizienter lässt sich mit R arbeiten, wenn man einen Editor verwendet. Es ist empfehlenswert den Editor Tinn-R `http://sourceforge.net/projects/tinn-r` zu installieren. Man schreibt die Programme im Editor und schickt sie dann zur Ausführung zu R. Eine Alternative wäre der `R-Commander`, der sich als zusätzliche Library (`Rcmdr`) installieren lässt (oder `Rattle = R Analytical Tool To Learn Easily`). Analog zu Matlab müssen Variablen vor ihrer Verwendung nicht deklariert werden und ihr Datentyp bestimmt sich automatisch durch die Zuweisung. Das kann anfänglich zu Verwirrungen führen. Dies sei an folgendem Beispiel zur Berechnung der Eigenwerte einer symmetrischen Matrix dokumentiert:

```
d      <- 3*diag(2) + matrix(1, nrow=2,ncol=2)
eig.d  <- eigen(d)
print(eig.d)
```

Der Variablen `d` wird eine quadratische und symmetrische Matrix zugewiesen. Der `print` Befehl liefert folgendes Resultat

```
$values
[1] 5 3

$vectors
          [,1]        [,2]
[1,] 0.7071068 -0.7071068
[2,] 0.7071068  0.7071068
```

Offensichtlich liefert die Funktion `eigen` an `eig.d` nicht nur die Eigenwerte (unter `$values`), sondern auch die Eigenvektoren (`$vectors`). Dies liegt daran, dass der Returntyp der Funktion `eigen` eine Liste ist. Die Liste `eig.d` besteht aus den Eigenwerten (`values`) und den Eigenvektoren(`vectors`). Möchte man nun auf die Listenelemente einzeln zugreifen, muss man den `$`-Operator verwenden.

```
eval.d   <-. eig.d$values
evec.d   <-  eig.d$vectores
```

Der Befehl `typeof` erweist sich als hilfreich, um festzustellen, welcher Datentyp von der Funktion `eigen` zurückgegeben wird

```
typeof(eig.d)
[1] "list"
```

Der gleiche Befehl `typeof` angewendet auf `eig.d$values` liefert

```
> typeof( eig.d$values)
```

```
[1] "double"
```

Durch Eingabe des Funktionsnamens ohne Klammern, also in Form von `eigen` wird der Quellcode der Funktion ausgegeben. Betrachtet man vom Quellcode die letzte Zeile

```
list(values = z$values[ord], vectors = if (!only.values) z$vectors[,
      ord, drop = FALSE])
```

so erkennt mal als Returntyp der Funktion `eigen` eine Liste mit zwei Elementen, den Eigenwerten und den Eigenvektoren.

B.3 Liste wichtiger Befehle in Matlab und R

	Matlab	R
Hilfsfunktionen	`help -i`	`help.start()`
	`help`	`help(help)`
	`help sort`	`help(sort)`
Suche nach Dokumentation für Funktion svd	`lookfor svd`	`help.search("svd")`
Zuweisungsoperator	`=`	`<-`
Beispiel	`b = 10`	`b <- 10`
Vektoren	`1:10`	`1:10  oder  seq(10)`
	`linspace(1,10,7)`	`seq(1,10,length=7)`
	`a=[2 3 4 5];`	`a <- c(2,3,4,5)`
	`a.*a`	`a*a`
	`a.^3`	`a^3`
Vektor der Länge 100	`a=1:100;`	`a <- 1:100`
Entfernung des ersten Elements	`a(2:100)`	`a[-1]`
Entfernung des zehnten Elements	`a([1:9 11:100])`	`a[-10]`
Matrizen		
4*7 Einheitsmatrix	`ones(4,7)`	`matrix(1,nrow=4,ncol=7)`
Diagonalmatrix	`eye(3)`	`diag(1,nrow=3)`
Transponieren	`a'`	`t(a)`

Zugriff auf Matrixelement	`a(2,3)`	`a[2,3]`
Zugriff auf zweite Spalte	`a(2,:)`	`a[2, ]`
Zugriff auf erste Zeile	`a(:,1)`	`a[ ,1]`
Anweisung an erste Zeile	`a(:,1) = [99 98 97]'`	`a[ ,1] <- c(99,98,97)`

Matrix-Vektormultiplikation	`a=reshape(1:6,2,3);`	`a <- matrix(1:6,2,3)`
	`b=reshape(1:6,3,2);`	`b <- matrix(1:6,3,2)`
	`c=reshape(1:4,2,2);`	`c <- matrix(1:4,2,2)`
	`v=[10 11];`	`v <- c(10,11)`
	`w=[100 101 102];`	`w <- c(100,101,102)`
	`x=[4 5]' ;`	`x <- t(c(4,5))`
	`a*b`	`a %*% b`
	`v*a`	`v %*% a`
	`a*w'`	`a %*% w`
	`b*v'`	`b %*% v`
	`v*x`	`x %*% v  oder  v %*% t(x)`
	`x*v`	`t(x) %*% v`

Inverse von A	`inv(A);`	`solve(A);`
LU Zerlegung von A	`[L,U,P]=lu(A)`	

Cholesky Zerlegung von A	`chol(A)`	`chol(A)`
SVD von A	`[P,S,Q]=svd(A)`	`tmp=svd(A);`
		`U=tmp$u; V=tmp$v;S=diag(tmp$d)`

FOR Schleife

```
for  i=1:5 ;
    disp(i) ;
end
```

```
for(i in 1:5)
  {print(i)}
```

WHILE Schleife

```
i=0;
while i < 10
 disp(i*i)
  i++ ;
end
```

```
i <- 0
while (i < 10) {
   print(i*i)
   i <- i+1
}
```

Bedingte Anweisung

```
if 1>0 a=100;
  end
```

```
if (1>0) a <- 100
```

Plot Befehle	`plot(1:10);`
	`xlabel("x-Achse");`
	`ylabel("y-Achse");`
	`title("Titel")`
		`matplot(1:10,type="l",xlab="x-Achse",`
		`  ylab="y-Achse",main="Titel",lty=1)`

Definition von Funktionen	`function out=h(n);`
	Anweisungen ;
	`end`
		`h  <- function (n)`
		`{ `*Anweisungen*`}`

Optimierung Minimum von $f(x)$ auf $[a,b]$	`m = fminbnd(f, a, b)`	`m = optimize(f,c(a,b))$minimum`
Minimum von $f(x)$ mehrdimensional	`fminsearch(@f,v)` `v Startvektor`	`optim(v,f)$par` `v Startvektor`
Numerische Integration $f(x)$ auf $[a,b]$	`quad(f,a,b,tol)`	`integrate(f,a,b, rel.tol=tol1,` `abs.tol=tol2)`
Kumulative Verteilungs- funktion einer normalverteilten Zufallsgrösse	`normcdf(x,mu,sigma)`	`pnorm(x,mu,sigma)`
Zufallszahlengeneratoren Binomialverteilung $B(n,p)$	`binornd(n,p)`	`rbinom(1,n,p)`
Poissonverteilung $Po(\lambda)$	`poissrnd(lambda)`	`rpois(1,lambda)`
Exponentialverteilung $Exp(\mu)$	`exprnd(mu)`	`rexp(1,1/mu)`
Normalverteilung $NV(\mu,\sigma^2)$	`normrnd(mu,sigma)`	`rnorm(1,mu,sigma)`
Gleichverteilung auf $[0,1]$	`rand`	`runif`
Dateisystem Ordner anlegen	`mkdir `*directory*	`dir.create(`*"directory"*`)`
Arbeitsverzeichnis	`cd `*directory*	`set.wd(`*"directory"*`)`

Dateien/ Daten einlesen	`load("data.txt")`
	`importdata("data.txt")`
	siehe auch unter `help iofun`
		`A=as.matrix(read.table(`
		`"data.txt"))`
		siehe auch unter `library(foreign)`
		mit vielen Optionen

Sonstiges

Informationen über Datentyp der Variable e	`typeinfo(e)`	`typeof(e)`

Literaturverzeichnis

[ABB96]   C. D. Aliprantis, K. C. Border und O. Burkinshaw. Market economies with many commodities. *Revista di mat. per le science econ. e soc.*, 19:113–185., 1996.

[AD54]   K. Arrow und G. Debreu. Existence of an equilibrium for a competitive economy. *Econometria*, 22:265–290, 1954.

[ADEH99]   P. Artzner, F. Delbaen, J.-M. Eber und D. Heath. Coherent measures of risk. *Mathematical Finance*, 9:203–228, 1999.

[AG95]   Eydeland A. und H. Geman. Domino effect: Inverting the Laplace transform. *Risk*, 1995.

[AGL99]   A. Arvantis, J. Gregory und J. P. Laurent. Building credit spreads. *The Journal of Derivatives*, Seiten 27–43, 1999.

[Aka95]   J. Akahori. Some formulae for a new type of path-dependent options. *Ann. Appl. Probab.*, 5:383–388, 1995.

[And91]   W. J. Anderson. *Continuous-Time Markov Chains.* Springer, New York, 1991.

[Arn73]   L. Arnold. *Stochastische Differentialgleichungen. Theorie und Anwendung.* Oldenbourg Verlag, München, Wien, 1973.

[Arr64]   K. J. Arrow. The role of securities in the optimal allocation of riskbearing. *Review of Econ. Studies*, Seiten 91–96, 1964.

[Bac00]   L. Bachelier. Théorie de la spéculation. *Ann. Sci. École Norm. Sup.*, 17:21–86, 1900.

[Bax96]   A. Baxter, M. Rennie. *Financial Calculus - an Introduction to Derivative Pricing.* Cambridge University Press, Cambridge, 1996.

[BBRS95]   G. Barles, J. Burdeau, M. Romano und N. Samsæn. Critical stock price near expiration. *Math. Finance*, 5:77–95, 1995.

[BC99]   T. Björk und B. J. Christensen. Interest rate dynamics and consistent forward rate curves. *Mathematical Finance*, 9:323–348, 1999.

[BD96a]   M. Broadie und L. Detemple. American option valuation: new bounds, approximations, and a comparison of existing methods. *Review of Finacial Studies*, 9:1211–1250, 1996.

[BD96b]   P. J. Brockwell und R. A. Davis. *Introduction to Time Series and Forecasting.* Springer, New York, 1. Auflage, 1996.

[BDES99]   H. Bühlmann, F. T. Delbaen, P. Embrechts und A. N. Shiryaev. No-arbitrage, change of measure and conditional Esscher transform, 1999.

[BDT90]   F. Black, E. Derman und W. Toy. A one-factor model of interest rates and its application to treasurey bonds. *Finan. Analysts J.*, Seiten 33–39, 1990.

[BGM97]   A. Brace, D. Gatarek und M. Musiela. The market model of interest rate and dynamics. *Math. Finance*, 7(1):127–154, 1997.

[Bie99]   B. Biermann. *Die Mathematik der Zinsinstrumente.* Oldenbourg Verlag, München, Wien, 1999.

[Bil95]   P. Billingsley. *Probability and Measure*. Wiley, New York, 3. Auflage, 1995.

[BJ92]   D. Bunch und H. E. Johnson. A simple and numerically efficient valuation method for American puts, using a modified Geske-Johnson approach. *J. Finance*, 47:809–816, 1992.

[Bjö95]   T. Björk. On the term structure of discontinuous interest rates. *Survey in Industrial and applied Mathematics*, 2:626–657, 1995.

[Bjö96]   T. Björk. Interest Rate Theory. In W. J. Runggaldier, Hrsg., *Financial Mathematics*, Lecture Notes in Math., Seiten 53–122. Springer, New York, 1996.

[BK97]   R. Beike und A. Köhler. *Risk-Management mit Zinsderivaten - Studienbuch mit Aufgaben*. Oldenbourg Verlag, München-Wien, 1997.

[BKR97]   T. Björk, Y. Kabanov und W. Runggaldier. Bond markets where prices are driven by a general marked point processes. *Mathematical Finance*, 7:211–239, 1997.

[BM94]   A. Brace und M. Musiela. A multifactor Gauss Markov implementation of Heath, Jarrow and Morton. *Mathematical Finance*, 4,3:259–283, 1994.

[BMS99]   A. Brace, M. Musiela und E. Schlögl. A simulation algorithm based on measure realationships in the lognormal market models, 1999.

[Bor64]   K. H. Borch. Price movements in the stock market. *Skandinavisk Aktuarietidskrift*, Seiten 41–50, 1964.

[Bor69]   K. H. Borch. *Wirtschaftliches Verhalten bei Unsicherheit*. Oldenbourg Verlag, München-Wien, 1969.

[Boy88]   P. P. Boyle. Lattice framework for option pricing with two state variables. *Journ. of Finan. and Quantitative Analysis*, 23:1–12, 1988.

[BP91]   K. Back und S. Pliska. On the fundamental theorem of asset pricing with an infinite state space. *J. Math. Econ.*, 20:1–18, 1991.

[BP96]   J. Barraquand und T. Pudet. Pricing of american path-dependent contingent claims. *Math. Finance*, 6:17–51, 1996.

[BR]   B. Bartter und R. Rendleman. Two state option pricing. *Journ. of Finance*, 34:1092–1110.

[BS73]   F. Black und M. Scholes. The pricing of options and corporate liabilities. *J. Pol. Econ.*, 81:637–654, 1973.

[BS77]   M. J. Brennan und E. S. Schwartz. The valuation of american put options. *Journ. of Finance*, 32:449–462, 1977.

[BS78]   M. J. Brennan und E. S. Schwartz. Finite difference methods and jump processes arising in the pricing of contingent claims: a synthesis. *Journ. of Finan. and Quantitative Analysis*, 13:462–474, 1978.

[BS01]   T. Björk und L. Svenson. On the existence of finite dimensional realization for non linear forward rate models. *Mathematical Finance*, 9:205–243, 2001.

[Car95]   P. Carr. Two extensions to barrier option valuation. *Appl. Math. Finance*, 2:173–209, 1995.

[CC90]   A. P. Carverhill und L. J. Clewlow. Flexible convolution. *Risk*, 3(4),:25–29, 1990.

[CF98]   P. Carr und D. Faguet. Fast accurate valuation of american options, 1998.

[CIR85]   J. C. Cox, J. E. Ingersoll und S. Ross. An intertemporal general equilibrium modell for asset prices. *Econometrica*, 53:363–384, 1985.

[CKLS92] K. C. Chan, G. A. Karolyi, F. A. Longstaff und A. B. Sanders. An empirical comparision of alternative models of short-term interest rates. *Journal of Finance*, Seiten 1209–1224, 1992.

[CKW93] N. J. Cutland, P. E. Kopp und W. Willinger. From discrete to continuous financial models: new convergence results for option pricing. *Math. Finance*, 3 no. 2:101–123, 1993.

[CM72] J. C. Cox und H. Miller. *The Theory of Stochastic Processes*. Chapman and Hall, London, 1972.

[Cou82] G. Courtadon. A more accurate finite differene approximation for the valuation of options. *Journ. of Finan. and Quantitative Analysis*, 17:697–705, 1982.

[CR85] J. R. Cox und M. Rubinstein. *Option Pricing*. Prentice Hall, Englewood Cliffs, New Jersey, 1985.

[CRR79] J. R. Cox, S. Ross und M. Rubinstein. Option pricing: a simplified approach. *J. Financial Econom.*, 7:22–263, 1979.

[CV91] A. Conze und R. Viswanathan. Path dependent options: the case of lookback options. *J. Finan.*, 46:1893–1907, 1991.

[Das95] A. Dassios. The distribution of the quantile of a brownian motion with drift and pricing of related path-dependent options. *Ann. Appl. Probab.*, 5:389–398, 1995.

[Del92] F. Delbaen. Representation martingale measure when asset prices are continuous and bounded. *Math. Finance*, 2:107–130, 1992.

[DH93] D. Duffie und J. M. Harrison. Arbitrage pricing of russian options and perpetual lookback options. *Ann. Appl. Probab.*, 3:641–649, 1993.

[DJ99] T. Dillmann und Ruß, J. Implizite Optionen in Lebensversicherungsprodukten. *Versicherungswirtschaft*, 12:847–850, 1999.

[DJP98] R.-A. Dana und M. Jeanblanc-Picqué. *Marché financiers en temp continu*. Economica, Paris, 1998.

[DMW89] R. C. Dalang, A. Morton und W. Willinger. Equivalent martingale measures and no-arbitrage in stochastic securities market models. *Stochastics and stochastic Rep.*, 29:189–202, 1989.

[Dou94] R. Douady. Options à limite et options à limite double, 1994. Working paper.

[DPP94] C. D. Daykin, T. Pentikäinen und M. Pesonen. *Practical Risk Theory for Actuaries*. Chapman & Hall, London, 1. Auflage, 1994.

[DS94] F. Delbaen und W. Schachermayer. A general version of the fundamental theorem of asset pricing. *Math. Ann.*, 300:463–520, 1994.

[DS95] F. Delbaen und W. Schachermayer. The existence of absolutely continuous local martingale measures. *Ann. Appl. Probab.*, 5 (4):926–945, 1995.

[DS96a] F. Delbaen und W. Schachermayer. The fundamental theorem of asset pricing for unbounded stochastic processes. *Mathematische Annalen*, 312:215–250, 1996.

[DS96b] F. Delbaen und W. Schachermayer. The variance-optimal martingale measure for continuous processes. *Bernoulli*, 2:81–106, 1996.

[DT05] F. Derman und N. N. Taleb. The illusions of dynamic replication. *Quantitative Finance*, 5:323–326, 2005.

[Duf88] D. Duffie. *Security Markets: Stochastic Approach*. Academic Press, Orlando, 1988.

[Duf89] D. Duffie. *Future Markets*. Prentice Hall, Englewood Cliffs, New Jersey, 1989.

[Duf92]   D. Duffie. *Dynamic Asset Pricing Theory*. Princeton Univ. Press, Princeton, 1992.

[Dur96]   R. Durrett. *Stochastic Calculus: A Practical Introduction*. CRC Press, 1996.

[DY07]   F. Delbaen und M. Yor. Passport options. *Mathematical Finance*, 12:299–328, 2007.

[EG96]   E. M. Elton und M. J. Gruber. *Modern Portfolio Theory and Investment Analysis*. John Wiley & Sons, New York, 1996.

[EGR84]   E. J. Elton, M. J. Gruber und J. Rentzler. The ex-dividend day behaviour of stock prices: a re-examination of the clientele effect, a comment. *J. Finance*, 39:551–556, 1984.

[EK99]   R. J. Elliott und P. E. Kopp. *Mathematics of Financial Market*. Springer, Berlin-Heidelberg-New York, 1999.

[EKM98]   P. Embrechts, C. Klüppelberg und T. Mikosch. *Modelling Extremal Events*. Springer, Berlin-New York, 1998.

[EKMV92] N. El Karoui, R. Myneni und R. Viswanathan. Arbitrage pricing and hedging of interest rate claims with state variables, I (theory) and II (applications), 1992. Preprint.

[EKP98]   E. Eberlein, U. Keller und K. Prause. New insights into smile, mispricing and value at risk: The hyperbolic model. *J. of Business*, 71,3:371–405, 1998.

[ER99]   E. Eberlein und S. Raible. Term structure models given by general Lévy processes. *Math. Finan.*, 9,1:31–53, 1999.

[ERY95]   P. Embrechts, L. C. G. Rogers und M. Yor. A proof of Dassios' representation for the α-quantile of brownian motion with drift. *Ann.Appl. Probab.*, 5:757–767, 1995.

[FH96]   B. Flesaker und L. Hughston. Positive interest. *Risk*, 9(1), 1996.

[FJ79]   G. Feiger und B. Jacquillat. Currency option bonds, puts and calls on the spot exchange and the hedging of contingent claims. *J. Finance*, 34:1129–1139, 1979.

[FL99]   H. Föllmer und P. Leukert. Quantile hedging. *Finance and Stochastics*, 3:251–273, 1999.

[Föl91]   H. Föllmer. Probabilistic aspects of options. Discussion Paper Serie B 202, University of Bonn, Germany, 1991.

[FPS98]   J.-P. Fouque, G. Papanicolaou und K. S. Sircar. Mean-reverting stochastic volatility. *International Journal of Theoretical and Applied Finance*, 3:101–142, 1998.

[FPS99a]   J.-P. Fouque, G. Papanicolaou und K. S. Sircar. Financial modelling in a fast mean-reverting stochastic volatility environment. *Asia-Pacific Financial Markets*, 6:37–48, 1999.

[FPS99b]   J.-P. Fouque, G. Papanicolaou und K. S. Sircar. Stochastic volatility to Black-Scholes, 1999.

[FS]   H. Föllmer und M. Schweizer. Hedging of contingent claims under incomplete information. In H. A. Davis, M. und J. Elliott, R., Hrsg., *Applied Stochastic Analysis*, Jgg. 5 of *Stochastic Monogr.*, Seiten 389–414. Gordon and Breach, London, New York.

[FS86]   H. Föllmer und D. Sondermann. Hedging of contingent claims under incomplete information. In W. Hildebrand und A. Mas-Cotell, Hrsg., *Contribution to mathematical economics, in Honor of Gérard Debreu*, Stochastic Monogr., Seiten 205–223, Amsterdam, 1986.

[GCSB95]   A. Gelman, J. B. Carlin, Hal S. Stern und Rubin D. B. *Bayesian Data Analysis*. Chapman & Hall, London, 1. Auflage, 1995.

[Gen93]   A. Genz. Comparison of methods for the computation of multivariate normal probabilities. *Computing Science and Statistics*, 25:400–405, 1993.

[Gen04]   A. Genz. Numerical computation of rectangular bivariate and trivariate normal and t probabilities. *Statistics and Computing*, 14:151–160, 2004.

[Ges77]   R. Geske. The valuation of corporate liabilities as compound options. *J. Finan. Quant. Anal.*, 12:541–552, 1977.

[Ges78]   R. Geske. Pricing of options with stochastic dividend yield. *J. Finance*, 33:617–625, 1978.

[Ges79]   R. Geske. The valuation of coumpound options. *J. Finan. Econom.*, 7:375–380, 1979.

[GJ03]   M. Günther und A. Jüngel. *Finanzderivate mit MATLAB*. Vieweg Verlag, Wiesbaden, 2003.

[GK99]   R. C. Grinold und R. N. Kahn. *Active Portfolio Management: A Quantitative Approach for Producing Superior Returns and Selecting Superior Returns and Controlling Risk*. McGraw-Hill, 1999.

[GM80]   A. R. Gourlay und J. L. Morris. The extrapolation of first-order methods for parabolic partial differential equations II. *SIAM, J. Numer. Anal.*, 17:641–655, 1980.

[Gol98]   L. R. Goldberg. Volatility of the short rate in the rational lognormal model. *Finan. and Stoch.*, 2:199–211, 1998.

[GPS99]   S. E. Graversen, G. Peskir und A. N. Shiryaev. Stopping Brownian motion without anticipation as close as possible to its ultimate maximum, 1999. Preprint.

[Gru04]   W. Grundmann. *Finanzmathematik mit MATLAB*. Teubner Verlag, Stuttgart, Leipzig, Wiesbaden, 2004.

[GS80]   P. Gänssler und W. Stute. *Wahrscheinlichkeitstheorie*. Springer-Verlag, Berlin-Heidelberg, 1980.

[GS08]   C. Grimm und G. Schlüchtermann. *IP Traffic Theory and Performance*. Springer-Verlag, Berlin-Heidelberg, 2008.

[GSG79]   B. Goldman, H. Sosin und M. Gatto. Path dependent options: buy at the low, sell at the high. *J. Finance*, 34:1111–1128, 1979.

[Gut95]   P. Guttorp. *Stochastic Modelling of Scientific Data*. Chapman & Hall, London, 1. Auflage, 1995.

[GW00]   G. Gramlich und Werner W. *Numerische Mathematik mit Matlab*. dpunkt, Heidelberg, 2000.

[GY93]   H. Geman und M. Yor. Bessel processes, asian options and perpetuities. *Math. Finance*, 3:349–375, 1993.

[GY96]   H. Geman und M. Yor. Pricing and hedging double barrier options: A probabilistic approach. *Math. Finance*, 6:365–378, 1996.

[He90]   H. He. Convergence from discrete to continuous-time contingent claim prices. *ev. Financial Stud.*, 3:523–546, 1990.

[He91]   H. He. Optimal consumption/porfolio policies: a convergence from discrete to continuous time modells. *J. Econom. Theory*, 55:340–363, 1991.

[HJM92]   D. Heath, R. Jarrow und A. Morton. Bond pricing and the term structure of interest rates: a new methodology. *Econometrica*, 60:77–105, 1992.

[HK79]   M. Harrison und D. Kreps. Martingales and arbitrage in multiperiod security markets. *J. Econ Theory*, 20:381–408, 1979.

[HK99]   H. O. Herr und M. Kreer. Zur Bewertung von Optionen and Garantien bei Lebensversicherungen. *Der Aktuar*, 52:52–55, 1999.

[HKW95] S. D. Howison, F. P. Kelly und P. Wilmott. *Mathematical Models in Finance*. Chapman Hall, Boca Raton, 1995.

[HL86] T. Ho und S. Lee. Term structure movements and pricing interest rate contingent claims. *Journal of Finance*, 41:1011–1029, 1986.

[HLLP97] T. Hyer, A. Lipton-Lifschitz und D. Pugachevsky. Passport to success. *Risk*, 10:127–131, 1997.

[Hof93] I. D. Hoffman. *Lognormal Processes in Finance*. Dissertation, Univ. New South Wales, Sydney, 1993.

[Hol07] M. H. Holmes. *Introduction to Numerical Methods in Differential Equations*. Springer, New York, 1. Auflage, 2007.

[HP81] M. Harrison und S. Pliska. Martingales and stochastic integrals in the theory of continuous trading. *Stochastic Processes Appl.*, 11:215–260, 1981.

[HS84] G. Heinsohn und O. Steiger. *Privateigentum, Patriarchat, Geldwirtschaft*. Suhrkamp, Frankfurt am Main, 1984.

[HSY96] J.-Z. Huang, G. Subrahmanyam und G. Yu. Pricing and hedging American options: A recursive integration method. *Review of Financial Studies*, 9:277–300, 1996.

[Hul96] J. Hull. *Option, Futures and other Derivative Securities*. Prentice-Hall, Englewood Cliffs, New Jersey, 2. Auflage, 1996.

[HW25] J. Hull und A. White. Valuing derivative securities using the explicit finite difference method. *Journ. of Finan. and Quantitative Analysis*, 1990:87–100, 25.

[Ing87] J. E. Jr. Ingersoll. *Theory of Financial Decision Making*. Rowman and Littlefield, 1987.

[Irl98] A. Irle. *Finanzmathematik. Die Bewertung von Derivaten*. Teubner, Stuttgart, 1998.

[Itô51] K. Itô. Multiple Wiener integral. *Math. Soc. Japan*, 3:157–169, 1951.

[Jac91] S. D. Jacka. Optimal stopping and american put. *Math. Finance*, 1:1–14, 1991.

[Jam92] F. Jamshidian. An analysis of american options. *Rev. Futures Markets*, 11:72–80, 1992.

[Jam97] F. Jamshidian. LIBOR and swap market models and measures. *Finance and Stochastics*, 1:293–330, 1997.

[Jar88] R. Jarrow. *Finance Theory*. Prentice-Hall, Englewood Cliffs, New Jersey, 1988.

[JLL90] P. Jaillet, D. Lamberton und B. Lapeyre. Variational inequalities and the pricing of american options. *Acta Appl. Math.*, 20:263–289, 1990.

[JLT97] R. A. Jarrow, D. Lando und S. M. Turnbull. A markov model for the term structure of credit risk spreads. *Rev. of Financial Studies*, 10 (2):481–523, 1997.

[JM95] R. Jarrow und D. Madan. Option pricing the term structure of interest rates to hedge systematic discontinuities in asset returns. *Mathematical Finance*, 5:311–336, 1995.

[Jor97] P. Jorion. *Value at Risk*. Irwin, Chicago-London, 1997.

[Jos09a] M. Joshi. The convergence of binomial trees for pricing the American put. *Journal of Risk*, 11:87–108, 2009.

[Jos09b] M. S. Joshi. Achieving smooth asymptotics for the prices of European options in binomial trees. *Quantitative Finance*, 9 (2):171–176, 2009.

[JPR94] E. Jacquier, N. G. Polson und P. E. Rossi. Bayesian analysis of stochastic volatility models. *Journal of Business & Economic Statistics*, 12(4):371–89, 1994.

[JR83]   R. Jarrow und A. Rudd. *Option Pricing*. Dow Jones-Irwin, Homewood (Illinois), 1983.

[JS87]   J. Jacod und A. N. Shiryayev. *Limit Theorems for Stochastic Processes*. Springer, Berlin, 1987.

[Ju98]   N. Ju. Pricing an American option by approximating its early excercise boundary as a multi-piece exponential function. *Review of Financial Studies*, 11:627–646, 1998.

[KÖ2]   C. Kühn. Pricing contingent claims in incomplete markets when the holder can choose among different payoffs. *Insurance: Mathematics and Economics*, 31:215–233, 2002.

[Kal82]   A. Kalay. The ex-dividend day behaviour of stock prices: a re-examination of the clientele effect. *The Journal of Finance*, 37:1059–1070, 1982.

[Kap86]   C. Kaplanis. Options, taxes, and ex-dividend day behaviour. *J. Finance*, 41:411–424, 1986.

[Kar96]   I. Karatsas. *Lectures in Mathematical Finance*. Providence, American Mathematical Society, 1996.

[Kar97]   I. Karatsas. *Lectures in Mathematics of Finance*. American Mathematical Society, Providence, 1997.

[Kim90]   I. J. Kim. The analytic valuation of american option. *Rev. Finan. Stud.*, 3:547—572, 1990.

[Kin05]   C. P. Kindleberger. *Manias, Panics, and Crashes. A History of Financial Crises*. Wiley, New York, 5. Auflage, 2005.

[KK96]   Y. M. Kabanov und D. O. Kramkov. Large financial markets. *Probab. Theory Appl.*, 39,1:229 229, 1996.

[KK98]   Y. M. Kabanov und D.O. Kramkov. Asymptotic arbitrage in large financial markets. *Finan. and Stoch.*, 2,2:143–172, 1998.

[KK99]   R. Korn und E. Korn. *Moderne Methoden der Finanzmathematik*. Vieweg, 1999.

[Kor97]   R. Korn. Some application of L^2-hedging with a non-negative wealth process. *Ann. Math. Finance*, 4 (1):1–15, 1997.

[KP92]   P. E. Kloeden und E. Platen. *Numerical Solution of Stochastic Differential Equations*. Springer, Heidelberg, 1992.

[KPS94]   P. E. Kloeden, E. Platen und H. Schurz. *Numerical Solution of SDE through Computer Experiments*. Springer, Berlin-Heidelberg-New York, 1994.

[Kre81]   D. Kreps. Arbitrage and equilibrium in economies with infinitely many commodities. *J. Math. Econ.*, 8:15–35, 1981.

[Kre07]   J. Kremer. *Einführung in die Diskrete Finanzmathematik*. Springer, Heidelberg, Berlin, New York, 2007.

[KS88]   I. Karatsas und S. E. Shreve. *Brownian Motion and Stochastic Calculus*. Springer, Berlin, Heidelberg, New York, 1988.

[KS94]   D. O. Kramkov und A. N. Shiryayev. On the pricing of the "Russian option" for the symmetrical binomial model of (B, S)−market. *Theory Probab. Appl.*, 39:153–161, 1994.

[KS98]   I. Karatsas und S. E. Shreve. *Methods of Mathematical Finance*. Springer, Berlin, Heidelberg, New York, 1998.

[KV90]   A. G. Z. Kemma und T. C. F. Vorst. A pricing methods for options based on average asset values. *J. Bank Finance*, 14:113–129, 1990.

[Kwo97]   Y. K. Kwok. *Mathematical Models of Financial Derivatives*. Springer, Berlin, New York, 1997.

[Lam77]   J. Lamberti. *Stochastic Processes*. Springer, Berlin, New York, 1977.

[Lev92]   E. Levy. The valuation of average rate currency options. *J. Intern. Money Finance*, 11:474–491, 1992.

[Li00]   D. X. Li. On default correlation: a copula approach. *Journal of Fixed Income*, Seiten 43–54, 2000.

[Lig05]   U. Ligges. *Programmieren mit R*. Springer, Heidelberg, 2005.

[LL96]   D. Lamberton und B. Lapeyre. *Introduction to Stochastic Calculus Applied to Finance*. Chapman Hall, Boca Raton, 1996.

[LM78]   J. D. Lawson und J. L. Morris. The extrapolation of first-order methods for parabolic partial differential equations I. *SIAM, J. Numer. Anal.*, 15:1212–1224, 1978.

[LM99]   J. Lebuchoux und M. Musiela. Market Models and Smile Effect in Caps and Swaptions Volatilities, 1999.

[Loi92]   O. Loistl. *Computergestütztes Wertpapiermanagement*. Oldenbourg Verlag, München, Wien, 1992.

[LR96]   D. Leisen und M. Reimer. Binomial models option valuation – examing and improving convergence. *Appl. Math. Finance*, 3:319–346, 1996.

[Man97]   B. B. Mandelbrot. *Fractals and Scaling in Finance*. Springer, New York-Berlin, 1997.

[Mar52]   H. Markowitz. Portfolio selection. *J. Finance*, 7:77–91, 1952.

[Mar58]   H. Markowitz. *Portfolio Selection: Efficient Diversification of Investments*. J. Wiley & Sons, New York, 1958.

[Mar78]   W. Margrabe. The value of an option to exchange one asset for another. *J. Finance*, 33:177–186, 1978.

[Mar90]   P. C. Martin. *Der Kapitalismus*. Ullstein, Frankfurt am Main, 1990.

[McK65]   H. P. Jr. McKean. Appendix: A free boundary problem for the heat equation arising from a problem in mathematical economics. *Indust. Manag. Rev.*, 6:32–39, 1965.

[Mer69]   R. C. Merton. Lifetime portfolio selection under uncertainty: the continuous time case. *Rev. Econom. Stat.*, 51:247–257, 1969.

[Mer73]   R. Merton. Theory of rational option pricing. *Bell Journal of Economics and Management Science*, 4:141–183, 1973.

[Mer90]   R. C. Merton. *Continuous time Finance*. Basil Blackwell, Cambridge and Oxford, 1990.

[Miu92]   R. Miura. A note on look-back options based on order statistics. *Hitotsubasni J. Commerce Manag.*, 27:15–28, 1992.

[MR97]   M. Musiela und M. Rutkowski. *Martingale Methods in Mathematical Finance*. Springer, Berlin Heidelberg New York, 1997.

[MRW06]   M. R. W. Martin, S. Reitz und C. Wehn. *Kreditderivate und Kreditrisikomodelle*. Vieweg, Wiesbaden, 2006.

[MS95]   P. Monat und C. Stricker. Föllmer-Schweizer decomposition and mean-variance hedging for general claims. *Ann. Probab.*, 23 (2):605–628, 1995.

[MSS95]   K. Miltersen, K. Sandmann und D. Sondermann. *Closed Form Solutions for Term Structure Derivatives with Log-Normal Interest Rates*. Dept. of management Odense University, Denmark, 1995.

[Mus93] M. Musiela. Stochastic PDEs and Term Structure Models, 1993. Preprint.

[MvdH97] G. H. Meyer und J. van der Hoek. The valuation of American options with the method of lines. *Advances in Futures and Options Research*, Seiten 265–285, 1997.

[Myn92] R. Myneni. The pricing of the american option. *Ann. Appl. Probab.*, 2:1–23, 1992.

[NS96] J. A. Nielsen und K. Sandmann. The pricing of asian options under stochastic interest rates. *Appl. Math. Finance*, 3:209–236, 1996.

[O'H98] M. O'Hara. *Market Microstructure Theory*. Blackwell, Cambridge, Massachusetts, 1998.

[Øks98] B. Øksendal. *Stochastic Differential Equation - an Introduction with Applications*. Springer, Berlin Heidelberg, 5. Auflage, 1998.

[Pan97] H. H. Panjer. *Financial Economics - with Applications to Investment, Insurance and Pensions*. The actuarial foundation, 1997.

[PB99] W. Paul und J. Baschnagel. *Stochastic Processes: From Physics to Finance*. Springer, Berlin, 1999.

[Pla96] E. Platen. *Explaining Interest Rate Dynamics*. Centre for Finance Mathematics, Australian National University, Canberra, 1996.

[PR95] E. Platen und R. Rebolledo. *Principles for Modelling Financial Markets*. Advances in Applied Probabiliy, 1995.

[PRS98] H. Pham, T. Rheinländer und M. Schweizer. Mean -variance hedging for continuous processes: new proofs and examples. *Finance Stochast.*, 2 (2):173–198, 1998.

[PS91] L. Perridon und M. Steiner. *Finanzwirtschaft der Unternehmung*. Vahlen, München, 1991.

[PS98] Y. V. Prokhorov und A. N. Shiryaev. *Probability Theory III*. Springer, Berlin, 1. Auflage, 1998.

[PTVF92] W. H. Press, S. A. Teukolsky, W. T. Vetterling und B. P. Flannery. *Numerical Recipes in C*. Cambridge University Press, Cambridge, 2. Auflage, 1992.

[Rao84] M. M. Rao. *Probability Theory with Applications*. Academic Press, Orlando, 1984.

[Rog95] L. C. G. Rogers. Which model for term structure of interest rates should one use. *Mathematical finance*, Seiten 93–116, 1995.

[RR91] M. Rubinstein und E. Reiner. Breaking down the barriers. *Risk*, 4 (8):28–35, 1991.

[RS95] L. C. G. Rogers und Z. Shi. The value of an asian option. *J. Appl. Probab.*, 32:1077–1088, 1995.

[RSM04] S. Reitz, W. Schwartz und M. R. W. Martin. *Zinsderivate*. Vieweg, Wiesbaden, 2004.

[RT97] L. C. G. Rogers und D. Talay. *Numerical Methods in Finance*. Cambridge University Press, Cambridge, 1997.

[Rub83] M. Rubinstein. Displaced diffusion option pricing. *J. Finance*, 38:213–217, 1983.

[Rub91a] M. Rubinstein. Exotic Options. Technical report, University of California at Berkeley, 1991.

[Rub91b] M. Rubinstein. Somewhere over the rainbow. *Risk*, 4 (11):61–63, 1991.

[Rub92] M. Rubinstein. Exotic options, 1992. FORC Conference, Warwick.

[Rut90] A. Ruttiens. Currency options on average exchange rates pricing and exposure management, 1990. 20th Annual Meeting of the Decision Science Institute, New Orleans.

[Sam65] P. A. Samuelson. Rational theory of warrant pricing. *Indust. Manag. Rev.*, 6:13–31, 1965.

[Sam73] P.A. Samuelson. Mathematics of speculative prices. *SIAM Rev.*, 15:1–39, 1973.

[SB00]   J. Stoer und R. Bulirsch. *Numerische Mathematik 2*. Springer Verlag, Berlin, 4. Auflage, 2000.

[Sch77]   E. S. Schwartz. The valuation of warrants: Implementing a new approach. *Journ. of Financial Economics*, 4:79–94, 1977.

[Sch88]   M. Schweizer. *Hedging of options in a general semimartingale model*. Dissertation, ETH Zürich, 1988.

[Sch90]   D. Schneider. *Investition, Finanzierung and Besteuerung*. Gabler Verlag, 1990.

[Sch92a] M. Schweizer. Mean-variance hedging for general claims. *Ann. Appl. Probab.*, 2 (1):171–179, 1992.

[Sch92b] M. Schweizer. Mean variance hedging for general claims. *Annals of Applied Probabilities*, 2:171–179, 1992.

[Sch94]   M. Schweizer. Approximating random variables by stochastic integrals. *Ann. Probab.*, 22 (3):1536–1575, 1994.

[Sch95]   M. Schweizer. On the minimal martingale measure and the Föllmer-Schweizer decomposition. *tochast. Anal. Appl.*, 13:573–599, 1995.

[Sch98a] T. Schlumprecht. On the robustness of option pricing, 1998.

[Sch98b] K. Schürger. *Wahrscheinlichkeitstheorie*. Oldenbourg Verlag, München-Wien, 1998.

[Sch02]   G. Schlüchtermann. Investmentmodelle für Asset Liability Modelling von Versicherungsunternehmen. *Schriftenreihe Angewandte Versicherungsmathematik*, 31:285–317, 2002.

[Sey03]   R. Seydel. *Tools for Computational Finance*. Springer, New York, 2. Auflage, 2003.

[SH87]   M. Selby und S. Hodges. On the valuation of compound options. *Manag. Sci.*, 33:347–355, 1987.

[Shi91]   H. Shirakawa. Interest rate option pricing with Poisson-Gaussian forward rate curve processes. *Mathematical Finance*, 1:77–94, 1991.

[Shi99]   A. N. Shiryaev. *Essentials of Stochastic Finance: Facts, Models, Theory*. World Scientific Publishing, Singapore, 1. Auflage, 1999.

[Sir88]   A. N. Sirjaev. *Wahrscheinlichkeit*. VEB Deutscher Verlag der Wissenschaften, Berlin, 1988.

[Sla60]   L. J. Slater. *Confluent hypergeometric functions*. Cambridge University Press, 1960.

[Spr96]   K. Spremann. *Wirtschaft, Investment und Finanzierung*. Oldenbourg Verlag, München, 1996.

[SS]   R. C. Stapleton und A. Subrahmanyam. The valuation of multivariate contingent claims in discrete time models. *J. Finance*, 39:207–228.

[SS93]   L. A. Shepp und A. N. Shiryayev. The russian option: a reduced regret. *Ann. Appl. Probab.*, 3:631–640, 1993.

[SS94]   L. A. Shepp und A. N. Shiryayev. A new look at the russian option. *Theory Probab. Appl.*, 39:103–119, 1994.

[Str66]   R. L. Stratonovich. A new representation for stochastic integrals and equation. *J. Siam Control*, 4:362–371, 1966.

[Str81]   D. W. Strook. *Topics in Stochastic Differential Equations*. Tata Institute of Fundamental Research Springer, Berlin, New York, 1981.

[Str93]   D. W. Strook. *Probability Theory, An Analytic View*. Cambridge Univ. Press, 1993.

[SV79]   D. W. Strook und S. R. S. Varadhan. *Multidimensional Diffusion Processes*. Springer, Berlin-New York, 1979.

[Tie03]   J. Tietze. *Einführung in die Diskrete Finanzmathematik*. Springer, Wiesbaden, 6. Auflage, 2003.

[Ton90]   H. Tong. *Non-linear Time Series*. Oxford University Press, Oxford, 1. Auflage, 1990.

[TW91]   S. M. Turnbull und L. M. Wakeman. A quick algorithm for pricing European average options. *J. Finan. Quant. Anal.*, 26:377–389, 1991.

[Vas77]   O. Vasicek. An equilibrium characterization of the term structure. *Journ. of Finan. Econom.*, 5:177–188, 1977.

[vM76]   P. van Moerdeke. On optimal stopping and free boundary problem. *Arch. Rational Mech. Anal.*, 60:101–148, 1976.

[Voi01]   J. Voit. *The Statistical Mechanics of Financial Markets*. Springer, Berlin, 2001.

[Vor77]   T. Vorst. Prices and hedge ratios of average exchange rate options. *Internat. Rev. Finan. Anal.*, 1:179–188, 1977.

[WDH93]   P. Wilmott, J. Dewynne und S. Howison. *Option Pricing: Mathematical Models and Computation*. Oxford Financial Press, Oxford, 1993.

[WHD95]   P. Wilmott, S. Howison und J. Dewynne. *The Mathematics of Financial Derivatives*. Cambridge University Press, Cambridge, 1995.

[WT88]   W. Willinger und M. Taqqu. Pathwise approximations of processes based on the fine structure of their filtrations. *Lect. Notes in Math.*, 1321:542–559, 1988.

[WT91]   W. Willinger und M. Taqqu. Towards a convergence theory for continuous stochastic securities markets models. *Math. Finance*, 1:55–99, 1991.

[Yor92a]   M. Yor. On some exponential functionals brownian motion. *Adv. Appl. Probab.*, 24:509–531, 1992.

[Yor92b]   M. Yor. *Some Aspects of Brownian Motion, Part I, Some Special Functionals*. Birkhäuser, Basel, 1992.

[Yor95]   M. Yor. The distribution of brownian quantiles. *J. Appl. Probab.*, 32:405–416, 1995.

[Yor97]   M. Yor. *Some Aspects of Brownian Motion, Part II*. Birkhäuser, Basel, 1997.

[Zha97]   P. G. Zhang. *Exotic Options*. World Scientific, Singapore, 1997.

Sachverzeichnis

affine Zeitstruktur (ATS), 333
Anlagestrategie, 53, 120
äquivalentes Wahrscheinlichkeitsmaß, 72
    äquivalente Wahrscheinlichkeitsmaße, 211
    äquivalentes Martingalmaß, 102
    äquivalentes Wahrscheinlichkeitsmaß, 211
    Satz von Radon-Nikodým, 72
Arbitrage, 20
    arbitragefrei, 30, 320
    arbitragefreier Wert eines Bonds, 82
    Arbitragefreiheit, 34
    Arbitragepreis, 350
    Prinzip der fehlenden Arbitrage, 21
Ausfallrisiko, 368
Ausfallwahrscheinlichkeit
    zeitdiskrete, 370
    zeitstetige, 376

Basis, 6
Bewertung, 70
    von Forward-Kontrakten, 9
    Linearität, 71
    monotone Stetigkeit, 71
    Positivität, 71
Bewertungsprozess, 75
Black-Scholes-Formel, 100
Black-Scholes-Modell
    partielle Differenzialgleichung, 185
Bondderivat, 332
Bondmarkt
    Vollständigkeit, 347
Bondpreis, 79, 329
Bondpreisprozess, 320, 325
Bonitätsrisiko, 368
Brownsche Bewegung, 164, 185

Call-Put-Parität, 8, 120

Caplet, 363
    Cap, 97, 363
    Caprate, 363
    Wert, 364
Caption, 365
Cashflow, 17
    Cashflow Matrix, 31
    Matrix, 19, 20, 25
Corporate Bond, 368
    Risikoanteil, 369
Credit-Spread
    zeitdiskret, 373
    zeitstetig, 380

Darstellungseigenschaft von Brownschen Martingalen, 220
Derivat
    Bond, 356
    Hull-White, 359, 360
Derivatbewertung
    Bond, 356
Diffusionsprozess, 179
diskontierter Aktienprozess, 50
diskontierter Preisprozess, 211, 325
diskrete Modelle, 17
    Auf-und-Ab-Modell, 17
    Baumdiagramm, 39
    binomiales Modell, 35
    Binomialmodell, 17
    Einperiodenmodell, 17
    log-binomiales Modell, 48, 52
    Zweiperiodenmodell, 17
Doléan-Exponent, 221
Doléan-Potential, 220
Drift, 102, 163

Eindeutigkeit des Martingalmaßes, 227

endliches Differenzenschema, 147
    Crank-Nicholson, 151
    explizites Verfahren, 150
    implizite Verfahren, 149
    method of line, 152
    Variablentransformation, 153
Erlösrate, Steigung, 336
Erzeugendenmatrix, 377, 378

faire Preise, 29
Faktoren, Risikokennzahlen, 119
    Delta, 119
    Delta-Hedging, 119
    Gamma, 126
    Rho, 131
    Theta, 133
    Vega, 131
Filtration, 2, 50, 83, 85, 165, 185, 212
Floor, 363
Floortion, 365
Forward-Kontrakt, 349
Forward-Preis, 350
Forwardmartingalmaß, 350
Future
    Bewertung von Future-Kontrakten, 13
    DAX-Future, 13

Geburts- und Sterbeprozess, 378
geometrische Brownsche Bewegung, 166
Geschäftsmotive, 5
    Absicherung, 5
    Arbitrage, 5
    Spekulation, 5
gewöhnliche Bedingungen, 243
Gleichgewichtstheorie, 18
Guthabenprozess, 83, 212, 320

Handelsstrategie, 25, 48
Heath-Jarrow-Morton, 344
    Ansatz, 342
Hedge Accounting, 15
Hedgen, 58
Hedgestrategien, 101, 120
Hedging, 188
    Corporate Bond, zeitdiskret, 374

Corporate, zeitstetig, 380

Itô-Formel, 162, 178, 180

Kassageschäft, 5
Kredit-Klasse
    absorbierend, 370
    Kalibrierung, 375
    Wechsel, 370
    zeitdiskrete, 370
Kredit-Rating, 368
    Moody-Rating, 370
    zeitdiskret, 370
    zeitstetig, 376

Landausymbol, 102
LIBOR, 363

Marktpreis des Risikos, 331
Martingal, 50, 76, 85, 165
Mengensystem, 49
Modell von Cox, Ross und Rubinstein, 100

No Free Lunch, 72
Nullkuponbond, 77
Numeraire, 212, 219, 320, 349
Numerairewechsel, 349

Option
    amerikanische Option, 76, 250
    asiatische Option, 287, 312
    Ausübungspreis, 7
    Barrier-Option, 287, 302
    binäre Option, 56, 290
    Butterfly Spread, 46
    Call, 30
    Call-Option auf einen Bond, 358
    Chooser-Option, 69, 290
    Compound-Option, 290
    Corporate Bond, zeitdiskret, 374
    Corporate, zeitstetig, 380
    europäische Option, 7, 28, 53
    Forward-Start Option, 290
    Gap-Option, 56
    Lookback-Option, 290
    Package-Option, 290
    Passport-Option, 291

Paylater-Option, 69
pfadabhängig, 51
pfadabhängige Option, 285
russische Option, 291
Straddle, 46
Strangle, 46
Strikepreis, 7
Optional Sampling, 246
Over The Counter, 6

Pfad, 48
Poisson-Prozess, 381
Portfolio, 193
Preisdividendenpaar, 19, 21, 25, 32
Preisprozess, 321
Preisvektor, 18
Prinzip von der fehlenden Arbitrage, 7
Projektion, bedingter Erwartungswert, 222

Rauschen, 163
Recovery-Rate, 368, 369
Riccati-Differenzialgleichung, 334
risikolose Wahrscheinlichkeitsverteilung, 106
risikoneutral, 107
risikoneutrale Wahrscheinlichkeit, 17, 27, 29, 31,
        34, 108, 217
risikoneutrale Wahrscheinlichkeitsverteilung, 36
Risikoprämie, 329

Schlusselement, 244
selbstfinanzierend, 54
selbstfinanzierende Strategie, 187
Sprungprozess, 381
Stillhalter, 6
stochastischer Prozess, 162
        Eigenschaften, 164
stochastisches Integral, 175
Stoppzeit, 240, 242
Swap
        Payer-Swap, 94
        Receiver-Swap, 94
Swaption, 365
        Payer-Swaption, 95
        Receiver-Swaption, 95

Termingeschäft, 5
trinomialer Baum, 146

Übergangsmatrix
        zeitdiskret, 370, 371
        zeitstetige, 377
Übergangswahrscheinlichkeit, 368
Übergangsmatrix
        empirische, zeitdiskrete, 376
Überlebenswahrscheinlichkeit
        zeitstetig, 379

verallgemeinertes   Cox-Ross-Rubinstein-Modell,
        103
Verkehrstheorie, 370
Vermögenswert, 4
Verteilung stetiger Prozesse, 293
Volatilität, 87, 100, 103, 137
        historische, 137
        implizite, 137
        Zinsrate, 335
Volatilitätsfunktion
        deterministisch, 358
vollständiger Markt, 30, 35, 54
Vollständigkeit
        Bondmarkt, 345, 347, 348
Vorwärtsgleichung, 345
Vorwärtsmaß, 349
Vorwärtsmartingalmaß, 350
Vorwärtsrate, 342, 343
        Analyse, 336
        zusammengesetzte, 353
Vorwärtsratenprozess, 321

Wärmeleitungsgleichung, 194
Wertpapier, 5
Wiener-Maß, 298

Zahlungsunfähigkeit, 369
        Wahrscheinlichkeit, zeitstetige, 379
        Zeitpunkt, 368
Zeitstrukturgleichung, 328, 332
Zero-Bond, 35, 70
Zinskurvenmodelle, 326
Zinsmodelle, 326

Black-Derman-Toy-Modell, 87, 332
Cox-Ingersoll-Ross-Modell, 332
Erlöskurve, 79
erweiterte Erlösrate, 80
Forward Short Rate, 81
Ho-Lee-Modell, 87, 332, 338, 349
    Bondderivat, 338
Hull-White-Modell, 91, 332, 338
Musiela-Parametrisierung, 355
Short Rate, 79

Vasicek-Modell, 332
verallgemeinertes Vasicek-Modell, 90
Vorwärtsrate, 80
zeitstetige Zinsstrukturmodelle, 319
Zeitstruktur, 79
Zinsrate, 77
Zinsratendynamik, 321, 326
Zinsratenprozess, 319
Zustandspreisvektor, 25, 27, 29, 30, 35